HOLZRAHMENBAU
Bewährtes Hausbau-System

HOLZRAHMENBAU
Bewährtes Hausbau-System

3. überarbeitete Auflage 2000

Die Deutsche Bibliothek – CIP-Einheitsaufnahme

Küttinger, Georg

Holzrahmenbau:

Bewährtes Hausbau-System / Georg Küttinger; Dieter Steinmetz; Klaus Fritzen.
Hrsg.: Bund Deutscher Zimmermeister im Zentralverband des
Deutschen Baugewerbes. – 3., überarb. Aufl. – Karlsruhe: Bruderverlag, 2000

ISBN 3-87104-101-7
0002 deutsche bibliothek

Herausgeber:
BUND DEUTSCHER ZIMMERMEISTER
im Zentralverband des Deutschen Baugewerbes e.V.
Kronenstraße 55–58
10117 Berlin-Mitte

© 2000 by BRUDERVERLAG, 76133 Karlsruhe

Alle Rechte vorbehalten, auch die des auszugsweisen Nachdrucks
oder der fotomechanischen Wiedergabe der Mikrokopie
und der Übersetzung in andere Sprachen.

Verlag:
BRUDERVERLAG
Albert Bruder GmbH & Co. KG
Postfach 11 02 48
76052 Karlsruhe

www.bauenmitholz.de
www.rudolf-mueller.de

Druck: Greiserdruck, Rastatt

Herausgabe
Bund Deutscher Zimmermeister im Zentralverband des Deutschen Baugewerbes e.V., Berlin

Bearbeitung der 1. Auflage
Professor Dipl.-Ing. Georg Küttinger, Dipl.-Ing. Gerhard Gicklhorn, Lehrstuhl für Hochbaukonstruktion und Baustoffkunde an der Technischen Universität München
Dipl.-Ing. Dieter Steinmetz, Prüfingenieur für Baustatik und Lehrbeauftragter für Ingenieurholzbau an der Fachhochschule Karlsruhe, Ettlingen
Dipl.-Ing. (FH) Dietrich Masuhr, Ingenieurbüro Holzbau im Bruderverlag, Karlsruhe, mit Dipl.-Ing. Fritz Kunz
Dipl.-Ing. (FH) Klaus Fritzen, Bund Deutscher Zimmermeister, Bonn

Überarbeitung zur 2. Auflage
Professor Dipl.-Ing. Georg Küttinger, Dipl.-Ing. Gerhard Gicklhorn, Lehrstuhl für Hochbaukonstruktion und Baustoffkunde an der Technischen Universität München
Dipl.-Ing. Dieter Steinmetz, Prüfingenieur für Baustatik und Lehrbeauftragter für Ingenieurholzbau an der Fachhochschule Karlsruhe, Ettlingen
Professor Dipl.-Ing. Horst Schulze, Lehrstuhl für Baukonstruktion und Holzbau an der Technischen Universität Braunschweig
Professor Dr.-Ing. Gerhard Hausladen, Lehrstuhl für Technische Gebäudeausrüstungen an der Gesamthochschule Kassel, Universität
Dipl.-Ing. (FH) Dieter Kuhlenkamp, Bund Deutscher Zimmermeister, Bonn
Dipl.-Ing. (FH) Klaus Fritzen, Dipl.-Ing. (FH) Dietrich Masuhr, Ingenieurbüro Holzbau im Bruderverlag, Karlsruhe

Überarbeitung zur 3. Auflage
Dipl.-Ing. (FH) Klaus Fritzen mit Dipl.-Ing. Ulrich Meier, Dipl.-Ing. (FH) Thomas Duchardt, Ingenieurbüro Holzbau im Bruderverlag, Karlsruhe, und cand.-ing. Gerhard Müller, Berlin
Professor Dipl.-Ing. Dieter Steinmetz, Prüfingenieur für Baustatik und Lehrbeauftragter für Ingenieurholzbau an der Fachhochschule Karlsruhe, Ettlingen

Inhalt

Vorworte	8
1 Einführung	11
2 Bauschritte, Baumethode	15
3 Übersichten zum Entwurf	37
4 Schutzmaßnahmen	61
5 Baustoffe, Bauprodukte	73
6 Bauteile, Technische Daten, Details	123
7 Haustechnik	373
8 Statik	427
9 Energieeffizientes Bauen	503

Vorwort zur 3. Auflage

Entwicklungen im Bauwesen nehmen einen Zeitraum von 15 Jahren in Anspruch. Dieser Feststellung eines Mitautors an dem Bestseller und Klassiker Holzrahmenbau kann nur zugestimmt werden. Vor 15 Jahren erschien die 1. Auflage des damals als »Konstruktionskatalog« bezeichneten Buches mit dem Titel

»Holzrahmenbau – Individuelles, kostensparendes Bausystem«.

Die Initiative zu der Erstellung des Konstruktionskataloges Holzrahmenbau ging vom Bund Deutscher Zimmermeister im Zentralverband des Deutschen Baugewerbes aus, dessen Mitglieder eine lange Holzhausbautradition pflegten. Nach der 2. Auflage Holzrahmenbau im Jahre 1992 liegt nunmehr im Millenniumsjahr die 3. völlig überarbeitete, an den Stand der Technik angepaßte Ausgabe vor.

15 Jahre Holzrahmenbau in Deutschland, geprägt vom Spitzenverband des Deutschen Zimmererhandwerks, mündeten in der Erfolgsstory dieser Bauart in Deutschland. Die geistigen Väter der damaligen Initiative ahnten nicht, welches Entwicklungspotential im Hausbau mit Holz in Deutschland vorhanden ist. Die Übertragung der nordamerikanischen Timber-frame-Bauart auf deutsche Bauvorschriften und Normen, initiiert von der Organisation des Zimmererhandwerks für das Zimmererhandwerk, hat diese Entwicklung maßgeblich beeinflußt.

1996 erschien wiederum auf Initiative des Bundes Deutscher Zimmermeister und durch Finanzierung des BDZ die Ausgabe »Holzrahmenbau mehrgeschossig«. Von den beiden Werken, d. h. Holzrahmenbau der 1. Auflage, der 2. Auflage und des »Holzrahmenbau mehrgeschossig« sind über 17 000 Exemplare verbreitet worden. Dieses Buch wurde somit zu einem Bestseller und Klassiker.

Nach bescheidenen Anfängen im Jahr 1985 läßt sich die Erfolgsstory des Holzrahmenbaues in Deutschland in Zahlen ausgedrückt wie folgt begleiten:

Im Jahre 1990 wurden 500 Ein- und Zweifamilienhäuser in dieser Bauart von Unternehmungen des deutschen Zimmererhandwerks erstellt.

1999 errichteten selbständige Zimmerer- und Holzbauunternehmer knapp 16 000 Häuser in Holzbauweise, wovon 82 % in der Holzrahmenbauart, 11 % in der Holzskelettbauart und 7 % in anderen Bauarten errichtet worden sind. Die sogenannten Fertighäuser müssen an dieser Stelle ausgeklammert werden. In rund 10 Jahren gelang der Sprung von 500 Wohneinheiten auf 16 000 Einheiten – eine stolze Bilanz. Dazu hat dieses Buch, welches nunmehr in der 3. Auflage vorliegt, einen hervorragenden Beitrag geleistet.

Das Holzhaus in der heutigen Form ist ein »High-Tech-Produkt« und hat bereits vor 10 Jahren sämtliche Anforderungen an den Niedrigenergiehausstandard erfüllt.

Wir erfüllen hiermit auch die Anforderungen an das sogenannte Passivhaus mit einem Verbrauch von 15 Kilowattstunden pro m^2 Wohnfläche im Jahr. Holzhäuser schadensfrei und handwerksgerecht gebaut sind eine Investition in die Zukunft.

Verantwortungsvolle Unternehmungen des Zimmerer- und Holzbaugewerbes sind sich bewußt, daß die Qualität im Holzhausbau im Vordergrund steht, denn nur damit ist eine Zukunftssicherung des Marktes gegeben. Qualität muß nicht teuer sein, Qualität ist erschwinglich. Um diesem Qualitätsgedanken Vorschub zu leisten, hat der Bund Deutscher Zimmermeister in seiner Verantwortung um das Bauen mit Holz, in seiner Verantwortung um die Güte und Qualität und in seiner Verantwortung um den Verbraucherschutz die Qualitätsgemeinschaft Holzbau und Ausbau e. V. gegründet. Diese Qualitätsgemeinschaft setzt strenge Maßstäbe an den Bau von Holzhäusern, mit einer Erstprüfung der Unternehmungen, mit einer Eigen- und Fremdüberwachung (von der Werksfertigung bis zur Baustelle), letztere zwei Mal im Jahr. Das deutsche Zimmererhandwerk handelt nach der Devise

Der Tradition verbunden – dem Fortschritt und der Qualität verpflichtet.

An dieser Stelle ist ein Wort des Dankes angebracht. Zunächst muß festgestellt werden, daß der Holzrahmenbau, 1. Auflage, 2. Auflage und der Holzrahmenbau mehrgeschossig, mit finanzieller Unterstützung des Bundes Deutscher Zimmermeister erarbeitet worden ist. Der Holzrahmenbau, 3. Auflage, ist in der alleinigen Verantwortung des Bruderverlages, unter Federführung von Dipl.-Ing. Klaus Fritzen, erstellt worden. Klaus Fritzen war auch einer der geistigen Väter des Holzrahmenbaues, 1. Auflage.

Möge die 3. Auflage dazu beitragen, dem Planer und Ausführenden, dem Studenten und Meisterschüler das Rüstzeug zu geben, welches benötigt wird, um schadensfreie Holzhäuser zu erstellen.

Umweltfreundliches und energiesparendes Bauen mit Holz läßt sich realisieren.

»Bauen mit Holz – der Umwelt zuliebe«

– das waren die letzten Zeilen des Vorwortes zur 2. Auflage von dem damaligen Bundesvorsitzenden Günter Kuhs – dem ist nichts hinzuzufügen.

Berlin, im Oktober 2000
Bund Deutscher Zimmermeister
im Zentralverband des Deutschen Baugewerbes

Heinrich Cordes
Bundesvorsitzender

Zur dritten Auflage

Die erste Auflage dieses Werkes erschien vor 15 Jahren. Die seinerzeitige Idee, mit einem standardisierten Bausystem dem Bau von Häusern in Holzbauweise wieder zur Normalität zu verhelfen, war erfolgreich. »Holzrahmenbau« hat über 14 000 Käufer gefunden, und es werden wohl schätzungsweise knapp 20 000 Wohneinheiten in diesem Jahr in dieser Bauweise von Zimmereibetrieben gebaut werden.

Die anfänglichen Probleme durch ungünstige Formate von Bauplatten, keine oder kaum geeignete Konstruktionen für hohe Brand- und Schallschutzanforderungen usw. sind durch große Entwicklungsanstrengungen der Zulieferindustrie des Holzbaus beseitigt. Das Baustoffangebot hat sich erheblich erweitert, so daß unterschiedlichste Anforderungsprofile erfüllt werden können.

Das Bausystem hat sich bewährt. Die Mängel, die sich bisweilen zeigten, sind nicht dem Bausystem anzulasten, sondern auf Planungs- und Ausführungsfehler zurückzuführen. Der Einstieg ins mehrgeschossige Bauen geschah mit zum Teil fragwürdigen technischen und politischen Ansätzen. Mit »Holzrahmenbau mehrgeschossig« wurde daraufhin unverzüglich das Bausystem für diesen Verwendungszweck weiterentwickelt. Von diesem Werk fanden bis jetzt 6000 Exemplare Verbreitung. Mängel daran oder Fehler darin wurden uns bis dato nicht bekannt.

Die dritte Auflage von »Holzrahmenbau« unterscheidet sich von beiden vorhergehenden Ausgaben erheblich. Der aktuelle Stand der Technik und die Werkstoffverfügbarkeit machten grundsätzliche Veränderungen erforderlich. Es handelt sich dabei jedoch nicht um Systemveränderungen, sondern um eine Vielzahl von Varianten innerhalb des bewährten Systems.

Bedauerlicherweise ist während der vergangener einneinhalb Jahrzehnte eine größte Abstinenz der Holz-, Holzwerkstoff-, Trockenbau- und Holzbauwirtschaft von der Normung zu verzeichnen. Daraus ergibt sich, daß Planer und Ausführende an vielerlei Stellen auf bauaufsichtliche Zulassungen und sonstige Nachweise verwiesen werden müssen. Diese Überarbeitung orientiert sich nach wie vor an genormten Konstruktionen. Bauaufsichtlich zugelassene Konstruktionen sowie solche mit anderweitig nachgewiesenen technischen Werten, z. B. durch Prüfzeugnis, die die Konstruktionsgrundsätze des Holzrahmenbaus erfüllen, sind ohne weiteres einsetzbar. Allerdings sollte der Anwender solcher, nicht rundum genormter Bauteile die Erfüllung der vorgegebenen Anforderungsprofile genau prüfen. Das Werk kann wegen der Fülle der nach der Bauregelliste A nachgewiesenen Bauteile – es handelt sich in den möglichen Kombinationen um deutlich über eintausend Varianten – diese nicht im einzelnen behandeln.

Die Ausarbeitungen haben sich an den Erfordernissen und Gewohnheiten der Praxis orientiert.

Wir wünschen Ihnen weiterhin viel Erfolg mit »Holzrahmenbau«.

Karlsruhe, im November 2000

Klaus Fritzen

Haftungsausschluß: Die Ausarbeitungen zu diesem Werk wurden mit Sorgfalt vorgenommen, gleichwohl könnten sich Fehler eingeschlichen haben. Die Haftung für Fehler oder Mängel in diesem Werk wird hiermit ausgeschlossen. Für jedes Bauvorhaben sind die erforderlichen Nachweise gesondert nach den Vorschriften zu führen.

1
EINFÜHRUNG

Einführung 1.10.01

Zur 3. Auflage

Nachdem auch die 2. Auflage dieses Werkes vergriffen ist, schien es geboten, vor der neuen Drucklegung eine grundlegende Überarbeitung vorzunehmen. Die technischen Angaben der 2. Ausgabe 1992 wurden vollständig überprüft und auf den »Allgemein anerkannten Stand der Technik« gebracht. Dies betraf insbesondere die Aktualisierung auf den neuesten Stand der Normung. Darüber hinaus wurden die konstruktiven Details entsprechend den Anregungen aus den nunmehr 15jährigen praktischen Erfahrungen mit dem Bausystem verändert und aufgenommen. Daraus ergab sich, daß größere Teile des Werkes vollkommen neu entworfen werden mußten. Seit 1992 haben sich insbesondere die Gegebenheiten auf der Baustoffseite so verändert, daß sich gegenüber damals stark veränderte Konstruktionskonzepte ergeben. Allgemein verfügbar sind heute:
- keilgezinktes Konstruktions-Vollholz oder Duo-/Triobalken oder BS-Holz-Stangen in circa 12 m Standardlängen,
- Plattenwerkstoffe für Wandtafeln mit Längen bis 7,50 m und Höhen bis 3,10 m,
- Doppel-T-Träger (Stegträger),
- Furnierschichthölzer,
- Massivholzplatten (Brettstapel, BS-Holz-Fladen, Dickholz usw.).

Daraus ergeben sich veränderte Bedingungen für Konstruktion, Fertigung und Montage, insbesondere durch die werkseitige Elementierung als großformatige Bauteile. Dies hat vielfältige Auswirkungen auf die lastabtragende Verbindungs- und Fügetechnik.

Neue Erkenntnisse und Anforderungsprofile aus dem energiesparenden Bauen erforderten weitere Veränderungen.

Die grundlegende Überarbeitung folgte zweierlei Grundsätzen:
- Beibehaltung des Bewährten, nach wie vor Gültigen,
- Erneuerung dort, wo technische und wirtschaftliche Gegebenheiten bereits allgemein marktgängig sind.

Der mit der Holzrahmenbauweise bereits vertraute Leser bleibt also in dem bekannten, bewährten Bausystem und erhält mit der Überarbeitung eine wesentliche Aktualisierung.

Allgemeines

Die Holzrahmenbauart ist ein Bausystem, das aus Holz und Plattenwerkstoffen die tragende Konstruktion eines Hauses bildet. Dabei übernehmen die Hölzer die wesentliche Tragfunktion und die Plattenwerkstoffe die Aussteifung des Gebäudes (Bezeichnung nach DIN 1052: »Holzhäuser in Tafelbauart«). Die Holzverbindungen werden durch Kontakt der Hölzer und durch Nagelung hergestellt. Der Ausbau, auch der technische Ausbau, erfolgt im wesentlichen, wie er aus dem Montagebau nichttragender Wände und Deckenbekleidungen bekannt ist. Die Bauart hat sich in Nordamerika und den skandinavischen Ländern seit vielen Jahrzehnten bewährt. Eine Übernahme der insbesondere in den USA und Kanada verbreiteten standardisierten Bauart (timber-frame) ist verschiedentlich versucht worden, jedoch hat sich herausgestellt, daß die dortigen Standards in vielen wesentlichen Punkten den hiesigen Verhältnissen nicht entsprechen. Daraus ergab sich die Notwendigkeit, ausgehend von dem Bauprinzip aus den hierzulande geltenden technischen Regeln und Baugewohnheiten, ein Kompendium zu erarbeiten, in dem für ausgewählte Standardkonstruktionen die erforderlichen baukonstruktiven Details und die technischen Kennwerte zusammengestellt sind.

Bei dem hier beschriebenen Bausystem wurden Standardkonstruktionen so ausgewählt, daß sie bei normalen Gegebenheiten von Wohnhausbebauungen bis zu zwei Vollgeschossen die heute gegebenen Anforderungen ohne »Umkonstruieren« erfüllen. Es gibt eine Fülle von Wahlmöglichkeiten, die dem Bauherrn, Planer und Holzbauer standardisiert zur Verfügung gestellt werden. Gleichwohl ist das System so gehalten, daß sich nahezu beliebige Anforderungen an die innere und äußere Gestaltung von Wohnhäusern erfüllen lassen.

Konstruktionskatalog Holzrahmenbau

Der »Konstruktionskatalog« »Holzrahmenbau« behandelt Bauteile für Wohnhäuser freistehend, freistehend mit vermindertem Grenzabstand, Doppel- und Reihenhäuser. Es werden Standardkonstruktionen so beschrieben, daß alle erforderlichen Angaben von der Planung bis zur Bauausführung enthalten sind. Für die angebotenen Konstruktionen sind die Angaben über bautechnische Spezifikationen wie Werkstoffe, Bauphysik, Standsicherheit usw. durch Normen, bauaufsichtliche Zulassungen, Prüfzeugnisse und Berechnungen abgesichert. Die Bauteile können so ausgewählt werden, daß sie die bauaufsichtlichen Bestimmungen erfüllen.

Beim Zusammentragen und bei der Ausarbeitung dieses Werkes haben sich die Bearbeiter größte Sorgfalt auferlegt, gleichwohl könnte sich ein Fehler eingeschlichen haben. Daher sei dem Benutzer dringend empfohlen, vor der Ausführung die »Katalogwerte« anhand der zum Zeitpunkt der Ausführung geltenden technischen Regelwerke zu überprüfen, zumal die Angaben des »Kataloges« den technischen Regelwerken, die zum Zeitpunkt der Herausgabe gültig waren, entspringen, die sich jedoch zwischenzeitlich, zum Beispiel aufgrund der Normen-Fortschreibung, geändert haben könnten. Haftung für die Angaben wird nicht übernommen.

Entwerfen, Planen

Wie jedes Bausystem, ob mit Steinen, Beton oder Stahl, setzt auch die Holzrahmenbauart bestimmte definierte Baustoffspezifikationen voraus, und es müssen bei der Planung bestimmte Werkstoffe und konstruktionsbedingte Maßnahmen eingehalten werden. Dies ist erforderlich, um im Rahmen des Bausystemes zu bleiben und damit dessen wirtschaftliche Vorteile nutzen zu können und um ein solides, wertbeständiges Bauwerk zu erhalten.

Der »Katalog« enthält die erforderlichen Angaben über die zu verwendenden Baustoffe, über Bauteileigen-

Einführung

schaften und Maße sowie komplette Problemlösungen und Detaillierungen – soweit möglich in zeichnerischer Form. Es werden für jedes Bauteil verschiedene Varianten angeboten, die jedoch in ihrer Anzahl so beschränkt wurden, daß die Darstellung jeder Variante bis zur Ausführung auf der Baustelle vollständig ist. Diese umfassenden, übersichtlichen Informationen sind so gehalten, daß sie zunächst eine ausführliche Beratung des Bauherren durch den Entwurfsverfasser ermöglichen. Für die Ausarbeitung des Entwurfes können die Bauteile unmittelbar nach den Anforderungen ausgewählt werden, und es sind nur wenige Maßgaben und Einschränkungen beim Entwurf einzuhalten, da das Bausystem sehr vielseitig und vielgestaltig ist. Die vorgesehenen Standardbaustoffe sind mit Kurzbeschreibungen angegeben. Der Band »Holzrahmenbau – mehrgeschossig« behandelt Bauteile und Konstruktionen für Gebäude mit höheren Beanspruchungen sowohl beim Tragwerk wie auch bei der Bauphysik, die aus dem Geschoßwohnungsbau abzuleiten sind. Auch hier sind dem Anwender die genauen Bezeichnungen und Kennwerte der Konstruktionen angegeben. Diese Hilfen werden einem Entwurfsverfasser, der bisher in dem Bereich des Holzhausbaues wenig Erfahrungen hat, erlauben, relativ einfach Ausschreibungen und Vergaben vorzunehmen. Bei der Detaillierung kann aus einer Fülle von Problemlösungen das jeweils gewünschte Detail ausgewählt werden. Weiterhin stehen alle relevanten bauphysikalischen Daten zur Verfügung. Für die Vorbemessung sind leicht zu handhabende Tabellarien vorhanden, und für die Planung sind einerseits standardisierte Konstruktionen angegeben und andererseits die zugrunde gelegten Berechnungsverfahren erläutert. Die Angaben wurden so ausgewählt, daß der planende Architekt, Ingenieur oder Zimmereibetrieb bei seinen Arbeiten möglichst entlastet wird, ohne jedoch eine bestimmte Grundriß- oder Gebäudegestaltung vorzugeben oder vorauszusetzen.

Die Bauteile sind so ausgewählt, daß die Anforderungen an den Brand- und Schallschutz für Wohnhäuser, auch in verdichteter Bauweise, erfüllt werden können. Die wärmedämmenden Eigenschaften der Außenbauteile sind ausgezeichnet. Die Aspekte besonders energiesparenden Bauens in Niedrigenergie- oder Passivhausniveau sind berücksichtigt.

Bauen

Für das hier dargestellte Bausystem werden nur Baustoffe vorgeschlagen, die bewährt sind und deren Güte entweder durch Überwachung sichergestellt ist oder die vom Ausführenden bzw. Bauüberwachenden festgestellt werden kann. Die bauaufsichtlich zugelassenen Baustoffe, Bauteile und Konstruktionen haben während der acht Jahre von der zweiten zu dieser dritten Auflage erheblich zugenommen. Dieser Entwicklung wird mit entsprechenden Hinweisen Rechnung getragen.

Bei der Ausführung wirken die Planung, die konstruktive Durchbildung, die Stoffe und die handwerkliche Verarbeitung zusammen. Wie bei allen Bausystemen sind neben den üblichen Ausführungen einige weniger geläufige Dinge besonders zu beachten. Hierzu werden die wichtigsten Hinweise gegeben. Die Beschreibungen der Bauteile sind so gehalten, daß alle Informationen für die Ausführung bis hin zur Bestellung der Baustoffe enthalten sind und zum anderen ist die Darstellung so gewählt, daß für die Ausführung vollständige zeichnerische Unterlagen und Detaillierungen vorliegen, die entsprechend den Vorgaben der Planung sofort im Betrieb oder auf der Baustelle als Arbeitsunterlage dienen können.

»Ein Haus ist nie fertig«

Dieser weise Spruch trifft natürlich auch auf Häuser in Holzrahmenbauart zu. Schon beim Entwurf werden bestimmte spätere Veränderungen mitbedacht, während der Bauphase ergeben sich manchmal gewisse Änderungen, und späterhin können Veränderungen, z.B. durch Vermietung bestimmter Teile, Zuzug oder Auszug von Familienmitgliedern, notwendig werden. Grundsätzlich ist die Holzrahmenbauart ein sehr flexibles Bausystem, das schon in der Planungsphase erlaubt, eine Vielzahl von späteren Änderungen vorzusehen, die dann sehr leicht und ohne großen Anfall von Schmutz durchzuführen sind und keine Umbauarbeiten an deren anschließenden Bauteilen erforderlich machen. Aber auch unvorhergesehene Änderungen sind an dem bestehenden Gebäude sehr leicht und sauber durchzuführen. Nicht nur Veränderungen, sondern auch Verbesserungen der Qualität des Hauses sollen vielfach erst nach dem Einzug vorgenommen werden, um die Entstehungskosten möglichst gering zu halten. Wird zunächst eine einfache Ausführung vorgesehen, so können nachträglich ohne große Einschränkung der Benutzbarkeit der Räume sehr schnell und sauber, z.B. ohne Bohren und Dübeln, anspruchsvollere Wand- und Deckenbekleidungen eingebaut oder andere nachträgliche Maßnahmen zur Verbesserung der Wohnqualität vorgenommen werden. Anbauten wie Balkone oder Wintergärten, aber auch zusätzliche Wohnräume lassen sich einfach anfügen. Der Aufwand für Instandhaltung und Renovierung unterscheidet sich nicht von dem anderer Häuser. Angesichts der Veränderbarkeiten und zu erwartenden Veränderungen von dauerhaften, beständigen Bauwerken wurden Lösungen bevorzugt, die robust sind. Dies betrifft insbesondere die innere Dampfsperre, die nachträgliche Veränderungen der Außenbekleidungen weitgehend unproblematisch und sicher macht.

Energiesparendes Bauen

Der Holzrahmenbau hat seine hervorragende Eignung für energiesparendes und umweltverträgliches Bauen bewiesen.

Zum »Niedrigenergie-Standard« sind »Passivhaus-«, »Minergie-« und ähnliche »Standards« hinzugekommen, die mittlerweile bei Bauherren Interesse finden. Entsprechend ist das Werk erweitert. Veränderungen an dem Bausystem ergeben sich daraus nicht.

2
BAUSCHRITTE
BAUMETHODE

Inhalt

2 Bauschritte, Baumethode
   2.10 Allgemeines   17
   2.20 Bauteile   18
           Bodenplatten, Kellerdecken   18
           Außenwände   19
           Gebäudeabschlußwände   24
           Tragende Innenwände   25
           Stürze, Unterzüge, Stützen   26
           Nichttragende Innenwände   27
           Geschoßdecken   28
           Decken gegen unbeheizte Räume   29
           Dächer   30
   2.30 Haustechnik   31
   2.40 Tragwerksplanung   32
   2.50 Energieeffizientes Bauen   34

Allgemeines

2.10.01

Holzrahmenbau zeichnet sich aus durch:

- *Holztafelbauart,*
  d. h. Bildung von flächigen Bauteilen aus Holzrippen (-stäben) und Platten mit Scheibenwirkung.

- *Nur Tragwerksraster, kein Planungsraster,*
  d. h. Orientierung der Planung im wesentlichen an den Erfordernissen aus Tragwerk (Stützweiten u. ä.), Bauphysik und Energie-Konzept, Haustechnik und Gestaltung.

- *Geschoßweises Aufbauprinzip,*
  d. h. die geschoßhohen Wände werden jeweils auf einer geschlossenen »Plattform« errichtet.

- *Grad der Vorfertigung wählbar,*
  d. h. von handwerklicher Fertigung bis zu halb- oder ganzindustrieller Fertigung ist alles möglich, ohne das System zu verlassen.

Handwerklicher Holzrahmenbau mit Fertigung der Bauteile auf der Baustelle

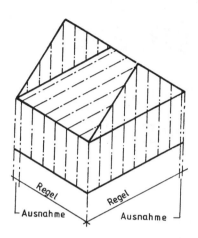

Vorfertigung von Tafelelementen bei halb- und ganzindustriellem Holzrahmenbau

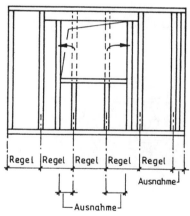

Beispiel rasterunabhängiger Wandöffnungen

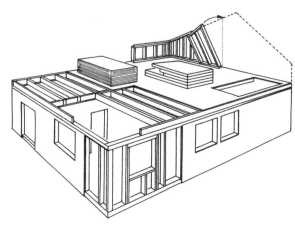

Geschoßweiser Aufbau mit Nutzung der Geschoßdecke als Arbeitsplattform für das nächste Geschoß

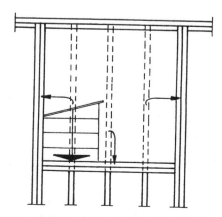

Das Prinzip möglichst vieler, gleicher Standard-Holzquerschnitte

Bauteile

2.20.01

Bodenplatten und Kellerdecken

- *In Schwerbauweise*
  Dargestellt sind übliche Varianten in Betonbauweise. Bei Einsatz anderer Varianten, z. B. Stahlsteindecken, Gasbetondecken, vorgespannten Betonhohlkörperdecken, ist die Verankerung der Holzkonstruktion darauf abzustimmen.

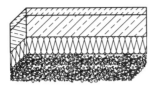
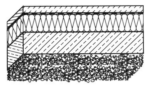

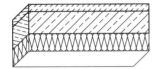
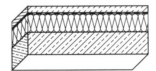

- *In Holzbauweise*
  - Bodenplatten:
    Dargestellt sind nur zwei Varianten. Sie erscheinen bautechnisch und bauphysikalisch als sichere Lösungen, auch bei unzureichenden Unterlüftungsverhältnissen der Bodenplatten.

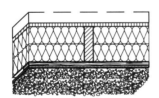
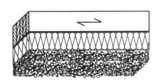

  - Kellerdecken:
    Neben den dargestellten Varianten können unter zusätzlicher Berücksichtigung des Wärmeschutzes alle Geschoßdecken eingesetzt werden.

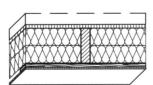
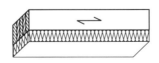
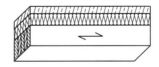

Bauteile

Außenwände

- *Systematik*
  Wegen der Vielzahl von Möglichkeiten wurde die Darstellung der Außenwände aufgegliedert in:
  - Grundkonstruktionen (12 Varianten),
  - Fassaden (6 Varianten),
  - innere Bekleidung der Außenwände (3 Varianten).

Die angebotenen Konstruktionen beschränken sich auf durchgängig genormte Wandaufbauten. Für den Einsatz ähnlicher, zugelassener Varianten werden Hinweise gegeben, insbesondere im Hinblick auf die Konsequenzen, die der Austausch einzelner Bestandteile bzw. Schichten zur Folge hat. In Frage kommende, tragende Werkstoffe und Bauteile sind in Kapitel 5 ausführlich beschrieben. Die bauphysikalischen Auswirkungen durch Veränderungen der Außenwandaufbauten können im Rahmen dieses Werkes nur allgemein angesprochen werden, weil es einige Hunderte Kombinationsmöglichkeiten mit zugelassenen Produkten gibt.

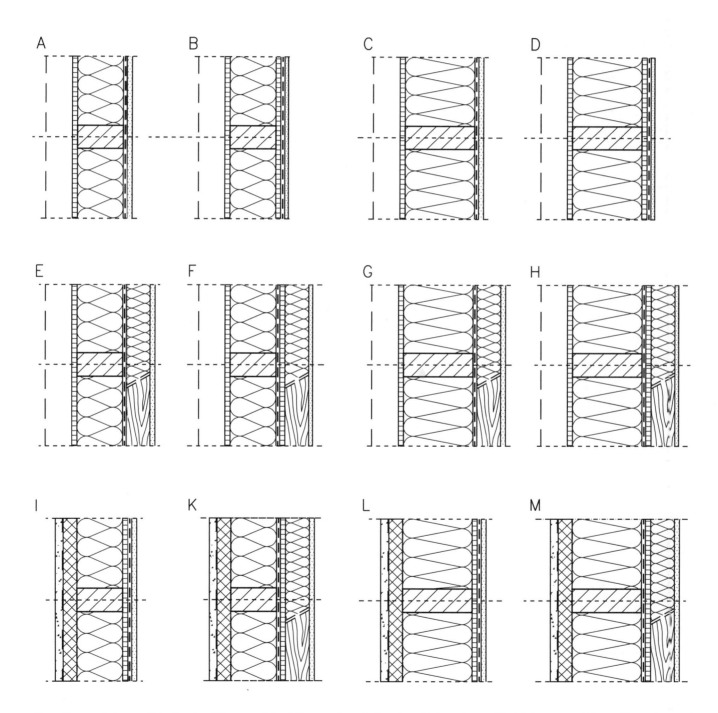

Grundkonstruktionen: Ständer 6 x 12 cm und 6 x 18 cm, mit und ohne Installationsebene, für leichte, vorgehängte Fassaden und für mineralischen Putz

Bauteile

2.20.02

- *Definitionen*
  Die Außenwände sind ausgelegt für:
  - Gebäude mit Nutzung zu Wohnzwecken,
  - bis F 30-B,
  - normale Geschoßhöhen (bis 2,90 m),
  - einen Schubfluß von 4,80 kN/m Wandtafellänge (bei Einfamilienhäusern üblicher Grundrißformen im allgemeinen ausreichend),
  - eine zulässige Vertikallast bis circa zwei Vollgeschosse bei Wohngebäuden mit üblichen Grundrissen.

- *Variationen*
  Die konstruktiven Gesamtzusammenhänge sind dargestellt für:
  - mittragende Beplankung außen,
  - mittragende Beplankung innen,
  - Kleintafeln,
  - Großtafeln,
  - Decken als Gesamtscheiben,
  - Decken als Scheiben aus Deckentafeln,
  - Decken aus Massivholzplatten,
  - jeweils auch mit Wärmebrücken-Minimierung am Deckenrand,
  - jeweils auch freiliegende Holzdecken.

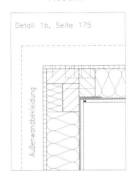
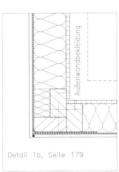

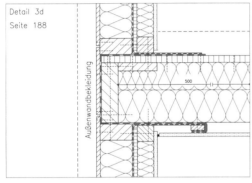
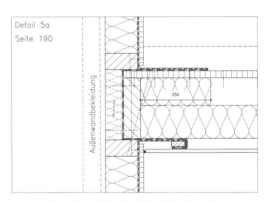

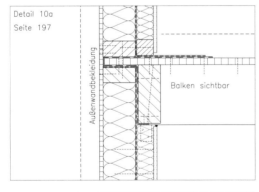
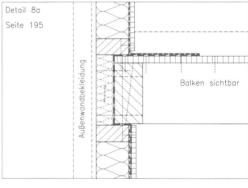

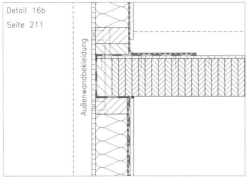
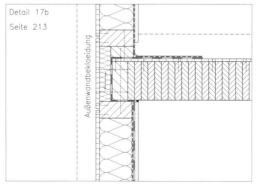

Beispiele der Anschluß-Variationen

Bauteile 2.20.02

- *Fassaden*

  Dargestellt sind sechs Fassaden-Varianten:
  - Brettschalung, nicht hinterlüftet,
  - Brettschalung, hinterlüftet,
  - Holzschindel-Schirm, hinterlüftet,
  - ebene, kleinformatige Faserzementplatten, hinterlüftet,
  - Vormauerwerk, hinterlüftet,
  - Putz auf Holzwolle-Leichtbauplatten, nicht hinterlüftet.

Andere vorgehängte, leichte Außenwandbekleidungen sind in großer Vielfalt möglich. Die dargestellten Beispiele sind übertragbar (siehe DIN 18 516).

Bei verputzten Wärmedämm-Verbundsystemen ist deren Verwendbarkeit und Eignung zu prüfen und die konstruktiven Bedingungen zur Ausführung sind zu beachten (Bauphysik, Befestigung, Putzaufbau, siehe Zulassungen der Systeme).

Bauaufsichtlich zugelassen sind auch einige Systeme, bei denen die mittragende Außenbeplankung unmittelbar verputzt werden kann.

Hier dargestellt ist der Putz auf Holzwolle-Leichtbauplatten entsprechend den zugehörigen Normen.

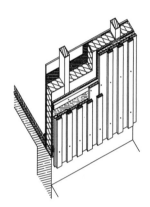

Brettschalung, nicht hinterlüftet, siehe Abschnitt 6.23.10

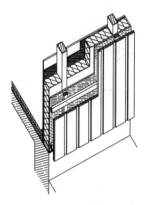

Brettschalung, hinterlüftet, siehe Abschnitt 6.23.20

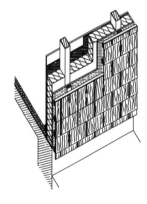

Holzschindel-Schirm, nicht hinterlüftet, siehe Abschnitt 6.23.30

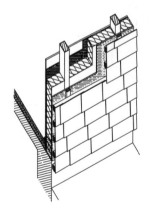

Ebene, kleinformatige Faserzementplatten, hinterlüftet, siehe Abschnitt 6.23.40

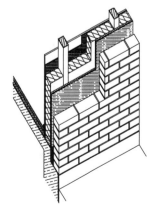

Vormauerwerk, hinterlüftet, siehe Abschnitt 6.23.50

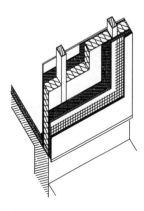

Putz auf Holzwolle-Leichtbauplatten, nicht hinterlüftet, siehe Abschnitt 6.23.60

Bauteile 2.20.02

- *Innenbekleidung der Außenwände*

Es wurde grundsätzlich von einer inneren Dampfsperre (-bremse) ausgegangen, die gleichzeitig als durchgängige Luftdichtheitsschicht (-ebene) definiert wurde. Entsprechend sind umschließend alle Anschlußdetails konstruiert.

Grundsätzlich ist mit entsprechendem Nachweis bei einer Reihe von Außenwandvarianten der Verzicht auf die innere Dampfsperre möglich. Dann sind jedoch eine Summe von Maßnahmen erforderlich, um die Luftdichtheit sicherzustellen.

Als innere Decklage der Außenwände sind durchgängig Gipskartonplatten angegeben (weil genormt). Bei Verwendung anderer, innerer Decklagen sind die Auswirkungen auf Brand- und Schallschutz zu prüfen und zu berücksichtigen.

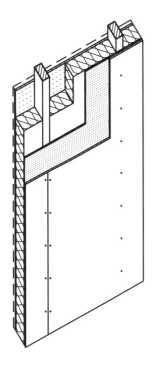
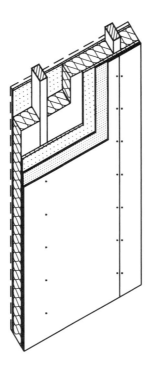
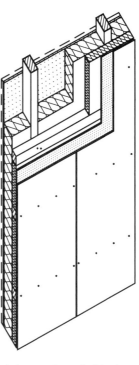

Gipskartonplatten als einlagige Innenbekleidung, in Verbindung mit z. B. Holzwerkstoffplatten als mehrlagige Innenbekleidung und als Innenbekleidung auf Installationsebene

Bauteile

- *Öffnungen in Außenwänden*

Da es sich um ein Tragwerksraster und kein Planungsraster handelt, sind Öffnungen bezüglich des Grundrisses frei wählbar.

Sinnvolle Öffnungsgrößen ergeben sich aus Sturzbelastung und Sturzspannweite.

Zu beachten ist, daß Außenwände in Holztafelbauart bei Wandbreiten unter 1 m – auch zwischen zwei Öffnungen – brandschutztechnisch als »nichtraumabschließend« anzusehen sind. Die erforderlichen, zusätzlichen konstruktiven Maßnahmen sind jeweils angegeben.

Stürze über Wandöffnungen sind im allgemeinen als dreiseitig brandbeansprucht zu betrachten. Im Kapitel 8 finden sich entsprechende Bemessungstabellen.

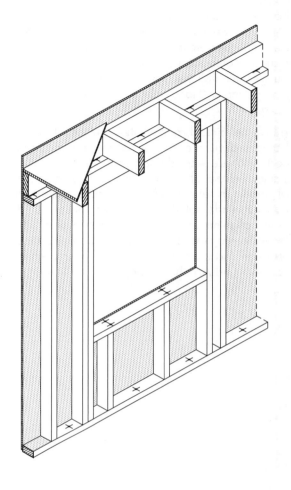

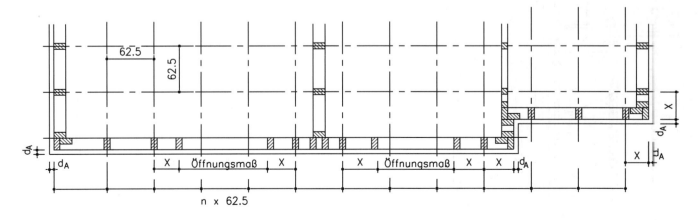

Beispiele für Pfostenpositionen bei Außenwandöffnungen, Maße in cm

Bauteile

Gebäudeabschlußwände

Dargestellt sind die genormten Möglichkeiten für Gebäudeabschlußwände, die von außen nach innen F 90-B und von innen nach außen F 30-B aufweisen sowie einen ausreichenden Schallschutz bieten. Diese Wände in Holzbauart sind nach fast allen Landesbauordnungen für übliche Doppel- und Reihenhausbebauungen geringer Höhe als Gebäudeabschlußwände zulässig.

Es gibt eine Fülle brandschutztechnisch klassifizierter und schalltechnisch geprüfter Konstruktionen, die ähnliche oder höhere Anforderungsprofile erfüllen. Die bauaufsichtlich einzuhaltenden Konstruktionsmerkmale sind im allgemeinen sehr detailliert und differenziert. Planer und Ausführende sollten bei Einsatz dieser zugelassenen, im allgemeinen wirtschaftlichen Konstruktionen, äußerste Sorgfalt walten lassen, was die einzusetzenden Materialien und die konstruktive Ausbildung einschließlich der An- und Abschlüsse angeht.

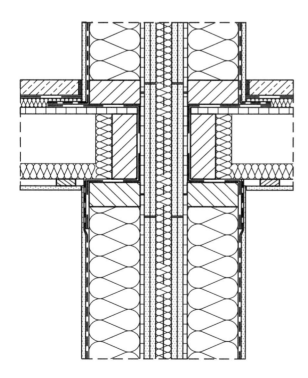 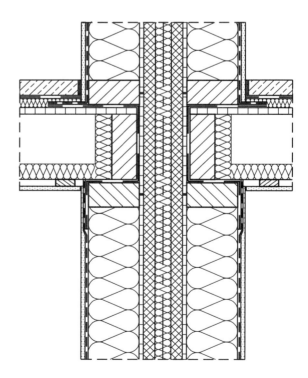

Gebäudeabschlußwände mit Gipskartonplatten (links) und Holzwolle-Leichtbauplatten (rechts)

Bauteile

Tragende Innenwände

Die tragenden Innenwände sind ausgelegt für:
- Gebäude mit Nutzung zu Wohnzwecken,
- bis F 30-B,
- bis Wohnungstrennwand (Schallschutz),
- normale Geschoßhöhen (bis 2,90 m),
- einen Schubfluß von 4,80 kN/m Wandtafellänge (bei Einfamilienhäusern üblicher Grundrißformen im allgemeinen ausreichend),
- eine zulässige Vertikallast bis circa zwei Vollgeschosse bei Wohngebäuden mit üblichen Grundrissen.

Insbesondere im Hinblick auf den Schallschutz gibt es geprüfte Konstruktionen ähnlichen Aufbaus mit höheren Schalldämm-Maßen. Auch sind eine große Zahl von Beplankungen als mittragend zugelassen (siehe Kapitel 5).

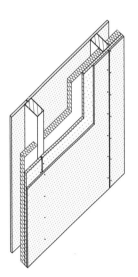 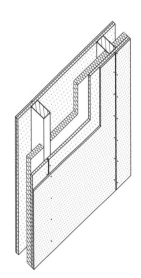 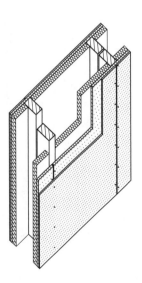

Drei Varianten tragender Innenwände mit Beplankung aus Holzwerkstoffplatten

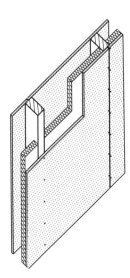 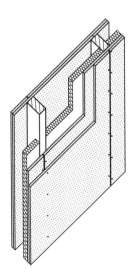 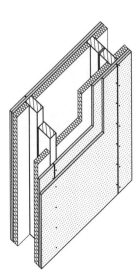

Drei Varianten tragender Innenwände mit Beplankung aus Gipskartonplatten

Bauteile

Stürze, Unterzüge, Stützen

Hier handelt es sich um freistehende oder freiliegende Bauteile.

Es werden solche aus Vollholz und BS-Holz sowie mit und ohne Bekleidung bis F 30-B angegeben. Die zugehörigen, zulässigen Beanspruchungen können in Tabellen des Kapitels 8 abgelesen werden.

Der Einsatz anderer verleimter Vollholz-Werkstoffe mit Zulassung (siehe Kapitel 5) ist unproblematisch. Bei Brandschutzanforderungen sind bei einigen der in Frage kommenden, zugelassenen Werkstoffe Brandschutzprüfzeugnisse erforderlich.

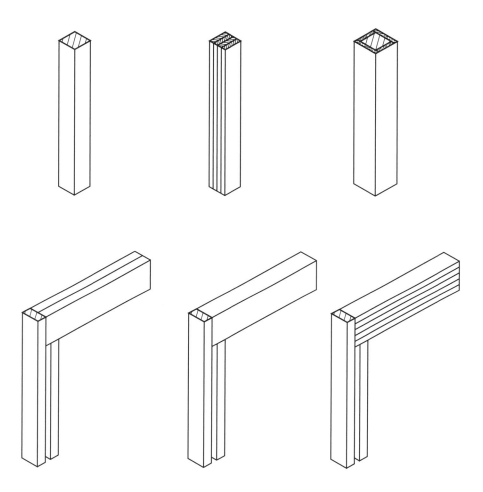

Nach Beanspruchungen und konstruktiven Zusammenhängen aus Tabellen ablesbare Dimensionen

Bauteile

Nichttragende Innenwände

Es sind die genormten Wandbauarten von nichttragenden, inneren Trennwänden mit Gipskartonplatten in Holzständer- und Metallständerbauart in einigen Varianten dargestellt.

Bauaufsichtlich relevant sind bei Ein- und Zweifamilienhäusern nichttragende Wände bezüglich:
- Absturzsicherung, z. B. an Treppenlöchern (DIN 4103),
- Durchdringen/Durchschlagen (DIN 4103),
- Schallschutz, bei getrennten Wohn- bzw. Arbeitsräumen (Einliegerwohnung, Zweifamilienhaus),
- Brandschutz, ggf. bei Wohnungstrennwänden.

Es sind eine Reihe weiterer geeigneter abweichender Trennwandsysteme am Markt. Ihre Eignung für den jeweiligen Einsatzzweck ist entsprechend dem gegebenen Anforderungsprofil zu prüfen.

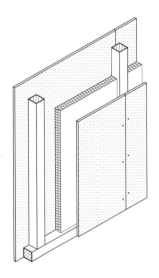
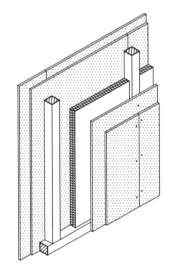

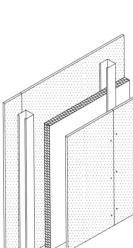
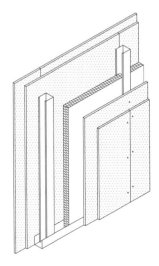
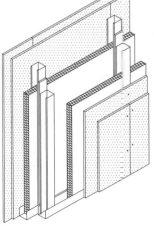

Sechs Varianten nichttragender Innenwände

Bauteile 2.20.07

Geschoßdecken

Systematik

Wegen der sich wiederholenden Grundkomponenten:
- Tragkonstruktion,
- Unterboden/Estrich,
- Deckenbekleidung,

wurden den »Bauteildaten« die konstruktiven Merkmale der Grundkomponenten vorangestellt.

Als Gesamtdeckenaufbauten sind die durchgängig genormten Varianten dargestellt. Darüber hinaus gibt es eine Fülle geprüfter Konstruktionen mit ähnlichem Aufbau, die z.T. weitaus höhere Anforderungen erfüllen und problemlos in das Holzrahmenbau-System hineinpassen.

Darstellung

Die Darstellung im Detail beschränkt sich auf die inneren Anschlüsse, weil die Anschlüsse an die Außenwände zusammen mit diesen (Abschnitt 6.22) umfassend abgehandelt sind.

Für die Auswahl nach Tragwerkskriterien stehen im Kapitel 8 umfangreiche Tabellarien sowohl für die Vertikallastabtragung als auch für die Scheibenwirkung zur Verfügung.

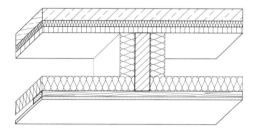

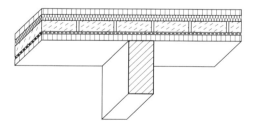

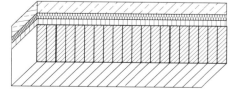

Beispiele für drei Ausführungen von Geschoßdecken

Bauteile

Decken gegen unbeheizte Räume

Die Grundkomponenten entsprechen denen von Geschoßdecken, daher wurde auf eine wiederholende Darstellung dieser verzichtet.

Die Unterschiede zu Geschoßdecken bestehen im wesentlichen bezüglich des bauphysikalischen Feuchteschutzes (Dampfsperre) und des Wärmeschutzes, worauf sich die Darstellung konzentriert.

Hingewiesen sei auf:
- höhere Verkehrslasten bei Decken unter Speichern (DIN 1055),
- relativ hohe Schallschutzanforderungen an Decken unter Speichern, die mehreren Parteien als allgemein zugängliche Trockenräume u. ä. dienen,
- z. T. gesonderte Anforderungen an den Brandschutz nicht ausgebauter Dachräume, auch Abseitenräume.

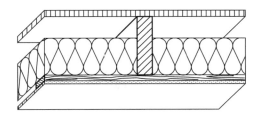

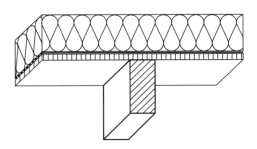

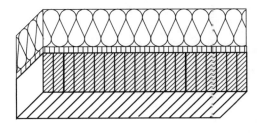

Beispiele für Ausführungen von Decken gegen unbeheizte Räume

Bauteile 2.20.09

Dächer

Bei den Dächern wird auf Tragwerksaspekte nicht eingegangen. Bauteildaten und Details werden nur für Dächer über Wohnräumen angegeben. Die Details bezüglich der Luftdichtheit gehen regelmäßig – wie bei den Außenwänden – von einer inneren Dampfsperre (-bremse) aus.

Dächer mit Dämmung zwischen den Sparren

Sie sind dargestellt:
- mit oberseitig belüfteter Dämmschicht,
- »vollgedämmt«, d. h. mit unbelüfteter Dämmschicht.

Letzterer Variante ist heute wegen des möglichen Verzichts auf chemischen Holzschutz und höhere Dämmstoffdicken wohl im allgemeinen der Vorzug zu geben. Bei Bedachung auf Schalungen (Schiefer, Blech u. ä.) oder wasserführenden Unterdächern (Eisschanzenbildung u. ä.) kann eine belüftete Dämmschicht nach wie vor sinnvoll sein.

Dächer mit aufgelegten Dämmsystemen

Es sind nur Dachkonzepte detailliert, bei denen eine konsequent sichere Luftdichtheit erreichbar ist, d. h. daß keine »durchschießenden« Sparren und keine nach außen durchlaufenden Dachschalungen vorkommen.

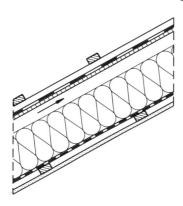

Dach mit Zwischensparrendämmung, oberseitig belüftete Dämmschicht

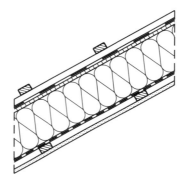

Dach mit Zwischensparrendämmung, unbelüftete Dämmschicht

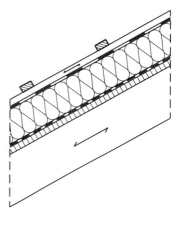

Dach mit aufgelegtem Dämmsystem

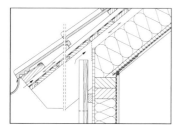
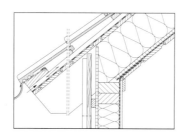
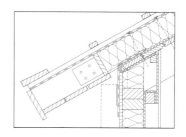

Varianten von Traufpunktdetails für Dächer mit Zwischensparrendämmung und für Dächer mit aufgelegtem Dämmsystem

Haustechnik

Haustechnik

Zur Haustechnik selbst sind nur allgemein die Aspekte vermerkt, welche Einfluß auf die Baukonstruktion nehmen.

Bauliche Maßnahmen zur Integration der Haustechnik

Die Gliederung orientiert sich an der Abfolge der Bauteildarstellungen: Wände, Decken, Dächer.

Zusätzlich wird die konstruktive Durchbildung von Feuchträumen (Bädern, Duschen) als Gesamtkomplex behandelt.

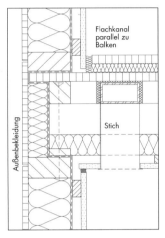

Beispiel: Flachkanal in Balkendecke

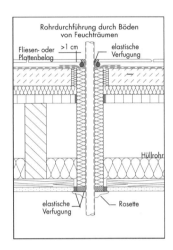

Beispiel: Rohrdurchführung durch Feuchtraumboden

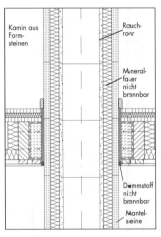

Beispiel: Schornsteinführung durch Decke

Beispiele: Elektroinstallation – Unterverteilung in Decke und Boden

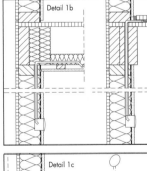

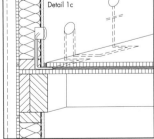

Beispiele: Elektroinstallation – Leitungsführung in Wand und Decke

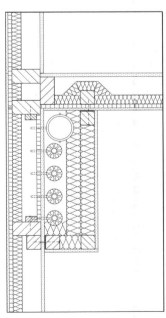

Beispiel: Installationsschacht

Tragwerksplanung

Bemessung

Das Kapitel 8 enthält für die Vordimensionierung der Bauteile grundsätzliche Erläuterungen, ein Beispiel sowie Tabellarien und Übersichten. Die Vorbemessung der Bauteile läßt sich für übliche Fälle im Ein- und Zweifamilienhaus-Bereich mit dem Tabellarium bis F 30-B durchführen. Grundlage von Kapitel 8 ist DIN 1052.

Die Anwendung des Tabellariums wird in Beispielen konkret vorgeführt. Die Beispiele zeigen auch die Vorgehensweise für einen Standsicherheits-Nachweis.

Kapitel 8 stellt eine Hilfe dar. Für den jeweiligen Einzelfall ist ein Standsicherheits-Nachweis gemäß den bauaufsichtlichen Bestimmungen zu führen.

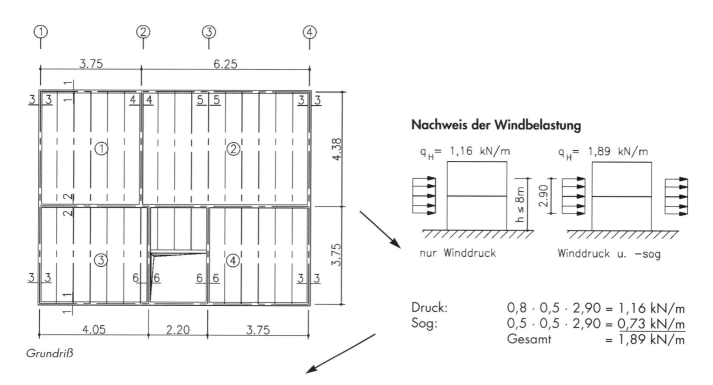

Grundriß

Nachweis der Windbelastung

Druck: $0,8 \cdot 0,5 \cdot 2,90 = 1,16$ kN/m
Sog: $0,5 \cdot 0,5 \cdot 2,90 = \underline{0,73}$ kN/m
Gesamt $= 1,89$ kN/m

Tabelle
Erforderliche Anzahl der Balken bei einer horizontalen Belastung von $0,8 \cdot 0,5 \cdot 2,90 = $ **1,16 kN/m**
(1 Geschoß, nur Winddruck h ≤ 8 m)

Querschnitt	Stützweite (m)					
Balken	3,00	3,50	4,00	4,50	5,00	5,50
6/22	5	7	10	14	20	26
8/22	4	4	5	6	9	11
10/22	4	4	4	4	5	6
12/22	4	4	4	4	4	4
6/24	4	6	9	13	18	24
8/24	4	4	4	6	8	10
10/24	4	4	4	4	4	6
12/24	4	4	4	4	4	4

Wind von »links« bzw. »rechts« $w_D = 1,16$ kN/m

Raum 1
aus Tabelle
für 4,50 m Stützweite und Balken 10/22
erf n = 4 Balken (Mindestanzahl), vorh n = 5 Balken

Auszug aus einem Vorbemessungsbeispiel für Deckenbalken in aussteifenden Deckenscheiben

Tragwerksplanung

Gesamtkonstruktiver Zusammenhang

Die Holzrahmenbauweise hat während der vergangenen eineinhalb Jahrzehnte eine große Variantenvielfalt entwickelt. Um den Zusammenhang zwischen den Konstruktions-, Fertigungs- und Tragwerksaspekten zu wahren, wurden die tragenden Anschlüsse weitgehend in die konstruktiven Darstellungen des Kapitels 6 integriert. In Kapitel 8 sind daher die Ausführungen beschränkt auf die Tragglieder:
- Deckenbalken,
- Unterzüge, Stürze,
- Wandpfosten,
- Stützen,
- Gebäudeaussteifung
  - Deckenscheiben,
  - Wandscheiben.

Die zugehörigen Anschlüsse und Verbindungen der Tragglieder untereinander gehen aus Kapitel 6 entsprechend dem jeweiligen Detail hervor.

Die Tragwerksplanung kann so sehr zweckmäßig in den zwei Hauptarbeitsschritten:
- »Bemessung der Tragglieder«
- »Bemessung der Anschlüsse, Verbindungen und Verankerungen«

erfolgen.

Nach der Bemessung der Tragglieder können Architekt, ggf. Bauphysiker und Haustechniker, Holzbauunternehmer und Tragwerksplaner leicht gemeinsam die Detailauswahl treffen. Die sich daraus ergebenden Nachweise kann der Tragwerksplaner seinen bis dahin getätigten Nachweisen problemlos anfügen.

Beispiel für Deckenanschlüsse:

Aus der Bemessung der Tragglieder hat sich ergeben:
- Deckenbalken 8×24 cm², $e = 62,5$ cm
- Maximale Horizontalbelastung der Wände 3,4 kN/m
- Maximale Vertikalbelastung der Wände 8,7 kN/m
- Maximaler Schubfluß an Deckenscheibenrändern 1,4 kN/m.

Bauherr, Architekt und Haustechniker wünschen:
- Teilbereiche mit freiliegenden Holzbalken
- Teilbereiche mit Deckenbekleidung
- Außenwand mit Installationsebene
- tragende Innenbeplankung
- wärmegedämmten Deckenrand

Der Holzbauunternehmer schlägt vor:
- Wände werkseitig vorgefertigt als Großtafeln
- Decken als Holztafeln elementiert

Nach Tabelle 6.20.03, S. 173; mögliche Details 6.22.13; 6 c, 10a, 12a

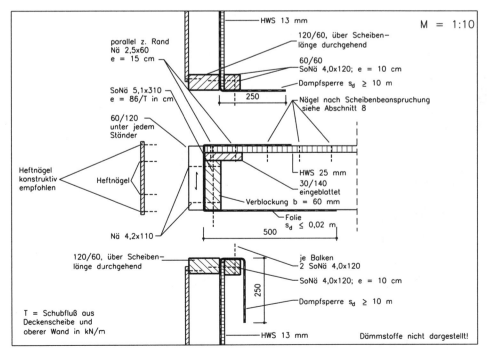

Aus Tabelle 4.3, S. 504, ergibt sich für die Wände: Wandpfosten 6×12 cm², $e = 62,5$ cm, ohne Schwellenüberstand
Bei $T = 3,4$ kN/m
zul $F_v^* \cong 9,0$ kN/m $\geq$ 8,7 kN/m

Beispiel Detail 6c:
SoNä $5,1 \times 310$ e; $= 86/1,4 = 61,4$ cm, gewählt: 2 SoNä $5,1 \times 310$ je Gefach

Energieeffizientes Bauen

2.50.01

Energieeffizientes Bauen

Das Thema wird in allgemeiner Form behandelt. Es würde den Rahmen des Werkes sprengen, die umfangreichen und komplexen Zusammenhänge anhand der Rechenansätze, Klimadaten, Anlagen-Kennwerte usw. abzuhandeln. Dies sollte Aufgabe eines Haustechnikers sein.

Es wurde versucht, grobe, quantitative Ansätze für die Abschätzung des Energiebedarfs anzubieten, die beim Entwurf den Weg soweit weisen, daß anschließende Feineinstellungen ohne grundsätzliche konzeptionelle Umplanungen gegeben sind.

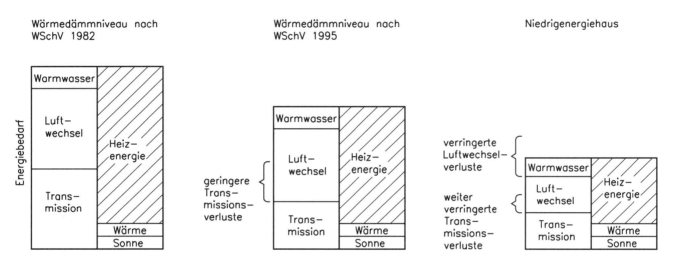

Beispiele verschiedener Wärmedämmniveaus

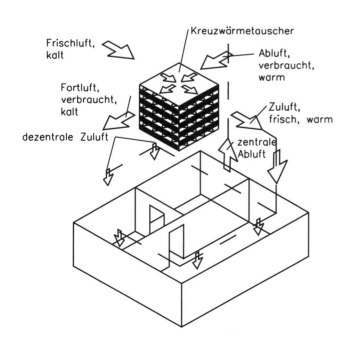

Schema:
Einzelne Abluftansaugstelle, dezentrale Zuluft

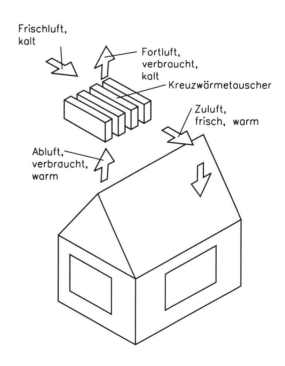

Schema:
Prinzip des Wärmeaustauschs

Energieeffizientes Bauen

Niedrigenergie- und Passivhäuser

Die Planungsziele sind vom Bauherren unter Beratung seines oder seiner Planer festzulegen, z. B. Jahresheizenergiebedarf, solare Energiegewinnung, Nutzung von Erdwärme usw. Hierauf wird nicht eingegangen. Auf der Grundlage der bei den jeweiligen Bauteilen angegebenen k-Werte werden dem Planer in Kapitel 9 Methoden und Werte zur Abschätzung des Energiebedarfs in der Entwurfsphase angeboten.

Bei Niedrigenergie- oder Passivhäusern stehen Bauwerk und Wärmebedarfsdeckung in einer äußerst engen Wechselbeziehung, so daß Bauwerk und Haustechnik zusammen gesamtlich geplant werden müssen.

In Kapitel 7 werden Möglichkeiten zur Integration der haustechnischen Leitungen dargestellt. Das Werk behandelt nicht extrem wärmedämmende Bauteile. Grundsätzlich sind diese durch Anordnung zusätzlicher oder dickerer Dämmschichten möglich.

Grundsätzlich bieten sich zwei Planungsmethoden an:

<u>1   Entwurf mit bauphysikalischen Werten</u>
1.1 Bauart-unabhängiger Vorentwurf nach k-Werten, g-Werten, Heiz- und Lüftungstechnik
1.2 Optimierung des Vorentwurfs mittels wärme- und heiztechnischer Vorermittlungen und Bemessungen
1.3 Pflichtenheft für die Bauteile und die Haustechnik
1.4 Vorauswahl der Bauteile und des Tragwerkonzeptes
1.5 Grundkonzept für die Integration der Haustechnik
1.6 Abstimmung mit Tragwerksplanung, Haustechnik, Ver- und Entsorgungsstellen
1.7 Festlegungen für die Genehmigungsplanung

<u>2   Entwurf mit Erfahrungswerten</u>
2.1 Vorauswahl von Bauteilen und Haustechnik nach äußeren Gegebenheiten und technischen Aspekten
2.2 Vorentwurf der Gebäudegeometrie unter Berücksichtigung der Haustechnik
2.3 Berechnung der energetischen Kenngrößen und Vergleich mit den zuvor getroffenen bautechnischen und haustechnischen Annahmen
2.4 Ggf. Optimierung des Vorentwurfs
2.5 Überprüfung des haustechnischen Integrationskonzeptes
2.6 Pflichtenheft für die Bauteile und die Haustechnik
2.7 Genehmigungsplanung.

Die Methode 1 ist wenig erfahrenen Planern anzuraten. Erfahrene Planer wählen eher die Methode 2. Die Methode 2 ist nur sinnvoll, wenn die aus Erfahrung getroffenen Vorauswahlen und Annahmen ziemlich genau durch die anschließenden Nachweis-Ergebnisse getroffen werden.

Vorgehen 2.50.03

Empfehlung für Planungsschritte

1 Anforderungsprofil erarbeiten
   1.1 Grundlagenermittlung (Bebaubarkeit, Erschließung, Baugrund, Klimadaten, solare Gebäudelage, bauaufsichtliche Anforderungen usw.)
   1.2 Zielvorstellungen Erscheinungsbild (Raumprogramm, Optik, Materialien usw.)
   1.3 Zielvorstellungen nicht sichtbare Werte (z. B. wiederverwertbar ...)
   1.4 Mögliche haustechnische Anlagen (z. B. Bauherr will Fensterlüftung und Heizkörper oder Fußbodenheizung oder offenen Kamin)
   1.5 Veränderbarkeiten definieren
   1.6 Zielgröße Energiebedarf
   1.7 Zielgrößen Schallschutz (bauaufsichtlich vorgeschrieben und privat gewünscht)
   1.8 Brandschutz-Anforderungen

2 Mögliche Bauteile auswählen
   2.1 nach bauphysikalischen Anforderungen
   2.2 nach gestalterischen Anforderungen
   2.3 nach sonstigen Anforderungen

Anmerkung: Sollten die in diesem Werk detailliert ausgewiesenen Bauteile die gewünschten Anforderungsprofile nur zum Teil erfüllen, so gibt es eine Fülle von Modifikationsmöglichkeiten, ohne das Bausystem grundsätzlich zu verlassen. Zu den jeweiligen Bauteilen geben Beschreibungen über die Austauschmöglichkeiten von einzelnen Schichten Auskunft über das, was zu beachten ist.

3 Haustechnisches Grundkonzept erarbeiten
   3.1 Bedarf an Zu- und Ableitungen (Erdwärmetauscher, Rauchgasschornsteine u. ä.)
   3.2 Raumbedarf für Wärmeerzeuger und Wärmespeicher, Abkühlbehälter (warmes Abwasser), Regenwasser-/Grauwasserbehälter u. ä.
   3.3 Konzept für die Grobverteilung
   3.4 Konzept für die Feinverteilung

4 Entwerfen unter Berücksichtigung
   4.1 der Bauteildicken
   4.2 der erforderlichen Installationsräume, Hohlräume, Durchbrüche

5 Entwurf in Hinblick auf Tragwerk überprüfen
   5.1 Sind genügend aussteifende Wandscheiben vorhanden (vgl. z. B. Seite 447)
   5.2 Ergeben sich Auswirkungen aus dem Schallschutz für das Tragwerk (z. B. Trennfugen in dem Tragwerk bei Wohnungstrennwänden)

3
ÜBERSICHTEN ZUM ENTWURF

Inhalt

3	Übersichten zum Entwurf	
	3.10 Maße	39
	3.20 Brandschutz	42
	3.30 Schallschutz	44
	3.40 Wärmeschutz	48
	3.50 Feuchteschutz	51
	3.60 Holzschutz	52
	3.70 Bauteile	53
	3.80 Haustechnik	56
	3.90 Energieeffizienz	57

Maße

Grundrißmaße

Grundsätzlich kann der Grundriß maßlich, unabhängig vom Raster, beliebig gestaltet werden. Die Grundrißmaße in Wandlängsrichtung werden wegen der handelsüblichen Einbauelemente (wie im Massivbau) üblicherweise im oktametrischen Maßsystem (n x 12,5 cm) angenommen. Es können jedoch ohne Komplikationen beliebige Maße gewählt werden.

Die Stellung der Holzständer im Grundriß ist möglichst in ein 62,5-cm-Raster entsprechend den nachfolgenden Angaben einzuordnen. Bei Wandöffnungen, die eine Stütze in dem Raster nicht ermöglichen, werden einfach am Rande der Öffnung zusätzliche Randstützen angeordnet.

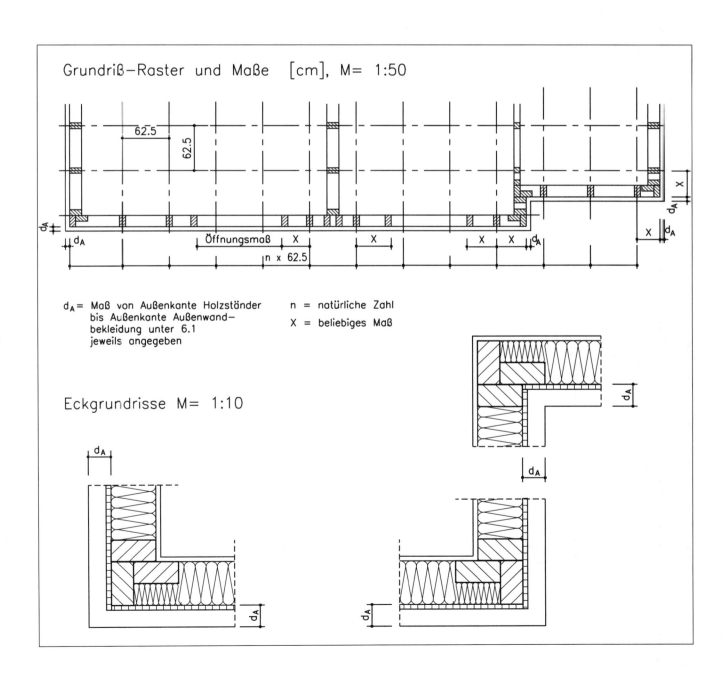

Maße

3.10.02

Höhenmaße

Die Höhenmaße sollten so gewählt werden, daß die handelsüblichen Abmessungen der Holzwerkstoffplatten passend sind und die Platten in der Höhe nicht zugeschnitten werden müssen. Diese Höhenmaße sollten möglichst nur dann verändert werden, wenn sichergestellt ist, daß Holzwerkstoffplatten verfügbar sind, die zu diesen anderen Höhenmaßen passen oder wenn der Mehraufwand in Kauf genommen werden kann.

Zur Abschätzung der Höhe von Stürzen (insbesondere bei Außenwänden) sind die Tabellen des Kapitels 8 zu verwenden und als Hilfe für die erforderliche, kleine Berechnung sind ebenfalls im Kapitel 8 Beispiele beigefügt. Die Dicke der Decken ergibt sich aus der Wahl der Deckenart (siehe Kapitel 6) und der statischen Bemessung.

Plattenhöhe [mm]	lichte Rohbau-Raumhöhe (UK Schwelle – OK Rähm) bei Varianten a bis f Deckenbalken h = 220 mm					
	a [m]	b [m]	c [m]	d [m]	e [m]	f [m]
2500	2,56	2,50	2,62	2,50	$2{,}25^5$	$2{,}31^5$
2650	2,71	2,65	2,77	2,65	$2{,}40^5$	$2{,}46^5$
2750	2,81	2,75	2,87	2,75	$2{,}50^5$	$2{,}56^5$
3100	3,16	3,10	3,22	3,10	$2{,}85^5$	$2{,}91^5$
3200	3,26	3,20	3,32	3,20	$2{,}95^5$	$3{,}01^5$
3250	3,31	3,25	3,37	3,25	$3{,}00^5$	$3{,}06^5$

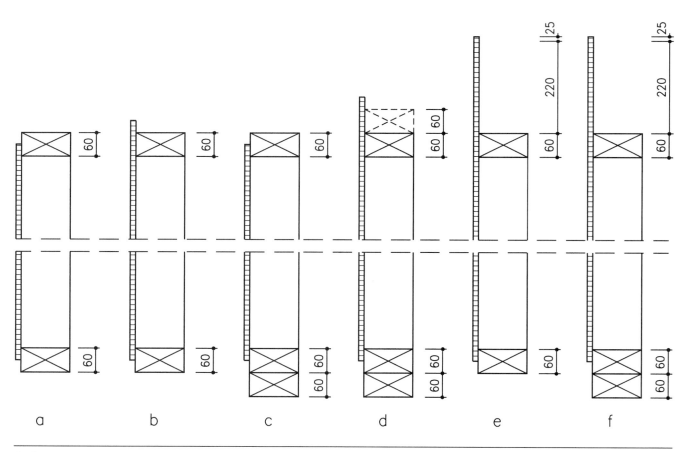

Schnitte

Maße

Mindestanforderungen an die Grundrißgestaltung

Wie erwähnt unterliegt der Holzrahmenbau keinem Planungsraster. Aus der Gebäudeaussteifung ergeben sich einige wenige Bedingungen für die Anordnung der tragenden Wände.

Die Wände sind durchgängig bei Wandhöhen bis 2,75 m für einen Schubfluß an der Wandkrone von 4,8 kN/m ausgelegt. Wandscheiben, die schmäler als 625 mm sind, sollten nicht angesetzt werden. Die Mindestlänge der Summe aller ansetzbaren Wandscheiben ergibt sich im allgemeinen aus den Windlasten. In Erdbebengebieten sollte schon beim Vorentwurf ein Tragwerksplaner mitwirken. Die Tabelle gibt Anhaltswerte für erforderliche Wandscheibenlängen in Abhängigkeit von der Gesamtgebäudehöhe über Gelände.

Bei Entwürfen mit nur dreiseitiger Anordnung (U-förmige Anordnung) tragender Wände im Grundriß sollte ebenso schon beim Vorentwurf ein Tragwerksplaner mitwirken. In gewissen Grenzen sind solche Grundrisse möglich, die jedoch vom Einzelfall abhängen.

Beispiel:

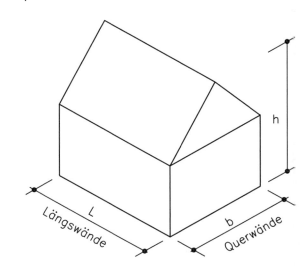

$h = 8$ m, $b = 8$ m, $L = 11$ m

Erforderliche Gesamt-Wandlängen

Σ Querwände: DG: $0,3 \times 11 = 3,3$ m
OG: $0,6 \times 11 = 6,6$ m
EG: $0,9 \times 11 = 9,9$ m

Σ Längswände: DG: Lastabtragung über Dachkonstruktion
OG: $0,6 \times 8 = 4,8$ m
EG: $0,9 \times 8 = 7,2$ m

Gebäudehöhe in m über Gelände	Erforderliche Länge der Summe aller tragenden Wandscheiben mit $b \geq 0,625$ m rechtwinklig zur Ansicht in m je m Ansichtsbreite[1]		
	im DG	im OG	im EG
3 m			0,3
4 m			0,4
5 m	0,3		0,5
6 m	0,4		0,6
7 m		0,6	0,8
8 m	0,3	0,6	0,9
9 m	0,5	0,7	1,1
10 m	0,8	1,0	1,4

[1] Geschoßhöhe mit 2,80 angesetzt.

Brandschutz, Allgemeines 3.20.01

Brandschutz

Vorschriften	Landesbauordnung, Durchführungs- bzw. Ausführungsverordnungen DIN 4102 »Brandverhalten von Stoffen und Bauteilen« Teil 1 bis Teil 8 »Richtlinie über die Verwendung brennbarer Baustoffe im Hochbau«.		
Begriffe	Baustoffklasse	brennbar	B
			B 3 leichtentflammbar
			B 2 normalentflammbar
			B 1 schwerentflammbar
		nichtbrennbar	A
			A 2
			A 1
	Feuerwiderstands-klasse	Dauer in Minuten (30, 60, 90 Min. usw.), die ein Bauteil (Wand, Decke usw.) unter der Prüf-Brandlast standhält, mit der Angabe der Baustoffklasse der wesentlichen Bestandteile des Bauteiles (B ≙ aus brennbaren Baustoffen AB ≙ in wesentlichen Teilen aus nichtbrennbaren Baustoffen; A ≙ aus nichtbrennbaren Baustoffen), z. B. F 30-B bedeutet: Feuerwiderstandsklasse 30 Min. wesentliche Teile brennbar.	
	Raumabschließend	Brandbeanspruchung nur von einer Seite möglich, gilt auch für Außenwände mit mehr als 1 m (auch zwischen Öffnungen) Breite. Bauteil bewahrt Raumabschluß, auf Feuer abgewandter Seite hält Temperatur Grenzwerte ein.	
	Nicht raum-abschließend	Brandbeanspruchung von zwei Seiten, ggf. von allen Seiten möglich (gilt im allgemeinen für alle Wände innerhalb einer Wohnung). Nur ausreichende Tragfähigkeit muß erhalten bleiben.	
Baustoffe des Kataloges	Klassifiziert nach DIN 4102-4		
	Baustoffklasse A 1	– Steine aus mineralischen Bestandteilen – Mineralischer Putz – Faserzementplatten	
	Baustoffklasse A 2	– mit gültigem Prüfbescheid: Gipskartonplatten d ≥ 12,5 mm	
	Baustoffklasse B 1	– Holzwolleleichtbauplatten nach DIN 1101 – Gipskartonbauplatten nach DIN 18 180	
	Baustoffklasse B 2	– Holz und genormte Holzwerkstoffe mit einer Rohdichte ≥ 400 kg/m³ und einer Dicke > 2 mm	
	Nicht nach DIN 4102 klassifizierte Baustoffe		
	Baustoffklasse	– laut Prüfbescheid gemäß DIN 4102-1, Kennzeichnungspflicht (siehe Kapitel 5)	
Bauteile des Kataloges	Klassifiziert nach DIN 4102-4 Feuerwiderstands-klasse	– bei jedem Bauteil angegeben; gilt im allgemeinen nur, wenn die zugehörigen aussteifenden Bauteile mindestens die gleiche Feuerwiderstandsdauer aufweisen. Abweichung davon siehe Landesbauordnungen.	
Andere, geeignete Bauteile	Mit Nachweisen durch Prüfungen Feuerwiderstands-dauer	– gemäß bauaufsichtlichem Prüfzeugnis	
Zu beachten	**– Nur Baustoffe nach Angabe der Normen oder der Prüfzeugnisse verwenden!** **– Besondere Anforderungen an die Baustoffe (Schmelzpunkt, Rohdichte usw.) beachten!** **– Schichtenfolge und Schichtdicke der Baustoffe nicht verändern!** **– Ausführung nach den Angaben des Kataloges oder des Prüfzeugnisses.**		

Brandschutz, Übersicht 3.20.02

Bauteil	Funktion	Feuerwiderstandsklasse	Baustoffklasse der Außenseite	Bauteil-Nr.	Seite
Bodenplatten Beton	nichttragend oder tragend			6.11 A, B	130
Kellerdecken, Beton	tragend			6.12 A, B	135
Bodenplatten, Holz	tragend			6.14 A, B	142
Kellerdecken, Holz	tragend			6.15 A, B, C	147
Außenwände	tragend und aussteifend, raumabschließend (Breite auch zwischen Öffnungen B > 1 m),	F 30-B	B	6.20 A, B, C D, E, F, G, H	162 ff
	tragend, nicht raumabschließend mit Ständern 12/12 cm		A	6.20 I, K, M	166 f
Gebäudeabschlußwände bzw. Gebäudetrennwände	tragend und aussteifend, raumabschließend	von innen F 30-B	innen: A außen: A	6.30 A, B	265
		von außen F 90-B	innen: A außen: B	6.30 C, D	266
			innen: A außen: B	6.30 E, F	267
Innenwände	tragend und aussteifend	F 30-B	A oder B	6.40 A, B, C	278
	tragend und aussteifend für Aussteifung bauaufsichtlich zugelassen	F 30-B	A	6.40 D, E, F	279
	nichttragend (Holzständer)	F 30-B	A	6.51 A	292
		F 60-B	A	6.51 B	292
		F 90-B	A	6.51 C	292
	nichttragend (Metallständer)	F 30-A	A	6.52 A	301
		F 60-A	A	6.52 B	301
		F 90-A	A	6.52 C	301
Stützen, freistehend	tragend	F 30-B	B	6.60 A, B	312
			A	6.60 C	312
Stürze, Unterzüge	tragend (Stürze)	–	B	6.70 A	313
	tragend (Unterzüge)	F 30-B	B	6.70 B, C	313
Decken	Balken nicht sichtbar	F 30-B	unten: A	6.81 A, B, C	318
		–	unten: A oder B	6.81 D, E	319
		F 30-B	unten: A oder B	6.81 F	319
		F 30-B	unten: A oder B	6.81 G, H, I	320 ff
		F 30-B	unten: A	6.81 K	321
	Balken sichtbar	F 30-B	unten: B	6.82 A, B, D, F	330 ff
		–	unten: B	6.82 E	331
Dächer	Zwischensparrendämmung			6.91	348 ff
	aufgelegte Dämmsysteme	F 30-B	innen: B	6.92	368

Schallschutz, Allgemeines 3.30.01

Schallschutz

Vorschriften Landesbauordnung (DIN 4109 ist in den meisten Bundesländern bauaufsichtlich eingeführt und damit Bestandteil der jeweiligen Landesbauordnung). Ggf. Flächennutzungs- oder Bebauungspläne (z. B. beim Schallschutz gegen Außenlärm wie Fluglärm, Lärm aus Schienen- oder Wasserwegen). Bestehen Anforderungen an den Schallschutz, so ist im allgemeinen im Rahmen des Baugenehmigungsverfahrens ein Nachweis zu führen.

DIN 4109 »Schallschutz im Hochbau; Anforderungen und Nachweise«.

Beiblatt 1 zu DIN 4109 »Schallschutz im Hochbau, Ausführungsbeispiele und Rechenverfahren«.

Beiblatt 2 zu DIN 4109 »Schallschutz im Hochbau, Hinweise für Planung und Ausführung; Vorschläge für einen erhöhten Schallschutz; Empfehlungen für den Schallschutz im eigenen Wohn- und Arbeitsbereich«.

Begriffe

R'_w »Bewertetes Schalldämm-Maß«: kennzeichnet die Luftschalldämmung eines Bauteils zwischen zwei Räumen oder eines Außenbauteils unter Berücksichtigung der Schallübertragung über die flankierenden Bauteile.

R_w »Bewertetes Schalldämm-Maß«: kennzeichnet die Luftschalldämmung eines Bauteils bei alleiniger Schallübertragung über das trennende Bauteil ohne Berücksichtigung der Schallübertragung über die flankierenden Bauteile (nebenwegfrei).

$R_{L,w}$ »Bewertetes Schall-Längsdämm-Maß«: kennzeichnet die Luftschalldämmung zwischen zwei Räumen bei alleiniger Übertragung über ein einzelnes flankierendes Bauteil unter Ausschaltung der Übertragungen über das trennende Bauteil und über die übrigen flankierenden Bauteile.

TSM »Trittschallschutzmaß«: alte Bezeichnung; kennzeichnet die Trittschalldämmung der gesamten Decke.

$L'_{n,w}$
ΔL_w »Bewerteter Norm-Trittschallpegel«: kennzeichnet wie das TSM das Trittschallverhalten einer Decke; es besteht die Beziehung:
TSM = 63 − $L'_{n,w}$ in dB bzw. $L'_{n,w}$ = 63 − TSM in dB.

VM bzw. »Trittschallverbesserungsmaß«: »VM« (alte Bezeichnung); »ΔL_w« (neue Bezeichnung); kennzeichnet die Verbesserung der Trittschalldämmung einer Massivdecke durch zusätzliche Deckenauflagen, z. B. weichfedernde Bodenbeläge; die Rechenwerte VM_R bzw. $\Delta L_{w,R}$ nach Beiblatt 1 zu DIN 4109 sind nur für Massivdecken gültig; bei Holzbalkendecken, bei denen sich eine wesentlich kleinere Verbesserung ergibt, kann das VM_R bzw. $\Delta L_{w,R}$ nicht durch Addition der Einzelwerte für Rohdecke und Deckenauflage ermittelt werden, sondern muß für den gesamten Deckenaufbau bestimmt werden.

Der Zusatz-Index »R« bedeutet jeweils »Rechenwert«, also ein errechneter Wert. Da die Norm einen Sicherheits-Abstand zu den Prüfwerten vorsieht, der Abweichungen bei der Ausführung gegenüber der tatsächlich geprüften Konstruktion berücksichtigt, ergeben sich bei normgerechten Bauteilen und Anschlüssen im allgemeinen bessere Werte.

WICHTIG:
Bei Verwendung der Begriffe R'_w und TSM ist die Schalldämmung eines Bauteils um so besser, je höher der Zahlenwert!
Bei Verwendung von $L'_{n,w}$ ist die Trittschalldämmung der Decke um so besser, je niedriger der Zahlenwert!

Schallschutz, Anforderungen, Empfehlungen 3.30.02

Anforderungen und Empfehlungen

für normalen und erhöhten Schallschutz; Luft- und Trittschalldämmung von Bauteilen zum Schutz gegen Schallübertragung aus dem eigenen Wohn- oder Arbeitsbereich, für Büro- und Verwaltungsgebäude, Einfamilien-, Reihenhäuser und Doppelhäuser

Auszüge aus DIN 4109 und Beiblatt 2 zu DIN 4109; in [ ] TSM

	Bauteile	Für normalen Schallschutz		Für erhöhten Schallschutz		Bemerkungen
		erf. R'_w dB	erf. $L'_{n,w}$ dB	erf. R'_w dB	erf. $L'_{n,w}$ dB	
	Anforderungen nach DIN 4109					
Häuser mit zwei Wohnungen	Wohnungstrenndecken und Decken über Kellern	≥ 52	≤ 53 [≥ 10]	–	–	Weichfedernde Bodenbeläge dürfen angerechnet werden, wenn Auslieferung mit Werksbescheinigung unter Angabe des Verbesserungsmaßes.
	Decken unter nutzbaren Dachräumen	≥ 52	≤ 63 [≥ 0]	–	–	
	Wohnungstrennwände	≥ 53				
	Treppenraumwände (ohne Türen)	≥ 52				
Einfamilien-, Doppel- und Reihenhäuser	Decken	–	≤ 48 [≥ 15]	–	–	Die Anforderungen an die Trittschalldämmung gelten nur für die Trittschallübertragung in fremde Aufenthaltsräume, ganz gleich, ob sie in waagerechter, schräger oder senkrechter (nach oben) Richtung erfolgt.
	Treppenläufe und -podeste und Decken unter Fluren	–	≤ 53 [≥ 10]	–	–	Bei einschaligen Haustrennwänden gilt: Wegen der möglichen Austauschbarkeit von weichfedernden Bodenbelägen nach Beiblatt 1 zu DIN 4109, die sowohl dem Verschleiß als auch besonderen Wünschen der Bewohner unterliegen, dürfen diese bei dem Nachweis der Anforderungen an den Trittschallschutz nicht angerechnet werden.
	Haustrennwände	≥ 57	–	–	–	
	Empfehlungen nach Beiblatt 2 zu DIN 4109 für normalen und erhöhten Schallschutz					
Eigener Wohn- und Arbeitsbereich	Decken in Einfamilienhäusern, ausgenommen Kellerdecken und Decken unter nicht ausgebauten Dachräumen	≥ 50	≤ 56 [≥ 7]	≥ 55	≤ 46 [≥ 17]	Bei Decken zwischen Wasch- und Abortäumen nur als Schutz gegen Trittschallübertragung in Aufenthaltsräume. Weichfedernde Bodenbeläge dürfen für den Nachweis des Trittschallschutzes angerechnet werden.
	Treppen und Treppenpodeste in Einfamilienhäusern	–	–	–	≤ 53 [≥ 10]	Der Vorschlag für den erhöhten Schallschutz an die Trittschalldämmung gilt nur für die Trittschallübertragung in fremde Aufenthaltsräume, ganz gleich, ob sie in waagerechter, schräger oder senkrechter (nach oben) Richtung erfolgt.
	Decken von Fluren in Einfamilienhäusern	–	≤ 56 [≤ 7]	–	≤ 46 [≥ 17]	Weichfedernde Bodenbeläge dürfen für den Nachweis des Trittschallschutzes angerechnet werden.
	Wände ohne Türen zwischen »lauten« und »leisen« Räumen unterschiedlicher Nutzung, z. B. zwischen Wohn- und Kinderschlafzimmer	≥ 40	–	≥ 47	–	
Büro- und Verwaltungsgebäude	Decken, Treppen, Decken von Fluren und Treppenraumwände	≥ 52	≤ 53 [≥ 10]	≥ 55	≤ 46 [≥ 17]	Weichfedernde Bodenbeläge dürfen für den Nachweis des Trittschallschutzes angerechnet werden.
	Wände zwischen Räumen mit üblicher Bürotätigkeit	≥ 37	–	≥ 42	–	Es ist darauf zu achten, daß diese Werte nicht durch Nebenwegübertragung über Flur und Türen verschlechtert werden.
	Wände zwischen Fluren und Räumen mit üblicher Bürotätigkeit	≥ 37	–	≥ 42	–	
	Wände von Räumen für konzentrierte geistige Tätigkeit oder zur Behandlung vertraulicher Angelegenheiten	≥ 45	–	≥ 52	–	
	Wände zwischen Fluren und Räumen für konzentrierte geistige Tätigkeit oder zur Behandlung vertraulicher Angelegenheiten	≥ 45	–	≥ 52	–	
	Türen in Wänden bei Räumen mit üblicher Bürotätigkeit	≥ 27	–	≥ 32	–	Bei Türen gelten die Werte für die Schalldämmung bei alleiniger Übertragung durch die Tür.
	Türen in Wänden bei Räumen für konzentrierte geistige Tätigkeit oder zur Behandlung vertraulicher Angelegenheiten	≥ 37	–	–	–	

Schallschutz, Übersichten 3.30.03

Maße für die Schalldämmung

Die für die Bauteile angegebenen Rechenwerte gelten für die Luft- und Trittschalldämmung der Bauteile und können in der Praxis nur erreicht werden, wenn die konstruktiven Bedingungen nach Beiblatt 1 zu DIN 4109 sowie die in diesem Buch dargestellten Details eingehalten werden!
– Werte ohne Klammern: aus Beiblatt 1 zur DIN 4109,
– Werte in Klammern (): Schätzwerte auf der Grundlage von Literaturangaben und Prüfzeugnissen oder durch Analogieschluß ermittelt.

Außenbauteile

Die Anforderungen an die Luftschalldämmung von Außenbauteilen beziehen sich auf die resultierende Schalldämmung aus Wand+Fenster/Fenstertür oder Dach+Dachflächenfenster oder dgl. Der geforderte Wert ist abhängig vom »maßgeblichen« Außenlärmpegel, dem das Gebäude ausgesetzt ist, also von der vorhandenen Verkehrssituation. Erforderlichenfalls sind die Anforderungen entsprechend dem Verhältnis schallübertragende Außenflächen zum Volumen des Raumes zu korrigieren. Einzelheiten sowie Beispiele für Kombinationen von Außenwänden und Fenstern ohne weiteren Nachweis finden sich in DIN 4109.

Innenwände

Da der Rechenwert $R'_{w,R}$ ein resultierendes Schalldämm-Maß aus dem Zusammenwirken der Wand mit den 4 flankierenden Bauteilen darstellt, wurden drei repräsentative Standard-Kombinationen gewählt, um unmittelbar gültige Werte angeben zu können:

Einfache Ausbildung: Trennwand-Fußpunkt (Boden): zwischen der schwimmend verlegten Deckenauflage: $R_{L,w,R}$ = 65 dB

Trennwand-Kopfpunkt (Decke): durchgehende raumseitige Bekleidung der Decke: $R_{L,w,R}$ = 48 dB

Flankierende Wände: durchgehende Beplankung oder Bekleidung: $R_{L,w,R}$ = 50 dB

Verbesserte Ausbildung: Trennwand-Fußpunkt (Boden): zwischen der schwimmend verlegten Deckenauflage: $R_{L,w,R}$ = 65 dB

Trennwand-Kopfpunkt (Decke): unterbrochene (Trennfuge) raumseitige Bekleidung der Decke: $R_{L,w,R}$ = 51 dB

Flankierende Wände: unterbrochene (Trennfuge) oder 2-lagige raumseitige Beplankung oder Bekleidung: $R_{L,w,R}$ = 54 dB

Hochwertige Ausbildung: Trennwand-Fußpunkt (Boden): zwischen der schwimmend verlegten Deckenauflage: $R_{L,w,R}$ = 65 dB

Trennwand-Kopfpunkt (Decke): unterbrochene Gesamtkonstruktion der Decke, Abschottung zur weiteren Reduzierung der Schall-Längsleitung: $R_{L,w,R}$ = 62 dB

Flankierende Wände: unterbrochene Gesamtkonstruktion der flankierenden Wände, Abschottung zur weiteren Reduzierung der Schall-Längsleitung: $R_{L,w,R}$ = 62 dB

Bei Abweichungen in der Konstruktion oder bei höheren gewünschten Werten kann ein Nachweis durch Prüfstandmessungen (relativ aufwendig, da insgesamt 5 Bauteile) geführt werden; in der Regel zweckmäßiger: Verbesserung der Anschlüsse und/oder eines oder mehrerer Bauteile.

Geschoßdecken

Luftschalldämmung: $R'_{w,R}$ gilt unmittelbar für die Beurteilung der Decke (flankierende Wände sind darin berücksichtigt); alle flankierenden Wände in Deckenebene unterbrochen ($R_{L,w,R}$ = 65 dB)! Im Einzelfall Verbesserung des Rechenwertes durch genauen Nachweis um 2 dB möglich.

Trittschalldämmung: TSM_R bzw. $L'_{n,w,R}$ gelten für die Holzrahmenbauweise unmittelbar:
– ohne Gehbelag oder
– mit weichfederndem Bodenbelag; es wurde ein Verbesserungsmaß VM_R bzw. ΔL_w = 26 dB zugrunde gelegt (z. B. Polteppich, unterseitig geschäumt, Normdicke a_{20} = 8 mm nach DIN 53 855 Teil 3, VM_R bzw. $\Delta L_{w,R}$ = 28 dB).

Schallschutz, Übersicht 3.30.04

Bauteil	Bauteil-Nr.	bewertetes Schalldämm-Maß $R'_{w,R}$ (dB)													bewerteter Normtrittschallpegel $L'_{n,w,R}$ (dB) TSM in [] (dB)													Seite
		Ausführungsvariante													ohne weichfedernden Bodenbelag						mit einem weichfedernden Bodenbelag mit $\Delta L_{w,R}$ bzw. $VM_R \geq 26$ dB							
		A	B	C	D	E	F	G	H	I	K	L	M		A	B	C	D	E	F	A	B	C	D	E	F	
Außenwand gegen Außenlärm	6.20	35	42	>35	>42	>35	(45)	(>35)	(45)	(48	(>48)	(>48)	(>48)														162 ff
Gebäudeabschlußwand	6.30	57	57	(48)	(48)	(46)	(48)																				265 ff
Innenwand[3], tragend	6.40	41	44	56	41	45	56																				278 ff
Innenwand[3], nichttragend	6.51	37	44	55																							292 ff
	6.52	43	46	55																							301 ff
Decke	6.81	50	54	57	(44)	(44)	57	54	57	(48)	4)				64 [-1]	56 [7]	53 [10]	(71) ([-8])	(71) ([-8])	51 [12]	56 [7]	49 [14]	46 [17]	(62) ([1])	(62) ([1])	44 [19]	318 ff
	6.82	(47)	(54)	(55)	4)	4)	4)	68 [-1]	57 [6]	53 [10]	4)				(61) ([2])	(50) ([13])	46 [17]	4)	4)	4)							330 ff
	6.83	(50)	(47)	(52)				(64) ([-1])	(71) ([-8])	56 [7]																	338 ff
Dach[1]	6.91	je nach Schichtenaufbau																									348 ff
	6.92	je nach Schichtenaufbau																									368 ff

1) Ohne Berücksichtigung von Fenstern
2) Unter welchen Bedingungen der weichfedernde Bodenbelag angesetzt werden darf siehe Tabelle 3.30.02, Seite 45 und DIN 4109
3) Je nach Anschluß der flankierenden Bauteile, siehe zugehörige Details in Kapitel 6 (einfache, verbesserte, hochwertige Ausbildung)
4) k. A. weil Decken gegen kalte Räume

Wärmeschutz, Allgemeines

Wärmeschutz

Vorschriften	»Verordnung über einen energiesparenden Wärmeschutz bei Gebäuden« (Wärmeschutzverordnung) vom 16. 8. 1994, gültig ab 1. 1. 1995 DIN 4108 »Wärmeschutz im Hochbau«
Wärmeschutz im Winter	Die Anforderungen an den Mindestwärmeschutz nach DIN 4108 und der Wärmeschutzverordnung (WSVO) sind einzuhalten. Die Mindestanforderungen nach DIN 4108 sind bei den dargestellten Bauteilen eingehalten. Der Nachweis gemäß der WSVO ist für den Einzelfall zu führen. Die Wärmschutzverordnung (WSVO) unterscheidet zwei Nachweisverfahren:

– Energiebilanz-Verfahren: Ermittlung des Jahresheizwärmebedarfs Q_H unter Berücksichtigung der Heizwärmeverluste aus Transmission und Lüftung sowie der Wärmegewinne aus Sonneneinstrahlung, mechanisch betriebenen Lüftungsanlagen und internen Wärmegewinnen, bezogen auf das A/V-Verhältnis des Gebäudes.

– Vereinfachtes Verfahren (Bauteilverfahren): Nachweisverfahren nur zulässig bei kleinen Gebäuden mit: ≤ 2 Vollgeschossen und ≤ 3 Wohnungen.

Die umseitige Tabelle gibt die Wärmedurchgangskoeffizienten der Bauteile des Kapitels 6 wieder sowie die Anforderungen nach dem Bauteilverfahren der WSVO.

Das Heizwärmeenergiebilanzverfahren wird hier nicht dargestellt, da der jeweilige Einzelfall betrachtet werden muß. Die k-Werte der Bauteile können auch bei dem Bilanzverfahren verwendet werden.

»Neue« Energieeinsparverordnung (»EnEV«)	Die EnEV liegt als »Referenten-Entwurf« zum Zeitpunkt der Herausgabe der Öffentlichkeit zur Stellungnahme vor. Im Rahmen dieses Werkes sind die zu (»EnEV«) erwartenden, deutlich höheren Anforderungen an den winterlichen Wärmeschutz von untergeordneter Bedeutung, weil bei allen dargestellten Außen-Bauteilen Varianten angeboten werden, die die »neuen« Anforderungsprofile erfüllen bzw. deutlich übererfüllen. Das zu erwartende »neue« Bilanzverfahren, welches nicht nur den »Heizwärme«-Bedarf, sondern die aufzuwendende »Energie« für die Gebäudetemperierung und Warmwasserbereitung bilanziert, wird in diesem Werk nicht behandelt. Die k-Werte (demnächst U-Werte) der Bauteile aus diesem Werk werden auch für die »neue« »EnEV« gelten.

In das Bilanzierungsverfahren nach EnEV werden für den Neubau absehbar zusätzlich einfließen:

– die regionalen Klimadaten,
– die Luftdichtheit der Gebäudehülle,
– die Wärmebrücken,
– die solare Gebäudelage (Orientierung, Verschattungen usw.),
– die solaren Einflüsse der Details (Verschattungen durch Vorsprünge, Vordächer u. ä.),
– das Wärmespeichervermögen der Baumassen,
– die solaren Energiegewinne aus Kollektoren,
– die Wirkungsgrade von Wärmeerzeugern, Wärmerückgewinnern (Wärmepumpen, Wärmetauschern) und Raumluftwechselanlagen,
– der Energiebedarf für die Gebäudekühlung,
– die ökologische Bewertung der eingesetzten Energieträger.

Sommerlicher Wärmeschutz	Prinzipien	Der tageszeitliche Temperaturgang in Holzrahmen-Häusern folgt dem äußeren schneller als bei schwereren Bauweisen. – Nachtkühle tritt schneller ein: durch abendliches Lüften sehr schneller Angleich an Außentemperaturen – Morgensonne erwärmt schneller – Höchsttemperaturen geringfügig höher, jedoch nicht solange anhaltend
		Sonnenschutzmaßnahmen tragen wesentlich zu einem gleichmäßigen sommerlichen Temperaturverhalten bei (z. B. Absorptions- und Reflektionsgläser, Jalousien, Veranden und Pergolen).

Wärmeschutz, Übersicht 3.40.02

Bauteil	Bauteil Nr.	Wärmedurchgangskoeffizient k [W/(m²K)] Ausführungsvariante													Seite
		A	B	C	D	E	F	G	H	I	K	L	M	
Bodenplatte														
Beton	6.11	0,21–0,55	0,21–0,55											131
Holz	6.14	0,22–0,24	0,22–0,27											142
Kellerdecke														
Beton	6.12	0,21–0,53	0,21–0,53											135
Holz	6.15	0,21–0,22	0,29–0,35	0,29–0,35										147
Außenwand														
hinterlüftet	6.20	0,37–0,39	0,35–0,37	0,26–0,28	0,25–0,27	0,26–0,28	0,25–0,27	0,20–0,22	0,20–0,21					162 ff
nicht hinterlüftet	6.20									0,29–0,33	0,22–0,25	0,22–0,25	0,18–0,20	166 ff
Gebäudeabschlußwand														
nicht bewittert	6.30	0,34–0,37	0,25–0,27	0,30–0,34	0,22–0,25									265 f
bewittert	6.30					0,29–0,33	0,22–0,25							267
Innenwand														
tragend nichttragend,	6.40	0,35–0,37	0,33–0,35	0,35–0,38	0,36–0,39	0,34–0,37	0,36–0,39							278 ff
Holzständer nichttragend,	6.50	0,42–0,45	0,40–0,43	0,41–0,44										292
Metallständer	6.50	0,31–0,35	0,30–0,33	0,34–0,38										301
Decke														
Balken nicht sichtbar	6.81	0,28	0,28	0,27	0,37	0,34	0,30	0,30	0,30	0,27	0,27			318 ff
Balken sichtbar	6.82	0,90	0,79	0,77	0,28	0,29								330 f
Massivholzplatten	6.83	0,45	0,62	0,48										338
Dach														
Zwischensparrendämmung	6.91	0,22–0,26												347
aufgelegtes Dämmsystem	6.92	0,14–0,42												368

Wärmeschutz, Luftdichtheit 3.40.03

Luftdichtheit

Vorschriften

DIN 4108-2 »Wärmeschutz im Hochbau; Wärmedämmung und Wärmespeicherung; Anforderungen und Hinweise für Planung und Ausführung«, Abschnitt 6.2.1.1 Zitat: »... ist dafür Sorge zu tragen, daß diese Fugen entsprechend dem Stand der Technik dauerhaft und luftundurchlässig abgedichtet sein müssen«.
DIN V 4108-7 »Wärmeschutz im Hochbau; Luftdichtheit von Bauteilen und Anschlüssen; Planungs- und Ausführungsempfehlungen sowie -beispiele«.
WSVO bzw. in Zukunft EnEV

Hinweise zur Planung und Ausführung

Neuere Untersuchungen zeigen, daß weitaus weniger Bauschäden durch Wasserdampfdiffusion in Bauteilen entstanden als durch Luftkonvektion, also Luftströmung in die Bauteile. Dringt warme, mit Feuchtigkeit angereicherte Luft in Hohlräume ein und trifft dort auf eine kältere Zone, so kommt es zu Kondensation und damit zu Wasser im Bauteil. Selbst kleinste luftdurchlässige Stellen lassen soviel Luft in die Konstruktion, daß in kurzer Zeit relativ große Mengen Wasser durch Kondensierung anfallen. Außerdem entstehen durch Luftundichtheiten der Gebäudehülle vermeidbare Wärmeverluste. Bei großer Luftundichtheit kommt es außerdem zu störenden Zugerscheinungen. Während die Flächen relativ problemlos luftdicht ausgeführt werden können, sind an den An- und Abschlüssen der Bauteile ggf. besondere Maßnahmen zu treffen, um eine ausreichend dauerhaft luftdichte Konstruktion zu erhalten.

Maßnahmen zur Herstellung der Luftdichtheit:

In der Fläche:
- wenn eine fugenlose Bekleidung (Beplankungen oder Bekleidungen mit verspachtelten oder abgeklebten Fugen) zur Anwendung kommt: ggf. Stöße der Dampfbremse überlappt und mechanisch fixiert (z. B. Stoß auf Holzständer oder Sparren, angedrückt durch Lattung oder Bekleidungsplatte). Bei Konstruktionen ohne Dampfsperre oder -bremse (Stichwort: »diffusionsoffen«) muß die Verbindung oder Verklebung der Plattenwerkstoffe durchgängig, dauerhaft die Luftdichtheit sicherstellen.
- wenn keine fugenlose Bekleidung gegeben ist, z. B. Profilbrettschalung, so sind die Fugen der die Luftundurchlässigkeit herstellenden Schicht (z. B. Dampfbremse) dauerhaft zu verkleben.

An den An- und Abschlüssen:
- ist die Dampfsperre entweder um die Ecken und Kanten herumzuführen und dann miteinander zu verbinden,
oder
- sind die Fugen mit vorkomprimierten, dauerelastischen Dichtungsbändern zu schließen,
oder
- sind die die Luftdichtheit herstellenden Platten durchgängig, dauerhaft an die anschließenden Bauteile durch Abklebungen oder Verklebungen anzuschließen.

Besonders zu beachten:

Von innen nach außen durchlaufende Hölzer, z. B. Sparren bei aufgelegten Dämmsystemen, können nicht dauerhaft luftdicht angeschlossen werden, da das Holz im allgemeinen Risse aufweist. Daher sind bei solchen Konstruktionen Konstruktions-Konzepte zu wählen, die eine durchlaufende, umschließende, luftundurchlässige Schicht zulassen, z. B. mit Trennfugen, an denen diese Schicht ununterbrochen hindurchgeführt werden kann.
Die Maßnahmen zur Herstellung der Luftdichtheit sind zu planen!

Luftdichtheit bei mechanischen Lüftungsanlagen

Durch mechanisch betriebene Lüftungsanlagen entsteht zum einen in dem Gebäude ein geringer Unterdruck, zum anderen soll möglichst wenig Außenluft unkontrolliert durch Fugen u. ä. in das Gebäude gelangen. Damit besteht die Anforderung nach hochgradiger Luftundurchlässigkeit nicht nur der Bauteile selbst, sondern auch für Anschlüsse der Einbauteile wie Fenster und Türen. Eine möglichst perfekte luftundurchlässige Gebäudehülle stellt den größten energetischen Nutzen sicher. Bei Planung und Ausführung sind entsprechend zuverlässige Maßnahmen zur Herstellung der Luftundurchlässigkeit vorzusehen. Die Außenbauteile für Niedrigenergie-Häuser sollten daher durchgängig mit einer Installationsebene versehen werden, die das Verlegen von Elektroleitungen und das Bohren von Öffnungen für elektrische Installationen (Hohlraum-Dosen) ohne Verletzung der Dampfsperre (luftundurchlässige Schicht) ermöglicht.

Blower-Door-Test Differenzdruckverfahren nach DIN EN ISO 9972

Beim Blower-Door-Test wird gemessen, wie oft pro Stunde das Luftvolumen des Gebäudes bei einem Druckunterschied von 50 Pascal zwischen innen und außen ausgetauscht wird (n_{50}-Wert). Bei Gebäuden mit kontrolliertem Raumluftwechsel sollte er zur Einstellung der Raumluftwechselanlage auf jeden Fall durchgeführt werden. Im Referentenentwurf zu der Energieeinsparverordnung fließt der am Bauwerk erreichte n_{50}-Wert in die Berechnung der Luftwechselwärmeverluste ein. Der Blower-Door-Test sollte in einem Bauzustand durchgeführt werden, bei dem die Luftdichtheit schon erreicht sein sollte, aber Nachbesserungen an der Luftdichtheitsschicht, z. B. der Dampfsperre, noch möglich sind.

Feuchteschutz, Allgemeines 3.50.01

Feuchteschutz

Vorschriften	Landesbauordnungen DIN 4108-3 »Wärmeschutz im Hochbau; Klimabedingter Feuchteschutz« DIN 68 800-2 »Holzschutz im Hochbau; Vorbeugende bauliche Maßnahmen«
Feuchte aus angrenzenden Bauteilen	Bauseits muß sichergestellt sein, daß aus den angrenzenden Bauteilen keine Feuchte eindringen kann, die zu einer unzuträglichen Feuchteerhöhung im Holz führt.
Baufeuchte	Hohe Baufeuchte möglichst vermeiden! Bei eingetretener hoher Baufeuchte dürfen die Bauteile erst geschlossen werden, wenn die Holzfeuchte (siehe unten) ausreichend niedrig ist. Beim Einbringen hoher Baufeuchte nach dem Schließen der Bauteile (z. B. Estrich) ist durch gute Lüftung für schnellen Abtransport der Feuchte zu sorgen.
Holzfeuchte	Bauteile erst schließen, d. h. Dampfsperre erst dann anbringen, wenn die Holzfeuchte $u_m \leq 18\%$ ist.
Schlagregenschutz von Außenwänden	Beanspruchungsgruppen nach DIN 4108-3

Beanspruchungsgruppe I   Geringe Schlagregenbeanspruchung:
Im allgemeinen Gebiete mit Jahresniederschlagsmengen unter 600 mm sowie besonders windgeschützte Lagen auch in Gebieten mit größeren Niederschlagsmengen.

Beanspruchungsgruppe II   Mittlere Schlagregenbeanspruchung:
Im allgemeinen Gebiete mit Jahresniederschlagsmengen von 600 bis 800 mm sowie windgeschützte Lagen auch in Gebieten mit größeren Niederschlagsmengen. Hochhäuser und Häuser in exponierter Lage in Gebieten, die aufgrund der regionalen Regen- und Windverhältnisse einer geringen Schlagregenbeanspruchung zuzuordnen sind.

Beanspruchungsgruppe III   Starke Schlagregenbeanspruchung:
Im allgemeinen Gebiete mit Jahresniederschlagsmengen über 800 mm sowie windreiche Gebiete auch mit geringeren Niederschlagsmengen (z. B. Küstengebiete, Mittel- und Hochgebirgslagen, Alpenvorland). Hochhäuser und Häuser in exponierter Lage in Gebieten, die aufgrund der regionalen Regen- und Witterungsverhältnisse einer mittleren Schlagregenbeanspruchung zuzuordnen wären.

(Jahresniederschlagsmengen siehe z. B. DIN 4108-3)

Bauteil Nr.	Beanspruchungsgruppe nach DIN 4108-3	
	II	III
6.24.1...	Normalausführung	bei Ausbildung von horizontalen Fugen nach DIN 4108-3
6.24.2...	Normalausführung	
6.24.3...	Normalausführung	
6.24.4...	Normalausführung	
6.24.5...	Normalausführung	mit Lüftungsöffnungen ≥ 150 cm^2/m
6.24.6...	mit wasserhemmendem Außenputz	mit wasserabweisendem Außenputz

Spritzwasserschutz	Bei allen Außenwandbekleidungen, außer bei Vormauerwerk, Empfehlung 30 cm Abstand zwischen unterster Bekleidungskante und Oberkante Gelände.
Tauwasser auf Oberflächen	Bei üblicher Raumnutzung und Klimaverhältnissen in nichtklimatisierten Aufenthaltsräumen tritt keine Tauwasserbildung auf den Bauteiloberflächen auf. Tauwasserbildung bei kurzfristig sehr hoher Raumluftfeuchte (z. B. in Bädern): ist bei üblicher Raumnutzung und dem Feuchteanfall angemessener Lüftung unproblematisch.
Tauwasser innerhalb der Bauteile	Bei Klimaverhältnissen nach DIN 4108-3 für nichtklimatisierte Wohngebäude bildet sich bei den angegebenen Bauteilen kein Tauwasser innerhalb der Konstruktion. Dampfsperre – auch an An- und Abschlüssen – dicht ausführen.
Duschen und Bäder	nach Kapitel 7 ausführen oder vorgefertigte Zellen verwenden.

Holzschutz, Allgemeines 3.60.01

Holzschutz

Vorschriften	Landesbauordnungen, Durchführungs- bzw. Ausführungsverordnungen DIN 68 800 »Holzschutz im Hochbau« -1 bis -3, -5 Teil 1 »Holzschutz im Hochbau; Allgemeines« Teil 2 »Holzschutz; Vorbeugende bauliche Maßnahmen« Teil 3 »Holzschutz; Vorbeugender chemischer Holzschutz« Teil 5 »Holzschutz im Hochbau; Vorbeugender chemischer Schutz von Holzwerkstoffen«

Vorbeugende bauliche Maßnahmen

Holzfeuchte	bei Einbau Holzfeuchte $u_m \leq 18\%$. Holzwerkstoffe mit $u_m \leq 13\%$ einbauen. Holz- und Holzwerkstoffe vor unzuträglicher Feuchteaufnahme während der Bauzustände schützen.
Konstruktion	Niederschläge von tragenden Holzbauteilen fernhalten (kurze Montagezustände ausgenommen). Bei Außenwandbekleidungen aus Holz für schnellen Ablauf des Wassers sorgen. – Soweit möglich, große Dachüberstände vorsehen. – Angegebene Sockelhöhen einhalten. – Feuchteübertragung aus anschließenden Bauteilen verhindern. – Tauwasserschutz sicherstellen, Angaben des Kapitels 6 unbedingt einhalten. – Vorgeschriebene Holzwerkstoffklassen verwenden. – Hinterlüftung planmäßig ausführen, Be- und Entlüftungsöffnungen freihalten. Konstruktionen nach diesem Katalog berücksichtigen die vorbeugenden baulichen Maßnahmen.

Chemischer Holzschutz

Holzschutzmittel	Ausschließlich zugelassene Holzschutzmittel mit Prüfzeichen des Deutschen Instituts für Bautechnik verwenden. Zugelassenen Anwendungsbereich der Holzschutzmittel einhalten.
Erforderlicher chemischer Holzschutz	Innenbauteile: Kein chemischer Holzschutz erforderlich (Gefährdungsklasse 0). Außenbauteile (Außenwände, Wände und Decken gegen Außenluft): Nach DIN 68 800-3 Gefährdungsklasse 2 (I_v,P); bei besonderen Maßnahmen Gefährdungsklasse 0 möglich. DIN 68 800-2 bestimmt: »Ausführungen ohne chemischen Holzschutz sollten gegenüber jenen bevorzugt werden, bei denen ein vorbeugender, chemischer Holzschutz erforderlich ist. Auf einen vorbeugenden, chemischen Schutz sollte jedoch dann nicht verzichtet werden, wenn Bedenken bestehen, daß die besonderen baulichen Maßnahmen nach dieser Norm nicht eingehalten werden können.« In DIN 68 800-2 sind Bauteile angegeben, die ohne weiteren Nachweis der Gefährdungsklasse 0 zuzuordnen sind. Mit einem Nachweis gemäß DIN 68 800-3 können auch solche Bauteile ohne chemischen Holzschutz ausgeführt werden, die keine Norm-Konstruktion darstellen.
Verzicht auf erforderlichen chemischen Holzschutz	Fordert ein Bauherr den Verzicht auf chemischen Holzschutz in den Bereichen, wo ihn die Norm vorschreibt, so verstößt er gegen gesetzliche Bestimmungen (vgl. z. B. Musterbauordnung »Schutz gegen schädliche Einflüsse«). In diesen Fällen ist der Auftragnehmer verpflichtet, auf den Gesetzesverstoß hinzuweisen und das Ansinnen abzulehnen. Nimmt ein Betrieb den Auftrag dennoch an, kann dies für ihn rechtliche Folgen auch Dritten gegenüber haben. Der Auftraggeber sollte ggf. bei der Bauaufsichtsbehörde eine Zustimmung im Einzelfall einholen.
Chemischer Holzschutz bei nichttragenden Bauteilen	Grundsätzlich nicht erforderlich.

Bauteile, Übersichten

Bauteildicken

Die Dicke der <u>Außenbauteile</u> (Außenwände, Decken gegen kalte Räume und Dächer) ist im Wesentlichen abhängig vom angestrebten Wärmeschutz und dem äußeren Erscheinungsbild (Außenwandbekleidung, Dachdeckung). Die Tabelle gibt Orientierungswerte für den Entwurf an.

Die Anordnung innerer Vorsatzschalen als Installationsebene bietet erhebliche Verteile im Hinblick auf die Herstellung einer durchgängigen, ungestörten Luftdichtheitsebene sowie auf eine einfachere Installationsverlegung. Dieser Lösung sollte bei höherem angestrebten Wärmedämm-Niveau der Vorzug gegeben werden.

Bei Schallschutzanforderungen an die Außenbauteile ist der Einfluss der Fenster zu berücksichtigen, der im Allgemeinen erheblich ist. Es bedarf einer differenzier-ten Betrachtung des Einzelfalles.

<u>Tragende Innenwände</u> haben bei einer Dicke von rund 150 mm ein für übliche Wohnbauten bis zwei Vollgeschosse ausreichendes Tragvermögen. Größere Dicken ergeben sich in der Hauptsache aus höheren Anforderungen an den Schallschutz (siehe Tabelle auf Seite 54).

<u>Nichttragende innere Wände</u> sind zur Erfüllung normaler Anforderungsprofile im Einfamilienhaus-Bereich knapp 100 mm dick. Größere Dicken ergeben sich in der Hauptsache aus höheren Schallschutzanforderungen oder aus Installationsführungen (siehe Tabelle auf Seite 54).

<u>Decken mit Balkenlagen</u> sind einschließlich Deckenschalung als Rohdecken mit Dicken von 245 und 265 mm angesetzt. Bei Anordnung einer <u>unteren Deckenbekleidung</u> ergibt sich zusätzlich eine Dicke von rund 40 bis 55 mm. Der obere Bodenaufbau kann stark variiert werden, wobei der gewünschte Trittschallschutz die maßgebliche Einflußgröße ist. Zur Auswahl sollter die ausführlichen Bauteildatenblätter (siehe Seiten 318 bis 321 sowie 330 und 331) herangezogen werden.

Für die <u>Dicke von Decken mit Massivholzplatten</u> wie Brettstapelelementen, BS-Holz-Fladen, Dickholz u. ä. sind keine Standardmaße angesetzt. Da sie zumeist als Durchlaufträger-Systeme eingesetzt werden und verschiedene Grundwerte für die Bemessung haben, können hier keine Orientierungswerte gegeben werden.

Außenbauteile: Circa-Dicke [mm] in Abhängigkeit vom k-Wert

Bauteil	k-Wert [W/(m²K)]					Seite
	0,40 ÷ 0,35	0,35 ÷ 0,30	0,30 ÷ 0,25	0,25 ÷ 0,20	0,20 ÷ 0,15	
Bodenplatte Holz			280–307			142
Kellerdecke Beton	290–330	290–330	330–370	370	–	135
Kellerdecke Holz			220–270			147
Außenwand, leichte Außenbekleidung[1]	150–160	160–210	210–220	220–280	–	162 ff
Außenwand, Wärmedämm-Verbundsystem (Putz)	–	200	200–260	260	320	166 ff
Außenwand, Vormauerwerk[1]	150–160	160–210	210–220	220–280	–	162 ff
Dach, zwischen Sparren vollgedämmt[2]	–	–	230	220	–	348 ff
Dach, aufgelegtes Dämmsystem[3]	260–280	260–300	260–320	280–320	300–320	368

[1] Dicke ohne Fassadenanteil
[2] Dicke ohne Dacheindeckung (und ohne Bekleidung auf Innenseite bei Zwischensparrendämmung)
[3] Sparrenhöhe mit 180 mm angesetzt

Bauteile, Übersichten 3.70.02

Tragende Innenwände: Circa-Dicke [mm] in Abhängigkeit vom Schalldämm-Maß

	$R'_{w,R}$	Dicke [mm]	Seite
Holzständer	41	150–160	278 ff
	44	170	
	56	300	

Nichttragende Innenwände: Circa-Dicke [mm] in Abhängigkeit vom Schalldämm-Maß

	$R'_{w,R}$	Dicke [mm]	Seite
Holzständer	37	85	292 ff
	42	110	
	55	175	
Metallständer	41	75	301
	43	100	
	55	155	

Decken: Circa-Dicke [mm] in Abhängigkeit vom Schalldämm-Maß

	$R'_{w,R}$ [dB]	$L'_{n,w,R}$ [dB][2]	Dicke [mm]	Seite
Balken nicht sichtbar	44	71	290 ff	319 ff
	50	64	330	
	54	56	330–360	
	57	53	≥ 360	
Balken sichtbar	47	68	320	330
	54	57	340	
	55	71	190	
Massivholz-platten [1]	47	71	190	338
	50	64	200	
	52	56	230	

[1] Plattendicke mit 140 mm angesetzt
[2] ohne Gehbelag mit Verbesserungsmaß

Bauteile, Übersichten 3.70.03

Zugelassene Bauprodukte

Allgemeines: Bei allen in diesem Werk aufgeführten Baukonstruktionen können alle genannten Bestandteile innerhalb des Holzrahmenbau-Systems durch bauaufsichtlich zugelassene (Bau-)Produkte ersetzt werden.

Durch den fachmännischen Austausch von Bauteilschichten oder die Wahl abweichender Gesamtkonstruktionen kann erreicht werden:
- höhere Wirtschaftlichkeit,
- genaue Anpassung an vorgegebene Anforderungsprofile,
- Erfüllung höherer Anforderungsprofile als mit den Bauteilen des Werkes möglich.

Empfehlung für das Vorgehen:
- Alle relevanten Nachweise sollten im Volltext vorliegen, insbesondere:
  - Bauaufsichtliche Zulassung bezüglich:
    - mechanischer (»statischer«) Kennwerte,
    - Anwendungsbereich,
    - Baustoffklasse,
    - Feuerwiderstandsklasse,
    - Wärmeleitfähigkeit,
    - Gefährdungsklasse 0,
  - Prüfzeugnisse möglichst einer FMPA/MPA bezüglich:
    - μ-Wert (diffusionsäquivalente Luftschichtdicke) oder s_d-Wert,
    - ggf. schalltechnische Materialkennwerte (dynamische Steifigkeit, längenbezogener Strömungswiderstand),
    - ggf. Schalldämm-Maße (Luftschall, Schall-Längsleitung, Trittschall).
- Alle Anforderungen von Bauaufsicht und Bauherr sollten durch die vorliegenden Nachweise in allen Teilen erfüllt sein!

Die Ausführung sollte unbedingt alle Vorgaben der zugrundeliegenden Nachweise einhalten.

System-Veränderungen: Bei dem dargestellten Holzrahmenbau-System sind die System-Komponenten und die detaillierten Zusammenfügungen sorgsam aufeinander abgestimmt. Veränderungen können weitreichende Folgen haben, denen durchgängig Rechnung getragen werden muß. Neben der Zulässigkeit sollten auch Aspekte der Fertigungsbedingungen, z. B. vorgeschriebene »güteüberwachte Werksfertigung«, bedacht werden. Die dauerhafte Nachhaltigkeit sollte Berücksichtigung finden. Der heute von manchen Bauherren- und Fachkreisen z. B. favorisierte Verzicht auf die Dampfsperre (Abkleben der Plattenfugen) kann z. B. in zwanzig Jahren das Aufbringen eines verputzten Wärmedämmverbundsystemes aufwendigst behindern bzw. verhindern.

Haustechnik, Übersicht 3.80.01

Bauliche Maßnahmen für Leitungsführungen im Einfamilienhaus-Bereich

Elektro-Leitungen

NYM-Leitungen ohne Leerrohre möglich, Einzelleitungen stets in Leerrohren führen

in Außenwänden	Installationsebene wegen Luftdichtheit empfohlen (Außenwandtypen 6.20.01, E, F, G, H, K, M; S. 164 ff.)
in Innenwänden	i. a. keine baulichen Maßnahmen erforderlich; gegenüberliegende Schalterdosen wegen Schallschutz versetzt zueinander anordnen; bei Gebäudeabschlußwänden ggf. zusätzlich Brandschutzmaßnahmen erforderlich
in Decken mit Deckenbekleidung	keine baulichen Maßnahmen erforderlich
in Decken ohne Deckenbekleidung	Führung der Dämmebene des Bodenausbaus; ggf. Leitungs- oder Leerrohrdicke, insbesondere bezüglich Leitungskreuzungen berücksichtigen
in Decken gegen Außenluft und Dächern	Installationsebene wegen Luftdichtheit empfohlen

Kaltwasserleitungen

Rohrdämmungen mit äußerer Dampfsperre (Tauwasser) unbedingt erforderlich; Führung quer zu Deckenbalken, Wandstützen, Sparren überall möglich

in Außenbauteilen	möglichst weit innen (auf der warmen Seite) führen; Installationsebene wegen Luftdichtheit und Minderung der Einfriergefahr empfohlen
in Innenbauteilen	Körperschallübertragung, Fließgeräusche in angrenzende Räume vermindern

Warmwasserleitungen

in Außenbauteilen	möglichst weit innen (auf der warmen Seite) führen; Installationsebene wegen Luftdichtheit und Minderung der Einfriergefahr empfohlen
in Innenbauteilen	Rohrdicken inklusive Dämmung und Rohrkreuzungen (insbesondere in Bodenebene) berücksichtigen; Körperschallübertragung in angrenzende Räume (Fließgeräusche) vermindern oder vermeiden

Abwasserleitungen

in Außenbauteilen	kaum möglich, wenig sinnvoll (ausgenommen kurze Strecken bis DN 70 mm)
im Inneren senkrecht	Schächte oder Doppelwände erforderlich; Befestigung vorzugsweise an Schalen zu nicht schutzbedürftigen Räumen
im Inneren waagerecht	DN 50 mm in Wänden möglich; in Gefachen von Balkendecken möglich, jedoch erhebliche Schallschutzprobleme

Luftleitungen

in Außenbauteilen	nur in ausreichend dicken, inneren Installationsebenen sinnvoll
im Inneren senkrecht	für Hauptverteilung Schächte oder Doppelwände erforderlich; Feinverteilung bedingt in Wandgefachen möglich (Flachkanäle)
im Inneren waagerecht	in Balkengefachen gut möglich, quer zu Balken mit Flachkanälen bedingt möglich (Ausklinkungen); in der Dämmebene des Unterbodens oder Estrichs mit dicker Dämmschicht und druckfesten Flachkanälen (Blech) möglich

Energieeffizienz

Niedrigenergie- und Minimalenergie-Häuser

Bauteile: Die in dem Werk dargestellten Außenbauteile bieten jeweils Varianten mit k-Werten bis zu circa 0,20 W/(m²K) als Voraussetzung für überdurchschnittlich energiesparendes Bauen. Für Niedrigenergiehäuser ist dies ausreichend, Passivhäuser benötigen im allgemeinen k-Werte von unter 0,20 W/(m²K) sowie eine sehr differenzierte Gebäudegesamtplanung insbesondere unter Berücksichtigung der Befensterung und der haustechnischen Anlagen zur Wärmeerzeugung.

Bei den Bauteilen ist es jeweils möglich, die Dämmstoffdicke auf das gewünschte Maß zu vergrößern:

- bei den Außenwänden durch eine größere Dicke der inneren Vorsatzschale (Installationsebene),
- bei den Bodenplatten aus Beton durch größere Dämmstoffdicken oder die Kombination von unterer und oberer Wärmedämmung,
- bei den hölzernen Bodenplatten (Massivholzplatten) durch größere Dämmstoffdicken oder die Kombination von unterer und oberer Wärmedämmung,
- bei den hölzernen Bodenplatten (Holzbalken + Zwischendämmung) durch eine größere Dämmstoffdicke unter den Unterböden,
- bei den Dächern durch zusätzliche innere oder äußere Dämmstofflagen.

Dieses Werk will und kann den Bereich »Passivhaus« nicht abdecken, weil die Vielfalt der konstruktiven Möglichkeiten große Dämmstoffdicken zu erreichen, den gegebenen Rahmen sprengen würde. Im Kapitel 8 (Statik) wird orientierend auf den Einsatz von hölzernen Doppel-T-Trägern zur Erreichung großer Dämmstoffdicken eingegangen. Äußere nicht genormte Wärmedämmverbundsysteme, insbesondere größerer Dicke, sind gemäß der zugehörigen bauaufsichtlichen Zulassungen zu beurteilen. Innere wärmedämmende Vorsatzschalen größerer Dicke sind nach den Regeln der Technik nachzuweisen. Gleiches gilt für zusätzliche Dämmungen an Böden und Decken, wobei bei Böden das Verformungsverhalten besondere Beachtung verdient. Bei Dächern kommen sowohl hölzerne Doppel-T-Träger als Dachträger als auch die Kombinationen von vollgedämmten Gefachen plus aufgelegten Dämmsystemen zur Erreichung großer Dämmdicken in Frage. die Beurteilung ist nach den Regeln der Technik und ggf. unter Berücksichtigung bauaufsichtlicher Zulassungen zu treffen.

Für die Integration der Haustechnik, insbesondere großer Luftleitungsquerschnitte sind in Kapitel 7 Hinweise und konstruktive Möglichkeiten dargestellt. In Kapitel 8 finden sich Angaben zur Beurteilung von Durchbrüchen und Ausklinkungen in Decken und Wänden.

Konzepte: Komponenten für sehr energiesparendes Bauen werden im Kapitel 9 qualitativ beschrieben. Die Konzeptentwicklung für ein hochenergieeffizientes Gebäude ist sehr stark vom Gebäudestandort (Klima!), der lokalen Gebäudelage und dem Gebäudetypus (Reihenhaus, freistehend usw.) abhängig. Ein allgemein zutreffendes Konzept kann deswegen nicht dargeboten werden.

Faustwerte: Für den Entwurf gibt Kapitel 9 »Faustwerte« für die energetische Bewertung von Planungsmaßnahmen. Diese wollen und können nur eine grobe Orientierung bieten, weil bei hochenergieeffizienten Gebäuden die gesamtheitliche Betrachtung aller Standort- und Gebäude-Komponenten unabdingbar notwendig ist. Der erforderliche Planungsaufwand geht im allgemeinen über das übliche Maß deutlich hinaus.

Energieeffizienz

Grundsätzliches

Die »Wärmeschutzverordnung« (WSVO) wird ersetzt werden durch die »Energieeinsparverordnung«. Die Energieeffizienz wird, unabhängig von noch in der politischen Diskussion stehenden Details, beim Neubau am »Jahres-Heizenergiebedarf« gemessen werden (bei der WSVO noch »Jahres-Heizwärmebedarf«).

Die Forschungs- und Normungsarbeiten des letzten Jahrzehnts haben sehr differenziertes Grundlagenmaterial geschaffen, mit dem sich das energetische Verhalten eines Gebäudes sehr zutreffend berechnen läßt.

Das Formel- und Datenwerk ist umfassend und im wesentlichen in DIN V 4108-6: 1999 dargelegt. Seine Benutzung scheint schon jetzt geboten.

Im Bereich von »Niedrigstenergie-Gebäuden« sind dennoch zusätzliche Betrachtungen erforderlich, um ein wirklichkeitsnahes Rechenergebnis und damit ein funktionstüchtig hoch energiesparendes Gebäude zu erhalten.

Grunddaten

Für den Entwurf bieten die nachstehenden Tabellenwerte eine grobe Orientierung.

Grundheizwärmebedarf bei Fensterlüftung ohne Warmwasserbereitung in kWh/(m² · a) bezogen auf die Nutzfläche A_N innerhalb der beheizten Umhüllung

Verhältnis A/A_N (Umhüllungsfläche zu umhüllter Nutzfläche)	Bewerteter mittlerer k-Wert der nicht-transparenten Umhüllungsflächen (Bodenplatte/Kellerdecke, Wände, Dächer) in W/(m²K)				
	0,35	0,30	0,25	0,20	0,15
1,2	52	...	...	...	36
1,5	60	...	...	...	39
2,0	74	...	...	...	44
2,5	88	...	...	...	50
3,0	102	...	...	...	55
3,5	118	...	...	...	61

Minderungen des Grundheizwärmebedarfs in kWh/(m² · a) in Abhängigkeit von den Verbesserungsmaßnahmen

Verbesserung	Minderung des Heizwärmegrundbedarfs in kWh/(m² · a)	Elektrischer Energieeinsatz in kWh/(m² · a)
kRlw	6 ÷ 7	0 ÷ 0,5
kRlw + EWI	9 ÷ 10	0,4 ÷ 0,7
kRlw + WRG	19 ÷ 20	0,5 ÷ 0,7
kRlw + WRG + EWT	21 ÷ 22	0,7 ÷ 1,0
kRlw + WRG + WP	30 ÷ 32	6,0 ÷ 8,0
kRlw + WRG + WP	31 ÷ 34	6,0 ÷ 8,3

kRlw = kontrollierter Raumluftwechsel
EWT = Erdwärmetauscher Zuluft
WRG = Wärme-Rück-Gewinnung aus Raumluft
WP = Wärme-Pumpe im Wärmerückgewinnungsverfahren

Weiteres Vorgehen

Befensterung

Jahresheizwärmebedarf in kWh/(m² · a)	Befensterung
≥ 30,0	bei $k_F ≤ 1{,}3$ W/(m²K) und $A_F ≤ 0{,}20 · A_N$ kaum Einfluß
≤ 30,0	bei $k_F ≤ 1{,}3$ W/(m²K) innere (zentrale) Beheizung sinnvoll möglich, Beheizung sinnvoll möglich;
≤ 20,0	Beheizung über Luftwechsel sinnvoll möglich, »Bemessungstage« für die Auslegung der Beheizung stehen in bedeutendem Verhältnis zur wärmetechnischen Qualität der Fenster

Deckung des Wärmebedarfs für Warmwasser klären:

Richtgröße $Q''_w = 32$ kWh/(m² · a)

Klimadaten des Gebäudestandortes nehmen ab einem Heizwärmebedarf von circa ≤ 30,0 kWh/(m² · a) wesentlichen Einfluß auf die Auslegung der häuslichen Wärmetechnik.

Energieeffizienz 3.90.02

Mit einem groben Rechenschema lassen sich Abschätzungen vornehmen, die Orientierung für die weiter verfeinernde Planung bietet.

Rechenschema zur Abschätzung der Heizwärmebilanz

	Verluste								Gewinne						
	Luftwechsel								intern		solar				aus Wärmepumpen
	Transmission	Fensterlüftung	Kontrolliert ohne EW[1]	Kontrolliert mit EW[1]	WRG[2] ohne WP[3] ohne EW[1]	WRG[2] mit WP[3] ohne EW[1]	WRG[2] ohne WP[3] mit EW[1]	WRG[2] mit WP[3] mit EW[1]	Normale Wärmequellen	Aus warmem Abwasser[4]	Trüber Tag Ende Dez.	Trüber Tag Mitte Febr./Nov.	Gemischte Bewölkung, mittlere Verschattung, ca. 40 % Südfenster Ende Dez.	Gemischte Bewölkung, mittlere Verschattung, ca. 40 % Südfenster Mitte Febr./Nov.	
Außentemperatur °C	W	W	W	W	W	W	W	W	W	W	W	W	W	W	W
15	$-5 \times k_m \times A_{ges}$	$-0{,}8 \times V$	$-0{,}7 \times V$	$-0{,}7 \times V$	$+0{,}2 \times V$	$+0{,}5 \times V$	$+0{,}2 \times V$	$+0{,}5 \times V$	für alle Außentemperaturen $+2 \times V$	für alle Außentemperaturen $+1 \times V$	für alle Außentemperaturen $+7 \times g \times A_{Fenster}$	für alle Außentemperaturen $+16 \times g \times A_{Fenster}$	für alle Außentemperaturen $+23 \times g \times A_{Fenster}$	für alle Außentemperaturen $+36 \times g \times A_{Fenster}$	$+1{,}9 \times V$
10	$-10 \times k_m \times A_{ges}$	$-1{,}7 \times V$	$-1{,}4 \times V$	$-1{,}4 \times V$	$+0{,}5 \times V$	$+1{,}0 \times V$	$+0{,}5 \times V$	$+1{,}0 \times V$							
5	$-15 \times k_m \times A_{ges}$	$-2{,}5 \times V$	$-2{,}1 \times V$	$-2{,}1 \times V$	$+0{,}7 \times V$	$+1{,}4 \times V$	$+0{,}7 \times V$	$+1{,}4 \times V$							
0	$-20 \times k_m \times A_{ges}$	$-3{,}3 \times V$	$-2{,}9 \times V$	$-2{,}4 \times V$	$+1{,}0 \times V$	$+1{,}9 \times V$	$+0{,}7 \times V$	$+1{,}4 \times V$							
-5	$-25 \times k_m \times A_{ges}$	$-4{,}2 \times V$	$-3{,}6 \times V$	$-2{,}6 \times V$	$+1{,}2 \times V$	$+2{,}4 \times V$	$+0{,}7 \times V$	$+1{,}4 \times V$							
-10	$-30 \times k_m \times A_{ges}$	$-5{,}0 \times V$	$-4{,}3 \times V$	$-2{,}9 \times V$	$+1{,}4 \times V$	$+2{,}9 \times V$	$+0{,}7 \times V$	$+1{,}4 \times V$							
-15	$-35 \times k_m \times A_{ges}$	$-5{,}8 \times V$	$-5{,}0 \times V$	$-3{,}1 \times V$	$+1{,}7 \times V$	$+3{,}3 \times V$	$+0{,}7 \times V$	$+1{,}4 \times V$							

[1] EW = Außenluftansaugung ab ca. 5 °C Außenlufttemperatur durch Erdwärmetauscher
[2] WRG = Wärmerückgewinnung
[3] WP = Wärmepumpe
[4] Wärmerückgewinnung aus warmem Wasser

4
SCHUTZMASSNAHMEN

Inhalt

4	Schutzmaßnahmen	
	4.1 Brandschutz	63
	4.2 Schallschutz	64
	4.3 Wärmeschutz	66
	4.4 Feuchteschutz	68
	4.5 Holzschutz	69

Schutzmaßnahmen

Brandschutz

Bauaufsichtliche Anforderungen an die Bauteile

Das Bauordnungsrecht gehört zur Regelungsbefugnis der Bundesländer, und trotz Musterbauordnung sind die Regelungen, die den Brandschutz betreffen, nicht bundeseinheitlich, sondern je nach Bundesland unterschiedlich.

In jeder Landesbauordnung ist eine Generalklausel enthalten, die einen ausreichenden Brandschutz fordert. Diese Generalklausel wird in den Bauordnungen bzw. in den zugehörigen Durchführungs- oder Ausführungsverordnungen präzisiert. Die bauaufsichtlichen Anforderungen richten sich nach der Lage und Umgebung des Bauwerkes, nach Gebäudeart und -größe sowie nach den Einbau- und Nutzungsbedingungen der Bauteile. Die bauaufsichtlichen Anforderungen an den Brandschutz werden wiederum präzisiert durch die Klassifizierung von Baustoffen und Bauteilen nach DIN 4102 »Brandverhalten von Baustoffen und Bauteilen«, Teil 1 bis Teil 8. DIN 4102 ist in allen Bundesländern bauaufsichtlich eingeführt und somit Bestandteil des geltenden Baurechtes, also verbindlich einzuhalten.

Ausnahmen von den bauaufsichtlichen Bestimmungen können genehmigt werden.

Für alle in Frage kommende Bauteile bei Wohnhäusern oder Gebäuden vergleichbarer Nutzung – ausgenommen Brandwände – wird in dem Konstruktionskatalog für jedes Bauteil wenigstens eine brandschutztechnische Problemlösung in F 30-B angeboten. Für verminderte Grenzabstände und Reihenhausbebauungen sind Wände in Holzbauart angegeben, die von außen F 90-B, von innen F 30-B erfüllen.

Brandschutztechnisch klassifizierte Baustoffe

Grundsätzlich werden Baustoffe brandschutztechnisch in »Baustoffklassen« eingeordnet. Baustoffe mit einer »Feuerwiderstandsdauer« – wie bisweilen irrtümlich angenommen wird – gibt es nicht.

Nach den Prüfzeichenverordnungen der Länder sind bestimmte Baustoffe hinsichtlich ihrer Einordnung in eine bestimmte Baustoffklasse prüfzeichenpflichtig. Ausgenommen von dieser Prüfzeichenpflicht sind Baustoffe, deren Brandverhalten allgemein bekannt ist, und die ohne besondere brandschutztechnische Prüfverfahren beurteilt werden können (z. B. Sand, Holz von mehr als 2 mm Dicke, Holzwerkstoffplatten mit mehr als 400 kg/m^3 Rohdichte usw.). Baustoffe, die der Prüfzeichenpflicht unterliegen, müssen ein Prüfzeichen des Deutschen Instituts für Bautechnik (DIBt) haben und entsprechend gekennzeichnet sein. Prüfzeichenpflichtige Baustoffe unterliegen der Überwachungspflicht. Die Kennzeichnung der Baustoffe muß nach DIN 4102 das Kurzzeichen der Baustoffklasse, das erteilte Prüfzeichen (z. B. PA III ...), das Übereinstimmungszeichen Ü sowie die fremdüberwachende Stelle enthalten.

DIN 4102 unterscheidet die Baustoffe in brennbar (Kurzzeichen B) und nichtbrennbar (Kurzzeichen A). Die brennbaren Baustoffe werden wiederum unterschieden in schwerentflammbare Baustoffe (Kurzzeichen: B 1), normalentflammbare (Kurzzeichen B 2) und leicht entflammbare Baustoffe (Kurzzeichen B 3). Bei den nichtbrennbaren Baustoffen werden im wesentlichen Baustoffe unterschieden, die nicht brennen, jedoch noch einen gewissen Anteil brennbarer Stoffe enthalten (Kurzzeichen A 2) und Baustoffe, die nur noch einen sehr geringen Anteil brennbarer Stoffe enthalten (Kurzzeichen A 1). Wenn an die Baustoffe der in dem Katalog angegebenen Konstruktionen Anforderungen hinsichtlich der Baustoffklasse bestehen, so ist die erforderliche Baustoffklasse stets angegeben. Sowohl bei der Bestellung als auch bei der Ausführung sollte unbedingt darauf geachtet werden, daß die erforderliche Baustoffklasse eingehalten wird.

In DIN 4102-4 sowie in Prüfzeugnissen von Brandschutzkonstruktionen werden an bestimmte Baustoffe weitergehende Anforderungen gestellt, als sie durch die Baustoffklasse ausgewiesen werden. Für Holzwerkstoffe wird zum Teil eine bestimmte Rohdichte (z. B. ≥ 600 kg/m^3) gefordert, oder es werden ausschließlich »Spanplatten« als Holzwerkstoffe zugelassen. Für bestimmte Bauteile sind nur Dämmstoffe aus Mineralfasern zugelassen, bei denen zum Teil eine bestimmte Rohdichte gefordert wird, und die einen Schmelzpunkt von mehr als 1000 Grad Celsius aufweisen müssen. Die Rohdichte von Holzwerkstoffplatten und Dämmstoffen und der Schmelzpunkt von Mineralfaserdämmstoffen wird von der Prüfzeichenpflicht nicht berührt, und deshalb unterliegen diese Angaben nicht der Kennzeichnungspflicht. Diese zusätzlichen Werkstoffeigenschaften müssen beim Einkauf gesondert gefordert werden, die Angabe der Baustoffklasse alleine genügt hier nicht.

Feuerwiderstandsdauer von Bauteilen

Die Feuerwiderstandsdauer von Bauteilen ist in DIN 4102 definiert und gibt an, wie lange ein Bauteil unter festgelegten Prüfbedingungen Feuer- und Hitzeeinwirkung standhält. Durch einen Buchstabenzusatz wird bei der Klassifizierung der Feuerwiderstandsdauer jeweils angegeben, ob das Bauteil in wesentlichen Teilen aus brennbaren (Zusatz B), in wesentlichen Teilen aus nichtbrennbaren (Zusatz AB) oder ausschließlich aus nichtbrennbaren Baustoffen (Zusatz A) besteht (z.B.: F 90-AB bedeutet 90 Minuten Widerstand gegen Feuer und in wesentlichen Teilen aus nicht brennbaren Baustoffen). Den bauaufsichtlichen Anforderungen, wie z. B. feuerhemmend oder feuerbeständig, sind zumeist weitere Angaben in den Ausführungs- bzw. Durchführungsverordnungen der Länder zugeordnet, so daß sich dort unmittelbar die erforderliche Feuerwiderstandsklasse feststellen läßt. Die Feuerwiderstandsklasse eines Bauteils gilt immer nur für das Bauteil und die Randbedingungen (z. B. raumabschließend oder nicht raumabschließend), nicht jedoch für bestimmte Teile (Baustoffe) des Bauteiles. In DIN 4102-4 sind eine Reihe von Bauteilen in ihrer Konstruktion umfassend beschrieben und einer bestimmten Feuerwiderstandsklasse zugeordnet. In diesem

Schutzmaßnahmen 4.20.01

Buch werden genormte Konstruktionen, also nach DIN 4102-4, behandelt, deren brandschutztechnische Einordnung nicht durch bestimmte Unterlagen, z. B. Prüfzeugnis, nachgewiesen zu werden braucht. Es gibt eine große Menge durch Prüfzeugnis brandschutztechnisch nachgewiesener Bauteile, die sehr wirtschaftlich erscheinen und sich problemlos in das Holzrahmenbau-System einordnen lassen. Solche Prüfzeugnisse müssen von einer vom DIBt für diesen Zweck zertifizierten Materialprüfanstalt stammen. Die Übereinstimmung (Ü-Zeichen) erklärt der Hersteller (ÜH). Er erklärt damit, daß er das Bauteil in allen Teilen und unter Berücksichtigung sämtlicher Maßgaben entsprechend dem Prüfzeugnis hergestellt hat. Bei Nachweis durch z. B. eine gutachtliche Stellungnahme ist die Zustimmung der Bauaufsichtsbehörde erforderlich.

Da, wie oben bereits angemerkt, die Feuerwiderstandsklasse ausschließlich für ein Bauteil gilt, so muß das Bauteil genau den Angaben entweder von DIN 4102-4 oder denen des Prüfzeugnisses entsprechen, da geringfügige Abweichungen die Einordnung entweder nicht mehr zulassen oder eine andere Feuerwiderstandsklasse ergeben. Bei Anforderungen an den Brandschutz sind die Angaben des Kataloges in allen Punkten, also angefangen von den Baustoffspezifikationen über die angegebene Schichtenfolge bis hin zu der Ausführung der Konstruktionen, unbedingt einzuhalten. Abweichungen können erhebliche Folgen nach sich ziehen. Weiterhin gilt die Feuerwiderstandsklasse eines Bauteiles nur dann, wenn alle zugehörigen, aussteifenden Bauteile mindestens die gleiche Feuerwiderstandsklasse aufweisen. Hier sind jedoch in einigen Landesbauordnungen Regelungen enthalten, die in bestimmten Fällen, z. B. bei der Gebäudeabschlußwand, weniger strenge Anforderungen an die anschließenden Bauteile stellen.

Bedachungen

Bei Dächern ist zu beachten, ob die Dachdeckung eine »harte« oder »weiche« Bedachung ist. Harte Bedachung bedeutet, daß die Bedachung unabhängig von der Unterkonstruktion (z. B. Dachgebälk) widerstandsfähig gegen Flugfeuer und strahlende Wärme ist, und die Ausweitung des Feuers auf dem Dach und eine Brandübertragung vom Dach in das Innere verhindert wird. Die Art der Bedachung ist unabhängig von der Feuerwiderstandsdauer der Dachkonstruktion zu sehen. Es sind z. B. Dachkonstruktionen mit weicher Bedachung möglich, die eine Feuerwiderstandsklasse von beispielsweise F 30-B aufweisen. Die zulässige Art der Bedachung, also ob harte oder weiche Bedachung, ist zumeist von den Grenzabständen oder Abständen zu anderen baurechtlich zulässigen Gebäuden abhängig. DIN 4102 gibt einige klassifizierte Bedachungen an, die ohne Nachweis als »widerstandsfähig gegen Flugfeuer und strahlende Hitze« eingestuft sind. Zum Nachweis, daß dieses Kriterium erfüllt ist, ist bei anderen, nicht klassifizierten Bedachungen ein Prüfzeugnis nach DIN 4102-7 erforderlich.

Auf den Brandschutz von Bauteilen, die im Einfamilienwohnhausbau üblicherweise nicht vorkommen, wie Fluchttunnel, brandschutztechnisch notwendige Treppen usw., wird hier nicht eingegangen (siehe z. B. »Holzrahmenbau, mehrgeschossig«).

Unter 3.20.01 und 3.20.02, Seite 42 f., finden sich Übersichten, die eine schnelle Auswahl von Bauteilen nach ihrer Brandschutzklassifizierung ermöglichen.

Schallschutz

Vorschriften: Anforderungen und Empfehlungen

Für den Schallschutz gelten die Regelungen der Bauordnungen und ggf. der Flächennutzungs- oder Bebauungspläne (z. B. beim Schallschutz gegen Außenlärm wie Fluglärm, Lärm aus Schienen- oder Wasserwegen). Wenn baurechtlich Anforderungen an den Schallschutz bestehen, ist im allgemeinen im Rahmen des Baugenehmigungsverfahrens ein Nachweis zu führen.

Der Schallschutz wird geregelt in:

– DIN 4109 »Schallschutz im Hochbau; Anforderungen und Nachweise«
– Beiblatt 1 zu DIN 4109 »Schallschutz im Hochbau; Ausführungsbeispiele und Rechenverfahren«
– Beiblatt 2 zu DIN 4109 »Schallschutz im Hochbau; Hinweise für Planung und Ausführung; Vorschläge für einen erhöhten Schallschutz; Empfehlungen für den Schallschutz im eigenen Wohn- und Arbeitsbereich«.

DIN 4109 enthält im wesentlichen die Anforderungen an den Schallschutz von Bauteilen und haustechnischen Anlagen in Gebäuden des Hochbaus sowie im »Anhang A« die Definitionen von Begriffen und Formelzeichen.

Schalltechnische Kennwerte von Bauteilen und die zugehörigen Rechenverfahren finden sich im Beiblatt 1. Die in diesem Buch genannten schalltechnischen Werte sind – soweit nichts anderes angegeben ist – nach diesem Beiblatt ermittelt.

Das Beiblatt 2 zu DIN 4109 enthält Hinweise für die Planung und Ausführung im Hinblick auf Schalldämm-Maßnahmen, die, soweit sie dieses Buch betreffen, in die Angaben und Zeichnungen eingearbeitet sind. Gleichwohl kann die Lektüre der entsprechenden Abschnitte des Beiblattes empfohlen werden, um in dem Buch nicht vorgesehene Situationen richtig beurteilen, planen und ausführen zu können. Weiterhin sind in dem Beiblatt 2 »Vorschläge für einen erhöhten Schallschutz« angegeben.

Es muß zwischen Anforderungen einerseits und Empfehlungen andererseits unterschieden werden.

Anforderungen an die Konstruktionen sind in DIN 4109 festgelegt und beziehen sich immer auf die »normale« Schalldämmung zwischen fremden Wohn- oder Arbeitsbereichen oder auf die Schalldämmung gegenüber Außenlärm. Diese Anforderungen sind verbindlich und müssen von der ausgeführten Konstruktion erfüllt werden.

Schutzmaßnahmen 4.20.01

Dagegen sind die Empfehlungen unverbindlich und müssen jeweils zwischen Bauherrn und Entwurfsverfasser vereinbart werden. Dabei sollen die im Beiblatt 2 enthaltenen Vorschläge Hilfestellung bei der Festlegung der gewünschten Schalldämm-Werte leisten. Die Empfehlungen beziehen sich auf zwei Bereiche:

- »normale« Schalldämmung der Konstruktionen innerhalb des eigenen Wohn- oder Arbeitsbereiches
- »erhöhte« Schalldämmung entweder zwischen fremden Wohn- oder Arbeitsbereichen oder innerhalb des eigenen Wohn- oder Arbeitsbereiches.

Besondere Vorsicht ist geboten, wenn unklare Definitionen für die zu erbringende Leistung vorliegen, z. B. »sehr guter« Schallschutz u. ä. In solchen Fällen sollten stets Werte vereinbart werden, die zu erbringen sind. Darum sind die »Empfehlungen für den Schallschutz im eigenen Wohn- und Arbeitsbereich« entweder ausdrücklich auszuschließen oder aber fest zu vereinbaren, um auch hier eine klare vertragsrechtliche Regelung zu haben. Wenn die Anforderungen der »Empfehlungen« nicht eingehalten werden, sollte der Bauherr ausdrücklich darauf hingewiesen werden, da dies im Streitfall entscheidende Bedeutung erlangen kann. Die »Empfehlungen« könnten nämlich bei Streitigkeiten mangels bauvertraglicher Regelungen hilfsweise herangezogen werden.

Hingewiesen sei außerdem auf die VDI-Richtlinie, welche u. a. ebenfalls Anforderungen definiert, und die in Streitfällen eventuell auch herangezogen werden kann.

DIN 4109 befindet sich zur Zeit in Überarbeitung, der Normentwurf E DIN 4109 liegt vor. In diesem Normentwurf sind »Schallschutzklassen« vorgesehen. Seine Anwendung bedarf der schriftlichen Vereinbarung zwischen Auftraggeber und Auftragnehmer, z. B. zur Vereinbarung einer bestimmten Schallschutzklasse.

Hinweise zur Handhabung

Schalldämm-Werte sind im Bauwerk jederzeit zerstörungsfrei überprüfbar. Rechtlich zählt zuerst das gebaute Ergebnis – gegenüber dem Bauherren und der Bauaufsicht. Wird das versprochene oder baurechtlich geforderte Ergebnis nicht erreicht, so liegt ein Mangel vor. Die Ursachen für mangelhafte Schalldämm-Maße sind oft schwer ergründbar. Genormt sind schalltechnisch nur sehr wenige Holzbaukonstruktionen. Es empfiehlt sich die Verantwortung für die Erfüllung von Schalldämm-Maßen dem zuzuweisen, der die Baustoffe, Konstruktion und konstruktiven Details festlegt.

Grundlagen

Resultierende Schalldämmung

Die Anforderungen (nach DIN 4109) und Empfehlungen (nach Beiblatt 2) an die Luftschalldämmung von Innenbauteilen werden ausgedrückt durch das bewertete Schalldämm-Maß R'_w, bezogen auf das trennende Bauteil. Gemeint ist aber immer das resultierende Schalldämm-Maß zwischen den beiden Räumen, bei dem die Schallübertragung nicht nur über das trennende Bauteil, sondern auch über alle flankierenden Bauteile (in der Regel: Boden, zwei Seitenwände, Decke) berücksichtigt ist.

Im Gegensatz zum Massivbau, wo die einzelnen Bauteile im akustischen Sinne biegesteif verbunden sind, beeinflussen sich bei Holzkonstruktionen trennendes Bauteil und flankierende Bauteile in ihrem Schwingungsverhalten gegenseitig nicht. Deshalb kann bei Holzbauteilen das resultierende Schalldämm-Maß R'_w rechnerisch leicht ermittelt werden, wenn die einzelnen Glieder, ausgedrückt durch das Schalldämm-Maß R_w des trennenden Bauteils und die Schall-Längsdämm-Maße $R_{L,w}$ der einzelnen flankierenden Bauteile, bekannt sind.

Das Schall-Längsdämm-Maß $R_{L,w}$ eines flankierenden Bauteils hängt nicht nur von seiner Konstruktion, sondern auch von der Ausbildung seines Anschlusses an das trennende Bauteil ab. Daher gilt der rechnerisch ermittelte Wert R'_w immer nur für die jeweils zugrunde gelegte Gesamtkonstruktion. Bei Änderung nur eines einzigen Einzelgliedes, z. B. durch Veränderung des trennenden oder eines flankierenden Bauteils oder nur dessen Anschlusses an das trennende Bauteil, ist der Nachweis für R'_w neu zu führen, was aber keine Schwierigkeit macht. Zugleich besteht damit auch die Möglichkeit, eine Gesamtkonstruktion, deren vorhandene Schalldämmung im ersten Anlauf noch nicht den geforderten Wert erreicht hat, unter Umständen allein durch Veränderung eines einzigen Details wesentlich zu verbessern.

Um den Katalog anwendbar zu machen, wurden bei der Bewertung der Innenbauteile Standard-Konstruktionen für die flankierenden Bauteile und für ihre Anschlüsse an das trennende Bauteil zugrunde gelegt.

Bei Außenbauteilen in Holzbauart kann dagegen der Einfluß flankierender (Innen-)Bauteile vernachlässigt werden, so daß hier die Schalldämm-Maße R'_w direkt aus der Prüfstand-Messung (mit im Massivbau üblichen Nebenwegen) abgeleitet werden können. Sinngemäßes gilt auch für die Trittschalldämmung von Holzbalkendecken.

Rechenwerte

Die Anforderungen nach DIN 4109 gelten als erfüllt, wenn die geforderten Werte von den vorhandenen Rechenwerten (gekennzeichnet durch den Index »R«, z. B. $R'_{w,R}$) erreicht werden. Für die Luftschalldämmung wird dies ausgedrückt durch das bewertete Schalldämm-Maß R'_w:

$$R'_{w,R} \geq \text{erf } R'_w \quad [\text{dB}]$$

Für die Trittschalldämmung, ausgedrückt durch das Trittschallschutzmaß TSM oder durch den bewerteten Norm-Trittschallpegel $L'_{n,w}$, gilt entsprechend:

$$TSM_R \geq \text{erf } TSM \quad [\text{dB}]$$
$$L'_{n,w,R} \leq \text{zul } L'_{n,w} \quad [\text{dB}]$$

Bei der Holzbauart bestehen für die Ermittlung der Rechenwerte für die Gesamtkonstruktion ($R'_{w,R}$, TSM_R bzw.

Schutzmaßnahmen 4.30.01

$L'_{n,w,R}$) oder für die Einzelglieder ($R_{w,R}$; $R_{L,w,R}$) folgende Möglichkeiten:

1. Direkte Übernahme der Rechenwerte aus Beiblatt 1 zu DIN 4109
2. Verwendung der Ergebnisse von Prüfstandmessungen (gekennzeichnet durch den Index »P«, z. B. $R'_{w,P}$) unter Abzug des Vorhaltemaßes 2 dB, z. B. $R'_{w,R}$ = $R'_{w,P}$ − 2 dB, mit dem der Unterschied in der Ausführungsqualität der Konstruktion zwischen Prüfstand und Praxis erfaßt werden soll.

Die im Katalog genannten Rechenwerte basieren:
– auf den Angaben im Beiblatt 1 zu DIN 4109 oder
– auf Prüfzeugnissen unter Abzug des Vorhaltemaßes oder
– auf vorsichtigen Schätzungen anhand des »Informationsdienstes Holz; »Schalldämmende Holzbalken- und Brettstapeldecken«, holzbau handbuch, Reihe 3, Teil 3, Folge 3; Hrsg. EGH; München 1999.

<u>Bauliche Voraussetzungen</u>

Die im Katalog genannten Rechenwerte für die Schalldämmung gelten unter der Voraussetzung, daß die dort angegebenen konstruktiven Einzelheiten (z. B. Art, Dicke und Eigenschaften der verwendeten Bau- und Dämmstoffe) eingehalten werden und daß ferner der Anschluß von trennenden an flankierende Bauteile akustisch dicht ausgebildet wird.

Dagegen können z. B. folgende Abweichungen von den dargestellten Konstruktionen unberücksichtigt bleiben, da dadurch die Schalldämmung nicht verschlechtert, u. U. jedoch verbessert wird:

– Variation der Dicken 12,5 mm und 15 mm bei Gipsbauplatten (Gipskartonplatten oder Gipsfaserplatten)
– Variation der Dicken 13 mm und 16 mm bei Holzwerkstoffplatten
– größere Dämmschichtdicke in den Gefachen
– größerer Schalenabstand durch größeres Querschnittsmaß d der Konstruktionshölzer (z. B. Ständer).

Zu Beginn des Kapitels 6 ist ausführlich angegeben, welche Randbedingungen und Rechenwerte für die flankierenden Bauteile angesetzt wurden. Weiterhin sind auf den Seiten 4.20.01 ff. die Begriffe, Auszüge aus den Anforderungstabellen und die schalltechnischen Kennwerte der in diesem Buch behandelten Bauteile zusammengestellt.

Es gibt den begründeten Verdacht, daß sich beim Einsatz von Gipskartonbauplatten nach DIN 18 180 mit geringer Rohdichte niedrigere Schalldämm-Maße ergeben, als in Beiblatt 1 zu DIN 4109 angegeben.

(Für Gipskartonfeuerschutzplatten schreibt DIN 18 180 eine Mindestrohdichte vor, für Gipskartonbauplatten nicht.)

Es wird daher dringend empfohlen, sich von den Herstellern der Platten Schalldämm-Maße für die Gesamtkonstruktion angeben und sich diese Eigenschaft zusichern zu lassen.

Schallschutzkonstruktionen sind nicht Ü-Zeichen-pflichtig, weil die Schalldämm-Maße am Bau gemessen werden können.

Wärmeschutz

Vorschriften und Anforderungen

Die zur Zeit (März 2000) noch geltende »Verordnung über einen energiesparenden Wärmeschutz bei Gebäuden (Wärmeschutzverordnung)« (WSVO) wird alsbald abgelöst werden durch die »Energieeinsparverordnung« (EnEV), deren Referentenentwurf seit Mitte 1999 der Öffentlichkeit vorliegt. Während die WSVO nur den Heizwärmebedarf mit einem vereinfachten Verfahren bilanziert, soll die EnEV den Energiebedarf zur Erzeugung der Heizwärme, also unter Einbeziehung der Heizanlagen mit einem genaueren Verfahren bilanzieren. Außerdem wird das Anforderungsniveau an den Wärmeschutz durch die Gebäudehülle bei Neubauten ca. 20 % höher liegen als bei der WSVO von 1995. Die Luftdichtheit der Gebäudehülle ist in dem Referentenentwurf bei Nachweis durch »Blower-door-Test« unter Einbeziehung des gemessenen n_{50}-Wertes berücksichtigt. Wird die Luftdichtheit nicht gemessen, so soll dies mit einem Malus-Verfahren berücksichtigt werden. Weiterhin liefert die Norm DIN 4108 »Wärmeschutz im Hochbau« mit den Teilen 1 bis 5 sowohl die technischen Grundlagen (Kennwerte, Berechnungsverfahren usw.) als auch bestimmte Anforderungen, die hinsichtlich eines Mindestwärmeschutzes einzuhalten sind. Der Normentwurf E DIN 4108-6 sowie die Formulierungen des Referentenentwurfes lassen erkennen, daß sich die Verordnung sehr stark auf die in DIN 4108-6 geregelten Berechnungsverfahren und -ansätze stützen wird.

Das zu erwartende Verfahren nach EnEV ist schon heute in verschiedenen Software-Angeboten im Prinzip enthalten. Bei Gültigkeitwerden der EnEV wird es sicher eine Fülle kostengünstiger Software für den »von Hand« etwas aufwendigen Nachweis geben, daher wird das genaue Verfahren hier nur in Grundzügen dargestellt.

Luftdichtheit

Die Luftdichtheit ist geregelt in DIN V 4108-7. Die in diesem Werk vorgeschlagenen Konstruktionen und Details lassen bei korrekter Ausführung hochgradige Luftdichtheit erwarten.

Die Vornorm DIN V 4108-7 befindet sich zur Zeit in der Überarbeitung zu einer »endgültigen« Norm. Die EnEV ist ebenfalls noch nicht abgeschlossen und verkündet. Ob und wie weit die Regelungen bezüglich der Luftdichtheit reichen werden, ist zur Zeit nicht absehbar. Unabhängig davon ist die Bedeutung der Luftdichtheit für den Heizwärmeenergiebedarf eines Gebäudes relativ um so größer, je besser dessen Wärmedämmung ist. Weil hier den Vorschriftengebern nicht vorgegriffen werden kann, sind die Maßnahmen zur Erreichung von Luftdichtheit konzeptionell und organisatorisch konsequent dargestellt. Wichtig für den Anwender dieses Werkes sind folgende Gesichtspunkte im Detail:

Schutzmaßnahmen

- Verklebungen der luftdicht einhüllenden, definierten Ebene (Dampfsperre) sind grundsätzlich nicht dargestellt! Es obliegt Bauherren und Planern (zur Zeit), die gewünschten Maßnahmen definiert zu beauftragen.
- Grundsätzlich sind Folienüberlappungen dargestellt, wobei die Überlappungen regelmäßig mechanisch zusammengedrückt werden.
- Verklebungen aller Nahtstellen und Durchdringungsstellen der luftdicht umhüllenden, definierten Folienebene verbessern gewiß die Luftdichtheit, der Aufwand ist jedoch nicht unerheblich.
- Ob und wieviel doppelseitige Klebungen mit Anpreßdruck besser oder schlechter sind als jeweils einseitige Verklebungen von Folien, kann zur Zeit nicht beantwortet werden (auch nicht, ob die rein mechanisch angepreßte Überlappung ausreichend ist).
- Ob und wie weit der Blower-door-Test für verbindlich vorgeschrieben werden wird, bleibt ebenfalls abzuwarten. Bei Gebäuden mit Raumluftwechselanlagen im Niedrigenergie- und Passivhausbereich ist eine hohe Luftdichtheit Voraussetzung für die Funktionstüchtigkeit der Anlagen. Hier kann eine Blower-door-Messung unbedingt empfohlen werden.
- Die Anschauungen, wann ggf. ein Blower-door-Test zweckmäßig ist, sind uneinheitlich. Die Messung im »ungeschlossenen« Zustand bietet den Vorteil, daß Leckagen problemlos nachgebessert werden können, und den Nachteil, daß spätere Zerstörungen der Luftdichtheitsebene unberücksichtigt bleiben. Die Messung im fertigen Gebäudezustand liefert das zutreffendere Ergebnis, allerdings sind dann Abdichtungen von sich zeigenden Leckagen im allgemeinen aufwendiger zu bewerkstelligen.
- Die Dokumentation des Bauzustandes, bei dem die luftdichte Hülle geschlossen ist und ggf. ein Blower-door-Test gemacht wurde durch eine möglichst vollständige fotografische Abbildung aller betroffenen Flächen und Details, scheint im Hinblick auf spätere Beschädigungen und damit verbundenen Haftungsfragen dringend angeraten.

Behaglichkeit

Die Wohnbehaglichkeit wird im wesentlichen bestimmt durch die Einflußgrößen:

- Raumlufttemperatur,
- Umschließungsflächentemperatur,
- Luftbewegung (Konvektion, Zug),
- Zusammensetzung der Luft (Sauerstoffgehalt, Luftfeuchte, Rauch, Geruchsstoffe).

Wärmeschutz im Winter

Der Unterschied zwischen Raumluft- und Umschließungsflächentemperatur nimmt erheblichen Einfluß auf das Behaglichkeitsgefühl und damit auf die Lufttemperatur. Wie das Diagramm zeigt, läßt eine hohe innere Oberflächentemperatur der Außenbauteile eine niedrige Lufttemperatur bei gleich guter Behaglichkeit zu. Die Umschließungsflächentemperatur ist direkt abhängig von der wärmedämmenden Eigenschaft der Außenbauteile. Je

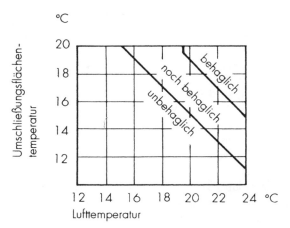

Abhängigkeit der Behaglichkeit von der Raumluft- und Umschließungsflächentemperatur

besser die Wärmedämmung, also je niedriger der k-Wert, um so höher ist die Oberflächentemperatur und entsprechend niedriger kann die Lufttemperatur sein. Dieser Aspekt belegt, daß durch gute Wärmedämmung nicht nur der Wärmedurchgang reduziert wird, sondern auch eine darüber hinausgehende Energieeinsparung aufgrund der niedrigeren Heiztemperatur entsteht.

Auch ergibt sich bei gleichem absolutem Feuchtegehalt der Raumluft eine höhere relative Luftfeuchte, was im Winter ebenfalls die Behaglichkeit erhöht.

Der geringe Temperaturunterschied zwischen Raumluft und Oberflächen hat auch zur Folge, daß nur geringe Luftbewegungen (»Luftwalze«) verursacht werden.

Die Zusammensetzung der Luft ist bei Gebäuden ohne mechanischen Luftwechsel von den Lebens- und Lüftungsgewohnheiten der Benutzer abhängig. Da die Bauteile in Holzrahmenbauweise baupraktisch luftdicht konstruiert sind, ist ein auf die hygienischen Notwendigkeiten beschränkter, also entsprechend geringer Luftwechsel möglich. Eine geringe Luftwechselrate ist mit Fensterlüftung nur schwer zu erreichen. Kontrollierter Raumluftwechsel macht eine Minimierung des Luftwechsels möglich. Nur bei gut luftdichter Gebäudehülle ist kontrollierter Raumluftwechsel planmäßig und damit sinnvoll möglich.

Die in diesem Werk angegebenen Bauteile weisen einen sehr guten winterlichen Wärmeschutz auf und erhöhen damit auch erheblich die Wohnbehaglichkeit. Die angegebenen Wärmedurchgangskoeffizienten (k-Werte) wurden nach DIN 4108 unter Berücksichtigung eines Rippenanteiles von 20% und eines Gefachanteiles von 80% für Dämmstoffe üblicher Wärmeleitfähigkeitsgruppen ermittelt. Der Rippenanteil wurde relativ groß gewählt, um Bereiche mit einem höheren Rippenanteil (Brüstung, Sturz, zusätzliche Stützen usw.) mit abzudecken. Damit sind auch die sogenannten »Wärmebrücken« in etwa mit berücksichtigt. Das Dach sollte ebenso wie die Kellerdecke bei dieser Bauweise mit einem guten Wärmeschutz versehen werden. Es sollte ein flinkes Heizsystem gewählt werden. Bei Heizunterbrechungen (Nachtabsenkung) stellt sich die gewünschte Temperaturänderung sowohl nach unten als auch nach

Schutzmaßnahmen 4.40.01

oben sehr schnell ein, da keine großen Massen abkühlen bzw. warm werden müssen.

Befensterung

Wie neuere Untersuchungen zeigen, ist das winterliche Wärmeverhalten und der Energieverbrauch eines Gebäudes nicht nur von dem Wärmedurchgang durch die Außenbauteile abhängig, sondern der Anteil und die Orientierung der transparenten Außenbauteile (Fenster, Fenstertüren, Festverglasungen, Wintergärten) haben einen erheblichen Einfluß auf den Energieverbrauch (Sonneneinstrahlung bzw. Wärmeverluste durch diese Flächen). Die Einflüsse sind sehr vielfältig und eine Optimierung findet schon oft durch die Lage und Größe des zur Verfügung stehenden Grundstückes sowie durch die vorgeschriebene Bebauung schnell ihre Grenzen. Gleichwohl müssen diese Einflüsse bei dem Entwurf mit bedacht werden. Im Kapitel 9 wird darauf eingegangen.

Wärmeschutz im Sommer

DIN 4108 gibt zum sommerlichen Wärmeschutz Hinweise und Empfehlungen, stellt aber keine Anforderungen.

Dies wird sich mit den verschiedenen Novellierungen von Regelwerken im Zusammenhang mit der EnEV wahrscheinlich ändern. Berechnungsverfahren liegen mit z. B. E DIN 4108-6 vor.

Die Unterschiede zwischen dem thermischen Verhalten von Schwerbauweisen und Leichtbauweisen sind nicht unerheblich. Beide Bauarten zeigen deutliche Vor- und Nachteile.

Die Schwerbauweisen verhalten sich thermisch aufgrund ihres hohen Wärmespeichervermögens träge. Über den einzelnen Sommer-Sonnen-Tag betrachtet, wird die Innentemperaturspitze »gekappt« und gleichzeitig auf einen längeren, späteren Zeitraum »verteilt«. Über eine längere Hitzeperiode hinweg »schaukelt« sich das Innentemperatur-Niveau »auf«, weil die Wärmeaufnahme der Baumassen die Wärmeabgabe übersteigt.

Der tageszeitliche Temperaturgang innen folgt bei Häusern in Holzrahmenbauart dem Temperaturgang außen schneller als in schwereren Bauwerken. Die angenehme Nachtkühle stellt sich früher ein, ebenso wie die Morgensonne schneller erwärmt.

Die mittägliche Innentemperaturspitze ist zeitlich wenig verschoben zum äußeren Temperaturgang und kurz, aber bemerkbar höher als bei Schwerbauweisen. Das nächtliche Auskühlen geht entsprechend schnell vonstatten, die niedrigste Temperatur liegt unter der der Schwerbauweisen.

Das sommerliche Temperaturverhalten kann gesteuert werden durch Sonnenschutzmaßnahmen wie Jalousien, aber auch entsprechende Bepflanzung, Klimazonen, reflektierende oder absorbierende Scheiben und ähnliches. Das Beschatten oder Undurchsichtigmachen der transparenten Außenflächen schützt ein gut wärmegedämmtes Haus – gleich welcher Bauart – besser gegen Hitze als ein schlecht wärmegedämmtes. Die Behaglichkeit ist in diesem Falle, also auch im Sommer, größer.

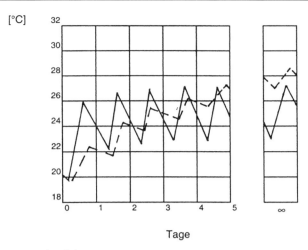

——— Leichtbau
— — Schwerbau

Qualitative Temperaturgänge in einem Leichtbau- bzw. Schwerbaugebäude während einer Hitzeperiode

Energiesparhäuser

Die vorgestellten Konstruktionen sind entsprechend dem gewünschten Wärmeschutzniveau wählbar und reichen bis k = 0,2 W/(m²K), womit sich auch Niedrigenergiehauswünsche erfüllen lassen. Die Integration von großformatigen Luftleitungen für den Raumluftwechsel in die Baukonstruktion ist mit Vorschlägen berücksichtigt. Die Herstellung einer luftdichten Gebäudehülle ist, bis ins Detail durchdacht, ausführlich angegeben. Bei konsequenter, sorgfältiger Ausführung sind niedrigste Blower-door-Test-n_{50}-Werte zu erwarten.

Damit sind alle Voraussetzungen geboten, hoch- und höchstenergieeffiziente Gebäude zu entwerfen und zu bauen. Die Festlegung des gewünschten Niveaus trifft der Bauherr mit seinem Planer.

Im Kapitel 9 sind zudem die Aspekte der Befensterung und Anlagentechnik beschrieben. Bei Minimalenergie-Häusern ist eine ganzheitliche Betrachtung von Gebäude, solaren Energieeinträgen, aus der Gebäudenutzung sowie der Gesamtenergiebilanz der wärmetechnischen Anlagen erforderlich.

Feuchteschutz

Feuchteschutz der Unterbauteile

Hier soll nur auf den klimabedingten Feuchteschutz eingegangen werden. Es wird vorausgesetzt, daß der Feuchteschutz von massiven Unterbauteilen den örtlichen Gegebenheiten wie Grundwasser, aufsteigende Feuchtigkeit usw. ausreichend Rechnung trägt, und sich das Haus in Holzrahmenbauart auf Unterbauteilen befindet, die zuverlässig gegen das Holzwerk abgedichtet sind. Die Normenangaben der DIN 18 195 »Bauwerksabdichtungen« sollten unbedingt eingehalten werden.

Tauwasserschutz

Für die angegebenen Bauteile ist bei Gebäuden mit normalem Innenklima (hier: Wohngebäude) nach DIN

Schutzmaßnahmen

4108-3 sichergestellt, daß weder auf der innenseitigen Oberfläche der Bauteile noch innerhalb der Bauteile Tauwasser anfällt. Sollten andere Baustoffe oder ein veränderter Schichtenaufbau der Bauteile gewählt werden, so ist unbedingt der Tauwasserschutz zu überprüfen. Bei den angegebenen Bauteilen kommt der Dampfsperre eine besondere Bedeutung zu, und ihre An- und Abschlüsse müssen sorgfältig entsprechend den Detaillierungen ausgeführt werden. Selbstverständlich ergeben sich in Räumen, die kurzfristig einer sehr hohen Feuchtebelastung ausgesetzt werden, also im allgemeinen in Bädern, kurzfristige Tauwasserbildungen an den Oberflächen von Decken und Wänden. Dieser Anfall von Tauwasser wird bei üblichen Nutzungs- und Lüftungsgewohnheiten von der Luft wieder aufgenommen und stellt keine Gefahr für die Bauteile dar. Luftundichtheiten, die Luftströmungen in Hohlräume zulassen (Konvektion), können sehr große Feuchtemengen transportieren, die aufgrund des Temperaturgefälles im allgemeinen in dem Hohlraum auskondensieren. Die so in die Konstruktion eindringenden Feuchtemengen können selbst bei nur geringfügigen Fugen oder sonstigen Luftwegen (Steckdosen u. ä.) das Mehrtausendfache der Menge betragen, die auf dem Diffusionswege hineingelangen kann. Die konstruktiven Maßnahmen, die in diesem Werk angegeben sind, schützen vor solchen Schäden.

»Diffusionsoffen« bauen, wie es zur Zeit aus mancherlei Gründen propagiert wird, hat keinen nennenswerten oder spürbaren Einfluß auf das Wohnklima. Die Wassermengen, die durch Bauteile hindurch diffundieren, sind, bezogen auf die Wasserdampfproduktion innerhalb eines Gebäudes, geringfügigst. Durch ein Holzrahmenbau-Bauteil mit einer Dampfsperre aus PE-Folie 0,2 mm und $s_{d\,ges} \cong 23$ m diffundieren pro m² und Tag in der Heizperiode im Mittel 0,7 g Wasser nach draußen. Bei einem sogenannten »diffusionsoffenen« Bauteil mit $s_{d\,ges} \cong 3$ m sind es 5 g Wasser pro m² und Tag. Bei 20 bis 30 kg Wasserdampfproduktion eines Vierpersonenhaushaltes ist dies vollkommen irrelevant für das Wohnklima.

Wenn der Kunde »diffusionsoffen« wünscht, so ist dies entsprechend DIN 4108 zulässig und machbar, technisch stellt es jedoch nicht grundsätzlich eine Verbesserung der Konstruktionen, wie sie dieses Werk behandelt, dar. Bei nicht normgerechter Veränderung der Konstruktionsaufbauten muß mit Mängeln und Schäden gerechnet werden.

Auch in Holzbaukreisen ist häufig die irrtümliche Interpretation der DIN 68 800 zu hören, daß »diffusionsoffen« »sicherer« sei: DIN 68 800-2 trägt mit den dort ausgewiesenen »diffusionsoffenen« Konstruktionen hauptsächlich dem Umstand Rechnung, daß »unsicher«, in diesem Falle mit zu feuchtem Holz, gebaut wird. Feuchtes Holz hat im Holzrahmenbau nichts verloren, weil es absehbar zu Mängeln, nämlich unzuträglichen Verformungen, führt. Weil trockenes Holz keine Feuchte mehr abgibt, braucht auch kein »eingebautes« Wasser aus der Konstruktion hinaus zu diffundieren. Wegen der Dampfsperre kommt auch keines mehr hinein und der Wand-, Decken- oder Dachaufbau bleibt ewig trocken.

Konstruktionsaufbauten, die so »diffusionsoffen« sind, daß innerhalb der Konstruktion planmäßig Tauwasser anfällt, sollten vermieden werden, denn sie liegen schon nahe an der Grenze, ab der das eindiffundierte Wasser zu Holzfäulnis führen kann. Hingewiesen sei noch darauf, daß die s_d-Werte bestimmter Bahnen stark »streuen«, dadurch können sich im Grenzbereich von »diffusionsoffen« unzuträgliche Verhältnisse einstellen. Bei Dächern ist bei Verzicht auf chemischen Holzschutz (Gefährdungsklasse 0) bei Dämmung in den Gefachen eine diffusionsoffene, obere, wasserableitende Abdeckung nur vorgeschrieben, damit ggf. durch Flugschnee, Windeintrieb o. ä. eingedrungenes Wasser wieder hinaus gelangen kann. Dies stellt eine sinnvolle, zusätzliche Sicherheitsmaßnahme dar. Bedacht werden sollte auch, daß gerade Außenwände über die Nutzungsdauer des Gebäudes über Jahrzehnte oder Jahrhunderte hinweg mancherlei Veränderungen erfahren können. Bei sehr diffusionsoffenen Wandaufbauten mit hinterlüfteter Außenbekleidung kann z. B. im allgemeinen die Fassade nicht durch ein Wärmedämmverbundsystem oder Vormauerwerk ersetzt werden, ohne innen eine Dampfsperre einzubringen. Der nachträgliche Einbau einer Dampfsperre in ein bestehendes, bewohntes Gebäude stellt jedoch einen äußerst großen Aufwand dar.

Den Autoren ist die emotionale Besetzung des Begriffes »atmende Wand« durchaus bewußt. Auch der von gewissen Wettbewerbsbauarten des Holzbaus thematisierte Wunsch »Ich will nicht in eine Folie eingepackt sein«, stellt die Dampfsperre in ein emotional schlechtes Licht. Bauphysikalisch ergeben sich, wie dargestellt, keine nennenswerten Einflüsse auf das Wohnklima. Die Nachhaltigkeit eines Gebäudes sollte, verbunden mit nüchterner, naturwissenschaftlicher Betrachtung, auch Bestandteil der Entscheidungsfindung sein.

Wie bereits erwähnt, wurden in diesem Buch die Außenbauteile mit einer zumeist überdimensionierten, einheitlichen Dampfsperre gewählt. Diese stellt zugleich die definierte, konsequent umhüllende Luftdichtheitsebene dar. Eine nach Meinung der Autoren und des Herausgebers rundum nachhaltige und sichere Wahl.

Schlagregenschutz von Wänden

Hierzu gibt DIN 4108-3 Empfehlungen. Es werden drei Beanspruchungsgruppen unterschieden (I bis III). Die Wände mit hinterlüfteten Außenwandbekleidungen oder mit 11,5 cm dicker Mauerwerk-Vorsatzschale mit der angegebenen Hinterlüftung erfüllen die Beanspruchungsgruppe III (starke Schlagregenbeanspruchung). Werden horizontale Fugen angeordnet, so sind diese entsprechend der zu erwartenden Schlagregenbeanspruchung auszubilden. Bei den Wänden mit verputzter Oberfläche erfüllen wasserhemmende Außenputze nach DIN 18 550-1 die Beanspruchungsgruppe II (mittlere Schlagregenbeanspruchung) und wasserabweisende Außenputze nach DIN 18 550-1 die Beanspruchungsgruppe III (starke Schlagregenbeanspruchung). Statt der dargestellten Variante mit Putz auf Holzwolle-

Schutzmaßnahmen 4.50.01

Leichtbauplatten (6.24.60, Seite 252 ff.) sind andere, verputzte Wärmedämmverbundsysteme (WDVS) möglich. Die WDVS bedürfen einer bauaufsichtlichen Grundlage nach Bauregelliste A oder B (Norm, Zulassung). Darüber hinaus sind Wasserdampfdiffusionsverhalten der Gesamtkonstruktion, Schlagregenbeanspruchung, Brandschutz-Veränderungen, Schallschutz-Veränderungen und die Eignung der Befestigungstechnik für den Holzrahmenbau zu prüfen.

Die Kriterien für die Einbauelemente (Fenster, Türen usw.) werden nicht behandelt. Besonders sei hier nochmals auf den Spritzwasserschutz im Sockelbereich (höher als 30 cm oder schräge Aufprallflächen) sowie auf die Fugenausbildung bei z. B. Geschoßstößen von Schalungen oder Bekleidungen hingewiesen. Bei Außenwandbekleidungen aus Holz bieten ausreichend große Dachüberstände einen bewährten konstruktiven Holzschutz. Ebenso ist bei der Durchbildung des Bauwerkes unbedingt darauf zu achten, daß Hirnholzflächen (z. B. Pfettenköpfe) nicht direkt bewittert werden.

Bäder und Duschen

Bei Bädern und Duschen sind Abdichtungen in den besonders feuchtebelasteten Bereichen (Boden, Sockel-, Wannenbereich) anzuordnen. Weiterhin müssen für diesen Bereich geeignete Plattenwerkstoffe ggf. mit besonderen Schutzmaßnahmen, z. B. Schutzanstrichen, eingesetzt werden. Der Abschnitt 7.54, S. 413, liefert die erforderlichen Angaben.

Holzschutz

Vorbeugende bauliche Maßnahmen

Als technisches Regelwerk gilt DIN 68 800-2 »Holzschutz im Hochbau; Vorbeugende bauliche Maßnahmen«. Die Norm gilt verbindlich für tragende und aussteifende Teile aus Holz und Holzwerkstoffen. Für nichttragende Bauteile wie Außenwandbekleidungen, innere Trennwände usw. werden Empfehlungen gegeben. Aufgabe des baulichen Holzschutzes ist es, den Feuchtegehalt des Holzes so niedrig zu halten, daß aufgrund der Holzfeuchte kein Pilzbefall auftreten kann. Außerdem müssen im Bereich des Tragwerkes, aber auch der Bekleidungen, die Veränderungen des Feuchtegehaltes so niedrig gehalten werden, daß durch die daraus resultierenden Formänderungen die Brauchbarkeit der Konstruktion nicht beeinträchtigt wird.

Aufgabe des baulichen Holzschutzes ist es also, das Holz mit der richtigen Holzfeuchte einzubauen, das heißt der Holzfeuchte, die während der Nutzung als Mittelwert zu erwarten ist (Ausgleichsfeuchte). Auf jeden Fall sollte bei der Holzrahmenbauweise kein Holz mit einem Feuchtegehalt von u_m größer als 18 % eingebaut werden. Während der Lagerung, des Transportes und im eingebauten Zustand ist das Holz vor Feuchteaufnahme durch Witterungseinflüsse oder Lagerung auf nassen Untergründen (Erde, über Pfützen) sorgfältig zu schützen. Zum Schutz des Holzes vor Feuchteaufnahme gehört auch der Schutz vor zu hoher Baufeuchte, die z. B. durch das Einbringen von Estrichen bei mangelhafter Lüftung verursacht werden kann. Öffnungen zu noch nicht ausreichend trockenen Kellern sollten abgedeckt werden.

Kurzfristige Einwirkungen von Tagwasser (Regen, Schnee) verändern im allgemeinen die Holzfeuchte bei den Nadelhölzern außer der Kiefer nur im oberflächennahen Bereich. Die Hoftypfeln bilden durch die Wasseraufnahme zunächst im äußeren Bereich eine relativ wasserundurchlässige Schicht und geben erst nach längerer Feuchteeinwirkung den Weg für das Wasser in das Holzinnere wieder frei.

Selbstverständlich muß das Holz ebenso wie während der Bauzeit im Gebrauchszustand sorgfältig vor unzuträglicher Feuchteeinwirkung geschützt sein. Zum einen sollen Niederschläge vom Holz ferngehalten werden oder – wenn keine andere Möglichkeit besteht – das Holz funktionsbedingt den Niederschlägen ausgesetzt ist (Außenwandbekleidung), das Wasser möglichst schnell von dem Holz abgeleitet werden. Zum anderen darf das Holz aus der Nutzung des Bauwerkes keine unzuträgliche Feuchte aufnehmen. Weiterhin muß die Feuchteaufnahme aus angrenzenden Bauteilen zuverlässig ausgeschlossen werden.

Vorbeugender chemischer Schutz von Holz und Holzwerkstoffen – Bauaufsichtlich vorgeschriebener chemischer Holzschutz

Für chemische Holzschutz-Maßnahmen ist DIN 68 800-3 »Holzschutz; Vorbeugender chemischer Holzschutz« maßgebend. Diese Norm ist in den meisten Bundesländern bauaufsichtlich eingeführt und damit verbindlich einzuhalten. Sie regelt den vorbeugenden chemischen Schutz von Holz und enthält Anforderungen an tragende und/oder aussteifende Holzbauteile. Weiter enthält sie Hinweise zum Schutz von nichttragenden, nicht maßhaltigen Hölzern sowie von nichttragenden, maßhaltigen Hölzern (Außenfenster und Außentüren). Die chemischen Maßnahmen bei Holzwerkstoffplatten sind in DIN 68 800-5 »Holzschutz im Hochbau; Vorbeugender chemischer Schutz von Holzwerkstoffen« enthalten. Danach sind Holzwerkstoffe, die gegen holzzerstörende Pilze durch eine Schutzbehandlung beim Holzwerkstoff-Hersteller geschützt sind, als Holzwerkstoffklasse 100 G gekennzeichnet.

DIN 68 800-3 fordert, daß Holz, das der Gefahr von Bauschäden durch Insekten und/oder der Gefährdung durch Pilzbefall ausgesetzt ist, zusätzlich zu den baulichen Maßnahmen durch chemische Maßnahmen geschützt werden muß. Dabei ermöglicht die Norm bei Einstufung von Bauteilen aus Holz in die Gefährdungsklasse 0 einen generellen Verzicht auf chemische Holzschutz-Maßnahmen. Der Planungsphase kommt in diesem Zusammenhang eine besondere Bedeutung zu.

Bei Holz, das in Räumen mit üblichem Wohnklima verbaut ist, kann nach der Norm auf einen insektiziden (insektentötenden) Holzschutz verzichtet werden, wenn:

Schutzmaßnahmen

- Farbkernhölzer mit einem Splintholzanteil von unter 10 % verbaut werden,
- das Holz allseitig durch eine geschlossene Bekleidung abgedeckt ist,
- das Holz zum Raum hin so offen angeordnet ist, daß es kontrollierbar bleibt.

Den Verzicht auf einen fungiziden (pilztötenden) Holzschutz ermöglicht die Norm, wenn die Holzfeuchte u_1 = 20 % langfristig nicht übersteigt. Holzzerstörende Pilze können sich unterhalb von 30 % Holzfeuchte nicht entwickeln.

Der Wert $u_1 \leq 20$ % wurde gewählt, weil er sich auf eine Einzelmessung bezieht. Der Unterschied zu den biologisch bedingten 30 % stellt einen Sicherheitsabstand dar.

Holzbauteile, die der Gefährdungsklasse 1–4 zugeordnet werden, erfordern einen bauaufsichtlich vorgeschriebenen chemischen Holzschutz. Zugelassen (Bauregelliste) sind ausschließlich Holzschutzmittel, die vom Deutschen Institut für Bautechnik (DIBt), Berlin, ein Prüfzeichen erhalten haben (bauaufsichtliche Zulassung). Das Prüfzeichen wird nur dann erteilt, wenn das jeweilige Holzschutzmittel für den angegebenen Anwendungsbereich gesundheitlich unbedenklich ist. Der Anwendungsbereich nach dem Prüfbescheid ist daher unbedingt einzuhalten. In diesem Werk sind bei den Bauteilen jeweils die erforderlichen chemischen Holzschutzmaßnahmen angegeben.

DIN 68 800-3 ermöglicht darüber hinaus, von der Zuordnung der Holzbauteile zu bestimmten Gefährdungsklassen dann abzuweichen, wenn ein besonderer Nachweis erbracht wird.

Bis auf die Schwellen, die auf feuchtegefährdeten Massivbauteilen auflagern, rechnen alle Wand- und Deckenhölzer dieses Werkes zur Gefährdungsklasse 0 (ohne chemischen Holzschutz). Jedoch nur unter der Voraussetzung, daß mineralischer Faserdämmstoff nach DIN 18 185 gemäß DIN 68 800-2 in den Gefachen eingesetzt wird. Bei Verwendung anderer Dämmstoffe muß der »besondere Nachweis« der Eignung für den Anwendungsfall der GK 0 erbracht sein, um auf den chemischen Holzschutz der Hölzer vollgedämmter Konstruktionen verzichten zu dürfen. Es gibt einige Dämmstoffe, die über diesen Nachweis verfügen. Im allgemeinen enthält der Nachweis bei wasseraufnahmefähigen Dämmstoffen (Zelluloseflocken, Holzspäne, Flachs u. ä.) zusätzliche Bestimmungen bezüglich der Wasserdampfdiffusion. Diese sollten unbedingt eingehalten werden, sie stellen sicher, daß es in dem Dämmstoff oder über den Dämmstoff im Holz nicht zu unzuträglichen Feuchteerhöhungen kommt.

Verzicht auf vorgeschriebenen chemischen Holzschutz

Fordert ein Bauherr den Verzicht auf chemischen Holzschutz in den Bereichen, wo ihn die Norm vorschreibt, so verstößt er gegen gesetzliche Bestimmungen (vgl. z. B. Musterbauordnung »Schutz gegen Feuchtigkeit, Korrosion und Schädlinge«). In diesen Fällen ist der Auftragnehmer verpflichtet, auf den Gesetzesverstoß hinzuweisen und das Ansinnen abzulehnen. Der Auftraggeber sollte ggf. bei der Bauaufsichtsbehörde eine Zustimmung im Einzelfall einholen.

Andererseits fordert die Norm und damit auch der Gesetzgeber, daß dem Verzicht auf chemischen Holzschutz durch Wahl geeigneter Konstruktionen der Gefährdungsklasse 0 unbedingt der Vorzug zu geben ist. Daraus läßt sich die Forderung an den Bauherrn und seinen Planer ableiten, daß bei ähnlichem wirtschaftlichem Aufwand Konstruktionen zu wählen sind, die bauaufsichtlich zulässig keinen chemischen Holzschutz erfordern.

Chemischer Holzschutz in bauaufsichtlich nicht relevanten Bereichen

Vorbeugende chemische Holzschutzmaßnahmen sind im bauaufsichtlich nicht relevanten Bereich grundsätzlich nicht erforderlich. Die Norm enthält für diesen Bereich jedoch Hinweise und unterscheidet dabei:
- nicht maßhaltiges Holz ohne statische Funktion,
- maßhaltiges Holz (Außenfenster und Außentüren).

Der Schutz von nichttragendem und nicht maßhaltigem Holz ist danach im Einzelfall zu vereinbaren, wobei die folgenden Kriterien für eine Beurteilung angegeben werden:

Ausmaß der Gefährdung
- Wert oder Bedeutung der Holzbauteile und deren Werterhaltung.
- Gewichtung von gesundheitlichen/umweltbezogenen Gesichtspunkten chemischer Holzschutzmaßnahmen durch den Auftraggeber.

Für die Einstufung in die Gefährdungsklassen und die Durchführung der Schutzmaßnahmen gelten im wesentlichen die gleichen Regeln wie im tragenden Bereich.

Für den Schutz von nichttragendem, maßhaltigem Holz, wie Außenfenster und Außentüren, gibt die Norm die Gefährdungsklasse 3 an. Wird nachträglich ein dauerhaft wirksamer Oberflächenschutz z. B. durch Instandhaltung und rechtzeitige Instandsetzung gewährleistet, können Außenfenster und Außentüren auch der Gefährdungsklasse 2 zugeordnet werden. Dabei kann auf einen insektiziden Schutz verzichtet werden, da im allgemeinen eine Gefahr von Schäden durch Insektenbefall nicht gegeben ist.

Daneben gibt es Holzveredelungs- und Wetterschutzprodukte, die frei von Wirkstoffen gegen Pilze oder Insekten sind und der dekorativen Gestaltung der Holzoberfläche dienen. Als Holzveredelungsprodukte schützen sie vor Staub, Verschmutzung und Flecken und machen die Oberfläche pflegeleicht. Als Wetterschutzprodukte können sie außen verbautes Holz vor dem Einfluß von UV-Licht und Regen schützen. Produkte mit dem »Blauen Engel« werden vom Institut für Gütesicherung und Kennzeichen e. V. (RAL) für Wetterschutz- und Holzveredelungsprodukte vergeben, wenn der Lösungsmittelgehalt unter 10 % liegt, die Bewertung »schadstoffarm« lautet und das Mittel frei von wirksamen Zusätzen gegen Holzschädlinge ist.

Schutzmaßnahmen 4.50.01

Oberflächenbehandlungssysteme

Oberflächenbehandlungssysteme für Holz sind seit alters her bekannt und gebräuchlich. Zu unterscheiden ist grundsätzlich zwischen schichtbildenden und offenporigen Behandlungssystemen. Die Oberflächenbehandlungssysteme haben die Aufgabe, Feuchte von dem Holz fernzuhalten und das Holz vor Sonneneinstrahlung und Verschmutzung zu schützen.

Je nach Art und Aufbau des Anstriches kann jedoch durch ein Oberflächenbehandlungssystem erreicht werden, daß der Verlauf der Holzfeuchte je nach Wasser- und Dampfdurchlässigkeit sehr gleichmäßig oder weniger gleichmäßig ist. Die Sonneneinstrahlung bewirkt bei ungeschütztem Holz Farbveränderungen, die nach Holzart unterschiedlich sind und im oberflächennahen Bereich geringe chemische Veränderungen, die jedoch sehr geringfügig sind und für die Dauerhaftigkeit untergeordnete Bedeutung haben. Weitaus bedeutender sind die Temperaturveränderungen, die durch die Sonneneinstrahlung verursacht werden und im oberflächennahen Bereich eine schnelle Verminderung der Holzfeuchte bewirken, während die Feuchte aus dem Innern nicht so schnell entweichen kann. Dies führt zu Spannungen innerhalb des Holzes und trägt damit wesentlich zur Rißbildung bei. Die Ausrichtung der Holzbauteile zur Sonne hin und ihre direkte Bewitterung spielen eine weitaus gewichtigere Rolle als die Farbgebung.

Die Oberflächenbehandlungssysteme können unterschieden werden in Dünnschichtlasuren, Dickschichtlasuren, Lacke und Dispersionsfarben.

<u>Dünnschichtlasuren</u> sind Anstrichmittel, die nur eine sehr dünne Schicht bilden und in das Holz eindringen. Sie lassen die Holzmaserung durchscheinen, und weil sie pigmentiert, d. h. farbig erhältlich sind, geben sie die Möglichkeit, farblich zu gestalten und gleichzeitig die Struktur des Holzes zu zeigen. Dünnschichtlasuren sind ohne und mit bioziden Wirkstoffen erhältlich, die das Holz gegen holzzerstörende Pilze, ggf. gegen Bläuepilze vorbeugend schützen.

Dünnschichtlasuren zeichnen sich im wesentlichen dadurch aus, daß sie Wasser abweisen, jedoch einen Feuchteaustausch zwischen umgebender Luft und Holz nahezu ungehindert zulassen. Da sie nur eine äußerst dünne Schicht bilden, können sie nicht abplatzen oder abblättern und wegen ihres Eindringvermögens auch im Bereich vorhandener Risse schützen. Dünnschichtlasuren eignen sich besonders zur Behandlung von nicht maßhaltigen Bauteilen auch mittlerer oder weniger hoher Holzgüte. Sie können unmittelbar auf das Holz oder auf eine Holzschutzgrundierung aufgebracht werden. Bei Renovierungen können sie häufig ohne Vorarbeiten überstrichen werden.

<u>Dickschichtlasuren</u>, <u>Lacke</u> und <u>Dispersionsfarben</u> bilden je nach Bindemittelanteil und Füllstoffen mehr oder weniger dicke Schichten. Sie haben einen relativ hohen Wasserdampfdiffusionswiderstand, so daß der Austausch von Wasserdampf zwischen Luft und Holz nur sehr langsam und über größere Zeiträume vonstatten geht.

Die Kanten von Bauteilen oder Brettern sollten abgerundet sein, damit der Film des Anstriches durchgehend ist; bei scharfen Kanten ist unmittelbar an der Kante eine Filmbildung nahezu ausgeschlossen.

Das Holz sollte bei der Behandlung eine Feuchte von ca. 12 bis 15 % haben. Schäden oder Abwitterungen, die das Eindringen von Wasser hinter den Anstrich ermöglichen, sollten unverzüglich ausgebessert werden.

5
BAUSTOFFE
BAUPRODUKTE

Inhalt

5   Baustoffe, Bauprodukte
   5.1   Allgemeines
       5.10   Grundlagen, Ü-Zeichen   75
   5.2   Baustoffe, Bauprodukte; genormt
       5.20   Bauschnittholz   78
             Konstruktionsvollholz   78
             Brettschichtholz   79
             Holzspanplatten   79
             OSB-Platten   80
             Bau-Furniersperrholz   80
             Bretter   81
             Holzschindeln   82
             Gipskartonplatten   82
             Mineralfaserdämmstoffe   83
             Holzwolle-Leichtbauplatten   84
             Mineralischer Putz   84
             Estriche auf Dämmschichten   85
             Stahlblechprofile für Wände   85
             Nägel   86
   5.3   Baustoffe, Bauprodukte; bauaufsichtlich zugelassen
       5.30   Kreuzbalken   87
             HQL-Holz   88
             Duo-Balken, Trio-Balken   88
             Furnierschichtholz   89
             Mehrschichtplatten   92
             OSB-Platten   97
             Organisch gebundene Flachpreßplatten   100
             Mineralisch gebundene Flachpreßplatten   102
             Organisch gebundene Faserplatten   106
             Mineralisch gebundene Faserplatten   109
             Vollwandträger, Fachwerkträger   111
             Wandtafeln   115
             Wand-, Decken-, Dachelemente   118

Allgemeines

Grundlagen zur Beurteilung von Baustoffen

In allen Bauordnungen der Länder wird grundsätzlich gefordert, daß alle baulichen Anlagen so beschaffen sein müssen, daß durch Wasser, Feuchtigkeit, fäulniserregende Stoffe, durch Einflüsse der Witterung, durch pflanzliche oder tierische Schädlinge oder durch andere chemische oder physikalische Einflüsse Gefahren oder unzumutbare Belästigungen nicht entstehen. Daraus ergibt sich schon die allgemeine Forderung, daß Baustoffe für den jeweiligen Verwendungszweck geeignet sein müssen, wie dies auch in der Verdingungsordnung für Bauleistungen (VOB) gefordert wird. Weiterhin wird in den Bauordnungen gefordert, daß Baustoffe, Bauteile und Bauarten, die nicht allgemein gebräuchlich oder bewährt sind, nur verwendet werden dürfen, wenn ihre Brauchbarkeit nachgewiesen ist.

Übereinstimmungsnachweis und Ü-Kennzeichnung nach den Landesbauordnungen

Nach den Landesbauordnungen hat sich der Begriff und damit auch die Bedeutung der Ü-Kennzeichnung geändert. Stand das Ü-Zeichen bisher für Überwachung auf der Grundlage der jeweils in den Bundesländern erlassenen Überwachungsverordnungen, so steht das **Ü** jetzt für **Übereinstimmungsnachweis**. Gleichzeitig hat sich hiermit aber auch die Bedeutung und der Geltungsbereich geändert. Galt die Überwachung bisher nur für diejenigen Produkte, für die es ausdrücklich gefordert wurde, so unterliegen nach den Landesbauordnungen (LBO) sämtliche Bauprodukte, die zur Erfüllung der Anforderungen in den LBO von Bedeutung sind, der Ü-Kennzeichnung. Somit fällt z. B. auch das bisher nicht zu kennzeichnende Bauholz für Holzbauwerke nach DIN 1052 unter die Kennzeichnungspflicht mit dem Ü.

Was bedeutet die Ü-Kennzeichnung?

Die Bauprodukte, für die das Ü-Zeichen gefordert ist, sind in der Bauregelliste A, Teil 1 (Geregelte Bauprodukte) mit ihren maßgebenden Technischen Regeln (z. B. DIN-Normen, Richtlinien) veröffentlicht. Bei wesentlichen Abweichungen von diesen Technischen Regeln bedürfen diese Bauprodukte (nicht geregelte Bauprodukte) eines Verwendbarkeitsnachweises. Als Verwendbarkeitsnachweis kommen in Frage:
– eine allgemeine bauaufsichtliche Zulassung,
– ein allgemeines bauaufsichtliches Prüfzeugnis,
– eine Zustimmung im Einzelfall.

Welche Angaben muß das Ü-Zeichen enthalten?

Das Ü-Zeichen muß die folgenden Angaben enthalten:
1. Name des Herstellers (Herstellwerk)
2. Grundlage des Übereinstimmungsnachweises
   - bei geregelten Bauprodukten: Kurzbezeichnung der maßgebenden technischen Regel und der für den Verwendungszweck wesentlichen Merkmale des Bauproduktes,
   - bei zugelassenen Bauprodukten: Bezeichnung der allgemeinen bauaufsichtlichen Zulassung oder Bezeichnung des allgemeinen bauaufsichtlichen Prüfzeugnisses
3. Bildzeichen oder Bezeichnung der Zertifizierungsstelle, sofern deren Einschaltung gefordert ist.

Diese Angaben sind auf der vom Ü umschlossenen Innenfläche oder unmittelbar daneben anzubringen.

Wie ist ein Produkt mit dem Ü-Zeichen zu kennzeichnen?

Das Ü-Zeichen kann wie folgt angebracht sein:
- auf einem Bauprodukt selbst,
- auf seiner Verpackung,
- auf dem Lieferschein,
- auf dem Beipackzettel.

Warum das Übereinstimmungszeichen mit den genannten Angaben?

Die Musterbauordnung fordert im § 20 Bauprodukte, daß Bauprodukte nur verwendet werden dürfen, wenn sie für den Verwendungszweck geeignet sind und auf der Grundlage des Übereinstimmungsnachweis-Verfahrens das Ü-Zeichen tragen.

Woraus geht der Verwendungszweck eines Bauproduktes hervor und was ist ein Verwendbarkeitsnachweis?

Der Verwendungszweck geht aus einer technischen Regel (in der Regel eine DIN-Norm) hervor. Weichen Bauprodukte von diesen technischen Regeln wesentlich ab oder bestehen keine technischen Baubestimmungen oder allgemein anerkannte Regeln der Technik, so gelten für diese nicht geregelten Bauprodukte als Verwendbarkeitsnachweis:
- eine allgemeine bauaufsichtliche Zulassung,
- ein allgemeines bauaufsichtliches Prüfzeugnis,
- eine Zustimmung im Einzelfall.

Der geforderte Verwendbarkeitsnachweis geht aus der Bauregelliste A, Teil 1 (Geregelte Bauprodukte) bzw. Teil 2 (Nichtgeregelte Bauprodukte) und Teil 3 (Nichtgeregelte Bauarten) hervor.

Bauprodukte, bei denen ein solcher Verwendbarkeitsnachweis nicht erforderlich ist, sind in der Liste C enthalten. Für diese Bauprodukte ist kein Übereinstimmungsnachweis gefordert, und sie dürfen daher auch nicht mit dem Ü-Zeichen gekennzeichnet sein. Beispiel: Dachrinnen, Kellerlichtschächte, kleinformatige bzw. brettformatige Fassadenelemente, Dampfsperren ...

Was ist ein Übereinstimmungsnachweis-Verfahren?

Mit dem Anbringen des Ü-Zeichens erklärt der Hersteller die Übereinstimmung seines Bauproduktes mit der in der Bauregelliste A, Teil 1, aufgeführten zugehörigen technischen Regel bzw. mit dem entsprechenden Verwendbarkeitsnachweis. Als Übereinstimmungsnachweisverfahren sehen die Bauordnungen folgende Möglichkeiten vor:
- Übereinstimmungserklärung des Herstellers,
- Übereinstimmungserklärung des Herstellers nach vorheriger Prüfung des Produktes durch eine bauaufsichtlich anerkannte Prüfstelle,
- Übereinstimmungs-Zertifikat durch eine bauaufsichtlich anerkannte Zertifizierungsstelle.

Allgemeines 5.10.01

Wie sieht eine Ü-Kennzeichnung bei Bauprodukten für den Holzbau aus?

Bei Bauprodukten, die auch bisher der Ü-Kennzeichnung, d. h. der Eigen- und Fremdüberwachung, unterlagen, hat sich in der Ü-Kennzeichnung nichts Wesentliches geändert. Sie müssen wie bisher gekennzeichnet sein (Beispiel: Stahlblechformteile wie Balkenschuhe und Sparrenpfettenanker, Dämmstoffe, Holzwerkstoffe).

Neu hingegen ist die Ü-Kennzeichnung des üblichen Bauholzes oder die Ü-Kennzeichnung der glattschichtigen Nägel.

Beispiel Bauholz

Ü – Hersteller – DIN 1052-1 – S10

Hinzu kommt ggf. die Baustoffklasse nach DIN 4102, z. B. wenn das Bauholz mit einem Anstrichmittel schwerentflammbar (Baustoffklasse B1) behandelt wurde. Ergänzt werden kann die Bauholzart, z. B. Douglasie oder Laubholzartgruppe A, B oder C, nach DIN 1052-1.

Beispiel glattschaftige Nägel

Ü – Hersteller – DIN 1052-2 – Durchmesser/Länge

Warum ist bei Bauholz als technische Regel DIN 1052-1 anzugeben?

Der Verwendungszweck für Bauschnittholz ergibt sich aus DIN 1052, d. h. es handelt sich um Holz für Holzbauwerke. Diese Norm bezieht sich hinsichtlich der Festigkeitssortierung von Nadelholz (NH) auf DIN 4074, nach der dieses Holz zu sortieren ist. Für andere Hölzer, z. B. Laubholz (LH) und Brettschichtholz (BSH), enthält DIN 1052 entsprechende Hinweise.

Wer bringt das Ü-Kennzeichen an?

Das Ü-Kennzeichen ist grundsätzlich vom Hersteller eines Bauproduktes anzubringen. Wird das Bauprodukt in einer weiteren Stufe bearbeitet, so daß sich die wesentlichen Eigenschaften ändern, wie z. B. das Auftragen eines Anstrichmittels für schwerentflammbares Bauholz, muß die Ü-Kennzeichnung entsprechend ergänzt werden. Dabei ist Hersteller derjenige, der das Bauprodukt zuletzt in seinen wesentlichen Anforderungen verändert hat. Gleichzeitig ist er verpflichtet, die Kennzeichnung des vorhergehenden Herstellers zu übernehmen und nachweisbar zu dokumentieren, um eine Rückverfolgbarkeit im Falle einer Überprüfung zu ermöglichen.

Für Bauholz ist der Hersteller in der Regel das Sägewerk. Bezieht der Zimmereibetrieb Schnittholz für tragende Zwecke und sortiert das Holz selbst, so ist er Hersteller und damit verantwortlich für die Kennzeichnung. Es wird empfohlen, solches Holz nur noch mit Ü gekennzeichnet zu bestellen und den Lieferanten darauf hinzuweisen, daß nur eine mit Ü gekennzeichnete Lieferung angenommen wird.

Konsequenzen

Die Kennzeichnungspflicht mit dem Ü-Zeichen gilt für alle Bauprodukte, die zur Erfüllung der Anforderungen in den Landesbauordnungen von Bedeutung sind und in der Bauregelliste A oder B mit den zugehörigen technischen Regeln veröffentlicht werden. Die Hersteller von Bauprodukten erklären mit der Ü-Kennzeichnung die Übereinstimmung mit der technischen Regel bzw. einem Verwendbarkeitsnachweis. Neu ist insbesondere die Kennzeichnung von Bauholz, glattschaftigen Nägeln und Stahl, z. B. S 235 JR (statt früher St 37).

Hingewiesen sei auf einige Absonderlichkeiten:

– OSB: OSB-Platten sind europäisch genormt in EN 300. EN 300 enthält keine zulässigen Beanspruchungen im Sinne von DIN 1052 und DIN 1052 keine Zuweisung solcher. EN 300 enthält auch keine charakteristischen Werte im Sinne von ENV 1995-1 (Eurocode 5) und das zugehörige Nationale Anwendungsdokument (NAD) keine Zuweisung solcher. Dementsprechend sind OSB-Platten nach EN 300 nicht geregelte Bauprodukte. Die Bauregelliste B läßt für OSB-Platten der Klassen 3 bis 4 nach EN 300 zwei Möglichkeiten zum Nachweis der Eignung für tragende Verwendungszwecke im Bauwesen:

  • ohne bauaufsichtliche Zulassung: durch Einhaltung der zulässigen Beanspruchungen, die in der Bauregelliste B unter Bezugnahme auf DIN 68 763 und DIN 1052 angegeben sind. In diesem Falle ist eine bauaufsichtliche Zulassung nicht erforderlich, jedoch die Ü-Kennzeichnung nach EN 300 (siehe Seite 80),

  • mit bauaufsichtlicher Zulassung: für OSB-Platten, die entweder EN 300 nicht entsprechen oder solche, die zwar EN 300 entsprechen, aber zugleich mit höheren als in der Bestimmung der Bauregelliste B genannten Beanspruchungen eingesetzt werden, ist eine allgemeine bauaufsichtliche Zulassung erforderlich (siehe Seite 97 ff.). Daraus ergibt

Ü-Zeichen – Gegenüberstellung der alten und neuen Regelung

Ü	alt	neu
Begriff	Überwachung	Übereinstimmungsnachweis
Bedeutung	Eigen- und Fremdüberwachung	Übereinstimmungserklärung des Herstellers oder Übereinstimmungszertifikat
Grundlage	Prüfzeichenverordnung	Übereinstimmungszeichenverordnung der Länder
Produkte	nur die Produkte, für die eine Eigen- und Fremdüberwachung vorgeschrieben war	alle Bauprodukte, die in der Bauregelliste A, Teil 1 und Teil 2, enthalten sind

Allgemeines

sich, daß es für OSB-Platten drei ordnungsgemäße, aber verschiedene Ü-Kennzeichnungen geben kann:
Ü-EN 300
Ü-Z-9,1- (Nr. der Zulassung)
Ü-EN 300 + Ü-Z-9,1- (Nr. der Zulassung)

- Nägel, sogenannte »Drahtstifte«, sind nur ihrer Form nach genormt, z. B. in DIN 1151, nicht jedoch hinsichtlich ihres Tragvermögens. DIN 1052 fordert eine Mindestdrahtzugfestigkeit von 600 N/mm², daher sind die Nägel mit »Ü-DIN 1052« ausgewiesen.
- Stahlteile dürfen neben der Ü-Kennzeichnung nur mit den zusätzlichen Nachweisen nach DIN 1052 tragend eingesetzt werden (Werkprüfzeugnisse u. ä.).
- Bauteile sind bezüglich ihrer gesamten Funktionen auszuweisen. Eine Wand mit tragender OSB-Beplankung und einer Zulassung für F 30-B (bauaufsichtliches Prüfzeugnis) mit einem nicht genormten Dämmstoff ist also dem Auftraggeber auszuweisen mit:
  - Ü-DIN 1052 (Wandtafel),
  - Ü-Z-9.1- (Nr. des OSB),
  - Ü-Z-PA III (Nr. Brandschutz-Prüfzeugnis).

Der Holzbaubetrieb hat z. B. nachvollziehbar zu dokumentieren:
- Ü-DIN 1052 Bauschnittholz,
- Ü-Z-9.1- (Nr. OSB) ggf. zusätzlich Nachweis der Rohdichte,
- Ü-Z-PA III (Dämmstoff) [Baustoffklasse, ggf. Schmelzpunkt, ggf. Wärmeleitfähigkeit]),
- Ü-Z- (Nr. Dämmstoff) [Gefährdungsklasse 0, λ, μ usw.],
- Ü-DIN 18 180 (Gipskartonplatten),
- Ü-DIN 1052 (tragende Nägel),
- ggf. Ü-DIN 18 184 (Nägel für Gipskartonplatten),
- Ü-DIN 18 180 (Stahlteile Verankerung), zusätzlich Werksbescheinigung oder Werksprüfzeugnis oder Werkstattprüfzeugnis,

weil diese Baustoffe in die Wandtafel eingeflossen sind.

Bezüglich des Schallschutzes bedarf es keiner Deklaration, weil er stets im Bauwerk prüfbar ist.

Weitere »Fallen« ergeben sich aus dem, was deklariert ist, und dem, was gefordert ist.

»Ü-DIN 18 165 WLG 040; Z-PA III . . . A« kann für einen Mineralfaserdämmstoff eine korrekte Deklaration sein. Wenn jedoch die Anforderungen »Schmelzpunkt ≥ 1000 °C, Rohdichte ≥ 30 kg/m³« auch noch bestehen, so ist die Deklaration für diese Anforderungen nicht ausreichend.

Es gilt die Grundregel: Für alles, was bauaufsichtlichen Anforderungen unterliegt, ist der zutreffende Übereinstimmungsnachweis erforderlich.

Anforderungen ohne »Ü«

Beim Schallschutz können sich Anforderungen an Baustoffe ergeben, die kein »Ü« benötigen. So schreibt DIN 18 180 zum Teil für Gipskartonbauplatten keine bestimmte Rohdichte vor. Die Rechenwerte für die Schalldämm-Maße nach Beiblatt 1 zu DIN 4109 sind jedoch z. B. mit Platten einer bestimmten Rohdichte ermittelt. Werden nun Platten, ordnungsgemäß ausgewiesen mit Ü-DIN 18 180, mit einer anderen Rohdichte eingebaut, so ergibt sich ein abweichendes Schalldämm-Maß. Es kann am Bauwerk gemessen werden. Ist es nicht ausreichend, so liegt ein Mangel vor, trotz bauaufsichtlich relevant durchgängig nachgewiesener Übereinstimmung.

Daraus ergibt sich, daß der Ausführende über die Ü-Pflichten hinaus die Eignung für den Verwendungszweck sicherzustellen hat.

Güteüberwachte Werksfertigung

Der Vorfertigungsgrad von Holzrahmenbau-Teilen ist erheblich gestiegen. Die Bauregelliste A schreibt für Holztafelbauteile, die werkseitig geschlossen werden, eine bauaufsichtliche Güteüberwachung, bestehend aus Eigen- und Fremdüberwachung, vor. Bei vielen zugelassenen, für den Holzrahmenbau geeigneten Werkstoffen verlangt außerdem die Zulassung eine güteüberwachte Fertigung der Bauteile (Wände, Decken, Dächer) daraus. Die nachfolgenden Angaben zu den Baustoffen sollten diesbezüglich in allen Punkten genau eingehalten werden.

Die Gefahren, die aus Haftung und Gewährleistung bei Nichteinhaltung drohen, sind erheblich. Bauaufsichtliche Zulassungen sollten nicht nur unbedingt im Volltext an der Verwendungsstelle vorliegen, sondern auch auf Punkt und Komma eingehalten werden.

Baustoffe, Bauprodukte; genormt

Bauschnittholz

Genaue Bezeichnung: Bauschnittholz (Kantholz, Balken, Bretter, Bohlen oder Latten), Nadelholz, DIN 4074-1, Sortierklasse (S 10 oder S 13; hier: ausschließlich S 10 bzw. bei maschineller Sortierung MS 10), Schnittklasse (A, B, C oder S nach DIN 68 365 [hier: bei Kantholz nur S oder A]), ggf. Holzfeuchte (hier: $u_m \leq 18\,\%$)

Bestandteile: Vollholz

Gütegrundlage: DIN 4074-1 »Sortierung von Nadelholz nach der Tragfähigkeit; Nadelschnittholz«; Sortierung nach Augenschein entsprechend der maßgebenden Sortierkriterien oder maschinelle Sortierung (Bezeichnung dann MS 10 bzw. MS 13); ggf. Messung der Holzfeuchte

Rohdichte: 400 bis 600 kg/m³

Berechnungsgewicht nach DIN 1055-1: 4 v 6 kN/m³

Baustoffklasse nach DIN 4102-4: Bei einer Dicke > 2 mm und einer Rohdichte > 400 kg/m³: B 2 (normalentflammbar) ohne Nachweis

Kennzeichnung: Ü-Zeichen, Hersteller, DIN 1052-1, Sortierklasse

Verarbeitung: DIN 1052-1 »Holzbauwerke; Berechnung und Ausführung«; DIN 1052-2 »Holzbauwerke; Mechanische Verbindungen«; DIN 1052-3 »Holzbauwerke; Holzhäuser in Tafelbauart, Berechnung und Ausführung«; bei Unterkonstruktionen sind zusätzlich zu beachten: DIN 18 168 »Leichte Deckenbekleidungen und Unterdecken« wie DIN 4103-4 »Nichttragende innere Trennwände; Unterkonstruktion in Holzbauart«; DIN 18 133 »Montagewände aus Gipskartonplatten«

Konstruktionsvollholz (KVH)

Genaue Bezeichnung: Konstruktionsvollholz ist getrocknetes und maßhaltiges Bauschnittholz aus Nadelholz. Es ist ein güteüberwachtes Produkt mit über eine Vereinbarung definierten Eigenschaften, das je nach Verwendungszweck unterschieden wird in:
- KVH-Si für sichtbare Konstruktionen
- KVH-NSi für nicht sichtbare Konstruktionen.

Holzarten: Vollholz: Fichte (FI), Tanne (TA), Kiefer (KI) oder Lärche (LA)

Gütegrundlage: DIN 4074-1 »Sortierung von Nadelholz nach der Tragfähigkeit; Nadelschnittholz«; Vereinbarung zwischen VDS (Vereinigung Deutscher Sägewerksverbände) und BDZ (Bund Deutscher Zimmermeister)

Rohdichte: 470 bis 590 kg/m³

Berechnungsgewicht nach DIN 1055-1: 4 v 6 kN/m³

Baustoffklasse nach DIN 4102-4: B 2 (normalentflammbar)

Kennzeichnung: Ü-Zeichen, Hersteller, DIN 1052-1, Sortierklasse und zusätzliche Kennzeichnung der »Überwachungsgemeinschaft Konstruktionsvollholz aus deutscher Produktion e. V.«

Verarbeitung: wie Bauschnittholz DIN 1052-1 (siehe links)

Besondere Eigenschaften: siehe Tabelle

Vorzugsquerschnitte:

Dicke [cm]	Breite [cm]					
	12	14	16	18	20	24
6	■	■	■		■	■
8	■	■	■		■	■
10	■		■		■	
12	■		■			

Qualitätsmerkmale für KVH, die über die Sortiermerkmale und -kriterien der Sortierklasse S10 nach DIN 4074-1 hinausgehen

Sortiermerkmal	Anforderungen an KVH		Bemerkung
	sichtbarer Bereich (KVH-Si)	nicht sichtbarer Bereich (KVH-NSi)	
Baumkante	nicht zulässig	schräg gemessen ≤ 10% der kleineren Querschnittseite	erhöhte Anforderungen gegenüber DIN 4074-1
Astzustand	lose Äste und Durchfalläste nicht zulässig; vereinzelt angeschlagene Äste und Astteile von Ästen bis max. 20 mm Durchmesser sind zulässig	–	zusätzliches Sortiermerkmal für KVH-Si
Risse • radiale (Trockenrisse)	Rißbreite b ≤ 3% der jeweiligen Querschnitte, jedoch nicht mehr als 6 mm	zulässig	erhöhte Anforderungen gegenüber DIN 4074-1 für KVH-Si
Verfärbungen • Bläue	nicht zulässig	zulässig bis zu 2/5 des Querschnittes oder der Oberfläche	erhöhte Anforderungen gegenüber DIN 4074-1 für KVH-Si
• nagelfeste braune und rote Streifen	nicht zulässig	zulässig	
• Rotfäule, • Weißfäule	nicht zulässig	nicht zulässig	
Insektenfraß	nicht zulässig	Fraßgänge bis zu 2 mm Durchmesser von Frischholzinsekten zulässig	erhöhte Anforderungen gegenüber DIN 4074-1 für KVH-Si
Krümmung (Längskrümmung)	bei herzfreiem Einschnitt ≤ 4 mm / 2 m bei herzgetrenntem Einschnitt ≤ 8 mm / 2 m	bei herzgetrenntem Einschnitt ≤ 8 mm / 2 m	erhöhte Anforderungen gegenüber DIN 4074-1 für KVH-Si für Hölzer aus herzfreiem Einschnitt
Holzfeuchte	15% ± 3%	15% ± 3%	zusätzliches Sortiermerkmal für KVH
Einschnittart	herzfrei bei Querschnitten ≤ 100 mm Dicke, herzgetrennt bei Querschnitten > 100 mm Dicke	herzgetrennt	zusätzliches Sortiermerkmal für KVH • herzfrei: Herzbohle mit d ≥ 40 mm • herzgetrennt: Bei zweistieligem Einschnitt würde das Zentrum eines ideal geraden Stammes durchschnitten
Maßhaltigkeit des Querschnittes	± 1 mm	± 1 mm	zusätzliches Sortiermerkmal für KVH
Rindeneinschluß (rindenumrandete Äste)	nicht zulässig	–	zusätzliches Sortiermerkmal für KVH-Si
Harzgallen	Breite b ≤ 5 mm	–	zusätzliches Sortiermerkmal nach KVH-Si
Oberflächenbeschaffenheit	gehobelt und gefast	egalisiert und gefast	zusätzliches Sortiermerkmal für KVH
Bearbeitung der Enden	rechtwinklig gekappt	rechtwinklig gekappt	zusätzliches Sortiermerkmal für KVH

Baustoffe, Bauprodukte; genormt 5.20.01

Brettschichtholz (BS-Holz, BSH)

Genaue Bezeichnung: Brettschichtholz (BS-Holz) nach DIN 1052-1/A1. BS-Holz darf nur als tragendes Holzbauteil eingesetzt werden, wenn es von Betrieben hergestellt worden ist, die eine bestimmungsgemäße Herstellung gemäß Anhang A der Norm DIN 1052 nachgewiesen haben (Leimgenehmigung).

BS-Holz wird in die folgenden Brettschichtholzklassen eingeteilt:
- BS 11: gewöhnliche Tragfähigkeit,
- BS 14: hohe Tragfähigkeit,
- BS 16, BS 18: besonders hohe Tragfähigkeit.

Die BS-Holzklassen sagen nichts über die optische Qualität des BS-Holzes aus.

Bestandteile: mindestens drei, breitseitig, faserparallel verleimte Bretter oder Brettlagen aus Nadelholz; Sortierklassen der Lamellen: S 10, MS 10 für BS 11; S 13 für BS 14; MS 13 für BS 16; MS 17 für BS 18
Kleber: Harnstoffharz, modifizierter Melaminharz, Phenol-Resorcinharz oder Polyurethan

Gütegrundlage: DIN 4074-1 »Sortierung von Nadelholz nach der Tragfähigkeit; Nadelschnittholz«; DIN 1052-1/A1

Rohdichte: 400 bis 500 kg/m^3

Berechnungsgewicht nach DIN 1055-1: 4 v 5 kN/m^3

Baustoffklasse nach DIN 4102-4: B 2 (normalentflammbar)

Kennzeichnung: Ü-Zeichen, Hersteller, DIN-Nr., BS-Holzklasse, ggf. fremdüberwachende Stelle (bei BS 14, BS 16 und BS 18 ist eine Fremdüberwachung der Keilzinkenverbindungen von Lamellen S 13, MS 13 und höher vorgeschrieben); BS-Holz-Bauteile aus BS 11 bis 10 m Länge benötigten mindestens die Übereinstimmungs-Erklärung des Herstellers (ÜH), z. B. im Lieferschein, alle übrigen BS-Holz-Bauteile müssen dauerhaft, eindeutig und deutlich lesbar gekennzeichnet sein, bei Bauteilen aus verschiedenen Sortierklassen müssen die Bereiche aus den jeweiligen Sortierklassen erkennbar sein. Die BS-Holz-Klassen BS 14, BS 16 und BS 18 mit Keilzinkenverbindungen der Lamellen benötigen ein ÜHZ (zertifiziert) mit fremdüberwachender Stelle.

Verarbeitung: DIN 1052-1 bis -3 »Holzbauwerke«

Standardquerschnitte:

Breite [cm]	Höhe [cm]									
	10	12	14	16	20	24	28	32	36	40
6										
8										
10										
12										
14										
16										
20										

Holzspanplatten (Flachpreßplatten)

Genaue Bezeichnung: Flachpreßplatten für das Bauwesen, DIN 68 763, Plattentyp (Normtyp) (V 20, V 100 oder V 100 G), Emissionsklasse (hier nur E 1 verwenden)

Bestandteile: Holzspäne, Bindemittel (Kleber)

Gütegrundlage: Bauaufsichtlich vorgeschriebene Güteüberwachung nach DIN 68 763 mit Eigen- und Fremdüberwachung

Rohdichte: 500 bis 750 kg/m^3

Berechnungsgewicht nach DIN 1055-1: 5 v 7,5 kN/m^3

Baustoffklasse nach DIN 4102-4: Bei einer Rohdichte ≥ 400 kg/m^3 und einer Dicke > 2 mm: B 2 (normalentflammbar) ohne Nachweis, Baustoffklasse B 1 (schwerentflammbar) mit Prüfbescheid möglich

Wasserdampf-Diffusionswiderstandszahl: μ = 50/100

Kennzeichnung: Herstellwerk und Werkstyp (ggf. verschlüsselt), DIN-Nr., Norm-Typ, Dicke in mm, Ü-Zeichen, fremdüberwachende Stelle

Verarbeitung: DIN 1052-1 bis -3 »Holzbauwerke«; DIN 68 771 »Unterböden aus Holzspanplatten«

Baustoffe, Bauprodukte; genormt

OSB-Platten

Genaue Bezeichnung: OSB-Platten (Oriented Strand Board), OSB-Klasse (OSB/3 und OSB/4) (OSB/1 und OSB/2 sind ohne bauaufsichtliche Zulassung für tragende Zwecke unzulässig), Dicke in mm, etwaige Sondereigenschaften wie z. B. Holzart, Art des Klebers, Oberflächengüte, Rohdichte (bei Brandschutzanforderungen ist für die Bauteile dieses Buches statt der Spanplatte nur OSB mit einer Rohdichte von mindestens 600 kg/m³ zulässig). Mit der Einführung der EN 300 in die Bauregelliste A (Mitteilung DIBt 01/99) sind OSB-Platten der Klassen OSB/3 und OSB/4 ein in Deutschland bauaufsichtlich geregeltes Bauprodukt. Eine bauaufsichtliche Zulassung ist für eine OSB-Platte nur dann erforderlich, wenn sie nicht EN 300 entspricht, oder über die Regelungen der Bauregelliste hinausgehende Anforderungen erfüllt werden sollen.

Bestandteile: Nadelholz Kiefer, Fichte oder Tanne, Bindemittel (Kleber)

Gütegrundlage: Bauaufsichtlich vorgeschriebene Güteüberwachung nach DIN 68 763 mit Eigen- und Fremdüberwachung nach DIN EN 300

Baustoffklasse nach DIN 4102-4: wie für Flachpreßplatten für das Bauwesen nach DIN 68 763: B 2 (normalentflammbar) bei einer Rohdichte ≥ 400 kg/m³ und einer Dicke > 2 mm

Wasserdampf-Diffusionswiderstandszahl: $\mu = 50/100$

Kennzeichnung: Ü-Zeichen, Herstellwerk, Plattentyp, Nenndicke, fremdüberwachende Stelle

Verarbeitung: DIN 1052-1 bis -3 »Holzbauwerke«; DIN 68 771 »Unterböden aus Holzspanplatten«

Bau-Furniersperrholz

Genaue Bezeichnung: Bau-Furniersperrholz, Sperrholz DIN 68 705-3, Plattentyp (BFU 20, BFU 100, BFU 100 G), Dicke in mm, etwaige Sondereigenschaften wie z. B. Holzart, Anzahl der Furnierlagen, Oberflächengüte, Rohdichte (bei Brandschutzanforderungen ist für die Bauteile dieses Buches statt der Spanplatten nur Sperrholz mit einer Rohdichte von mindestens 600 kg/m³ zulässig)

Bestandteile: Furniere, Bindemittel (Kleber)

Gütegrundlage: Bauaufsichtlich vorgeschriebene Güteüberwachung nach DIN 68 705-3 mit Eigen- und Fremdüberwachung

Rohdichte: 400 bis 800 kg/m³

Berechnungsgewicht nach DIN 1055-1: 4,5 v 8 kN/m³

Baustoffklasse: Bei einer Dicke > 2 mm und einer Rohdichte ≥ 400 kg/m³ B 2 ohne Nachweis nach DIN 4102-4

Wasserdampf-Diffusionswiderstandszahl: $\mu = 50/400$

Kennzeichnung: Herstellwerk (ggf. verschlüsselt), Plattentyp, DIN-Nr., Dicke in mm, Ü-Zeichen, fremdüberwachende Stelle

Verarbeitung: DIN 1052-1 bis -3 »Holzbauwerke«

Bau-Furniersperrholz aus Buche

Genaue Bezeichnung: Bau-Furniersperrholz aus Buche, Sperrholz DIN 68 705-5, Plattentyp (BFU-BU 20, BFU-BU 100, BFU-BU 100 G), Dicke in mm, Klasse nach Tabelle 2 DIN 68 705-5, etwaige Sondereigenschaften wie z. B. Oberflächengüte, Rohdichte (bei Brandschutzanforderungen ist für die Bauteile dieses Buches statt der Spanplatten nur Sperrholz mit einer Rohdichte von mindestens 600 kg/m³ zulässig)

Bestandteile: Buche-Furniere, Bindemittel (Kleber)

Gütegrundlage: Bauaufsichtlich vorgeschriebene Güteüberwachung nach DIN 68 705-5 mit Eigen- und Fremdüberwachung

Rohdichte: 600 bis 800 kg/m³

Berechnungsgewicht nach DIN 1055-1: In DIN 1055-1 nicht angegeben; i. a. kann mit 6,0 kN/m³ gerechnet werden

Baustoffklasse nach DIN 4102-4: B 2 ohne Nachweis

Wasserdampf-Diffusionswiderstandszahl: $\mu \cong 50/400$

Kennzeichnung: Herstellwerk (eventuell verschlüsselt), Plattentyp, DIN-Nr., Dicke in mm, Klasse nach DIN 68 705-5 Tabelle 2, Ü-Zeichen, fremdüberwachende Stelle

Verarbeitung: DIN 1052-1 bis -3 »Holzbauwerke«

Baustoffe, Bauprodukte; genormt

Bretter

Genaue Bezeichnung: Bretter für tragende Zwecke: siehe »Bauschnittholz«, sonst: Bretter, Holzart (Fichte, Tanne, Kiefer, Lärche), Güteklasse (I bis III), DIN 68365, ggf. gehobelt, parallel besäumt, DIN 4071-1 »Ungehobelte Bretter und Bohlen aus Nadelholz« (alternativ: gespundete Bretter DIN 4072; alternativ: Profilbretter mit Schattennut)

Bestandteile: Nadelholz

Gütegrundlage: DIN 4074-1 oder DIN 68365

Rohdichte: 400 bis 600 kg/m³

Berechnungsgewicht nach DIN 1055-1: 4 v 6 kN/m³

Baustoffklasse nach DIN 4102-4: bei Dicken größer als 2 mm und einer Rohdichte von mehr als 400 kg/m³: B 2 (normalentflammbar); mit besonderen Oberflächenbehandlungen B 1 (schwerentflammbar) möglich

Wasserdampf-Diffusionswiderstandszahl: $\mu = 40$

Kennzeichnung: Bretter für tragende Zwecke: siehe »Bauschnittholz«, sonst keine. Beurteilung nach DIN 4074-1 bzw. DIN 68365 nach Augenschein (visuelle Sortierung)

Verarbeitung: DIN 1052-1 bis -3 »Holzbauwerke«; ggf. »Richtlinien für Fassadenbekleidungen mit und ohne Unterkonstruktionen«; DIN 18516 »Außenwandbekleidungen, hinterlüftet«; DIN 18168 »Leichte Deckenbekleidungen und Unterdecken«

Profilbretter mit Schattennut

Genaue Bezeichnung: Profilbretter mit Schattennut, DIN 68126-1 Dicke x Breite x Länge in mm, Holzart (Kurzzeichen), Güte entweder nach DIN 68365 oder DIN 68126-3

Bestandteile: Holz

Gütegrundlage: DIN 68365 »Bauholz für Zimmerarbeiten«; DIN 68126-3 »Profilbretter mit Schattennut«, Sortierung für Fichte, Tanne, Kiefer«

Rohdichte: 400 bis 600 kg/m³

Berechnungsgewicht nach DIN 1055-1: 4 v 6 kN/m³

Baustoffklasse nach DIN 4102-4: bei Dicke > 2 mm und Rohdichte ≥ 400 kg/m³ B 2 (normalentflammbar)

Wasserdampf-Diffusionswiderstandszahl: $\mu = 40$

Kennzeichnung: ggf. Güte oder Sortierung

Verarbeitung: DIN 1052-1 bis -3 »Holzbauwerke«; DIN 18168 »Leichte Deckenbekleidung und Unterdecken«; DIN 18516 »Außenwandbekleidungen, hinterlüftet«,

Baustoffe, Bauprodukte; genormt

Holzschindeln

Genaue Bezeichnung: Schindelart (Dachschindel oder Wandschindel) DIN 68119, Kurzzeichen mit Angabe, ob gesägt oder gespalten, Kurzzeichen für die Form, Holzart, Länge in mm, Güteklasse (1 oder 2)

Bestandteile: Holz

Gütegrundlage: DIN 68119 »Holzschindeln«

Rohdichte: nach Holzart

Berechnungsgewicht nach DIN 1055-1: Schindeldach, einschl. Latten: 0,25 kN/m²; für Wände keine Angabe

Baustoffklasse nach DIN 4102-4: bei einer Dicke > 2 mm und einer Rohdichte $\geq$ 400 kg/m³ B 2 (normalentflammbar)

Widerstandsfähigkeit der Bedachung gegen Flugfeuer und strahlende Wärme: bei Dächern Prüfzeugnis erforderlich

Kennzeichnung: Schindelart, Holzart, DIN-Nr., Güteklasse, Hersteller (evtl. verschlüsselt)

Verarbeitung: »Regeln für die Verwendung von Holzschindeln für Außenwandbekleidungen«; Herausgeber EGH, München

Gipskartonplatten

Genaue Bezeichnung: Gipskartonplatten DIN 18180, Kurzzeichen der Plattenart (Gipskarton-Bauplatten [GKB], Gipskarton-Feuerschutzplatten [GKF], imprägnierte Platten mit Zusatz I [GKBI] bzw. [GKFI]), Dicke in mm, Länge x Breite in mm, Kantenausbildung (Kurzzeichen), Baustoffklasse nach DIN 4102

Bestandteile: Kern: im wesentlichen Gips, Zusatzmittel, anorganische Zuschlagstoffe, bei Feuerschutzplatten Zusätze von mineralischen Fasern; Ummantelung: mit festhaftendem Karton, Faserrichtung des Kartons in Plattenlängsrichtung

Gütegrundlage: DIN 18180 »Gipskartonplatten; Arten, Anforderungen, Prüfung«; Eigen- und Fremdüberwachung nach DIN 18180

Rohdichte: 800 bis 1050 kg/m³

Berechnungsgewicht nach DIN 1055-1: 0,11 kN/m² je cm Dicke

Baustoffklasse nach DIN 4102-4: B 1 (schwerentflammbar) ohne Nachweis, A 2 (nichtbrennbar) mit gültigem Prüfbescheid nach DIN 4102-1

Wasserdampf-Diffusionswiderstandszahl: $\mu = 8$

Kennzeichnung: Firmen- oder Markenname, DIN-Nr., Plattenart (Kurzzeichen), Baustoffklasse, ggf. Prüfzeichen bei Baustoffklasse A, Ü-Zeichen, fremdüberwachende Stelle (Farbe des Aufdruckes bei GKB, GKBI, GKP: Blau; bei GKF, GKFI: Rot)

Verarbeitung: DIN 18181 »Gipskartonplatten im Hochbau«; DIN 18182-1 »Zubehör für die Verarbeitung von Gipskartonplatten; Schnellbauschrauben«; DIN 18182-3 »Zubehör für die Verarbeitung von Gipskartonplatten; Klammern«; DIN 18182-4 »Zubehör für die Verarbeitung von Gipskartonplatten; Nägel«; DIN 18183 »Montagewände aus Gipskartonplatten«

Baustoffe, Bauprodukte; genormt

Mineralfaser-Dämmstoffe für die Wärmedämmung

Genaue Bezeichnung: Mineralfaser-Dämmstoff für die Wärmedämmung, Anwendungstyp (Kurzzeichen: W, WL, WD, WV, bei $\Xi \geq 5$ kN/sm^4 zusätzlich »–w–«) und Baustoffklasse nach DIN 4102, Lieferform (Matten, Filze, Platten), DIN 18 165, ggf. Sondereigenschaften (Rohdichte und Schmelzpunkt), ggf. Beschichtungen und Umhüllungen, Nenndicke, Länge x Breite in mm, Wärmeleitfähigkeitsgruppe

Bestandteile: Mineralfasern aus einer silikatischen Schmelze (z. B. Glas-, Gesteins- oder Schlackenschmelze); Verbindung der Fasern mit oder ohne Bindemittel, Verschmelzung oder Vernadeln; Beschichtungen oder Umhüllungen: keine oder z. B. Papier, Kunststoff- oder Metallfolien, Drahtgeflecht

Gütegrundlage: DIN 18 165-1 »Faserdämmstoffe für das Bauwesen; Dämmstoffe für die Wärmedämmung«

Rohdichte: ca. 8 bis 500 kg/m^3

Berechnungsgewicht nach DIN 1055-1: 0,01 kN/m^2 je cm Dicke

Baustoffklasse nach DIN 4102-4: entsprechend Prüfzeichen

Wasserdampf-Diffusionswiderstandszahl: $\mu = 1$

Kennzeichnung: Dämmstoffart, DIN-Nr., Stoffart und Lieferform, Anwendungstyp, etwaig vorhandene Sondereigenschaften, Wärmeleitfähigkeitsgruppe, Baustoffklasse nach DIN 4102, Nenndicke, Name des Herstellers, Herstellwerk, Herstellungsdatum, Ü-Zeichen, Prüfzeichen-Nr., fremdüberwachende Stelle

Verarbeitung: DIN 4102-4 »Brandverhalten von Baustoffen und Bauteilen; Zusammenstellung und Anwendung klassifizierter Baustoffe, Bauteile und Sonderbauteile«; Beiblatt 1 zu DIN 4109 »Schallschutz im Hochbau«

Mineralfaser-Dämmstoffe für die Trittschalldämmung

Genaue Bezeichnung: Mineralfaser-Dämmstoff für die Trittschalldämmung, Anwendungstyp (Kurzzeichen T oder TK), Baustoffklasse nach DIN 4102, Lieferform (Filze, Platten), DIN 18 165-2, ggf. Sondereigenschaften (Rohdichte), ggf. Beschichtungen und Umhüllungen, Nenndicke unbelastet/Nenndicke belastet, Länge x Breite in mm, Wärmeleitfähigkeitsgruppe

Bestandteile: Mineralfasern aus einer silikatischen Schmelze (z. B. Glas-, Gesteins- oder Schlackenschmelze); Verbindung der Fasern zu: Matten oder Filzen: keine Bindemittel oder Bindemittel durch Vernadeln; Platten: durch Bindemittel, Verschmelzung oder Vernadeln; Beschichtungen oder Umhüllungen: i. a., keine

Gütegrundlage: DIN 18 165-2 »Faserdämmstoffe für das Bauwesen; Dämmstoffe für die Trittschalldämmung«

Rohdichte: in DIN 18 165-2 keine gestellten Anforderungen; Empfehlung: bei Spanplatten-Unterböden nur Platten mit einer Rohdichte größer als 80 kg/m^3 und geringer Zusammendrückbarkeit (Typ-Kurzzeichen nach DIN 18 165-2 »TK«) verwenden

Berechnungsgewicht nach DIN 1055-1: 0,01 kN/m^2 je cm Dicke

Baustoffklasse nach DIN 4102-4: entsprechend Prüfzeugnis

Wasserdampf-Diffusionswiderstandszahl: $\mu = 1$

Kennzeichnung: Dämmstoffart, DIN-Nr., Stoffart und Lieferform, Anwendungstyp, etwaig vorhandene Sondereigenschaften, Wärmeleitfähigkeitsgruppe, Baustoffklasse nach DIN 4102, Nenndicke, Name des Herstellwerks und Herstellungsdatum, Ü-Zeichen, Prüfzeichen-Nr. und Baustoffklasse nach DIN 4102, fremdüberwachende Stelle

Verarbeitung: DIN 4102-4 »Brandverhalten von Baustoffen und Bauteilen; Zusammenstellung und Anwendung klassifizierter Baustoffe, Bauteile und Sonderbauteile«; Beiblatt 1 zu DIN 4109 »Schallschutz im Hochbau«

Baustoffe, Bauprodukte; genormt

Holzwolle-Leichtbauplatten

Genaue Bezeichnung: Plattenart (zementgebundene oder magnesitgebundene Leichtbauplatte), DIN 1101, Kurzzeichen (L 15, L 25 usw., dabei gibt die Ziffer die Dicke der Platte in mm an), bei Abweichung von den Vorzugsmaßen (Länge = 2000 mm, Breite = 500 mm): Länge x Breite in mm, Baustoffklasse nach DIN 4102

Bestandteile: Holzwolle, Zement nach DIN 1164-1 oder kaustisch gebrannter Magnesit, Anteil wasserlöslicher Chloride kleiner als 0,35 Massen-%

Gütegrundlage: DIN 1101 »Holzwolle-Leichtbauplatten«

Rohdichte: je nach Dicke 360 bis 570 kg/m^3

Berechnungsgewicht nach DIN 1055-1: Kalkzementputz auf 25 mm Holzwolle-Leichtbauplatte, Putzdicke 20 mm: 0,55 kN/m^2 Kalkzementputz auf 35 mm Holzwolle-Leichtbauplatte, Putzdicke 20 mm: 0,55 kN/m^2

Baustoffklasse nach DIN 4102-4: B 1 (schwerentflammbar)

Wasserdampf-Diffusionswiderstandszahl: μ = 2 bis 5

Kennzeichnung: jede Platte: DIN 1101, Name oder Zeichen des Herstellers, jede Verpackungseinheit: Holzwolle-Leichtbauplatten, DIN 1101, Name oder Zeichen des Herstellers, DIN 4102 – B 1, Ü-Zeichen, fremdüberwachende Stelle

Verarbeitung: DIN 1102 »Holzwolle-Leichtbauplatten nach DIN 1101, Verarbeitung«

Mineralischer Außenputz auf Holzwolle-Leichtbauplatten

Genaue Bezeichnung: Außenputz nach DIN 18 550-1 und -2 in Verbindung mit DIN 1102, Regenschutz (wasserhemmend oder wasserabweisend), bestehend aus: Drahtnetz geschweißt, verzinkt, Drahtdicke 1 mm, Maschenweite 20 bis 25 mm, Spritzbewurf gemischtkörnig, volldeckend Zementmörtel-Gruppe P III, Unter- und Oberputz, Mörtelgruppe P I oder P II, Putzweise (gefilzt, geglättet, gerieben, Kellenwurfputz, Kellenstrichputz, Spritzputz, Kratzputz, Waschputz); bei anderen Putzsystemen ggf. genaue Bezeichnung des gewählten Putzsystems

Bestandteile: Sand, Baukalke nach DIN 1060-1, Putz- und Mauerbinder DIN 4211, Zement nach DIN 1164-1

Gütegrundlage: DIN 18 550 »Putz« -1 und -2

Rohdichte: ca. 1500 bis 2000 kg/m^3

Berechnungsgewicht nach DIN 1055-1: – siehe unter »Holzwolle-Leichtbauplatten«, der Putz ist dort bei dem Berechnungsgewicht mit berücksichtigt

Baustoffklasse nach DIN 4102-4: A 1 (nichtbrennbar)

Wasserdampf-Diffusionswiderstandszahl: μ = 15 bis 35

Verarbeitung: DIN 1102 »Holzwolle-Leichtbauplatten nach DIN 1101, Verarbeitung«; DIN 18 550 »Putz«

Baustoffe, Bauprodukte; genormt

Estriche auf Dämmschichten

Genaue Bezeichnung: Estrich DIN 18 560, Kurzzeichen für Estrichart, Festigkeits- bzw. Härteklasse, S (für schwimmend), Dicke in mm

Bestandteile: – je nach Estrichart –

Gütegrundlage: DIN 18 560 »Estrich im Bauwesen«

Rohdichte: – je nach Estrichart –

Berechnungsgewicht nach DIN 1055-1: Anhydrit-, Kunstharz-, Zementestrich: 0,22 kN/m² je cm Dicke, Gipsestrich: 0,20 kN/m² je cm Dicke, Gußasphalt: 0,33 kN/m² je cm Dicke

Baustoffklasse nach DIN 4102-4: ohne organische Bestandteile: A 1 (nichtbrennbar)

Wasserdampf-Diffusionswiderstandszahl: $\mu = 70/150$

Verarbeitung: DIN 18 560-2 »Estrich im Bauwesen; Estriche auf Dämmschichten (schwimmende Estriche)«

Profile aus Stahlblech (hier für Wände)

Genaue Bezeichnung: Regel-Profilquerschnitt (C-Wandprofil oder U-Wandprofil), DIN 18 182, Kurzzeichen des Profils (CW oder UW), Steghöhe in mm x Nenn-blechdicke in 1/10 mm (z. B. 06 entspricht 0,6 mm), Dicke des Zinküberzuges in g/m²

Bestandteile: Stahl: St 02 Z 100 oder ST 02 Z 275, Korrosionsschutz durch Verzinkung

Gütegrundlage: DIN 18 182-1, für die Stähle DIN 17 162-1

Berechnungsgewicht nach DIN 1055-1: ca. 0,04 kN/m²

Baustoffklasse nach DIN 4102-4: A 2 (nichtbrennbar)

Kennzeichnung: DIN-Hauptnummer, Kurzbezeichnung der Profilart, Nenn-Blechdicken (die Nenn-Blechdicke kann auch durch nachstehende Farben erfolgen: 0,6 mm = blau, 0,7 mm = rot, 1 mm = grün)

Verarbeitung: bei Gipskartonplatten: DIN 18 181 »Gipskartonplatten im Hochbau«; DIN 18 183 »Montagewände aus Gipskartonplatten«

Baustoffe, Bauprodukte; genormt

Nägel

Genaue Bezeichnung: Drahtstifte rund, DIN 1151, Senkkopf (Form B), Durchmesser in 1/10 mm x Länge in mm, Ausführung: bk = blank; zn = verzinkt; me = metallisiert; DIN 1052-2 alternativ: runde Maschinenstifte, DIN EN 10211, lose (L), Durchmesser in 1/10 mm x Länge in mm; Ausführung: Oberfläche blank

Bestandteile: Stahl, ggf. Korrosionsschutz

Gütegrundlage: DIN 1151: »Drahtstifte rund; Flachkopf, Senkkopf«; DIN 1052-2 (Mindestdrahtzugfestigkeit ≥ 600 N/mm² und zusätzliche Anforderungen an die Geometrie)

Verarbeitung: DIN 1052-1 bis -3 »Holzbauwerke«

Auf weitere Baustoffe soll hier nicht eingegangen werden, um den Umfang zu begrenzen. Weiterhin wird darauf verzichtet, die Befestigungs-, Verbindungs- und Verankerungsmittel zu behandeln, die einer bestimmten Ausführung zugehören oder die bauaufsichtlich zugelassen sein müssen.

Baustoffe, Bauprodukte; bauaufsichtlich zugelassen 5.30.01

Kreuzbalken

Kreuzbalken werden aus baumkantigen Viertelhölzern verleimt. Der Querschnitt weist nur geringe innere Eigenspannungen auf und ist entsprechend weitgehend frei von Rissen. Die zulässigen Biege-, Zug- und Druckspannungen sowie der E-Modul entsprechen etwa BS 11 bzw. BS 14.

Kreuzbalken werden wie Vollholz eingesetzt. Die Länge bis 12 m erlaubt die Nutzung der Durchlaufwirkung (Decken, Pfetten u. ä.).

Es gibt vier ähnlich lautende Zulassungen für Kreuzbalken (Stand 31. 1. 2000).

Zulassungsgegenstand:
- Z-9.1-314, Kreuzbalken aus parallelen Vormaterialien
- Z-9.1-415, Kreuzbalken
- Z-9.1-425, Kreuzbalken
- Z-9.1-444, Kreuzbalken

Bestandteile: Die Kreuzbalken bestehen aus Nadelholz S 10 oder S 13 nach DIN 4074-1 und einem Kleber mit bestandener Prüfung nach DIN 68 141 mit EN 301, EN 302 und Delaminierungsprüfung nach EN 391.

Anwendungsbereich: Die Kreuzbalken dürfen für alle tragenden Bauteile nach DIN 1052 verwendet werden, für die Vollholz oder BS-Holz zulässig ist (sinngemäßes gilt für EC 5 (DIN V ENV 1995-1)).

Es müssen folgende Querschnittsaußenmaße eingehalten werden:
- Querschnittsaußenmaße: 8 x 10 bis 20 x 26 cm²
- Querschnittsverhältnis: Höhe/Breite ≤ 2
- maximale Länge: 12 m
- freie Stützweite: ≤ 6,00 m.

Holzschutz: DIN 68 800-2 und DIN 68 800-3 sind zu beachten. Bei Gefährdungsklasse 0 ist auch für eine Insektenunzugänglichkeit der Kreuzbalkenlöcher zu sorgen; ggf. (z. B. bei Außenbauteilen) ist ein bauphysikalischer Feuchteschutz (Wasserdampfdiffusion) auch im Kreuzbalkenlochbereich zu prüfen bzw. sicherzustellen.

Brandschutz: Für die Kreuzbalken ist ein Prüfzeugnis erforderlich.

Kennzeichnung: Ü-Zeichen, Lieferschein muß zusätzlich enthalten: Bezeichnung, Sortierklasse, Herstellwerk.

Bemessung: Die Berechnung der Beanspruchungen erfolgt nach DIN 1052 (bzw. EC 5). Die zulässigen Beanspruchungen für die aufgeführten Zulassungen sind auszugsweise der Tabelle zu entnehmen.

Verbindungen: Nägel, Schrauben, Klammern, Bolzen, Einlaß- und Einpreßdübel sind erlaubt. Stahlbleche im Lochbereich müssen korrosionsgeschützt werden. Stahlblechformteile:
- wenn mit Zulassung: Zulassungen gelten nicht für Kreuzbalken,
- wenn nach technischen Baubestimmungen berechenbar: unter Berücksichtigung der Regelungen für mechanische Holzverbindungen in den Kreuzbalken-Zulassungen.

Verbindungen: Für Verbindungen gilt DIN 1052, jedoch mit in den Zulassungen geregelten Abweichungen:
- rechnerischer Nettoquerschnitt im Verbindungsbereich: 90 % von B x H
- Bettungslängen der Verbindungsmittel
- Dübel besonderer Bauart im Lochbereich: 0,35 B bzw. 0,35 H muß größer sein als die Mindestholzdicke nach DIN 1052-2.

Zulassungs-Nr.	
Z-9.1-314	Kreuzbalken, KHW Seubert GmbH & Co. KG, Hinterm Teiche 7, 07616 Serba-Trotz
Z-9.1-415	Kreuzbalken, Franz Bayerl Holzindustrie, Obermiethach, 94356 Kirchroth
Z-9.1-425	Kreuzbalken, Schollmayer-Holz GmbH, Hauptstr. 173, 55246 Mainz-Kostheim
Z-9.1-444	Kreuzbalken, Schilliger Holz AG, Haltikon 33, CH-6403 Küssnacht
Anwendungsbereich	für alle tragenden Bauteile, für die Vollholz bzw. Brettschichtholz in DIN 1052-1 erlaubt ist

Zulässige Spannungen und Moduln im Lastfall H in kN/cm² bezogen auf den Vollquerschnitt

Art der Beanspruchung		Sortierklasse	
		S 10	S 13
Biegung	σ_B	1,1	1,4
Zug parallel zur Faser	$\sigma_{Z\parallel}$	0,74	0,91
Zug rechtwinklig zur Faser	$\sigma_{Z\perp}$	0,012	0,012
Druck parallel zur Faser	$\sigma_{D\parallel}$	0,85	1,1
Druck rechtwinklig zur Faser	$\sigma_{D\perp}$	0,20	0,20
Abscheren	τ_a	0,06	0,06
Schub aus Querkraft und Torsion	zul τ_Q, zul τ_T	0,12	0,12
E-Modul parallel zur Faser	$E_\parallel$	1050	1200
E-Modul rechtwinklig zur Faser	$E_\perp$	30	35
Schubmodul	G	50	50

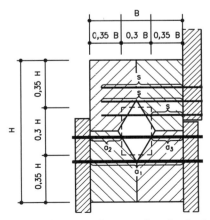

Bettungslängen s für Nägel und a für Bolzen und Stabdübel, die rechnerisch angesetzt werden dürfen

HQL-Holz

Aus trapezförmigen Schwachholz-Einzelquerschnitten wird eine einlagige, circa 3 m lange Platte verleimt, die dann parallel zur Faser in Rechteckquerschnitte geteilt wird. Größere Längen werden durch Keilzinkengeneralstöße hergestellt.

Die maximale Dicke von 5,8 cm beschränkt die Anwendungsmöglichkeiten (weitspannende Schalungen, Nagelplattenbinder, Holztafelbau u. ä.).

Zulassungsgegenstand: Z-9.1-287, HQL-Holz

Bestandteile: HQL-Holz besteht aus Fichtenholz, annähernd S 13 nach DIN 4074-1. Die Jahrringbreite muß ≤ 2,5 mm betragen. Der Mindestwert für die Rohdichte ist 450 kg/m³ und die Holzfeuchte darf höchstens 15 % betragen.

Der verwendete Leim muß die Prüfung nach DIN 68 141 bestanden haben und für eine Innen- und Außenanwendung anerkannt sein.

Anwendungsbereich: HQL-Holz darf für alle tragenden Bauteile nach DIN 1052 verwendet werden, für die Vollholz zulässig ist.

Zulässige Abmessungen sind:
- Dicke: 3,4 bis 5,8 cm,
- Breite: 10,00 bis 30,00 cm
- maximale Länge: 12,00 m

Holzschutz: wie für Vollholz

Brandschutz: wie für Vollholz

Kennzeichnung: Ü-Zeichen, Lieferschein muß zusätzlich enthalten: Bezeichnung (Kurzzeichen HQL), Herstellwerk.

Bemessung: Die Bemessung erfolgt nach DIN 1052 wie Vollholz S 13, jedoch Biege-E-Modul E_B = 1100 kN/cm².

Prinzip Bildung von HQL-Holz

Duo-Balken, Trio-Balken

Duo-Balken bestehen aus zwei, Trio-Balken aus drei Bohlen oder Kanthölzern, die übereinander angeordnet miteinander verklebt sind.

Die Dicke der Einzelhölzer darf höchstens 8 cm betragen, die maximal erlaubte Breite ist 24 cm. Die Querschnittsfläche eines Einzelholzes darf jedoch 150 cm² nicht überschreiten.

Zulassungsgegenstand:
– Z-9.1-440, Balken aus zwei (Duo-Balken) oder drei (Trio-Balken) flachseitig verklebten Bohlen oder Kanthölzern.

Bestandteile: Die verklebten Bohlen oder Kanthölzer bestehen aus Vollholz, Nadelholz. Die Sortierklasse der Hölzer muß mindestens S 10 sein.

Anwendungsbereich: Die Duo- und Trio-Balken dürfen für alle Holzbauteile verwendet werden, für die die Verwendung von Vollholz oder Brettschichtholz in DIN 1052 erlaubt ist.

Holzschutz: DIN 68 800-2 und -3 sind einzuhalten

Brandschutz: wie für Vollholz

Kennzeichnung: Ü-Zeichen, Bezeichnung des Zulassungsgegenstands, Sortierklasse, Tag der Herstellung

Bemessung: Die Bemessung erfolgt nach DIN 1052-2 bis -3. Als zulässige Spannungen und als Rechenwerte der Elastizitäts- und Schubmoduln gelten die Werte für Vollholz, Nadelholz.

Baustoffe, Bauprodukte; bauaufsichtlich zugelassen 5.30.01

Furnierschichtholz

Der Sammelbegriff »Furnierschichtholz« umfaßt in dieser Übersicht (Stand 31. 1. 2000) neben den tatsächlichen Furnierschichthölzern ebenfalls Furnierstreifenholz und Langspanholz.

Zulassungsgegenstand:
- Z-9.1-100, Kerto®-S, Kerto®-Q
- Z-9.1-241, Parallam® PSL
- Z-9.1-245, Microllam® LVL 2.0E
- Z-9.1-291, Kerto®-T
- Z-9.1-323, TimberStrand™ P, TimberStrand™ S
- Z-9.1-377, Swedlam-S

Bestandteile: Kerto®-S und Kerto®-Q (Furnierschichthölzer) werden aus verleimten 3,2 mm dicken Schälfurnieren aus Nadelholz hergestellt. Die Längsstöße der Furniere sind geschäftet verleimt. Kerto®-S weist ausschließlich faserparallele Furnierlagen auf. Kerto®-Q hat eine größere Anzahl von Furnierlagen mit der Faserrichtung parallel zur Plattenlängsrichtung und eine kleinere Anzahl von Furnierlagen rechtwinklig dazu.

Furnierstreifenholz Parallam® PSL besteht aus verleimten 3 mm dicken Furnierstreifen; Holzarten: Douglas Fir oder Southern Pine. Die Furnierstreifen sind in Faserlängsrichtung ausgerichtet. Die Verleimung erfolgt in einer Durchlaufpresse und mit Mikrowellenenergie zu Balkenquerschnitten.

Microllam™ LVL (Furnierschichtholz) besteht aus verleimten 2,5 mm bis 4,7 mm dicken Furnierblättern, Holzart: Southern Yellow Pine. Die sortiert übereinandergelegten Furnierblätter sind in Faserlängsrichtung ausgerichtet.

Kerto®-T (Furnierschichtholz) wird aus verleimten 3,2 mm dicken längslaufenden Furnierlagen der Holzarten Fichte bzw. Kiefer hergestellt.

TimberStrand™ LSL (Langspanholz) wird als TimberStrand™ S (1,5E LSL) für stabförmige Bauteile und als TimberStrand™ P (1,3E LSL) für plattenförmige Bauteile hergestellt. Es besteht aus ca. 0,8 mm dicken Pappelholzspänen, die bei TimberStrand™ S faserparallel ausgerichtet sind, bei TimberStrand™ P kann ein geringer Anteil der Spanstreifen auch in Querrichtung liegen. Die Verleimung erfolgt mit einem Dampfinjektionsverfahren.

Swedlam-S (Furnierschichtholz) besteht aus verleimten 3 mm dicken Furnierblättern, Holzart: Fichte bzw. Kiefer. Die Ausrichtung der Furnierblätter erfolgt ebenfalls in Faserlängsrichtung.

Anwendungsbereiche: Die Zulassungsgegenstände dürfen i. d. R. für alle Anwendungen verwendet werden, bei denen BS-Holz nach DIN 1052 erlaubt ist. Zulassungsspezifische Erweiterungen oder Einschränkungen des Anwendungsbereiches können den Tabellen entnommen werden.

Holzschutz: Bei erforderlichem vorbeugendem, chemischem Holzschutz sind die Bauteile aus Furnierschichtholz, Furnierstreifenholz und Langspanholz nach DIN 68 800-3 zu schützen wie Bauteile aus BS-Holz.

Kerto®-S, Kerto®-Q und Kerto®-T können im Kesseldruckverfahren vollständig durchimprägniert werden.

Brandschutz: wie für Vollholz

Kennzeichnung: Ü-Zeichen, Bezeichnung des Zulassungsgegenstandes ggf. mit Plattentyp, Holzart und Qualität, Herstellwerk.

Zulässige Beanspruchungen: siehe Tabellen; Bemessung und Ausführung i. d. R. wie für BS-Holz nach DIN 1052-1.

Für Kerto®-T gelten die zulässigen Spannungen und Rechenwerte der Elastizitäts- und Schubmodeln sowie die Knickzahlen für Nadelholz der Sortierklasse S 13 nach DIN 1052-1.

Verbindungen: Bemessung i. d. R. nach DIN 1052-2; Sonderregelungen gelten u. a. für Einlaßdübel, Bolzen und Stabdübel in Schmalseiten und Stirnflächen der Holzwerkstoffe.

Baustoffe, Bauprodukte; bauaufsichtlich zugelassen 5.30.01

Zulässige Spannungen im Lastfall H und Rechenwerte der Elastizitätsmoduln E und Schubmodul G [kN/cm²]; die Bezeichnungen der Spannungen und Moduln sind den einzelnen Zulassungsbescheiden entnommen

Zulassungs-Nr. Z-9.1-100	**Kerto-Furnierschichtholz** Finnforest Deutschland GmbH, Marconistraße 4–8, 50769 Köln							
Anwendungsbereich	für alle Ausführungen, bei denen BS-Holz nach DIN 1052 erlaubt ist							

Zulässige Beanspruchungen im Lastfall H

stabförmige Bauteile	Werte in kN/cm²	Biegung rechtwinklig zur Plattenebene zul $\sigma_{B\parallel}/E_{B\parallel}$	Zug in Plattenebene zul $\sigma_{Z\parallel}/E_{Z\parallel}$	zul $\sigma_Z/E_{Z\perp}$	Druck in Plattenebene zur Plattenebene zul $\sigma_{D\parallel}/E_{D\parallel}$	zul $\sigma_\perp/E_{D\perp}$	Abscheren rechtwinklig zur Plattenebene zul τ_{yx}/G_{yx}	Abscheren in Plattenebene zul τ_{zx}/G_{zx}
	Faserrichtung der Decklage	parallel	parallel	rechtwinklig	parallel	rechtwinklig		
Kerto-S h ≤ 300 mm	zul. Spannung	2,0	1,6	0,02	1,6	0,3	0,2	0,09
	Modul	1300	1300	keine Angabe	1300	keine Angabe	50	50
Kerto-S h = 900 mm	zul. Spannung	1,7	1,6	0,02	1,6	0,3	0,2	0,09
	Modul	1300	1300	keine Angabe	1300	keine Angabe	50	50
Kerto-S h = 1800 mm	zul. Spannung	1,4	1,1	0,02	1,1	0,3	0,2	0,09
	Modul	1300	1300	keine Angabe	1300	keine Angabe	50	50
Kerto-Q h ≤ 300 mm	zul. Spannung	1,5	1,2	0,25	1,2	0,5	0,22	0,06
	Modul	1000	1000	keine Angabe	1000	keine Angabe	50	50
Kerto-Q h = 900 mm	zul. Spannung	1,3	1,2	0,25	1,2	0,5	0,22	0,06
	Modul	1000	1000	keine Angabe	1000	keine Angabe	50	50
Kerto-Q h = 1800 mm	zul. Spannung	1,1	0,8	0,25	0,8	0,5	0,22	0,06
	Modul	1000	1000	keine Angabe	1000	keine Angabe	50	50

Zulässige Beanspruchungen im Lastfall H

plattenförmige Bauteile	Werte in kN/cm²	Biegung rechtwinklig zur Plattenebene parallel zur Faserrichtung zul σ_{Bxy}/E_B		Biegung rechtwinklig zur Plattenebene rechtwinklig zur Faserrichtung zul σ_{Bxz}/E_B		Zug in Plattenebene zul σ_Z/E_Z		Druck in Plattenebene zul σ_D/E_D		Abscheren rechtwinklig zur Plattenebene zul τ_{yx}/G		Abscheren in Plattenebene zul τ_{zx}/G	
	Faserrichtung der Decklage	parallel	rechtwinklig	parallel	rechtwinklig	parallel	rechtwinklig	parallel	rechtwinklig	parallel	rechtwinklig	parallel	rechtwinklig
Kerto-S	zul. Spannung	2,0	0	1,4	0	1,1	0,02	1,1	0,3	0,2	0	0,09	0
	Modul	1300	–	1300	–	1300	–	1300	30	50	–	50	–
Kerto-Q	zul. Spannung	1,5	0,4	1,1	0,25	0,8	0,25	0,8	0,5	0,22	0,22	0,06	0,06
	Modul	1000	200	1000	200	1000	200	1000	200	50	50	50	50

Zulassungs-Nr. Z-9.1-241	**Furnierstreifenholz Parallam® PSL** TJM™ Europe, Behringstraße 10, 82152 Planegg						
Anwendungsbereich	für alle Ausführungen, bei denen BS-Holz nach DIN 1052 erlaubt ist, jedoch nur für stabförmige Bauteile						

Zulässige Beanspruchungen im Lastfall H

stabförmige Bauteile	Werte in kN/cm²	Biegung rechtwinklig zur Plattenebene zul $\sigma_{B\parallel}/E_{B\parallel}$	Zug in Plattenebene zul $\sigma_{Z\parallel}/E_{Z\parallel}$	zul $\sigma_{Z\perp}/E_{Z\perp}$	Druck in Plattenebene zul $\sigma_{D\parallel}/E_{D\parallel}$	Druck zur Breitseite der Furnierstreifen zul σ_D/E_D		Abscheren rechtwinklig zur Furnierstreifenebene zul τ_{zx}/G	Abscheren in Furnierstreifenebene zul τ_{xy}/G
	Faserrichtung	parallel	parallel	rechtwinklig	parallel	parallel	rechtwinklig	parallel	rechtwinklig
h ≤ 174 mm	zul. Spannung	2,1	1,8	0,02	2,0	0,26	0,16	0,1	0,28
	Modul	1450	1450	keine Angabe	1450	keine Angabe		75	75
h ≤ 305 mm	zul. Spannung	2,0	1,8	0,02	2,0	0,26	0,16	0,1	0,28
	Modul	1450	1450	keine Angabe	1450	keine Angabe		75	75
h ≤ 483 mm	zul. Spannung	1,9	1,8	0,02	2,0	0,26	0,16	0,1	0,28
	Modul	1450	1450	keine Angabe	1450	keine Angabe		75	75

[1] Spannungsangaben für Douglas-Fir-Furnierstreifen und bei Beanspruchung im Balken-Endbereich

Zulassungs-Nr. Z-9.1-245	**Furnierschichtholz Microllam® LVL 2.0 E** TJM™ Europe, Behringstraße 10, 82152 Planegg						
Anwendungsbereich	für alle Ausführungen, bei denen BS-Holz nach DIN 1052 erlaubt ist, jedoch nur für stabförmige Bauteile						

Zulässige Beanspruchungen im Lastfall H

	Werte in kN/cm²	Biegung zul $\sigma_{B\parallel}/E_{B\parallel}$	Zug in Plattenebene zul $\sigma_Z/E_{Z\parallel}$	zul $\sigma_{Z\perp}/E_{Z\perp}$	Druck in Plattenebene zul $\sigma_{D\parallel}/E_{D\parallel}$	Druck zur Leimfuge zul $\sigma_{Dx\parallel}/E_{Dx}$		Abscheren rechtwinklig zur Plattenebene zul τ_{zx}/G	Abscheren parallel zur Plattenebene zul τ_{yx}/G
	Faserrichtung der Decklage	parallel	parallel	rechtwinklig	parallel	parallel	rechtwinklig		
h ≤ 150 mm	zul. Spannung	2,1	1,7	0,05	1,9	0,33	0,2	0,13	0,25
	Modul	1450	1450		1450	keine Angabe		75	75
h = 305 mm	zul. Spannung	2,0	1,7	0,05	1,9	0,33	0,2	0,13	0,25
	Modul	1450	1450		1450	keine Angabe		75	75
h = 610 mm	zul. Spannung	1,7	1,7	0,05	1,9	0,33	0,2	0,13	0,25
	Modul	1450	1450		1450	keine Angabe		75	75

[1] Spannungsangaben für Beanspruchung im Balken-Endbereich

Baustoffe, Bauprodukte; bauaufsichtlich zugelassen 5.30.01

*Zulässige Spannungen im Lastfall H und Rechenwerte der Elastizitätsmoduln E und Schubmoduln G [kN/cm²];
die Bezeichnungen der Spannungen und Moduln sind den einzelnen Zulassungsbescheiden entnommen*

Zulassungs-Nr. Z-9.1-323	**Langspanholz TimberStrand™ P (1,3E Structural Panel) und TimberStrand™ S (1,5E LSL)** **TJM™ Europe**, Behringstraße 10, 82152 Planegg								
Anwendungsbereich	für alle Ausführungen, bei denen BS-Holz nach DIN 1052 erlaubt ist, auf Biegung beanspruchte stabförmige Bauteile; ebene Flächentragwerke; Stegmaterial zusammengesetzter Träger								

Zulässige Beanspruchungen im Lastfall H

TimberStrand™ P (1,3E Structural Panel) plattenförmige Bauteile	Werte in kN/cm²	Biegung rechtwinklig zur Plattenebene zul σ_{Bxy}/E_{Bxy}		Biegung in Plattenebene zul σ_{Bxz}/E_{Bxz}		Zug in Plattenebene zul σ_{Zx}/E_{Zx}		Druck in Plattenebene zul σ_{Dx}/E_{Dx}	Abscheren rechtwinklig zur Plattenebene zul τ_{zx}/G_{zx}	Abscheren in Plattenebene zul τ_{yx}/G_{zx}
	Faserrichtung	parallel	rechtwinklig	parallel	rechtwinklig	parallel	rechtwinklig			
h = 50 mm	zul. Spannung	1,04	0,4	1,15	0,5	1,0	0,35	1,2	0,5	0,13
	Modul	950[1]	240	870	270	1000	270	keine Angabe	230	keine Angabe
h = 100 mm	zul. Spannung	1,04	0,4	1,53	0,5	1,0	0,35	1,2	0,5	0,13
	Modul	950[1]	240	870	270	1000	270	keine Angabe	230	keine Angabe
h = 500 mm	zul. Spannung	1,04	0,4	1,14	0,5	1,0	0,35	1,2	0,5	0,13
	Modul	950[1]	240	870	270	1000	270	keine Angabe	230	keine Angabe
h = 1000 mm	zul. Spannung	1,04	0,4	1,0	0,5	1,0	0,35	1,2	0,5	0,13
	Modul	950[1]	240	870	270	1000	270	keine Angabe	230	keine Angabe

Zulässige Beanspruchungen im Lastfall H

TimberStrand™ S (1,5E LSL) stabförmige Bauteile	Werte in kN/cm²	Biegung rechtwinklig zur Plattenebene zul σ_{Bxy}/E_{Bxy}		Biegung in Plattenebene zul σ_{Bxz}/E_{Bxz}		Zug in Plattenebene zul σ_{Zx}/E_{Zx}		Druck in Plattenebene zul $\sigma_{Dx\parallel}/E_{Dx}$	Abscheren rechtwinklig zur Plattenebene zul τ_{xy}/G_{xy}	Abscheren in Plattenebene zul τ_{zx}/G_{zx}
	Faserrichtung	parallel	rechtwinklig	parallel	rechtwinklig	parallel	rechtwinklig			
h = 50 mm	zul. Spannung	1,25	0,2	1,4	0,2	1,2	0,15	1,3	0,4	0,18
	Modul	1150[1]	120	1050	130	1250	130	keine Angabe	210	keine Angabe
h = 100 mm	zul. Spannung	1,25	0,2	1,6	0,2	1,2	0,15	1,3	0,4	0,18
	Modul	1150[1]	120	1050	130	1250	130	keine Angabe	210	keine Angabe
h = 500 mm	zul. Spannung	1,25	0,2	1,25	0,2	1,2	0,15	1,3	0,4	0,18
	Modul	1150[1]	120	1050	130	1250	130	keine Angabe	210	keine Angabe
h = 1000 mm	zul. Spannung	1,25	0,2	1,12	0,2	1,2	0,15	1,3	0,4	0,18
	Modul	1150[1]	120	1050	130	1250	130	keine Angabe	210	keine Angabe

[1]) Plattennenndicke t ≥ 40 mm, h = Bauteilhöhe

Zulassungs-Nr. Z-9.1-377	**Swedlam-S-Furnierschichtholz** **Mälarply AB**, Box 33, S-73921 Skinnskatteberg
Anwendungsbereich	für alle Ausführungen, bei denen BS-Holz nach DIN 1052 erlaubt ist

Zulässige Beanspruchungen im Lastfall H

	Werte in kN/cm²	Biegung in Plattenebene zul $\sigma_{B\parallel}/E_B$	Biegung rechtwinklig zur Plattenebene zul $\sigma_{B\perp}/E_B$	Zug in Plattenebene zul $\sigma_Z/E_{Z\parallel}$		Druck in Plattenebene zul $\sigma_D/E_{D\parallel}$		Druck rechtwinklig zur Plattenebene zul $\sigma_{SD\perp}/E_D$	Abscheren rechtwinklig zur Plattenebene zul τ_{xy}/G	Abscheren in Plattenebene zul τ_{zxy}/G
	Faserrichtung der Decklage			parallel	rechtwinklig	parallel	rechtwinklig			
h ≤ 400 mm [1])	zul. Spannung	1,6	1,6	1,4	0,02	1,3	0,2	0,34	0,16	0,12
	Modul	1200	1200	1200		1200		keine Angabe	63	63
h = 600 mm [1])	zul. Spannung	1,1	1,6	1,4	0,02	1,3	0,2	0,34	0,16	0,12
	Modul	1200	1200	1200		1200		keine Angabe	63	63

[1]) Bauteilhöhe h = Furnierschichtholzbreite w

Baustoffe, Bauprodukte; bauaufsichtlich zugelassen 5.30.01

Mehrschichtplatten

Die Idee, aus Bohlen oder Brettern durch kreuzweise Anordnung Platten zu bilden, ist recht alt. Moderne Holzverleimtechnik führte zu einer Fülle von Platten aus verleimten Brettern. »Bretter« ist in den Zulassungen definiert für Dicken von dato 4,2 mm bis zu 49 mm. Die Platten haben unterschiedliche »technische Designs«, was die Schichtdicken und die Schichten selbst angeht. Entsprechend variieren die technischen Werte. Die im folgenden aufgeführten Platten besitzen eine bauaufsichtliche Zulassung für tragende und aussteifende Zwecke (Stand 31. 1. 2000).

Zulassungsgegenstand:
- Z-9.1-354, »Merk-Dickholz« aus Nadelschnittholz (Die Gruppierung des DIBt rechnet »Merk-Dickholz« noch zu »Leimholz«, hier ist diese Platte jedoch den »Mehrschichtplatten« zugeordnet, weil das »Plattendesign« diesen sehr ähnlich ist.)
- Z-9.1-209, Dreischichtplatten aus Nadelholz
- Z-9.1-242, »K1 multiplan« Drei- und Fünfschichtplatten aus Nadelholz
- Z-9.1-258, Drei- und Fünfschichtplatten aus Nadelholz
- Z-9.1-320, Dreischichtplatten aus Nadelholz für die Beplankung von Holztafeln für Holzhäuser in Tafelbauart
- Z-9.1-376, Dreischichtplatten (HPA 3-S Fichte) u. Fünfschichtplatten (HPA 5-S Fichte) für die Beplankung von Holztafeln für Holzhäuser in Tafelbauart
- Z-9.1-394, »Wiehag-profiplan« Drei- und Fünfschichtplatten aus Nadelholz für die Beplankung von Holztafeln für Holzhäuser in Tafelbauart
- Z-9.1-401, Dreischichtige Massivholzplatten MHP-GL-3S standard« und »MHP-UGL-3S normal« aus Fichte für die Holztafelbauart
- Z-9.1-404, »Haas« Drei- und Fünfschichtplatten aus Nadelholz
- Z-9.1-413, »Multistat«-Dreischichtplatten aus Fichtenholz als tragende und aussteifende Beplankung

Bestandteile: Merk-Dickholz besteht aus Nadelholz mindestens der Sortierklasse S 7 und hat eine Mindestrohdichte von 400 kg/m^3. Die weiter aufgeführten Mehrschichtplatten bestehen aus Einzelbrettern, die mindestens zu 90 % der Sortierklasse S 10 entsprechen. Die restlichen Bretter entsprechen mindestens der Sortierklasse S 7; jeweils nach DIN 4074-1. Zum Teil enthalten die einzelnen Zulassungen zusätzliche Detailregelungen über Astansammlungen u. ä.

Bei den hier genannten Platten werden verschiedene Kleber verwendet, die jedoch alle für die Holzwerkstoffklasse 100 G geeignet sind.

Anwendungsbereich: Die Platten dürfen teilweise für die unterschiedlichsten Zwecke verwendet werden. Die speziellen zulässigen Anwendungsbereiche können den Tabellenköpfen entnommen werden.

Holzschutz: Alle Platten sind für die Holzwerkstoffklassen 20, 100 und 100 G zulässig. Bei Verwendung in der Holzwerkstoffklasse 100 G ist zusätzlicher chemischer Holzschutz erforderlich.

Brandschutz: wie für Vollholz, Baustoffklasse B 2 (normalentflammbar).

Kennzeichnung: Ü-Zeichen, Bezeichnung des Zulassungsgegenstandes ggf. mit Plattentyp; z. T. Nenndicke ggf. mit Qualität; ggf. Herstellwerk.

Bemessung: Die zulässigen Spannungen und weitere Rechenwerte können den folgenden Tabellen entnommen werden. Die Beanspruchungen sind nach DIN 1052-1 und -3 für den Vollquerschnitt zu ermitteln; Zwischenwerte bei Plattendicken und Winkeln zwischen Kraft- und Faserrichtung sind i. a. geradlinig einzuschalten.

Außerdem bei Mehrschichtplatten: bei Feuchte > 18 % über einen längeren Zeitpunkt sind zulässige Spannungen um 1/4 abzumindern; Kriechverformungen nach DIN 1052-1 wie für BFU berechnen.

Verbindungen: Merk-Dickholz mit geringen Abweichungen (siehe Zulassung) wie DIN 1052-2.

Mehrschichtplatten: wie für Nadelholz nach DIN 1052-2; nur Nägel, Schrauben, Klammern für Befestigung auf Stielen, Riegeln, Rippen o. ä. zulässig.

Baustoffe, Bauprodukte; bauaufsichtlich zugelassen — 5.30.01

Zulässige Spannungen im Lastfall H und Rechenwerte der Elastizitätsmoduln E und Schubmoduln G [kN/cm²] von Merk-Dickholz; die Bezeichnungen der Spannungen und Moduln sind dem Zulassungsbescheid entnommen

Zulassungs-Nr. Z-9.1-354	»Merk-Dickholz« Merk Holzbau GmbH & Co., Industriestraße 10, 86551 Aichach														
Anwendungsbereich	für alle Ausführungen, bei denen Nadelholz oder BS-Holz nach DIN 1052 erlaubt ist; nur für vorwiegend ruhende Verkehrslasten; nicht für Kellergeschosse als tragende Außenbauteile														
Zulässige Beanspruchungen im Lastfall H															
Anzahl Schichten/ Dicke Decklage [mm]/ Gesamtdicke [mm]	Werte in kN/cm²	Biegung rechtwinklig zur Plattenebene zul σ_{Bxy}/E_{Bxy}		Biegung in Plattenebene zul σ_{Bxz}/E_{Bxz}		Zug in Plattenebene in einem Winkel [Grad] zur Faserrichtung der Decklagen zul σ_{Zx}/E_{Zx}					Druck in Plattenebene zul σ_{Dx}/E_{Dx}		Abscheren rechtwinklig zur Plattenebene zul τ_{xy}/G_{xy}		Abscheren in Plattenebene zul τ_{zx}/G_{zx}	
	Faserrichtung der Decklage	parallel	rechtwinklig	parallel	rechtwinklig	0°	30°	45°	60°	90°	parallel	rechtwinklig	parallel	rechtwinklig	parallel	rechtwinklig
	zul. Spannung	1,15	0,45	0,67	0,49	0,55	0,12	0,1	0,12	0,32	0,88	0,82	0,14	0,14	0,06	0,03
5-S/17,0/85	Modul	1000	270	680	450	770	180	130	160	540	keine Angabe	keine Angabe	keine Angabe	keine Angabe	40	40
Knickzahlen: mit geringfügigen Abweichungen wie BS 11																

Zulässige Spannungen im Lastfall H und Rechenwerte der Elastizitätsmoduln E und Schubmoduln G [kN/cm²] der Mehrschichtplatten; die Bezeichnungen der Spannungen und Moduln sind den einzelnen Zulassungsbescheiden entnommen

Zulassungs-Nr. Z-9.1-209	Dreischichtplatten aus Nadelholz für die Beplankung von Holztafeln für Holzhäuser in Tafelbauart Schwörer Haus GmbH & Co. KG, Im Anger 8, 72531 Hohenstein-Oberstetten															
Anwendungsbereich	tragende und aussteifende Beplankung für werkmäßige Herstellung von Holztafeln (Wand- u. Deckentafeln) für Holzhäuser in Tafelbauart nach DIN 1052-3															
Zulässige Beanspruchungen im Lastfall H																
Anzahl Schichten/ Dicke Decklage [mm]/ Gesamtdicke [mm]	Werte in kN/cm²	Biegung rechtwinklig zur Plattenebene zul σ_{Bxy}/E_{Bxy}		Biegung in Plattenebene zul σ_{Bxz}/E_{Bxz}		Zug in Plattenebene in einem Winkel [Grad] zur Faserrichtung der Decklagen zul σ_{Zx}/E_{Zx}					Druck in Plattenebene zul $\sigma_{Dx\parallel}/E_{Dx}$		Abscheren rechtwinklig zur Plattenebene zul τ_{xy}/G_{xy}		Abscheren in Plattenebene zul τ_{zx}/G_{zx}	
	Faserrichtung der Decklage	parallel	rechtwinklig	parallel	rechtwinklig	0°	30°	45°	60°	90°	parallel	rechtwinklig	parallel	rechtwinklig	parallel	rechtwinklig
	zul. Spannung	2,1	0,3	1,35	0,45	0,77	0,35	0,28	0,32	0,47	0,77	0,47	0,2	0,2	0,09	0,09
3-S/5,5/16	Modul	1000	70	800	300	keine Angabe					keine Angabe		60		keine Angabe	
	zul. Spannung	1,05	0,85	0,5	0,6	0,25	0,14	0,11	0,11	0,24	0,55	1,3	0,14	0,12	0,09	0,09
3-S/5,5/42	Modul	780	520	380	770	keine Angabe					keine Angabe		73	67	keine Angabe	

Zulassungs-Nr. Z-9.1-242	»K1 multiplan« Drei- und Fünfschichtplatten aus Nadelholz Kaufmann Holz AG, Bregenzerwald, A-6870 Reuthe															
Anwendungsbereich	für alle Ausführungen, bei denen Bau-Furniersperrholz (BFU) nach DIN 1052-1 erlaubt ist sowie als tragende und aussteifende Beplankung nach DIN 1052-3															
Zulässige Beanspruchungen im Lastfall H																
Anzahl Schichten/ Dicke Decklage [mm]/ Gesamtdicke [mm]	Werte in kN/cm²	Biegung rechtwinklig zur Plattenebene zul σ_{Bxy}/E_{Bxy}		Biegung in Plattenebene zul σ_{Bxz}/E_{Bxz}		Zug in Plattenebene in einem Winkel [Grad] zur Faserrichtung der Decklagen zul σ_{Zx}/E_{Zx}					Druck in Plattenebene zul σ_{Dx}/E_{Dx}		Abscheren rechtwinklig zur Plattenebene zul τ_{xy}/G_{xy}		Abscheren in Plattenebene zul τ_{zx}/G_{zx}	
	Faserrichtung der Decklage	parallel	rechtwinklig	parallel	rechtwinklig	0°	30°	45°	60°	90°	parallel	rechtwinklig	parallel	rechtwinklig	parallel	rechtwinklig
	zul. Spannung	1,8	0,25	0,8	0,50	0,8	0,3	0,23	0,3	0,35	0,9	0,5	0,2	0,2	0,09	0,09
3-S/6,7/20	Modul	1040	96	680	320	keine Angabe					keine Angabe		60	60	keine Angabe	
	zul. Spannung	0,95	0,8	0,75	0,5	0,35	0,15	0,1	0,15	0,55	0,55	0,85	0,14	0,14	0,09	0,09
3-S/6,7/40	Modul	800	360	640	360	keine Angabe					keine Angabe		60	60	keine Angabe	
	zul. Spannung	1,2	0,25	0,7	0,35	0,6	0,22	0,16	0,17	0,4	0,85	0,5	0,18	0,18	0,09	0,09
3-S/13,0/40	Modul	900	80	600	350	keine Angabe					keine Angabe		75	75	keine Angabe	
	zul. Spannung	0,9	0,55	0,4	0,6	0,33	0,15	0,12	0,22	0,48	0,5	1,0	0,1	0,1	0,09	0,09
3-S/13,0/75	Modul	700	330	350	650	keine Angabe					keine Angabe		70	70	keine Angabe	
	zul. Spannung	1,2	0,5	0,9	0,5	0,85	0,3	0,28	0,3	0,4	0,85	0,4	0,16	0,16	0,09	0,09
5-S/6,7/35–40	Modul	800	320	800	320	keine Angabe					keine Angabe		70	70	keine Angabe	

Baustoffe, Bauprodukte; bauaufsichtlich zugelassen 5.30.01

Zulässige Spannungen im Lastfall H und Rechenwerte der Elastizitätsmoduln E und Schubmoduln G [kN/cm²] der Mehrschichtplatten; die Bezeichnungen der Spannungen und Moduln sind den einzelnen Zulassungsbescheiden entnommen

Zulassungs-Nr. Z-9.1-320	**Dreischichtplatten aus Nadelholz** für die Beplankung von Holztafeln für Holzhäuser in Tafelbauart **Tilly Holzindustrie GmbH**, Krappfelder Straße 27, A-9330 Althofen
Anwendungsbereich	für alle Ausführungen, bei denen Bau-Furniersperrholz (BFU) nach DIN 1052-1 bis -3 erlaubt ist

Zulässige Beanspruchungen im Lastfall H

Anzahl Schichten/ Dicke Decklage [mm]/ Gesamtdicke [mm]	Werte in kN/cm²	Biegung rechtwinklig zur Plattenebene zul σ_{Bxy}/E_{Bxy}		Biegung in Plattenebene zul σ_{Bxz}/E_{Bxz}		Zug in Plattenebene in einem Winkel [Grad] zur Faserrichtung der Decklagen zul σ_{Zx}/E_{Zx}					Druck in Plattenebene zul σ_{Dx}/E_{Dx}		Abscheren rechtwinklig zur Plattenebene zul τ_{xy}/G_{xy}		Abscheren in Plattenebene zul τ_{zx}/G_{zx}	
	Faserrichtung der äußeren Bretter	parallel	rechtwinklig	parallel	rechtwinklig	0°	30°	45°	60°	90°	parallel	rechtwinklig	parallel	rechtwinklig	parallel	rechtwinklig
3-S/5,5/17	zul. Spannung	2,0	0,45	1,2	0,6	0,65	0,17	0,26	0,33	0,09	1,1	0,7	0,16	0,22	keine Angabe	
	Modul	1000	100	700	450	keine Angabe					keine Angabe		60	60	keine Angabe	
3-S/5,5/26	zul. Spannung	1,6	0,9	0,8	0,9	0,36	0,16	0,22	0,25	0,24	0,7	1,0	0,18	0,15	keine Angabe	
	Modul	950	300	500	650	keine Angabe					keine Angabe		65	65	keine Angabe	

Zulassungs-Nr. Z-9.1-258	**Drei- und Fünfschichtplatten aus Nadelholz** **Dold Südwestdeutsche Sperrholzwerke GmbH**, Graudenzer Straße 43, 77694 Kehl/Rhein
Anwendungsbereich:	für alle Ausführungen, bei denen der Einsatz von Bau-Furniersperrholz (BFU) nach DIN 1052-1 bis –3· erlaubt ist

Zulässige Beanspruchungen im Lastfall H

Anzahl Schichten/Plattentyp/ Nenndicke [mm]	Werte in kN/cm²	Biegung rechtwinklig zur Plattenebene zul σ_{Bxy}/E_{Bxy}		Biegung in Plattenebene zul σ_{Bxz}/E_{Bxz}		Zug in Plattenebene in einem Winkel [Grad] zur Faserung der Decklagen zul $\sigma_{Zx\parallel}/E_{Zx}$					Druck in Plattenebene zul σ_{Dx}/E_{Dx}		Abscheren rechtwinklig zur Plattenebene zul τ_{xy}/G_{xy}		Abscheren in Plattenebene zul τ_{zx}/G_{zx}	
	Faserrichtung der äußeren Bretter	parallel	rechtwinklig	parallel	rechtwinklig	0°	30°	45°	60°	90°	parallel	rechtwinklig	parallel	rechtwinklig	parallel	rechtwinklig
3-S/1A/13	zul. Spannung	1,7	0,4	0,85	0,6	0,6	0,35	0,3	0,35	0,25	0,75	0,5	0,08	0,07	0,04	0,04
	Modul	900	100	550	300	k.A.	k.A.	k.A.	k.A.	k.A.	150	100	60	60	k.A.	k.A.
3-S/2A/16	zul. Spannung	1,7	0,4	0,85	0,6	0,6	0,3	0,3	0,35	0,25	0,75	0,5	0,08	0,07	0,04	0,04
	Modul	900	100	550	300	k.A.	k.A.	k.A.	k.A.	k.A.	150	100	60	60	k.A.	k.A.
3-S/3A/21	zul. Spannung	1,0	0,4	0,6	0,6	0,6	0,25	0,25	0,25	0,25	0,75	0,5	0,08	0,07	0,04	0,04
	Modul	900	100	550	300	k.A.	k.A.	k.A.	k.A.	k.A.	150	100	60	60	k.A.	k.A.
3-S/4A/27	zul. Spannung	0,8	0,3	0,45	0,6	0,3	0,2	0,2	0,15	0,2	0,6	0,8	0,08	0,08	0,04	0,04
	Modul	800	100	400	300	k.A.	k.A.	k.A.	k.A.	k.A.	150	200	60	60	k.A.	k.A.
3-S/5A/32	zul. Spannung	0,8	0,5	0,45	0,7	0,25	0,15	0,2	0,1	0,25	0,55	0,9	0,06	0,08	0,04	0,04
	Modul	800	250	400	350	k.A.	k.A.	k.A.	k.A.	k.A.	150	250	60	60	k.A.	k.A.
3-S/6A/42	zul. Spannung	0,55	0,8	0,35	0,9	0,2	0,1	0,2	0,08	0,25	0,45	1,0	0,04	0,09	0,04	0,04
	Modul	700	350	300	600	k.A.	k.A.	k.A.	k.A.	k.A.	150	300	60	60	k.A.	k.A.
3-S/7A/52	zul. Spannung	0,3	1,1	0,25	1,1	0,15	0,07	0,15	0,05	0,3	0,35	1,2	0,03	0,09	0,04	0,04
	Modul	600	500	200	800	k.A.	k.A.	k.A.	k.A.	k.A.	150	400	60	60	k.A.	k.A.
5-S/1B/35	zul. Spannung	0,6	0,4	0,6	0,35	0,4	0,25	0,25	0,3	0,5	1,0	0,55	0,07	0,05	0,06	0,06
	Modul	600	300	600	400	k.A.	k.A.	k.A.	k.A.	k.A.	300	200	60	60	k.A.	k.A.
5-S/2B/42	zul. Spannung	0,6	0,35	0,6	0,35	0,4	0,2	0,2	0,25	0,3	1,0	0,55	0,07	0,05	0,06	0,06
	Modul	600	300	600	250	k.A.	k.A.	k.A.	k.A.	k.A.	300	200	60	60	k.A.	k.A.
5-S/3B/52	zul. Spannung	0,6	0,35	0,6	0,35	0,4	0,15	0,15	0,2	0,2	1,0	0,55	0,07	0,05	0,06	0,06
	Modul	600	300	600	150	k.A.	k.A.	k.A.	k.A.	k.A.	300	200	60	60	k.A.	k.A.
5-S/4B/55	zul. Spannung	0,3	0,7	0,2	0,6	0,25	0,1	0,1	0,15	0,5	0,35	1,1	0,3	0,05	0,06	0,06
	Modul	500	500	200	500	k.A.	k.A.	k.A.	k.A.	k.A.	100	400	60	60	k.A.	k.A.
5-S/5B/55	zul. Spannung	0,8	0,3	0,6	0,2	0,3	0,07	0,07	0,1	0,35	0,65	0,7	0,07	0,04	0,06	0,06
	Modul	900	150	600	500	k.A.	k.A.	k.A.	k.A.	k.A.	200	250	60	60	k.A.	k.A.

Baustoffe, Bauprodukte; bauaufsichtlich zugelassen 5.30.01

Zulässige Spannungen im Lastfall H und Rechenwerte der Elastizitätsmoduln E und Schubmodulum G [kN/cm²] der Mehrschichtplatten; die Bezeichnungen der Spannungen und Moduln sind den einzelnen Zulassungsbescheiden entnommen

Zulassungs-Nr. Z-9.1-376	**Dreischichtplatten (HPA 3-S Fichte) u. Fünfschichtplatten (HPA 5-S Fichte)** für die Beplankung von Holztafeln für Holzhäuser in Tafelbauart **Holzwerke Pröbstl GmbH**, 86953 Schongau														
Anwendungsbereich	tragende und aussteifende Beplankung für werkmäßige Herstellung von Holztafeln (Wand-, Decken-, Dachtafeln) für Holzhäuser in Tafelbauart nach DIN 1052-3														
Zulässige Beanspruchungen im Lastfall H																
Anzahl Schichten/ Dicke Decklage [mm]/ Gesamtdicke [mm]	Werte in kN/cm²	Biegung rechtwinklig zur Plattenebene zul σ_{Bxy}/E_{Bxy}		Biegung in Plattenebene zul σ_{Bxz}/E_{Bxz}		Zug in Plattenebene in einem Winkel [Grad] zur Faserrichtung der Decklagen zul σ_{Zx}/E_{Zx}					Druck in Plattenebene zul σ_{Dx}/E_{Dx}		Abscheren rechtwinklig zur Plattenebene zul τ_{xy}/G_{xy}		Abscheren in Plattenebene zul τ_{zx}/G_{zx}	
	Faserrichtung der äußeren Bretter	parallel	recht-winklig	parallel	recht-winklig	0°	30°	45°	60°	90°	parallel	recht-winklig	parallel	recht-winklig	parallel	recht-winklig
3-S/4,0/12	zul. Spannung	1,4	0,25	1,00	0,6	0,5	0,2	0,15	0,2	0,25	0,7	0,5	keine Angabe		0,09	0,09
	Modul	1000	100	650	350	550	keine Angabe			250	keine Angabe		60	60	keine Angabe	
3-S/9,0/27	zul. Spannung	1,4	0,25	1,1	0,65	0,65	0,2	0,15	0,2	0,25	0,7	0,5	keine Angabe		0,05	0,05
	Modul	1000	100	550	350	950	keine Angabe			250	keine Angabe		60	60	keine Angabe	
5-S/4,5/25	zul. Spannung	1,3	0,6	1,3	0,8	0,6	0,29	0,25	0,25	0,2	1,0	0,5	keine Angabe		0,08	0,04
	Modul	800	200	300	250	keine Angabe					keine Angabe		60	60	keine Angabe	
5-S/9,5/42	zul. Spannung	1,0	0,6	1,0	0,8	0,6	0,23	0,25	0,23	0,2	0,9	0,5	keine Angabe		0,08	0,05
	Modul	600	230	400	350	keine Angabe					keine Angabe		60	60	keine Angabe	
5-S/9,0/54	zul. Spannung	0,9	0,6	1,4	0,4	0,6	0,17	0,12	0,16	0,16	1,15	0,4	keine Angabe		0,07	0,03
	Modul	900	300	450	250	keine Angabe					keine Angabe		60	60	keine Angabe	

Zulassungs-Nr. Z-9.1-394	**»WIEHAG-profiplan« Drei- und Fünfschichtplatten** aus Nadelholz für die Beplankung von Holztafeln für Holzhäuser in Tafelbauart **Wiesner-Hager Baugruppe GmbH**, Linzer Straße 24, A-4950 Altheim														
Anwendungsbereich	tragende und aussteifende Beplankung für werkmäßige Herstellung von Holztafeln (Wand-, Decken-, Dachtafeln) für Holzhäuser in Tafelbauart nach DIN 1052-3														
Zulässige Beanspruchungen im Lastfall H																
Anzahl Schichten/ Dicke Decklage [mm]/ Gesamtdicke [mm]	Werte in kN/cm²	Biegung rechtwinklig zur Plattenebene zul σ_{Bxy}/E_{Bxy}		Biegung in Plattenebene zul σ_{Bxz}/E_{Bxz}		Zug in Plattenebene in einem Winkel [Grad] zur Faserrichtung der Decklagen zul σ_{Zx}/E_{Zx}					Druck in Plattenebene zul σ_{Dx}/E_{Dx}		Abscheren rechtwinklig zur Plattenebene zul τ_{xy}/G_{xy}		Abscheren in Plattenebene zul τ_{zx}/G_{zx}	
	Faserrichtung der äußeren Bretter	parallel	recht-winklig	parallel	recht-winklig	0°	30°	45°	60°	90°	parallel	recht-winklig	parallel	recht-winklig	parallel	recht-winklig
3-S/5,6/17–20 u. /8,2/25	zul. Spannung	1,8	0,35	1,0	0,45	0,6	0,15	0,22	0,23	0,45	0,9	0,55	0,17	0,2	0,07	0,07
	Modul	1000	100	650	400	600	230	180	230	400	950	750	50	50	30	30
3-S/8,2/30–42	zul. Spannung	1,5	0,35	1,0	0,6	0,6	0,15	0,22	0,23	0,45	0,9	0,55	0,17	0,2	0,07	0,07
	Modul	1000	100	650	500	600	230	180	230	400	950	750	50	50	30	30
5-S/5,6(8,2)/25–40	zul. Spannung	1,0	0,53	0,95	0,8	0,55	0,32	0,27	0,3	0,48	0,75	0,75	0,2	0,23	0,07	0,07
	Modul	900	500	650	550	600	250	200	250	550	850	850	50	50	30	30

Zulassungs-Nr. Z-9.1-401	**Dreischichtige Massivholzplatten »MHP-GL-3S standard« u. »MHP-UGL-3S normal«** aus Fichte für die Holztafelbauart **Gebrüder Heißerer**, Schwerblmühle 4, 86984 Prem/Obb.														
Anwendungsbereich	tragende und aussteifende Beplankung für werkmäßige Herstellung von Holztafeln (Wand-, Decken-, Dachtafeln) für Holzhäuser in Tafelbauart nach DIN 1052-3														
Zulässige Beanspruchungen im Lastfall H																
Anzahl Schichten/ Dicke Decklage [mm]/ Gesamtdicke [mm]	Werte in kN/cm²	Biegung rechtwinklig zur Plattenebene zul σ_{Bxy}/E_{Bxy}		Biegung in Plattenebene zul σ_{Bxz}/E_{Bxz}		Zug in Plattenebene in einem Winkel [Grad] zur Faserrichtung der Decklagen zul σ_{Zx}/E_{Zx}					Druck in Plattenebene zul σ_{Dx}/E_{Dx}		Abscheren rechtwinklig zur Plattenebene zul τ_{xy}/G_{xy}		Abscheren in Plattenebene zul τ_{zx}/G_{zx}	
	Faserrichtung der äußeren Bretter	parallel	recht-winklig	parallel	recht-winklig	0°	30°	45°	60°	90°	parallel	recht-winklig	parallel	recht-winklig	parallel	recht-winklig
3-S/5,0/15 MHP-GL-3S standard	zul. Spannung	1,9	0,35	1,50	0,8	0,7	0,4	0,4	0,4	0,6	1,0	0,6	0,23	0,22	0,06	0,06
	Modul	1000	90	600	400	600	200	150	200	350	keine Angabe		60	60	40	50
3-S/9,0/27 MHP-GL-3S standard	zul. Spannung	1,3	0,2	1,0	0,5	0,6	0,2	0,2	0,3	0,4	0,9	0,4	0,2	0,21	0,06	0,06
	Modul	900	60	1000	500	460	150	150	200	250	keine Angabe		60	60	60	50
3-S/5,0–12,0/27 MHP-UGL-3S normal	zul. Spannung	1,30	0,5	0,8	0,6	0,5	0,15	0,15	0,2	0,4	0,8	0,6	0,17	0,2	0,04	0,06
	Modul	850	150	1100	1100	500	150	150	150	250	keine Angabe		60	60	60	80
3-S/5,0–12,0/40 MHP-UGL-3S normal	zul. Spannung	0,75	0,5	0,8	0,6	0,5	0,15	0,15	0,2	0,4	0,5	0,6	0,16	0,17	0,06	0,06
	Modul	750	200	900	800	500	150	100	150	250	keine Angabe		60	60	60	80
3-S/5,0–12,0/60 MHP-UGL-3S normal	zul. Spannung	0,9	0,5	0,6	0,4	0,3	0,1	0,1	0,1	0,3	0,5	0,6	0,1	0,13	0,06	0,06
	Modul	1000	200	1100	1000	400	100	100	100	250	keine Angabe		60	60	60	80

Baustoffe, Bauprodukte; bauaufsichtlich zugelassen 5.30.01

Zulässige Spannungen im Lastfall H und Rechenwerte der Elastizitätsmoduln E und Schubmodul G [kN/cm²] der Mehrschichtplatten; die Bezeichnungen der Spannungen und Moduln sind den einzelnen Zulassungsbescheiden entnommen

Zulassungs-Nr. Z-9.1-404	»Haas« Drei- und Fünfschichtplatten aus Nadelholz **Haas Fertigbau GmbH**, 84326 Falkenberg														
Anwendungsbereich	tragende und aussteifende Beplankung für werkmäßige Herstellung von Holztafeln (Wand-, Decken-, Dachtafeln) für Holzhäuser in Tafelbauart nach DIN 1052-3														
Zulässige Beanspruchungen im Lastfall H															
Anzahl Schichten/ Dicke Decklage [mm]/ Gesamtdicke [mm]	Werte in kN/cm²	Biegung rechtwinklig zur Plattenebene zul σ_{Bxy}/E_{Bxy}		Biegung in Plattenebene zul σ_{Bxz}/E_{Bxz}		Zug in Plattenebene in einem Winkel [Grad] zur Faserrichtung der Decklagen zul σ_{Zx}/E_{Zx}					Druck in Plattenebene zul σ_{Dx}/E_{Dx}		Abscheren rechtwinklig zur Plattenebene zul τ_{xy}/G_{xy}		Abscheren in Plattenebene zul τ_{zx}/G_{zx}	
	Faserrichtung der äußeren Bretter	parallel	rechtwinklig	parallel	rechtwinklig	0°	30°	45°	60°	90°	parallel	rechtwinklig	parallel	rechtwinklig	parallel	rechtwinklig
3-S/4,2/13	zul. Spannung	2,2	0,34	1,3	0,36	0,5	0,31	0,29	0,26	0,22	0,83	0,55	0,25	0,26	keine Angabe	
	Modul	1250	100	600	350	750	300	250	250	400	keine Angabe		60	70	keine Angabe	
3-S/6,1/19	zul. Spannung	1,0	0,33	1,2	0,31	0,66	0,35	0,31	0,31	0,24	1,1	0,52	0,23	0,23	keine Angabe	
	Modul	1200	100	900	450	800	300	250	250	400	keine Angabe		70	70	keine Angabe	
3-S/6,1/42	zul. Spannung	0,44	0,91	0,43	1,2	0,17	0,15	0,15	0,2	0,5	0,51	1,1	0,18	0,1	keine Angabe	
	Modul	700	450	400	800	400	200	200	250	700	keine Angabe		70	60	keine Angabe	
5-S/6,3/33	zul. Spannung	1,1	0,39	1,0	0,56	0,55	0,36	0,26	0,26	0,49	1,1	0,67	0,21	0,23	keine Angabe	
	Modul	1000	300	800	500	750	300	250	250	550	keine Angabe		70	70	keine Angabe	
5-S/6,3/56	zul. Spannung	1,1	0,62	1,1	0,48	0,8	0,23	0,18	0,21	0,26	1,1	0,4	0,12	0,19	keine Angabe	
	Modul	850	400	750	400	1000	300	200	200	350	keine Angabe		70	60	keine Angabe	

Zulassungs-Nr. Z-9.1-413	»Multistat«-Dreischichtplatten aus Fichtenholz als tragende und aussteifende Beplankung **Binder Holz, Franz Binder GmbH**, A-5110 St. Georgen														
Anwendungsbereich	tragende und aussteifende Beplankung für werkmäßige Herstellung von Holztafeln (Wand-, Decken-, Dachtafeln) für Holzhäuser in Tafelbauart nach DIN 1052-3														
Zulässige Beanspruchungen im Lastfall H															
Anzahl Schichten/ Dicke Decklage [mm]/ Gesamtdicke [mm]	Werte in kN/cm²	Biegung rechtwinklig zur Plattenebene zul σ_{Bxy}/E_{Bxy}		Biegung in Plattenebene zul σ_{Bxz}/E_{Bxz}		Zug in Plattenebene in einem Winkel [Grad] zur Faserrichtung der Decklagen zul σ_{Zx}/E_{Zx}					Druck in Plattenebene zul σ_{Dx}/E_{Dx}		Abscheren rechtwinklig zur Plattenebene zul τ_{xy}/G_{xy}		Abscheren in Plattenebene zul τ_{zx}/G_{zx}	
	Faserrichtung der äußeren Bretter	parallel	rechtwinklig	parallel	rechtwinklig	0°	30°	rechtwinklig 45°	60°	rechtwinklig 90°	parallel	rechtwinklig	parallel	winklig	parallel	winklig
3-S/6,6/19	zul. Spannung	1,7	0,3	1,05	0,8	0,7	0,25	0,2	0,2	0,4	0,85	0,4	0,2	0,2	0,05	0,06
	Modul	1000	650	900	450	650	200	150	150	300	keine Angabe		65	65	keine Angabe	
3-S/8,7/27	zul. Spannung	1,2	0,25	0,9	0,65	0,6	0,2	0,15	0,15	0,3	0,9	0,5	0,15	0,2	0,04	0,04
	Modul	1000	750	800	400	700	200	150	200	350	keine Angabe		65	65	keine Angabe	

Baustoffe, Bauprodukte; bauaufsichtlich zugelassen 5.30.01

OSB-Platten

Die nachfolgend aufgeführten Zulassungen der Plattenwerkstoffe, die unter dem Begriff der OSB-Platten zusammengefaßt werden können (Oriented Strand Boards), fallen nicht wie in früheren Zeiten unter den Begriff Spanplatten, da ihre erheblich größeren Späne (»strands«) ein anderes Verleimungsverhalten zeigen als die kleinen Späne der Spanplatten. Alle bisher zugelassenen OSB-Platten dürfen nur im Bereich der Holzwerkstoffklasse 20 oder 100 eingesetzt werden (also bis höchstens 18 % Gleichgewichtsfeuchte der Platten im Gebrauchszustand).

Im folgenden sind die OSB-Platten aufgeführt, die eine bauaufsichtliche Zulassung besitzen (Stand Feb. 2001).

Zulassungsgegenstand:
- Z-9.1-275, Norbord-OSB-Flachpreßplatten
- Z-9.1-326, Agepan-Triply-OSB-Flachpreßplatten
- Z-9.1-387, Kronospan-OSB-Flachpreßplatten
- Z-9.1-414, OSB-Flachpreßplatten »Kronoply 3«
- Z-9.1-424, Agepan OSB/3
- Z-9.1-504, Eurostrand OSB

Bestandteile: OSB-Platten werden aus Nadelholzschäben, sogenannten »strands«, in Furnierdicke hergestellt. Die »strands« entstehen durch Schälen und Brechen von Furnieren, nach dem Trocknen werden sie allseitig beleimt. Mit einem besonderen Schüttverfahren wird auf ein Preßbett zunächst eine Lage »strands« geschüttet, deren Faserrichtungen im wesentlichen parallel zur Plattenlängsrichtung orientiert sind. Es folgt eine Lage quer dazu und zuletzt wieder eine Längsrichtung. Unter extrem hohem Druck wird das Paket zu einer Platte verpreßt, der Kleber bindet bei einer hohen Temperatur ab. Die Holzfeuchte liegt beim Verlassen der Presse nahe dem Darrzustand, also etwas über 4 %. Durch die Feuchteaufnahme aus der Luft während der Zwischenlagerung ist bei Auslieferung im allgemeinen die Ausgleichsfeuchte wieder erreicht.

Die Herstelldicken liegen zwischen 8 mm und 30 mm.

Anwendungsbereich: Hinsichtlich der Tragfunktion sind die Anwendungsbereiche der Platten in den folgenden Tabellen aufgeführt.

Holzschutz: OSB-Flachpreßplatten mit Zulassung dürfen bis dato für alle Ausführungen verwendet werden, bei denen die Verwendung von Holzwerkstoffen der Holzwerkstoffklasse 20 und 100 nach DIN 68 800-2 erlaubt ist.

Brandschutz: Baustoffklasse B 2 (normalentflammbar). Hinsichtlich des Brandverhaltens gelten die für Spanplatten nach DIN 68 763 (Flachpreßplatten für das Bauwesen) getroffenen Festlegungen in DIN 4102.

Kennzeichnung: Ü-Zeichen, Zulassungsgegenstand, Zulassungsnummer, Herstellwerk, Nenndicke, Kennzeichnung bez. der Formaldehydabgabe.

Bemessung: Für die Bemessung von Holzbauteilen mit OSB-Flachpreßplatten gelten die Bestimmungen der Norm DIN 1052-1 bis -3 für Flachpreßplatten nach DIN 68 763, soweit in den allgemeinen bauaufsichtlichen Zulassungen nichts anderes bestimmt ist.

Für die Standsicherheitsnachweise sind die in den folgenden Tabellen angegebenen Werte zugrunde zu legen.

Verbindungen: OSB-Flachpreßplatten dürfen nur flächig verleimt werden, wobei mindestens die der Leimfuge zugewandte Plattenseite (Kontaktfläche) geschliffen sein muß.

Leimverbindungen zwischen OSB-Flachpreßplatten und Voll- und BS-Holz nach DIN 1052-1, Tab.1, dürfen nur von Betrieben ausgeführt werden, die den Nachweis der Eignung zur Herstellung geleimter, tragender Holzbauteile nach DIN 1052-1, Abschnitt 12, erbracht haben.

Für die Verbindungen mit mechanischen Verbindungsmitteln (Nägel, Klammern, Schrauben) gelten die Festlegungen nach DIN 1052-2, für Flachpreßplatten nach DIN 68 763.

Hinweis: OSB-Platten nach Bauregelliste B, EN 300, siehe Seite 80.

Zulässige Spannungen im Lastfall H sowie Rechenwerte der Elastizitätsmoduln E und Schubmodul G [kN/cm²]; die Bezeichnungen der Spannungen und Moduln sind den einzelnen Zulassungsbescheiden entnommen

Zulassungs-Nr. Z-9.1-275	Sterling OSB Conditioned-Flachpreßplatten CSC Forest Products Ltd., Morayhill Dalcross, Inverness, Großbritannien											
Anwendungsbereich	für alle Ausführungen, bei denen die Verwendung von Holzwerkstoffen der Holzwerkstoffklasse 20 und 100 nach DIN 68 800-2 erlaubt ist											
Zulässige Beanspruchung im Lastfall H												
Nenndicken der Platten in mm		Werte in kN/cm²	Biegung rechtwinklig zur Plattenebene	Biegung in Plattenebene	Zug in Plattenebene bei einem Winkel α zur Spanrichtung					Druck in Plattenebene	Abscheren in Plattenebene	Abscheren in Plattenebene in der Leimfuge	Abscheren rechtwinklig zur Plattenebene	Lochleibungsfestigkeit
			zul σ_{Bxy}/E_{Bxy}	zul σ_{Bxz}/E_{Bxz}	zul σ_{Zx}/E_{Zx}					zul σ_{Dx}/E_{Dx}	zul τ_{zx}/G_{zx}	zul τ_{zx}/G_{zx}	zul τ_{xy}/G_{xy}	zul σ_l
					α = 0°	α = 30°	α = 45°	α = 60°	α = 90°					
parallel zur Spanrichtung der Deckschicht	8 bis 16	zul. Spannung	0,46	0,33	0,2[1]	0,17[1]	0,15[1]	0,13[1]	0,14[1]	0,32	0,035	0,06	0,12	0,33
		Modul	380	310	320[1]	250[1]	240[1]	220[1]	220[1]	290	23	k.A.	110	–
	>16 bis 22	zul. Spannung	0,42	0,33	0,2[1]	0,17[1]	0,15[1]	0,13[1]	0,14[1]	0,32	0,03	0,06	0,12	0,33
		Modul	410	350	350[1]	300[1]	270[1]	240[1]	220[1]	290	13	k.A.	90	–
rechtwinklig zur Spanrichtung der Deckschicht	8 bis 16	zul. Spannung	0,24	0,24	0,14/220					0,26	0,032	0,06	0,18	0,33
		Modul	130	210						220	23	k.A.	100	–
	>16 bis 22	zul. Spannung	0,22	0,22						0,22	0,03	0,06	0,18	0,33
		Modul	160	200						200	13	k.A.	90	–

[1] Zwischenwerte der zulässigen Spannung für Zug unter einem Winkel α (zwischen Spanrichtung der Deckschicht und der Beanspruchungsrichtung) dürfen geradlinig interpoliert werden.

Baustoffe, Bauprodukte; bauaufsichtlich zugelassen 5.30.01

Zulässige Spannungen im Lastfall H sowie Rechenwerte der Elastizitätsmoduln E und Schubmoduln G [kN/cm²]; die Bezeichnungen der Spannungen und Moduln sind den einzelnen Zulassungsbescheiden entnommen

Zulassungs-Nr. Z-9.1-326	Agepan Triply OSB-Flachpreßplatten Glunz AG, Glunz Dorf, 59063 Hamm												
Anwendungsbereich	für alle Ausführungen, bei denen die Verwendung von Holzwerkstoffen der Holzwerkstoffklasse 20 und 100 nach DIN 68 800-2 erlaubt ist												

Zulässige Beanspruchung im Lastfall H

Nenndicken der Platten in mm		Werte in kN/cm²	Biegung rechtwinklig zur Plattenebene	Biegung in Plattenebene	Zug in Plattenebene bei einem Winkel α zur Spanrichtung					Druck in Plattenebene	Abscheren in Plattenebene	Abscheren in Plattenebene in der Leimfuge	Abscheren rechtwinklig zur Plattenebene	Loch-leibungs-festigkeit
			zul σ_{Bxy}/E_{Bxy}	zul σ_{Bxz}/E_{Bxz}	zul σ_{Zx}/E_{Zx}					zul σ_{Dx}/E_{Dx}	zul τ_{zx}/G_{zx}	zul τ_{zx}	zul τ_{xy}/G_{xy}	zul σ_l
					α = 0°	α = 30°	α = 45°	α = 60°	α = 90°					
parallel zur Spanrichtung der Deckschicht	8 bis 16	zul. Spannung	0,8	0,48	0,26[1]	0,23[1]	0,21[1]	0,18[1]	0,16[1]	0,45	0,04	0,08	0,2	0,6
		Modul	650	470	400[1]	370[1]	340[1]	300[1]	260[1]	420	30	–	110	–
	≤16 bis 22	zul. Spannung	0,8	0,48	0,26[1]	0,23[1]	0,21[1]	0,18[1]	0,16[1]	0,45	0,04	0,08	0,2	0,6
		Modul	700	470	400[1]	370[1]	340[1]	300[1]	260[1]	420	30	–	110	–
rechtwinklig zur Spanrichtung der Deckschicht	8 bis 16	zul. Spannung	0,36	0,26	0,16/260					0,28	0,04	0,08	0,2	0,6
		Modul	280	260						240	30	–	110	–
	>16 bis 22	zul. Spannung	0,36	0,26						0,28	0,04	0,08	0,2	0,6
		Modul	280	260						240	30	–	110	–

[1] Zwischenwerte der zulässigen Spannung für Zug unter einem Winkel α (zwischen Spanrichtung der Deckschicht und der Beanspruchungsrichtung) dürfen geradlinig interpoliert werden.

Zulassungs-Nr. Z-9.1-387	Kronospan OSB-Flachpreßplatten Kronospan Sanem Ltd. & Cie, Industriepark Gadderscheier, Boite Postale 109, L-4902 Sanem												
Anwendungsbereich	für alle Ausführungen, bei denen die Verwendung von Holzwerkstoffen der Holzwerkstoffklasse 20 und 100 nach DIN 68 800-2 erlaubt ist												

Zulässige Beanspruchung im Lastfall H

Nenndicken der Platten in mm		Werte in kN/cm²	Biegung rechtwinklig zur Plattenebene	Biegung in Plattenebene	Zug in Plattenebene bei einem Winkel α zur Spanrichtung					Druck in Plattenebene	Abscheren in Plattenebene	Abscheren in Plattenebene in der Leimfuge	Abscheren rechtwinklig zur Plattenebene	Loch-leibungs-festigkeit
			zul σ_{Bxy}/E_{Bxy}	zul σ_{Bxz}/E_{Bxz}	zul σ_{Zx}/E_{Zx}					zul σ_{Dx}/E_{Dx}	zul τ_{zx}/G_{zx}	zul τ_{zx}	zul τ_{xy}/G_{xy}	zul σ_l
					α = 0°	α = 30°	α = 45°	α = 60°	α = 90°					
parallel zur Spanrichtung der Deckschicht	8 bis 10	zul. Spannung	0,58	0,38	0,23	0,17	0,17	0,17	0,15	0,3	0,04	0,06	0,17	0,6
		Modul	520	340	350	270	270	270	290	320	23	k.A.	110	–
	>10 bis <18	zul. Spannung	0,58	0,36	0,23	0,17	0,17	0,17	0,15	0,33	0,04	0,06	0,17	0,6
		Modul	520	340	350	270	270	270	290	320	23	k.A.	110	–
	18 bis 30	zul. Spannung	0,5	0,3	0,23	0,16	0,16	0,16	0,15	0,35	0,03	0,05	0,17	0,6
		Modul	500	340	280	250	250	250	250	380	17	k.A.	100	–
rechtwinklig zur Spanrichtung der Deckschicht	8 bis 10	zul. Spannung	0,38	0,29	0,15/290					0,28	0,04	0,06	0,17	0,6
		Modul	250	320						300	23	k.A.	110	–
	>10 bis <18	zul. Spannung	0,38	0,27						0,3	0,04	0,06	0,17	0,6
		Modul	250	320						300	23	k.A.	110	–
	18 bis 30	zul. Spannung	0,3	0,23	0,15/250					0,32	0,03	0,05	0,17	0,6
		Modul	240	250						320	17	k.A.	100	–

Zulassungs-Nr. Z-9.1-504	OSB-Flachpreßplatten Eurostrand OSB EGGER Holzwerkstoffe Wismar GmbH & Co. KG, Am Haffeld 1, 23970 Wismar												
Anwendungsbereich*)	für alle Ausführungen, bei denen die Verwendung von Holzwerkstoffen der Holzwerkstoffklasse 20 und 100 nach DIN 68 800-2 erlaubt ist												

Zulässige Beanspruchung im Lastfall H

Nenndicken der Platten in mm		Werte in kN/cm²	Biegung rechtwinklig zur Plattenebene	Biegung in Plattenebene	Zug in Plattenebene bei einem Winkel α zur Spanrichtung					Druck in Plattenebene	Abscheren in Plattenebene	Abscheren in Plattenebene in der Leimfuge	Abscheren rechtwinklig zur Plattenebene	Loch-leibungs-festigkeit
			zul σ_{Bxy}/E_{Bxy}	zul σ_{Bxz}/E_{Bxz}	zul σ_{Zx}/E_{Zx}					zul σ_{Dx}/E_{Dx}	zul τ_{zx}/G_{zx}	zul τ_{zx}	zul τ_{xy}/G_{xy}	zul σ_l
					α = 0°	α = 30°	α = 45°	α = 60°	α = 90°					
parallel zur Spanrichtung der Deckschicht	8 bis 10	zul. Spannung	0,72	0,48	0,28	0,22	0,20	0,18	0,22	0,43	0,04	k.A.	0,22	0,8
		Modul	560	440	430	460	460	360	320	500	10	k.A.	150	–
	>10 bis <18	zul. Spannung	0,66	0,46	0,26	0,22	0,20	0,18	0,22	0,45	0,03	k.A.	0,20	0,8
		Modul	530	420	460	360	320	270	320	480	10	k.A.	150	–
	18 bis 25	zul. Spannung	0,62	0,40	0,26	0,22	0,20	0,18	0,22	0,40	0,03	k.A.	0,20	0,8
		Modul	520	400	460	360	320	270	320	440	8	k.A.	150	–
	>25 bis 30	zul. Spannung	0,58	0,34	0,22	0,22	0,20	0,18	0,22	0,35	0,03	k.A.	0,20	0,8
		Modul	500	370	360	320	290	270	300	400	8	k.A.	150	–
rechtwinklig zur Spanrichtung der Deckschicht	8 bis 10	zul. Spannung	0,46	0,38	0,22/320					0,37	0,04	k.A.	0,22	0,8
		Modul	270	340						400	10	k.A.	150	–
	>10 bis <18	zul. Spannung	0,40	0,36						0,35	0,03	k.A.	0,20	0,8
		Modul	250	320						380	10	k.A.	150	–
	18 bis 25	zul. Spannung	0,36	0,34						0,35	0,03	k.A.	0,20	0,8
		Modul	230	320						380	8	k.A.	150	–
	>25 bis 30	zul. Spannung	0,32	0,32	0,22/300					0,34	0,03	k.A.	0,20	0,8
		Modul	210	300						380	8	k.A.	150	–

*) Nagelabstände sind wie für Baufurniersperrholz gemäß DIN 1052-2: 1988, Abs. 6.2.14, zu wählen

Baustoffe, Bauprodukte; bauaufsichtlich zugelassen 5.30.01

Zulässige Spannungen im Lastfall H sowie Rechenwerte der Elastizitätsmoduln E und Schubmoduln G [kN/cm²]; die Bezeichnungen der Spannungen und Moduln sind den einzelnen Zulassungsbescheiden entnommen.

Zulassungs-Nr. Z-9.1-414	OSB-Flachpreßplatten »Kronoply 3« Kronopol Sp. z. o. o., ul. Serbska 56, 68-200 Zary, Polen												
Anwendungsbereich	für alle Ausführungen, bei denen die Verwendung von Holzwerkstoffen der Holzwerkstoffklasse 20 und 100 nach DIN 68 800-2 erlaubt ist												
Zulässige Beanspruchung im Lastfall H														
Nenndicken der Platten in mm		Werte in kN/cm²	Biegung rechtwinklig zur Plattenebene	Biegung in Plattenebene	Zug in Plattenebene bei einem Winkel α zur Spanrichtung					Druck in Plattenebene	Abscheren in Plattenebene	Abscheren in Plattenebene in der Leimfuge	Abscheren rechtwinklig zur Plattenebene	Lochleibungsfestigkeit
			zul σ_{Bxy}/E_{Bxy}	zul σ_{Bxz}/E_{Bxz}	zul σ_{Zx}/E_{Zx}					zul σ_{Dx}/E_{Dx}	zul τ_{zy}/G_{zy}	zul τ_{zx}/G_{zx}	zul τ_{zy}/G_{zy}	zul σ_l
					α = 0°	α = 30°	α = 45°	α = 60°	α = 90°					
parallel zur Spanrichtung der Deckschicht	8 bis <18	zul. Spannung	0,56	0,37	0,21[1]	0,18[1]	0,18[1]	0,17[1]	0,17[1]	0,32	0,03	0,06	0,19	0,54
		Modul	480	330	430[1]	320[1]	300[1]	300[1]	300[1]	400	6	k.A.	80	–
	18 bis 25	zul. Spannung	0,52	0,34	0,2[1]	0,18[1]	0,17[1]	0,17[1]	0,17[1]	0,32	0,02	0,06	0,19	0,47
		Modul	480	330	360[1]	330[1]	290[1]	290[1]	300[1]	400	9	k.A.	80	–
rechtwinklig zur Spanrichtung der Deckschicht	8 bis <18	zul. Spannung	0,3	0,3	0,17/300					0,27	0,03	0,06	0,16	0,54
		Modul	190	270						400	6	k.A.	80	–
	18 bis 25	zul. Spannung	0,28	0,3						0,27	0,02	0,06	0,16	0,47
		Modul	190	270						400	9	k.A.	80	–

[1] Zwischenwerte der zulässigen Spannung für Zug unter einem Winkel α (zwischen Spanrichtung der Deckschicht und der Beanspruchungsrichtung) dürfen geradlinig interpoliert werden.

Zulassungs-Nr. Z-9.1-424	Agepan OSB/3 Glunz AG, Glunz Dorf, 59063 Hamm												
Anwendungsbereich	für alle Ausführungen, bei denen die Verwendung von Holzwerkstoffen der Holzwerkstoffklasse 20 und 100 nach DIN 68 800-2 erlaubt ist												
Zulässige Beanspruchung im Lastfall H														
Nenndicken der Platten in mm		Werte in kN/cm²	Biegung rechtwinklig zur Plattenebene	Biegung in Plattenebene	Zug in Plattenebene bei einem Winkel α zur Spanrichtung					Druck in Plattenebene	Abscheren in Plattenebene	Abscheren in Plattenebene in der Leimfuge	Abscheren rechtwinklig zur Plattenebene	Lochleibungsfestigkeit
			zul σ_{Bxy}/E_{Bxy}	zul σ_{Bxz}/E_{Bxz}	zul σ_{Zx}/E_{Zx}					zul σ_{Dx}/E_{Dx}	zul τ_{zx}/G_{zx}	zul τ_{zx}/G_{zx}	zul τ_{xy}/G_{xy}	zul σ_l
					α = 0°	α = 30°	α = 45°	α = 60°	α = 90°					
parallel zur Spanrichtung der Deckschicht	12 bis <18	zul. Spannung	0,46	0,32	0,16[1]	0,12[1]	0,1[1]	0,08[1]	0,11[1]	0,22	0,03	0,05	0,11	0,38
		Modul	440	330	350[1]	240[1]	210[1]	200[1]	180[1]	250	7	k.A.	70	–
	18 bis 25	zul. Spannung	0,44	0,32	0,22[1]	0,15[1]	0,13[1]	0,12[1]	0,11[1]	0,29	0,02	0,07	0,11	0,48
		Modul	440	330	330[1]	250[1]	230[1]	200[1]	180[1]	250	11	k.A.	60	–
rechtwinklig zur Spanrichtung der Deckschicht	12 bis <18	zul. Spannung	0,24	0,18	0,11/180					0,22	0,03	0,05	0,11	0,38
		Modul	170	170						200	7	k.A.	70	–
	18 bis 25	zul. Spannung	0,22	0,18						0,23	0,02	0,07	0,11	0,48
		Modul	170	170						200	16	k.A.	60	–

[1] Zwischenwerte der zulässigen Spannung für Zug unter einem Winkel α (zwischen Spanrichtung der Deckschicht und der Beanspruchungsrichtung) dürfen geradlinig interpoliert werden.

Baustoffe, Bauprodukte; bauaufsichtlich zugelassen

Organisch gebundene Flachpreßplatten

In DIN 68 763 sind Flachpreßplatten für das Bauwesen, für tragende und aussteifende Zwecke, entsprechend DIN 1052-1 bis -3 und DIN 68 800 geregelt. Für diese Platten ist beim Einsatz in tragender Funktion ein Übereinstimmungsnachweis auf der Grundlage von Eigen- und Fremdüberwachung erforderlich. Die bauaufsichtlich zugelassenen Spanplatten weisen Abweichungen zu DIN 68 763 auf.

Im folgenden sind zwölf organisch gebundene Spanplatten aufgeführt, die eine bauaufsichtliche Zulassung besitzen (Stand 31. 1. 2000).

Zulassungsgegenstand:
- Z-9.1-128, Holzspan-Flachpreßplatten mit phenolmodifiziertem Melamin-Harnstoff-Formaldehyd-Leim in den Deckschichten und einem Isocyanat-Leim in der Mittelschicht
- Z-9.1-129, Holzspan-Flachpreßplatten mit einer Mischharzverleimung
- Z-9.1-133, Holzspan-Flachpreßplatten mit modifizierter Kauramin-Verleimung
- Z-9.1-134, Holzspan-Flachpreßplatten mit Kauramin-Leim 533 flüssig, Kauramin-Leim 534 flüssig, Kauramin-Leim 536 flüssig oder Kauramin-Leim 537 flüssig
- Z-9.1-156, Holzspan-Flachpreßplatten mit Kauramin-Verleimung in den Deckschichten und Isocyanat- oder Phenolharz-Verleimung in der Mittelschicht
- Z-9.1-176, Holzspan-Flachpreßplatten mit dem Leim »Pressamine 6310«
- Z-9.1-182, Holzspan-Flachpreßplatten mit dem Leim Melurex 5150
- Z-9.1-202, Holzspan-Flachpreßplatten mit dem Leim Dynomel L-472
- Z-9.1-215, Colorpan-Fassadenelemente 400/600
- Z-9.1-224, Holzspan-Flachpreßplatten mit dem Leim Hiacoll HMP 45
- Z-9.1-303, Holzspan-Flachpreßplatten im Dickenbereich 2,8 mm bis < 8,0 mm (Dünnspanplatten) zur Verwendung als Deckschicht von Sandwichelementen
- Z-9.1-365, Holzspan-Flachpreßplatten mit dem Leim »Pressamine 6320«
- Z-9.1-398, Holzspan-Flachpreßplatten des Plattentyps V 20 mit einem Tannin-Leim
- Z-9.1-405, Mende-Dünnspanplatten zur Verwendung als Deckschicht von Sandwichelement
- Z-9.1-421, Holzspan-Flachpreßplatten mit dem Leim »Hiacoll HMP 296« oder dem Leim »Hiacoll HMP 297 = Melurex 5150«
- Z-9.1-456, Holzspan-Flachpreßplatten mit dem Leim »Pressamine 6311«

Bestandteile: Die Platten bestehen aus Holzspänen, die mit unterschiedlichen Klebstoffen verpreßt werden. Platten vom Typ V 100 G enthalten Holzschutzmittelzusätze. Colorpan-Fassadenelemente enthalten zusätzlich Flammschutzmittelzusätze. Die Herstelldicken der Platten liegen zwischen 8 mm und 40 mm, bei Dünnspanplatten zwischen 2,8 mm und 8 mm.

Anwendungsbereich: Die o. g. Holzspan-Flachpreßplatten dürfen je nach Plattentyp für alle in DIN 1052 geregelten Ausführungen verwendet werden, bei denen die Verwendung der Typen V20, V100 und V100 G erlaubt ist. Neben den technischen Baubestimmungen für Spanplatten sind zulässige Anwendungsbereiche nach DIN 68 800-2 einzuhalten.

»Colorpan-Fassadenelemente 400/600« (Z-9.1-215) dürfen als hinterlüftete Außenwandbekleidung in vertikaler Anordnung bis zu 20 m Höhe über Gelände eingesetzt werden. »Colorpan-Fassadenelemente 400/600« dürfen außer ihrer Eigenlast und den Windlasten keine weiteren Lasten (z. B. aus der Befestigung von Werbeanlagen) aufnehmen.

Die Dünnspanplatten dürfen als Deckschichten von Sandwichelementen mit einer allgemeinen bauaufsichtlichen Zulassung verwendet werden, wenn in der Zulassung für das jeweilige Sandwichelement die Verwendung dieser Dünnspanplatte erlaubt ist.

Holzschutz: Holzschutz nach DIN 68 800-2 sowie chemischer Holzschutz nach DIN 68 763 bei V100 G erforderlich.

Brandschutz: Baustoffklasse B 2 (normalentflammbar); Baustoffklasse B 1 (schwerentflammbar) bei Colorpan-Fassadenelementen 400/600, wenn sie mit einer Flammschutzausrüstung versehen sind. Ansonsten gelten hinsichtlich des Brandverhaltens der Platten die in DIN 4102 getroffenen Festlegungen.

Kennzeichnung: Ü-Zeichen auf Platten und Lieferschein, Herstellwerk, Werkstyp, Zulassungsgegenstand, Zulassungs-Nr., Plattentyp einschließlich Emissionsklasse E 1 (Kennzeichnung bez. Formaldehydabgabe), Nenndicke (bei einigen Platten), Baustoffklasse nach DIN 4102.

Bemessung: Für Standsicherheitsnachweise gelten die Rechenwerte der Tabelle »Flachpreßplatten für das Bauwesen nach DIN 68 763« in DIN 1052-1; Ausnahme: Für die »Colorpan-Fassadenelemente 400/600« (Z-9.1-215) sind die zulässigen Rechenwerte der Eigenlast, Biegespannung, Elastizitätsmodul und Querbeanspruchung der Nutwangen in einer gesonderten Tabelle aufgeführt.

Bei den Dünnspanplatten sind die jeweiligen allgemeinen bauaufsichtlichen Zulassungen für die Sandwichelemente zu beachten. Die Rohdichte der Holzspan-Flachpreßplatten muß die in Abhängigkeit von den Dickenbereichen angegebenen Mindestwerte einhalten.

Verbindungen: Bemessung analog DIN 1052-2 für die Verbindung von Holzwerkstoffen nach DIN 1052-1 und DIN 1052-3 untereinander und mit Stahl.

Die Colorpan-Fassadenelemente 400/600 sind an der Unterkonstruktion mittels Aluminium-Abdeckprofilen zu befestigen. Befestigungsmittel: Holzschrauben (mind. 5,5 x 30 mm) aus nichtrostendem Stahl. Für die Anordnung der Befestigungsmittel gilt DIN 1052-2.

Baustoffe, Bauprodukte; bauaufsichtlich zugelassen 5.30.01

Zulässige Spannungen im Lastfall H sowie Rechenwerte der Elastizitätsmoduln E und Schubmoduln G [kN/cm²]

	Flachpreßplatten für das Bauwesen nach DIN 68 763 (Werte aus DIN 1052-1)								
Anwendungsbereich	Im Bauwesen, z. B. für tragende und aussteifende Zwecke nach DIN 1052-1 und -3:1988-04 sowie DIN 68 800-2:1984-01								
Zulässige Beanspruchungen im Lastfall H									
Plattennenndicke [mm]	Werte in kN/cm²	Biegung rechtwinklig zur Plattenebene zul σ_{Bxy}/E_{Bxy}	Biegung in Plattenebene zul σ_{Bxz}/E_{Bxz}	Zug in Plattenebene zul σ_{Zx}/E_{Zx}	Druck rechtwinklig zur Plattenebene zul σ_{Dz}/E_{Dz}	Druck in Plattenebene zul σ_{Dx}/E_{Dx}	Abscheren rechtwinklig zur Plattenebene zul τ_{yx}[1]$/G_{yx}$	Abscheren in Plattenebene zul τ_{zx}[1]$/E_{zx}$	Lochleibungs= druck zul σ_l[2]
bis 13	zul. Spannung	0,45	0,34	0,25	0,25	0,3	0,18	0,04	0,6
	Modul	320	220	220	k.A	220	20	110	–
über 13–20	zul. Spannung	0,4	0,3	0,225	0,25	0,275	0,18	0,04	0,6
	Modul	280	190	200	k.A	200	20	100	–
über 20–25	zul. Spannung	0,35	0,25	0,2	0,25	0,25	0,18	0,04	0,6
	Modul	240	160	170	k.A	170	20	85	–
über 25–32	zul. Spannung	0,3	0,2	0,175	0,2	0,225	0,12	0,03	0,6
	Modul	200	130	140	k.A	140	10	70	–
über 32–40	zul. Spannung	0,25	0,16	0,15	0,15	0,2	0,12	0,03	0,6
	Modul	160	100	110	k.A.	110	10	55	–
über 40–50	zul. Spannung	0,2	0,14	0,125	0,15	0,175	0,12	0,03	0,6
	Modul	120	80	90	k.A.	90	10	45	–

[1] Werte gelten auch für Schub aus Querkraft
[2] Für Bolzen und Stabdübel

Zulassungs-Nr. Z-9.1-215	**Colorpan-Fassadenelemente 400/600** Werzalit AG & Co., Gronauer Str. 70, 71720 Oberstenfeld			
Anwendungsbereich	vertikale, hinterlüftete Bekleidung von Außenwänden bis 20 m über Gelände			
Zulässige Beanspruchungen im Lastfall H				
Element-Typ	Werte in kN/cm², N/cm², kN/m²	Biegung rechtwinklig zur Plattenebene zul σ_{Bxy}/E_{Bxy} [kN/cm²]		Querbeanspruchung der Nutwangen zul Q [N/cm]
	Faserrichtung der Decklage	parallel	rechtwinklig	
Colorpan-Element 400	zul. Spannung	0,8	0,7	17
	Modul	450	350	
Colorpan-Element 600	zul. Spannung	0,8	0,7	17
	Modul	450	350	

Baustoffe, Bauprodukte; bauaufsichtlich zugelassen

Mineralisch gebundene Flachpreßplatten

Mineralisch gebundene Flachpreßplatten (Spanplatten) für tragende und aussteifende Zwecke, vor allem für die Beplankung von Holztafeln, sind nicht geregelte Bauprodukte. Für sie ist beim Einsatz in tragender Funktion ein Übereinstimmungsnachweis auf der Grundlage von Eigen- und Fremdüberwachung erforderlich.

Die Zulassungen enthalten auch Regelungen hinsichtlich des Brandverhaltens, da die Platten im Regelfall nicht nur normalentflammbar wie organisch gebundene Spanplatten sind, sondern schwerentflammbar oder sogar nichtbrennbar sind.

Die folgenden mineralisch gebundenen Spanplatten besitzen ähnlich lautende Zulassungen (Stand 31.1.2000).

Zulassungsgegenstand:
- Z-9.1-89, Mineralisch gebundene Flachpreßplatten »Betonyp«
- Z-9.1-120, Mineralisch gebundene Flachpreßplatten »Duripanel«
- Z-9.1-173, Mineralisch gebundene Flachpreßplatten »Fulgurit-Isopanel« für die Holztafelbauart
- Z-9.1-200, Mineralisch gebundene Flachpreßplatten »Viroc« für die Holztafelbauart
- Z-9.1-267, Mineralisch gebundene Flachpreßplatten »Certis« für die Holztafelbauart
- Z-9.1-285, Mineralisch gebundene Flachpreßplatten »Amroc-Panel«
- Z-9.1-324, Zementgebundene Spanplatte »Agepan-ZSP« für die Holztafelbauart
- Z-9.1-325, Mineralisch gebundene Flachpreßplatten »Masterpanel« für die Holztafelbauart
- Z-9.1-328, Mineralisch gebundene Flachpreßplatten »Cospan-Massivbauplatte«
- Z-9.1-336, Gipsgebundene Sasmox-Flachpreßplatten für die Holztafelbauart
- Z-9.1-340, Mineralisch gebundene Flachpreßplatten »Cospanel«
- Z-9.1-384, Mineralisch gebundene Flachpreßplatten »Masterpanel-C« für die Holztafelbauart

Andersartig ist die Zulassung einer zementgebundenen Spanplatte als Außenwandbekleidung:

- Z-9.1-308, Mineralisch gebundene Flachpreßplatten »Holzcolor, grundiert« und »Holzcolor« mit Beschichtung zur Fassadenbekleidung

Bestandteile: Die Platten bestehen aus Nadelholzspänen und Portlandzement. Zum Teil werden anstelle von Portlandzement auch andere Zemente, Gips o. ä. als Bindemittel verwendet. Herstelldicken liegen zwischen 8 mm und 40 mm.

Anwendungsbereich: Hinsichtlich der Tragfunktion sind die Anwendungsbereiche der Platten in den folgenden Tabellen aufgeführt.

Die Platten dürfen dort eingesetzt werden, wo die Verwendung von Platten der Holzwerkstoffklassen 20, 100 und 100 G nach DIN 68 800-2 erlaubt ist; Ausnahmen: »Sasmox-Flachpreßplatten« nur entsprechend den Holzwerkstoffklassen 20 und 100, »Holzcolor« als hinterlüftete Decklage von Fassaden.

Bei Außenbeplankungen von Außenwänden und raumseitigen Beplankungen von Wänden in Bereichen mit direkter Feuchtebeanspruchung der Oberflächen ist unter Berücksichtigung der Dampfdiffusionsverhältnisse im Wandinnern DIN 68 800-2, Abschnitt 6, zu beachten.

Holzschutz: Kein chemischer Holzschutz erforderlich; bei »Duripanel« als Balkonplatte und den Fassadenplatten-Typen »Holzcolor« sind werkseitig aufzubringende Oberflächenbeschichtungen vorgeschrieben.

Brandschutz: Schwerentflammbar (B 1) sind alle Platten, »Sasmox-Flachpreßplatten« sind nichtbrennbar (A 2).

Kennzeichnung: Ü-Zeichen, Bezeichnung des Zulassungsgegenstandes, Herstellwerk, Baustoffklasse, Nenndicke (bei einigen Zulassungen).

Bemessung: Für die Bemessung der mit mineralisch gebundenen Flachpreßplatten hergestellten Holztafeln gilt DIN 1052-1 bis -3 unter Beachtung von DIN 68 800-2 und -3 sowie DIN 18 516 (Fassaden) mit den zulässigen Beanspruchungen und Moduln entsprechend den Tabellen. Für Wandtafeln mit »Sasmox-Flachpreßplatten« gilt zusätzlich die Tabelle mit den zulässigen F_H-Lasten. Für die »Holzcolor«-Typen: zul σ_{Bxy} = 0,30 kN/cm^2, E_{Bxy} = 450 kN/cm^2, g = 10 o. 15 kN/m^3.

Bei Verwendungen mit einer Feuchte von mehr als 18 % sind die zulässigen Spannungen und die E-Moduln um $^1/_3$ abzumindern.

Verbindungen:
- Nagelverbindungen: Bei allen Platten gemäß DIN 1052-2 zulässig, $d_n \geq 2{,}2$ mm, glattschaftige und Sondernägel möglich, Vorbohren mit 0,8 · d_n (Vorbohren nicht erforderlich bei »Cospan-Massivbauplatte«, wenn 2,2 mm $\leq d_n \leq$ 2,5 mm; $d_{Platte} \geq 4 \cdot d_n$; bei »Holzcolor« Prüfung nach DIN 18 516 erforderlich).
- Schraubenverbindungen: Bei allen Platten gemäß DIN 1052-2 zulässig, jedoch teilweise Vorbohren in den Platten mit 0,8 · d_s erforderlich; darüber hinaus sind in den Zulassungen definierte Sonderschrauben (Werksbescheinigung vorgeschrieben!) zulässig (siehe Tabellen); bei »Holzcolor« Prüfung nach DIN 18 516 erforderlich.
- Klammerverbindungen: Bei allen Platten gemäß DIN 1052-2 zulässig, jedoch differenzierte Regelungen bezüglich der Mindest- und Höchstplattendicken, der Randabstände sowie in einigen Fällen der Dicke des Drahtdurchmessers; bei »Holzcolor« Prüfung nach DIN 18 516 erforderlich.

Baustoffe, Bauprodukte; bauaufsichtlich zugelassen 5.30.01

*Zulässige Spannungen im Lastfall H sowie Rechenwerte der Elastizitätsmoduln E und Schubmoduln G [kN/cm²];
die Bezeichnungen der Spannungen und Moduln sind den einzelnen Zulassungsbescheiden entnommen*

Zulassungs-Nr. Z-9.1-89	**Mineralisch gebundene Flachpreßplatten »Betontyp«** Falco Spanplattenwerk Aktiengesellschaft, Zanati u. 26, H-9700 Szombathely								
Anwendungsbereich	mittragende und aussteifende Beplankung von Holztafeln entsprechend DIN 1052-1 bis -3								
Zulässige Beanspruchung im Lastfall H								Sonstige technische Werte	
Nenndicken der Platten	Werte in KN/cm² in mm	Biegung rechtwinklig zur Plattenebene zul σ_{Bxy}/E_{Bxy}	Biegung in der Platten ebene zul σ_{Bxz}/E_{Bxz}	Zug in Plattenebene zul σ_{Zx}/E_{Zx}	Druck in Plattenebene zul σ_D/E_D	Abscheren rechtwinklig zur Plattenebene zul τ_{xy}/G_{xy}	Roh-dichte ρ [kg/m³]	Wärme-leitfähig-keit λ_R [W/mK]	Wasserdampf-Diffusions-widerstand μ [-]
≥ 10 bis ≤ 13	zul. Spannung	0,18	0,18	0,08	0,35	0,17	1150 bis 1500	0,35	20/50
	Modul	500	500	500	450	200			
> 13 bis ≤ 20	zul. Spannung	0,18	0,18	0,08	0,35	0,15			
	Modul	500	500	500	450	200			
> 20 bis ≤ 30	zul. Spannung	0,16	0,13	0,06	0,28	0,10			
	Modul	500	500	500	450	200			

Zulassungs-Nr. Z-9.1-120	**Mineralisch gebundene Flachpreßplatten »Duripanel«** Eternit AG, Köpenicker Straße 26, 12355 Berlin									
Anwendungsbereich	mittragende und aussteifende Beplankung von Holztafeln entsprechend DIN 1052-1 bis 3; auch mit Sonderschrauben lt. Zulassung									
Zulassungs-Nr. Z-9.1-173	**Mineralisch gebundene Flachpreßplatten »Fulgurit Isopanel«** für die Holztafelbauart Fulgurit Baustoffe GmbH, Adolf-Oesterheld-Straße, 31515 Wunstorf									
Anwendungsbereich	tragende und aussteifende Beplankung von Wandtafeln entsprechend DIN 1052-3; auch mit Sonderschrauben lt. Zulassung									
Zulässige Beanspruchung im Lastfall H									Sonstige technische Werte	
Nenndicken der Platten in mm	Werte in kN/cm²	Biegung rechtwinklig zur Plattenebene zul σ_{Bxy}/E_{Bxy}	Biegung in Plattenebene zul σ_{Bxz}/E_{Bxz}	Zug in Plattenebene zul σ_{Zx}/E_{Zx}	Druck in Plattenebene zul σ_{Dx}/E_{Dx}	Druck rechtwinklig zur Plattenebene zul σ_{Dz}	Abscheren in Plattenebene zul τ_{zx}	Abscheren rechtwinklig zur Plattenebene zul τ_{xy}	Roh-dichte ρ [kg/m³]	Wärme-leitfähig-keit λ_R [W/mK] / Wasserdampf-Diffusions-widerstand μ [-]
8, 10, 12	zul. Spannung	0,18	0,18	0,08	0,3	0,2	0,06	0,18	1000 bis 1300	0,35 / 20/50
	Modul	450	450	450	150	k.A.	k.A.	k.A.		
16, 18, 20	zul. Spannung	0,18	0,18	0,08	0,3	0,2	0,06	0,18		
	Modul	450	450	450	150	k.A.	k.A.	k.A.		
24, 28, 32	zul. Spannung	0,18	0,18	0,08	0,3	0,2	0,06	0,18		
	Modul	450	450	450	150	k.A.	k.A	k.A		
40	zul. Spannung	0,15	0,15	0,06	0,3	0,2	0,06	0,18		
	Modul	450	450	450	150	k.A.	k.A.	k.A.		

Zulassungs-Nr. Z-9.1-120	**Mineralisch gebundene Flachpreßplatten »Duripanel«** Eternit AG, Köpenicker Straße 26, 12355 Berlin							
Anwendungsbereich	Balkonbodenplatten							
Zulässige Beanspruchung im Lastfall H								
Nenndicken der Platten in mm	Werte in kN/cm²	Biegung rechtwinklig zur Plattenebene zul σ_{Bxy}/E_{Bxy}	–	–	Druck rechtwinklig zur Plattenebene zul σ_{Dz}	–	Abscheren rechtwinklig zur Plattenebene zul τ_{xy}	–
28 mm bis 32 mm	zul. Spannung	0,15	–	–	0,13	–	0,12	–
	Modul	300	–	–	k.A.	–	k.A.	–
> 32 mm bis 40 mm	zu. Spannung	0,12	–	–	0,13	–	0,12	–
	Modul	300	–	–	k.A.	–	k.A.	–

Baustoffe, Bauprodukte; bauaufsichtlich zugelassen 5.30.01

Zulässige Spannungen im Lastfall H sowie Rechenwerte der Elastizitätsmoduln E und Schubmoduln G [kN/cm²]; die Bezeichnungen der Spannungen und Moduln sind den einzelnen Zulassungsbescheiden entnommen

Zulassungs-Nr. Z-9.1-200	Mineralisch gebundene Flachpreßplatten »Viroc« für die Holztafelbauart Seripanneaux-S. B. B. C-Viroc, B.P. 27, F-08320 Hierges									
Anwendungsbereich	tragende und aussteifende Beplankung von Holztafeln entsprechend DIN 1052-3									
Zulässige Beanspruchung im Lastfall H								**Sonstige technische Werte**		
Nenndicken der Platten in mm	Werte in kN/cm²	Biegung rechtwinklig zur Plattenebene zul σ_{Bxy}/E_{Bxy}	Biegung in Plattenebene zul σ_{Bxz}/E_{Bxz}	Zug in Plattenebene zul σ_{Zx}/E_{Zx}	Druck in Plattenebene zul σ_{Dx}/E_{Dx}	Abscheren in Plattenebene zul τ_{zx}	Abscheren rechtwinklig zur Plattenebene zul τ_{xy}	Roh-dichte ρ [kg/m³]	Wärme-leitfähig-keit λ_R [W/mK]	Wasserdampf-Diffusions-widerstand μ [–]
≥ 8 bis ≤ 25	zul. Spannung	0,22	0,2	0,08	0,32	0,06	0,14	1150 bis 1450	0,35	20/50
	Modul	500	500	500	250	k.A.	k.A.			

Zulassungs-Nr. Z-9.1-267	Mineralisch gebundene Flachpreßplatten »Cetris« für die Holztafelbauart Cidem Hranice A. S., Skalni 1088, CZ-753 40 Hranice										
Anwendungsbereich	mittragende oder aussteifende Beplankung von Holztafeln entsprechend DIN 1052-1 bis -3										
Zulässige Beanspruchung im Lastfall H									**Sonstige technische Werte**		
Nenndicken der	Werte in Platten in mm kN/cm²	Biegung rechtwinklig zur Plattenebene zul σ_{Bxy}/E_{Bxy}	Biegung in Plattenebene zul σ_{Bxz}/E_{Bxz}	Zug in Plattenebene zul σ_{Zx}/E_{Zx}	Druck in Plattenebene zul σ_{Dx}/E_{Dx}	Druck rechtwinklig zur Plattenebene zul σ_{Dz}	Abscheren in Plattenebene zul τ_{xy}	Abscheren rechtwinklig zur Plattenebene zul τ_{zx}	Roh-dichte ρ [kg/m³]	Wärme-leitfähig-keit λ_R [W/mK]	Wasserdampf-Diffusions-widerstand μ [–]
≥ 8 bis ≤ 32	zul. Spannung	0,18	0,18	0,08	0,3	0,2	0,06	0,15	1150 bis 1450	0,35	20/50
	Modul	450	450	450	150	k.A.	k.A.	k.A.			
40	zul. Spannung	0,15	0,15	0,08	0,3	0,2	0,06	0,15			
	Modul	450	450	450	150	k.A.	k.A.	k.A.			

Zulassungs-Nr. Z-9.1-285	Mineralisch gebundene Flachpreßplatten »Amroc-Panel« Amroc Baustoffe GmbH Magdeburg, August-Bebel-Damm 22, 39126 Magdeburg										
Anwendungsbereich	mittragende oder aussteifende Beplankung von Holztafeln entsprechend DIN 1052-1 bis -3										
Zulässige Beanspruchung im Lastfall H									**Sonstige technische Werte**		
Nenndicken der Platten in mm	Werte in kN/cm²	Biegung rechtwinklig zur Plattenebene zul σ_{Bxy}/E_{Bxy}	Biegung in Plattenebene zul σ_{Bxz}/E_{Bxz}	Zug in Plattenebene zul σ_{Zx}/E_{Zx}	Druck in Plattenebene zul σ_{Dx}/E_{Dx}	Druck rechtwinklig zur Plattenebene zul σ_D	Abscheren in Plattenebene zul τ_{xy}	Abscheren rechtwinklig zur Plattenebene zul τ_{zx}	Roh-dichte ρ [kg/m³]	Wärme-leitfähig-keit λ_R [W/mK]	Wasserdampf-Diffusions-widerstand μ [–]
>8 bis ≤ 13	zul. Spannung	0,18	0,16	0,05	0,23	0,2	0,13	0,04	1150 bis 1450	0,35	20/50
	Modul	500	450	300	200	k.A.	k.A	k.A.			
>13 bis ≤ 20	zul. Spannung	0,18	0,14	0,05	0,2	0,2	0,13	0,04			
	Modul	500	450	300	200	k.A	k.A	k.A			
>20 bis ≤ 30	zul. Spannung	0,18	0,14	0,05	0,2	0,2	0,13	0,04			
	Modul	500	450	300	200	k.A	k.A	k.A			

Zulassungs-Nr. Z-9.1-324	Agepan zementgebundene Spanplatte (Agepan-ZSP) für die Holztafelbauart Glunz Deutschland GmbH, Glunz-Dorf, 59063 Hamm								
Anwendungsbereich	mittragende oder aussteifende Beplankung von Holztafeln entsprechend DIN 1052-1 bis -3:1988-04 - Holzbauwerke								
Zulässige Beanspruchung im Lastfall H							**Sonstige technische Werte**		
Nenndicken der Platten in mm	Werte in kN/cm²	Biegung rechtwinklig zur Plattenebene zul σ_{Bxy}/E_{Bxy}	Biegung in Plattenebene zul σ_{Bxz}/E_{Bxz}	Zug in Plattenebene zul σ_{Zx}/E_{Zx}	Druck in Plattenebene zul σ_D	Abscheren rechtwinklig zur Plattenebene zul τ_{xy}/G_{xy}	Roh-dichte ρ [kg/m³]	Wärme-leitfähig-keit λ_R [W/mK]	Wasserdampf-Diffusions-widerstand μ [–]
≥ 8 bis ≤ 20	zul. Spannung	0,25	0,21	0,1	0,35	0,2	1250 bis 1450	0,35	20/50
	Modul	600	600	500	k.A	200			
> 20 bis ≤ 30	zul. Spannung	0,22	0,19	0,09	0,35	0,2			
	Modul	600	600	500	k.A	200			
> 30 bis ≤ 40	zul. Spannung	0,18	0,18	0,08	0,35	0,2			
	Modul	600	600	500	k.A	200			

Zulassungs-Nr: Z-9.1-325	Mineralisch gebundene Flachpreßplatten »MasterPanel« für die Holztafelbauart Cape Boards Deutschland GmbH, Claudiastraße 2, 51149 Köln								
Zulassungs-Nr. Z-9.1-384	Mineralisch gebundene Flachpreßplatten »MasterPanel-C« für die Holztafelbauart Cape Boards Deutschland GmbH, Claudiastraße 2, 51149 Köln								
Anwendungsbereich	mittragende oder aussteifende Beplankung von Holztafeln entsprechend DIN 1052-1 bis -3								
Zulässige Beanspruchung im Lastfall H									
Nenndicken der Platten in mm	Werte in kN/cm²	Biegung rechtwinklig zur Plattenebene zul σ_{Bxy}/E_{Bxy}	Biegung in Plattenebene zul σ_{Bxz}/E_{Bxz}	Zug in Plattenebene zul σ_{Zx}/E_{Zx}	Druck in Plattenebene zul σ_{Dx}	Abscheren rechtwinklig zur Plattenebene zul τ_{xy}/G_{xy}	Roh-dichte ρ [kg/m³]	Wärme-leitfähig-keit λ_R [W/mK]	Wasserdampf-Diffusions-widerstand μ [–]
≥ 8 bis ≤ 13	zul. Spannung	0,3	0,28	0,11	0,45	0,25	1250 bis 1450	0,35	20/50
	Modul	750	700	600	k.A	240			
> 13 bis ≤ 20	zul. Spannung	0,25	0,21	0,1	0,35	0,2			
	Modul	600	600	500	k.A	200			
> 20 bis ≤ 30	zul. Spannung	0,22	0,19	0,09	0,35	0,2			
	Modul	600	600	500	k.A	200			
> 30 bis ≤ 40	zul. Spannung	0,18	0,18	0,08	0,35	0,2			
	Modul	600	600	500	k.A	200			

Baustoffe, Bauprodukte; bauaufsichtlich zugelassen 5.30.01

*Zulässige Spannungen im Lastfall H sowie Rechenwerte der Elastizitätsmoduln E und Schubmoduln G [kN/cm²];
die Bezeichnungen der Spannungen und Moduln sind den einzelnen Zulassungsbescheiden entnommen*

Zulassungs-Nr. Z-9.1-328	Mineralisch gebundene Flachpreßplatten »Cospan-Massivbauplatte« SchwörerHaus GmbH & Co. KG, Im Anger 8, 72531 Hohenstein-Oberstetten									
Anwendungsbereich	mittragende oder aussteifende Beplankung von Wandtafeln entsprechend DIN 1052-3; auch mit Sonderschrauben lt. Zulassung									
Zulässige Beanspruchung im Lastfall H									Sonstige technische Werte	
Nenndicken der Platten in mm	Werte in kN/cm²	Biegung rechtwinklig zur Plattenebene zul σ_{Bxy}/E_{Bxy}	Biegung in Plattenebene zul σ_{Bxz}/E_{Bxz}	Zug in Plattenebene zul σ_{Zx}/E_{Zx}	Druck in Plattenebene zul σ_{Dx}/E_{Dx}	Abscheren rechtwinklig zur Plattenebene zul τ_{xy}/G_{xy}	Abscheren in Plattenebene zul τ_{zx}	Rohdichte ρ [kg/m³]	Wärmeleitfähigkeit λ_R [W/mK]	Wasserdampf-Diffusionswiderstand μ [-]
≥ 15 bis ≤ 25	zul. Spannung	0,18	0,12	0,07	0,25	0,12	0,03	1300 bis 1500	0,35	20/50
	Modul	450	400	550	150	100	k.A.			

Zulassungs-Nr. Z-9.1-336	Gipsgebundene Sasmox-Flachpreßplatten für die Holztafelbauart Sasmox Oy, PL 105, FIN-70701 Kuopio									
Anwendungsbereich	mittragende oder aussteifende Beplankung von Holztafeln entsprechend DIN 1052-3; auch mit Sonderschrauben lt. Zulassung									
Zulässige Beanspruchung im Lastfall H									Sonstige technische Werte	
Nenndicken der Platten in mm	Werte in kN/cm²	Biegung rechtwinklig zur Plattenebene zul σ_{Bxy}/E_{Bxy}	Biegung in Plattenebene zul σ_{Bxz}/E_{Bxz}	Zug in Plattenebene zul σ_{Zx}/E_{Zx}	Druck in Plattenebene zul σ_{Dx}/E_{Dx}	Abscheren rechtwinklig zur Plattenebene zul τ_{xy}/G_{xy}	Abscheren in Plattenebene zul τ_{zx}	Rohdichte ρ [kg/m³]	Wärmeleitfähigkeit λ_R [W/mK]	Wasserdampf-Diffusionswiderstand μ [-]
≥ 10 bis ≤ 18	zul. Spannung	0,13	0,12	0,05	0,2	0,1	0,02	1150 bis 1400	k.A.	10/25
	Modul	420	420	420	420	150	k.A.			

Zulassungs-Nr. Z-9.1-340	Mineralisch gebundene Flachpreßplatten »Cospanel« SchwörerHaus GmbH & Co. KG, Im Anger 8, 72531 Hohenstein-Oberstetten									
Anwendungsbereich	mittragende oder aussteifende Beplankung von Wandtafeln entsprechend DIN 1052-3; auch mit Sonderschrauben lt. Zulassung									
Zulässige Beanspruchung im Lastfall H									Sonstige technische Werte	
Nenndicken der Platten in mm	Werte in kN/cm²	Biegung rechtwinklig zur Plattenebene zul σ_{Bxy}/E_{Bxy}	Biegung in Plattenebene zul σ_{Bxz}/E_{Bxz}	Zug in Plattenebene zul σ_{Zx}/E_{Zx}	Druck in Plattenebene zul σ_{Dx}	Abscheren rechtwinklig zur Plattenebene zul τ_{zx}	Abscheren in Plattenebene zul τ_{xy}/G_{xy}	Rohdichte ρ [kg/m³]	Wärmeleitfähigkeit λ_R [W/mK]	Wasserdampf-Diffusionswiderstand μ [-]
≥ 15 bis ≤ 25	zul. Spannung	0,18	0,14	0,07	0,23	0,05	0,03	1300 bis 1600	0,35	20/50
	Modul	500	500	500	k.A.	150	k.A.			

Rechenwerte für die mittleren Ausdehnungskoeffizienten in Plattenebene

Gilt für alle Zulassungen		
Schwind- und Quellmaß bei Änderungen		Temperaturdehnzahl
des Feuchtegehalts um 1 Gew.-% [%]	der relativen Luftfeuchte um 30 % [%]	[K⁻¹]
0,03	0,15	11×10^{-6}

Baustoffe, Bauprodukte; bauaufsichtlich zugelassen

Organisch gebundene Faserplatten

In der Norm DIN 68754-1 sind harte und mittelharte Holzfaserplatten der Holzwerkstoffklasse 20 geregelt, die nach DIN 1052-3 für mittragende Beplankungen von Holztafeln verwendet werden dürfen, wenn sie bestimmte Mindestwerte für ihre Rohdichte einhalten. Abweichend von den o. g. Holzfaserplatten sind die im folgenden beschriebenen organisch gebundenen Holzfaserplatten auch der Holzwerkstoffklasse 100 und teilweise auch der Klasse 100 G zugeordnet. Sie bedürfen deshalb einer allgemeinen bauaufsichtlichen Zulassung.

Zulassungsgegenstand:
- Z-9.1-32, Mittelharte Holzfaserplatten (HFM) der Holzwerkstoffklasse 100 und 100 G
- Z-9.1-122, Harte Holzfaserplatten (HFH) der Holzwerkstoffklasse 100 und 100 G
- Z-9.1-234, Kronogen Spezial FO
- Z-9.1-382, Agepan DWD
- Z-9.1-442, Kronotec WP 50 und DP 50
- Z-9.1-443, Hornitex Masterwood D + W
- Z-9.1-454, Formline DHF

Bestandteile: Mittelharte und harte Holzfaserplatten werden aus verpreßten, verholzten Fasern, ggf. mit Klebstoff hergestellt. Platten der Holzwerkstoffklasse 100 G enthalten auch chemische Holzschutzmittel.

Anwendungsbereich: Die o. g. Holzfaserplatten dürfen für Wand- und Dachtafeln für Holzhäuser in Tafelbauart gemäß DIN 1052-3 verwendet werden. Dabei dürfen die Platten aber nur zur Knickaussteifung gedrückter Rippen oder zur Kippaussteifung biegebeanspruchter Rippen verwendet werden sowie als mittragende bzw. aussteifende Beplankung von Wandtafeln, die in ihrer Ebene waagerechte Windlasten aufnehmen (Scheibenwirkung). Sie dürfen nicht zur direkten Abtragung vertikaler oder anderer Lasten herangezogen werden.

Holzschutz: Die Platten dürfen dort eingesetzt werden, wo die Verwendung von Platten der Holzwerkstoffklassen 20 und 100 nach DIN 68800-2 erlaubt ist. Die Holzfaserplatten mit den Zulassungsnummern Z-9.1-32 und Z-9.1-122 dürfen auch entsprechend der Holzwerkstoffklasse 100 G eingesetzt werden.

Brandschutz: Die Platten gehören der Baustoffklasse B 2 (normalentflammbar) an.

Kennzeichnung: Ü-Zeichen, Bezeichnung des Zulassungsgegenstandes mit Zulassungsnummer, Emissionsklasse (z. B. E 1), Plattentyp (bei Z-9.1-442), Rechenwert der Wärmeleitfähigkeit (bei Z-9.1-442)

Bemessung: Für die Bemessung von Wandtafeln mit den Platten gilt DIN 1052-1 bis -3 unter Beachtung von DIN 68 800-2 und -3 mit den zulässigen Beanspruchungen entsprechend den folgenden Tabellen.

Bei Verwendung der Holzfaserplatten Kronotec WP 50 und DP 50 (Z-9.1-442), Hornitex Masterwood D+W (Z-9.1-443) und Formline DHF (Z-9.1-454) im Anwendungsbereich der Holzwerkstoffklasse 100 sind die Werte in den folgenden, entsprechenden Tabellen um 50 % zu reduzieren. Werden diese Platten in Verbindung mit einem allgemein bauaufsichtlich zugelassenen Wärmedämmverbundsystem an Außenwänden verwendet und sind sie dauerhaft geschützt, dann brauchen die nachfolgenden Tabellenwerte nur um 20 % abgemindert zu werden.

Bei der Holzfaserplatte Formline DHF (Z-9.1-454) ist für den Nachweis der Druckkraft der Randrippe einer Tafel im Schwellenbereich infolge F_H für Tafeln mit einer Rasterweite $\geq 0,6$ m der Faktor α_1 mit 1,0 und Tafeln mit einer Rasterweite $\geq 1,2$ m der Faktor α_1 mit 0,8 zugrunde zu legen. Zwischenwerte dürfen geradlinig interpoliert werden.

Verbindungen: Hinsichtlich der Verbindung der Platten mit den Vollholzrippen oder dem Holzrahmenwerk enthalten die einzelnen Zulassungen unterschiedliche Angaben:

- Z-9.1-32 (Mittelharte Holzfaserplatten von Svenska Träskivor) und Z-9.1-122 (Harte Holzfaserplatten von Masonite A B): Verwendung runder Drahtstifte der Form B nach DIN 1151 mit Nageldurchmesser d_n von 2,5 bis 3,1 mm. Bei Rippenbreiten unter 40 mm muß der Nagelabstand untereinander und in Kraftrichtung parallel zur Holzfaserrichtung mindestens $15 \cdot d_n$ betragen. Bei Klammerverbindungen gilt DIN 1052-2. Abweichend von o. g. Norm sind die Klammern in der Regel so einzuschlagen, daß die Klammerrücken möglichst rechtwinklig, mindestens aber unter 45° zur Holzfaserrichtung liegen. Anderenfalls müssen die zulässigen Belastungen für die Klammerverbindung um $1/3$ abgemindert werden.
- Z-9.1-234 (Kronogen Spezial FO), Z-9.1-382 (Agepan DWD) und Z-9.1-454 (Formline DHF): Verwendung von Nägeln, Schrauben oder Klammern nach DIN 1052-2
- Z-9.1-442 (Kronotec WP 50 und DP 50): Verbindung nur unter Verwendung von Klammern
- Z-9.1-443 (Hornitex Masterwood D + W): Verbindung nur unter Verwendung von Klammern oder Nägeln nach DIN 1052-2

Baustoffe, Bauprodukte; bauaufsichtlich zugelassen   5.30.01

Zulässige Spannungen im Lastfall H sowie Rechenwerte der Elastizitätsmoduln E und Schubmoduln G [kN/cm²]; die Bezeichnungen der Spannungen und Moduln sind den einzelnen Zulassungsbescheiden entnommen

Zulassungs-Nr. Z-9.1-32	**Mittelharte Holzfaserplatten (HFM)** **Svenska Träskivor**, Tingvallavägen 9M, S-19531 Märsta							
Anwendungs-bereich	bei Wandtafeln für Holzhäuser in Tafelbauart nach DIN 1052-2, dabei als Knick- und Kippaussteifung der Rippen und als windaussteifende Beplankung							
Zulässige Beanspruchungen im Lastfall H						Sonstige technische Werte		
Nenndicken der Platten in mm	Werte in kN/cm²	Biegung rechtwinklig zur Plattenebene zul σ_{Bxy}/E_{Bxy}	Zug in Plattenebene zul σ_{Zx}/E_{Zx}	Druck in Plattenebene zul σ_{Dx}/E_{Dx}	Abscheren rechtwinklig zur Plattenebene zul τ_{yx}/G_{yx}	Rohdichte ρ [kg/m³]	Wärmeleitfähigkeit λ_R [W/mK]	Wasserdampf-Diffusions-widerstand μ [-]
9 bis ≤ 12	zul. Spannung	0,25	0,2	k.A.	k.A.	≥ 700	0,17	k.A.
	Modul	150	k.A.	k.A.	k.A.			

Zulassungs-Nr. Z-9.1-122	**Harte Holzfaserplatten (HFH)** **Masonite AB**, S-91429 Rundvik							
Anwendungs-bereich	bei Wand- und Dachtafeln für Holzhäuser in Tafelbauart nach DIN 1052-2, dabei als Knick- und Kippaussteifung der Rippen und als windaussteifende Beplankung							
Zulässige Beanspruchungen im Lastfall H						Sonstige technische Werte		
Nenndicken der Platten in mm	Werte in kN/cm²	Biegung rechtwinklig zur Plattenebene zul σ_{Bxy}/E_{Bxy}	Zug in Plattenebene zul σ_{Zx}/E_{Zx}	Druck in Plattenebene zul σ_{Dx}/E_{Dx}	Abscheren rechtwinklig zur Plattenebene zul τ_{yx}/G_{yx}	Rohdichte ρ [kg/m³]	Wärmeleitfähigkeit λ_R [W/mK]	Wasserdampf-Diffusions-widerstand μ [-]
4 bis ≤ 8	zul. Spannung d = 4 mm 4 < d ≤ 8 mm	0,8 0,6	0,5 0,5	0,4 0,4	0,15 0,15	> 940	k.A.	k.A.
	Modul d = 4 mm 4 < d ≤ 8 mm	400 350	250 200	250 200	125 100			

Zulassungs-Nr. Z-9.1-234	**Mitteldichte Faserplatten Kronogen Spezial FO** **Kronospan GmbH**, Leopoldstaler Straße 195, 32839 Steinheim-Sandebeck							
Anwendungs-bereich	bei Wandtafeln für Holzhäuser in Tafelbauart nach DIN 1052-2, dabei als Knick- und Kippaussteifung der Rippen und als windaussteifende Beplankung							
Zulässige Beanspruchungen im Lastfall H						Sonstige technische Werte		
Nenndicken der Platten in mm	Werte in kN/cm²	Biegung in Plattenebene zul σ_{Bxy}/E_{Bxy}	Zug in Plattenebene zul σ_{Zx}/E_{Zx}	Druck in Plattenebene zul σ_{Dx}/E_{Dx}	Abscheren rechtwinklig zur Plattenebene zul τ_{yx}/G_{yx}	Rohdichte ρ [kg/m³]	Wärmeleitfähigkeit λ_R [W/mK]	Wasserdampf-Diffusions-widerstand μ [-]
10 bis ≤ 25	zul. Spannung	0,5	0,25	k.A.	k.A.	≥ 740	0,17	k.A.
	Modul	300	k.A.	k.A.	k.A.			

Zulassungs-Nr. Z-9.1-382	**Holzfaserplatten Agepan DWD** **Glunz-Deutschland GmbH**, Glunz-Dorf, 59063 Hamm										
Anwendungs-bereich	bei Wand- und Dachtafeln für Holzhäuser in Tafelbauart nach DIN 1052-2, dabei als Knick- und Kippaussteifung der Rippen und als windaussteifende Beplankung										
Zulässige Beanspruchungen im Lastfall H										Sonstige technische Werte		
Nenndicken der Platten in mm	Werte in kN/cm²	Biegung in Plattenebene zul σ_{Bxy}/E_{Bxy}		Zug in Plattenebene zul σ_{Zx}/E_{Zx}		Druck in Plattenebene zul σ_{Dx}/E_{Dx}		Abscheren rechtwinklig zur Plattenebene zul τ_{yx}/G_{yx}		Rohdichte ρ [kg/m³]	Wärmeleitfähigkeit λ_R [W/mK]	Wasserdampf-Diffusions-widerstand μ [-]
	Holzwerkstoff-klasse	20	100	20	100	20	100	20	100	540 bis 590	0,08	8
16 bis ≤ 20	zul. Spannung	0,25	0,125	0,17	0,085	0,21	0,105	0,1	0,05			
	Modul	170	85	170	85	170	85	80	40			

Baustoffe, Bauprodukte; bauaufsichtlich zugelassen 5.30.01

Zulässige Spannungen im Lastfall H sowie Rechenwerte der Elastizitätsmoduln E und Schubmoduln G [kN/cm²]; die Bezeichnungen der Spannungen und Moduln sind den einzelnen Zulassungsbescheiden entnommen

Zulassungs-Nr. Z-9.1-442	**Holzfaserplatten Kronotec WP 50 und DP 50** **Kronoply GmbH**, Wittstocker Chaussee 1, 16909 Heiligengrabe							
Anwendungsbereich	bei Wand- und Dachtafeln für Holzhäuser in Tafelbauart nach DIN 1052-1 und -3, dabei als Knick- und Kippaussteifung der Rippen und als windaussteifende Beplankung							
Zulässige Beanspruchungen im Lastfall H						Sonstige technische Werte		
Nenndicken der Platten in mm	Werte in kN/cm²	Biegung rechtwinklig zur Plattenebene	Zug in Plattenebene	Druck in Plattenebene		Abscheren rechtwinklig zur Plattenebene	Rohdichte	Wärmeleitfähigkeit	Wasserdampf-Diffusions-widerstand
		zul σ_{Bxy}/E_{Bxy}	zul σ_{Zx}/E_{Zx}	zul σ_{Dx}/E_{Dx}		zul τ_{yx}/G_{yx}	ρ [kg/m³]	λ_R [W/mK]	μ [–]
12 bis $\leq$ 18	zul. Spannung	0,34	0,15	0,15		k.A.	500 bis 550	0,09	19
	Modul	180	k.A.	k.A.		k.A.			

Zulassungs-Nr. Z-9.1-443	**Holzfaserplatten »Hornitex Masterwood D + W«** **Hornitex Werke Nidda, Kunststoff- und Holzwerkstoffplatten GmbH & Co. KG**, Ludwigstraße, 63667 Nidda							
Anwendungsbereich	bei Wand- und Dachtafeln für Holzhäuser in Tafelbauart nach DIN 1052-1 und -3, dabei als Knick- und Kippaussteifung der Rippen und als windaussteifende Beplankung							
Zulässige Beanspruchungen im Lastfall H						Sonstige technische Werte		
Nenndicken der Platten in mm	Werte in kN/cm²	Biegung rechtwinklig zur Plattenebene	Biegung in Plattenebene	Zug in Plattenebene	Druck in Plattenebene	Abscheren rechtwinklig zur Plattenebene	Rohdichte	Wärmeleitfähigkeit	Wasserdampf-Diffusions-widerstand
		zul σ_{Bxy}/E_{Bxy}	zul σ_{Bxz}/E_{Bxz}	zul σ_{Zx}/E_{Zx}	zul σ_{Dx}/E_{Dx}	zul τ_{yx}/G_{yx}	ρ [kg/m³]	λ_R [W/mK]	μ [–]
12 bis $\leq$ 18	zul. Spannung	0,34	0,25	0,15	0,15	0,1	570 bis 630	0,1	11
	Modul	180	150	150	150	50			

Zulassungs-Nr. Z-9.1-454	**Holzfaserplatten »Formline DHF«** **Egger Holzwerkstoffe Wismar GmbH & Co. KG**, Am Haffeld, 23970 Wismar							
Anwendungsbereich	bei Wand- und Dachtafeln für Holzhäuser in Tafelbauart nach DIN 1052-1und -3, dabei als Knick- und Kippaussteifung der Rippen und als windaussteifende Beplankung							
Zulässige Beanspruchungen im Lastfall H						Sonstige technische Werte		
Nenndicken der Platten in mm	Werte in kN/cm²	Biegung rechtwinklig zur Plattenebene	Biegung in Plattenebene	Zug in Plattenebene	Druck in Plattenebene	Abscheren rechtwinklig zur Plattenebene	Rohdichte	Wärmeleitfähigkeit	Wasserdampf-Diffusions-widerstand
		zul σ_{Bxy}/E_{Bxy}	zul σ_{Bxz}/E_{Bxz}	zul σ_{Zx}/E_{Zx}	zul σ_{Dx}/E_{Dx}	zul τ_{yx}/G_{yx}	ρ [kg/m³]	λ_R [W/mK]	μ [–]
12 bis $\leq$ 20	zul. Spannung	0,34	0,25	0,18	0,18	0,12	600 bis 650	0,1	11
	Modul	200	150	160	170	55			

Mineralisch gebundene Faserplatten (Gipsfaserplatte, Kalziumsilikatplatte)

Mineralisch gebundene Faserplatten für tragende und aussteifende Zwecke, vor allem für die Beplankung von Holztafeln, sind nicht geregelte Bauprodukte und deshalb zulassungsbedürftig.

Die Zulassungen enthalten auch Regelungen hinsichtlich des Brandverhaltens, da diese Platten im Regelfall nicht nur als normalentflammbar nach DIN 4102 eingestuft sind, sondern schwerentflammbar oder sogar nichtbrennbar sind. Im übrigen existieren für derartige Platten allgemeine bauaufsichtliche Zulassungen, die nur Bestimmungen über das Brandverhalten beinhalten. Solche Zulassungen tragen Zulassungsnummern, beginnend mit Z-PA-III...

Die folgenden mineralisch gebundenen Faserplatten besitzen eine allgemeine bauaufsichtliche Zulassung für tragende und aussteifende Zwecke (Stand 31. 1. 2000).

Zulassungsgegenstand:
- Z-9.1-219, Komcel-Gipsfaserplatten für die Beplankung von Wandtafeln für Holzhäuser in Tafelbauart
- Z-9.1-243, Silikat-Brandschutzbauplatten Promatect-H für die werksmäßige Beplankung von Wandtafeln
- Z-9.1-339, Knauf-Gipsfaserplatten für die Beplankung von Wandtafeln für Holzhäuser in Tafelbauart
- Z-9.1-358, Zellstoffarmierte Kalziumsilikat-Bauplatten Fulgupal 130, Fulgupal 140 und Fulgupal 150 für die Holztafelbauart
- Z-9.1-434, Fermacell-Gipsfaserplatten
- Z-9.1-452, Zellstoffarmierte Kalziumsilikat-Bauplatten Fulgurit MFP

Da sich die Zulassungen für die Platten von Komcel (Z-9.1-219), Promat (Z-9.1-243) und Knauf (Z-9.1-339) bei näherer Betrachtung auf Wandtafeln und weniger auf die eigentliche Platte beziehen, werden sie ab Seite 115 (Wandtafeln in Tafelbauart) beschrieben.

Bestandteile: Für die Herstellung der mineralisch gebundenen Faserplatten kommen verschiedene Bindemittel zum Einsatz. Die Fermacell-Gipsfaserplatten bestehen aus Gips als Bindemittel und Zellulosefasern als Zuschlagstoff. Die Fulgupal- und Fulguritplatten werden aus Portlandzement als Bindemittel sowie silikatischen Zuschlagstoffen und Zellstoffasern hergestellt.

Anwendungsbereich: Die Platten dürfen als tragende und aussteifende Beplankung von Wandtafeln für Holzhäuser in Tafelbauart nach DIN 1052-3 verwendet werden. Ausnahme: Die Fermacell-Gipsfaserplatte ist zusätzlich bauaufsichtlich zugelassen für die Verwendung als Schalung von Holzbauteilen, die nach DIN 1052-1 bis -3 bemessen und ausgeführt werden, sowie als Bestandteil von Decken- und Dachscheiben.

Holzschutz: Die Platten dürfen dort eingesetzt werden, wo die Verwendung von Platten der Holzwerkstoffklassen 20 und 100 nach DIN 68 800-2 erlaubt ist.

Brandschutz: Die hier aufgeführten Platten sind als nichtbrennbare Baustoffe der Baustoffklasse A2 nach DIN 4102 zugeordnet.

Der Nachweis der Nichtbrennbarkeit (Baustoffklasse A2 nach DIN 4102) gilt für die Bauplatten Fulgupal 130 bis 150 und Fulgurit MFP auch, wenn diese mit Dispersionsfarben nach DIN 53 778 gestrichen werden.

Kennzeichnung: Ü-Zeichen auf Lieferschein und oberster Verpackungseinheit der Platten; Bezeichnung des Zulassungsgegenstandes einschließlich Plattertyp; Nenndicke; Herstellwerk; Baustoffklasse; Herstellrichtung auf Plattenrückseite (bei den Platten Fulgupal 130, Fulgupal 140, Fulgupal 150, Fulgurit MFP).

Bemessung: Für die Bemessung von unter Verwendung der zellstoffarmierten Kalziumsilikat-Bauplatten Fulgupal 130, 140, 150 und Fulgurit MFP hergestellten Wandtafeln bzw. von unter Verwendung der Fermacell-Gipsfaserplatten hergestellten Holzbauteilen gilt DIN 1052-1 bis -3, sofern in den einzelnen Zulassungsbescheiden nichts anderes bestimmt ist.

Bei der Ausführung von Wandtafeln mit Bauplatter Fulgurit MFP ist zusätzlich DIN 68 800-2 zu beachten.

Werden die Fermacell-Gipsfaserplatten im Bereich der Holzwerkstoffklasse 100 nach DIN 68 800-2 eingesetzt, müssen die zulässigen Spannungen um 20 % abgemindert werden.

Für die Bemessung von Wandtafeln mit Beplankungen aus Fermacell-Gipsfaserplatten gilt die allgemeine bauaufsichtliche Zulassung Z-9.1-187 (s. a. Seite 115, Wandtafeln in Tafelbauart).

Verbindungen: Bei der Ausführung von Holzbauteilen unter Verwendung von Fermacell-Gipsfaserplatten sind DIN 1052-1 bis -3 und DIN 68 800-2 zu beachten. Gesondert gilt bei Verbindungen der Bauplatten mit Voll- oder Brettschichtholz:

- Fulgupal 130, 140 und 150:
Nagelverbindungen: Schraubnägel nach DIN 1052-2 mit $d_n \leq 3{,}5$ mm; Vorbohren der Platten Fulgupal 130 und 140 mit $0{,}9\,d_n$ bis $1{,}0\,d_n$ und der Platten Fulgupal 150 mit $1{,}0\,d_n$ bis $1{,}1\,d_n$.
Klammerverbindungen: Klammern nach DIN 1052-2 mit $d_n < 1{,}8$ mm
Nenndicke der Platten Fulgupal $130 \leq 12$ mm, der Platten Fulgupal $140 \leq 10$ mm und der Platten Fulgupal $150 \leq 8$ mm; Randabstand immer ≥ 20 mm; Klammern sind rechtwinklig oder bis zu einem Winkel von 45° zur Plattenherstellrichtung mit einem Mindestabstand untereinander von 50 mm einzutreiben.
- Fulgurit MFP:
Nagelverbindungen: Schraubnägel nach DIN 1052-2 mit $d_n \leq 3{,}5$ mm; Vorbohren der Platten mit $0{,}9\,d_n$ bis $1{,}0\,d_n$.
Klammerverbindungen: Klammern nach DIN 1052-2 mit $d_n \leq 1{,}9$ mm; Klammern sind rechtwinklig oder bis zu einem Winkel von 30° zur Plattenherstellrichtung mit einem Mindestabstand untereinander von 20 mm und einem Mindestrandabstand vom 15 mm einzutreiben.

Baustoffe, Bauprodukte; bauaufsichtlich zugelassen 5.30.01

- Fermacell-Gipsfaserplatten:
Verbindung der Platten mit Vollholz darf nur mit aus verzinkten oder aus nichtrostendem Stahl bestehenden Nägeln, Sondernägeln und Klammern hergestellt werden.
Nagelverbindungen: Nägel (runde Drahtstifte der Form B nach DIN 1151) mit $d_n = 2,2$ mm; Mindesteinschlagtiefe s = 30 mm; Sondernägel (profilierter Schaft nach DIN 1052-2, mindestens Tragfähigkeitsklasse II) mit $2,2$ mm $\leq d_n \leq 2,9$ mm; Mindesteinschlagtiefe s = 27 mm.

Klammerverbindungen: Klammern nach DIN 1052-2 mit $d_n \geq 1,5$ mm; Mindesteinschlagtiefe s = 32 mm.

Verarbeitung: Werden Fermacell-Gipsfaserplatten an der Baustelle verarbeitet, darf sich die Holzfeuchte der Unterkonstruktion gemäß DIN 68 800-2 nicht unzuträglich erhöhen. Ferner sind die Platten bis zum Anbringen vor unzuträglicher Feuchtebeanspruchung zu schützen, z. B. durch allseitiges Abdecken der Platten mit Folie. Beschädigte Wandtafeln dürfen nicht eingebaut werden.

Zulässige Spannungen im Lastfall H sowie Rechenwerte der Elastizitätsmoduln E und Schubmoduln G [kN/cm²];
die Bezeichnungen der Spannungen und Moduln sind den einzelnen Zulassungsbescheiden entnommen

Zulassungs-Nr. Z-9.1-358	Zellstoffarmierte Kalziumsilikat-Bauplatten »Fulgupal 130«, »Fulgupal 140« und »Fulgupal 150« **Fulgurit Baustoffe GmbH**, Adolf-Oesterheld-Straße, 31515 Wunstorf																			
Anwendungsbereich	tragende und aussteifende Beplankung von Wandtafeln entsprechend DIN 1052-3																			
Art der Beanspruchung	Biegung rechtwinklig zur Plattenebene		Biegung in Plattenebene		Zug in Plattenebene		Druck in Plattenebene		Abscheren in Plattenebene		Abscheren rechtwinklig zur Plattenebene		Biegung rechtwinklig zur Plattenebene		Biegung in Plattenebene		Zug in Plattenebene		Druck in Plattenebene		Schub rechtwinklig zur Plattenebene
	zul $\sigma_{Bx y\parallel}$	zul $\sigma_{Bx y\perp}$	zul $\sigma_{Bx z\parallel}$	zul $\sigma_{Bx z\perp}$	zul $\sigma_{Zx\parallel}$	zul $\sigma_{Zx\perp}$	zul $\sigma_{Dx\parallel}$	zul $\sigma_{Dx\perp}$	zul $\tau_{zx\parallel}$	zul $\tau_{zx\perp}$	zul $\tau_{xy\parallel}$	zul $\tau_{xy\perp}$	$E_{Bxy\parallel}$	$E_{Bxy\perp}$	$E_{Bxz\parallel}$	$E_{Bxz\perp}$	$E_{Zx\parallel}$	$E_{Zx\perp}$	$E_{Dx\parallel}$	$E_{Dx\perp}$	$G_{xy\parallel}$	$G_{xy\perp}$
Fulgupal 130	0,34	0,16	0,34	0,16	0,15	0,07	0,33	0,30	0,02	0,02	0,07	0,07	400	250	700	550	550	550	600	450	100	100
Fulgupal 140	0,44	0,22	0,46	0,24	0,24	0,09	0,63	0,49	0,04	0,04	0,07	0,07	600	400	1000	850	1200	800	1050	800	1500	150
Fulgupal 150	0,52	0,29	0,52	0,32	0,25	0,1	0,84	0,71	0,06	0,06	0,08	0,08	800	550	1200	1150	1500	1250	1250	1200	300	300

Zulassungs-Nr. Z-9.1-434	**Fermacell-Gipsfaserplatten** **Fels-Werke GmbH**, Geheimrat-Ebert-Straße 12, 38640 Goslar											
Anwendungsbereich	mittragende und aussteifende Beplankung von Wandtafeln entsprechend DIN 1052-3; Schalung von Holzbauteilen, die nach DIN 1052-1 bis -3 bemessen wurden; Bestandteil von Decken- und Dachscheiben											
Art der Beanspruchung	Biegung rechtwinklig zur Plattenebene	Biegung in Plattenebene	Zug in Plattenebene	Druck in Plattenebene	Druck rechtwinklig zur Plattenebene	Abscheren in Plattenebene	Abscheren rechtwinklig zur Plattenebene	Biegung rechtwinklig zur Plattenebene	Biegung in Plattenebene	Zug in Plattenebene	Druck in Plattenebene	Schub rechtwinklig zur Plattenebene	Schub in Plattenebene
	zul σ_{Bxy}	zul σ_{Bxz}	zul σ_{Zx}	zul σ_{Dx}	zul σ_D	zul τ_{zx}	zul τ_{zy}	E_{Bxy}	E_{Bxz}	E_{Zx}	E_{Dx}	G_{xy}	G_{xz}
Fermacell-Gipsfaserplatten	0,12	0,11	0,05	0,2	0,25	0,03	0,06	300	300	300	190	120	120

Zulassungs-Nr. Z-9.1-452	**Zellstoffarmierte Kalziumsilikat-Bauplatte »Fulgurit MFP«** **Fulgurit Baustoffe GmbH**, Adolf-Oesterheld-Straße, 31515 Wunstorf																				
Anwendungsbereich	tragende und aussteifende Beplankung von Wandtafeln entsprechend DIN 1052-3																				
Art der Beanspruchung	Biegung rechtwinklig zur Plattenebene		Biegung in Plattenebene		Zug in Plattenebene		Druck in Plattenebene		Abscheren in Plattenebene		Abscheren rechtwinklig zur Plattenebene		Biegung rechtwinklig zur Plattenebene		Biegung in Plattenebene		Zug in Plattenebene		Druck in Plattenebene		Schub rechtwinklig zur Plattenebene	
	zul $\sigma_{Bxy\parallel}$	zul $\sigma_{Bxy\perp}$	zul $\sigma_{Bxz\parallel}$	zul $\sigma_{Bxz\perp}$	zul $\sigma_{Zx\parallel}$	zul $\sigma_{Zx\perp}$	zul $\sigma_{Dx\parallel}$	zul $\sigma_{Dx\perp}$	zul $\tau_{zx\parallel}$	zul $\tau_{zx\perp}$	zul $\tau_{xy\parallel}$	zul $\tau_{xy\perp}$	$E_{Bxy\parallel}$	$E_{Bxy\perp}$	$E_{Bxz\parallel}$	$E_{Bxz\perp}$	$E_{Zx\parallel}$	$E_{Zx\perp}$	$E_{Dx\parallel}$	$E_{Dx\perp}$	$G_{xy\parallel}$	$G_{xy\perp}$
Fulgurit MFP	0,26	0,14	0,31	0,16	0,15	0,06	0,21	0,2	0,02	0,02	0,05	0,05	300	200	320	290	550	550	330	250	70	70

Baustoffe, Bauprodukte; bauaufsichtlich zugelassen 5.30.01

Vollwandträger, Fachwerkträger

Das Einsatzgebiet der hier aufgeführten Träger ist insbesondere der moderne konstruktive Holzbau und darin ihre Verwendung in Wand-, Decken- oder Dachkonstruktionen. Die hier besprochenen Träger bedürfen einer allgemeinen bauaufsichtlichen Zulassung, da sie wesentlich von den in DIN 1052-1 und -2 geregelten Trägerbauten abweichen.

Im folgenden sind die Vollwand- und Fachwerkträger aufgeführt, die eine bauaufsichtliche Zulassung besitzen (Stand 31. 1. 2000) und nicht zu den Schalungsträgern zählen.

Zulassungsgegenstand:
- Z-9.1-123, Balken mit Doppel-T-Profil mit Gurten aus Vollholz und eingeleimten Stegen aus harten Holzfaserplatten oder OSB-Platten (Vollwandträger)
- Z-9.1-140, Stiele mit Doppel-T-Profil mit eingeleimtem Steg aus harten Holzfaserplatten (HFH 20) (Vollwandträger)
- Z-9.1-185, Dreieck-Streben-Bauart (Fachwerkträger)
- Z-9.1-262, Nail-Web-Holzbauträger (Vollwandträger)
- Z-9.1-277, TJI-Balken und -Stiele mit Doppel-T-Profil mit Gurten aus Microllam® LVL und eingeleimtem Steg aus OSB-Flachpreßplatten (Vollwandträger)
- Z-9.1-298, Balken mit Doppel-T-Profil mit Gurten aus Furnierschichtholz Kerto-S und eingeleimten Stegen aus harten Holzfaserplatten oder OSB (Vollwandträger)
- Z-9.1-329, Agepan-Triply-Balken mit Vollholzgurten und eingeleimtem Steg aus OSB (Vollwandträger)
- Z-9.1-395, »K-KIT«-Balken und -Stiele mit Doppel-T-Profil mit Gurten aus Vollholz und eingeleimten Einfach- bzw. Doppelstegen aus Spanplatten, OSB-Flachpreßplatten oder Dreischichtplatten »K1 multiplan« (Vollwandträger)
- Z-9.1-416, Nascor-Träger und -Stiele mit Doppel-T-Profil mit Gurten aus Vollholz und Stegen aus OSB (Vollwandträger)
- Z-9.1-432, Doka-Holzbauträger (Vollwandträger)

Bestandteile: Die Gurte der meisten o. g. Träger bestehen aus Vollholz, Nadelholz S10 (Z-9.1-123, -140, -262, -329, -395, -432, -185). Für den unter Z-9.1-416 zugelassenen Träger ist ausschließlich Vollholz aus Douglasie Spruce-Pine-Fir erlaubt. Weitere Gurtmaterialien stellen die Furnierschichthölzer Microllam® LVL (Trägerzulassung Z-9.1-277) und Kerto-S (Trägerzulassung Z-9.1-298) dar. Die Gurte des Fachwerkträgers mit der Zulassung Z-9.1-185 dürfen anstelle aus Vollholz NH S10 auch aus Brettschichtholz BS 11 hergestellt werden.

Für die Stege der Vollwandträger kommen wie für die Gurte verschiedene Holzwerkstoffe zum Einsatz. Harte Holzfaserplatten (Trägerzulassungen Z-9.1-123, -140, -298), OSB-Platten (Trägerzulassungen Z-9.1-123, -277, -298, -329, -395, -416), Spanplatten oder Dreischichtplatten (Trägerzulassungen Z-9.1-395 und -432) werden als Stegmaterialien eingesetzt. Eine Besonderheit im Hinblick auf das Stegmaterial stellt der Nail-Web-Träger dar (Z-9.1-262), dessen Stege aus verzinktem Stahlblech hergestellt werden.

Die Streben des Fachwerkträgers (Trägerzulassung Z-9.1-185) dürfen laut Zulassungsbescheid entweder aus Vollholz, Nadelholz S10 oder aus Brettschichtholz BS 11 hergestellt werden.

Bei den Vollwandträgern aus Holz bzw. Holzwerkstoffen erfolgt die kraftschlüssige Verbindung zwischen Gurten und Stegen durch Verklebung mit geprüften Resorcin- oder Melaminharzleimen.

Eine ganz andere Verbindungsart wird bei der Herstellung des Vollwandträgers mit Holzgurten und Stahlblechsteg (Z-9.1-262) angewendet: An den Stahlsteg angeformte nagelartige Zähne werden in die Gurthölzer eingepreßt und bewirken so die kraftschlüssige Gurt-Steg-Verbindung.

Die Gurte und Streben der Träger in Dreieck-Streben-Bauart (Z-9.1-185) werden mit Hilfe von Resorcin- oder Melaminharzleim miteinander verklebt. Dazu werden in den Knotenpunkten der Fachwerkträger Einfräsungen in den Gurten vorgenommen. In diese Einfräsungen werden die mit Zinken versehenen Strebenenden gesteckt und mit den Gurten verklebt. Zum Anschluß einer Strebe dürfen nicht mehr als drei Zinken je Strebenende vorgesehen werden. Bei Parallelträgern und Trapezbindern sind zwei Streben nebeneinander erlaubt, bei Dreieckbindern dürfen nur einteilige Streben verwendet werden.

Anwendungsbereich: Die Balken und Stiele dürfen nur in Gebäuden mit vorwiegend ruhender Belastung eingesetzt werden. Ihre speziellen Anwendungsbereiche sind nachfolgend aufgeführt.

- Wandtafeln in ein- oder zweigeschossigen Wohn- oder ähnlich genutzten gewerblichen Gebäuden:
  Z-9.1-140, -395 für beidseitig beplankte Tafeln;
  Z-9.1-185, -262, -277, -395, -416, -432 für ein- und beidseitig beplankte Tafeln.
- Decken in ein- oder zweigeschossigen Wohn- oder ähnlich genutzten gewerblichen Gebäuden:
  Z-9.1-123, -185, -262, -277, -298, -329, -395, -416, -432.
  Einschränkung: Die Nail-Web-Träger (Z-9.1-262) sowie die DSB-Träger (Z-9.1-185) dürfen nicht unter Büchereien, Archiven, Aktenräumen, Fabriken und Werkstätten mit schwerem Betrieb sowie unter befahrbaren Decken eingebaut werden.
- Flachdächer mit oberseitiger Wärmedämmung:
  Z-9.1-123, -185, -262, -277, -298, -329, -395, -416, -432.
- Sparren geneigter Dächer mit und ohne Wärmedämmung:
  Z-9.1-123, -185, -262, -277, -298, -329, -395, -416, -432.

Baustoffe, Bauprodukte; bauaufsichtlich zugelassen

- Pfetten:
  Z-9.1-185, -262, -277, -395, -416, -432.
- Dachgeschosse von Geschoßbauten, sofern Brandschutzbestimmungen dem nicht entgegenstehen:
  Z-9.1-123, -185, -262, -298, -329.

Weiter dürfen folgende Balken und Stiele mit folgenden Zulassungen in den Anwendungsbereichen der Holzwerkstoffklassen 20 und 100 eingebaut werden:
Z-9.1-123, -277, -298, -329, -395, -416, -432.

Wandstiele mit der Zulassungs-Nr. Z-9.1-140 dürfen nur im Bereich der Holzwerkstoffklasse 20 angewendet werden.

Für die Träger mit Stahlstegen (Z-9.1-262) gilt der Anwendungsbereich nach DIN 1052-2, Tabelle 1, Anwendungsbereichsspalten 1 und 2: In Räumen mit einer mittleren relativen Luftfeuchte ≤ 70%, ferner bei überdachten Bauteilen, zu denen die Außenluft ständig Zugang hat, bei vergleichsweise geringer korrosiver Beanspruchung (Anwendungsbereichsspalte 1). Bei überdachten Bauteilen, zu denen die Außenluft ständig Zugang hat, bei mittlerer korrosiver Beanspruchung (Anwendungsbereichsspalte 2).

Weitere Angaben im Zulassungsbescheid des Nail-Web-Trägers zur Verwendung als Dach- oder Deckenträger in Hinblick auf Feuchtigkeitsanreicherungen, ausreichende Belüftung und schädliche Tauwassermengenbildung sind zu berücksichtigen. Letztgenanntes gilt auch für den DSB-Träger (Z-9.1-185).

In Bezug auf zulässige Stützweiten geben nur einige Zulassungsbescheide spezielle Werte an. So beträgt für die Doppel-T-Träger mit den Zulassungs-Nummern Z-9.1-123, -298 und -329 die maximal zulässige Stützweite 12,0 m. Träger der Dreieck-Streben-Bauart (Z-9.1-185) sind in Abhängigkeit ihrer Form bauaufsichtlich zugelassen bis zu einer Stützweite von 15,0 m, 20,0 m und 30,0 m.

Die maximal zulässige Länge der Wandstiele mit der Zulassungs-Nr. Z-9.1-140 beträgt 5,50 m.

Kennzeichnung: Ü-Zeichen, Zulassungsgegenstand, Herstellwerk und Tag der Herstellung auf Träger und auf Lieferschein.

Bemessung: Für die Bemessung gilt DIN 1052, sofern in den einzelnen Zulassungsbescheiden nichts anderes bestimmt ist. Der statische Nachweis für die Standsicherheit der Stiele, Balken und Träger ist in jedem Einzelfall zu führen. Bei der Bemessung und beim Spannungsnachweis ist das unterschiedliche Steifigkeitsverhältnis von Steg zu Gurt zu beachten.

Als Rechenwerte und zulässige Spannungen für Gurte aus Vollholz gelten die Werte aus DIN 1052-1 für das Vollholz. Die trägerspezifischen Rechenwerte und zulässige Spannungen für die Stege sind in den folgenden Tabellen angegeben.

Im Folgenden sind weitere Bestimmungen der einzelnen Zulassungsbescheide aufgeführt.

- Z-9.1-140, Stiele mit Doppel-T-Profil mit eingeleimtem Steg aus harten Holzfaserplatten: Es gelten die Knickzahlen ω für Vollholz nach DIN 1052-1.

- Z-9.1-185, Dreieck-Streben-Bauart: Als zulässige Scherspannung in der Leimfuge im Knoten gilt ein Wert von zul $\tau_L = 0,06$ kN/cm² bei einem Neigungswinkel α zwischen Strebe/Gurt bis zu 60°. Bei $\alpha > 60°$ sind die zulässigen Spannungen zu reduzieren. Zusätzliche Angaben sind für Träger mit 2 und 3 Zinken, für zu berücksichtigende Querschnittsflächen und für etwaige Obergurtauflagerungen einzuhalten. Anstelle von Einzelnachweisen dürfen auch typengeprüfte Bemessungstafeln verwendet werden.

- Z-9.1-262, Nail-Web-Holzbauträger: Für die Ermittlung des wirksamen Flächenmomentes 2. Grades ef I dürfen die Stahlstege nicht berücksichtigt werden. Der Wert für den Verschiebungsmodul C ist festgelegt mit $C = 1500$ N/mm für den Biegespannungsnachweis und den Nachweis der Schubbeanspruchung der Gurt-Steg-Verbindung sowie mit dem Wert $C = 2500$ N/mm beim Durchbiegungsnachweis. Der mittlere Abstand der Verbindungsmittel e´ ist bei Trägern mit Einzelstegen e´ = 47,5 mm und bei Trägern mit Doppelstegen e´ = 23,75 mm einzusetzen. Die zulässige Schubbeanspruchung ist in der entsprechenden Tabelle angegeben. Die zulässige Beanspruchung der Verbindung Gurt-Steg auf Herausziehen beträgt zul $p = 1,5$ kN/m. Die zulässige Einzellast über einem Trägerendauflager beträgt $P = 5,0$ kN und über einem Zwischenauflager $P = 8,0$ kN.

- Z-9.1-277, Balken und Stiele mit Doppel-T-Profil mit Gurten aus Microllam® LVL und eingeleimtem Steg aus OSB-Flachpreßplatten: Für die Bemessung der Stiele gelten die Knickzahlen ω des Gurtmaterials nach Zulassung-Nr. Z-9.1-245. Bei der Verwendung der Doppel-T-Profile als Stiele in einseitig beplankten Wandtafeln ist das Verhältnis Profilhöhe H zu Gurtbreite b mit H/b ≤ 3,5 einzuhalten.

- Z-9.1-395, »K-KIT«-Balken und -Stiele mit Doppel-T-Profil mit Gurten aus Vollholz und eingeleimten Einfach- bzw. Doppelstegen aus Spanplatten, OSB-Flachpreßplatten oder Dreischichtplatten »K1 multiplan«: Als Rechenwerte und zulässige Spannungen für Stege aus Spanplatten gelten die Werte aus DIN 68 763.

- Z-9.1-416, Nascor-Träger und -Stiele mit Doppel-T-Profil mit Gurten aus Vollholz und Stegen aus OSB: Für die Bemessung der Stiele gelten die Knickzahlen ω für Vollholz nach DIN 1052-1. Bei der Verwendung der Doppel-T-Profile als Stiele in einseitig beplankten Wandtafeln ist das Verhältnis Profilhöhe H zu Gurtbreite b mit H/b ≤ 3,5 einzuhalten.

- Z-9.1-432, Doka-Holzbauträger: Die zulässigen Spannungen für das Abscheren im Einleimbereich zwischen Gurt und Steg ist u. a. abhängig vom Stegmaterial und von der Verleimungsart.

Baustoffe, Bauprodukte; bauaufsichtlich zugelassen 5.30.01

Bei der Verwendung der Doppel-T-Profile als Stiele in einseitig beplankten Wandtafeln ist das Verhältnis Profilhöhe H zu Gurtbreite b mit H/b < 3,5 einzuhalten.

Für die Ausführung von Bauteilen unter Verwendung der Balken, Stiele und Träger gelten die Normen DIN 1052-1 bis -3 sowie DIN 68 800-2.

Zulässige Spannungen und Rechenwerte der Elastizitätsmoduln E und Schubmoduln G [kN/cm²]; die Bezeichnungen der Spannungen und Moduln sind den einzelnen Zulassungsbescheiden entnommen

Zulassungs-Nr. Z-9.1-123	Balken mit Doppel-T-Profil mit Gurten aus Vollholz und eingeleimten Stegen aus harten Holzfaserplatten oder OSB, Masonite Beams AB, S-91429 Rundvik					
Art der Beanspruchung	Biegung in Plattenebene zul σ_{Bxz}	Zug in Plattenebene zul σ_{Zx}	Abscheren rechtwinklig zur Plattenebene zul τ_{yx}	Abscheren in der Leimfuge zul τ_{zx}	E-Modul Biegung in Plattenebene E_{Bxz}	Schubmodul bei Biegung in Plattenebene G_{yx}
Steg aus HFH (Z-9.1-122)	0,6	0,5	0,3	0,08	450	180
Steg aus OSB (Z-9.1-326)	0,48	0,26	0,2	0,08	470	110

Zulassungs-Nr. Z-9.1-277	TJI-Balken und -Stiele mit Doppel-T-Profil mit Gurten aus Microllam® LVL und eingeleimtem Steg aus OSB-Flachpreßplatten, TJM ™ Europe, Behringstraße 10, 82152 Planegg					
Art der Beanspruchung	Biegung rechtwinklig zur Furnierebene zul $\sigma_{B\perp}$	Zug zul σ_Z	Druck zul σ_D	–	E-Modul Biegung rechtwinklig zur Furnierebene $E_{B\perp}$	–
Gurt aus Microllam® LVL 2.1E	2,0	1,6	1,8 [1]	–	1450	–
Gurt aus Microllam® LVL 2.0E	2,0	1,5	1,8 [1]	–	1380	–
Art der Beanspruchung	Biegung in Plattenebene zul σ_{Bxy}	–	Abscheren rechtwinklig zur Plattenebene zul $\tau_\perp$	Abscheren in der Leimfuge zul τ_L	E-Modul Biegung in Plattenebene E_{BII}	Schubmodul Biegung in Plattenebene G
Steg aus OSB, d = 9,5 mm	0,45	–	0,25	0,1	650	200
Steg aus OSB, d = 11,1 mm	0,45	–	0,25	0,1	600	160

Zulassungs-Nr. Z-9.1-298	Balken mit Doppel-T-Profil mit Gurten aus Furnierschichtholz Kerto-S und eingeleimten Stegen aus harten Holzfaserplatten oder OSB-Flachpreßplatten, Masonite Beams AB, S-91429 Rundvik					
Art der Beanspruchung	Biegung rechtwinklig zur Furnierebene zul σ_{BII}	Zug zul σ_Z	Druck zul σ_D	–	E-Modul Biegung rechtwinklig zur Furnierebene E_{BII}	–
Gurt aus Kerto-S (Z-9.1-100), h_{Gurt} = 60 mm	1,85	1,6	1,6	–	1300	–
Art der Beanspruchung	Biegung in Plattenebene zul σ_{Bxz}	–	Abscheren rechtwinklig zur Plattenebene zul τ	Abscheren in der Leimfuge zul τ_L	E-Modul Biegung in Plattenebene zul E_{Bxz}	Schubmodul Biegung in Plattenebene zul G_{yx}
Steg aus HFH (Z-9.1-122)	0,6	–	0,06	0,3	450	180
Steg aus OSB (Z-9.1-326)	0,48	–	0,06	0,2	470	110

Zulassungs-Nr. Z-9.1-329	Balken mit Vollholzgurten und eingeleimtem Steg aus OSB, Masonite Beams AB, S-91429 Rundvik					
Art der Beanspruchung	Biegung in Plattenebene zul σ_{Bxz}	–	Abscheren in der Leimfuge Plattenebene zul τ_L	Abscheren rechtwinklig zur Plattenebene zul τ_{yx}	E-Modul Biegung in Plattenebene E_{Bxz}	Schubmodul Biegung in G_{xz}
Steg aus Agepan Triply OSB-Flachpreßplatten (Z-9.1-326)	0,48	–	0,08	0,2	470	30

Baustoffe, Bauprodukte; bauaufsichtlich zugelassen 5.30.01

Zulässige Spannungen und Rechenwerte des Elastizitätsmoduls E und des Schubmoduls G [kN/cm²]; die Bezeichnungen der Spannungen und der Moduln sind dem Zulassungsbescheid entnommen

Zulassungs-Nr. Z-9.1-395	»K KIT«-Balken, -Stiele; Doppel-T-Profil mit Gurten aus Vollholz und eingeleimten Einfach- oder Doppelstegen aus Spanplatten, OSB-Flachpreßplatten oder Dreischichtplatten »K1 multiplan«, **Kaufmann Holz AG GmbH,** Bregenzerwald, A-6870 Reuthe				
Art der Beanspruchung	Biegung in Plattenebene zul σ_{Bxz}	Abscheren rechtwinklig zur Plattenebene zul τ_{yx}	Abscheren in der Leimfuge zul τ_L	E-Modul Biegung in Plattenebene E_{Bxz}	Schubmodul Biegung in Plattenebene G_{xz}
Steg aus Spanplatten (DIN 68763);	0,34	0,18	0,09[1]; 0,05[2]	220	110
Steg aus OSB-Flachpreßplatten (Z-9.1-326)	0,48	0,20	0,09[1]; 0,06[2]	470	110
Steg aus Dreischichtplatten »K1 multiplan« (Z-9.1-242)	0,80	0,20	0,16[1]; 0,09[2]	680	keine Angabe

[1] ohne Stegdurchbrüche   [2] mit Stegdurchbrüchen

Zulassungs-Nr. Z-9.1-432	DOKA-Holzbauträger; **Doka Industrie GmbH,** Reichsstraße 23, A-3300 Amstetten				
Art der Beanspruchung	Biegung in Plattenebene zul σ_{Bxz}	Abscheren rechtwinklig zur Plattenebene zul τ_{yx}	Abscheren in der Leimfuge zul τ_L	E-Modul Biegung in Plattenebene E_{Bxz}	Schubmodul Biegung in Plattenebene G_{xz}
Steg aus Dreischichtplatten	0,7[1]; 0,5[2]	0,16[1]; 0,17[2]	0,12[6]	600[1]; 500[2]	60[1]; 65[2]
Steg aus Spanplatten	0,55[3][4]	0,18[3]; 0,12[4]	0,14	390[3][4]	70[3][4]
Steg aus Spanplatten	0,39[5]	0,18[5]	0,11	270[5]	98[5]

Steg-Nenndicke: [1] d = 27 mm,   [2] d = 31,8 mm,   [3] d = 22 mm (MUPF-verleimt),
[4] d = 27 mm (MUPF-verleimt),   [5] d = 22 mm (PMDJ-verleimt),
[6] Fasern der Deckschicht parallel zum Gurt

Zulässige Scherspannungen in der Leimfläche des DSB-Trägers [kN/cm²] in Abhängigkeit vom Strebenneigungswinkel α

Zulassungs-Nr. Z-9.1-185	Dreieck-Streben-Bauart, **Dreieck-Streben-Bauart Arbeitskreis e.V.,** Waltrup 155, 48341 Altenberge
Neigungswinkel α zwischen Strebe und Gurt	zulässige Scherspannung in der Leimfläche zul τ_L
α ≤ 60°	0,060
α = 65°	0,059
α = 70°	0,057
α = 75°	0,053
α = 80°	0,047
α = 85°	0,039
α = 90°	0,030

Zulässige Schubbeanspruchung des Nail-Web-Trägers [N/mm]

Zulassungs-Nr. Z-9.1-262	Nail-Web-Träger, **Nail Web,** 28, Boulevard Kellermann, F-75013 Paris
	zulässige Schubbeanspruchung zul t_T
Einfachstege, Gurthöhe = 36 mm	18
Einfachstege, Gurthöhe ≥ 46 mm	21
Doppelstege	42

Bauaufsichtlich zugelassene Träger (außer Schalungsträger) mit bauaufsichtlich zugelassenen Profilhöhen

Balken, Stiele Träger: Zulassungs-Nr.	VWT [1] / FWT [2] Steganzahl	zulässige Profilhöhen [mm]
Z-9.1-123	VWT, 1 Steg	200 bis 500
Z-9.1-140	VWT, 1 Steg	150 bis 300
Z-9.1-185	FWT	bis 1050 [3]
	FWT	bis 3000 [4]
Z-9.1-262	VWT, 1 Steg	202 bis ≥ 422
	VWT, 2 Stege	292 bis ≥ 442
Z-9.1-277	VWT, 1 Steg	160 bis 610
Z-9.1-298	VWT, 1 Steg	200 bis 550
Z-9.1-329	VWT, 1 Steg	200 bis 500
Z-9.1-395	VWT, 1 o. 2 Stege	160 bis 350
Z-9.1-416	VWT, 1 Steg	241 bis 457
	VWT, 1 Stege	140 bis 184
Z-9.1-432	VWT, 1 Steg	160 bis 360

[1] Vollwandträger
[2] Fachwerkträger

Baustoffe, Bauprodukte; bauaufsichtlich zugelassen   5.30.01

Wandtafeln

Tafelbauarten

Die hier zusammengetragenen Zulassungen behandeln mineralische Platten, die zur Ausbildung von Wänden in Holztafelbauart verwendet werden dürfen. Da es sich hier um »richtige« Bauarten handelt – gleichgültig, ob im Werk oder auf der Baustelle hergestellt –, ist ein Übereinstimmungsnachweis für den Zulassungsgegenstand durch Eigen- und Fremdüberwachung aller verwendeten Bauprodukte erforderlich.

Wandtafeln in Tafelbauart

Die Zulassungen erstrecken sich auf Wandtafeln für Holzhäuser in Tafelbauart mit ein- oder beidseitiger Beplankung aus Gipsbauplatten oder Silikatplatten bzw. auf beidseitig beplankte Wandtafeln, wobei auf einer Seite statt Gipskartonplatten auch Holzwerkstoffplatten verwendet werden können.

Die folgenden Zulassungen beziehen sich auf Tafelbauarten (Stand 31. 1. 2000).

Zulassungsgegenstand:
- Z-9.1-187, Wände in Holztafelbauart mit Beplankungen aus Fermacell-Gipsfaserplatten
- Z-9.1-199, Wandtafeln mit Beplankungen aus Knauf-Gipsplatten für Holzhäuser in Tafelbauart
- Z-9.1-204, Wandtafeln mit Beplankungen aus Gipskarton-Bauplatten für Holzhäuser in Tafelbauart
- Z-9.1-219, Komcel-Gipsfaserplatten für die Beplankung von Wandtafeln für Holzhäuser in Tafelbauart
- Z-9.1-221, Wandtafeln mit Beplankungen aus Duragyp-Gipskartonplatten mit Holzgranulat für Holzhäuser in Tafelbauart
- Z-9.1-243, Wände in Holztafelbauart mit Beplankung aus Silikat-Brandschutzbauplatten »Promatect-H«
- Z-9.1-246, Wandtafeln mit Beplankungen aus Gyproc-Gipskartonplatten für Holzhäuser in Tafelbauart
- Z-9.1-336, Gipsgebundene Sasmox-Flachpreßplatten für die Holztafelbauart
- Z-9.1-357, Wandtafeln mit Beplankungen aus Lafarge-Gipsplatten Typ GKB für Holzhäuser in Tafelbauart

Bestandteile: Die Ständer, Schwellen und Rähme der Wandtafeln müssen i. d. R. aus Nadelholz (mind. S 10 nach DIN 4074-1) hergestellt werden. Als Beplankungen dienen in Abhängigkeit der jeweiligen bauaufsichtlichen Zulassung Gipskartonplatten, mineralisch gebundene Faserplatten, mineralisch gebundene Spanplatten oder Holzwerkstoffe nach DIN 1052 oder solche mit bauaufsichtlicher Zulassung. Als Verbindungsmittel kommen verzinkte oder rostgeschützte Nägel, Sondernägel, Schrauben oder Klammern in Frage.

Anwendungsbereich: Die Wandtafeln dürfen nur für Holzhäuser in Tafelbauart nach DIN 1052-3 verwendet werden. Wände mit Beplankung aus Silikat-Brandschutzbauplatten »Promatect-H« sind stets beidseitig zu beplanken, wobei auf einer Seite statt Silikat-Brandschutzbauplatten »Promatect-H« auch mindestens 13 mm dicke Holzwerkstoffplatten verwendet werden dürfen. Die Wandtafeln dürfen dort eingesetzt werden, wo die Verwendung von Platten der Holzwerkstoffklasse 20 nach DIN 68 800 erlaubt ist.

Außenwandtafeln mit äußerer Gipskarton-Beplankung sind nur zulässig, wenn die Plattenarten gemäß DIN 18 180 »Gipskarton-Bauplatten imprägniert« (GKBI) oder »Gipskarton-Feuerschutzplatten imprägniert« (GKFI) verwendet werden und ein dauerhaft wirksamer Wetterschutz sichergestellt ist.

Für die Beplankung von Wandtafeln, die auf einer Seite mit Gipsbauplatten, auf der anderen Seite mit Holzwerkstoffplatten beplankt sind, dürfen nur Spanplatten nach DIN 68 763, Bau-Furniersperrholz nach DIN 68 705-3, harte Holzfaserplatten nach DIN 68 754-1 sowie Holzwerkstoffe mit einer allgemeinen bauaufsichtlichen Zulassung für diesen Anwendungsbereich verwendet werden. Jede Beplankung muß ungestoßen über die Tafelhöhe gehen. Eine Horizontalfuge ist nur dann zulässig, wenn die Beplankung ausschließlich für die Knickaussteifung der Rippen in Rechnung gestellt wird.

- Mindestdicke von Gipskartonplatten für ein- oder beidseitige Beplankung: 12,5 mm, maximale Dicke: 25 mm (Gipskartonplatten nach DIN 18 180). Andere Plattendicken sind in den einzelnen Zulassungen angegeben.
- Bei beidseitig beplankten Wandtafeln dürfen i. c. R. auf einer Seite statt der Gipsbauplatten oder der c. g. Platten auch mindestens 13 mm dicke Holzwerkstoffplatten verwendet werden.
- Minimale Rasterbreite: 600 mm
- Maximale Tafelhöhe: 2600 mm
- Bei beidseitig beplankten Ein- oder Mehrraster-Tafeln mit einer Rasterbreite von mindestens 1200 mm darf die Tafelhöhe jedoch bis zu 3000 mm betragen.
- Maximaler lichter Rippenabstand: $50 \cdot h_1$, mit h_1 = Dicke der Beplankung
- Maximaler Achsabstand der Rippen: 62,5 cm
- Mindestwerte der Holzrippen: b = 40 mm, d = 50 mm, bei einer Querschnittsfläche ≥ 30 cm^2 (bei Baustellenfertigung 40 cm^2).

Holzschutz: Für Holzschutzmaßnahmen gilt DIN 68 800-3. Für den Schutz der jeweiligen Plattenwerkstoffe vor Feuchteeinwirkung schreiben die Zulassungen Schutzmaßnahmen vor.

Brandschutz: Für den Brandschutz gilt DIN 4102-4, weitere Varianten mit Prüfzeugnissen. Die Zulassungen ent-

Baustoffe, Bauprodukte; bauaufsichtlich zugelassen 5.30.01

halten weitere Angaben zu den Baustoffklassen der einzelnen Beplankungsplatten.

Kennzeichnung: Werden die Wandtafeln nicht zusammen mit den anderen Teilen eines Fertighauses, sondern gesondert ausgeliefert, so sind sie mit Lieferscheinen auszuliefern, die vom Hersteller mit Ü-Zeichen gekennzeichnet werden. Der Lieferschein muß zusätzlich enthalten:
- Bezeichnung des Zulassungsgegenstandes
- Herstellwerk
- Nenndicke, ggf. Plattendicke (bei Duragyp)
- Baustoffklasse der bauaufsichtlich zugelassenen Beplankung

Bemessung: Für die Bemessung der Wandtafeln gilt DIN 1052-1 bis -3, sofern in dieser oder einer anderen allgemeinen bauaufsichtlichen Zulassung nichts anderes bestimmt ist.

Die Rippen dürfen bei beidseitiger Beplankung grundsätzlich, bei einseitiger Beplankung bis zu einem Seitenverhältnis der Holzquerschnitte h_2/b_2 von 4/1 ohne zusätzlichen Nachweis als gegen Knicken in Wandebene ausgesteift angesehen werden.

Zulässige Beanspruchung: Die in Tafelebene aufnehmbare zulässige Horizontalkraft zul F_H ist für Halbraster-Tafeln mit B_s = 600 bis 625 mm und für Einraster-Tafeln mit B_s = 1200 bis 1250 mm den jeweiligen Tabellen (Zuordnung: siehe jeweils Tabellenkopf) zu entnehmen.

Abminderungen der Tabellenwerte sind den Zulassungen zu entnehmen.

Verbindungen: Nur verzinkte oder gleichwertige rostgeschützte Nägel (runde Drahtstifte oder Maschinenstifte) mit trompetenförmigem Kopf sowie Sondernägel oder Klammern nach DIN 1052-2 oder nach den bauaufsichtlichen Zulassungen.

Für die Verbindung von Holzwerkstoffen mit den Wandtafeln gilt DIN 1052-1 und -2.

Z-9.1-187: Zulässige Rasterbreiten B_s und maximale Wandtafelhöhen H in Abhängigkeit von der Beplankungsdicke d sowie zulässige waagerechte Last zul F_H für Einraster-Tafeln mit $B_s \leq 1{,}80$ m und Halbraster-Tafeln mit $B_s \leq 0{,}90$ m in Abhängigkeit von der Tafelhöhe H und der Beplankungsdicke d (einheitlicher Abstand der Verbindungsmittel e_R = 75 mm)

Zulassungs-Nr.: **Z-9.1-187**	Wände in Holztafelbauart mit **Beplankungen aus Fermacell-Gipsfaserplatten** **Fels-Werke GmbH,** Geheimrat-Ebert-Straße 12, 38640 Goslar			
Beplankungs-dicke d [mm]	Halbraster-Tafel		Einraster-Tafel	
	B_s [m]	H [m]	B_s [m]	H[1] [m]
10	0,60–0,625	2,60	> 0,625–1,25	3,00
12,5	0,60–0,625		> 0,625–1,25	
15	0,60–0,75		> 0,75–1,50	3,50
18	0,60–0,90		> 0,90–1,80	

[1] Nur für beidseitig beplankte Tafeln mit Rasterbreiten B_s > 1,20 m, andernfalls H < 2,60 m

Z-9.1-199, Z-9.1-204: Zulässige waagerechte Last zul F_H und Rechenwert α_1 für Halbraster-Tafeln (Rasterbreite $B_s \leq 0{,}60$ bis 0,625 m) und Einraster-Tafeln (Rasterbreite $B_s \leq 1{,}20$ bis 1,25 m) in Abhängigkeit von der Tafelhöhe H und dem Abstand der Verbindungsmittel an den Plattenrändern

Zulassungs-Nr.: **Z-9.1-199**	**Wandtafeln mit Beplankungen aus Knauf-Gipsplatten** für Holzhäuser in Tafelbauart **Gebr. Knauf,** Westdeutsche Gipswerke, Postfach 10, 97343 Iphofen				
Zulassungs-Nr.: **Z-9.1-204**	**Wandtafeln mit Beplankungen aus Gipskarton-Bauplatten** für Holzhäuser in Tafelbauart **Rigips GmbH,** Schanzenstraße 84, 40549 Düsseldorf				
Beplankung	B_s [m]	e_R [mm]	zul F_H[1] in kN für Tafelhöhe H in m ≤ 2,60	3,00	α_1
beiseitig	0,60–0,625	50	3,3	–	1,0
		150	1,3		
	1,20–125	50	6,0	5,5	0,8
		150	2,7	2,7	
einseitig	1,20–1,25	50	3,3	–	0,8
		150	1,5		

[1] Für zul F_H darf zwischen den Werten für e_R = 50 mm und 150 mm geradlinig interpoliert werden, desgleichen zwischen den Werten H 2,60 m und 3,0 m

Zulassungs-Nr.: **Z-9.1-187**	Wände in Holztafelbauart **mit Beplankungen aus Fermacell-Gipsfaserplatten** **Fels-Werke GmbH,** Geheimrat-Ebert-Straße 12, 38640 Goslar			
Beplankung	Dicke d [mm]	B_s [m]	zul F_H[1] [kN]	
			H ≤ 2,60 m	H = 3,50 m[2]
beidseitig	10	0,60–0,625	3,1	–
		1,20–1,25	6,2	5,0
	12,5	0,60–0,625	3,7	–
		1,20–1,25	7,5	7,0
	15	0,60–0,625	3,9	–
		0,75	4,2	–
		1,20–1,25	8,7	7,9
		1,50	9,5	8,6
	18	0,60–0,625	4,1	–
		0,90	5,1	–
		1,20–1,25	10,2	9,0
		1,80	12,0	10,5
einseitig	12,5	1,20–1,25	4,3	3,6
	15	1,20–1,25	4,3	3,7
		1,50	4,7	4,3
	18	1,20–1,25	4,3	3,9
		1,80	6,0	5,2

[1] Zwischenwerte dürfen geradlinig interpoliert werden
[2] Für Beplankungsdicke d = 10 mm gilt: H = 3,00 m

Baustoffe, Bauprodukte; bauaufsichtlich zugelassen 5.30.01

Z-9.1-219: Zulässige waagerechte Last zul F_H und Rechenwert α_1 für Halbraster-Tafeln (Rasterbreite $B_s \leq 0,60$ bis $0,625$ m) und Einraster-Tafeln (Rasterbreite $B_s \leq 1,20$ bis $1,25$ m) in Abhängigkeit von der Tafelhöhe H und der Beplankungsdicke d

Zulassungs-Nr.: Z-9.1-219	**Komcel-Gipsfaserplatten** für die Beplankung von Wandtafeln für Holzhäuser in Tafelbauart, **Samoborka Komcel**, UL 770 Sbbr bb, Donji Vakuf, Bosnien-Herzegowina			
Beplankung	Dicke d [mm]	B_s [m]	zul F_H[1] [kN]	α_1
			H ≤ 2,60 m / H = 3,00 m	
beidseitig	10	1,20–1,250	5,0[1] / 4,0[1]	0,7[1]
	>12,5	0,60–0,625	1,5[1] / –	1,0[1]
		1,20–1,25	6,0[1] / 5,0[1]	0,7[1]
einseitig	>12,5	1,20–1,25	3,5 / –	0,8

[1] Zwischenwerte dürfen geradlinig interpoliert werden

Z-9.1-246: Zulässige waagerechte Last zul F_H und Rechenwert α_1 für Halbraster-Tafeln (Rasterbreite $B_s \leq 0,60$ bis $0,625$ m) und Einraster-Tafeln (Rasterbreite $B_s \leq 1,20$ bis $1,25$ m) in Abhängigkeit von der Tafelhöhe H

Zulassungs-Nr.: Z-9.1-246	**Wandtafeln mit Beplankungen aus Gyproc-Gipskartonplatten** für Holzhäuser in Tafelbauart, **Gyproc GmbH** Scheifenkamp 16, 40880 Ratingen			
Beplankung	B_s [m]	zul F_H in kN für Tafelhöhe H in m		α_1
		≤ 2,60	3,00	
beidseitig	0,60–0,625	3,3[1]	–	1,0[2]
	1,20–1,25	6,0[1]	5,0[1]	0,8[2]
einseitig	1,20–1,25	3,3	–	0,8

[1] [2] Zwischenwerte dürfen geradlinig interpoliert werden

Z-9.1-221: Zulässige waagerechte Last zul F_H und Rechenwert α_1 für Halbraster-Tafeln (Rasterbreite $B_s \leq 0,60$ bis $0,625$ m) und Einraster-Tafeln (Rasterbreite $B_s \leq 1,20$ bis $1,25$ m) in Abhängigkeit von der Tafelhöhe H

Zulassungs-Nr.: Z-9.1-221	**Wandtafeln mit Beplankungen aus DuraGyp-Gipskartonplatten mit Holzgranulat** für Holzhäuser in Tafelbauart **Gyproc GmbH**, Scheifenkamp 16, 40880 Ratingen				
Beplankung	B_s [m]	e_R[1] [mm]	zul F_H[3] in kN für Tafelhöhe H in m		α_1
			≤ 2,60	3,00	
beiseitig	0,60–0,625	50	3,3[1]	–	1,0[2]
		150	1,3[1]	–	
	1,20–125	50	6,0[1]	5,0[1]	0,8[2]
		150	2,6[1]	2,2[1]	
einseitig	1,20–1,25	50	3,3[1]	–	0,8
		150	1,5[1]	–	

[1] [2] Zwischenwerte dürfen geradlinig interpoliert werden
[3] zul F_H gilt für alle Plattendicken (12,5 mm, 15 mm und 20 mm)

Z-9.1-236: Zulässige waagerechte Last zul F_H und Rechenwert α_1 für eine beidseitig beplankte Einraster-Tafel (Rasterbreite $B_s = 1,20$ bis $1,25$ m) in Abhängigkeit der Tafelhöhe H, der Beplankungsdicke d und der Art der Verbindungsmittel ($e_R = 75$ mm)

Zulassungs-Nr.: Z-9.1-336	Gipsgebundene **Sasmox-Flachpreßplatten** für die Holztafelbauart, **Sasmox Oy**, PL 105, 70701 Kuopio, Finnland				
Beplankung	Dicke d [mm]	B_s [m]	zul F_H[1] [kN]		α_1
			H ≤ 2,50 m	H = 3,00 m	
beidseitig	10	1,20–1,25	6,2[2]	4,8[2]	0,7
	18		5,5[2]		
	10		6,5[3]	5,0[3]	0,7
	18		8,0[3]	7,2[3]	
	10		7,0[4]	5,4[4]	0,7
	18		11,0[4]	9,5[4]	

[1] Für zul F_H darf zwischen den Werten für die Plattendicken 10 mm und 18 mm sowie für die Tafelhöhen H = 2,50 und H = 3,0 m geradlinig interpoliert werden
Verbindungsmittel: [2] Nägel, [3] Klammern, [4] Schrauben

Z-9.1-243: Zulässige waagerechte Last zul F_H und Rechenwert α_1 für Halbraster-Tafeln (Rasterbreite $B_s \leq 0,60$ bis $0,625$ m) und Einraster-Tafeln (Rasterbreite $B_s \leq 1,20$ bis $1,25$ m) in Abhängigkeit von der Tafelhöhe H und der Beplankungsdicke d

Zulassungs-Nr.: Z-9.1-243	**Silikat-Brandschutzplatten »Promatect-H«** für die Beplankung von Wandtafeln, **Promat GmbH**, Scheifenkamp 16, 40880 Ratingen, Postf. 10 15 64, 40835 Ratingen			
Beplankung	Dicke d [mm]	B_s [m]	zul F_H[1] [kN]	α_1
			H ≤ 2,60 m / H = 3,00 m	
beidseitig	12	0,60–0,625	1,5 / –	1,0
	12	1,20–1,250	5,0[2] / 4,0[2]	0,7
	25	0,60–0,625	1,5 / –	1,0
	25	1,20–1,25	7,0 / 5,0	0,7

[1] Zwischenwerte dürfen geradlinig interpoliert werden
[2] Werte gelten auch für Plattendicken 8–10 mm

Z-9.1-357: Zulässige waagerechte Last zul F_H und Rechenwert α_1 für Halbraster-Tafeln (Rasterbreite $B_s = 0,60$ bis $0,625$ m) und Einraster-Tafeln (Rasterbreite $B_s = 1,20$ bis $1,25$ m) bei einer Tafelhöhe H < 2,60 m in Abhängigkeit vom Nagel- bzw. Klammerabstand

Zulassungs-Nr.: Z-9.1-357	**Wandtafeln mit Beplankungen aus Lafarge-Gipsplatten Typ GKB** für Holzhäuser in Tafelbauart, **Lafarge Gips GmbH**, Frankfurter Straße 124, 34121 Kassel			
Beplankung	B_s [m]	e_R [mm]	zul F_H[1] in kN für Tafelhöhe H < 2,60 m	α_1
beidseitig	0,60–0,625	50	2,9	1,0
		150	1,1	
	1,20–1,25	50	5,3	0,8
		150	2,1	
einseitig	1,20–1,25	50	3,0	0,8
		150	1,1	

[1] Für zul F_H darf zwischen den Werten für e_R = 50 mm und 150 mm geradlinig interpoliert werden

Baustoffe, Bauprodukte; bauaufsichtlich zugelassen

Wand-, Decken-, Dachelemente

Es gibt einige Zulassungen für den Holzbau, die so recht keinem allgemein bekannten und verständlichen Oberbegriff zugerechnet werden können. Das Deutsche Institut für Bautechnik hat diese mit »Sonstige Bauarten« überschrieben. Für den Einsatz in Verbindung mit der Holzrahmenbauweise kommen als »Sonstige Bauarten« die Zulassungen für Scheiben mit Gipsbauplatten und die Zulassungen für plattenartige Wand- und Dachbauteile in Betracht (Stand 31. 1. 2000).

Scheiben mit Gipskartonplatten

Daß Gipskartonplattenbeplankungen zusammen mit der Unterkonstruktion und Tragkonstruktion von Decken und Dächern statisch in gewissen Grenzen Scheibenwirkung entfalten, ist naheliegend. Nach zwei Zulassungen sind solche Scheiben berechenbar. Ihre zulässigen Beanspruchungen sind nicht sonderlich groß, aber ausreichend, um im üblichen Wohnbau viele Aussteifungsprobleme elegant und kostengünstig zu lösen. Die Zulassungen wurden von der Gemeinschaft der Gipskartonplattenhersteller in der Industriegruppe Gipskartonplatten (IGG) beantragt.

Zulassungsgegenstand:
- Z-9.1-318, Deckenscheiben unter Verwendung von Gipskartonplatten für Holzhäuser
- Z-9.1-319, Dachscheiben unter Verwendung von Gipskartonplatten

Bestandteile: Die Gipskartonplatten nach DIN 18 180 müssen eine Dicke zwischen 12,5 bis 18 mm aufweisen. Ihre Plattenoberfläche ist so zu behandeln, daß der Karton bei der späteren Nutzung nicht beeinträchtigt wird (z. B. Grundierung).

Pfosten, Rähm und Schwelle bestehen aus Nadelholz, Sortierklasse mindestens S 10 nach DIN 4074-1. Als Verbindungsmittel kommen Nägel, DIN 18 182-4, d_n = 2,2 oder 2,5 mm, Schnellbauschrauben vom Typ TN nach Zulassung Z-9.1-251, d_1 = 3,5 oder 4,0 mm oder Sondernägel, Tragfähigkeitsklasse II oder III nach DIN 1052-2, verzinkt oder gleichwertig rostgeschützt, in Betracht. Weitere Bestandteile sind Fugengips nach DIN 1168-1 oder gleichwertig und Bewehrungsstreifen nach DIN 18 181.

Anwendungsbereiche:
- Deckenscheiben: nur bei Holzhäusern in Tafelbauart, nur als Unterdecke an der Unterseite von Holzbalkendecken, nur bei Scheibenstützweiten ≤ 6,50 m; Verhältnis Scheibenhöhe/Scheibenstützweite ≥ 1/4.
- Dachscheiben: nur bei geneigten Dächern als Sparren-, Kehlbalken- oder Pfettendächer, nur zur Aussteifung der Dächer, nur bei Dächern mit bis zu 12,5 m Gebäudebreite.
- Dachscheiben: nur dort, wo die Verwendung von Platten der Holzwerkstoffklasse 20 nach DIN 68 800-2 erlaubt ist, Ausführung nur durch qualifizierte Holzbaubetriebe.

Brandschutz: Nach DIN 4102-4 und Prüfzeugnissen bzw. Zulassungen.

Kennzeichnung: Gipskartonplatten: ÜZ; Holz: ÜH; Verbindungsmittel: ÜH bzw. ÜHP; Gipskartonplatten-Rückseiten: dauerhafter Warnhinweis, daß die Platten wegen ihrer aussteifenden Funktion gemäß Zulassung Z-9.1-318 bzw. Z-9.1-319 nicht entfernt werden dürfen und daß der ursprüngliche Zustand wieder herzustellen ist.

Bemessung: Die Scheiben sind nach DIN 1052-1 und DIN 1052-2 zu bemessen. Das Scheibensystem muß so ausgebildet sein, daß beim mißbräuchlichen Ausbau einiger Platten bis zur Wiederherstellung der ursprünglichen Scheibenwirkung die Standsicherheit durch die verbliebenen Einzelscheiben gegeben ist.

Die Zulassungen regeln Abweichungen von DIN 1052 sowie die konstruktive Ausbildung.

Zulässige Beanspruchungen:
- Deckenscheiben:
  Ideeller Schubfluß $t < 1,5 \, Q/h_s$
  (Q = max. Querkraft; h_s = Scheibenhöhe).
- Dachscheiben: keine Angabe; Berechnungsverfahren

Verbindungen: Verbindungsmittel: siehe vor unter »Bestandteile«; Bemessung analog DIN 1052-2 wie für Holz und Holzwerkstoffe; Randabstände und zugehörige Bemessungswerte z. T. abweichend von DIN 1052-2.

Hinweis: Dach- und Deckenscheiben mit Fermacell-Gipsfaserplatten siehe Z-9.1-434, Seite 109.

Baustoffe, Bauprodukte; bauaufsichtlich zugelassen

Platten als Bauteile

Es findet sich eine Zulassung für eine 80 mm dicke Spanplatte als tragende Wand und eine für ein Sandwichelement mit Spanplatten-Decklagen und Hartschaumkern für tragende Wände und Dächer (Stand 31.1. 2000). Beide Platten benötigen als Außenbauteile einen dauerhaften Wetterschutz (Wärmedämmverbundsysteme mit Nachweis bei Außenwänden). Die Platten stellen Alternativen zu selbstgezimmerten Bauteilen dar.

Zulassungsgegenstand:
- Z-9.1-220, Wandbauteile aus Holzspanplatten des Typs Homogen 80
- Z-9.1-315, Sandwichelemente mit Beplankungen aus Flachpreßplatten und einem Polyurethan-Hartschaumkern als Wand- und Dachbauteile (folgend »Tekbau« genannt).

Bestandteile: Einen Bestandteil bei beiden Zulassungsgegenständen stellen Flachpreßplatten (Spanplatten) dar.
- Homogen 80: Flachpreßplatten mit Rezeptur nach Zulassung, Kleber: Isozyanat
- Tekbau: Flachpreßplatten nach DIN 68763 mit besonderen Festigkeiten; innen V20 oder V100, Außenseite V100 oder V100 G; zusätzlich: Polyurethan (PU)-Hartschaum, DIN 18164-1 mit besonderen Eigenschaften.

Anwendungsbereich: Ein- und zweigeschossige Gebäude, auch Dachgeschoß, mit vorwiegend ruhenden Verkehrslasten, dauerhaft vor schädigenden Einflüssen aus Feuchte geschützt, nicht für Ställe, Naßräume und Kellergeschosse. Homogen 80 nur Wohngebäude oder ähnlich genutzte Gebäude, Tekbau auch für Dachgeschosse in Geschoßbauten.

- Homogen 80: Wandhöhe ≤ 3,00 m, Wandelementbreite ≥ 1,00 m
- Tekbau: Wände: Wandhöhe ≤ 2,75 m, Einzelwandelementbreite ≥ 1,25 m, Dachplatten: Stützweite Einfeldplatten ≤ 3,50 m Stützweite Durchlaufträger ≤ 4,00 m, Kragarmlänge < 2,00 m, Scheibenstützweite ≤ 5,00 m.

Holzschutz: Für den Holzschutz gilt DIN 68800.

Brandschutz: Bauaufsichtliches Prüfzeugnis erforderlich.

Kennzeichnung:
- Homogen 80: Platten: Ü-Zeichen; Wandbauteile: Ü-Zeichen, Eigen- und Fremdüberwachung erforderlich.
- Tekbau: Sandwichelemente: Ü-Zeichen, zusätzlich bei Außenwand- und Dachbauteilen: Kennzeichnung von »Außen« und »Innen«, Bauausführung nur durch Holzbaubetriebe, die »unter direkter Aufsicht des Herstellers der Sandwichelemente« stehen; Transport und Lagerung und Einbau sind fremdüberwachungspflichtig.

Bemessung: Die Bemessung erfolgt nach DIN 1052. Bei Tekbau abweichend: Lastausmittigkeit bei Wänden: e ≤ d/6 (d = Elementdicke), Vertikallasten gleichmäßig verteilt; zul N und zul F_H dürfen gleichzeitig ausgenutzt werden; bei Stürzen: Spanplatten als beulausgesteift anzunehmen; Spanplattenstöße nur in Sturzmitte zulässig. Zulässige Beanspruchungen beider Zulassungsgegenstände können den folgenden Tabellen entnommen werden.

Verbindungen: Detaillierte Vorgaben sind in den Zulassungen aufgeführt.

Zulässige Spannungen im Lastfall H sowie Rechenwerte der Elastizitätsmoduln E und Schubmoduln G [kN/cm²] für Homogen 80

Zulassungs-Nr.: Z-9.1-220	Homogen 80 Homoplax Spanplattenwerk Fideris AG, CH-7235 Fideris					
Anwendungsbereich	Tragende Wandbauteile in ein- und zweigeschossigen Wohngebäuden, auch mit Dachgeschoß oder für ähnlich genutzte Gebäude, vorwiegend ruhende Verkehrslasten, keine schädigenden Einflüsse aus Feuchte, nicht Kellergeschosse, Naßräume, Ställe					
Zulässige Beanspruchungen im Lastfall H						
Dicke [mm]	Werte in kN/cm²	Biegung rechtwinklig zur Plattenebene zul σ_{Bxy}/E_{Bxz}	Biegung in Plattenebene zul σ_{Bxz}/E_{Bxz}	Zug in Plattenebene σ_{Zx}/E_{Zx}	Druck in Plattenebene zul σ_{Dx}/E_{Dx}	Abscheren rechtwinklig zur Plattenebene zul τ_{yx}/G_{yx}	Abscheren in Plattenebene zul τ_{zx}/G_{zx}
80	zul. Spannung	0,14	keine Angabe	0,07	0,13 (im Randbereich von 10 cm: 0,10)	0,0085	keine Angabe
	Modul	150	keine Angabe	65	55	keine Angabe	keine Angabe

Baustoffe, Bauprodukte; bauaufsichtlich zugelassen 5.30.01

Zulässige Beanspruchungen bei undurchbrochenen und bei durchbrochenen Tekbau-Wandelementen im Bereich des vollen Querschnitts

Zulassungs-Nr.: **Z-9.1-315**	**Tekbau TEK Dach und Wand Bauelemente GmbH** Güterbahnhofstraße 8 16348 Klosterfelde		h = 2,45 m	h = 2,75 m
Belastung rechtwinklig zur Elementebene	zul Q [kN/m]		2,8	2,8
	zul M [kNm/m]		2,0	2,0
Belastung parallel zur Ebene	zul N [kN/m]		35,25[1)2)]	30,67[1)2)]
kombinierte Beanspruchung		$\dfrac{N}{zul\ N} + \dfrac{M}{C_M \cdot zul\ M} \leq 1$		
Horizontallast parallel zur Ebene zul F_H [kN] bei				
Einraster-Element b = 1,25 m			1,75[1)]	1,52[1)]
Zweiraster-Element b = 2,50 m			7,25[1)]	6,30[1)]

[1)] Zwischen h = 2,45 und 2,75 m darf linear interpoliert werden
[2)] Im Bereich von Einzellasten darf zul N = 51,5 kN/m nicht überschritten werden. Dabei ist jedoch insgesamt der Höchstwert zul N einzuhalten.
[3)] C_M = 1,0 für Lastfall H;
C_M = 1,25 für Lastfall HZ

Zulässige Beanspruchungen von Tekbau-Dachelementen

Belastung rechtwinklig zur Ebene	zul Q [kN/m]	2,8
	zul M [kNm/m]	2,0
	zul $\sigma_{D\perp}$ [kN/cm²]	0,005[1)]
Zug in Plattenebene bei Scheiben für 16 mm Flachpreßplatten	zul σ_{Zx} [kN/cm²]	0,2
Durchbiegungsnachweis unter Berücksichtigung des Kriechens gemäß Zulassungsangaben erforderlich		

[1)] in Elementschwerebene, Lastausbreitung der Auflagerkraft: 45°

Lignotrend-Holzblockelemente

Zulassungsgegenstand: Z-9.1-283, Lignotrend-Holzblockelemente aus Nadelschnittholz (3-, 4-, 5- u. 7-lagig verleimt) als Wandbauteile

Bestandteile: Lignotrend-Holzblockelemente sind tragende Wandbauteile. Lagenweise werden mit PU-Kleber Bretter und Latten zu verschiedenen Typen zusammengefügt. Die Verwendung von Querschnitten und Längen, wie sie als Seiten- und Kürzungswaren anfallen sowie teilweise der Sortierklasse S 7, nutzt kostengünstige Sortimente. Die kreuzweise Anordnung und die Lücken zwischen inneren Lagen sorgen für Formstabilität bei Holzfeuchteänderungen.

In Breiten von 37,5 bis 125 cm (in 12,5 cm Schritten) bis 3 m Länge gefertigt, werden die Elemente über profilierte BS-Holz-Schwellen und -Rähme zu Wänden gefügt. Die senkrechte Stoßverbindung übernehmen ein- oder aufgenagelte Bretter. Die Dicke der Elemente beträgt je nach Typ 68 mm bis 150 mm.

Anwendungsbereich: Die Lignotrend-Holzblockelemente dürfen als tragende, aussteifende oder nichttragende Wandbauteile für Holzbauwerke verwendet werden, die nach DIN 1052-1 bis -3 bemessen und ausgeführt werden. Dabei dürfen sie zur Aufnahme und Weiterleitung von Lasten sowohl rechtwinklig zur Plattenebene als auch in Plattenebene beansprucht werden.

Holzschutz: Bei der Anwendung der Lignotrend-Holzblockelemente sind die Normen DIN 68 800-2 und -3 zu beachten. Die Anwendung ist nur in den Nutzungsklassen 1 und 2 nach DIN EN 386:1996-7 zulässig.

Brandschutz: Wie bei Vollholz, Baustoffklasse B 2 (normalentflammbar)

Kennzeichnung: Ü-Zeichen, Bezeichnung des Zulassungsgegenstandes, Herstellwerk

Bemessung: Die Bemessung erfolgt nach DIN 1052. Die in Wandebene aufnehmbare zulässige Horizontallast zul F_H beträgt für Wandhöhen bis 2,50 m: zul F_H = 10 kN/m. Bei Wandhöhen über 2,50 m ist dieser Wert mit $2,5/h$ (h in [m]) abzumindern.

Die Zulassung enthält u. a. zusätzliche Angaben zum Durchbiegungsnachweis.

Baustoffe, Bauprodukte; bauaufsichtlich zugelassen 5.30.01

Lignotrend-Deckenelemente

Lignotrend-Deckenelemente sind Stegplatten aus faserparallel verleimten 20 mm dicken Vollholz-Brettern mit auf den Stegen aufgeleimten, in engem Abstand (12,5 cm) liegenden Querhölzern (3 x 6 cm^2). Die Deckenelemente werden zunächst 62,5 cm breit und 3 m lang hergestellt und anschließend durch Keilzinkengeneralstöße zur gewünschten Gesamtlänge zusammengefügt.

Die Brettdimensionen und die erforderliche Sortierklasse von nur S 7 erlauben die Nutzung minderwertiger und reichlich verfügbarer Seiten- und Kürzungswaren. Durch die Streuung der Materialeigenschaften und die Fehlerverteilung quasi auf eine Fläche ergeben sich gegenüber S 7 deutlich höhere zulässige Beanspruchungen. Die Querlattung sorgt für Zusammenhalt und Lastverteilung. Die Entspannungsnuten in der Platte entproblematisieren das Quellen und Schwinden, ohne daß die Scheibenwirkung der Platte verlorengeht.

Zulassungsgegenstand: Z-9.1-409, Lignotrend-Deckenelemente

Bestandteile: Die Lignotrend-Deckenelemente werden aus Nadelholzbrettern, Sortierklasse ≥ S 7, und Kleber mit bestandener Prüfung nach DIN 68 141 mit EN 301 und EN 302 (z. Z. wird PU-Kleber eingesetzt) hergestellt.

Anwendungsbereich: Die Elemente dürfen als tragende und aussteifende Decken- und Dachbauteile verwendet werden.

Die Elementbreite beträgt 62,5 cm, die Elementhöhe kann zwischen 11,0 bis 25,0 cm betragen (Steghöhe: 4,0 bis 18,0 cm). Die Elemente sind nur in Gebäuden mit vorwiegend ruhenden Verkehrslasten erlaubt.

Holzschutz: Bei der Verwendung der Lignotrend-Deckenelemente sind die Normen DIN 68 800-2 und DIN 68 800-3 zu beachten. Sie sind nur in den Nutzungsklassen 1 und 2 nach DIN EN 386 zulässig.

Brandschutz: Die Elemente erfüllen die Feuerwiderstandsklasse F 30-B, wenn alle übrigen Deckenbaustoffe mindestens B 2 (normalentflammbar) sind.

Kennzeichnung: Ü-Zeichen, Lieferschein muß zusätzlich die Bezeichnung (Typ) und Angabe des Herstellwerks enthalten.

Bemessung: Die Bemessung erfolgt nach DIN 1052-1 und DIN 1052-2 wie für BS-Holz aus Nadelholz; für die Verbindung der Elementlängskanten dürfen 2,0 cm dicke Nadelholzbretter eingesetzt werden.

Zulässige Bemessungswerte für eine Elementbeanspruchung rechtwinklig zur Plattenebene bei 62,5 cm Elementbreite

Typ	h_{Steg} [cm]	ef I [cm^4]	ef EI [kNcm^2]	zul M (Gurtplatte in der Zugzone) [kNm]	zul M (Gurtplatte in der Druckzone) [kNm]	zul Q [kN]
110	4,0	1640	1,8 x 10^6	5,0	3,6	24
130	6,0	3200	3,5 x 10^6	7,7	5,5	22
150	8,0	5530	6,1 x 10^6	11,0	8,0	27
170	10,0	8730	9,6 x 10^6	15,0	11,0	32
190	12,0	12900	1,4 x 10^7	19,0	14,0	37
210	14,0	18200	2,0 x 10^7	24,0	18,0	42
230	16,0	24800	2,7 x 10^7	29,0	22,0	46
250	18,0	32700	3,6 x 10^7	34,0	27,0	51

Bei Wohnräumen:
Durchbiegungsnachweis: Verkehrslast 1,5 kN/m^2
Tragfähigkeitsnachweis: Verkehrslast 2,0 kN/m^2

Zulässige Beanspruchung (Scheibenebene) in Plattenebene bei 62,5 cm Elementbreite im Lastfall H

Typ	h_{Steg} [cm]	ef I [cm^4]	zul M [kNm]	zul Q [kN]
110	4,0	1,02 x 10^5	35	9
130	6,0	1,16 x 10^5	40	9
150	8,0	1,31 x 10^5	45	9
170	10,0	1,46 x 10^5	50	9
190	12,0	1,61 x 10^5	55	9
210	14,0	1,76 x 10^5	60	9
230	16,0	1,91 x 10^5	65	9
250	18,0	2,05 x 10^5	70	9

E-Modul für Durchbiegungsnachweis: 1100 kN/cm^2;
Schubverformung mit G = 50 kN/cm^2 und A_{Platte} = 240 cm^2 berechnen

6
BAUTEILE
TECHNISCHE DATEN
DETAILS

Inhalt

6	Bauteile, Technische Daten, Details	
	6.00 Allgemeines	125
	6.10 Bodenplatte, Kellerdecke	127
	6.11 Bodenplatte, Beton	130
	6.12 Kellerdecke, Beton	135
	6.13 Wandverankerung, Beton	139
	6.14 Bodenplatte, Holz	142
	6.15 Kellerdecke, Holz	147
	6.16 Wandverankerung, Holz	153
	6.20 Außenwand	158
	6.20 Erläuterungen	160
	6.20 Grundkonstruktionen, hinterlüftet	162
	Grundkonstruktionen, nicht hinterlüftet	166
	Austauschmöglichkeiten	168
	Aussteifende Beplankung	170
	Außenwand – Geschoßdecke, Übersicht	172
	6.21 Außenwand, Außenecke	175
	Außenwand, Innenecke	179
	6.22 Außenwand, Balkendecke, Balken nicht sichtbar	181
	Außenwand, Balkendecke, Balken sichtbar	194
	Außenwand, Massivholz-Deckenplatte	210
	6.23 Außenwand, Decke, Verankerung	220
	6.24 Außenwand, Deckleistenschalung	222
	Außenwand, Profilbrettschalung	228
	Außenwand, Holzschindeln	234
	Außenwand, Faserzementplatte	240
	Außenwand, Vormauerwerk	246
	Außenwand, Mineralischer Putz	252
	6.25 Außenwand, Rolladenkasten	258
	6.26 Außenwand, Innenbekleidung	260
	6.30 Gebäudeabschlußwand	264
	Gebäudeabschlußwand, nicht bewittert	268
	Gebäudeabschlußwand, bewittert	270
	Austauschmöglichkeiten, Details	271
	6.40 Innenwand, tragend	276
	Wohnungstrennwand	281
	Austauschmöglichkeiten, Details	282
	6.50 Innenwand, nicht tragend	291
	6.51 Holzständerwand	292
	6.52 Metallständerwand	301
	6.60 Stütze	311
	6.70 Sturz, Unterzug	311
	6.80 Decke	315
	6.81 Balkendecke, Balken nicht sichtbar	318
	6.82 Balkendecke, Balken sichtbar	330
	6.83 Massivholz-Deckenplatte	338
	6.90 Dach	345
	6.91 Dach, Zwischensparrendämmung	348
	6.92 Dach, Aufgelegte Dämmsysteme	367

Allgemeines

Geltungsbereich

Das Kapitel 6 behandelt die Bauteile und ihre baulich-konstruktive Durchbildung. Alle Konstruktionen, die der Standsicherheit dienen (tragende und aussteifende Teile), sind in Kapitel 8 bezüglich ihrer zulässigen Beanspruchungen dargestellt.

Bei den Angaben zu den Bauteilen sind die zum Zeitpunkt der Herausgabe dieses Buches gültigen technischen Regelwerke, insbesondere Normen, berücksichtigt und deren Vorgaben eingearbeitet. Soweit es möglich ist, ist die Fundstelle jeweils angegeben, so daß die Daten leicht und schnell überprüft werden können. Die Autoren haben sich bei der Ausarbeitung große Sorgfalt auferlegt, gleichwohl könnten sich bei der Vielzahl der technischen Werte Fehler eingeschlichen haben. Es kann keine Haftung übernommen werden und es wird empfohlen, die technischen Werte anhand der Quellen zu überprüfen, insbesondere auch weil die technischen Regelwerke Änderungen unterliegen, z. B. durch die Überarbeitung von Normen. Bei der Bauausführung sind die jeweils dann geltenden Regeln einzuhalten. Soweit Bestimmungen zitiert werden, geschieht dies nur auszugsweise, und es wurde versucht, die Angaben wegen der Übersichtlichkeit auf das Wesentliche zu beschränken. Es sei darauf hingewiesen, daß in einigen Fällen auf Normentwürfe Bezug genommen wurde, da zum Teil keine verabschiedeten Normen vorlagen und zum Teil die noch gültigen Normen nicht mehr als Stand der Technik angesehen werden konnten und daher die Normentwürfe herangezogen wurden, um den aktuelleren Stand angeben zu können. Es muß darauf hingewiesen werden, daß die Anwendung von Normentwürfen besonders zu vereinbaren ist, weil die endgültige Norm von den Entwurfsfassungen abweichen kann.

Die Bauteile sind immer in ihrem baulichen Zusammenhang zu sehen, und die angegebenen technischen Daten – auch in den Zeichnungen – gelten nur unter folgenden Voraussetzungen:

- daß die Abdichtungen das Holzwerk zuverlässig vor aufsteigender und seitlicher Feuchte schützen,
- daß die Baustoffe genau den Angaben entsprechen,
- daß die Bauteilschichten in den angegebenen Dicken und der dargestellten Reihenfolge ausgeführt werden,
- daß die Hinterlüftung und die Be- und Entlüftungsöffnung planmäßig ausgeführt werden,
- daß die Dämmschichten stramm – Stauchung bis etwa 1 cm – eingepaßt werden,
- daß die Dampfsperren an den Stößen, An- und Abschlüssen entsprechend den Zeichnungen ausgeführt werden und baupraktisch luftdicht eingebaut werden,
- daß die Befestigungen und Verbindungen sowie deren Abstände und ggf. zulässigen Belastungen nach den Angaben eingehalten werden,
- daß die dem jeweiligen Bauteil zugehörigen aussteifenden Bauteile mindestens die gleiche Feuerwiderstandsdauer aufweisen, es sei denn, die jeweils geltende Bauordnung läßt Abweichungen von dieser Regel zu, z. B. Gebäudeabschlußwände,
- daß die Anschlüsse der Bauteile an andere entsprechend den Zeichnungen ausgeführt werden, denn nur dann gelten die brand- und schallschutztechnischen Werte.

Wärmeschutztechnische Kennwerte und Grundlagen

Es wurden einige Annahmen getroffen, um bestimmte Werte exakt ermitteln und angeben zu können:

Wärmedurchgangskoeffizient nach DIN 4108

Annahmen:
- Wärmeleitfähigkeitsgruppe der Dämmstoffe stets 040 bzw. 035, wo angegeben auch andere,
- Flächenanteil der Holzkonstruktion stets 20 %,
- In den Geschoßdecken mit Deckenbekleidung Flächenanteil des Dämmstoffes über die ganze Balkenhöhe 20 %.

Es ergeben sich in den Bereichen zwischen Bekleidungen oder Beplankungen folgende Flächenanteile; die Wärmeübergangswiderstände sind jeweils mit angegeben:

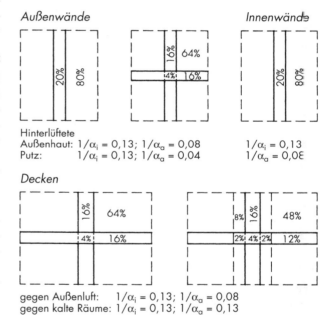

Außenwände

Hinterlüftete
Außenhaut: $1/\alpha_i = 0{,}13$; $1/\alpha_a = 0{,}08$
Putz: $1/\alpha_i = 0{,}13$; $1/\alpha_a = 0{,}04$

Innenwände

$1/\alpha_i = 0{,}13$
$1/\alpha_a = 0{,}08$

Decken

gegen Außenluft: $1/\alpha_i = 0{,}13$; $1/\alpha_a = 0{,}08$
gegen kalte Räume: $1/\alpha_i = 0{,}13$; $1/\alpha_a = 0{,}13$

Schalltechnische Kennwerte

- Außenwände:

Normwerte laut Beiblatt 1 zu DIN 4109, Ausgabe 1991; Orientierungswerte in Klammern auf der Grundlage von »Informationsdienst Holz, EGH-Bericht, Bauphysikalische Daten Außenbauteile; Hrsg. EGH in der DGfH und CMA, Bonn 1981«, Analogieschlüsse aufgrund von Prüfzeugnissen.

- Innenwände:

R'_w laut Beiblatt 1 DIN 4109; Berücksichtigung der flankierenden Bauteile: Schall-Längsdämm-Maß mit $R_{L,w,R} = R'_{L,w,R}$ gesetzt:

für flankierende Wände:
- ohne Trennfuge am Wandanschluß: $R_{L,w,R} = 50$ dB
- mit Trennfuge am Wandanschluß oder durchlaufender 2-lagiger Beplankung bzw. Bekleidung: $R_{L,w,R} = 54$ dB

Grundlagen

Allgemeines 6.00.01

bei Doppelständerwänden mit
besonderer Trennung beim Anschluß: $R_{L,w,R}$ = 62 dB
für schwimmende Estriche und
schwimmende Unterböden: $R_{L,w,R}$ = 65 dB
für Deckenunterseiten mit Deckenbekleidung
– ohne Trennfuge in der Deckenbekleidung:
$R_{L,w,R}$ = 48 dB
– mit Trennfuge in der Deckenbekleidung:
$R_{L,w,R}$ = 51 dB
– besonderer Trennung der Decke
beim Anschluß: $R_{L,w,R}$ = 62 dB

Ermittlung von:

$$R'_{w,R} = -10\lg\left(10^{\frac{-R_{w,R}}{10}} + \sum_{i=1}^{n} 10^{\frac{-R_{L,w,R,i}}{10}}\right)$$

– Decken:
$R'_{w,R}$ und $L'_{n,w,R}$ laut Beiblatt 1 zu DIN 4109.
Orientierungswerte (in Klammern gesetzt) beruhen auf Analogieschlüssen und Vergleichen zwischen Beiblatt 1 zu DIN 4109 und »Informationsdienst Holz; Schalldämmende Holzbalken- und Brettstapeldecken; holzbauhandbuch, Reihe 3, Teil 3, Folge 3«; EGH, München, 1999.

Achtung:

Die Anschlüsse, die den angenommenen Werten entsprechen, sind jeweils dargestellt, Abweichungen bei der Ausführung ergeben andere schalltechnische Kennwerte! Bei Verwendung anderer Dämmstoffe gelten die angegebenen Werte nicht. Bei vorliegenden Prüfzeugniswerten: Berechnung nach DIN 4109 vornehmen, Schall-Längsleitung berücksichtigen!
Bei Plattenwerkstoffen ggf. abweichende Rohdichten berücksichtigen.

Lastannahmen nach DIN 1055-1

– Wände:
Flächenanteil: des Holzes 20 %
des Dämmstoffes 80 %

Untere und obere Rechenwerte für Holz- und Holzwerkstoffe wurden berücksichtigt, bei nichttragenden Holzständerwänden wurde nur der obere Wert angegeben.

unterer Wert für Dämmstoffe 0,30 kN/m³
oberer Wert für Dämmstoffe 1,00 kN/m³

– Decken:
Wegen der möglichen unterschiedlichen Balkenbreiten und des oberen und unteren Rechenwertes wurden folgende Werte fest angesetzt:
unterer Wert für Holzbalken 0,12 kN/m²
oberer Wert für Holzbalken 0,26 kN/m²
unterer Wert für Lattung 0,02 kN/m²
oberer Wert für Lattung 0,025 kN/m²
unterer Wert für Dämmstoffe 0,30 kN/m³
oberer Wert für Dämmstoffe 1,00 kN/m³
Dämmstoffe in den Gefachen wurden über die ganze Fläche mit der angegebenen Dicke gerechnet.

Chemischer Holzschutz

Außenwände

Die in den »Bauteildaten« beschriebenen Außenwandkonstruktionen entsprechen der Gefährdungsklasse 0 nach DIN 68 800-2, wenn zusätzlich die Angaben zu den Außenwandbekleidungen (Fassaden) eingehalten werden. D. h. sie benötigen keinen chemischen Holzschutz.

Für die Schwellen der Außenwände ist ein chemischer Holzschutz I_v, P vorgeschrieben (DIN 68 800-2), wenn sie aufliegen auf:
– Decken, die unmittelbar an das Erdreich grenzen (Bodenplatten)
– Decken im Bereich von Terrassen,
– Massivdecken im Bereich von Balkonen.

Im Umkehrschluß ergibt sich: Alle Schwellen, die so eingebaut sind, daß ihre Holzfeuchte dauerhaft zuverlässig unter 20 % bleibt (insbesondere Spritzwasserschutz, Schutz vor Wasser aus der Fassade) und die gleichzeitig insektenunzugänglich umhüllt sind, können der Gefährdungsklasse 0 zugerechnet werden.

Innenwände

Die Innenwände sind Gefährdungsklasse 0 (ohne chemischen Holzschutz). Für die Schwellen gilt das gleiche wie für Außenwände. D. h. bei Bodenplatten, die auf dem Erdreich aufliegen, kann mit einer oberseitigen Abdichtung Gefährdungsklasse 0 erreicht werden.

Wenn durch – auch ungewollte – Leckagen der Abdichtungsmaßnahmen bei Terrassen oder Balkonen auf Massivdecken oder -platten Wasser eindringen kann, sind die Schwellen chemisch P zu schützen.

Decken

In diesem Werk sind keine nach außen auskragenden (»durchschießende«) Deckenbalken oder -konstruktionen vorgesehen. Die angebotenen Deckenkonstruktionen gehören alle der Gefährdungsklasse 0 (kein chemischer Holzschutz) an.

Dächer

Der Vollständigkeit halber sind belüftete und nichtbelüftete Dächer dargestellt. Die belüfteten Konstruktionen sind grundsätzlich chemisch I_v, P zu schützen, wenn nicht entsprechend resistente Holzarten eingesetzt werden. Die unbelüfteten Konstruktionen können bei Einhaltung weiterer Kriterien der Gefährdungsklasse 0 (kein chemischer Holzschutz) zugeordnet werden.

Grundlagen

Bodenplatte, Kellerdecke — 6.10.00

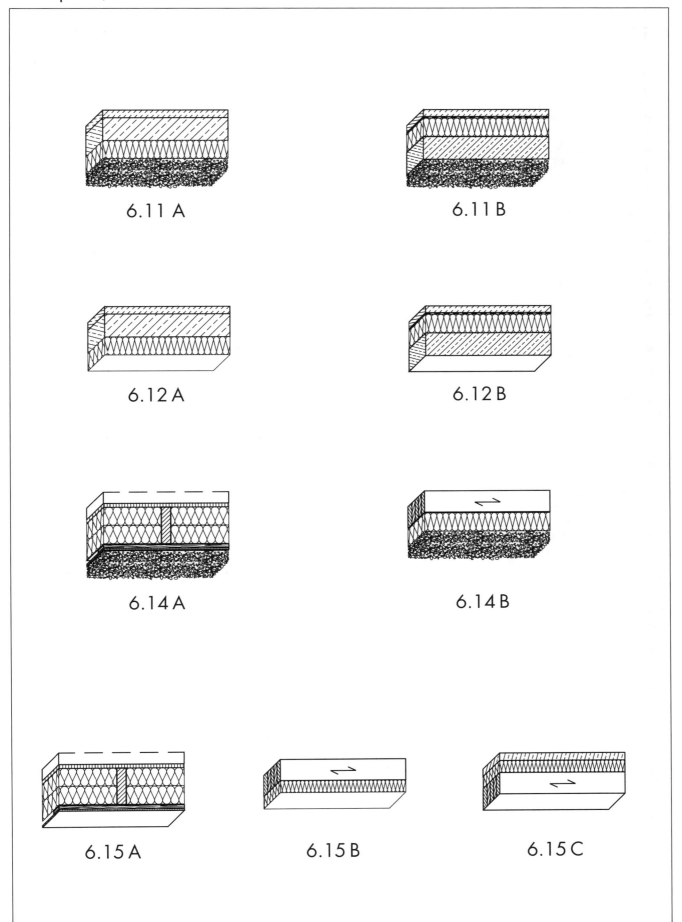

6.11 A
6.11 B
6.12 A
6.12 B
6.14 A
6.14 B
6.15 A
6.15 B
6.15 C

Übersicht, Typen

Verankerung, Allgemeines

Allgemeines

Verankerungen von Holzrahmenbauwänden dienen der Abtragung der Beanspruchungen:
- Kräfte rechtwinklig zur Wandebene, hauptsächlich Windlasten (aber auch – im allgemeinen ohne sonderlichen Nachweis – Lasten aus Schrägstellung und Erdbeben),
- Kräfte in Wandebene, im wesentlichen verursacht durch Wind und Erdbeben.

Verankerungen auf Bodenplatten oder Kellerdecken und Kellerwand-Kronen

Hier dargestellt sind Verankerungen von Wandscheiben auf Normalbeton, weil diese Variante im deutschsprachigen Raum die häufigste ist. Verankerungen auf Untergründen wie Mauerwerk, Gasbeton, Stahlsteindecken u. a. sind entsprechend möglich, wobei den Sonderheiten solcher Verankerungsuntergründe besonders Rechnung zu tragen ist.

Neben der Lasteintragung in den Verankerungsuntergrund ist die Aktivierung der erforderlichen Eigenlasten aus dem Untergrund bei Zugverankerungen von häufig ausschlaggebender Bedeutung. »Die Verfolgung der Beanspruchungen bis in den Baugrund« erhält hier bezüglich der abhebenden Kräfte besondere Bedeutung.

Zugverankerungen minimieren!

Die Wände in Holzrahmenbauart haben beim Holzrahmenbau häufig nicht genügend ständige Auflast, um abhebende Kräfte aus Wandscheibenwirkung infolge Horizontalkräften (hauptsächlich Windlasten) zu »überdrücken«. Daraus folgend werden Verankerungen der gegebenen Zugkräfte erforderlich. Es lohnt sich im allgemeinen, die Auflasten aus Eigenlast durch sorgfältige Berechnung in voller Größe anzusetzen, weil die Verankerung der Wandscheiben gegenüber einer überschlägigen Berechnung »auf der sicheren Seite« oder gar einer Vernachlässigung der ständigen Auflasten deutlich kostengünstiger ausfällt. Der Mehraufwand für eine genaue Berechnung wird durch die Aufwandsersparnis bei der Verankerung im allgemeinen mehrfach aufgewogen.

Verankerungen detailliert nachweisen!

Die Zugverankerung von Holzrahmenbauwänden auf Beton ist geprägt von Exzentrizitäten, die genauer Betrachtung bedürfen. Im folgenden sind einige Möglichkeiten vollständig dargestellt, die diese Gegebenheiten berücksichtigen.

Die Details können über die Anbindung an den Beton nur qualitativ Auskunft geben. Die Wahl der Verankerung bedarf eines expliziten Nachweises.

Zudem ist zu beachten und nachzuweisen, daß aus dem Verankerungsuntergrund ausreichend Eigenlast zur Übernahme der Verankerungszugkraft entweder zur Verfügung steht oder ggf. durch zusätzliche Bewehrung o. ä. aktiviert wird.

Verankerungen sind nach den bauaufsichtlichen Bestimmungen nachzuweisende »Bauprodukte«. Hingewiesen sei auf die ausführlichen Bestimmungen, die in den bauaufsichtlichen Zulassungen für Dübelverankerungen und zugelassene, einbetonierte Ankerkörper (Schienen, Einschraubhülsen u. ä.) enthalten sind.

Hingewiesen sei auch auf speziell für den Holzrahmenbau entwickelte Verankerungssysteme mit konfektionierten Stahlblechformteilen. Bei Verwendung solcher Verankerungen sollte unbedingt auf den vollständigen Nachweis der baurechtlichen Zulässigkeit mit zugehörigen, zulässigen Beanspruchungen und Einbaubedingungen bestanden werden.

Systematik

Im folgenden sind verschiedene Varianten von Bodenplatten und Kellerdecken dargestellt.

Da die Verankerungen im jeweiligen baulichen Zusammenhang stehen, sind jeweils im Anschluß an die Varianten mit gleichen Verankerungsbedingungen die zugehörigen Verankerungsdetails dargestellt.

Verankerung, Allgemeines

6.10.01

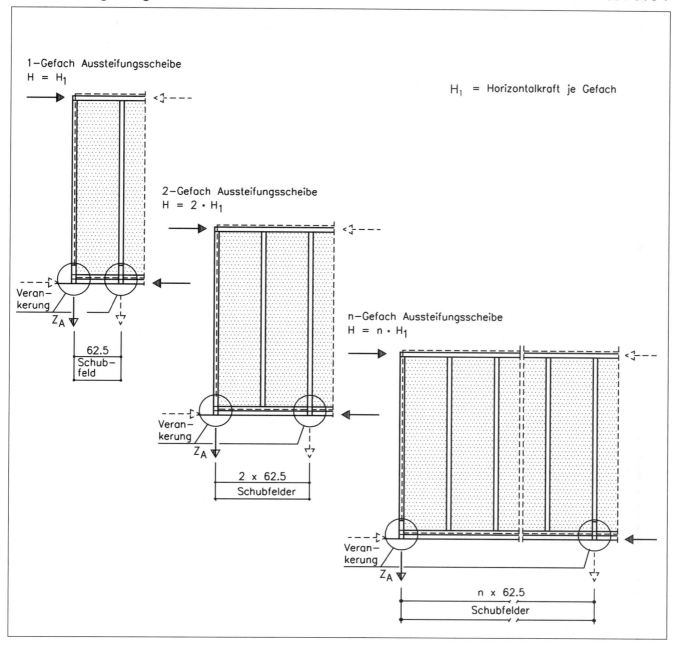

Horizontalkraft, Verankerungsdetails

Zulässige Horizontalkraft H_1 Zulässiger Schubfluß T	Ankerzugkraft Z_A ohne ständige Auflast	Verankerung nach Detail auf Beton-Untergrund	
zul H_1 = 0,625 kN/Gefach zul T = 1,00 kN/m	zul $Z_A \geq$ 2,50 kN	Betonplatte:	1a, 2a, 3 (S. 139 ff.)
		Holzbalken:	1a, 2a, 5 (S. 153 ff.)
		Massivholzplatte:	3a, 4a, 5 (S. 155 ff.)
zul H_1 = 1,31 kN/Gefach zul T = 2,10 kN/m	zul $Z_A \geq$ 5,24 kN	Betonplatte:	1b, 2b, 3 (S. 139 ff.)
		Holzbalken:	1b, 2b, 5 (S. 153 ff.)
		Massivholzplatte:	3b, 4b, 5 (S. 155 ff.)
zul H_1 = 3,00 kN/Gefach zul T = 4,80 kN/m	zul $Z_A \geq$ 12,00 kN	Betonplatte:	1c, 2c, 3 (S. 139 ff.)
		Holzbalken:	1c, 2c, 5 (S. 153 ff.)
		Massivholzplatte:	3c, 4c, 5 (S. 155 ff.)

Übersicht, aussteifende Wandscheiben

Bodenplatte, Beton

6.11.01

Bodenplatte, Beton

A — entweder Verbundestrich oder glatt abgezogen; Stahlbeton (120); ggf. Schrenzlage; Dämmstoff, (Hartschaum oder Schaumglas) auf Druck beanspruchbar *)

B — Unterboden oder Estrich (50); Dampfsperre; Dämmstoff, ausreichend druckfest und verformungsarm; Stahlbeton (120)

*) Bauaufsichtliche Zulassung auch für Druckbeanspruchung erforderlich, unbedingt Anwendungsbereich einhalten!

Bauphysik

k-Werte [W/(m²K)] (Wärmedurchgangskoeffizient) nach DIN 4108

Wärmeleitfähigkeitsgruppe (WLG) des Dämmstoffs

d_D [mm]	A 035	A 040	A 045	A 050	B 035	B 040	B 045	B 050
80	0,40	0,45	0,50	0,55	0,40	0,45	0,50	0,55
100	0,32	0,37	0,41	0,45	0,32	0,37	0,41	0,45
120	0,27	0,31	0,35	0,38	0,27	0,31	0,35	0,38
160	0,21	0,23	0,26	0,29	0,21	0,23	0,26	0,29

Bauteildaten

Bodenplatte, Beton — 6.11.02

TYP A

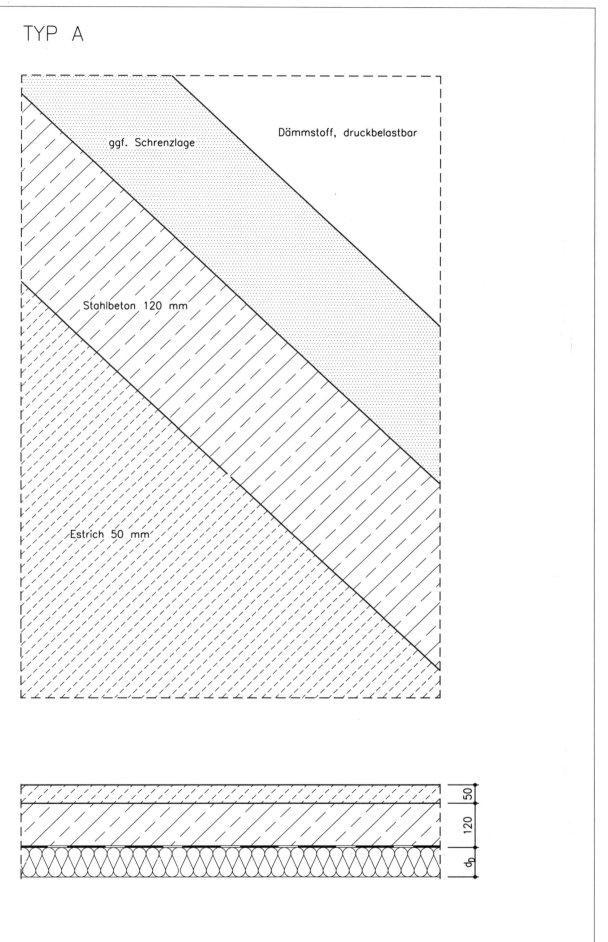

- ggf. Schrenzlage
- Dämmstoff, druckbelastbar
- Stahlbeton 120 mm
- Estrich 50 mm

50 / 120 / d_D

Konstruktion — Ansicht, Grundriß, Schnitt M = 1 : 10

Bodenplatte, Beton 6.11.02

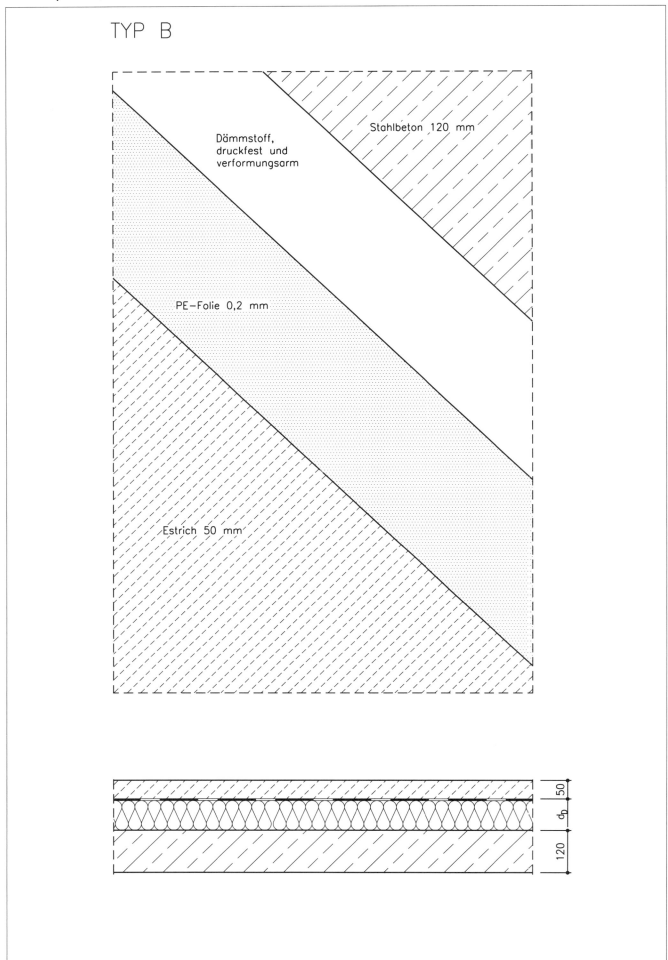

TYP B

Dämmstoff, druckfest und verformungsarm
Stahlbeton 120 mm
PE-Folie 0,2 mm
Estrich 50 mm

Konstruktion Ansicht, Grundriß, Schnitt M = 1 : 10

Bodenplatte, Beton   6.11.03

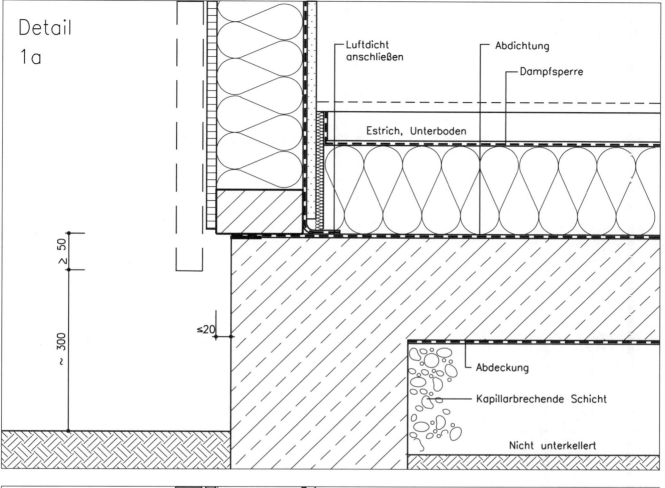

Detail 1a

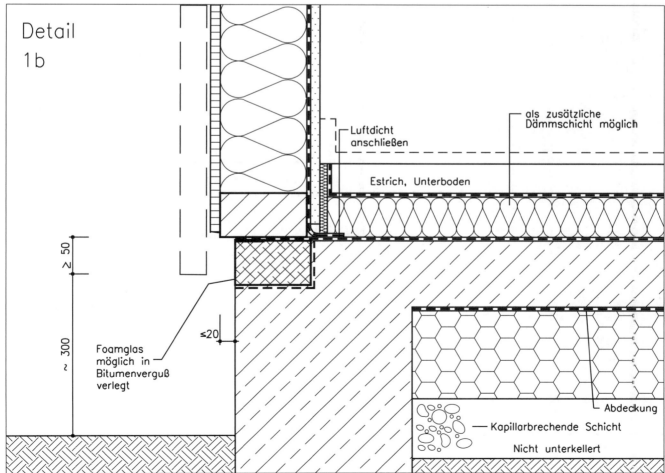

Detail 1b

Details   Schnitte M = 1 : 5

Bodenplatte, Beton

6.11.03

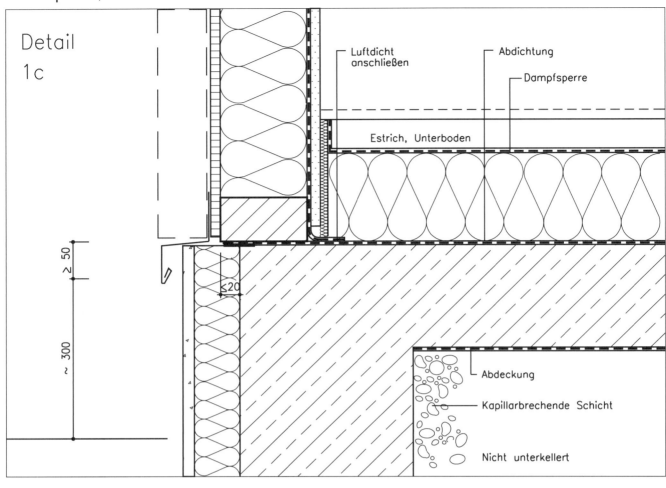

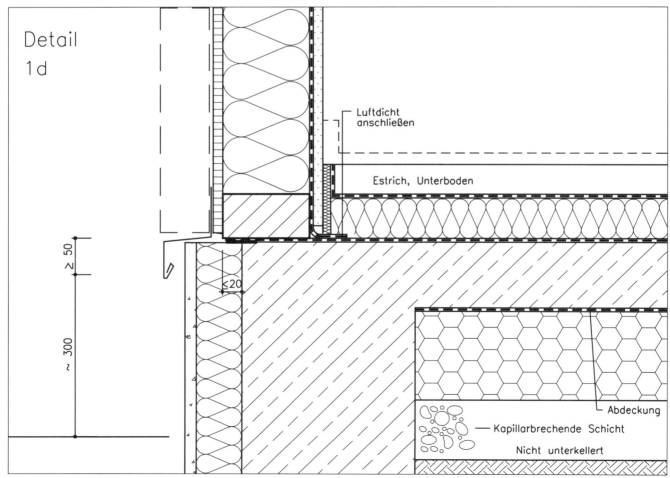

Details   Schnitte M = 1 : 5

Kellerdecke, Beton

6.12.01

Kellerdecke, Beton

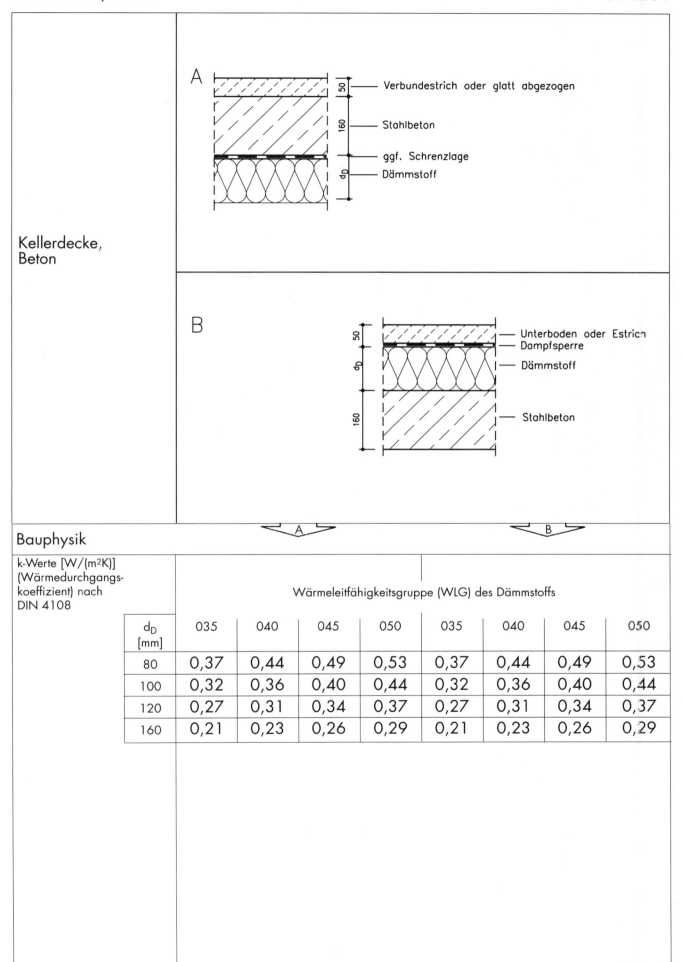

Bauphysik

k-Werte [W/(m²K)] (Wärmedurchgangskoeffizient) nach DIN 4108

d_D [mm]	\multicolumn{4}{c}{Wärmeleitfähigkeitsgruppe (WLG) des Dämmstoffs}				
	035	040	045	050	035	040	045	050
80	0,37	0,44	0,49	0,53	0,37	0,44	0,49	0,53
100	0,32	0,36	0,40	0,44	0,32	0,36	0,40	0,44
120	0,27	0,31	0,34	0,37	0,27	0,31	0,34	0,37
160	0,21	0,23	0,26	0,29	0,21	0,23	0,26	0,29

Bauteildaten

Kellerdecke, Beton 6.12.02

TYP A

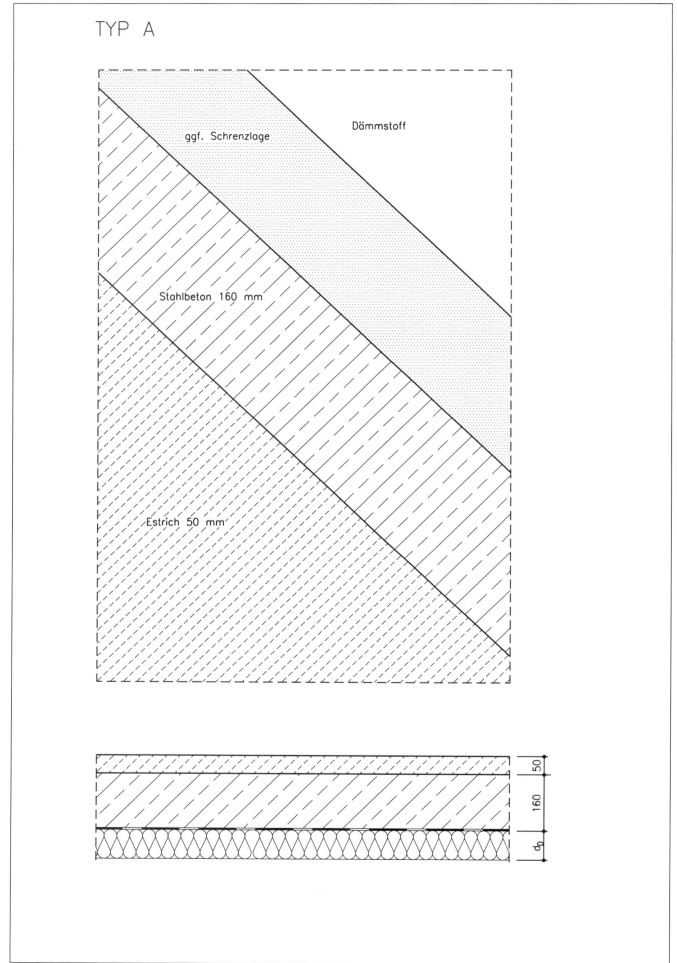

Konstruktion Ansicht, Grundriß, Schnitt M = 1 : 10

Kellerdecke, Beton

TYP B

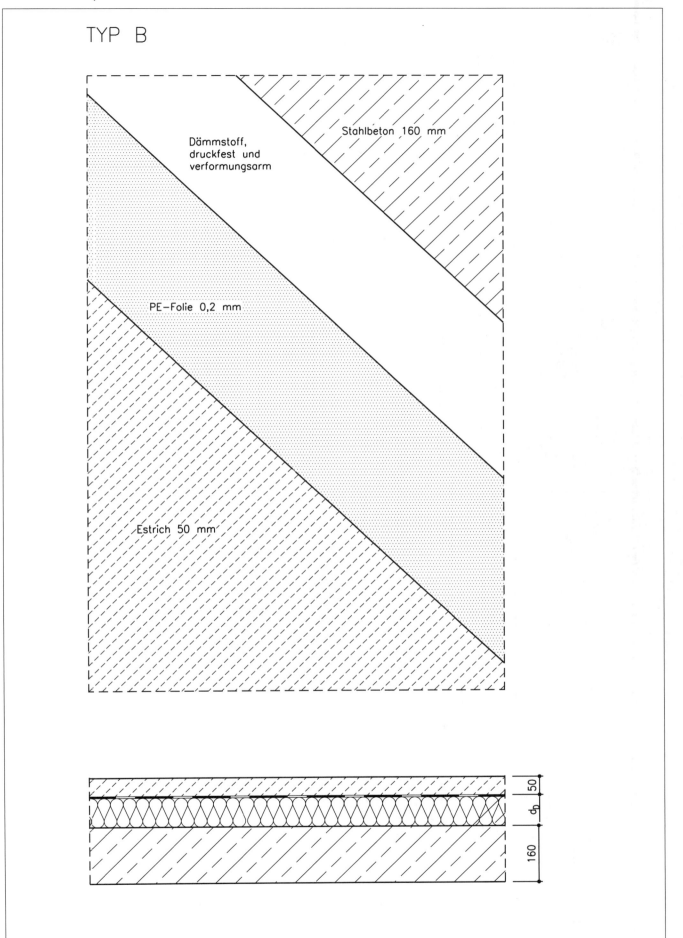

Konstruktion — Ansicht, Grundriß, Schnitt M = 1 : 10

Kellerdecke, Beton

6.12.03

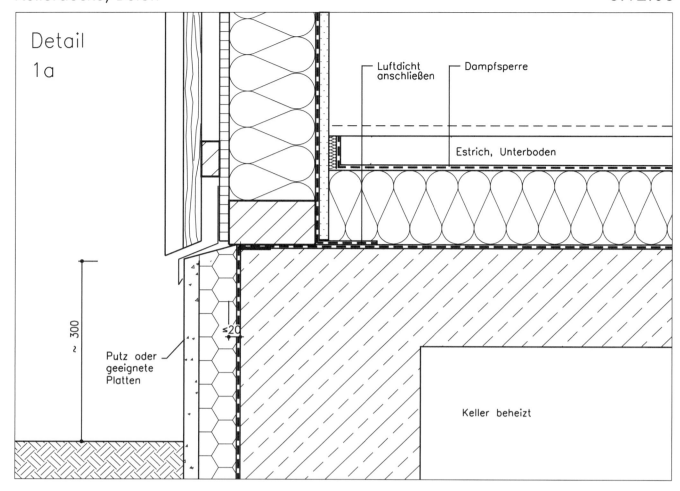

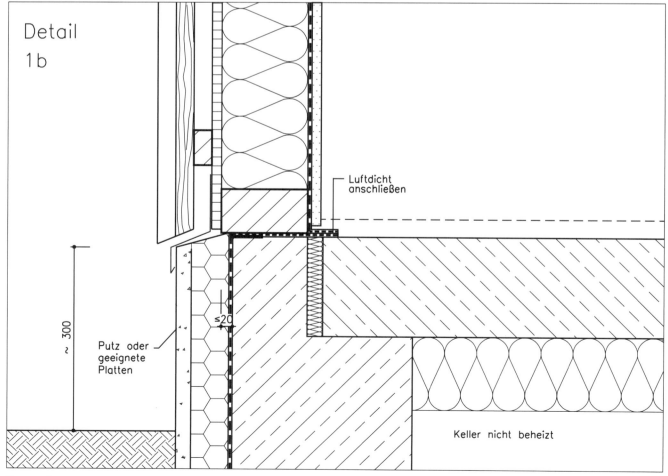

138
Details

Schnitte M = 1 : 5

Wandverankerung, Beton

6.13.01

Detail 1a

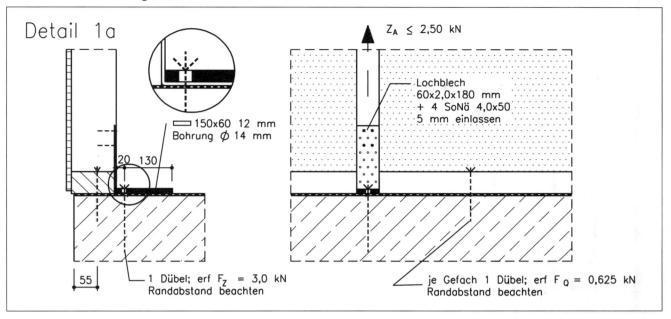

Detail 1b

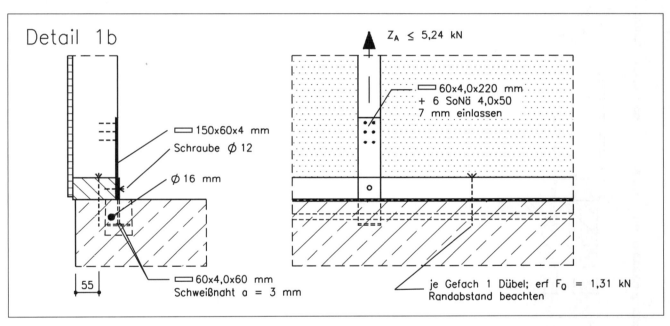

Detail 1c

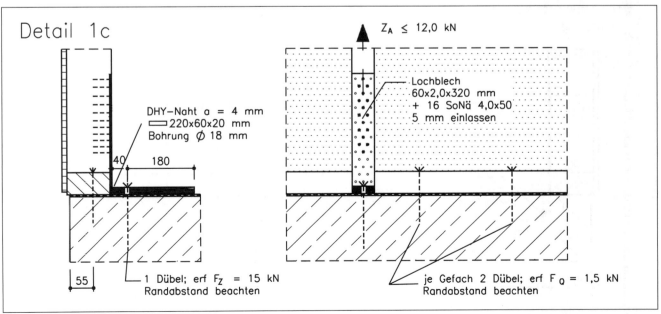

Details, Verankerung

Schnitte M = 1:10

Wandverankerung, Beton

6.13.01

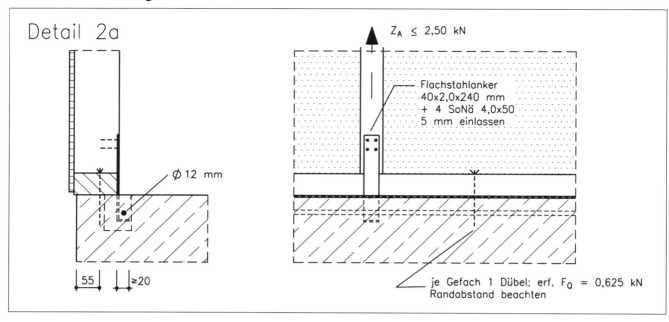

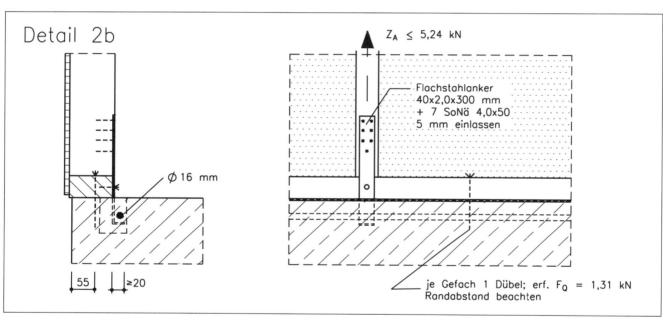

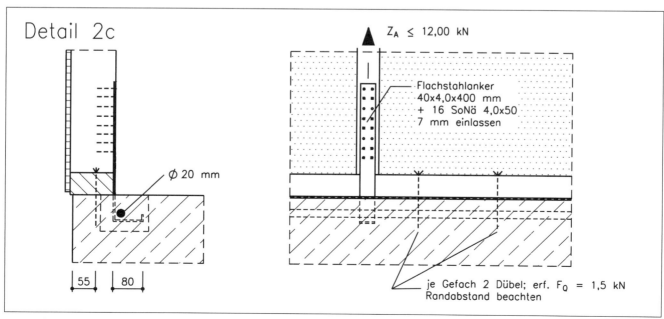

Details, Verankerung

Schnitte M = 1 : 10

Wandverankerung, Beton 6.13.01

Nagelung des Lochbleches bei tragender Innenbeplankung
– im Bereich der Lochblechnagelung die Beplankung nicht an die Ständer nageln!
– Lochblech auf Plattenstoß: siehe unten
– erforderliche Nägel:
  6 SoNä 4,0 x 50 für Z ≤ 2,50 kN
  10 SoNä 4,0 x 50 für Z ≤ 5,24 kN
  23 SoNä 4,0 x 50 für Z ≤ 12,00 kN

Einlassen des Bleches in die Platte nicht zulässig!

Detail 3

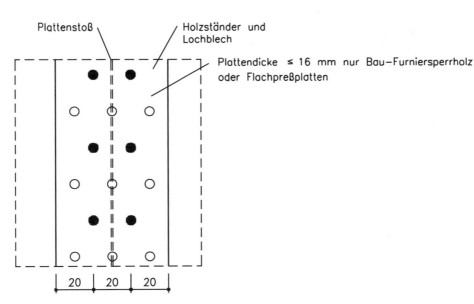

Verankerung auf tragender Innenbeplankung

Empfehlung:

Am Plattenstoß Holzständer b = 80 mm verwenden und äußere Löcher des Lochbleches benutzen (siehe unten)

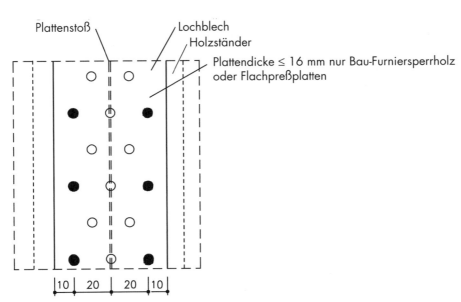

Details, Verankerung, Nagelung Innenbeplankung

Bodenplatte, Holz   6.14.01

Bodenplatte, Holz, über Kriechkeller (Luftschicht)

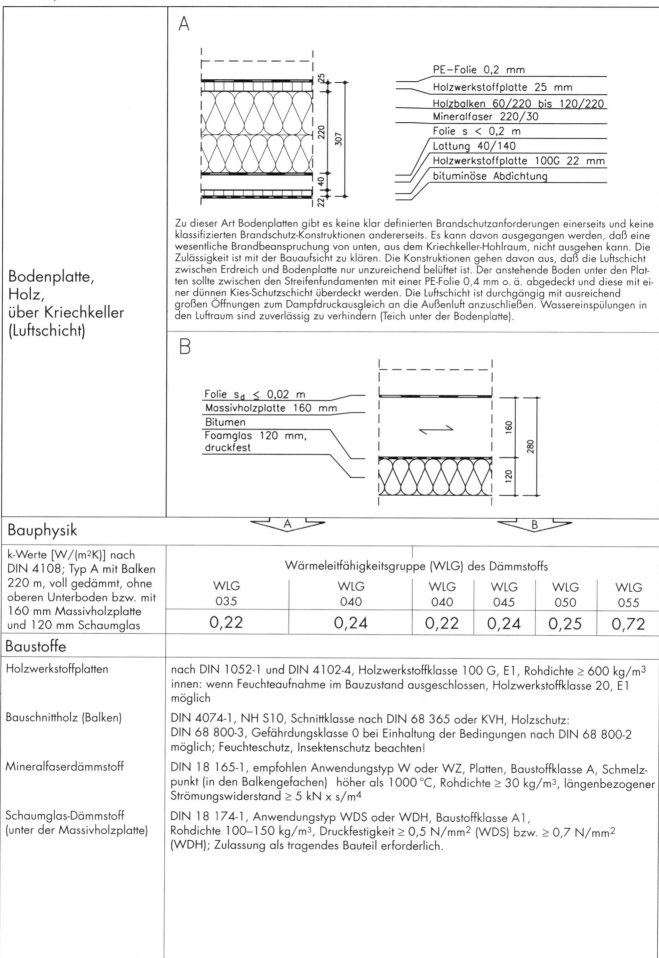

A

- PE-Folie 0,2 mm
- Holzwerkstoffplatte 25 mm
- Holzbalken 60/220 bis 120/220
- Mineralfaser 220/30
- Folie s < 0,2 m
- Lattung 40/140
- Holzwerkstoffplatte 100G 22 mm
- bituminöse Abdichtung

Zu dieser Art Bodenplatten gibt es keine klar definierten Brandschutzanforderungen einerseits und keine klassifizierten Brandschutz-Konstruktionen andererseits. Es kann davon ausgegangen werden, daß eine wesentliche Brandbeanspruchung von unten, aus dem Kriechkeller-Hohlraum, nicht ausgehen kann. Die Zulässigkeit ist mit der Bauaufsicht zu klären. Die Konstruktionen gehen davon aus, daß die Luftschicht zwischen Erdreich und Bodenplatte nur unzureichend belüftet ist. Der anstehende Boden unter den Platten sollte zwischen den Streifenfundamenten mit einer PE-Folie 0,4 mm o. ä. abgedeckt und diese mit einer dünnen Kies-Schutzschicht überdeckt werden. Die Luftschicht ist durchgängig mit ausreichend großen Öffnungen zum Dampfdruckausgleich an die Außenluft anzuschließen. Wassereinspülungen in den Luftraum sind zuverlässig zu verhindern (Teich unter der Bodenplatte).

B

- Folie s_d ≤ 0,02 m
- Massivholzplatte 160 mm
- Bitumen
- Foamglas 120 mm, druckfest

Bauphysik

k-Werte [W/(m²K)] nach DIN 4108; Typ A mit Balken 220 m, voll gedämmt, ohne oberen Unterboden bzw. mit 160 mm Massivholzplatte und 120 mm Schaumglas	Wärmeleitfähigkeitsgruppe (WLG) des Dämmstoffs					
	WLG 035	WLG 040	WLG 040	WLG 045	WLG 050	WLG 055
	0,22	0,24	0,22	0,24	0,25	0,72

Baustoffe

Holzwerkstoffplatten	nach DIN 1052-1 und DIN 4102-4, Holzwerkstoffklasse 100 G, E1, Rohdichte ≥ 600 kg/m³ innen: wenn Feuchteaufnahme im Bauzustand ausgeschlossen, Holzwerkstoffklasse 20, E1 möglich
Bauschnittholz (Balken)	DIN 4074-1, NH S10, Schnittklasse nach DIN 68 365 oder KVH, Holzschutz: DIN 68 800-3, Gefährdungsklasse 0 bei Einhaltung der Bedingungen nach DIN 68 800-2 möglich; Feuchteschutz, Insektenschutz beachten!
Mineralfaserdämmstoff	DIN 18 165-1, empfohlen Anwendungstyp W oder WZ, Platten, Baustoffklasse A, Schmelzpunkt (in den Balkengefachen) höher als 1000 °C, Rohdichte ≥ 30 kg/m³, längenbezogener Strömungswiderstand ≥ 5 kN x s/m⁴
Schaumglas-Dämmstoff (unter der Massivholzplatte)	DIN 18 174-1, Anwendungstyp WDS oder WDH, Baustoffklasse A1, Rohdichte 100–150 kg/m³, Druckfestigkeit ≥ 0,5 N/mm² (WDS) bzw. ≥ 0,7 N/mm² (WDH); Zulassung als tragendes Bauteil erforderlich.

Bauteildaten

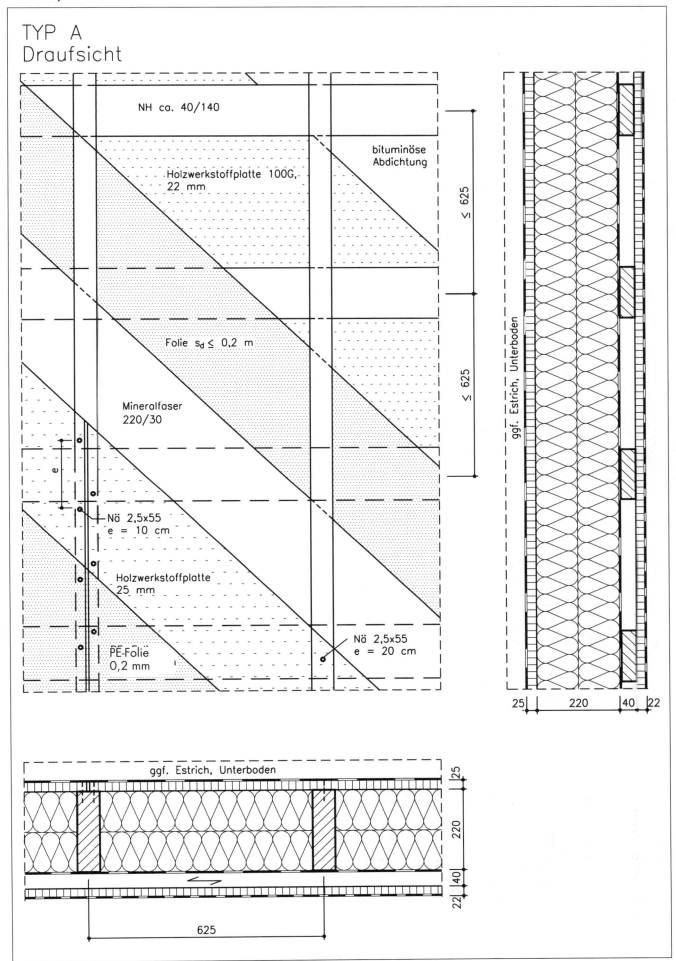

Bodenplatte, Holz

6.14.02

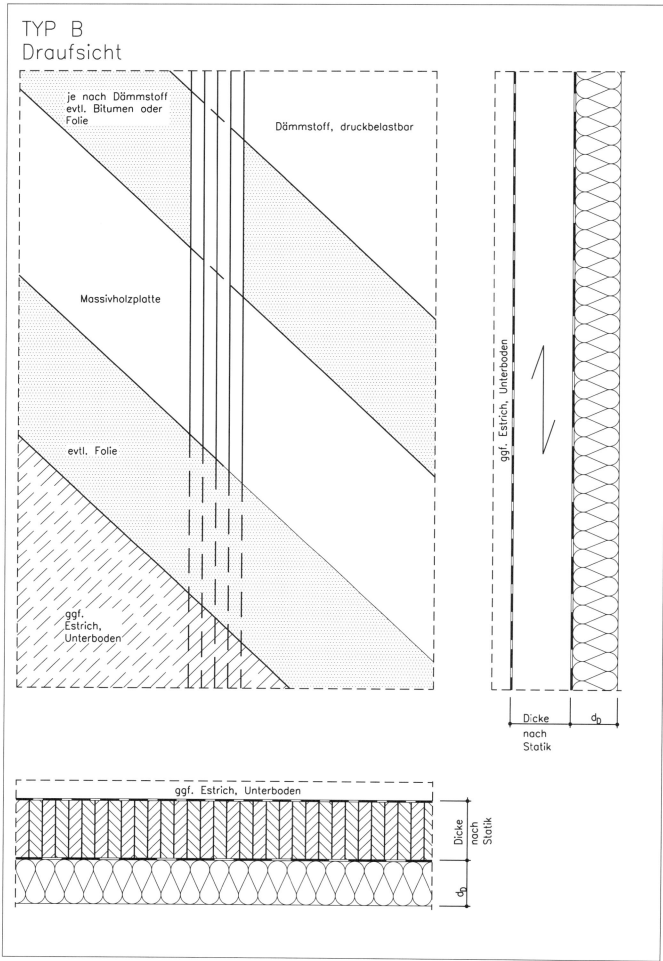

Konstruktion Ansicht, Grundriß, Schnitt M = 1 : 10

Bodenplatte, Holz

6.14.03

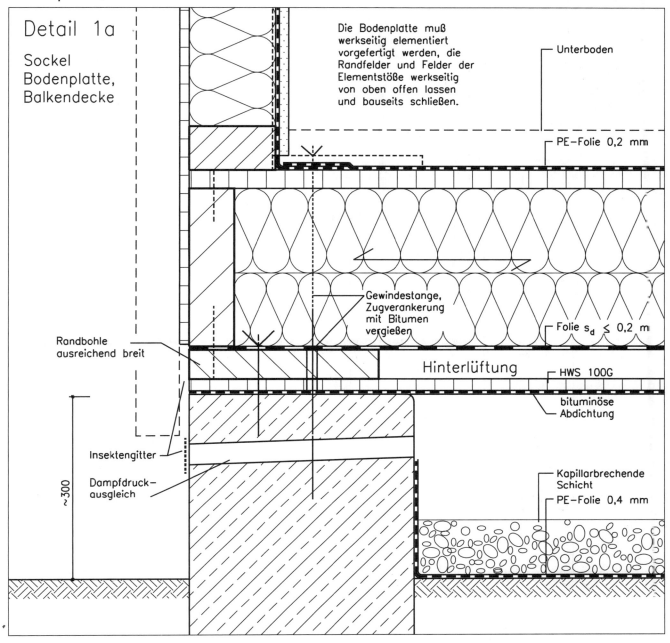

Detail 1a
Sockel Bodenplatte, Balkendecke

Die Bodenplatte muß werkseitig elementiert vorgefertigt werden, die Randfelder und Felder der Elementstöße werkseitig von oben offen lassen und bauseits schließen.

- Unterboden
- PE-Folie 0,2 mm
- Gewindestange, Zugverankerung mit Bitumen vergießen
- Folie $s_d \leq 0,2$ m
- Hinterlüftung
- HWS 100G
- bituminöse Abdichtung
- Kapillarbrechende Schicht
- PE-Folie 0,4 mm
- Randbohle ausreichend breit
- Insektengitter
- Dampfdruckausgleich
- ~300

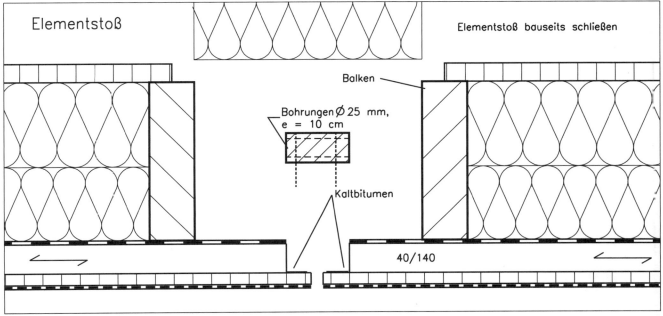

Elementstoß

Elementstoß bauseits schließen
- Balken
- Bohrungen ⌀ 25 mm, e = 10 cm
- Kaltbitumen
- 40/140

Details, Balkenplatte

Schnitte M = 1 : 5

Bodenplatte, Holz

6.14.03

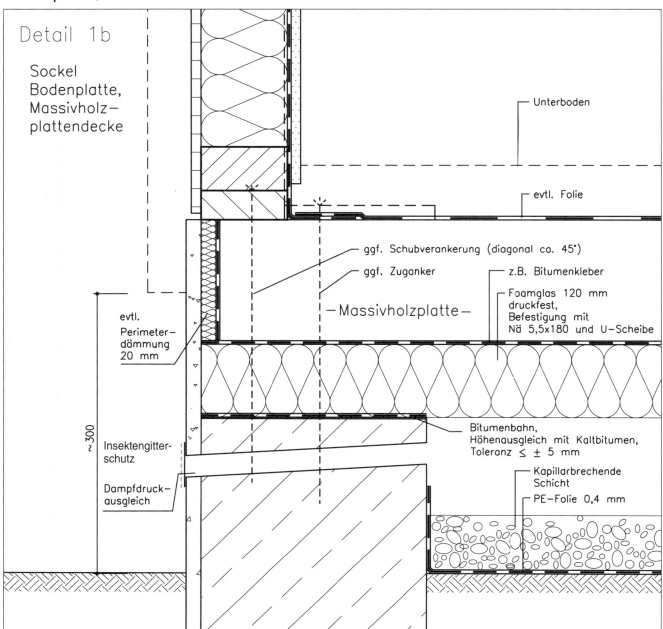

Detail 1b
Sockel Bodenplatte, Massivholzplattendecke

- Unterboden
- evtl. Folie
- ggf. Schubverankerung (diagonal ca. 45°)
- ggf. Zuganker
- z.B. Bitumenkleber
- Foamglas 120 mm druckfest, Befestigung mit Nä 5,5x180 und U-Scheibe
- Massivholzplatte
- evtl. Perimeterdämmung 20 mm
- Bitumenbahn, Höhenausgleich mit Kaltbitumen, Toleranz ≤ ± 5 mm
- Insektengitterschutz
- Dampfdruckausgleich
- Kapillarbrechende Schicht
- PE-Folie 0,4 mm

~300

Detail, Massivholzplatte   Schnitt M = 1 : 5

Kellerdecke, Holz　　6.15 01

Kellerdecke, Holz
(Decken über Wohnräumen im Keller siehe Abschnitt 6.80)

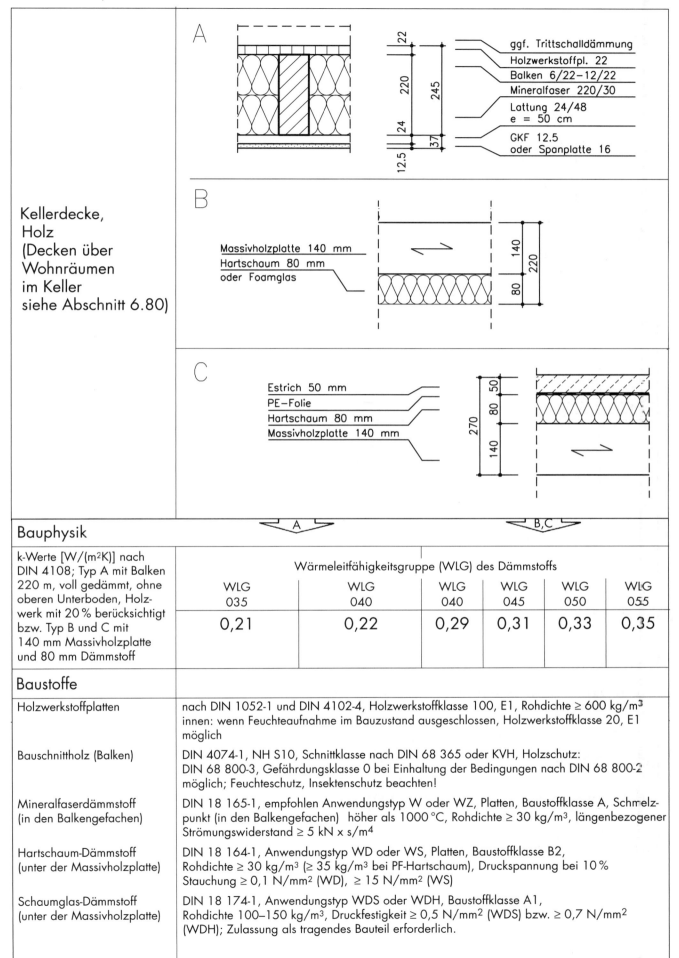

A
- ggf. Trittschalldämmung
- Holzwerkstoffpl. 22
- Balken 6/22–12/22
- Mineralfaser 220/30
- Lattung 24/48 e = 50 cm
- GKF 12.5 oder Spanplatte 16

B
- Massivholzplatte 140 mm
- Hartschaum 80 mm oder Foamglas

C
- Estrich 50 mm
- PE-Folie
- Hartschaum 80 mm
- Massivholzplatte 140 mm

Bauphysik

k-Werte [W/(m²K)] nach DIN 4108; Typ A mit Balken 220 m, voll gedämmt, ohne oberen Unterboden, Holzwerk mit 20 % berücksichtigt bzw. Typ B und C mit 140 mm Massivholzplatte und 80 mm Dämmstoff	Wärmeleitfähigkeitsgruppe (WLG) des Dämmstoffs					
	WLG 035	WLG 040	WLG 040	WLG 045	WLG 050	WLG 055
	0,21	0,22	0,29	0,31	0,33	0,35

Baustoffe

Holzwerkstoffplatten	nach DIN 1052-1 und DIN 4102-4, Holzwerkstoffklasse 100, E1, Rohdichte ≥ 600 kg/m³ innen: wenn Feuchteaufnahme im Bauzustand ausgeschlossen, Holzwerkstoffklasse 20, E1 möglich
Bauschnittholz (Balken)	DIN 4074-1, NH S10, Schnittklasse nach DIN 68 365 oder KVH, Holzschutz: DIN 68 800-3, Gefährdungsklasse 0 bei Einhaltung der Bedingungen nach DIN 68 800-2 möglich; Feuchteschutz, Insektenschutz beachten!
Mineralfaserdämmstoff (in den Balkengefachen)	DIN 18 165-1, empfohlen Anwendungstyp W oder WZ, Platten, Baustoffklasse A, Schmelzpunkt (in den Balkengefachen) höher als 1000 °C, Rohdichte ≥ 30 kg/m³, längenbezogener Strömungswiderstand ≥ 5 kN x s/m⁴
Hartschaum-Dämmstoff (unter der Massivholzplatte)	DIN 18 164-1, Anwendungstyp WD oder WS, Platten, Baustoffklasse B2, Rohdichte ≥ 30 kg/m³ (≥ 35 kg/m³ bei PF-Hartschaum), Druckspannung bei 10 % Stauchung ≥ 0,1 N/mm² (WD), ≥ 15 N/mm² (WS)
Schaumglas-Dämmstoff (unter der Massivholzplatte)	DIN 18 174-1, Anwendungstyp WDS oder WDH, Baustoffklasse A1, Rohdichte 100–150 kg/m³, Druckfestigkeit ≥ 0,5 N/mm² (WDS) bzw. ≥ 0,7 N/mm² (WDH); Zulassung als tragendes Bauteil erforderlich.

Bauteildaten

Kellerdecke, Holz 6.15.02

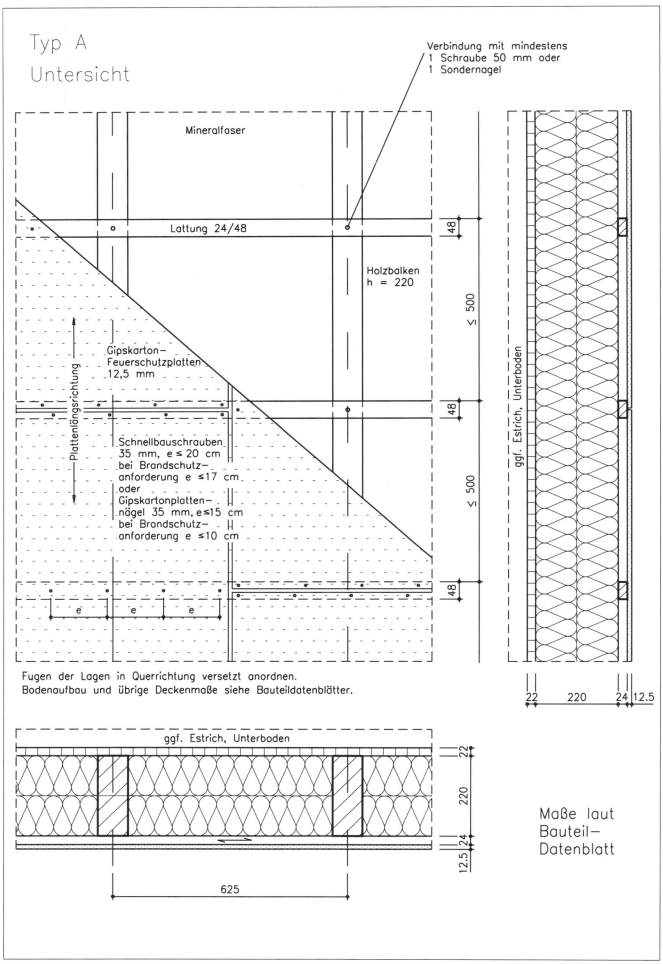

Konstruktion, Balkendecke — Grundriß, Ansicht, Schnitt M = 1 : 10

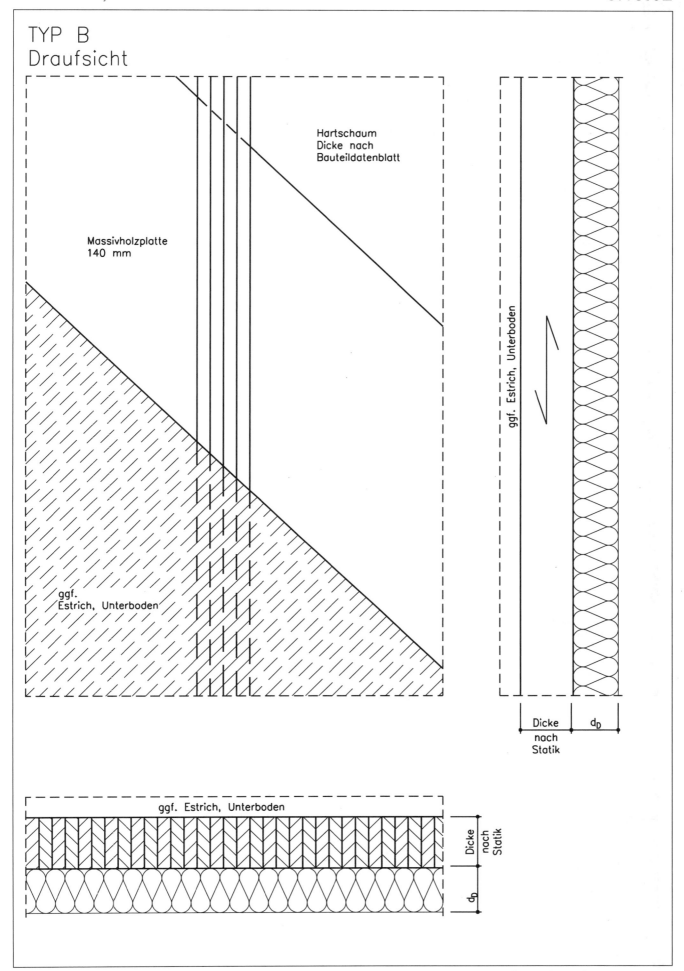

Kellerdecke, Holz 6.15.02

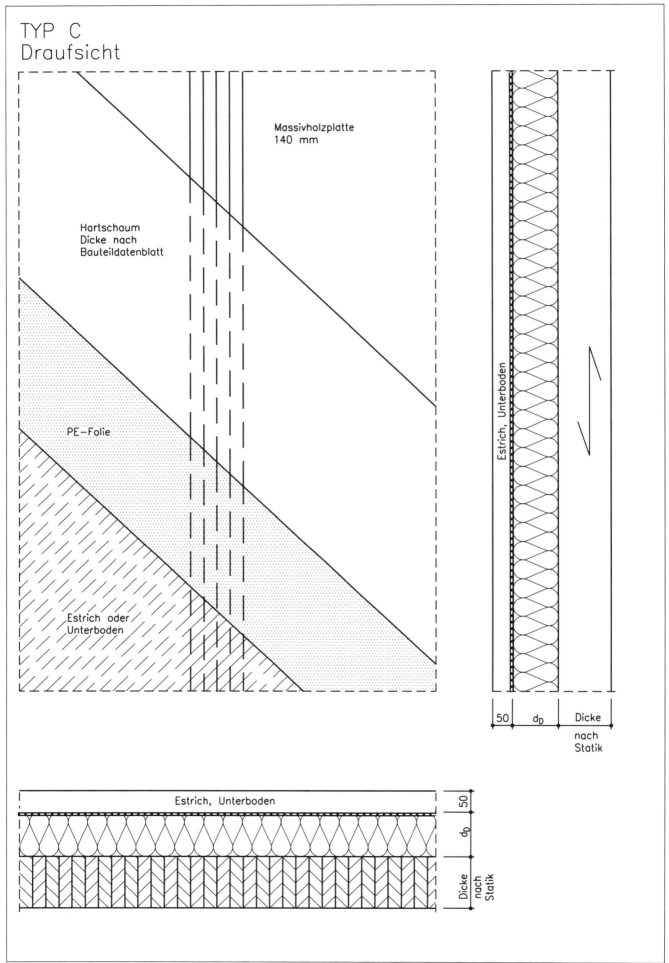

Konstruktion, Massivholzplatte — Ansicht, Grundriß, Schnitt M = 1 : 10

Kellerdecke, Holz 6.15.03

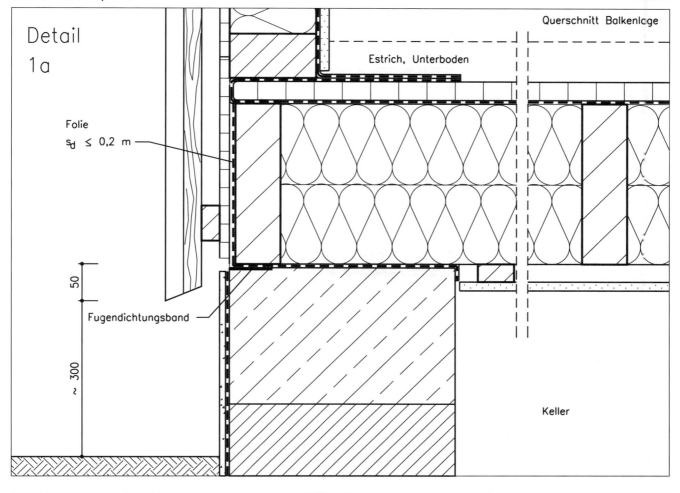

Detail 1a

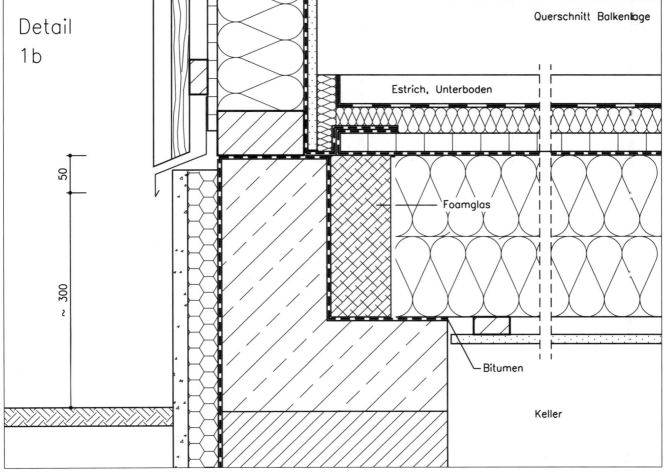

Detail 1b

Details, Balkendecke Schnitte M = 1 : 5

Kellerdecke, Holz 6.15.03

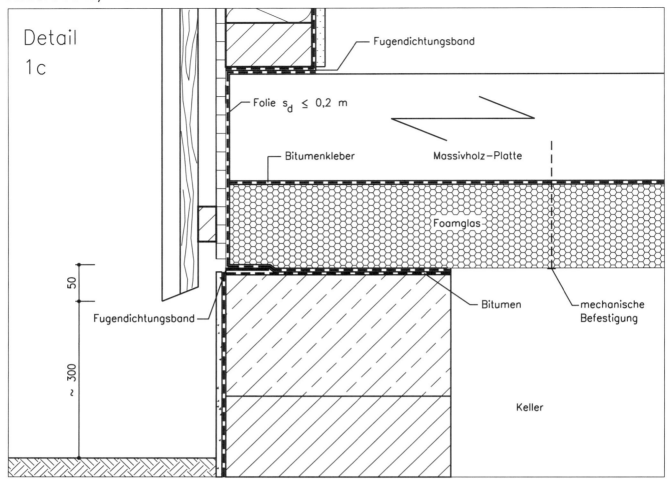

Detail 1c

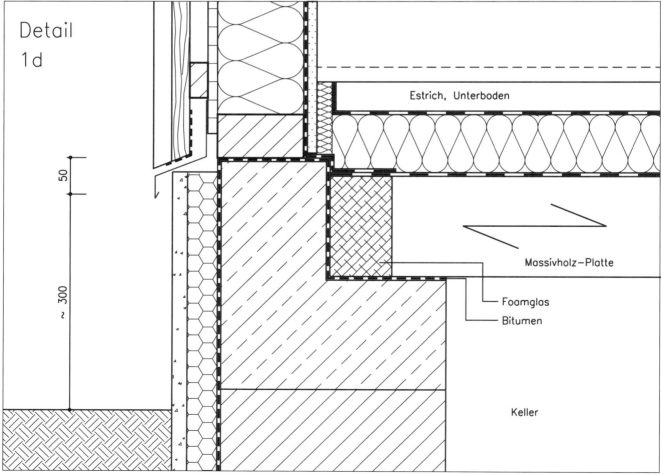

Detail 1d

Details, Massivholzdecke Schnitte M = 1 : 5

Wandverankerung, Holz — 6.16.01

Detail 1a
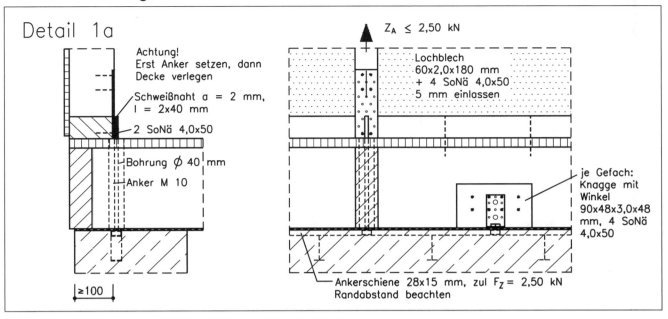

Detail 1b
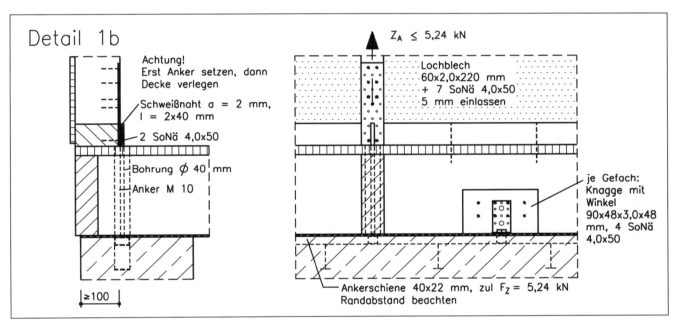

Detail 1c
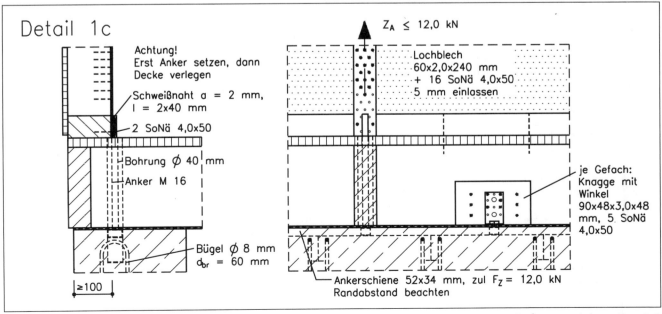

Details, Verankerung — Schnitte M = 1 : 10

Wandverankerung, Holz 6.16.02

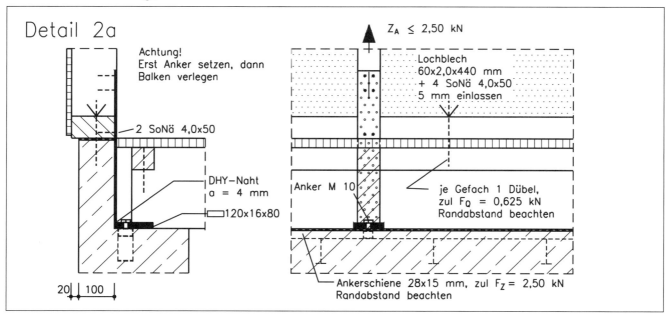

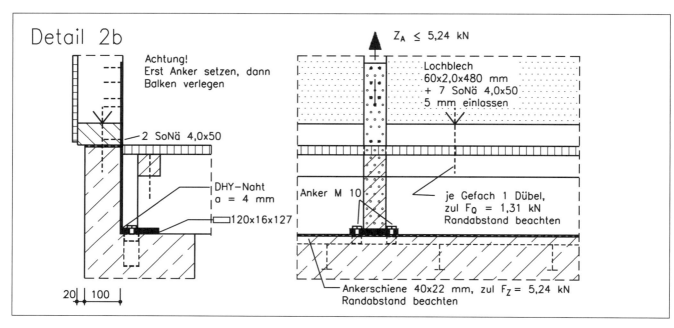

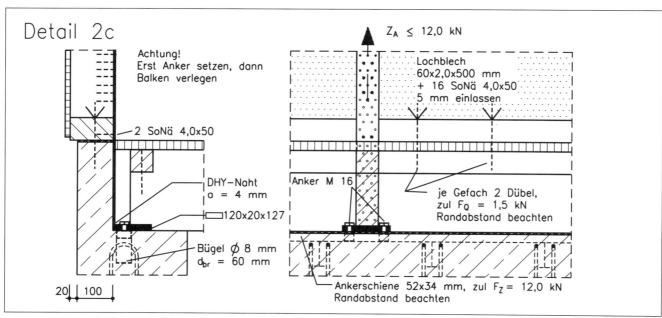

Details, Verankerung — Schnitte M = 1 : 10

Wandverankerung, Holz

6.16.03

Detail 3a

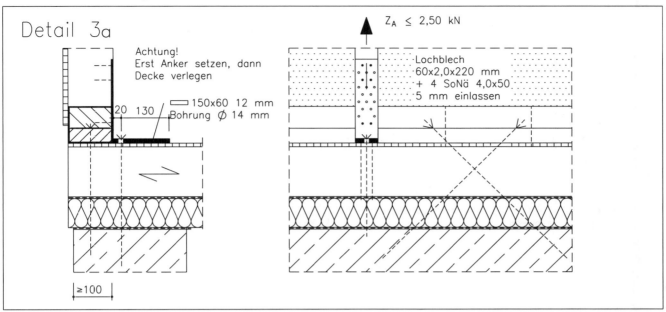

Detail 3b

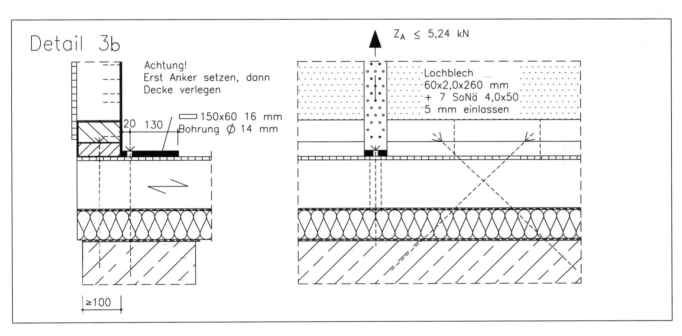

Detail 3c

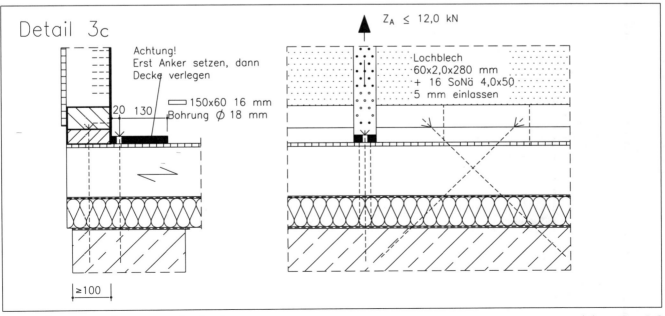

Details, Verankerung, Dübel

M = 1 : 10

Wandverankerung, Holz

6.16.04

Detail 4a

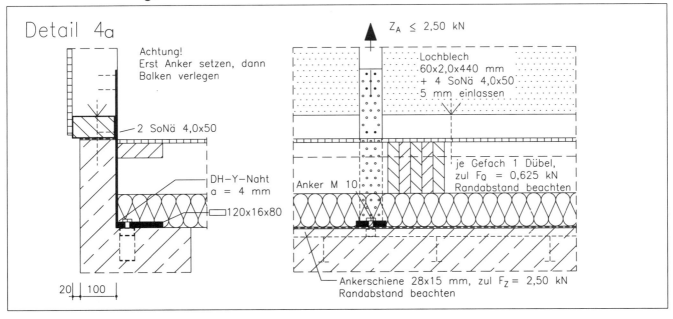

Detail 4b

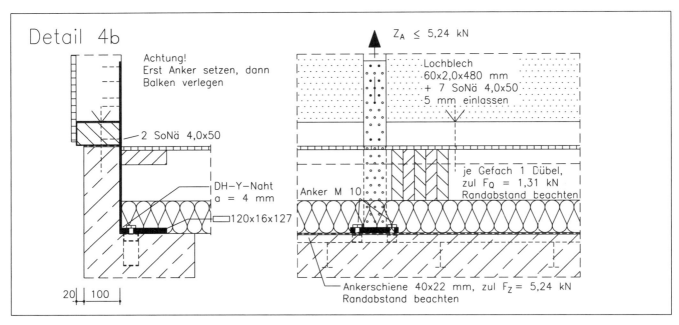

Detail 4c

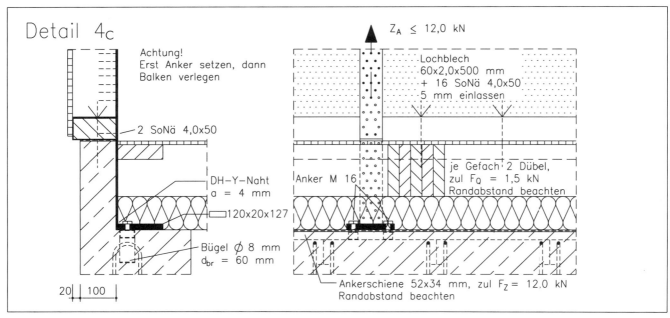

Details, Verankerung, Dübel — M = 1 : 10

Wandverankerung, Holz

6.16.05

Detail 5a

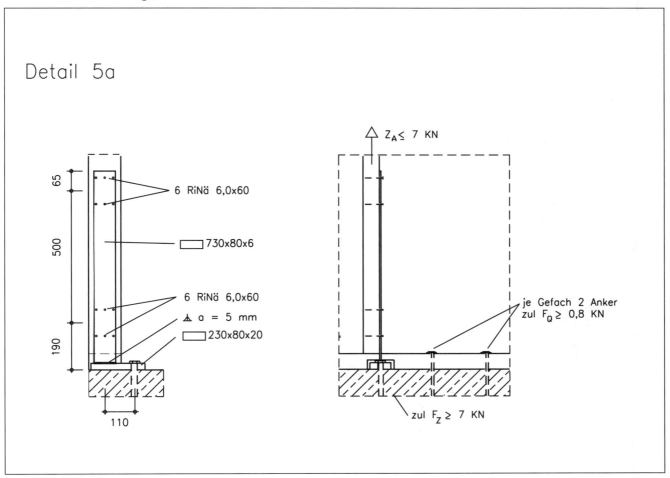

Detail 5b

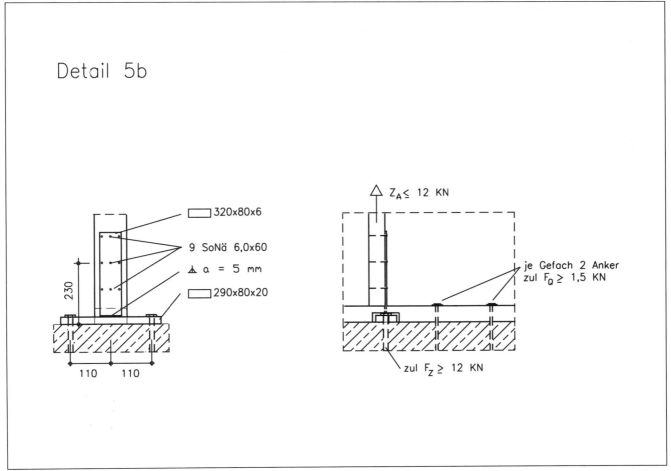

Details, Verankerung, Dübel

M = 1:10

Außenwand 6.20.00

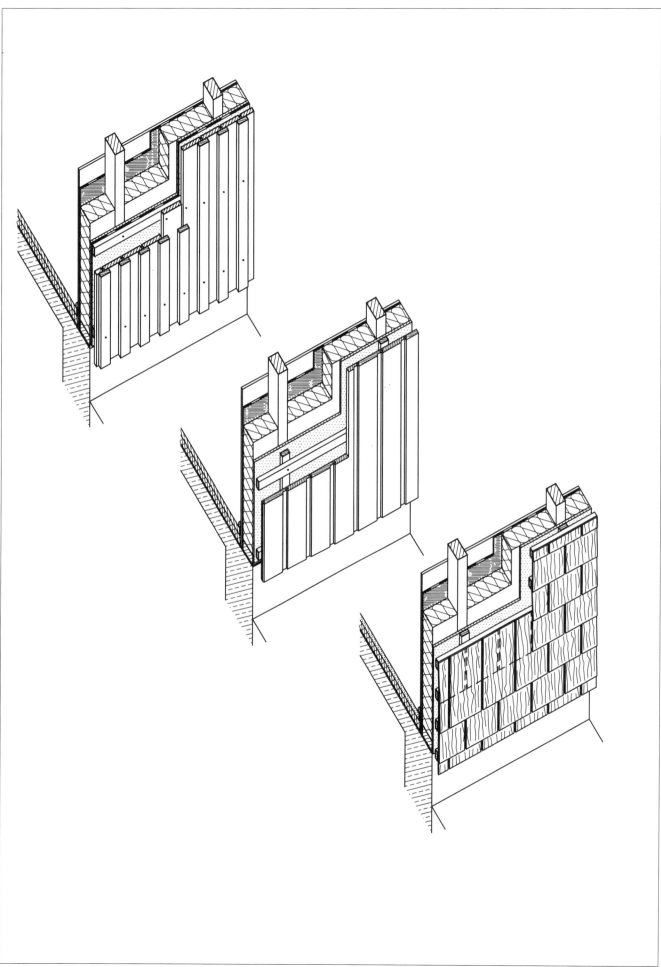

Übersicht

Außenwand

6.20.00

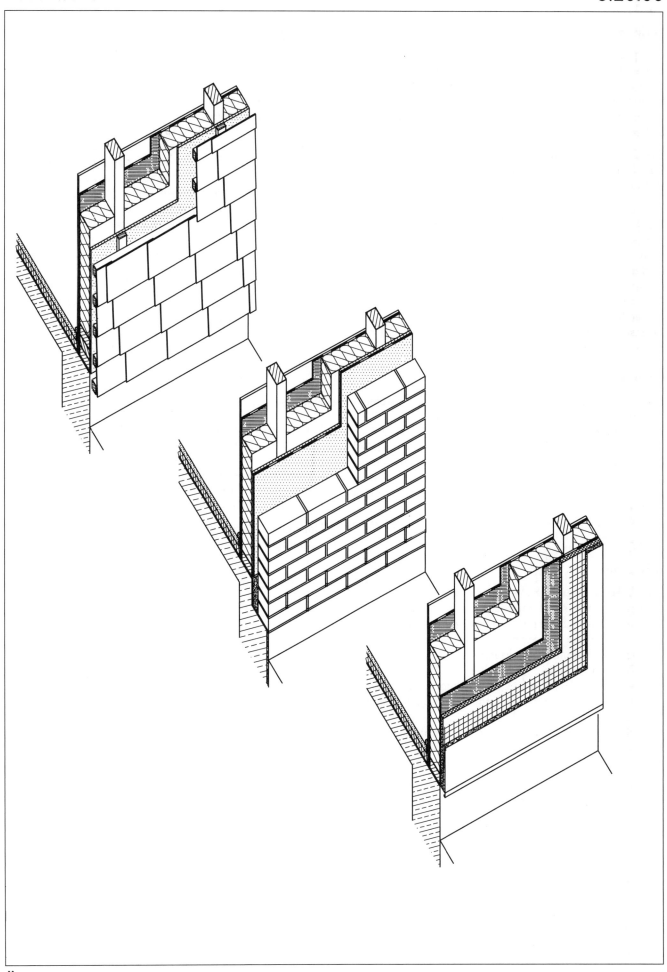

Übersicht

Außenwand, Erläuterungen — 6.20.00

Variantenvielfalt

Gegenüber der letzten Ausgabe ist an dieser Stelle ein ausführlicher Vorspann erforderlich. Die Außenwand-Grundkonstruktionen des Holzrahmenbaus haben im baupraktischen Alltag so viele Varianten entwickelt, daß es unmöglich ist, alle die, die auch richtig sind, darzustellen.

Die Darstellung konzentriert sich hier auf die nach den Regeln der Technik nachweisbaren Varianten, die den Autoren sinnvoll erschienen.

Der gesamtkonstruktive Zusammenhang beim Zusammentreffen der Unterkonstruktion und Innenbauteile mit der Außenwandkonstruktion ist deswegen kompliziert, weil
– dem Tragwerk,
– der Bauphysik,
– der Fertigungstechnik,
– der Montagetechnik

in besonderer Weise (wegen »innen« – »außen«) Rechnung getragen werden muß.

Grundannahmen

Die nachfolgend dargestellten Außenwandanschlüsse sind an jeder Stelle bemessen für:
– Horizontalkraft in Wandebene $H_w \leq 4{,}80$ kN/m,
– Horizontaler Schubfluß in der Deckenscheibe in Abhängigkeit vom Schubfluß T in kN/m am Deckenrand,
– Windlast auf die Wandebene für Höhe über 8 m bis 20 m über Gelände für Winddruck ($c_p = 0{,}8$) bei 2,90 m Geschoßhöhe: $H_\perp \leq 0{,}8$ kN/m² $\times$ 0,8 $\times$ 2,90 m/2 $\times$ 0,625 = 0,59 kN je Rähm- und Schwellenanschluß.

Luftdichtung

Über Luftdichtungskonzepte gibt es mittlerweile mehr Literatur als nachweisbare, praxisgerechte Lösungen. Da die Autoren auch nicht der Weisheit letzten Schluß kennen, haben sie sich für folgende Konditionen entschieden:
– eindeutig definierte, umlaufende Luftdichtungsschicht in Form einer Folie
– alle Folienstöße, die bei der Montage zu schließen sind, dort, wo sie bei einem Blower-Door-Test noch nachgebessert werden können,
– weitestgehender Verzicht auf vorkomprimierte Dichtungsbänder.

Werkstoffe

Bezüglich der eingesetzten Werkstoffe hat nicht nur ein gewaltiger Entwicklungsschub für Fortschritt gesorgt, sondern auch Sorglosigkeit, Ignoranz und Unvermögen für manche Unzulässigkeit und manchen Mangel. Aus diesem Grunde seien hier noch einmal – das stand zwar auch schon in der letzten Ausgabe – deutlicher vermerkt:
– Baustoffe und Bauteile, die tragende Funktion haben, müssen den »Eingeführten Technischen Baubestimmungen« (ETB) entsprechen, d. h. den bauaufsichtlich eingeführten Normen genügen oder sie müssen bauaufsichtlich zugelassen sein, oder es muß eine »Zustimmung im Einzelfall« der obersten Bauaufsichtsbehörde vorliegen.
– Die Herstellung muß entsprechend den baurechtlichen Anforderungen erfolgen. Im Holzrahmenbau heißt das insbesondere: Bauteile, die werkseitig geschlossen werden, sind bauaufsichtlich überwachungspflichtig!
– Für alle Aspekte, die die Verwendbarkeit eines Bauproduktes im bauaufsichtlichen Sinne angehen, sind die Zulässigkeiten sicherzustellen.

Neue Systematik

In den bisherigen Auflagen waren die Außenwände jeweils ganzheitlich, inklusive Fassade dargestellt.
Dies war möglich und sinnvoll, weil nur drei Außenwand-Grundkonstruktionen zugrunde gelegt waren. Die Entwicklung führte zu einer Vielzahl von Varianten und noch mehr konstruktiven Anschlußausbildungen.

Um diesen Gegebenheiten Rechnung zu tragen, wurde nunmehr folgende, neue Gliederung und Systematik gewählt:

– Bauteildaten Grundkonstruktionen,
– Ausführliche Detaillierung der konstruktiven Zusammenführung von unterer Außenwand, Decke und oberer Außenwand,
– Fassadengrundkonstruktionen,
– Fassadendetails,
– Innere Beplankung oder Bekleidung der Außenwände.

Damit sind ungezählte Varianten möglich. Die nun gegebene Kombinatorik verlangt allerdings größere Aufmerksamkeit bei der Wahl der jeweiligen Kombination.

Übersicht

Außenwand, Erläuterungen

Zur Darstellung

Um die Darstellung einigermaßen übersichtlich zu halten, wurden einige Konventionen eingeführt. Es bedeuten:

»Balkendecke« = Holzbalkendecke mit Deckenbekleidung

»Sichtbalken« = Holzbalkendecke mit freiliegenden, dreiseitig sichtbaren Holzbalken

»Massivholzplatten« = Tragkonstruktion der Decken aus Brettstapeln, BS-Holz-Fladen, Dickholz u. ä.

»gedämmt« = Deckenrand gedämmt

»... decke, innen« = gesamte Deckenkonstruktion innenliegend, Wände laufen außen, davor durch

»Außenbeplankung, offen« = Wandtafeln mit tragender Außenbeplankung vorgefertigt, Wandhohlraum von innen bei der Montage zugänglich

»Innenbeplankung, offen« = Wandtafeln mit tragender Innenbeplankung, Wandhohlraum von außen bei der Montage zugänglich

»Außenbeplankung, geschlossen« = Beidseitig werkseitig beplankte Wandtafeln mit tragender Außenbeplankung

»Innenbeplankung, geschlossen« = Beidseitig werkseitig beplankte Wandtafeln mit tragender Innenbeplankung

»Installationsebene« = Die Installationsebene wird zur Kräfteübertragung benötigt

»Kleintafeln« = Wandtafeln, deren Schwellen und Rähme nicht über die Länge der Deckenscheibe durchgehen

»Großtafeln« = Wandtafeln, deren Rähme über die Länge der Deckenscheibe durchgehen und so als Gurte der Deckenscheibe wirken können

»Baustellenfertigung« = ... bei Decken, deren Gesamtkonstruktion auf der Baustelle hergestellt wird, insbesondere mit über die Scheibenlänge durchgehenden Randhölzern

»Deckenelemente« = Werkseitig vorgefertigte Deckenstreifen, die als Tafeln wirken und über Randgurte (i. a. durchgehende Wandrähme) zu Scheibengesamtsystemen zusammengeschlossen werden

Dargestellt sind die Details jeweils nur für eine Ständerbreite von 120 mm. Bei Ständerbreiten von 180 mm (hierfür werden ebenfalls Bauteildaten angeboten) ist analog der Ständerbreite 120 mm zu verfahren.

Konstruktion

Außenwand, hinterlüftet 6.20.01

Außenwandgrundkonstruktion, hinterlüftete Fassade 120 mm

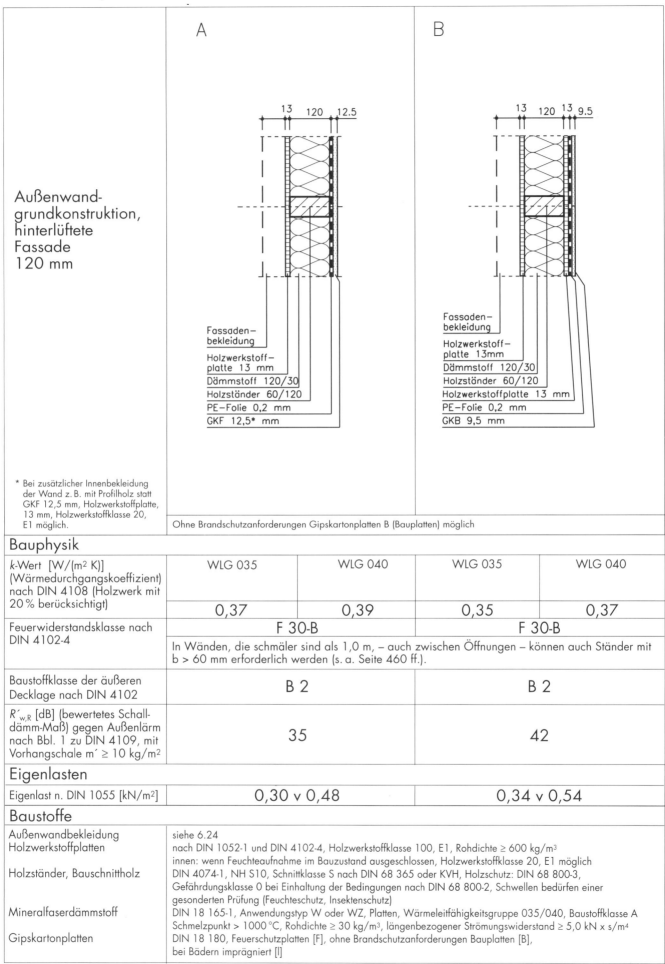

A
- Fassadenbekleidung
- Holzwerkstoffplatte 13 mm
- Dämmstoff 120/30
- Holzständer 60/120
- PE-Folie 0,2 mm
- GKF 12,5* mm

* Bei zusätzlicher Innenbekleidung der Wand z. B. mit Profilholz statt GKF 12,5 mm, Holzwerkstoffplatte, 13 mm, Holzwerkstoffklasse 20, E1 möglich.

B
- Fassadenbekleidung
- Holzwerkstoffplatte 13 mm
- Dämmstoff 120/30
- Holzständer 60/120
- Holzwerkstoffplatte 13 mm
- PE-Folie 0,2 mm
- GKB 9,5 mm

Ohne Brandschutzanforderungen Gipskartonplatten B (Bauplatten) möglich

Bauphysik

	A		B	
k-Wert [W/(m² K)] (Wärmedurchgangskoeffizient) nach DIN 4108 (Holzwerk mit 20 % berücksichtigt)	WLG 035	WLG 040	WLG 035	WLG 040
	0,37	0,39	0,35	0,37
Feuerwiderstandsklasse nach DIN 4102-4	F 30-B		F 30-B	
	In Wänden, die schmäler sind als 1,0 m, – auch zwischen Öffnungen – können auch Ständer mit b > 60 mm erforderlich werden (s. a. Seite 460 ff.).			
Baustoffklasse der äußeren Decklage nach DIN 4102	B 2		B 2	
$R'_{w,R}$ [dB] (bewertetes Schalldämm-Maß) gegen Außenlärm nach Bbl. 1 zu DIN 4109, mit Vorhangschale m' ≥ 10 kg/m²	35		42	

Eigenlasten

Eigenlast n. DIN 1055 [kN/m²]	0,30 v 0,48	0,34 v 0,54

Baustoffe

Außenwandbekleidung	siehe 6.24
Holzwerkstoffplatten	nach DIN 1052-1 und DIN 4102-4, Holzwerkstoffklasse 100, E1, Rohdichte ≥ 600 kg/m³ innen: wenn Feuchteaufnahme im Bauzustand ausgeschlossen, Holzwerkstoffklasse 20, E1 möglich
Holzständer, Bauschnittholz	DIN 4074-1, NH S10, Schnittklasse S nach DIN 68 365 oder KVH, Holzschutz: DIN 68 800-3, Gefährdungsklasse 0 bei Einhaltung der Bedingungen nach DIN 68 800-2, Schwellen bedürfen einer gesonderten Prüfung (Feuchteschutz, Insektenschutz)
Mineralfaserdämmstoff	DIN 18 165-1, Anwendungstyp W oder WZ, Platten, Wärmeleitfähigkeitsgruppe 035/040, Baustoffklasse A Schmelzpunkt > 1000 °C, Rohdichte ≥ 30 kg/m³, längenbezogener Strömungswiderstand ≥ 5,0 kN x s/m⁴
Gipskartonplatten	DIN 18 180, Feuerschutzplatten [F], ohne Brandschutzanforderungen Bauplatten [B], bei Bädern imprägniert [I]

Bauteildaten

Außenwand, hinterlüftet   6.20.01

Außenwandgrundkonstruktion, hinterlüftete Fassade 180 mm

C

13 | 180 | 12.5

- Fassadenbekleidung
- Holzwerkstoffplatte 13 mm
- Dämmstoff 180/30
- Holzständer 60/180
- PE-Folie 0,2 mm
- GKF 12,5 *

D

13 | 180 | 13 | 9.5

- Fassadenbekleidung
- Holzwerkstoffplatte 13 mm
- Dämmstoff 180/30
- Holzständer 60/180
- Holzwerkstoffplatte 13 mm
- PE-Folie 0,2 mm
- GKB 9,5

* Bei zusätzlicher Innenbekleidung der Wand z. B. mit Profilholz statt GKF 12,5 mm, Holzwerkstoffplatte, 13 mm, Holzwerkstoffklasse 20, E1 möglich.

Ohne Brandschutzanforderungen Gipskartonplatten B (Bauplatten) möglich

Bauphysik

	C		D	
k-Wert [W/(m² K)] (Wärmedurchgangskoeffizient) nach DIN 4108 (Holzwerk mit 20 % berücksichtigt)	WLG 035	WLG 040	WLG 035	WLG 040
	0,26	0,28	0,25	0,27
Feuerwiderstandsklasse nach DIN 4102-4	F 30-B		F 30-B	
	In Wänden, die schmäler sind als 1,0 m, – auch zwischen Öffnungen – können auch Ständer m t b > 60 mm erforderlich werden (s. a. Seite 460 ff.).			
Baustoffklasse der äußeren Decklage nach DIN 4102	B 2		B 2	
$R'_{w,R}$ [dB] (bewertetes Schalldämm-Maß) gegen Außenlärm nach Bbl. 1 zu DIN 4109, mit Vorhangschale m' ≥ 10 kg/m²	> 35		> 42	

Eigenlasten

Eigenlast n. DIN 1055 [kN/m²]	0,37 v 0,60	0,40 v 0,66

Baustoffe

Außenwandbekleidung	siehe 6.24
Holzwerkstoffplatten	nach DIN 1052-1 und DIN 4102-4, Holzwerkstoffklasse 100, E1, Rohdichte ≥ 600 kg/m³ innen: wenn Feuchteaufnahme im Bauzustand ausgeschlossen, Holzwerkstoffklasse 20, E1 möglich
Holzständer, Bauschnittholz	DIN 4074-1, NH S10, Schnittklasse S nach DIN 68 365 oder KVH, Holzschutz: DIN 68 800-3, Gefährdungsklasse 0 bei Einhaltung der Bedingungen nach DIN 68 800-2, Schwellen bedürfen einer gesonderten Prüfung (Feuchteschutz, Insektenschutz)
Mineralfaserdämmstoff	DIN 18 165-1, Anwendungstyp W oder WZ, Platten, Wärmeleitfähigkeitsgruppe 035/040, Baustoffklasse A Schmelzpunkt > 1000 °C, Rohdichte ≥ 30 kg/m³, längenbezogener Strömungswiderstand ≥ 5,0 kN × s/m⁴
Gipskartonplatten	DIN 18 180, Feuerschutzplatten [F], ohne Brandschutzanforderungen Bauplatten [B], bei Bädern imprägniert [I]

Bauteildaten

Außenwand, hinterlüftet　　6.20.01

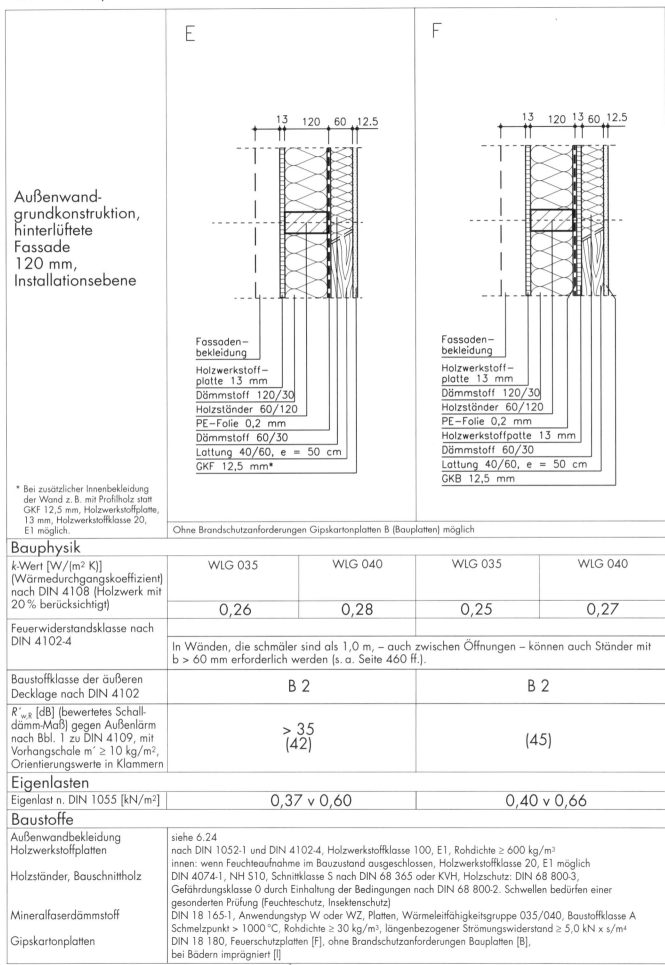

Außenwandgrundkonstruktion, hinterlüftete Fassade 120 mm, Installationsebene

E
- Fassadenbekleidung
- Holzwerkstoffplatte 13 mm
- Dämmstoff 120/30
- Holzständer 60/120
- PE-Folie 0,2 mm
- Dämmstoff 60/30
- Lattung 40/60, e = 50 cm
- GKF 12,5 mm*

* Bei zusätzlicher Innenbekleidung der Wand z. B. mit Profilholz statt GKF 12,5 mm, Holzwerkstoffplatte, 13 mm, Holzwerkstoffklasse 20, E1 möglich.

F
- Fassadenbekleidung
- Holzwerkstoffplatte 13 mm
- Dämmstoff 120/30
- Holzständer 60/120
- PE-Folie 0,2 mm
- Holzwerkstoffpatte 13 mm
- Dämmstoff 60/30
- Lattung 40/60, e = 50 cm
- GKB 12,5 mm

Ohne Brandschutzanforderungen Gipskartonplatten B (Bauplatten) möglich

Bauphysik

	E		F	
k-Wert [W/(m² K)] (Wärmedurchgangskoeffizient) nach DIN 4108 (Holzwerk mit 20 % berücksichtigt)	WLG 035	WLG 040	WLG 035	WLG 040
	0,26	0,28	0,25	0,27
Feuerwiderstandsklasse nach DIN 4102-4	In Wänden, die schmäler sind als 1,0 m, – auch zwischen Öffnungen – können auch Ständer mit b > 60 mm erforderlich werden (s. a. Seite 460 ff.).			
Baustoffklasse der äußeren Decklage nach DIN 4102	B 2		B 2	
$R'_{w,R}$ [dB] (bewertetes Schalldämm-Maß) gegen Außenlärm nach Bbl. 1 zu DIN 4109, mit Vorhangschale m' ≥ 10 kg/m², Orientierungswerte in Klammern	> 35 (42)		(45)	

Eigenlasten

Eigenlast n. DIN 1055 [kN/m²]	0,37 v 0,60	0,40 v 0,66

Baustoffe

Außenwandbekleidung	siehe 6.24
Holzwerkstoffplatten	nach DIN 1052-1 und DIN 4102-4, Holzwerkstoffklasse 100, E1, Rohdichte ≥ 600 kg/m³ innen: wenn Feuchteaufnahme im Bauzustand ausgeschlossen, Holzwerkstoffklasse 20, E1 möglich
Holzständer, Bauschnittholz	DIN 4074-1, NH S10, Schnittklasse S nach DIN 68 365 oder KVH, Holzschutz: DIN 68 800-3, Gefährdungsklasse 0 durch Einhaltung der Bedingungen nach DIN 68 800-2. Schwellen bedürfen einer gesonderten Prüfung (Feuchteschutz, Insektenschutz)
Mineralfaserdämmstoff	DIN 18 165-1, Anwendungstyp W oder WZ, Platten, Wärmeleitfähigkeitsgruppe 035/040, Baustoffklasse A Schmelzpunkt > 1000 °C, Rohdichte ≥ 30 kg/m³, längenbezogener Strömungswiderstand ≥ 5,0 kN x s/m⁴
Gipskartonplatten	DIN 18 180, Feuerschutzplatten [F], ohne Brandschutzanforderungen Bauplatten [B], bei Bädern imprägniert [I]

Bauteildaten

Außenwand, hinterlüftet 6.20.01

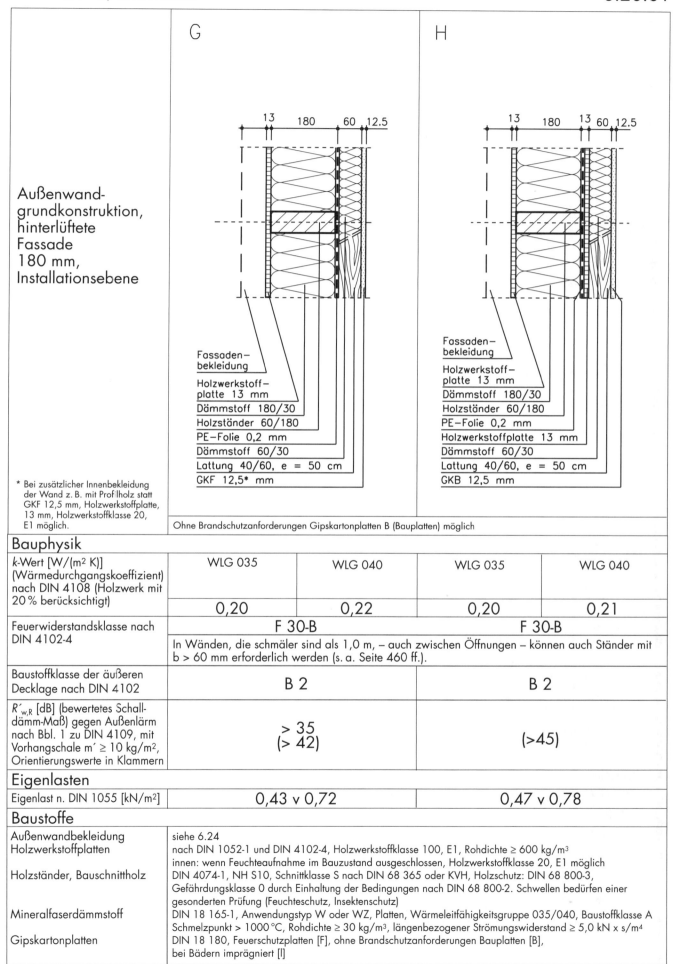

Außenwandgrundkonstruktion, hinterlüftete Fassade 180 mm, Installationsebene

G (von außen nach innen):
- Fassadenbekleidung
- Holzwerkstoffplatte 13 mm
- Dämmstoff 180/30
- Holzständer 60/180
- PE-Folie 0,2 mm
- Dämmstoff 60/30
- Lattung 40/60, e = 50 cm
- GKF 12,5* mm

H (von außen nach innen):
- Fassadenbekleidung
- Holzwerkstoffplatte 13 mm
- Dämmstoff 180/30
- Holzständer 60/180
- PE-Folie 0,2 mm
- Holzwerkstoffplatte 13 mm
- Dämmstoff 60/30
- Lattung 40/60, e = 50 cm
- GKB 12,5 mm

* Bei zusätzlicher Innenbekleidung der Wand z. B. mit Profilholz statt GKF 12,5 mm, Holzwerkstoffplatte, 13 mm, Holzwerkstoffklasse 20, E1 möglich.

Ohne Brandschutzanforderungen Gipskartonplatten B (Bauplatten) möglich

Bauphysik

	G		H	
k-Wert [W/(m² K)] (Wärmedurchgangskoeffizient) nach DIN 4108 (Holzwerk mit 20 % berücksichtigt)	WLG 035	WLG 040	WLG 035	WLG 040
	0,20	0,22	0,20	0,21
Feuerwiderstandsklasse nach DIN 4102-4	F 30-B		F 30-B	
	In Wänden, die schmäler sind als 1,0 m, – auch zwischen Öffnungen – können auch Ständer mit b > 60 mm erforderlich werden (s. a. Seite 460 ff.).			
Baustoffklasse der äußeren Decklage nach DIN 4102	B 2		B 2	
$R'_{w,R}$ [dB] (bewertetes Schalldämm-Maß) gegen Außenlärm nach Bbl. 1 zu DIN 4109, mit Vorhangschale $m' \geq 10$ kg/m², Orientierungswerte in Klammern	> 35 (> 42)		(>45)	

Eigenlasten

Eigenlast n. DIN 1055 [kN/m²]	0,43 v 0,72	0,47 v 0,78

Baustoffe

Außenwandbekleidung	siehe 6.24
Holzwerkstoffplatten	nach DIN 1052-1 und DIN 4102-4, Holzwerkstoffklasse 100, E1, Rohdichte ≥ 600 kg/m³ innen: wenn Feuchteaufnahme im Bauzustand ausgeschlossen, Holzwerkstoffklasse 20, E1 möglich
Holzständer, Bauschnittholz	DIN 4074-1, NH S10, Schnittklasse S nach DIN 68 365 oder KVH, Holzschutz: DIN 68 800-3, Gefährdungsklasse 0 durch Einhaltung der Bedingungen nach DIN 68 800-2. Schwellen bedürfen einer gesonderten Prüfung (Feuchteschutz, Insektenschutz)
Mineralfaserdämmstoff	DIN 18 165-1, Anwendungstyp W oder WZ, Platten, Wärmeleitfähigkeitsgruppe 035/040, Baustoffklasse A Schmelzpunkt > 1000 °C, Rohdichte ≥ 30 kg/m³, längenbezogener Strömungswiderstand ≥ 5,0 kN x s/m⁴
Gipskartonplatten	DIN 18 180, Feuerschutzplatten [F], ohne Brandschutzanforderungen Bauplatten [B], bei Bädern imprägniert [I]

Bauteildaten

Außenwand, nicht hinterlüftet   6.20.01

Außenwandgrundkonstruktion, Putzfassade 120 mm, mit und ohne Installationsebene

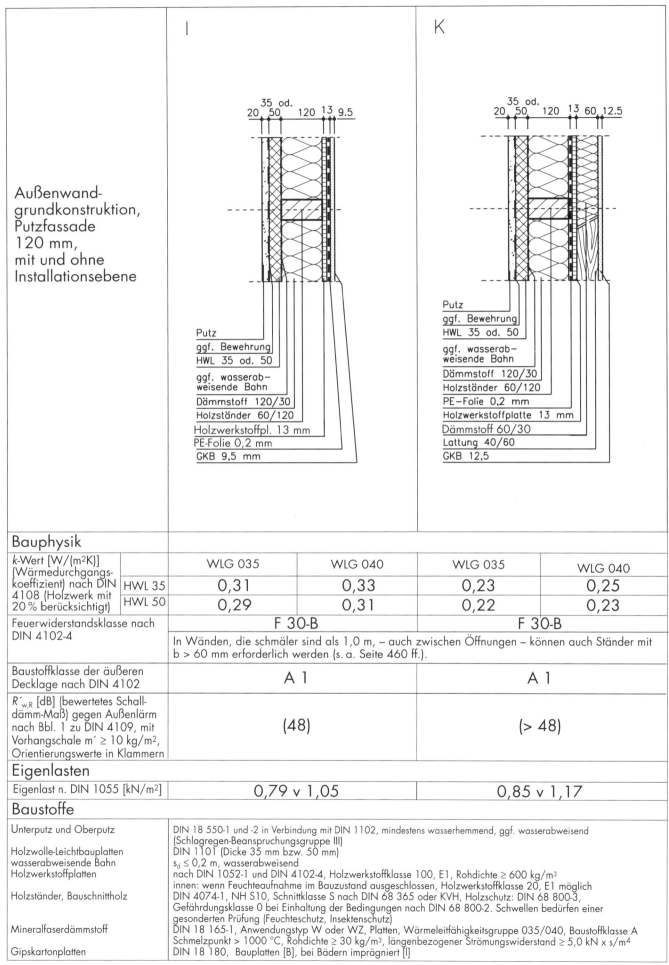

I

20, 35 od. 50, 120, 13, 9.5

Putz
ggf. Bewehrung
HWL 35 od. 50
ggf. wasserabweisende Bahn
Dämmstoff 120/30
Holzständer 60/120
Holzwerkstoffpl. 13 mm
PE-Folie 0,2 mm
GKB 9,5 mm

K

20, 35 od. 50, 120, 13, 60, 12.5

Putz
ggf. Bewehrung
HWL 35 od. 50
ggf. wasserabweisende Bahn
Dämmstoff 120/30
Holzständer 60/120
PE-Folie 0,2 mm
Holzwerkstoffplatte 13 mm
Dämmstoff 60/30
Lattung 40/60
GKB 12,5

Bauphysik

			I		K	
k-Wert [W/(m²K)] (Wärmedurchgangskoeffizient) nach DIN 4108 (Holzwerk mit 20 % berücksichtigt)			WLG 035	WLG 040	WLG 035	WLG 040
	HWL 35		0,31	0,33	0,23	0,25
	HWL 50		0,29	0,31	0,22	0,23
Feuerwiderstandsklasse nach DIN 4102-4			F 30-B		F 30-B	
			In Wänden, die schmäler sind als 1,0 m, – auch zwischen Öffnungen – können auch Ständer mit b > 60 mm erforderlich werden (s. a. Seite 460 ff.).			
Baustoffklasse der äußeren Decklage nach DIN 4102			A 1		A 1	
$R'_{w,R}$ [dB] (bewertetes Schalldämm-Maß) gegen Außenlärm nach Bbl. 1 zu DIN 4109, mit Vorhangschale m′ ≥ 10 kg/m², Orientierungswerte in Klammern			(48)		(> 48)	

Eigenlasten

Eigenlast n. DIN 1055 [kN/m²]	0,79 v 1,05	0,85 v 1,17

Baustoffe

Unterputz und Oberputz	DIN 18 550-1 und -2 in Verbindung mit DIN 1102, mindestens wasserhemmend, ggf. wasserabweisend (Schlagregen-Beanspruchungsgruppe III)
Holzwolle-Leichtbauplatten	DIN 1101 (Dicke 35 mm bzw. 50 mm)
wasserabweisende Bahn	s_d ≤ 0,2 m, wasserabweisend
Holzwerkstoffplatten	nach DIN 1052-1 und DIN 4102-4, Holzwerkstoffklasse 100, E1, Rohdichte ≥ 600 kg/m³ innen: wenn Feuchteaufnahme im Bauzustand ausgeschlossen, Holzwerkstoffklasse 20, E1 möglich
Holzständer, Bauschnittholz	DIN 4074-1, NH S10, Schnittklasse S nach DIN 68 365 oder KVH, Holzschutz: DIN 68 800-3, Gefährdungsklasse 0 bei Einhaltung der Bedingungen nach DIN 68 800-2. Schwellen bedürfen einer gesonderten Prüfung (Feuchteschutz, Insektenschutz)
Mineralfaserdämmstoff	DIN 18 165-1, Anwendungstyp W oder WZ, Platten, Wärmeleitfähigkeitsgruppe 035/040, Baustoffklasse A Schmelzpunkt > 1000 °C, Rohdichte ≥ 30 kg/m³, längenbezogener Strömungswiderstand ≥ 5,0 kN x s/m⁴
Gipskartonplatten	DIN 18 180, Bauplatten [B], bei Bädern imprägniert [I]

Bauteildaten

Außenwand, nicht hinterlüftet 6.20.01

Außenwandgrundkonstruktion, Putzfassade 180 mm, mit und ohne Installationsebene

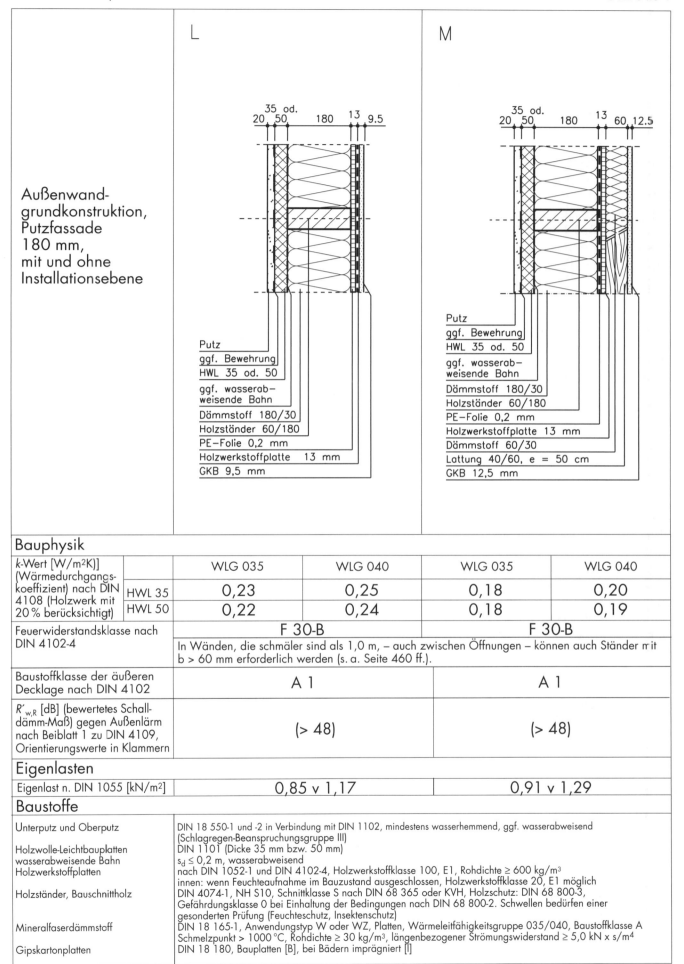

L

Putz
ggf. Bewehrung
HWL 35 od. 50
ggf. wasserabweisende Bahn
Dämmstoff 180/30
Holzständer 60/180
PE-Folie 0,2 mm
Holzwerkstoffplatte 13 mm
GKB 9,5 mm

M

Putz
ggf. Bewehrung
HWL 35 od. 50
ggf. wasserabweisende Bahn
Dämmstoff 180/30
Holzständer 60/180
PE-Folie 0,2 mm
Holzwerkstoffplatte 13 mm
Dämmstoff 60/30
Lattung 40/60, e = 50 cm
GKB 12,5 mm

Bauphysik

		L		M	
k-Wert [W/(m²K)] (Wärmedurchgangskoeffizient) nach DIN 4108 (Holzwerk mit 20 % berücksichtigt)		WLG 035	WLG 040	WLG 035	WLG 040
	HWL 35	0,23	0,25	0,18	0,20
	HWL 50	0,22	0,24	0,18	0,19
Feuerwiderstandsklasse nach DIN 4102-4		F 30-B		F 30-B	
		In Wänden, die schmäler sind als 1,0 m, – auch zwischen Öffnungen – können auch Ständer mit b > 60 mm erforderlich werden (s. a. Seite 460 ff.).			
Baustoffklasse der äußeren Decklage nach DIN 4102		A 1		A 1	
$R'_{w,R}$ [dB] (bewertetes Schalldämm-Maß) gegen Außenlärm nach Beiblatt 1 zu DIN 4109, Orientierungswerte in Klammern		(> 48)		(> 48)	

Eigenlasten

	L	M
Eigenlast n. DIN 1055 [kN/m²]	0,85 v 1,17	0,91 v 1,29

Baustoffe

Unterputz und Oberputz	DIN 18 550-1 und -2 in Verbindung mit DIN 1102, mindestens wasserhemmend, ggf. wasserabweisend (Schlagregen-Beanspruchungsgruppe III)
Holzwolle-Leichtbauplatten	DIN 1101 (Dicke 35 mm bzw. 50 mm)
wasserabweisende Bahn	$s_d \leq 0{,}2$ m, wasserabweisend
Holzwerkstoffplatten	nach DIN 1052-1 und DIN 4102-4, Holzwerkstoffklasse 100, E1, Rohdichte ≥ 600 kg/m³ innen: wenn Feuchteaufnahme im Bauzustand ausgeschlossen, Holzwerkstoffklasse 20, E1 möglich
Holzständer, Bauschnittholz	DIN 4074-1, NH S10, Schnittklasse S nach DIN 68 365 oder KVH, Holzschutz: DIN 68 800-3, Gefährdungsklasse 0 bei Einhaltung der Bedingungen nach DIN 68 800-2. Schwellen bedürfen einer gesonderten Prüfung (Feuchteschutz, Insektenschutz).
Mineralfaserdämmstoff	DIN 18 165-1, Anwendungstyp W oder WZ, Platten, Wärmeleitfähigkeitsgruppe 035/040, Baustoffklasse A Schmelzpunkt > 1000 °C, Rohdichte ≥ 30 kg/m³, längenbezogener Strömungswiderstand ≥ 5,0 kN × s/m⁴
Gipskartonplatten	DIN 18 180, Bauplatten [B], bei Bädern imprägniert [I]

Bauteildaten

Außenwand, Austauschmöglichkeiten 6.20.01

Tragende Außenbeplankung

Gipswerkstoffplatten
Zulassung erforderlich (siehe Kap. 5); zugelassene Außenbekleidung mit ausdrücklich ausgewiesener Eignung als Feuchteschutz erforderlich; besondere Regelungen der mechanischen Holzverbindungen; z. T. güteüberwachte Werksfertigung erforderlich; bei Platten, die nicht DIN 18 180, GKF 12,5 mm, entsprechen: Brandschutz-Prüfzeugnis und Schalldämm-Maß-Nachweise (Prüfzeugnisse) für das Bauteil, soweit Anforderung besteht, erforderlich.

OSB-Platten d ≥ 13 mm
Entweder OSB/3 oder OSB/4 nach DIN EN 300 mit zulässigen Beanspruchungen nach Bauregelliste oder Zulassung erforderlich (siehe Kap. 5); bei nicht schlagregensicherer Außenbekleidung nur mit wasserabweisender Abdeckung zulässig (Holzwerkstoffklasse 100); F 30-B nur bei Rohdichte ≥ 600 kg/m³.

Zementgebundene Spanplatten
Zulassung erforderlich (siehe Kap. 5); besondere Regelungen der mechanischen Holzverbindungen (Längenänderungen infolge Feuchte beachten!); Brandschutz-Prüfzeugnis und Schalldämm-Maß-Nachweis (Prüfzeugnis) für das Bauteil, soweit Anforderung besteht, erforderlich.

Silikatplatten
Zulassung erforderlich (siehe Kap. 5); besondere Regelungen der mechanischen Holzverbindungen (Längenänderungen infolge Feuchte beachten!); Brandschutz-Prüfzeugnis und Schalldämm-Maß-Nachweis (Prüfzeugnis) für das Bauteil, soweit Anforderung besteht, erforderlich; z. T. güteüberwachte Werksfertigung erforderlich; z. T. für unmittelbare Putzbeschichtung zugelassen.

Mehrschichtplatten
Zulassung erforderlich; z. T. güteüberwachte Werksfertigung erforderlich; Schalldämm-Maß-Nachweis (Prüfzeugnis), soweit Anforderung besteht, erforderlich; bei nicht schlagregensicherer Außenbekleidung und Vormauerwerk entweder wasserabweisende Abdeckung oder chemischer Holzschutz erforderlich. Für F 30-B Dicke ≥ 21 mm erforderlich.

MDF (Mitteldichte Holzfaserplatten)
Zulassung erforderlich (siehe Kap. 5); besondere Regelungen der mechanischen Holzverbindungen; Brandschutz-Prüfzeugnis und Schalldämm-Maß-Nachweis (Prüfzeugnis) für das Bauteil erforderlich.

Nichttragende Außenbeplankung

Alle zulässigen, tragenden Außenbeplankungen
wie zuvor beschrieben zulässig, jedoch Verbindungen konstruktiv oder ggf. nur nach brandschutztechnischen Bestimmungen.

Genormte, nichttragende Außenbeplankungen
Bei Brandschutzanforderungen Holzfaserplatten DIN 68 754-1, Rohdichte ≥ 600 kg/m³;
Sperrholz: DIN 68 705-5; bei Brandschutzanforderungen Rohdichte ≥ 600 kg/m³; Holzwolle-Leichtbauplatten: unverputzt ggf. Brandschutz-Prüfzeugnis für das Bauteil, soweit Anforderung besteht, erforderlich.

Vollholz-Schalung: Dicke ≥ 21 mm; gemessen nach DIN 4102-4, Nachweis des Schalldämm-Maßes der Gesamtkonstruktion; bei nicht schlagregensicherer Außenbekleidung entweder chemischer Holzschutz oder wasserableitende Abdeckung erforderlich.

Vollholz-Tragwerk

Chemischer Holzschutz des Holzständerwerkes
Für die in diesem Werk angegebenen Außenwände gilt (Auszüge aus DIN 68 800-2, kursiv):

Die nicht belüfteten Wandquerschnitte dürfen der Gefährdungsklasse 0 zugeordnet werden, wenn eine der nachstehend genannten Ausbildungen des Wetterschutzes vorliegt. Das gilt nicht für Schwellen oder Rippen, die auf folgenden Bauteilen aufliegen: Decken, die unmittelbar an das Erdreich grenzen (Bodenplatten), Decken im Bereich von Terrassen, Massivdecken im Bereich von Balkonen.

Erforderlicher Wetterschutz:
a) Vorgehängte Bekleidung oder dergleichen auf lotrechter Lattung und Bekleidung belüftet.
b) Vorgehängte Bekleidung oder dergleichen auf waagerechter Lattung, Hohlraum nicht belüftet, wasserableitende Schicht mit diffusionsäquivalenter Luftschichtdecke s_d ≤ 0,2 m auf der äußeren Wandbekleidung oder -beplankung.
c) Wärmedämm-Verbundsystem aus Hartschaumplatten nach DIN 18 164-1 und Kunstharzputz oder Putz mit nachgewiesenem, dauerhaft wirksamem Wetterschutz.
d) Holzwolleleichtbauplatten nach DIN 1101, erforderlichenfalls mit raumseitig angeordneter wasserableitender Schicht und wasserabweisendem Außenputz nach DIN 18 550-1, ohne zusätzliche äußere Bekleidung/Beplankung.
e) Mauerwerk-Vorsatzschale mit mindestens 40 mm dicker Luftschicht und Lüftungsöffnungen nach DIN 1053-1; auf der äußeren Wandbekleidung oder -beplankung:
   – wasserableitende Schicht oder
   – Hartschaumplatten nach DIN 18 165-1 oder
   – mineralischer Faserdämmstoff nach DIN 18 165-1 mit außenliegender wasserableitender Schicht mit s_d ≤ 0,2 m.

Dies gilt jedoch nur, wenn in den Wandhohlräumen mineralischer Faserdämmstoff nach DIN 18 165-1 oder Dämmstoff, dessen Verwendbarkeit für diesen Anwendungsfall besonders nachgewiesen ist, z. B. durch eine allgemeine bauaufsichtliche Zulassung, für den Anwendungsfall Gefährdungsklasse 0.

Im Fall a) des erforderlichen Wetterschutzes sowie im Fall b) mit luftdurchlässiger Bekleidung (z. B. Brettschalung) darf die Lattung der Gefährdungsklasse 0 zugeordnet werden.

An der Raumseite sind zusätzliche Bekleidungen, Vorhang- oder Vorsatzschalen zulässig, sofern der Tauwas-

Außenwand, Austauschmöglichkeiten 6.20.01

serschutz nach DIN 4108-3 für den Gesamtquerschnitt gegeben ist.

Tragwerk

BS-Holz
ohne weiteres möglich.

Furnierschicht-, Langspan- und Furnierstreifenholz
Zulassung erforderlich; bei geringeren Breiten als 60 mm: Brandschutz nach DIN 4102-4 überprüfen und Randabstände der Verbindungsmittel beachten!

Dämmstoff im Holztafelhohlraum

Mineralische Schüttungen (Blähmineralien o. ä.)
Zulassungen erforderlich für den gesamten Wandaufbau für: Wärmeleitfähigkeit; Brandschutz; Schalldämm-Maße; Gefährdungsklasse 0 nach DIN 68 800-3.

Organische Dämmstoffe (Holzspäne, Holzwolle, Zellulose, Hanf, Flachs, Hartschäume o. ä.)
Zulassungen erforderlich für den gesamten Wandaufbau für: Wärmeleitfähigkeit; Brandschutz; Schalldämm-Maße; Gefährdungsklasse 0 nach DIN 68 800-3; bei Hartschäumen nach DIN 18 164 Wärmeleitfähigkeit nicht zulassungspflichtig.

Hinweis: Bei Konstruktionen nach DIN 4102-4 sind Mineralfaser-Platten vorgeschrieben, bei sonstigen Konstruktionen ist Brandschutz-Prüfzeugnis erforderlich.

Dampfsperre

Nachweis des bauphysikalischen Feuchteschutzes nach DIN 4108 erforderlich.

Hinweis: Die in den Konstruktionen durchgängig vorgesehene PE-Folie $d \geq 0,2$ mm gewährleistet in allen Wänden nicht anfallendes Tauwasser unter Normklimabedingungen für Wohngebäude. Diese Dampfsperre ist auch wesentlicher Bestandteil des Luftdichtungskonzeptes.

Tragende Innenbeplankung

Es gelten die Angaben wie für die »Tragende Außenbeplankung«, jedoch ist – ausgenommen Feuchträume – kein Feuchteschutz erforderlich und es können Platten eingesetzt werden, die der Holzwerkstoffklasse 20 entsprechen.

In Feuchträumen ist eine dauerhaft wirksame Abdichtung (siehe Kapitel 8) erforderlich, sonst dürfen die Platten nicht als tragend eingesetzt werden (s. DIN 68 800-2 Abschn. 11.3).

Nichttragende Innenbeplankung auf Holzständerwerk

Gipswerkstoffplatten (nicht GKF d = 12,5 mm DIN 18 180)
Ggf. Brandschutz-Zulassung (Prüfzeugnis) und Schalldämm-Maß-Nachweis (Prüfzeugnis) für das Bauteil erforderlich.

OSB-Platten ≥ 13 mm
Bei Brandschutzanforderungen Rohdichte ≥ 600 kg/m^3.

Zementgebundene Spanplatten
Ggf. Brandschutz-Zulassung (Prüfzeugnis) und Schalldämm-Maß-Nachweis (Prüfzeugnis) für das Bauteil erforderlich.

Silikatplatten
Ggf. Brandschutz-Zulassung (Prüfzeugnis) und Schalldämm-Maß-Nachweise (Prüfzeugnisse) für das Bauteil erforderlich.

Mehrschichtplatten
Ggf. für F 30-B Dicke ≥ 21 mm (gemessen nach DIN 4102-4) erforderlich, ggf. Schalldämm-Maß-Nachweis (Prüfzeugnis) für das Bauteil erforderlich.

MDF (Mitteldichte Holzfaserplatten)
Ggf. Brandschutz-Zulassung (Prüfzeugnis) und Schalldämm-Maß-Nachweis (Prüfzeugnis) für das Bauteil erforderlich.

Innere Vorsatzschale

Bei den Wandtypen F und H
– Dämmstoff mindestens B 2 (normalentflammbar),
– innere Decklage mindestens B 2 (normalentflammbar), ansonsten beliebig.

Bei den Wandtypen E und G für die innere Vorsatzschale gelten die Angaben:
– genauso wie für den Holztafelhohlraum (Gefache),
– genauso wie für die nichttragende Innenbeplankung des Holzständerwerks.

Hinweise und Ratschläge

Die angegebenen Konstruktionen sind in vielfältiger Weise veränderbar. Sie können dem Kundenwunsch gut angepaßt werden. Die Landesbauordnungen verlangen nachvollziehbare Nachweise bezüglich der Baustoff- und Bauteilqualität.

Bauteildaten

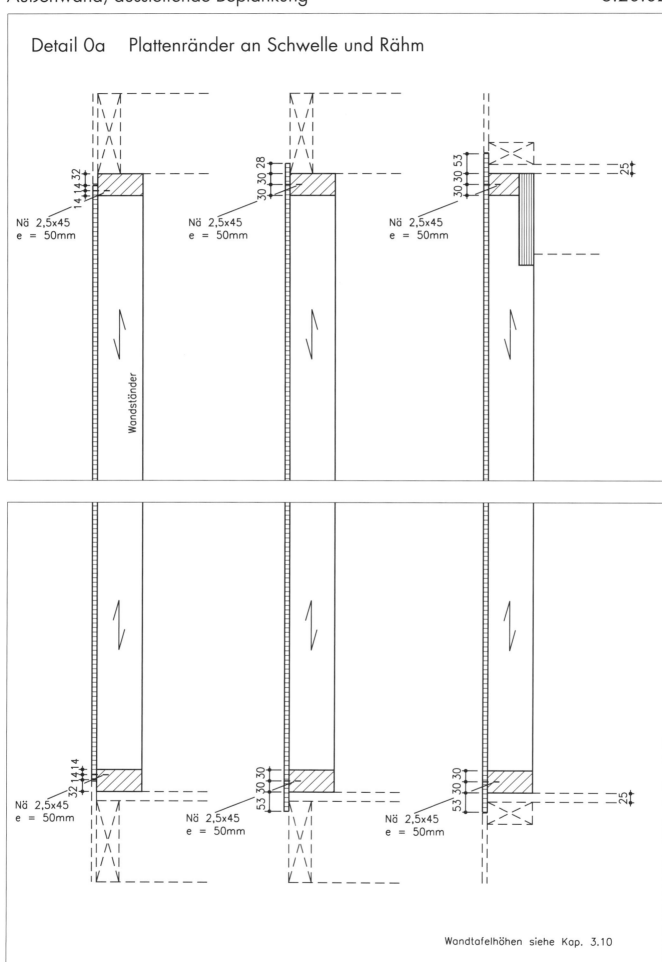

Außenwand, aussteifende Beplankung 6.20.02

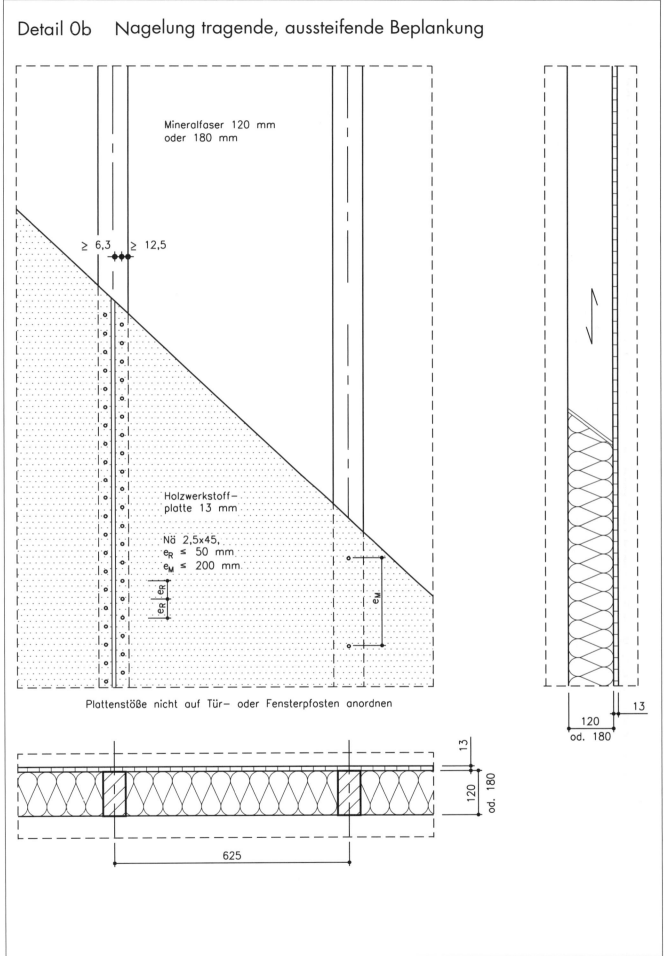

Konstruktion — Ansicht, Grundriß, Schnitt M = 1 : 10

Außenwand, aussteifende Beplankung 6.20.02

Detail 0c Klammerverbindungen

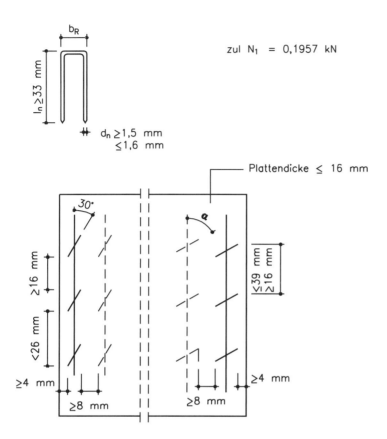

zul N_1 = 0,1957 kN

α = Winkel zwischen Klammerrücken und Faserrichtung des Holzes
$\alpha < 30°$: zul N_1
$\alpha \geq 30°$: $2/3 \cdot$ zul N_1

Außenwand, Übersicht tragende Details 6.20.03

Die Details sind nach den maßgeblichen Konstruktionsgesichtspunkten zugeordnet, Installationsebenen und ähnliches wurden nur berücksichtigt, wenn sie Tragfunktion haben oder die Montage beeinflussen.

Außenwandecken

Details 6.21.13	aussteifende Beplankung					
	außen			innen		
	offen	werkseitig geschlossen	mittragende Installationsebene	offen	werkseitig geschlossen	mittragende Installationsebene
Außenecke	1a – 1c, S. 175 f.	3a, S. 177		1a, S. 176	4b, 4c, S. 178	4a, S. 177
Innenecke	1a, 1b, S. 179			2a, S. 180	2b, S. 180	

Balkendecke, Balken nicht sichtbar

Details 6.22.13	aussteifende Beplankung					
	außen			innen		
	offen	werkseitig geschlossen	mittragende Installationsebene	offen	werkseitig geschlossen	mittragende Installationsebene
Deckenrandgurt durchlaufend Deckenbeplankung auf der Baustelle)	1a – 1c, S. 181 ff.	3a, 3b S. 185 f.		2a, S. 184	3c, S. 187	3d S. 188
Deckentafeln, elementiert, Rand mit Außendämmung (durchlaufendes Wandrähm als Deckenscheiben-Randgurt erforderlich)	4a, S. 189	6a, S. 191		5a, S. 190	6b, S. 192	6c, S. 193

Balkendecke, Balken sichtbar

Details 6.22.13		aussteifende Beplankung					
		außen			innen		
		offen	werkseitig geschlossen	mittragende Installationsebene	offen	werkseitig geschlossen	mittragende Installationsebene
Deckentafeln, elementiert, Rand mit Außendämmung (durchlaufendes Wandrähm als Deckenscheiben-Randgurt erforderlich)		7a, S. 194	9a, S. 196 f.	10a, S. 197	8a, S. 195		11a, S. 198 12a, 12b, 12c, S. 199 ff.
Deckentafeln, mit Balkenschuhen/-trägern, Wand bis Oberkante Balken, Furnierschichtholz-Randstreifen	Wandrähm durchlaufend, Deckenelemente möglich	13a, 13c S. 202, 204	15a, S. 208		13a, S. 206		
	Furnierschichtholz durchlaufend, Balken örtlich	13b, 13d S. 203, 205	15b, S. 209		14a, S. 207		

Massivholz-Deckenplatte

Details 6.22.13	aussteifende Beplankung					
	außen			innen		
	offen	werkseitig geschlossen	mittragende Installationsebene	offen	werkseitig geschlossen	mittragende Installationsebene
Außenecke	16a – 16b, S. 211 f.					
Innenecke	17a, 17b, S. 212 f.	20a, 20b S. 218 f.		18a, 18b S. 214 f.	möglich wie 20a, 20b S. 218 f	19a, 19b, S. 216 f

Hinweis: Bei »Wandrähm durchlaufend« sind die Wände als Großtafeln über die Länge des Deckenscheiben-Gurtes erforderlich oder die Wandrähme sind für die Gurtkraft der Deckenscheibe druck- und zugfest zu verbinden.

Außenwand, Außenecke   6.21.13

Detail 1a
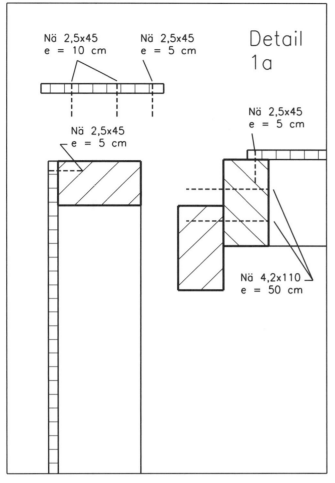

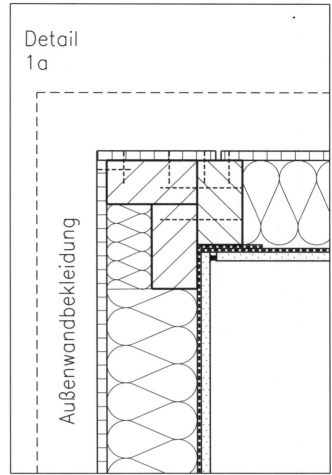

Detail 1b
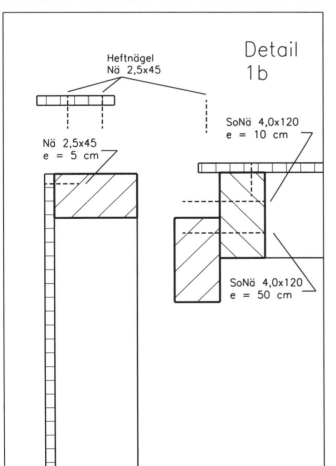

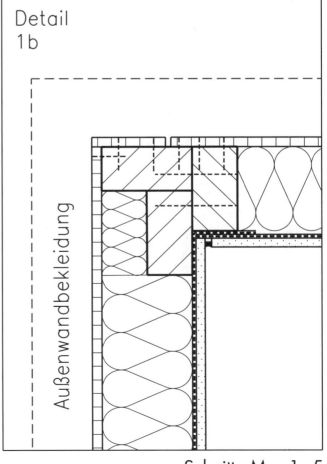

Details, Anschlüsse   Schnitte M = 1 : 5

Außenwand, Außenecke

6.21.13

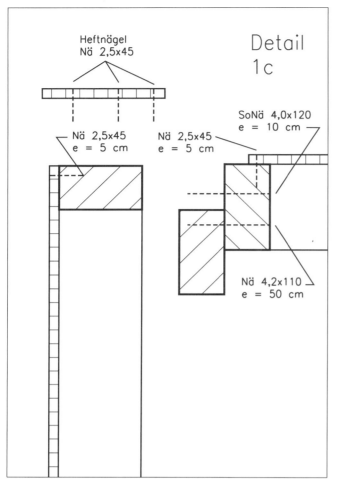

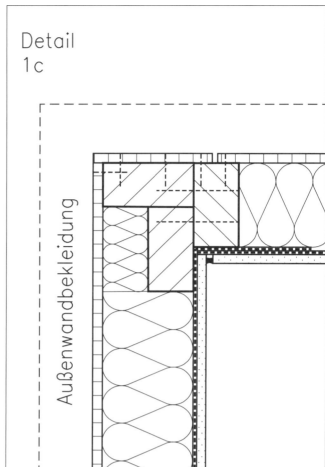

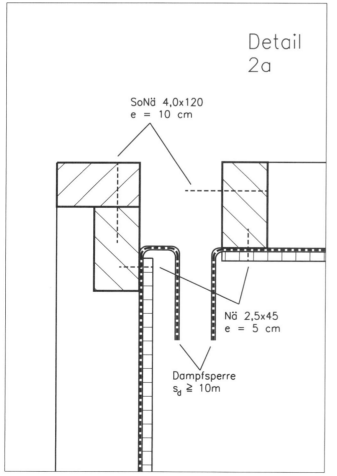

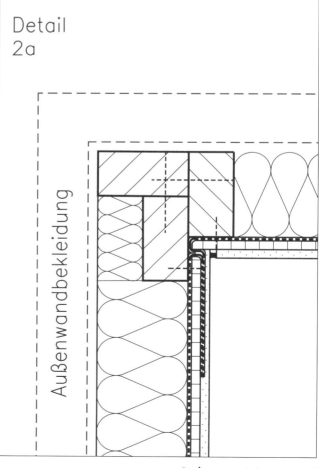

Details, Anschlüsse

Schnitte M = 1 : 5

Außenwand, Außenecke

6.21.13

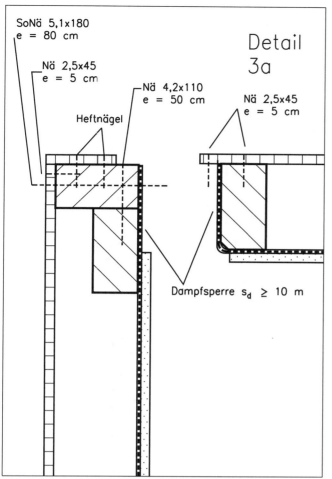

Detail 3a

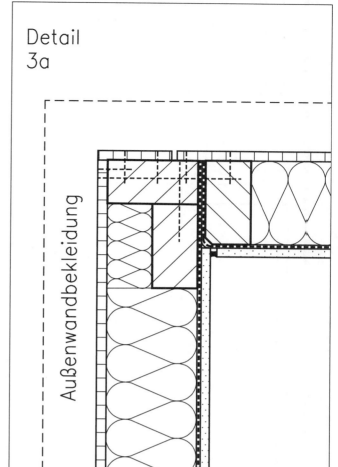

Detail 3a

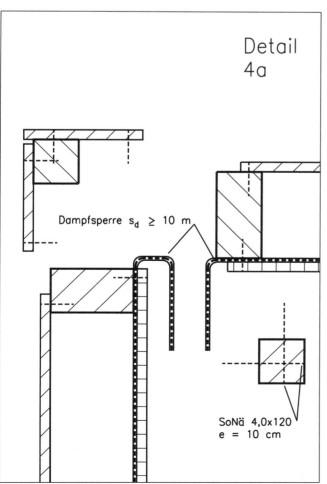

Detail 4a

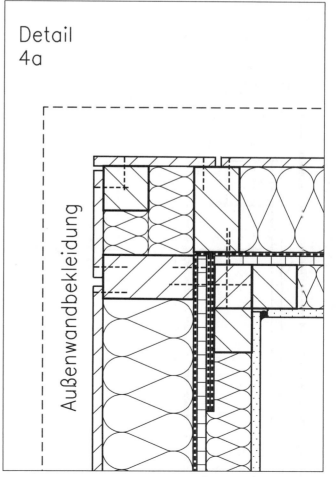

Detail 4a

Details, Anschlüsse

Schnitte M = 1 : 5

Außenwand, Außenecke

6.21.13

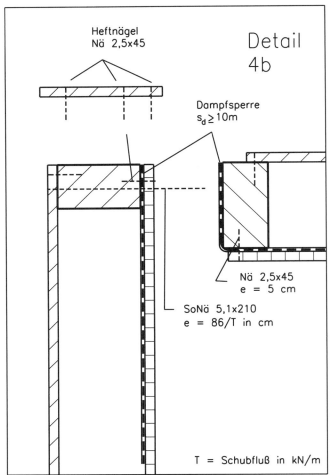

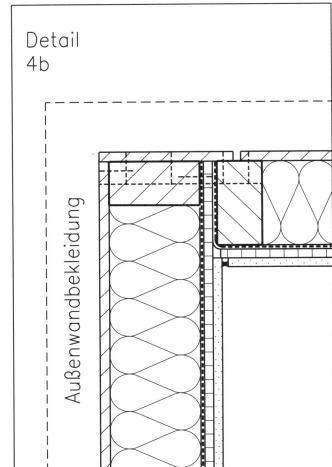

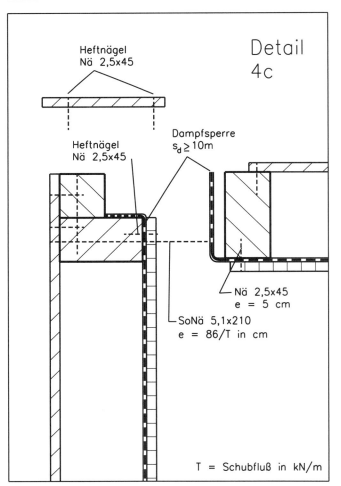

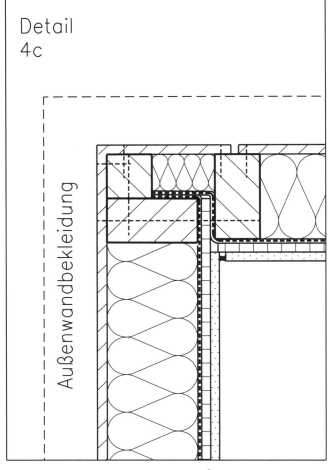

Details, Anschlüsse

Schnitte M = 1 : 5

Außenwand, Innenecke 6.21.23

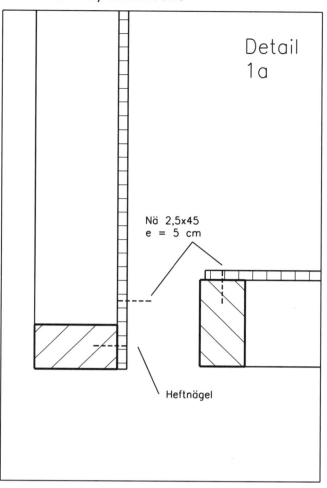

Detail 1a

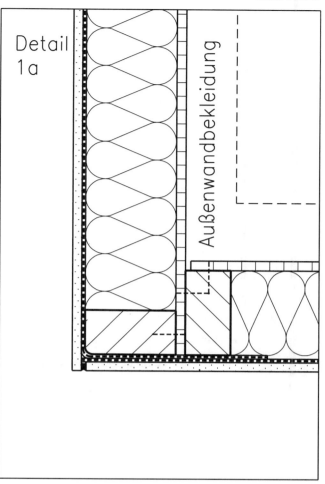

Detail 1a

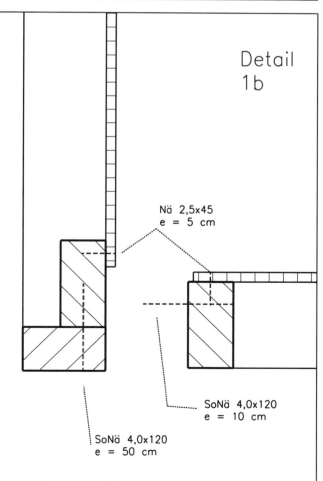

Detail 1b

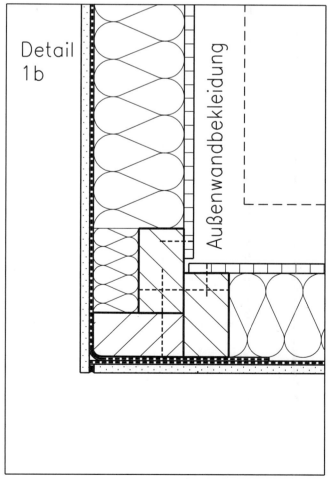

Detail 1b

Details, Anschlüsse — Schnitte M = 1:5

Außenwand, Innenecke

6.21.23

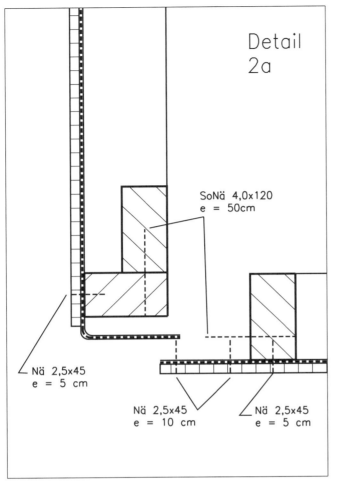

Detail 2a

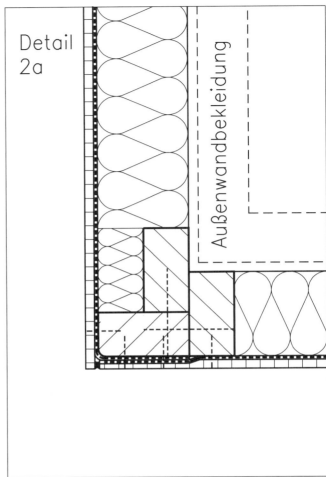

Detail 2a

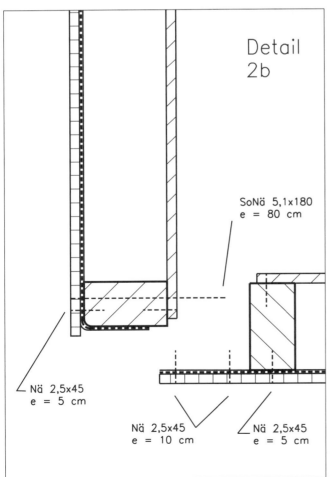

Detail 2b

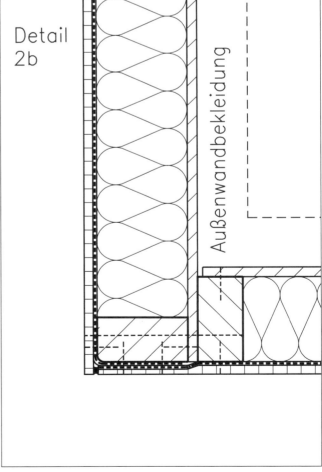

Detail 2b

Details, Anschlüsse — Schnitte M = 1 : 5

Außenwand, Balkendecke, Balken nicht sichtbar — 6.22.13

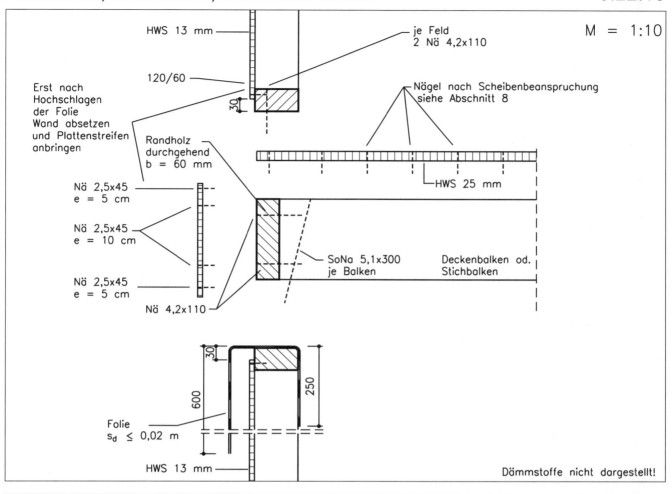

Detail 1a

Aussteifende Wandbeplankung außen, durchlaufende Deckenrandhölzer.

Schubkraftübertragung über Nägel in äußerem Holzwerkstoffstreifen aus der oberen Wand und der Decke in die untere Wand.

Montage der Decke und Wände von innen möglich. Plattenstreifen nur von außen.

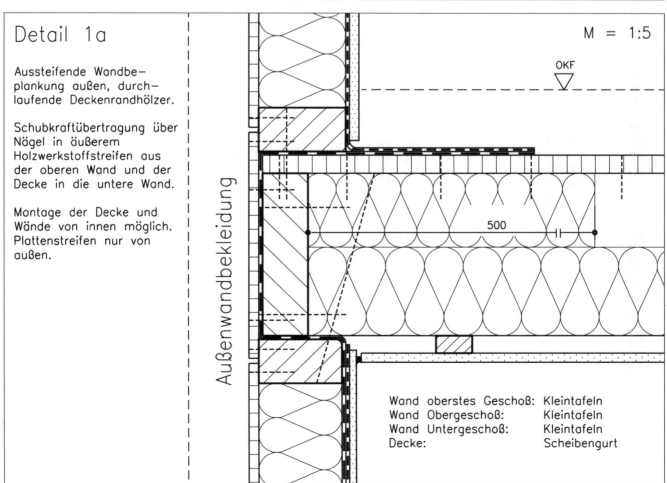

Details, Außenbeplankung aussteifend, werkseitig offen — Schnitte

Außenwand, Balkendecke, Balken nicht sichtbar   6.22.13

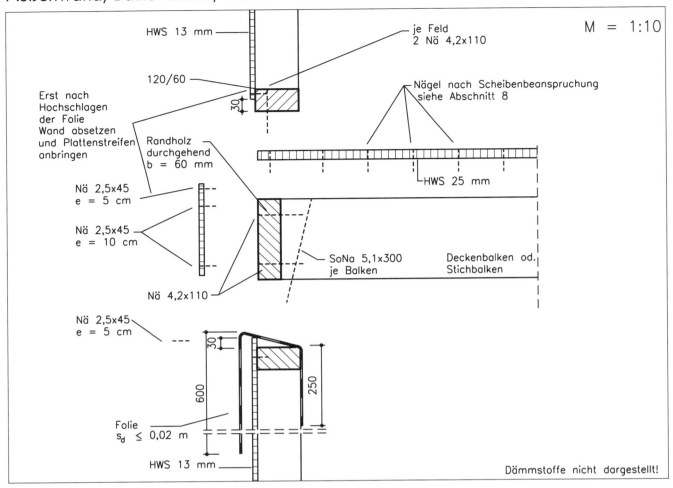

Detail 1b

Aussteifende Wandbeplankung außen, durchlaufende Deckenrandhölzer.

Schubkraftübertragung über Nägel in äußerem Holzwerkstoffstreifen aus der oberen Wand und der Decke in die untere Wand über die Wandbeplankung.

Montage der Decke und Wände von innen möglich, Plattenstreifenmontage nur von außen.

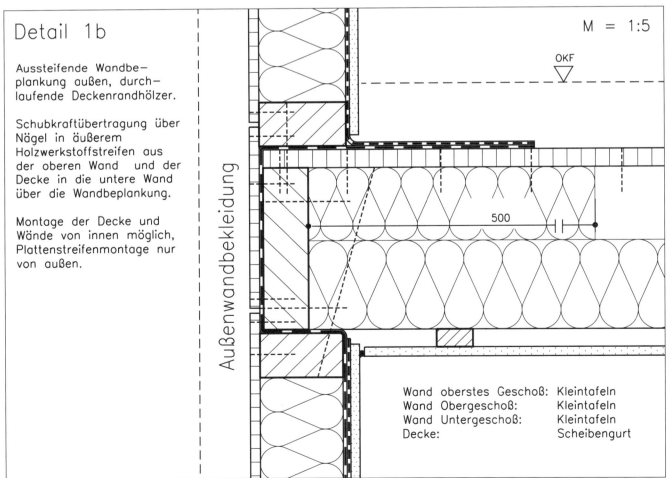

Wand oberstes Geschoß: Kleintafeln
Wand Obergeschoß: Kleintafeln
Wand Untergeschoß: Kleintafeln
Decke: Scheibengurt

Details, Außenbeplankung aussteifend, werkseitig offen — Schnitte

Außenwand, Balkendecke, Balken nicht sichtbar 6.22.13

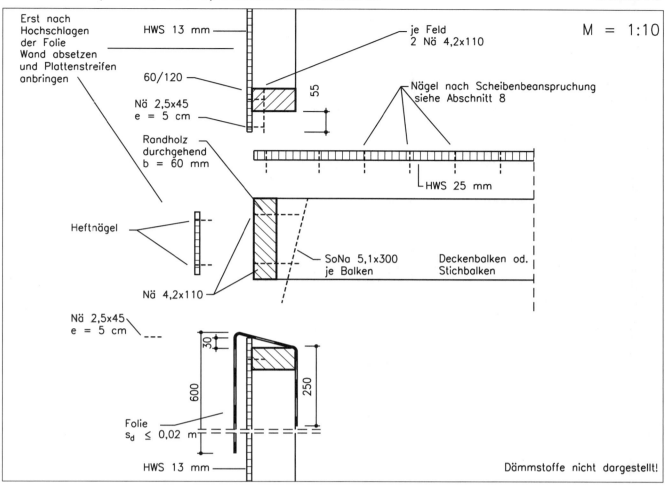

Detail 1c

Aussteifende Wandbeplankung außen, durchlaufende Deckenrandhölzer.

Schubkraftübertragung direkt über Nägel in äußerer Beplankung aus der oberen Wand und der Decke in die untere Wand.

Plattenstreifenmontage werkseitig möglich, Anschlüsse der überlappenden Wandbeplankungen nur von außen möglich.

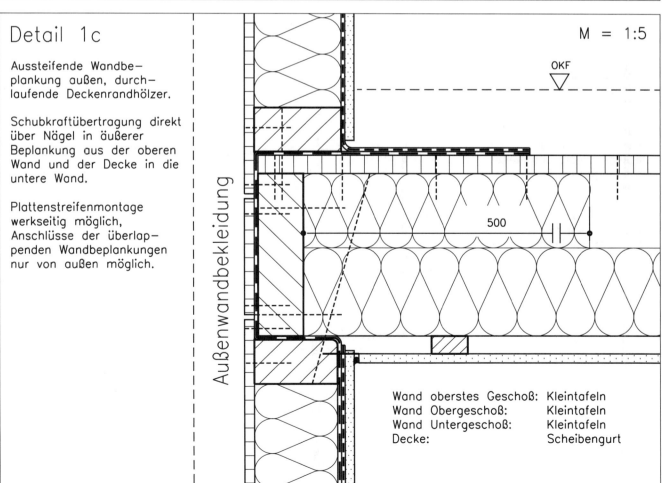

Details, Außenbeplankung aussteifend, werkseitig offen — Schnitte

Außenwand, Balkendecke, Balken nicht sichtbar 6.22.13

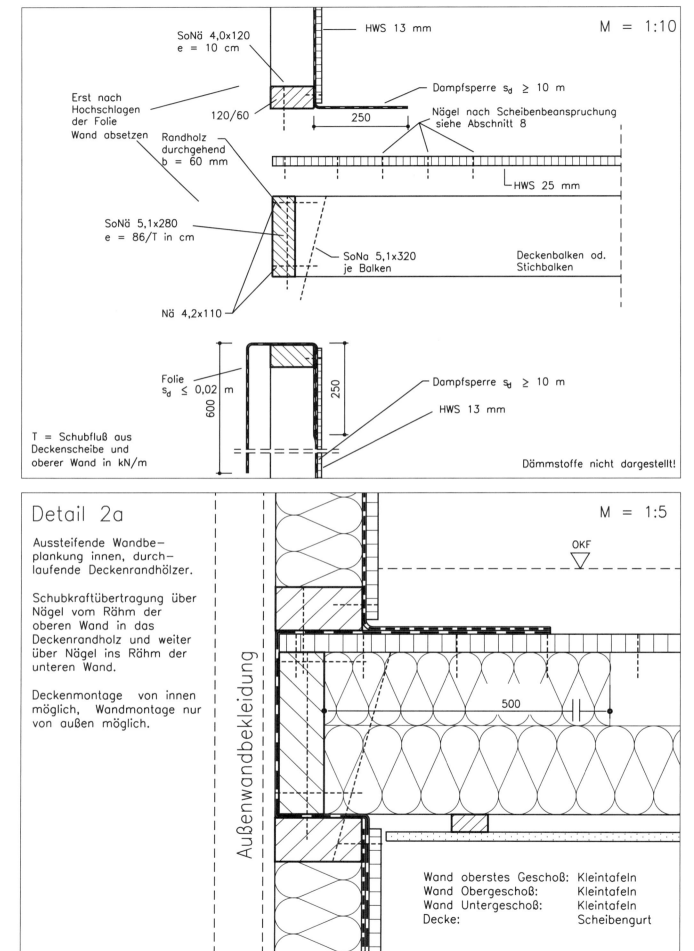

Details, Innenbeplankung aussteifend, werkseitig offen — Schnitte

Außenwand, Balkendecke, Balken nicht sichtbar 6.22.13

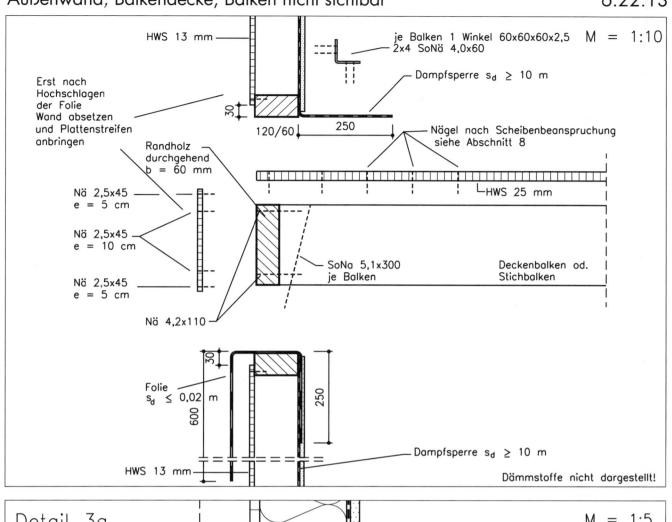

Detail 3a

Werkseitig beidseitige Wandbeplankung, außen aussteifend, durchlaufende Deckenrandhölzer.

Schubkraftübertragung aus der oberen Wand und aus der Decke in die untere Wand über Holzwerkstoffstreifen und Nägel.

Plattenstreifenmontage nur von außen möglich.

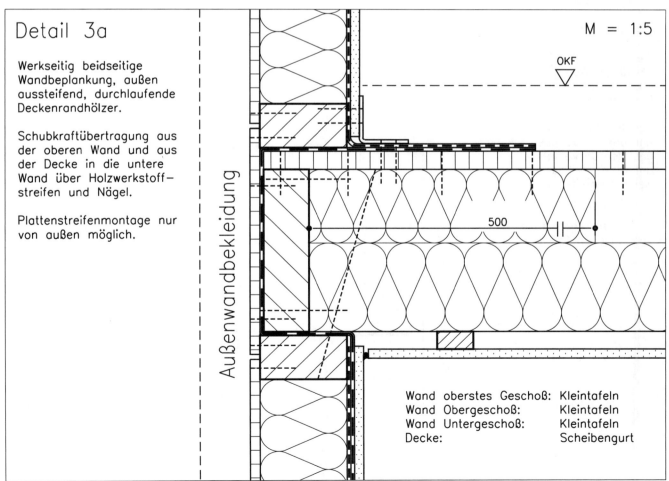

Details, Außenbeplankung aussteifend, werkseitig geschlossen — Schnitte

Außenwand, Balkendecke, Balken nicht sichtbar   6.22.13

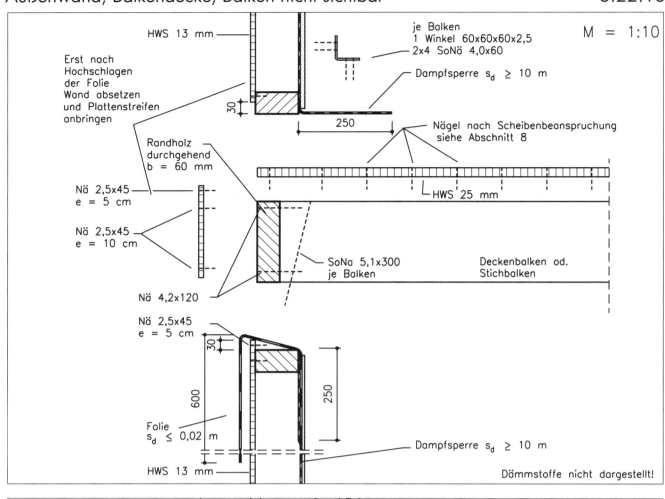

Detail 3b

Werkseitig beidseitige Wandbeplankung, außen aussteifend, durchlaufende Deckenrandhölzer.

Schubkraftübertragung aus der oberen Wandbeplankung und der Decke in die untere Wand über Holzwerkstoffstreifen und Nägel.

Plattenstreifenmontage nur von außen möglich.

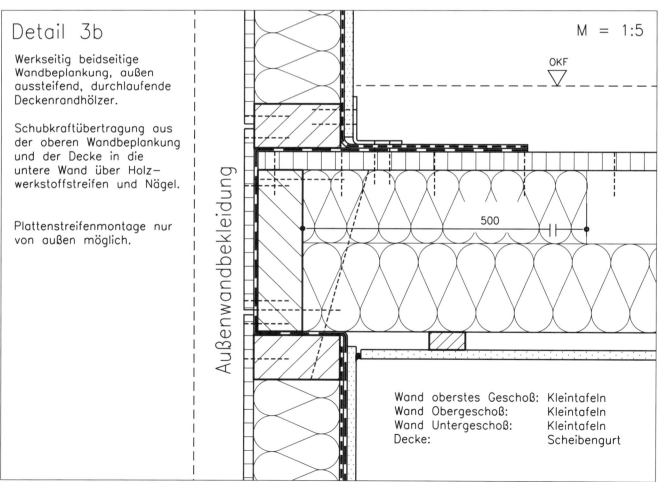

Details, Außenbeplankung aussteifend, werkseitig geschlossen   Schnitte

Außenwand, Balkendecke, Balken nicht sichtbar 6.22.13

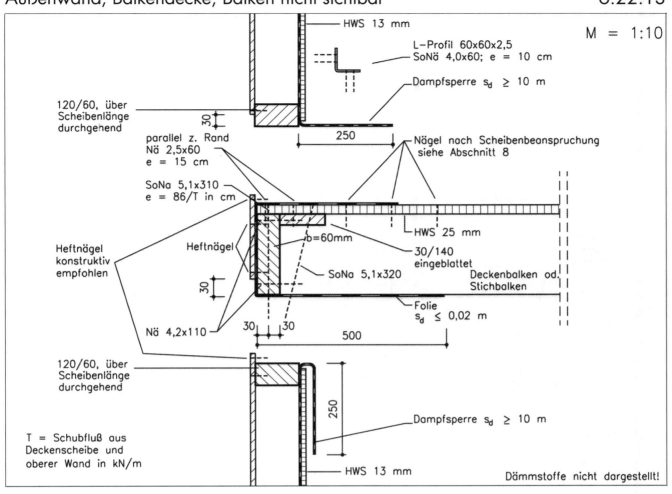

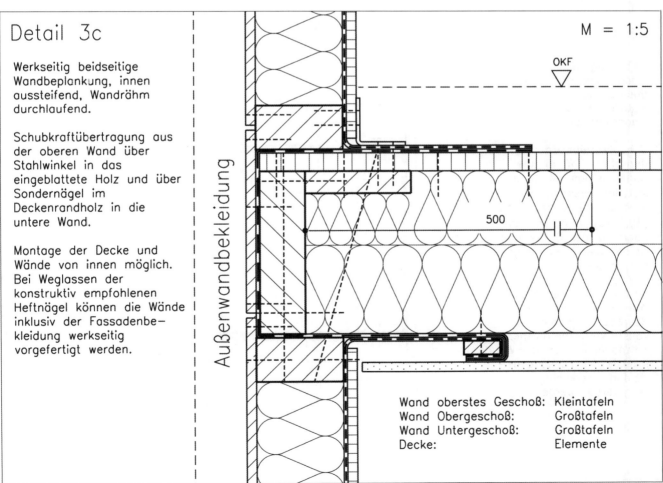

Details, Innenbeplankung aussteifend, werkseitig geschlossen Schnitte

Außenwand, Balkendecke, Balken nicht sichtbar — 6.22.13

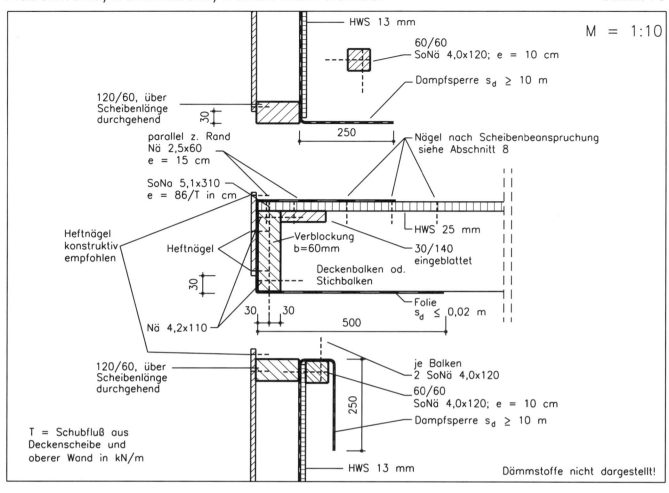

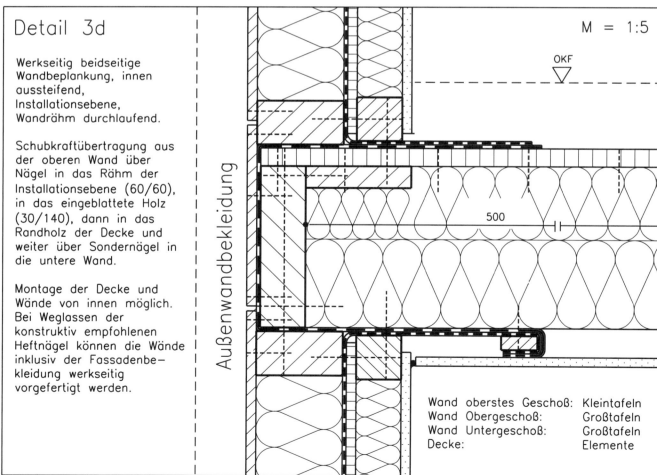

Details, Innenbeplankung aussteifend, werkseitig geschlossen — Schnitte

Außenwand, Balkendecke, Balken nicht sichtbar — 6.22.13

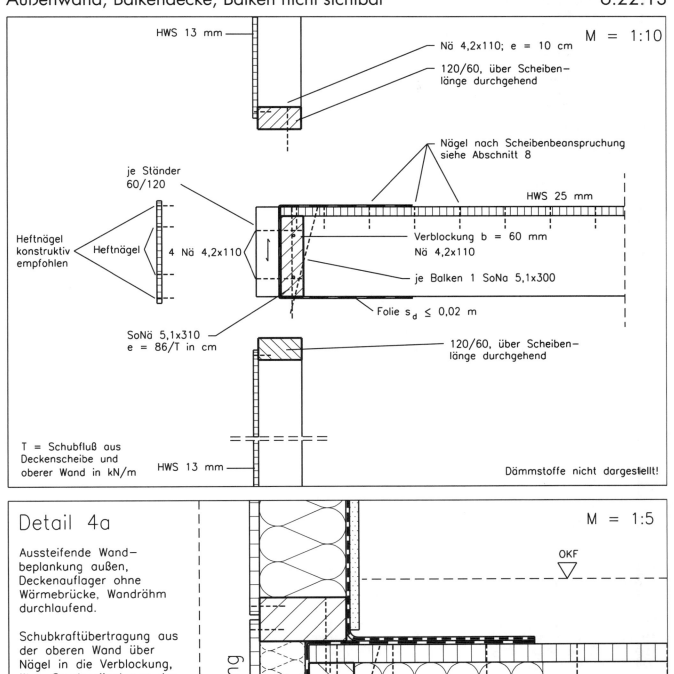

Detail 4a

Aussteifende Wandbeplankung außen, Deckenauflager ohne Wärmebrücke, Wandrähm durchlaufend.

Schubkraftübertragung aus der oberen Wand über Nägel in die Verblockung, über Sondernägel aus der oberen Wand und der Decke in die untere Wand.

Montage der Decke und Wände von innen möglich. Bei Weglassen der konstruktiv empfohlenen Heftnägel können die Wände inklusive der Fassadenbekleidung werkseitig vorgefertigt werden.

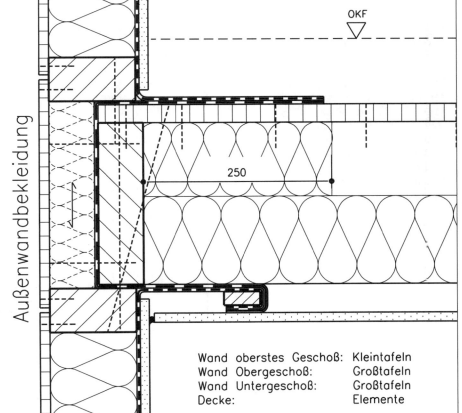

Wand oberstes Geschoß: Kleintafeln
Wand Obergeschoß: Großtafeln
Wand Untergeschoß: Großtafeln
Decke: Elemente

Details, Außenbeplankung aussteifend, werkseitig offen — Schnitte

Außenwand, Balkendecke, Balken nicht sichtbar — 6.22.13

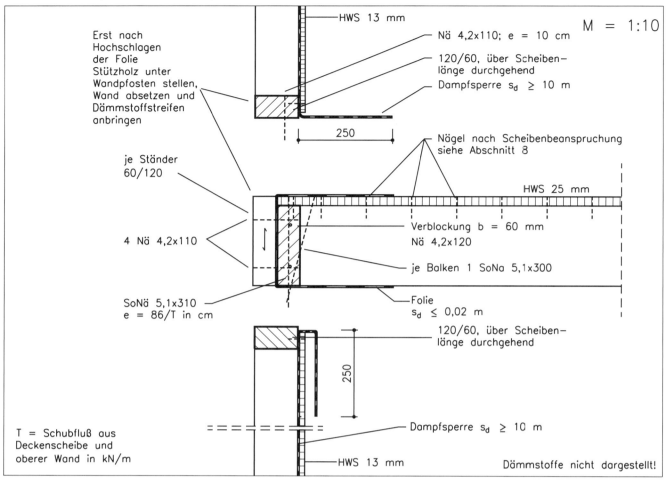

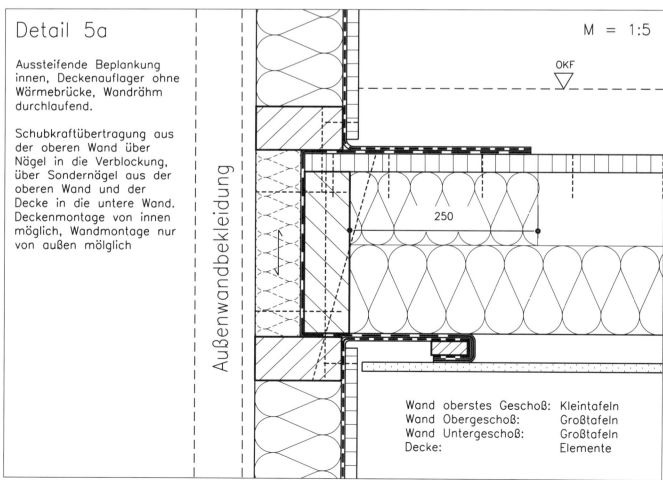

Detail 5a

Aussteifende Beplankung innen, Deckenauflager ohne Wärmebrücke, Wandrähm durchlaufend.

Schubkraftübertragung aus der oberen Wand über Nägel in die Verblockung, über Sondernägel aus der oberen Wand und der Decke in die untere Wand. Deckenmontage von innen möglich, Wandmontage nur von außen möglich

Wand oberstes Geschoß: Kleintafeln
Wand Obergeschoß: Großtafeln
Wand Untergeschoß: Großtafeln
Decke: Elemente

Details, Innenbeplankung aussteifend, werkseitig offen — Schnitte

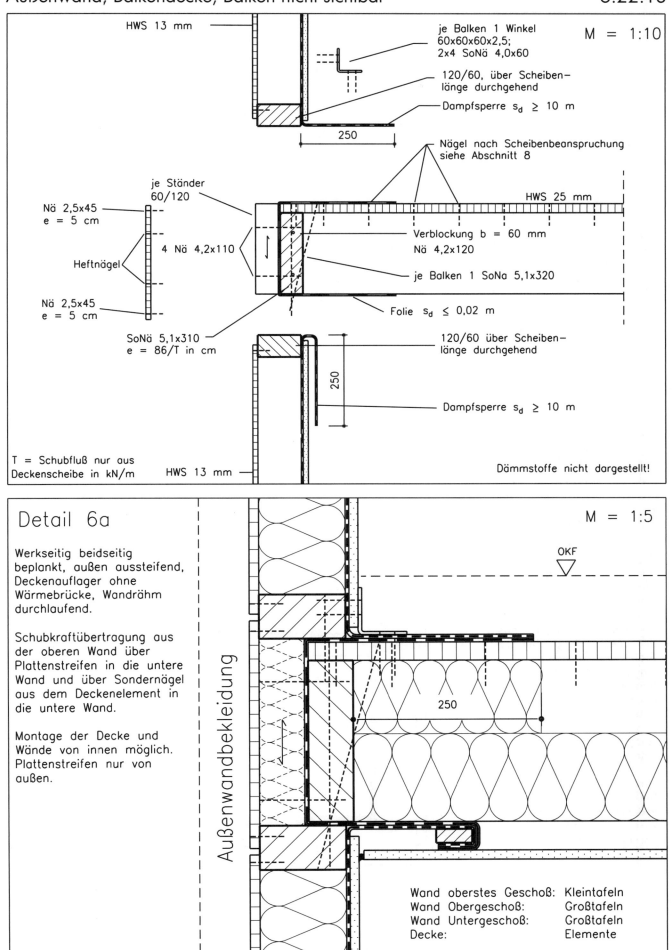

Außenwand, Balkendecke, Balken nicht sichtbar 6.22.13

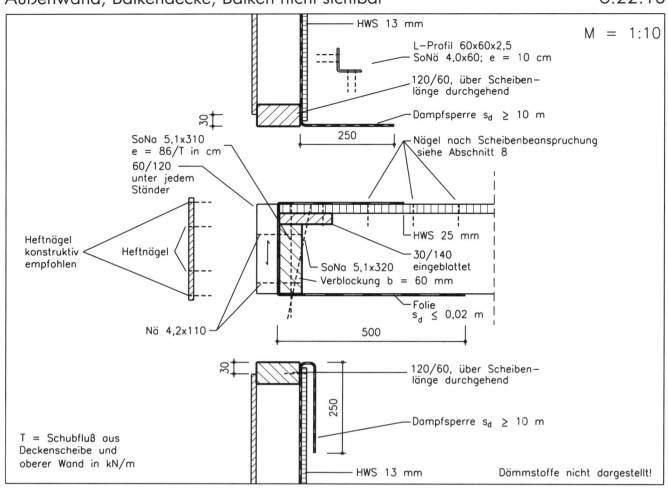

M = 1:10

Dämmstoffe nicht dargestellt!

T = Schubfluß aus Deckenscheibe und oberer Wand in kN/m

Detail 6b

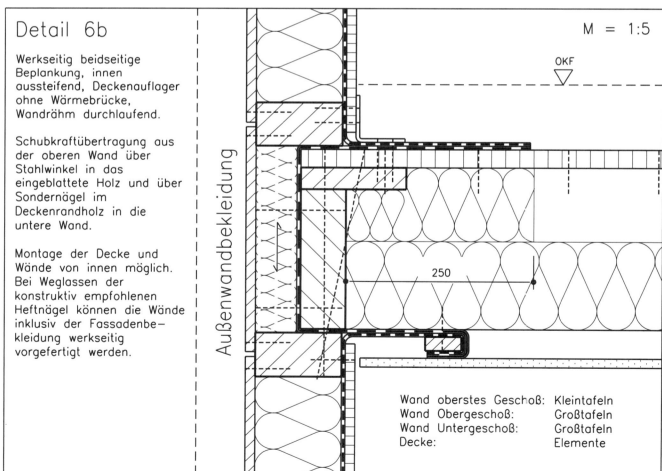

M = 1:5

Werkseitig beidseitige Beplankung, innen aussteifend, Deckenauflager ohne Wärmebrücke, Wandrähm durchlaufend.

Schubkraftübertragung aus der oberen Wand über Stahlwinkel in das eingeblattete Holz und über Sondernägel im Deckenrandholz in die untere Wand.

Montage der Decke und Wände von innen möglich. Bei Weglassen der konstruktiv empfohlenen Heftnägel können die Wände inklusiv der Fassadenbekleidung werkseitig vorgefertigt werden.

Wand oberstes Geschoß: Kleintafeln
Wand Obergeschoß: Großtafeln
Wand Untergeschoß: Großtafeln
Decke: Elemente

Details, Innenbeplankung aussteifend, werkseitig geschlossen   Schnitte

Außenwand, Balkendecke, Balken nicht sichtbar 6.22.13

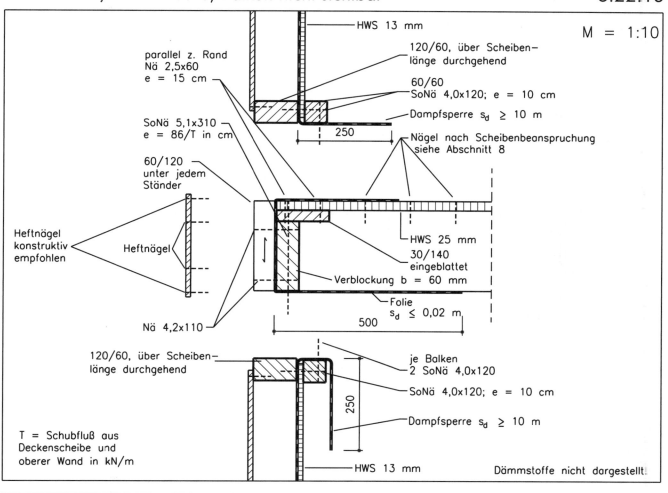

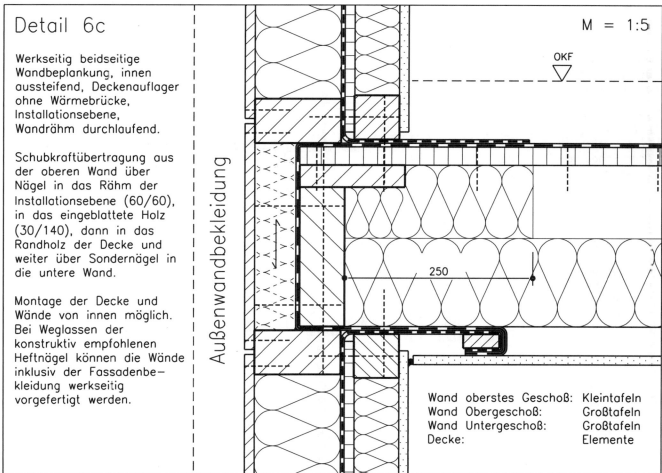

Details, Innenbeplankung aussteifend, werkseitig geschlossen   Schnitte

Außenwand, Balkendecke, Balken sichtbar — 6.22.23

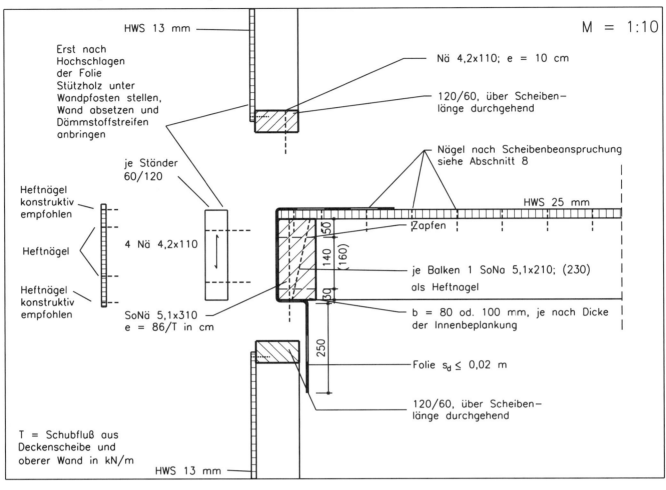

Detail 7a

Aussteifende Beplankung außen, Wandrähm durchlaufend.

Schubkraftübertragung über Nägel aus der oberen Wand in den Randbalken und über Sondernägel aus der Decke in die untere Wand.

Montage der Decke und Wände von innen möglich. Bei Weglassen der konstruktiv empfohlenen Heftnägel können die Fassadenbekleidungen werkseitig vorgefertigt werden.

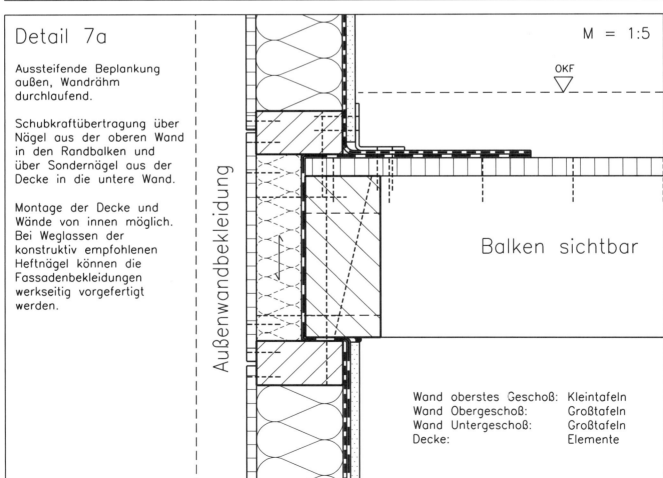

Details, Außenbeplankung aussteifend, werkseitig offen — Schnitte

Außenwand, Balkendecke, Balken sichtbar 6.22.23

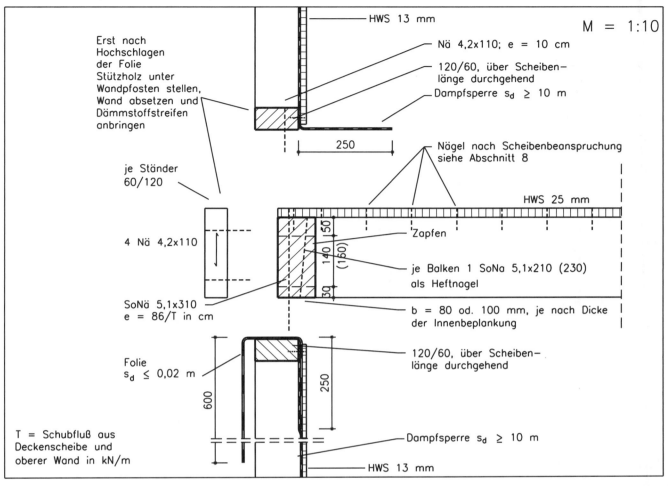

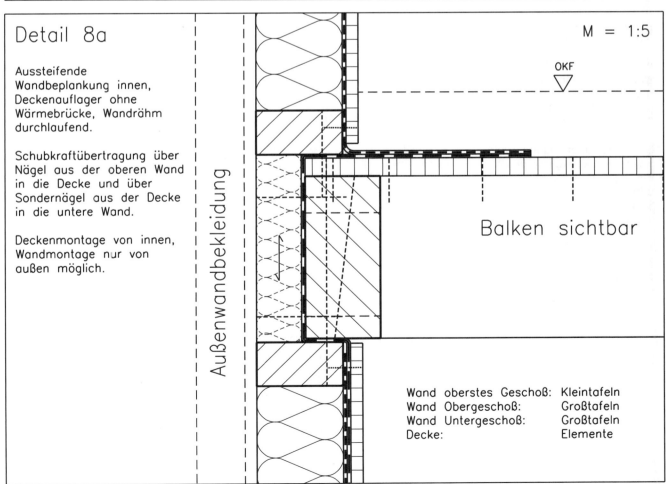

Detail 8a

Aussteifende Wandbeplankung innen, Deckenauflager ohne Wärmebrücke, Wandrähm durchlaufend.

Schubkraftübertragung über Nägel aus der oberen Wand in die Decke und über Sondernägel aus der Decke in die untere Wand.

Deckenmontage von innen, Wandmontage nur von außen möglich.

Wand oberstes Geschoß: Kleintafeln
Wand Obergeschoß: Großtafeln
Wand Untergeschoß: Großtafeln
Decke: Elemente

Details, Innenbeplankung aussteifend, werkseitig offen — Schnitte

Außenwand, Balkendecke, Balken sichtbar 6.22.23

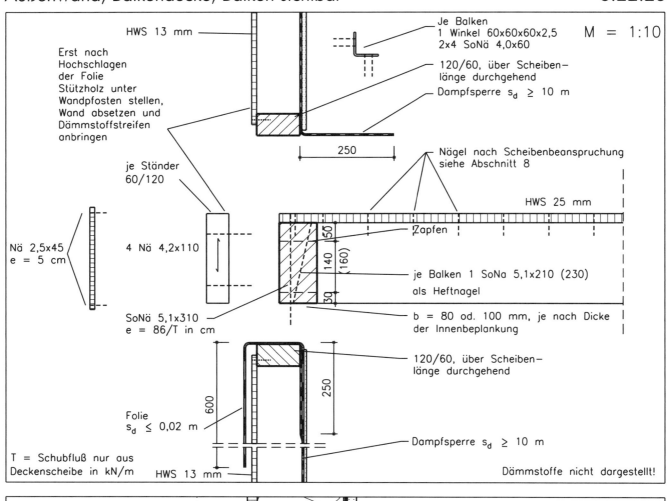

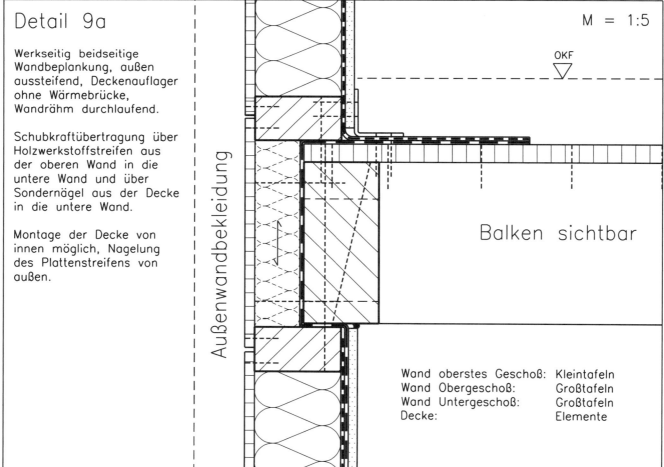

Details, Außenbeplankung aussteifend, werkseitig geschlossen Schnitte

Außenwand, Balkendecke, Balken sichtbar — 6.22.23

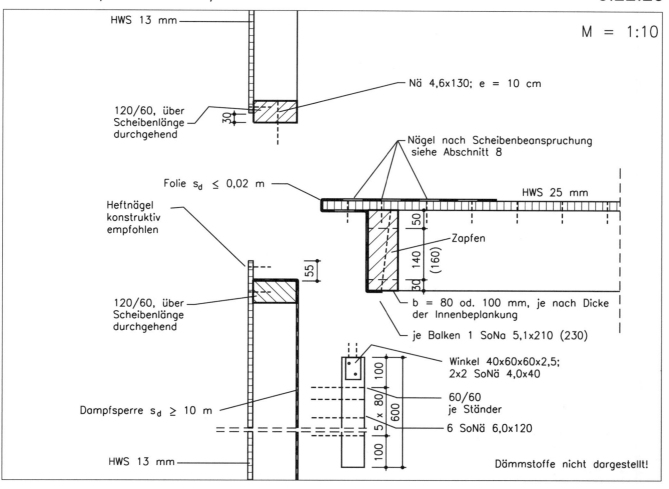

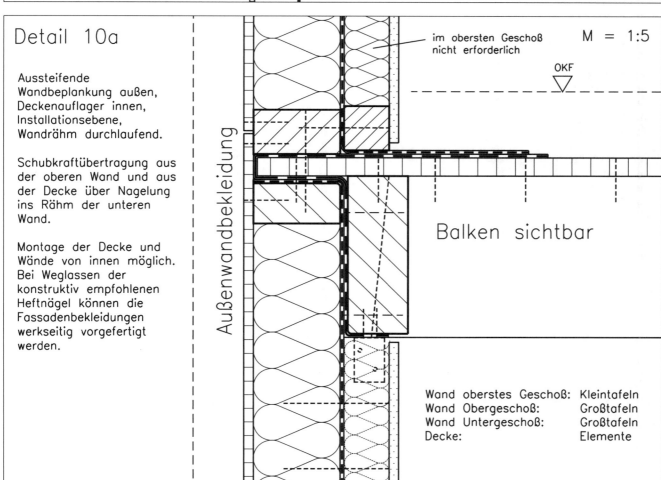

Details, Außenbeplankung aussteifend, werkseitig offen — Schnitte

Außenwand, Balkendecke, Balken sichtbar 6.22.23

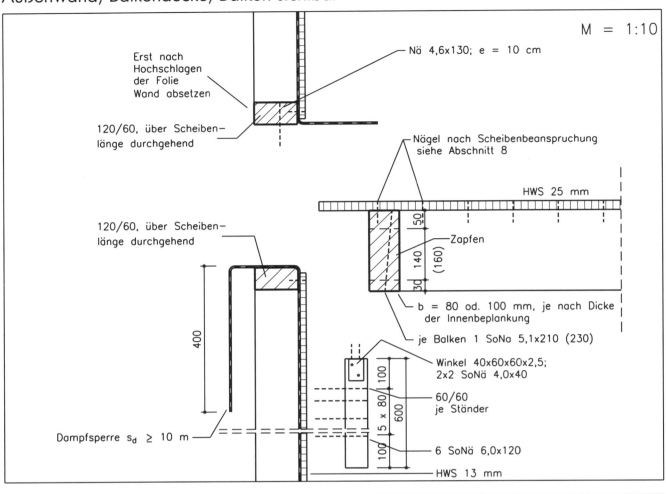

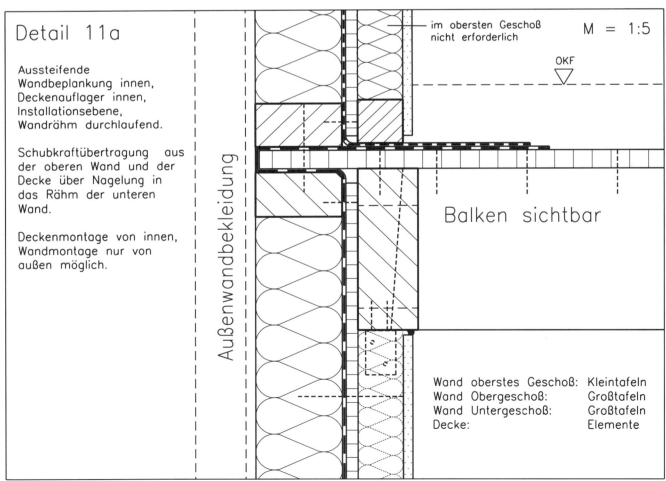

Details, Innenbeplankung aussteifend, werkseitig offen — Schnitte

Außenwand, Balkendecke, Balken sichtbar 6.22.23

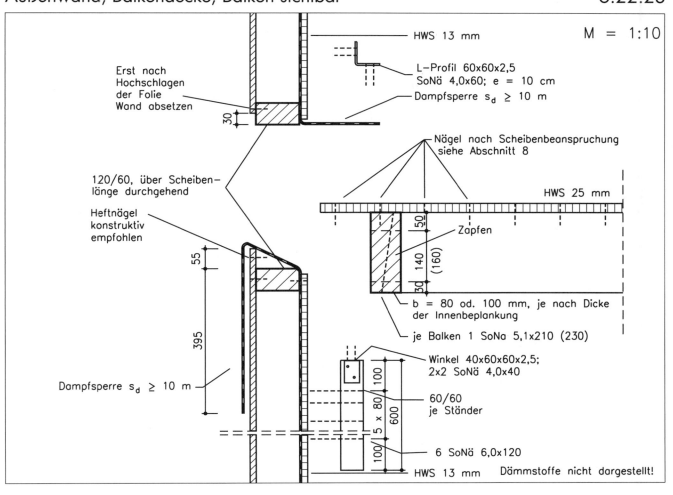

Detail 12a

Werkseitig beidseitig beplankt, aussteifende Beplankung innen, innenliegendes Deckenauflager, Installationsebene im unteren Geschoß, Wandrähm durchlaufend.

Schubkraftübertragung aus der oberen Wand über Stahlwinkel und Sondernägel in die Decke und aus der Decke über die Deckenbeplankung in die untere Wand.

Montage der Decke und Wände von innen möglich. Bei Weglassen der konstruktiv empfohlenen Heftnägel können die Fassadenbekleidungen werkseitig vorgefertigt werden.

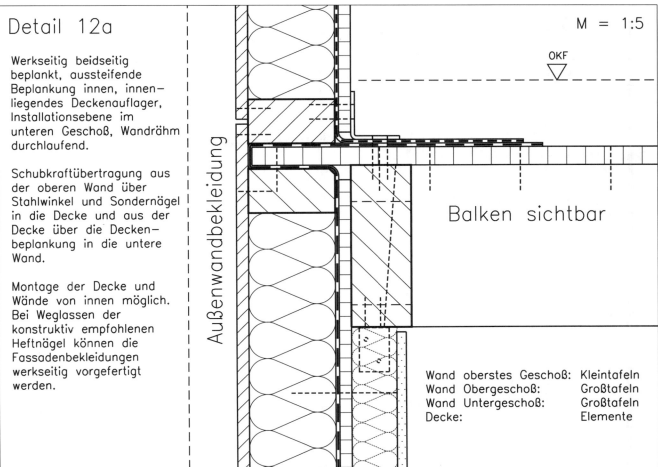

Details, Innenbeplankung aussteifend, werkseitig geschlossen   Schnitte

Außenwand, Balkendecke, Balken sichtbar 6.22.23

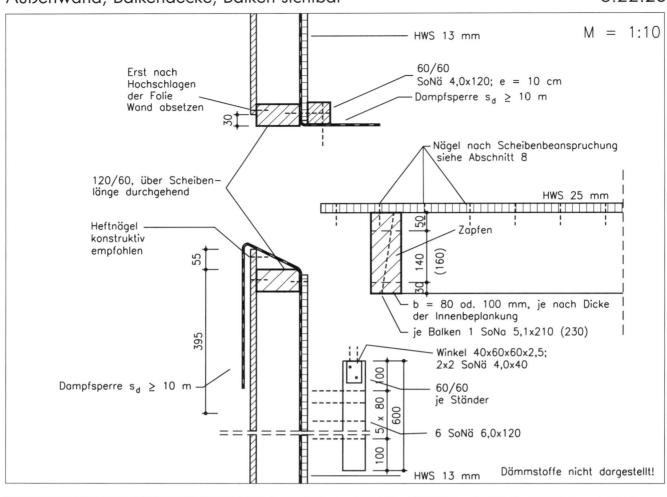

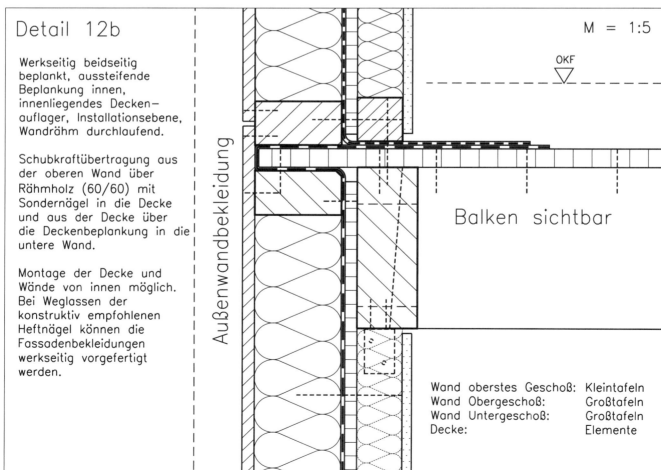

Detail 12b

Werkseitig beidseitig beplankt, aussteifende Beplankung innen, innenliegendes Deckenauflager, Installationsebene, Wandrähm durchlaufend.

Schubkraftübertragung aus der oberen Wand über Rähmholz (60/60) mit Sondernägel in die Decke und aus der Decke über die Deckenbeplankung in die untere Wand.

Montage der Decke und Wände von innen möglich. Bei Weglassen der konstruktiv empfohlenen Heftnägel können die Fassadenbekleidungen werkseitig vorgefertigt werden.

Wand oberstes Geschoß: Kleintafeln
Wand Obergeschoß: Großtafeln
Wand Untergeschoß: Großtafeln
Decke: Elemente

Details, Innenbeplankung aussteifend, werkseitig geschlossen — Schnitte

Außenwand, Balkendecke, Balken sichtbar 6.22.23

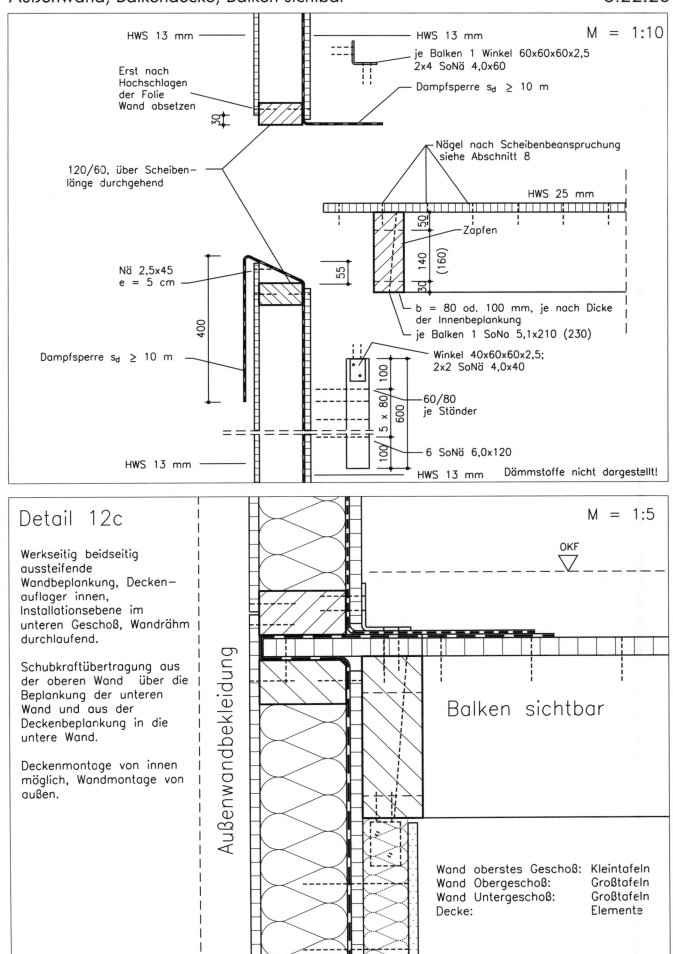

Details, Beplankung beidseitig aussteifend — Schnitte

Außenwand, Balkendecke, Balken sichtbar 6.22.23

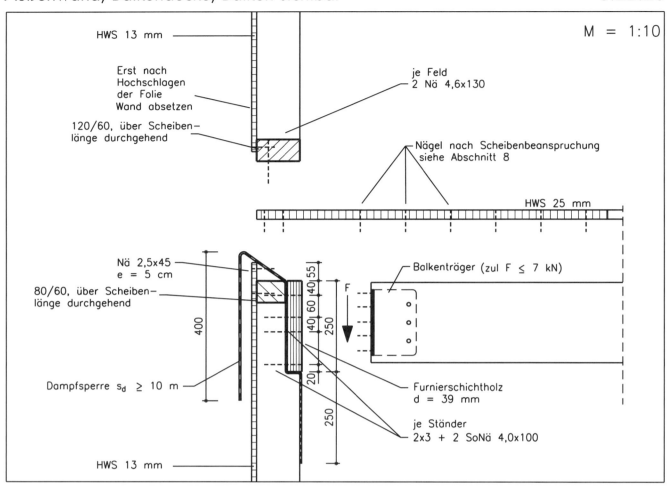

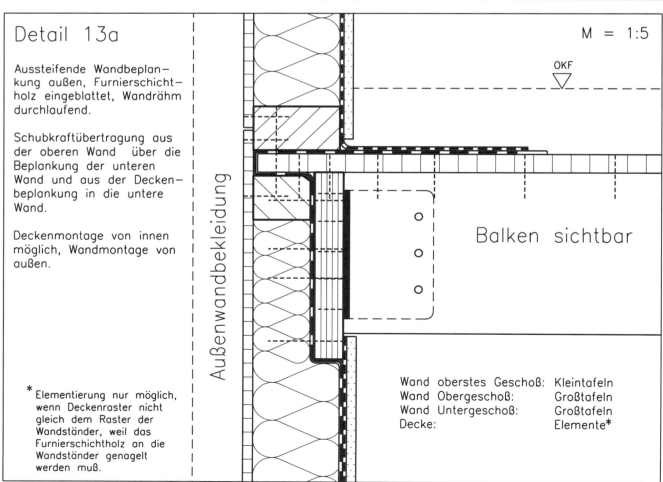

Details, Außenbeplankung aussteifend, werkseitig offen — Schnitte

Außenwand, Balkendecke, Balken sichtbar 6.22.23

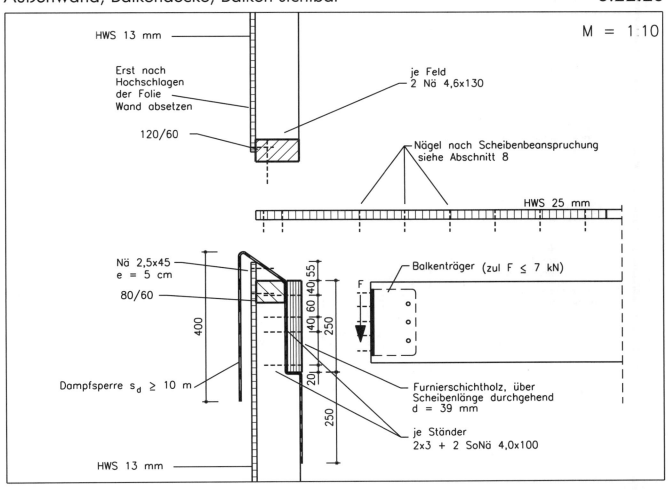

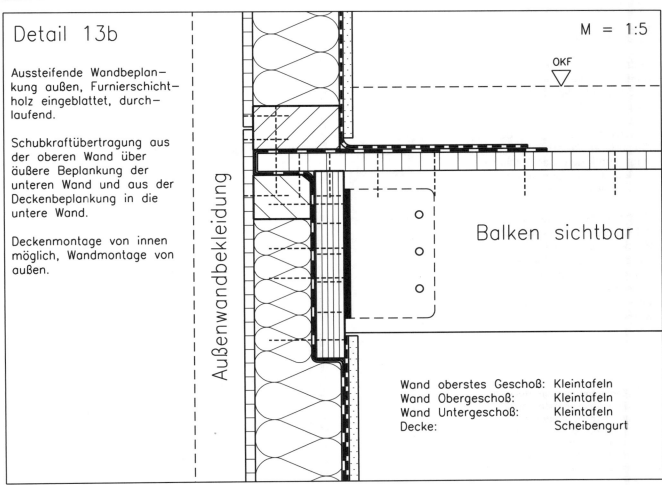

Details, Außenbeplankung aussteifend, werkseitig offen — Schnitte

Außenwand, Balkendecke, Balken sichtbar 6.22.23

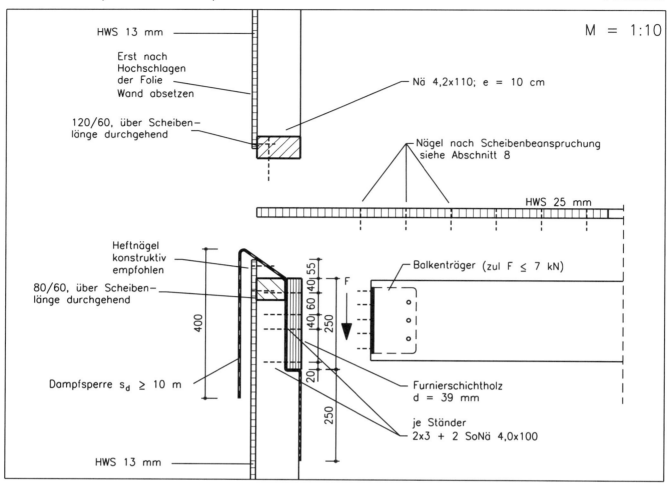

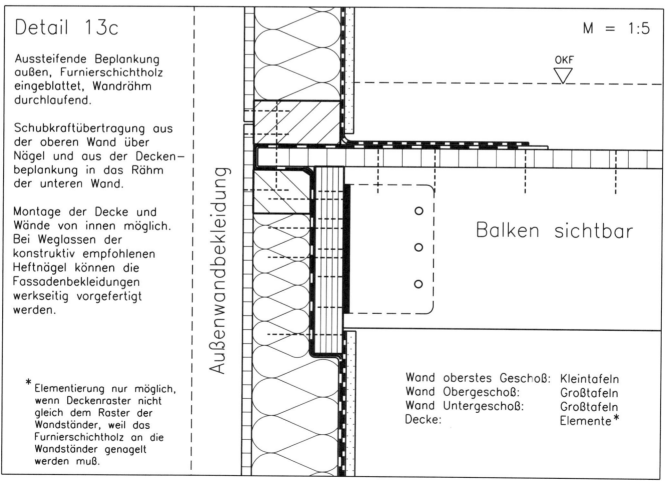

Details, Außenbeplankung aussteifend, werkseitig offen — Schnitte

Außenwand, Balkendecke, Balken sichtbar 6.22.23

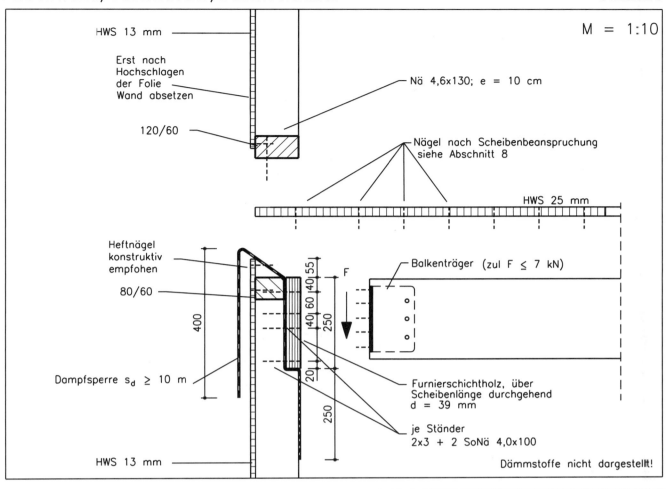

Detail 13d

Aussteifende Wandbeplankung außen, Furnierschichtholz eingeblattet, durchlaufend.

Schubkraftübertragung aus der oberen Wand über Nägel und aus der Deckenbeplankung in das Rähm der unteren Wand.

Montage der Decke und Wände von innen möglich.

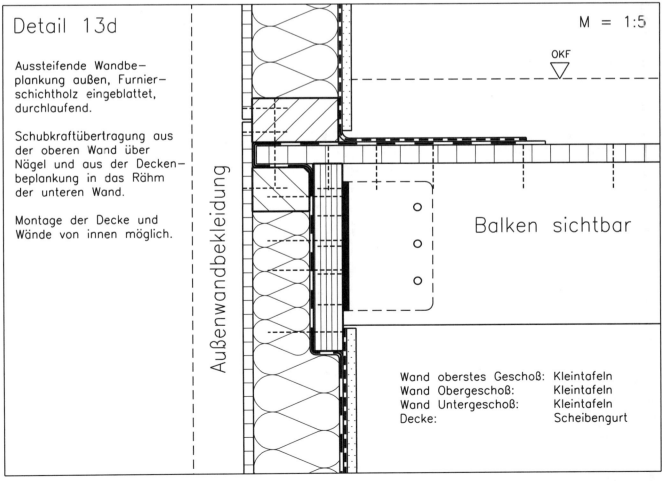

Details, Außenbeplankung aussteifend, werkseitig offen Schnitte

Außenwand, Balkendecke, Balken sichtbar 6.22.23

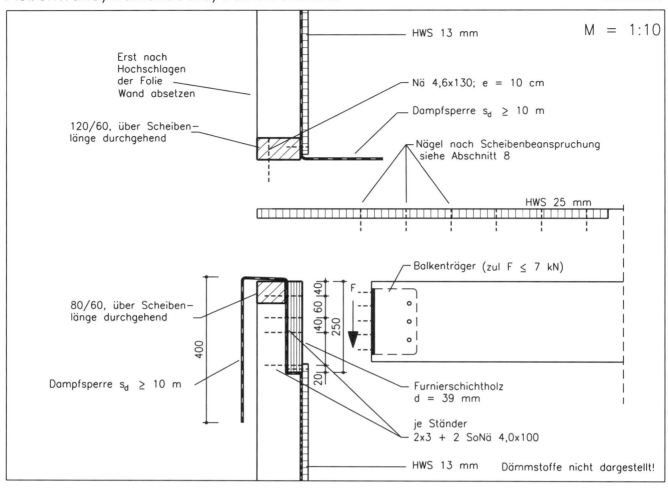

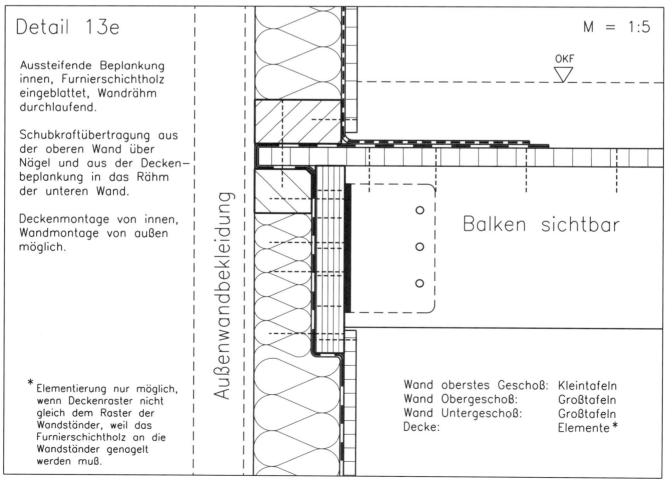

Details, Innenbeplankung aussteifend, werkseitig offen   Schnitte

Außenwand, Balkendecke, Balken sichtbar 6.22.23

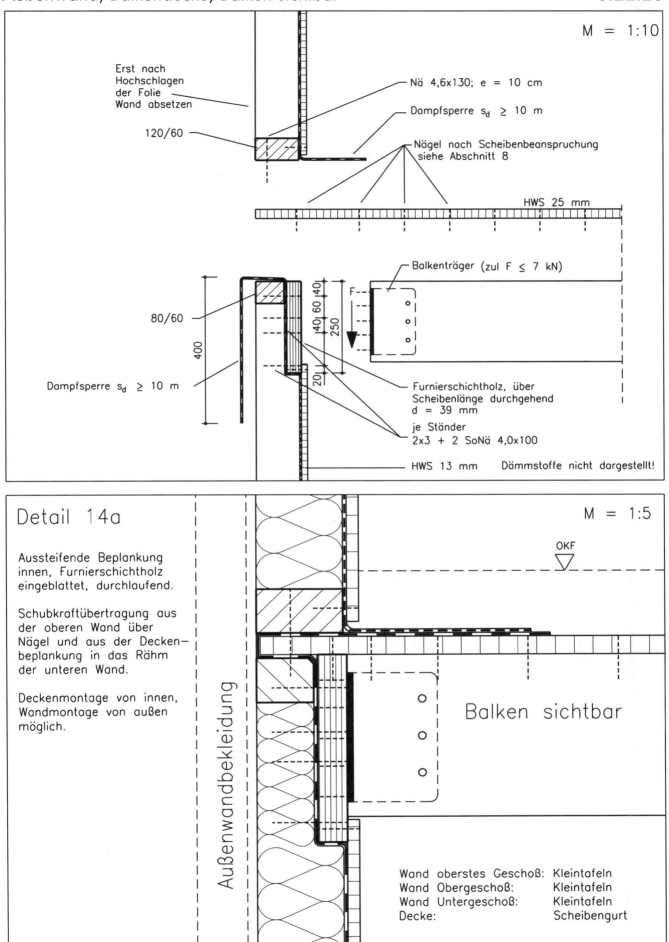

Details, Innenbeplankung aussteifend, werkseitig offen — Schnitte

Außenwand, Balkendecke, Balken sichtbar 6.22.23

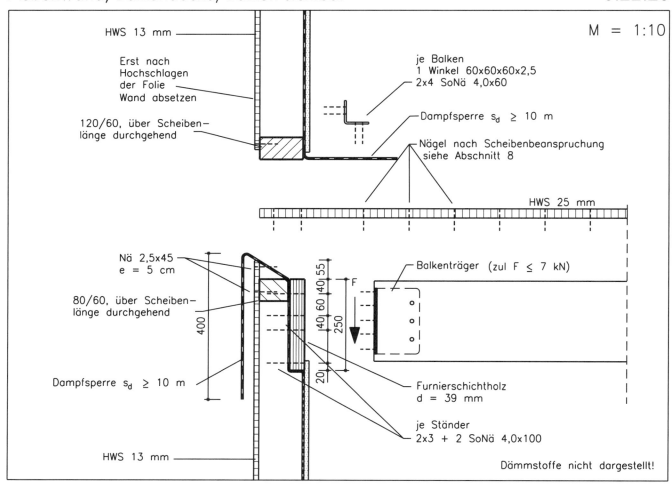

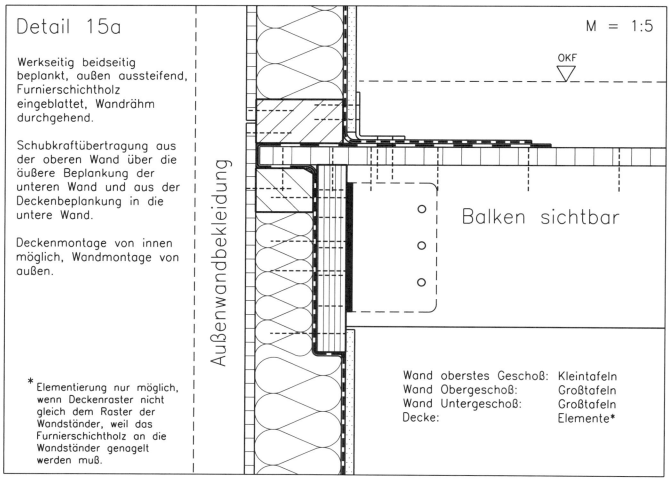

Details, Außenbeplankung aussteifend, werkseitig geschlossen   Schnitte

Außenwand, Balkendecke, Balken sichtbar 6.22.23

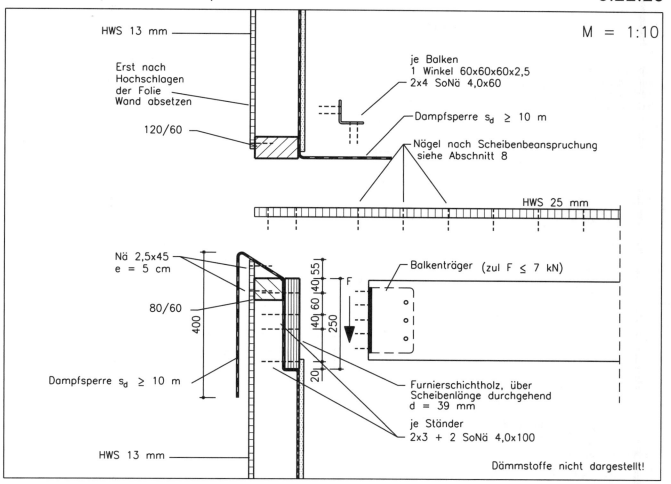

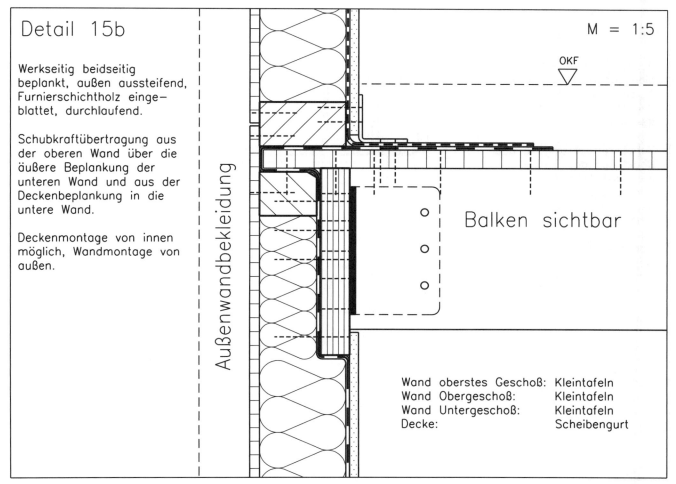

Details, Außenbeplankung aussteifend, werkseitig geschlossen   Schnitte

Außenwand, Massivholz-Deckenplatte 6.22.33

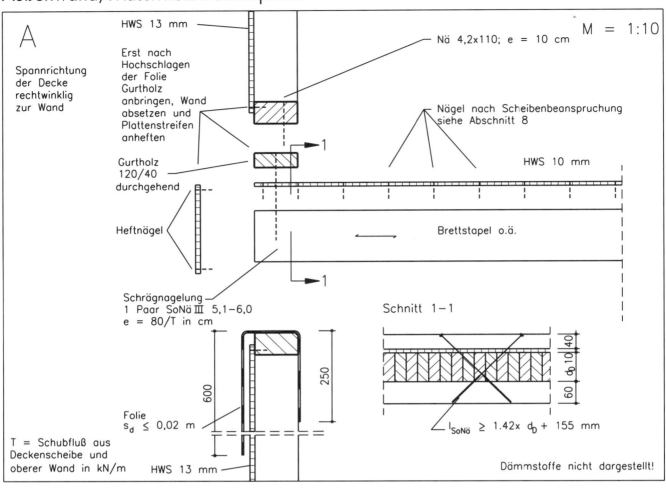

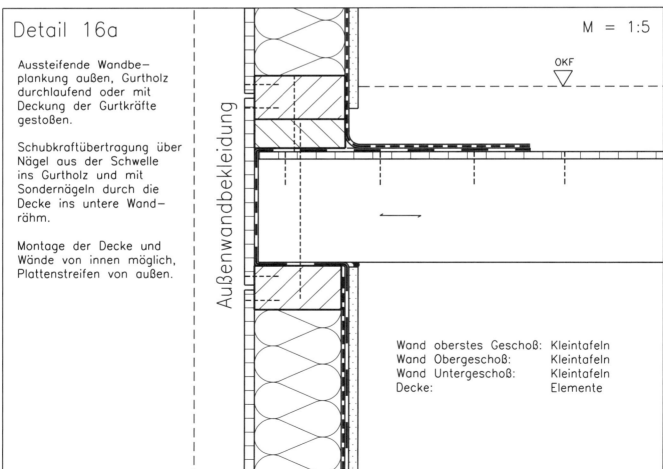

Detail 16a

Aussteifende Wandbeplankung außen, Gurtholz durchlaufend oder mit Deckung der Gurtkräfte gestoßen.

Schubkraftübertragung über Nägel aus der Schwelle ins Gurtholz und mit Sondernägeln durch die Decke ins untere Wandrähm.

Montage der Decke und Wände von innen möglich, Plattenstreifen von außen.

Wand oberstes Geschoß: Kleintafeln
Wand Obergeschoß: Kleintafeln
Wand Untergeschoß: Kleintafeln
Decke: Elemente

Details, Außenbeplankung aussteifend, werkseitig offen Schnitte

Außenwand, Massivholz-Deckenplatte 6.22.33

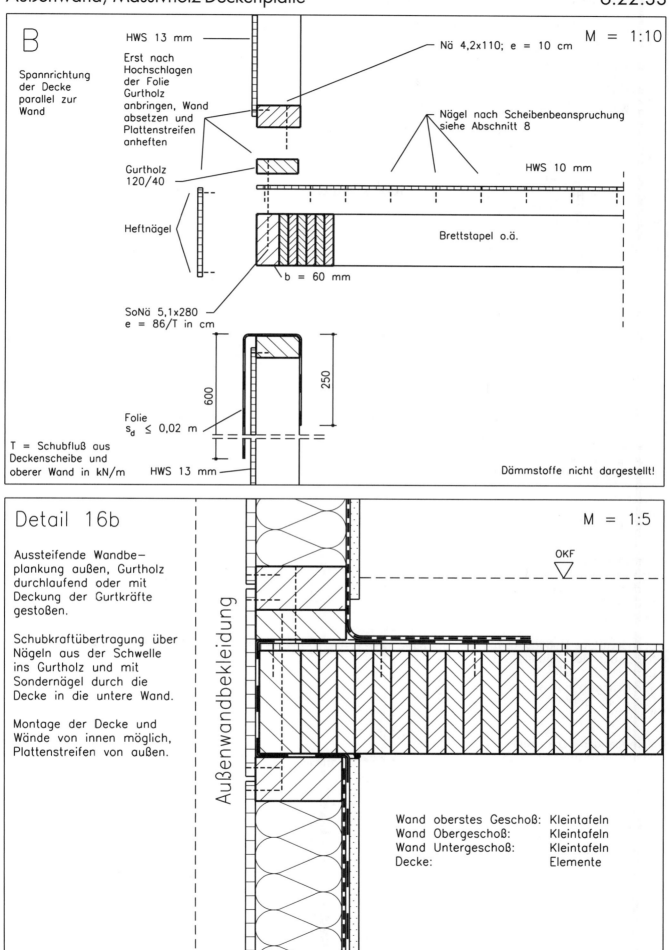

Details, Außenbeplankung aussteifend, werkseitig offen — Schnitte

Außenwand, Massivholz-Deckenplatte 6.22.33

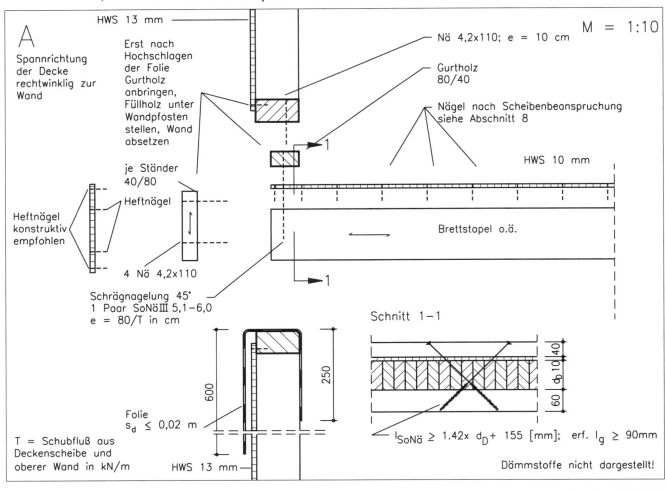

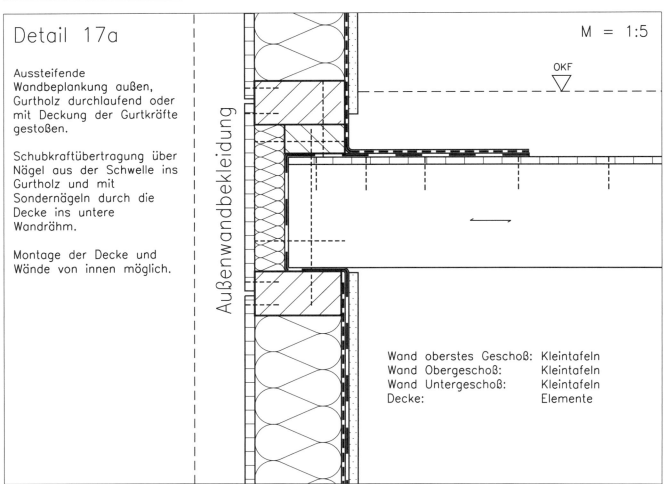

Details, Außenbeplankung aussteifend, werkseitig offen — Schnitte

Außenwand, Massivholz-Deckenplatte 6.22.33

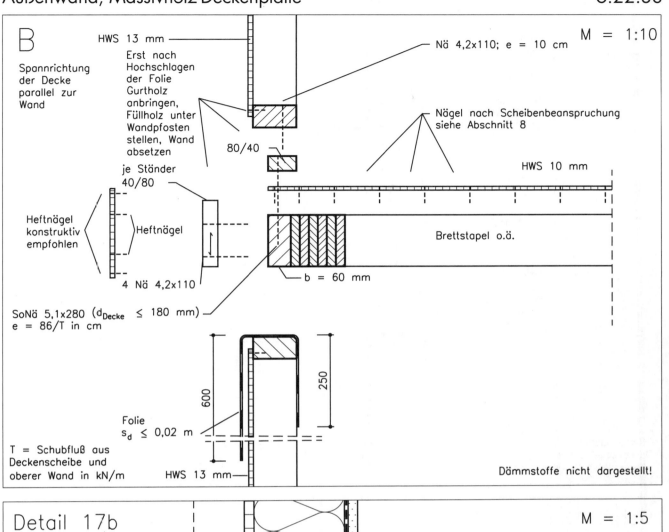

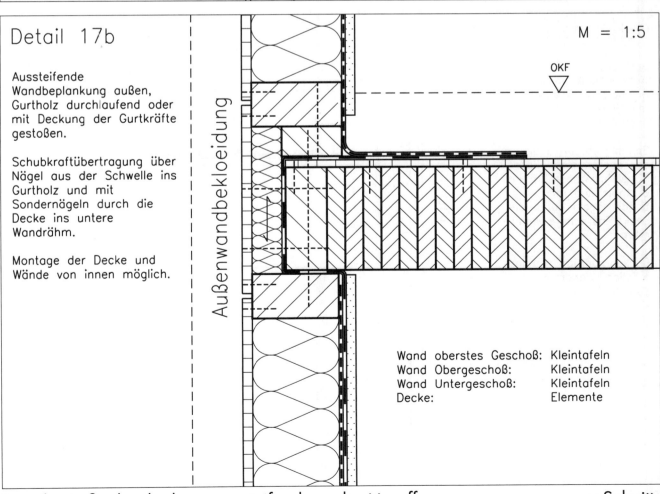

Details, Außenbeplankung aussteifend, werkseitig offen — Schnitte

Außenwand, Massivholz-Deckenplatte 6.22.33

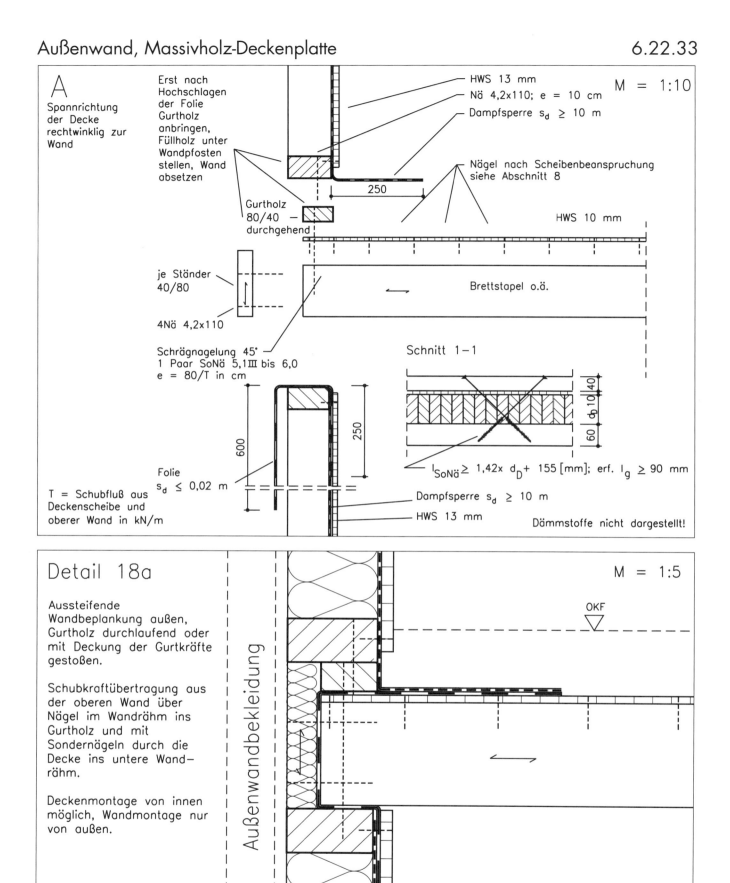

Details, Innenbeplankung aussteifend, werkseitig offen — Schnitte

Außenwand, Massivholz-Deckenplatte   6.22.33

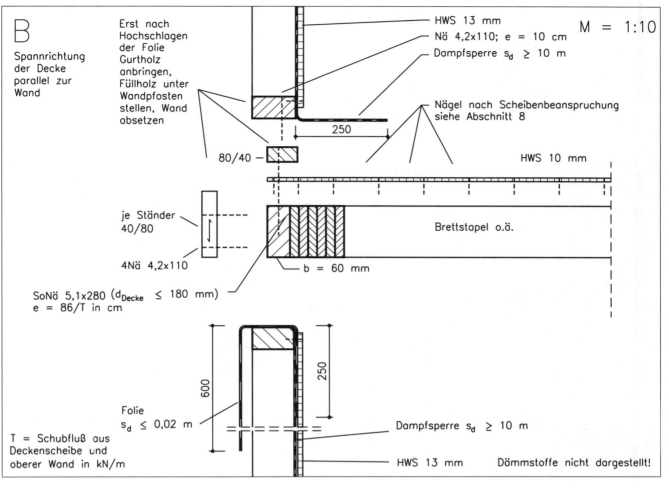

B Spannrichtung der Decke parallel zur Wand

M = 1:10

Erst nach Hochschlagen der Folie Gurtholz anbringen, Füllholz unter Wandpfosten stellen, Wand absetzen

- HWS 13 mm
- Nä 4,2×110; e = 10 cm
- Dampfsperre $s_d \geq 10$ m
- Nägel nach Scheibenbeanspruchung siehe Abschnitt 8
- HWS 10 mm
- Brettstapel o.ä.
- b = 60 mm

80/40

je Ständer 40/80

4Nä 4,2×110

SoNä 5,1×280 ($d_{Decke} \leq 180$ mm)
e = 86/T in cm

T = Schubfluß aus Deckenscheibe und oberer Wand in kN/m

Folie $s_d \leq 0,02$ m

Dampfsperre $s_d \geq 10$ m

HWS 13 mm   Dämmstoffe nicht dargestellt!

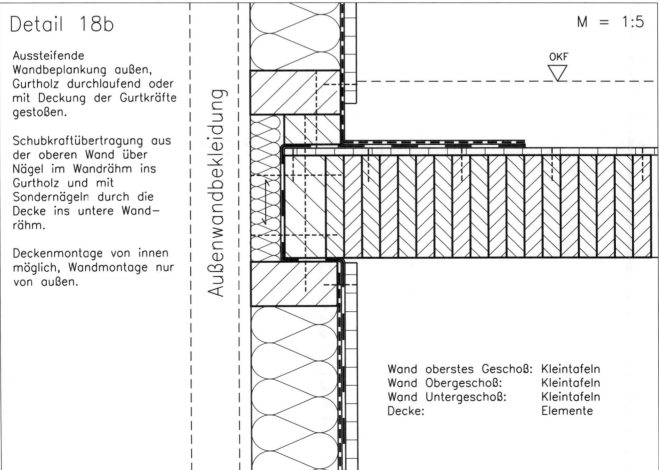

Detail 18b

M = 1:5

Aussteifende Wandbeplankung außen, Gurtholz durchlaufend oder mit Deckung der Gurtkräfte gestoßen.

Schubkraftübertragung aus der oberen Wand über Nägel im Wandrähm ins Gurtholz und mit Sondernägeln durch die Decke ins untere Wandrähm.

Deckenmontage von innen möglich, Wandmontage nur von außen.

OKF

Außenwandbekleidung

Wand oberstes Geschoß: Kleintafeln
Wand Obergeschoß: Kleintafeln
Wand Untergeschoß: Kleintafeln
Decke: Elemente

Details, Innenbeplankung aussteifend, werkseitig offen   Schnitte

Außenwand, Massivholz-Deckenplatte 6.22.33

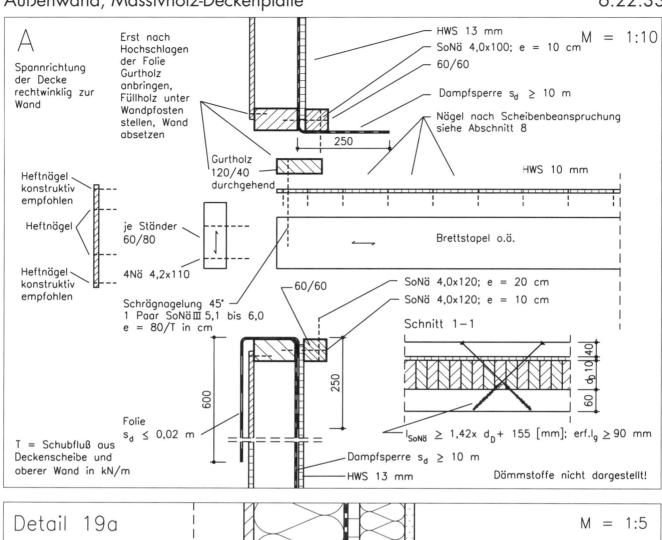

Detail 19a

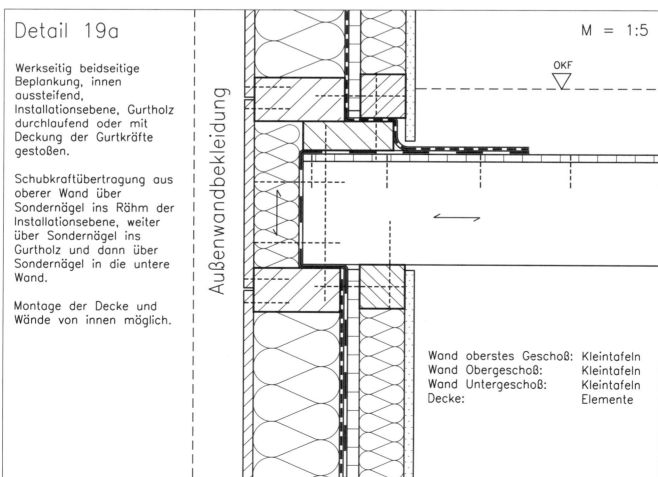

Details, Innenbeplankung aussteifend, werkseitig geschlossen Schnitte

Außenwand, Massivholz-Deckenplatte 6.22.33

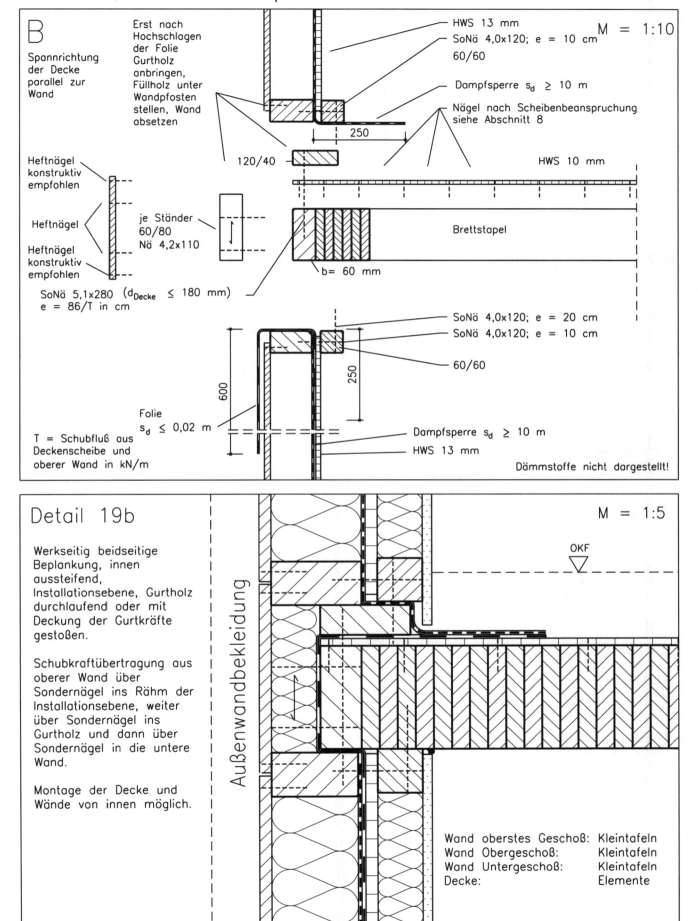

Details, Innenbeplankung aussteifend, werkseitig geschlossen — Schnitte

Außenwand, Massivholz-Deckenplatte 6.22.33

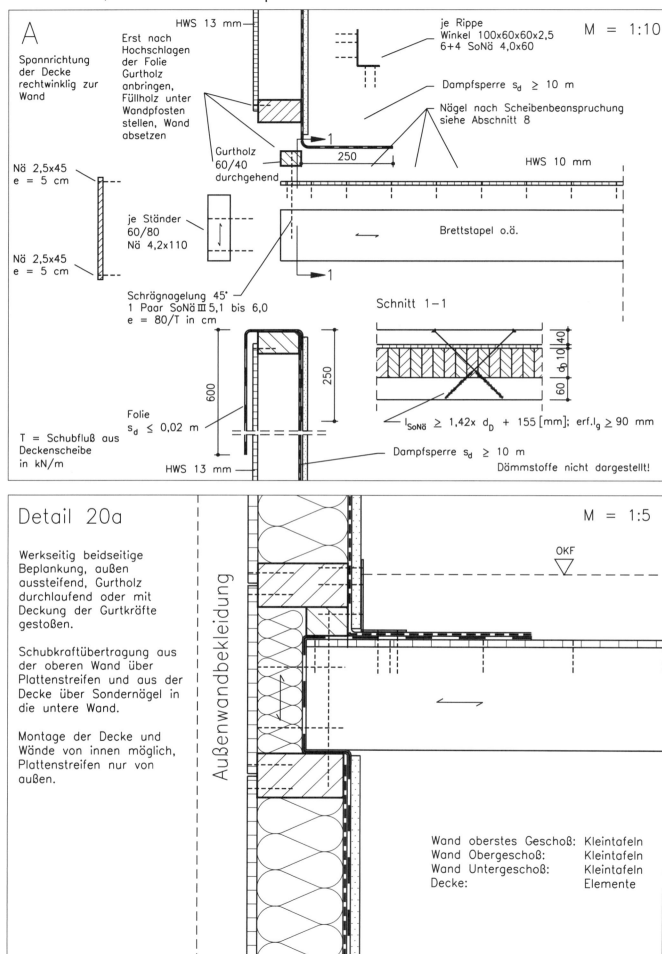

Details, Außenbeplankung aussteifend, werkseitig geschlossen — Schnitte

Außenwand, Massivholz-Deckenplatte 6.22.33

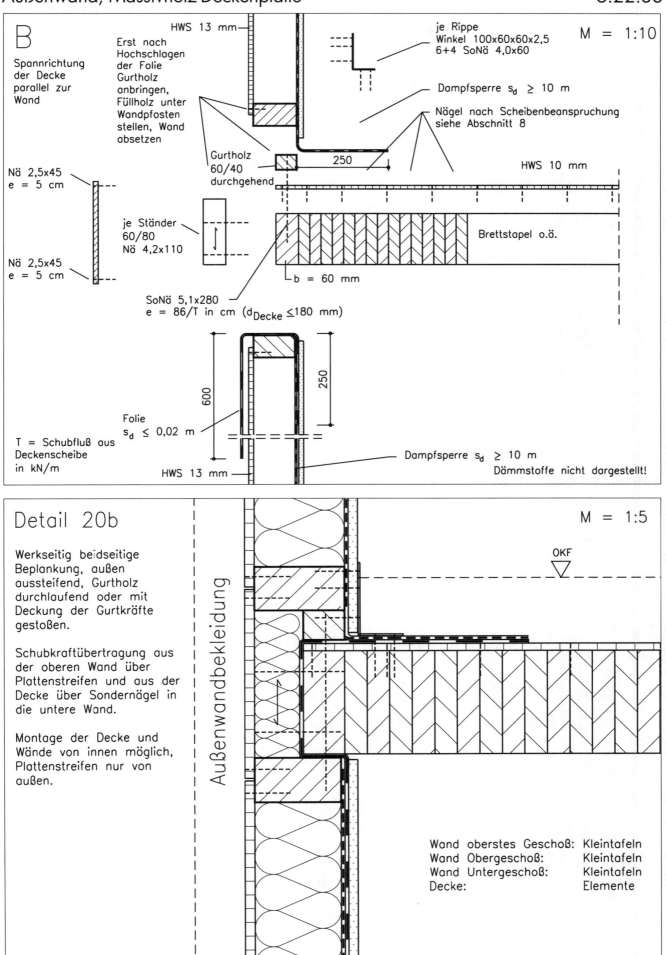

Details, Außenbeplankung aussteifend, werkseitig geschlossen Schnitte

Außenwand, Verankerung

Detail 1a

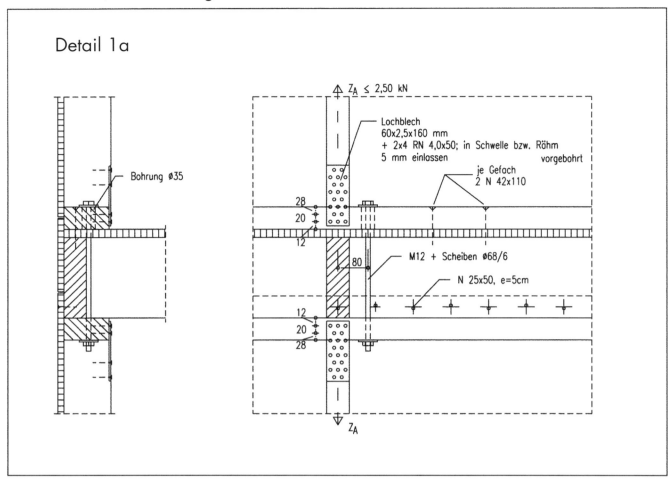

Detail 1b

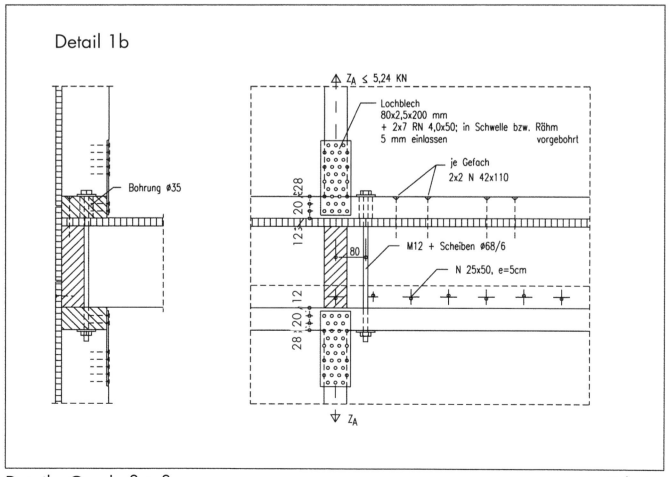

Details, Geschoßstoß — Schnitte

Außenwand, Verankerung   6.23.03

Detail 2a

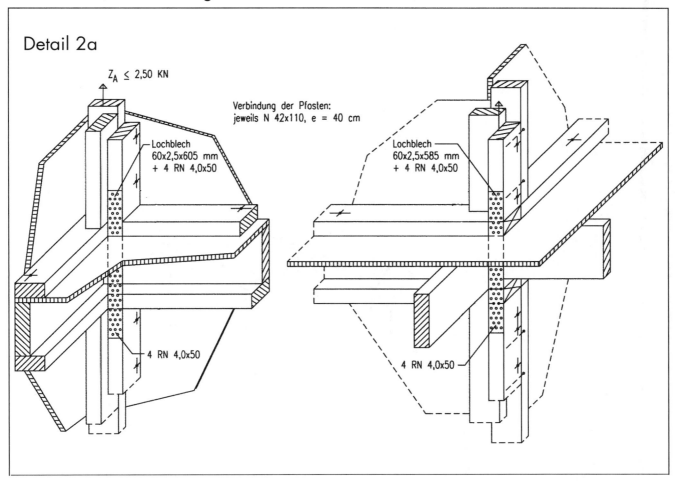

Detail 2b

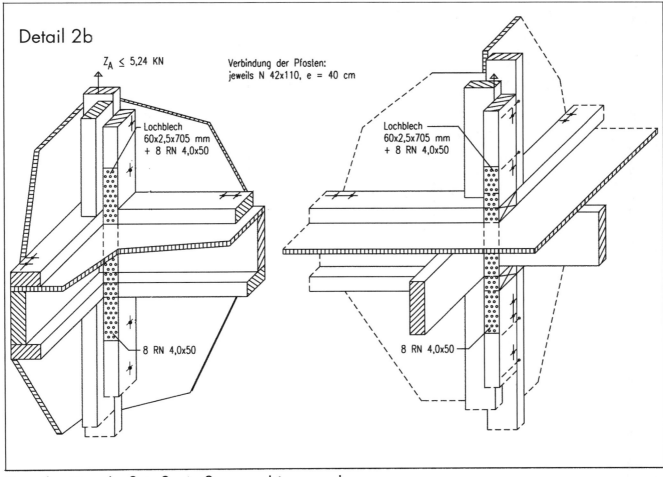

Details, Geschoßstoß, Außen- und Innenecken

Außenwand, Deckleistenschalung 6.24.10

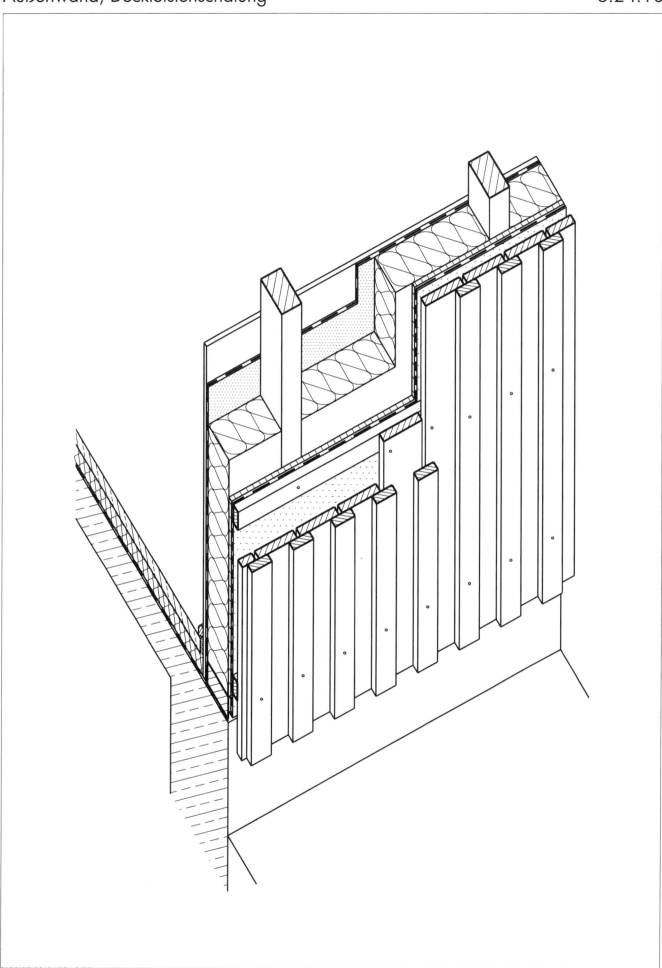

Übersicht

Außenwand, Deckleistenschalung 6.24.10

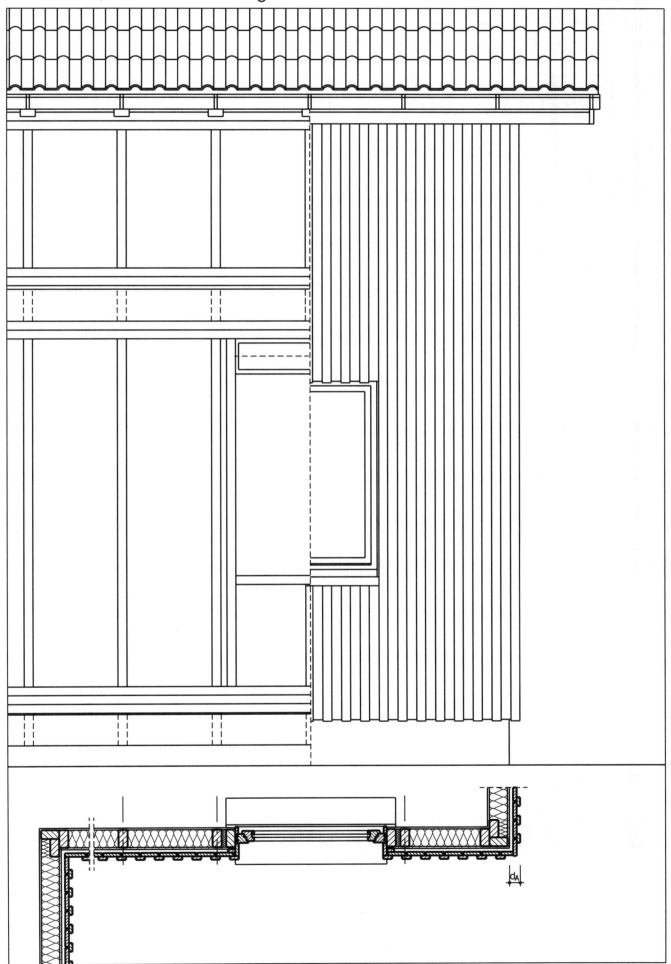

Übersicht — Gebäudeansicht, Grundriß M = 1 : 25

Außenwand, Deckleistenschalung   6.24.12

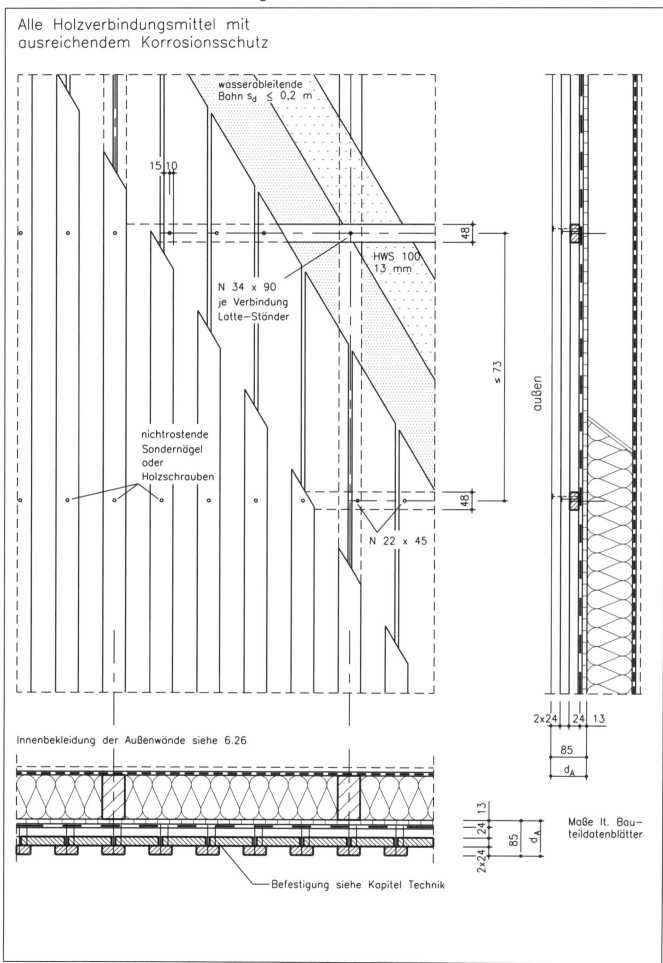

Konstruktion   Ansicht, Grundriß, Schnitt M = 1 : 10

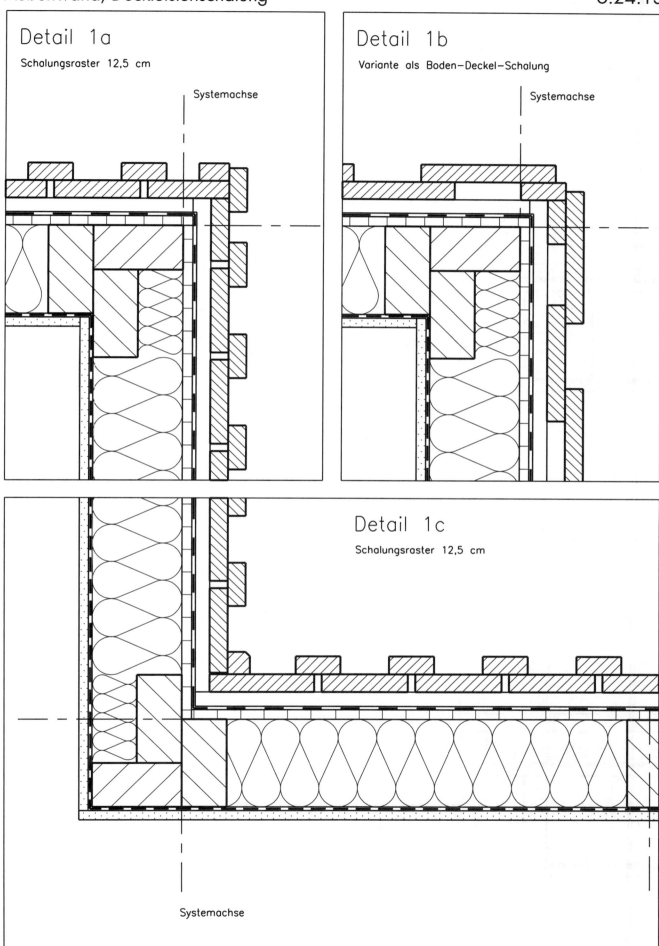

Außenwand, Deckleistenschalung

Detail 2a
ohne Rolladen

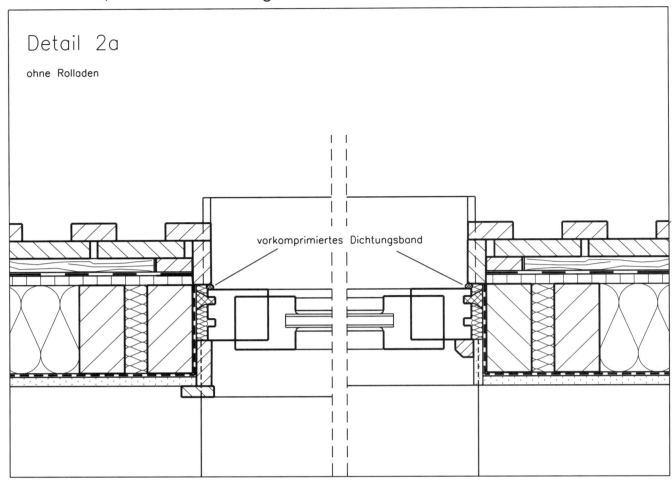

Detail 2b
mit Rolladen

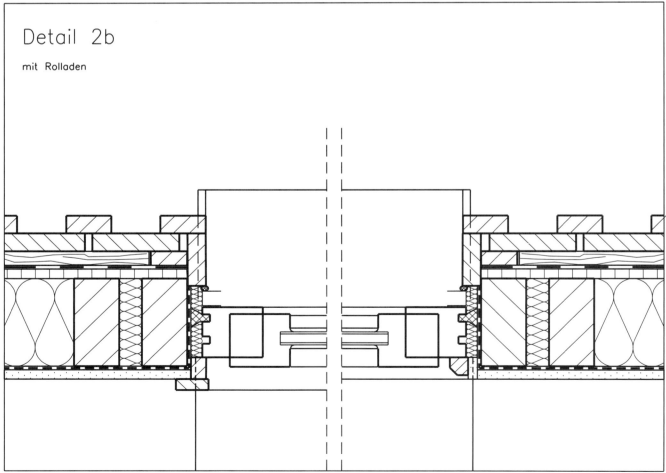

Details, Fenster — Grundrisse M = 1 : 5

Außenwand, Deckleistenschalung 6.24.13

Detail 3a

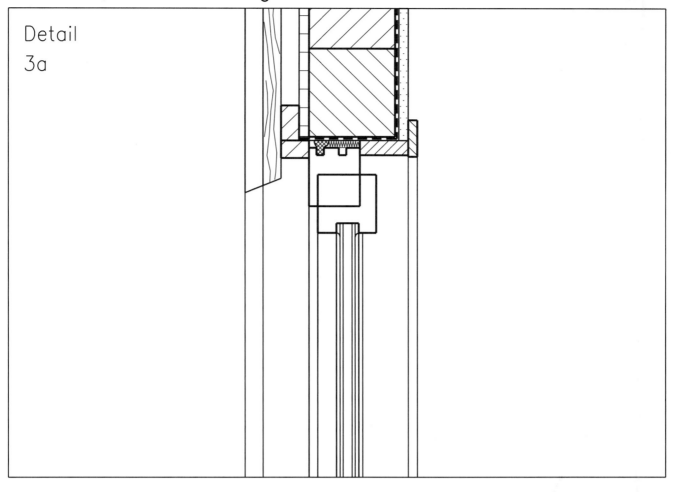

Detail 3b

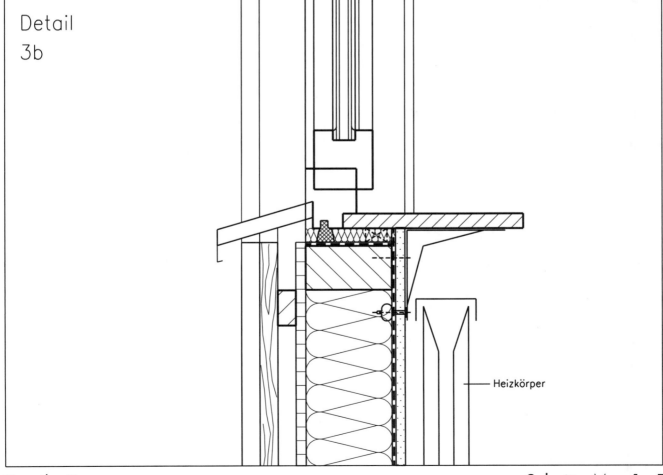

Heizkörper

Details, Fenster — Schnitte M = 1 : 5

Außenwand, Profilbrettschalung 6.24.20

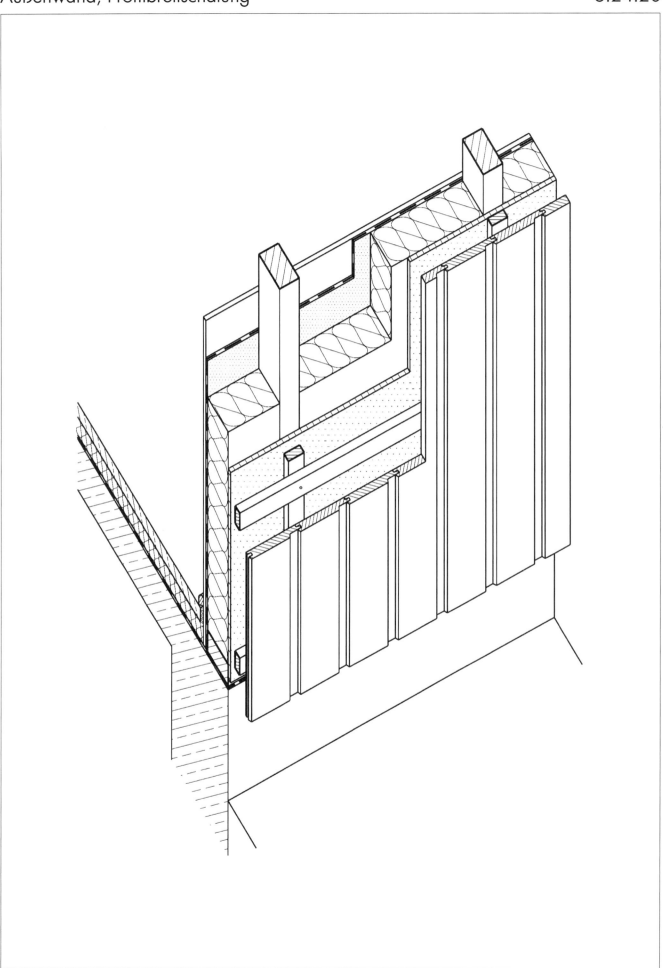

Übersicht

Außenwand, Profilbrettschalung 6.24.20

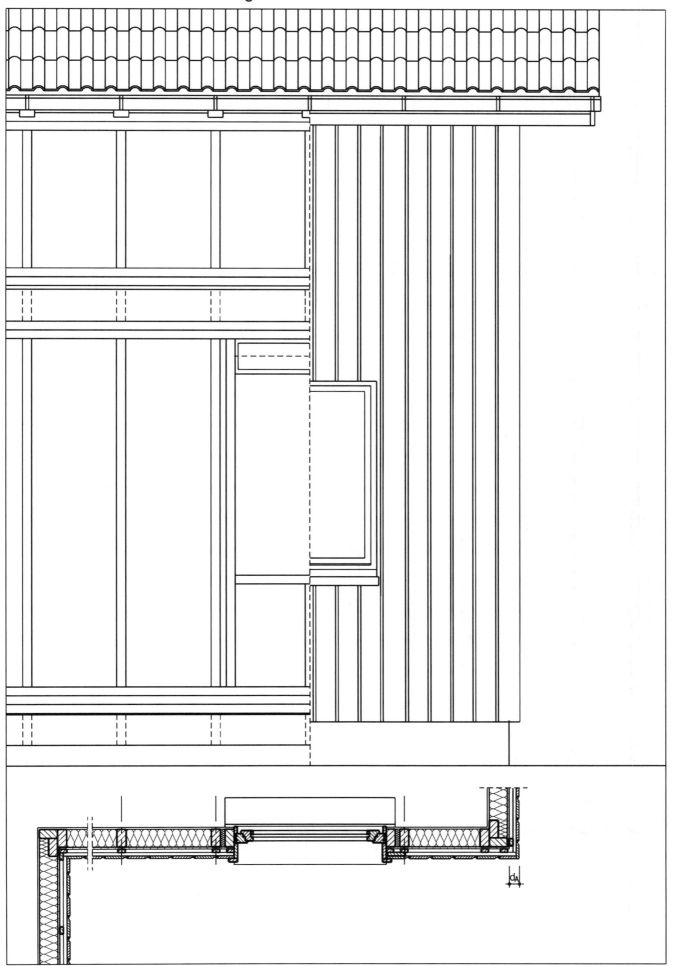

Übersicht — Gebäudeansicht, Grundriß M = 1 : 25

229

Außenwand, Profilbrettschalung 6.24.22

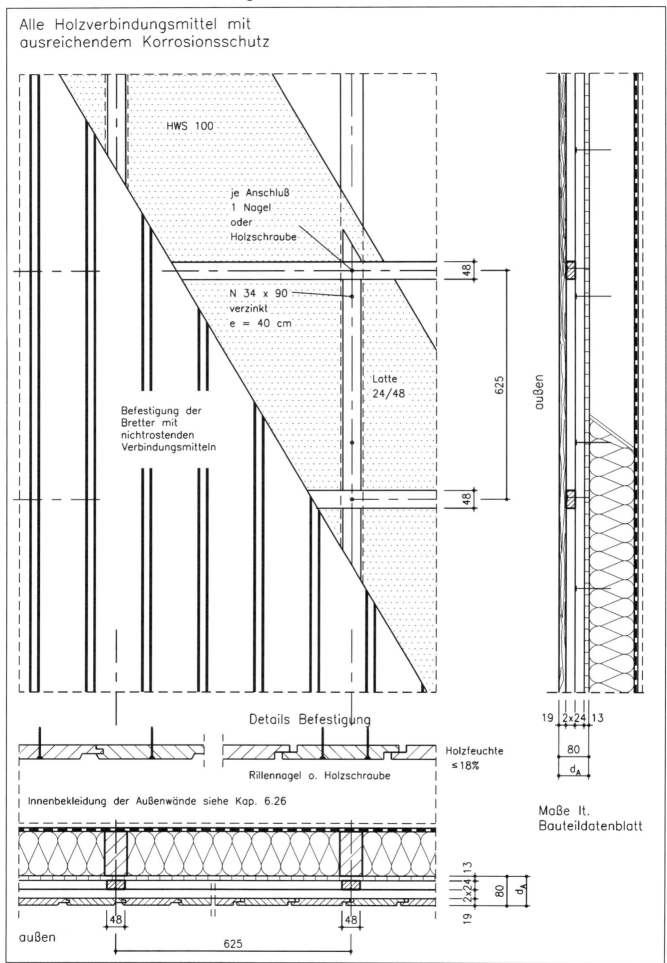

Konstruktion — Ansicht, Grundriß, Schnitt M = 1 : 10

Außenwand, Profilbrettschalung   6.24.23

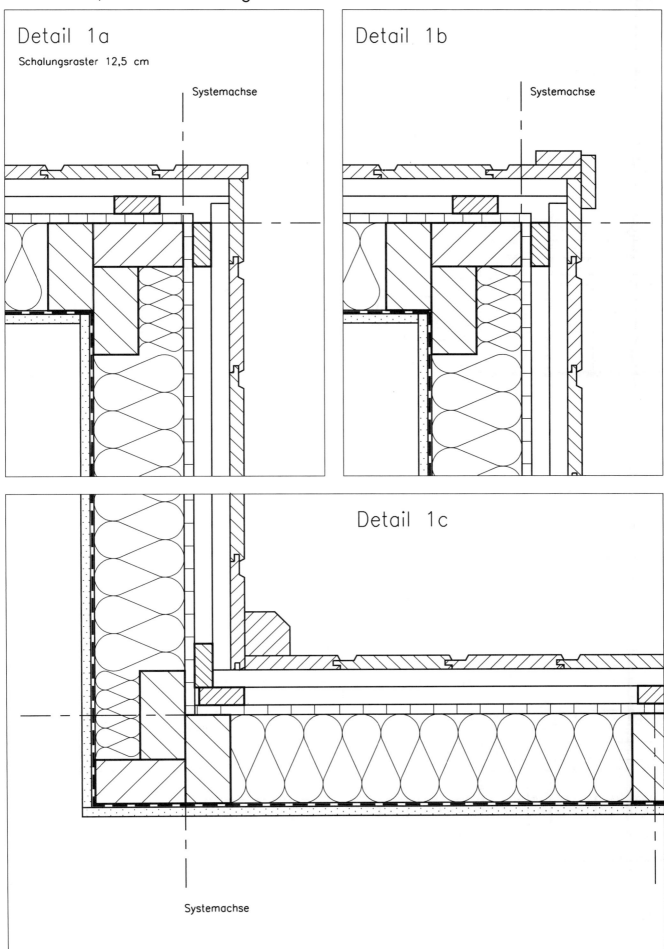

Detail 1a — Schalungsraster 12,5 cm
Detail 1b
Detail 1c

Details, Wandecken   Grundrisse M = 1 : 5

Außenwand, Profilbrettschalung

6.24.23

Detail 2a
ohne Rolladen

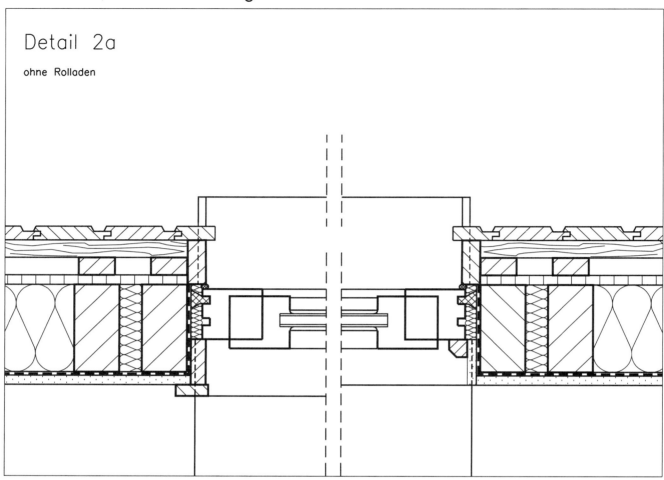

Detail 2b
mit Rolladen

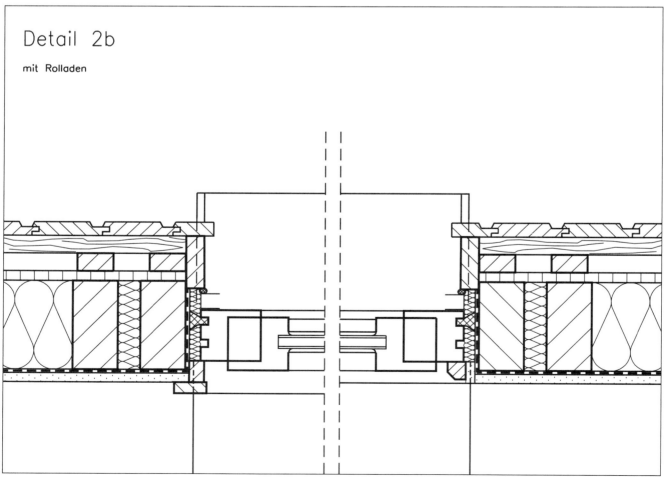

Details, Fenster

Grundrisse M = 1 : 5

Außenwand, Profilbrettschalung

6.24.23

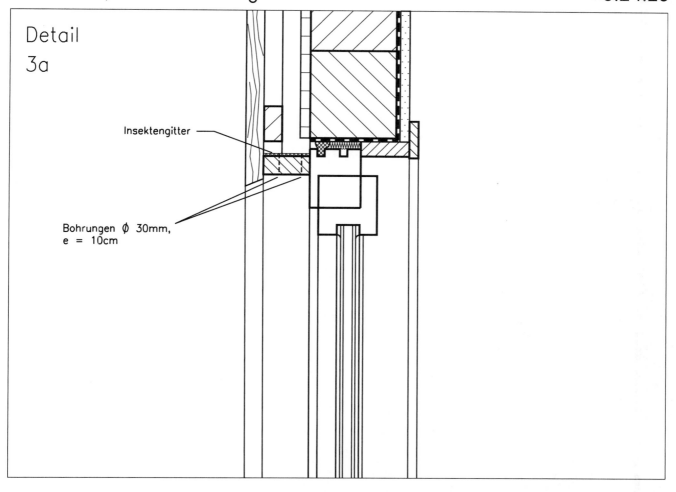

Detail 3a

Insektengitter

Bohrungen ⌀ 30mm, e = 10cm

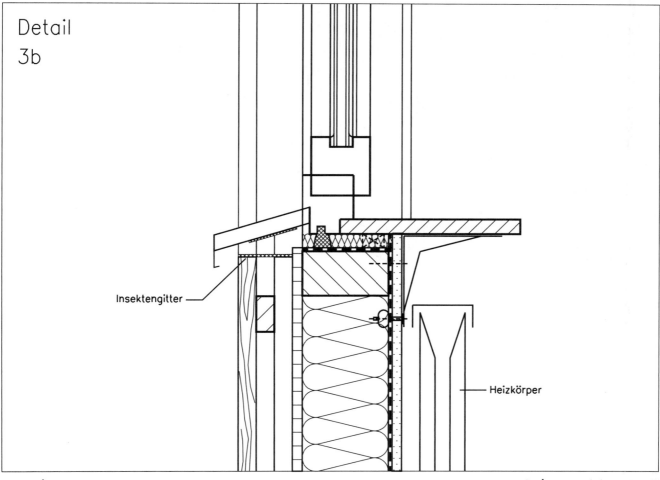

Detail 3b

Insektengitter

Heizkörper

Details, Fenster

Schnitte M = 1 : 5

Außenwand, Holzschindeln 6.24.30

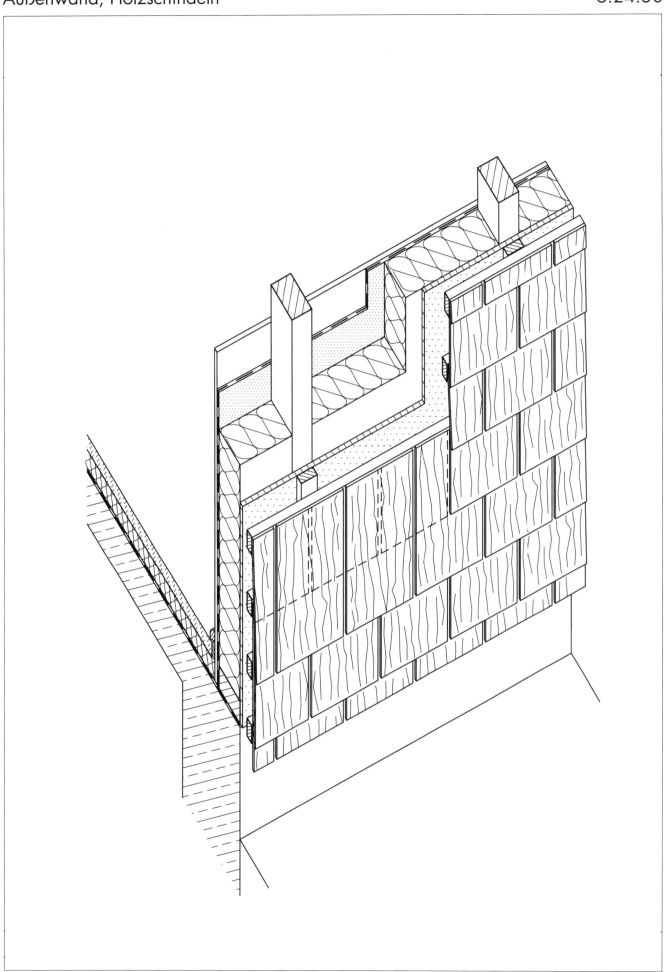

Übersicht

Außenwand, Holzschindeln 6.24.30

Übersicht Gebäudeansicht, Grundriß M = 1 : 25

Außenwand, Holzschindeln   6.24.32

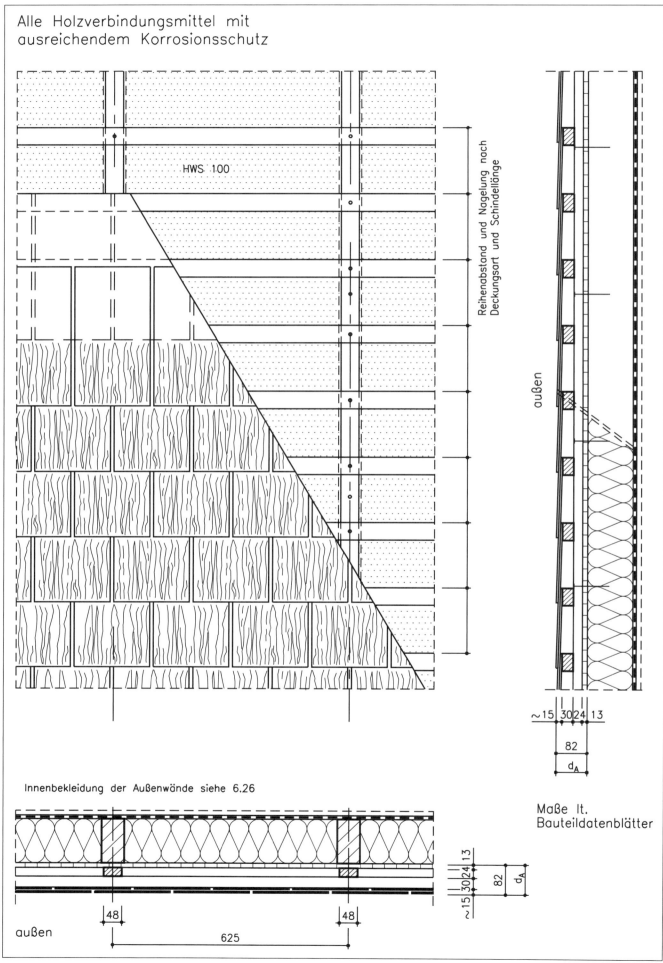

Konstruktion   Ansicht, Grundriß, Schnitt M = 1 : 10

Außenwand, Holzschindeln

6.24.33

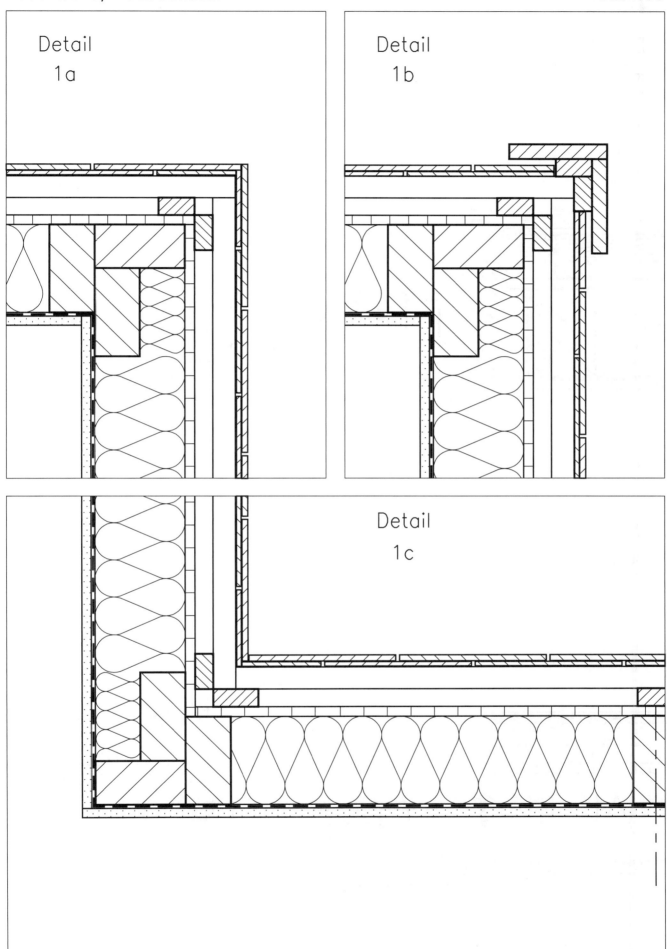

Details, Wandecken

Grundrisse M = 1 : 5

237

Außenwand, Holzschindeln 6.24.33

Detail 2a
ohne Rolladen

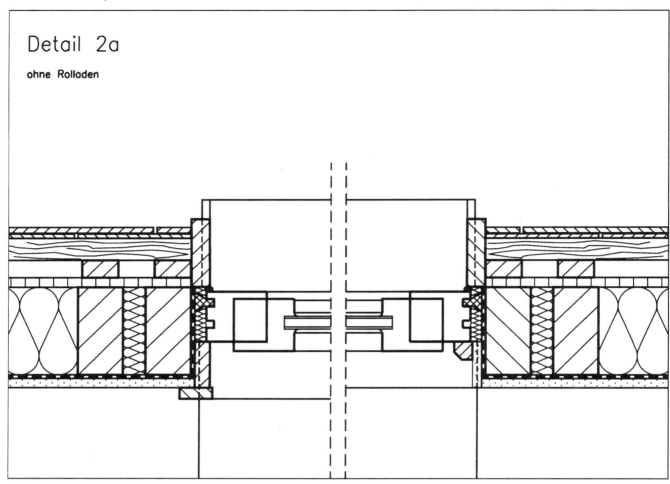

Detail 2b
mit Rolladen

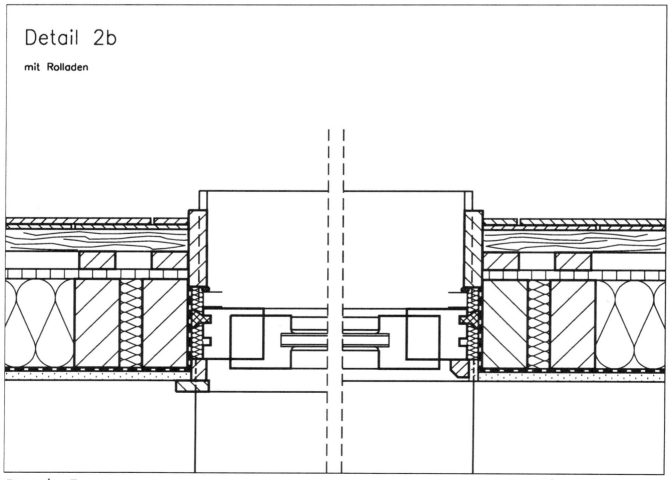

Details, Fenster Grundrisse M = 1 : 5

Außenwand, Holzschindeln

6.24.33

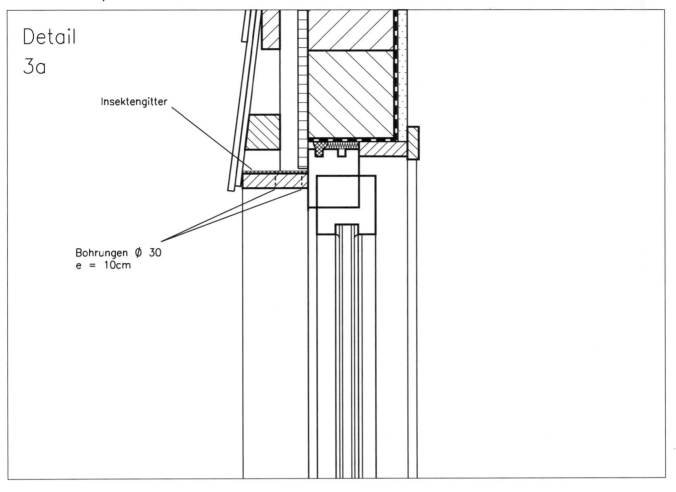

Detail 3a

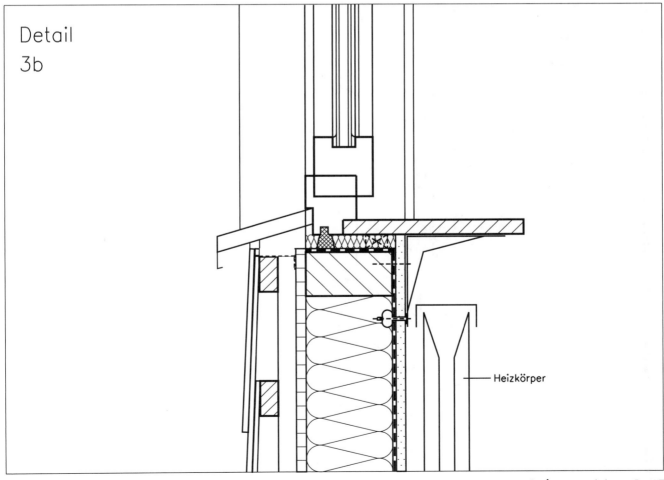

Detail 3b

Details, Fenster — Schnitte M = 1 : 5

Außenwand, Faserzementplatten 6.24.40

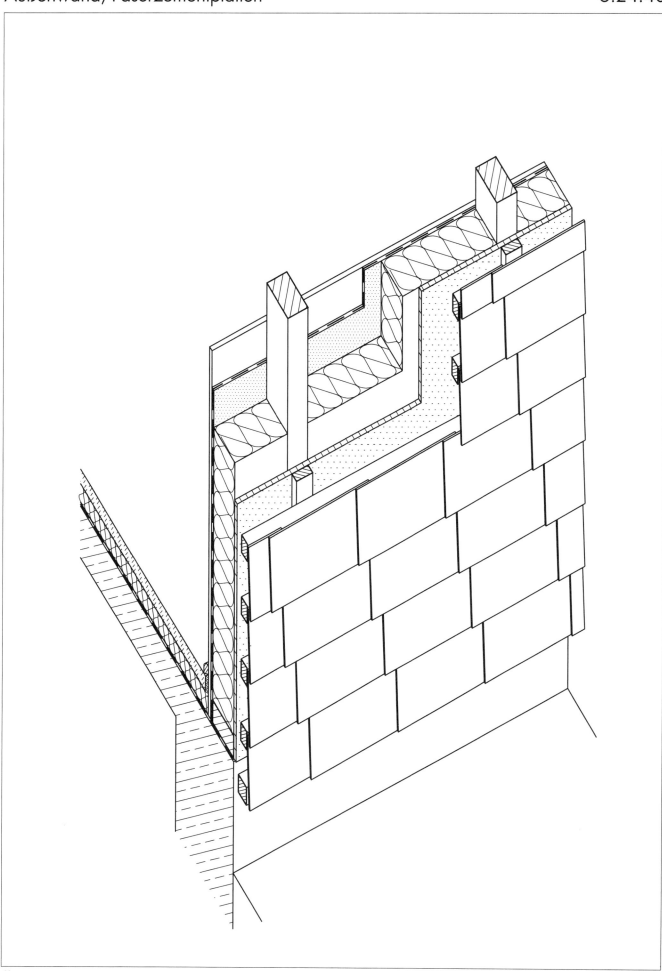

Übersicht

Außenwand, Faserzementplatten 6.24.40

Doppeldeckung 30/60

Doppeldeckung gezogen 30/60

Doppeldeckung 40/40

Doppeldeckung gestützt 20/40

Geschlaufte Deckung 20/30

Geschlaufte Deckung 30/30

Übersicht, Deckungsarten

M = 1 : 50

Außenwand, Faserzementplatten   6.24.40

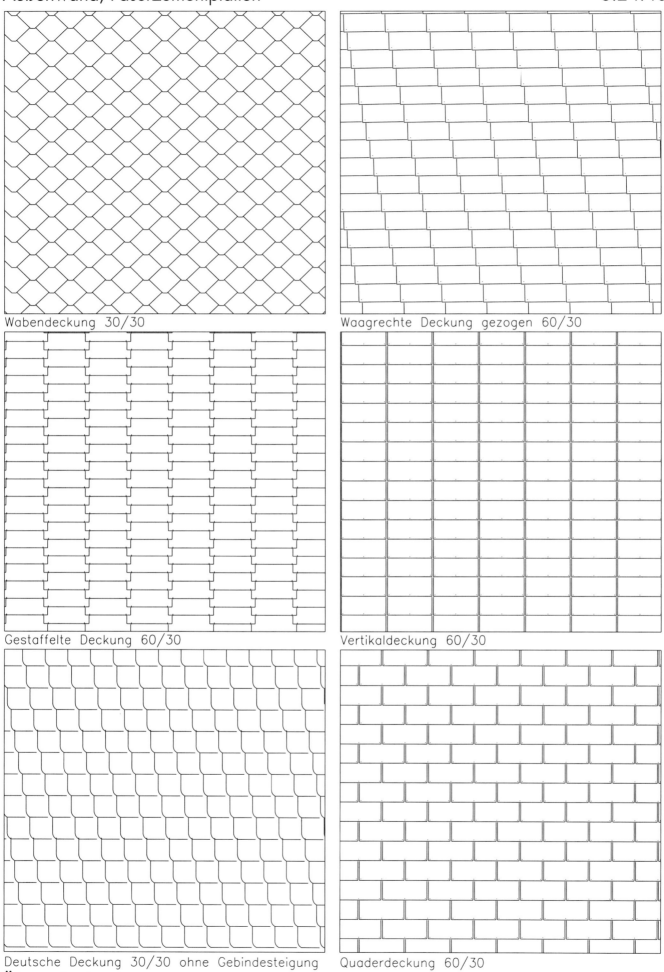

Wabendeckung 30/30

Waagrechte Deckung gezogen 60/30

Gestaffelte Deckung 60/30

Vertikaldeckung 60/30

Deutsche Deckung 30/30 ohne Gebindesteigung

Quaderdeckung 60/30

Übersicht, Deckungsarten

M = 1 : 50

Außenwand, Faserzementplatten 6.24.42

Konstruktion   Ansicht, Grundriß, Schnitt M = 1:10

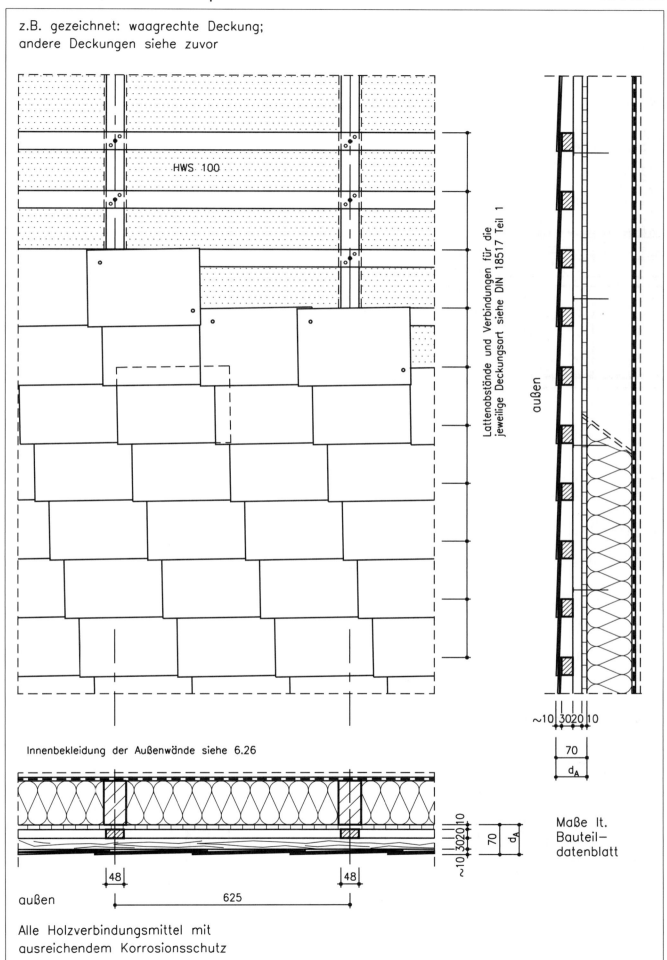

Außenwand, Faserzementplatten 6.24.42

Detail 1a
ohne Rolladen

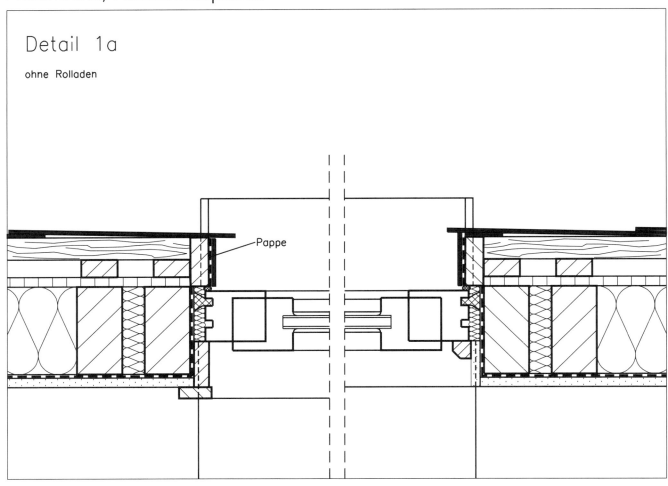

Detail 1b
mit Rolladen

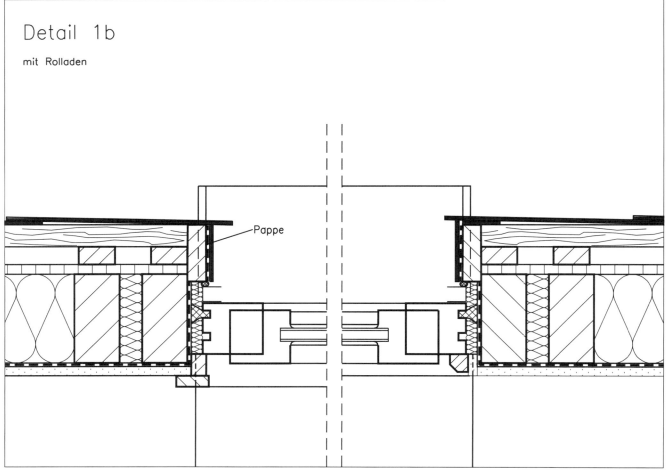

Details, Fenster   Grundrisse M = 1 : 5

Außenwand, Faserzementplatten

6.24.43

Detail 2a

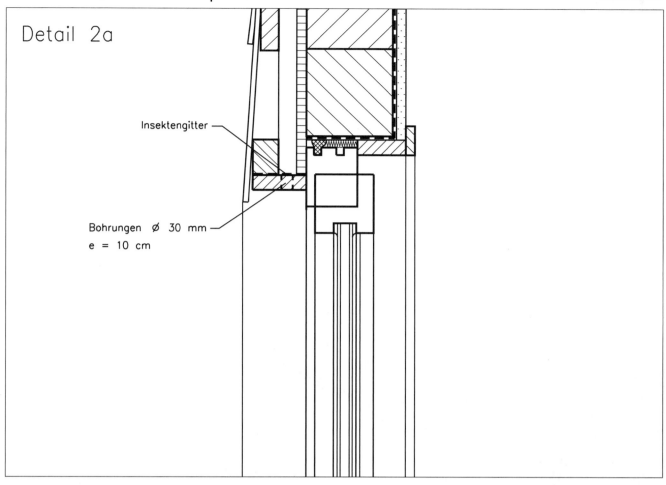

Insektengitter

Bohrungen ⌀ 30 mm
e = 10 cm

Detail 2b

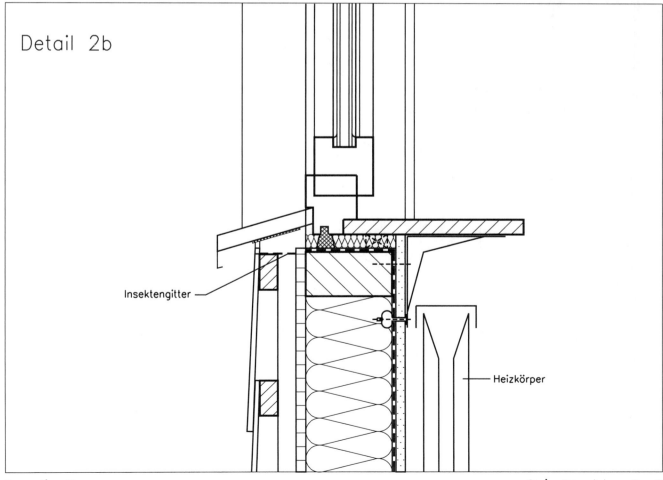

Insektengitter

Heizkörper

Details, Fenster

Schnitte M = 1 : 5

Außenwand, Vormauerwerk 6.24.50

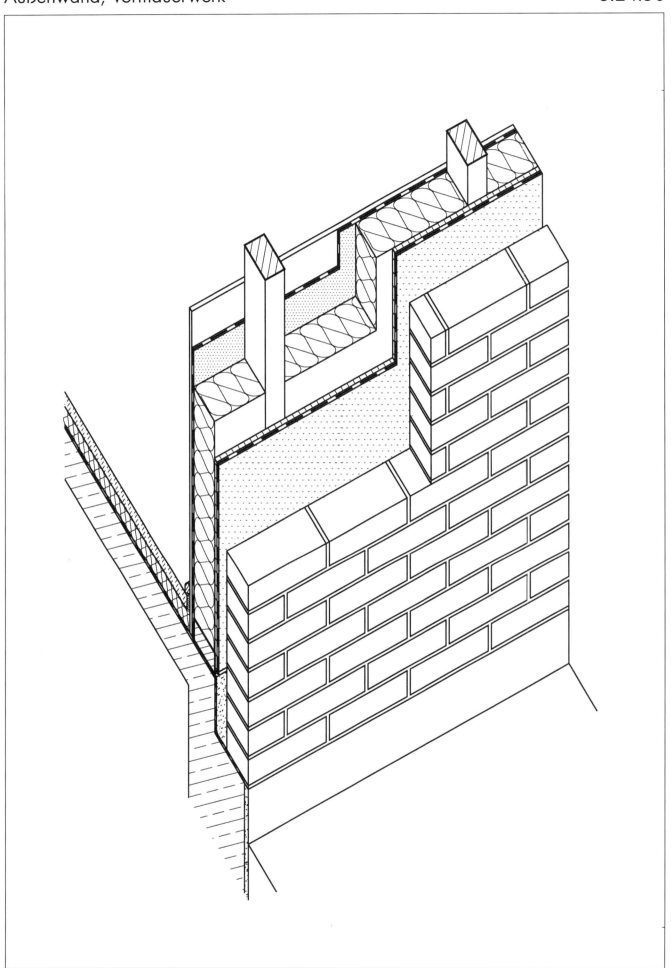

Übersicht

Außenwand, Vormauerwerk 6.24.50

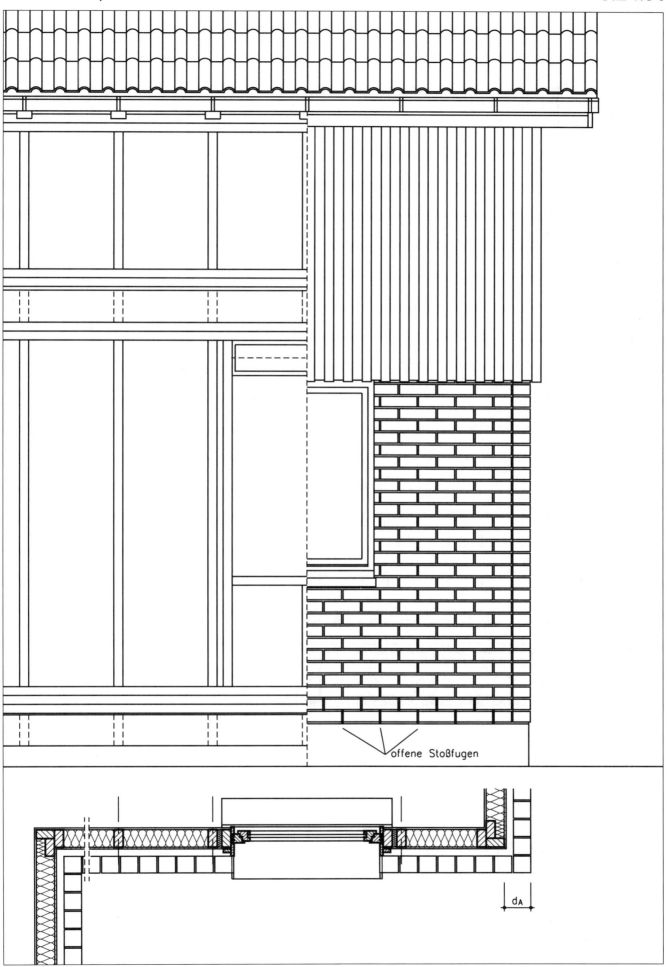

offene Stoßfugen

Übersicht Gebäudeansicht, Grundriß M = 1 : 25

Außenwand, Vormauerwerk 6.24.52

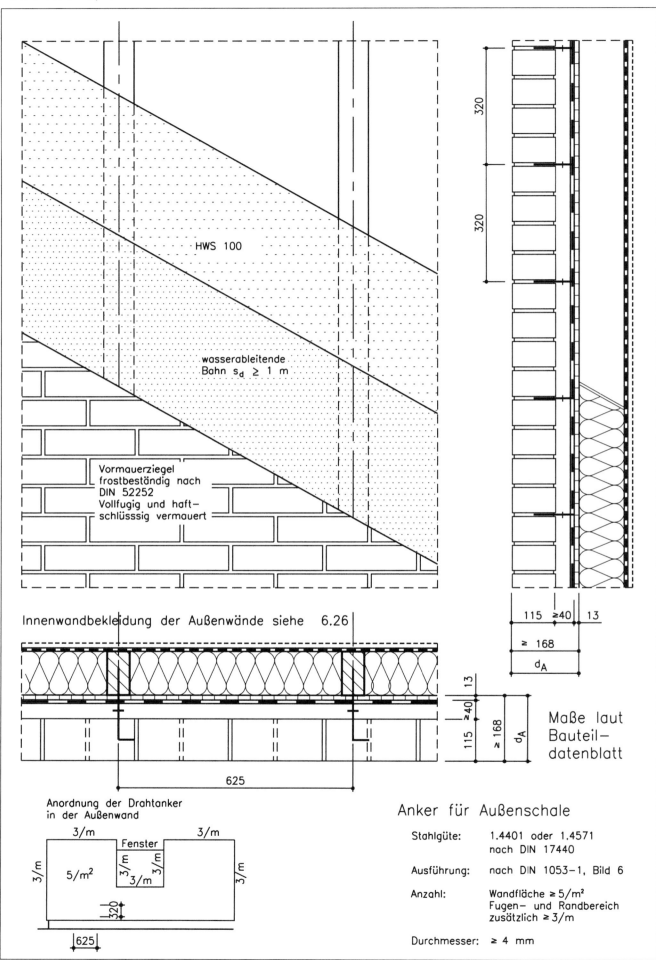

Konstruktion Ansicht, Grundriß, Schnitt M = 1:10

Außenwand, Vormauerwerk 6.24.53

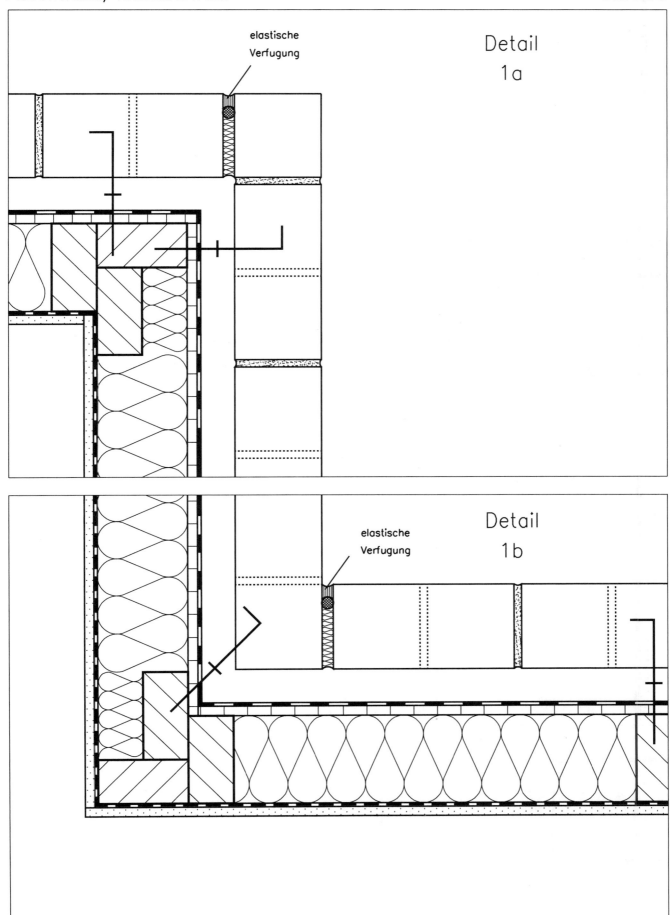

Details, Wandecken Grundrisse M = 1 : 5

Außenwand, Vormauerwerk — 6.24.53

Detail 2a
ohne Rolladen

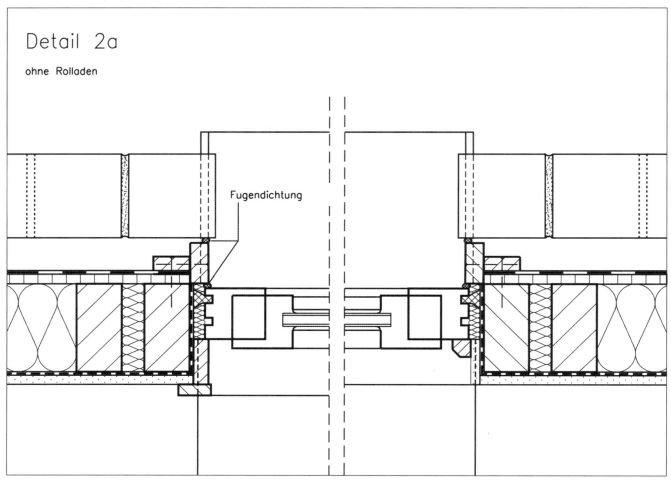

Fugendichtung

Detail 2b
mit Rolladen

Maßordnung siehe 3.00

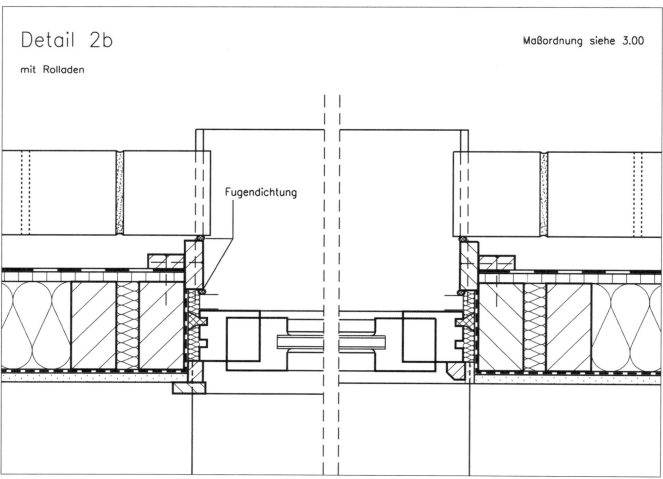

Fugendichtung

Details, Fenster — Grundrisse M = 1 : 5

Außenwand, Vormauerwerk

6.24.53

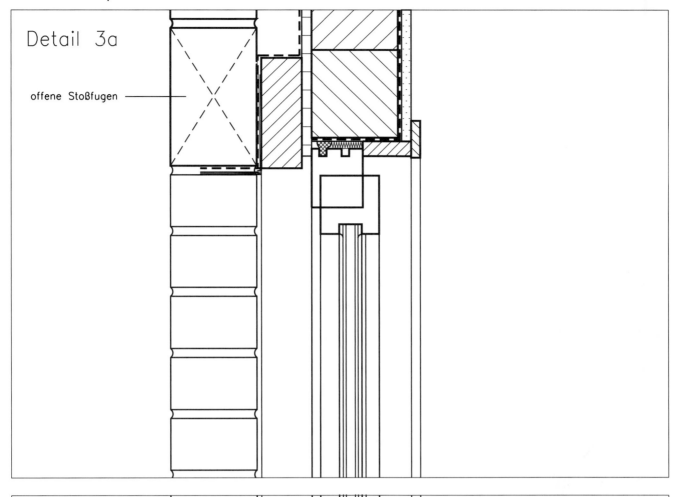

Detail 3a

offene Stoßfugen

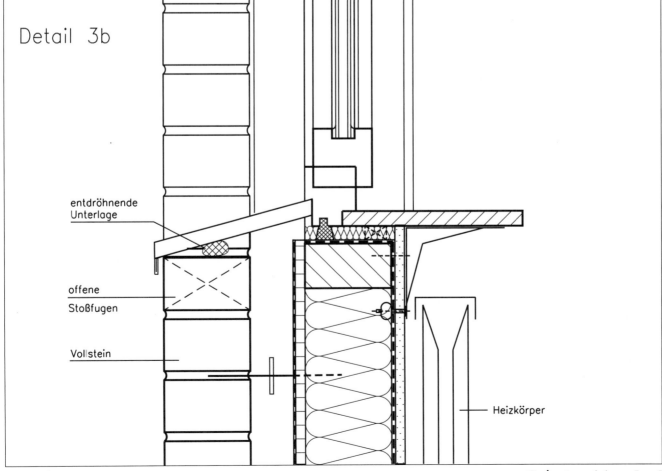

Detail 3b

entdröhnende Unterlage

offene Stoßfugen

Vollstein

Heizkörper

Details, Fenster   Schnitte M = 1 : 5

Außenwand, Mineralischer Putz 6.24.60

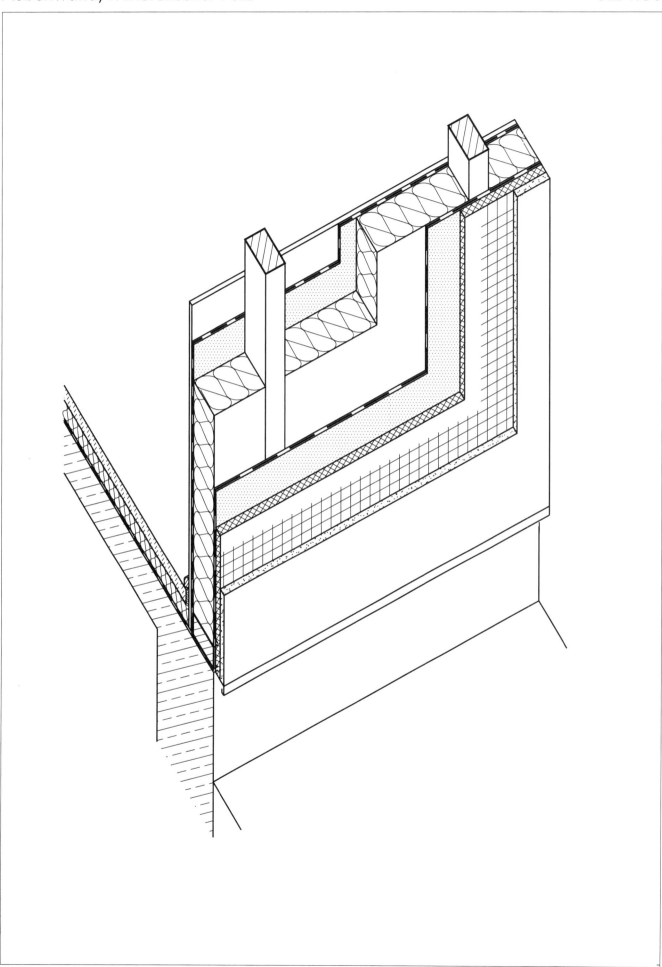

Übersicht

Außenwand, Mineralischer Putz 6.24.60

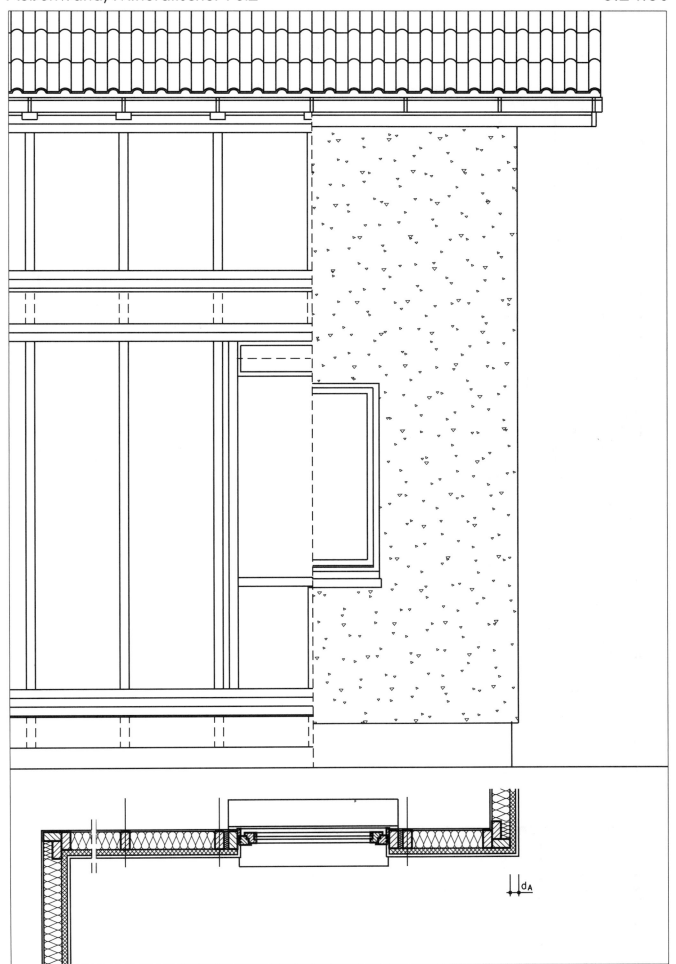

Details Gebäudeansicht, Grundriß M = 1 : 25

Außenwand, Mineralischer Putz 6.24.62

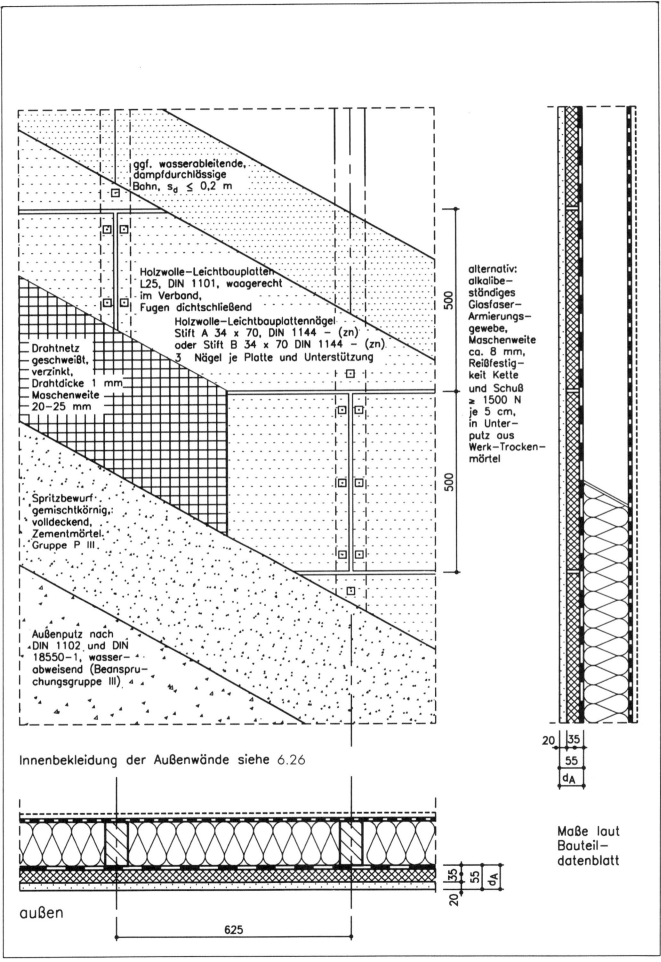

Außenwand, Mineralischer Putz

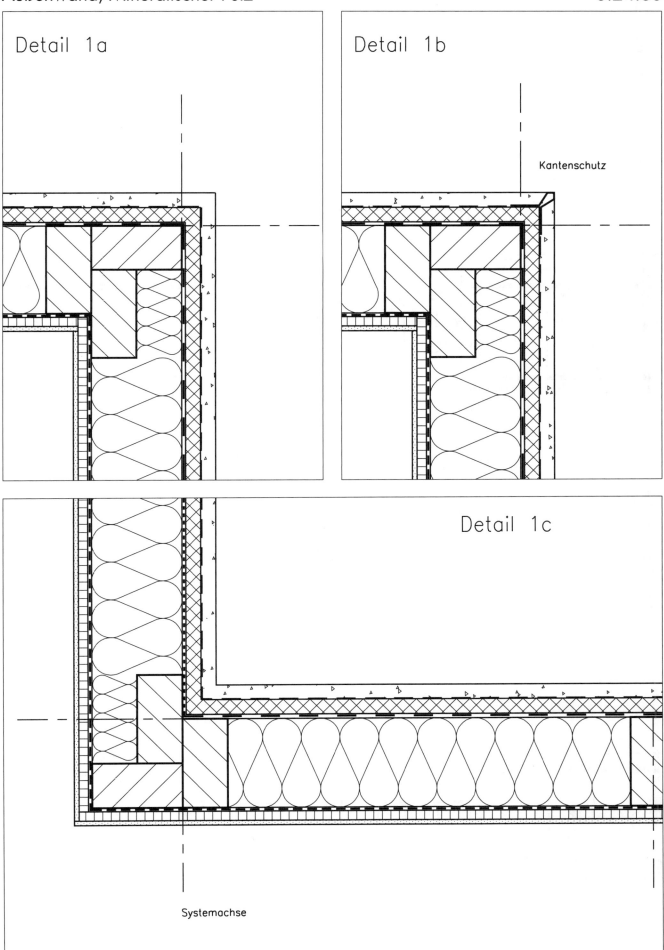

Detail 1a

Detail 1b — Kantenschutz

Detail 1c

Systemachse

Details, Wandecken — Grundriß M = 1 : 5

Außenwand, Mineralischer Putz   6.24.63

Detail 2a
ohne Rolladen

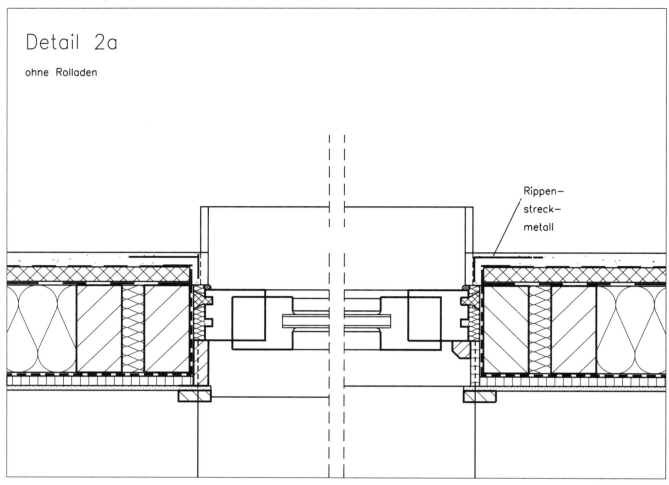

Detail 2b
mit Rolladen

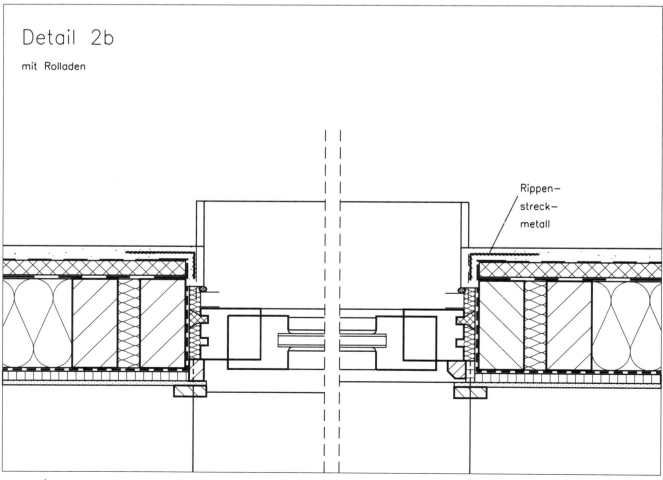

Details, Fenster   Grundrisse M = 1 : 5

Außenwand, Mineralischer Putz   6.24.63

Detail 3a

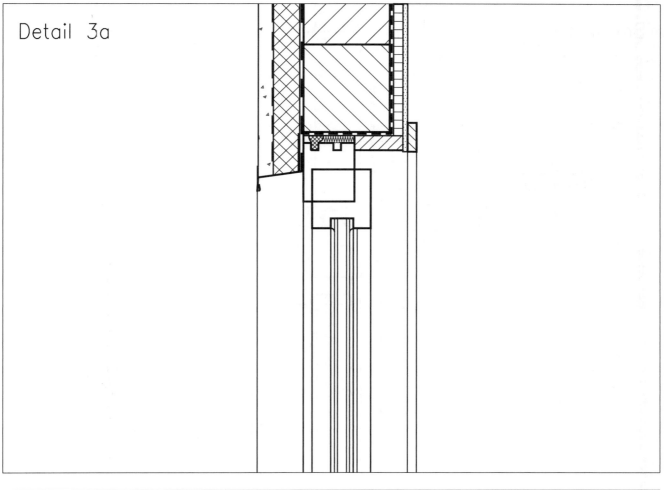

Detail 3b

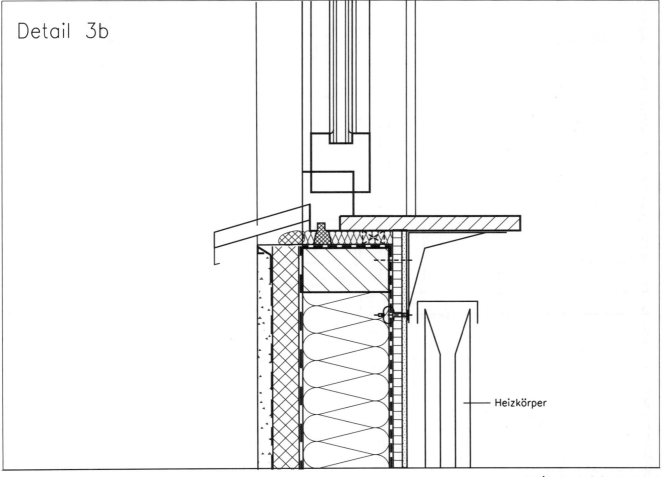

Heizkörper

Details, Fenster   Schnitte M = 1 : 5

Außenwand, Rolladenkasten 6.25.03

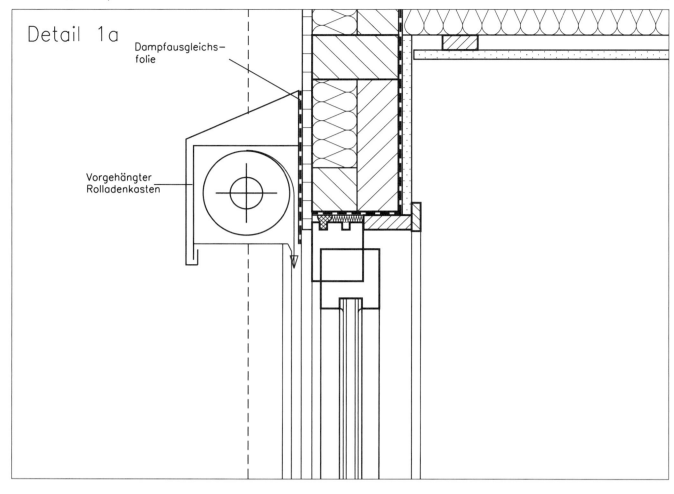

Detail 1a
- Dampfausgleichsfolie
- Vorgehängter Rolladenkasten

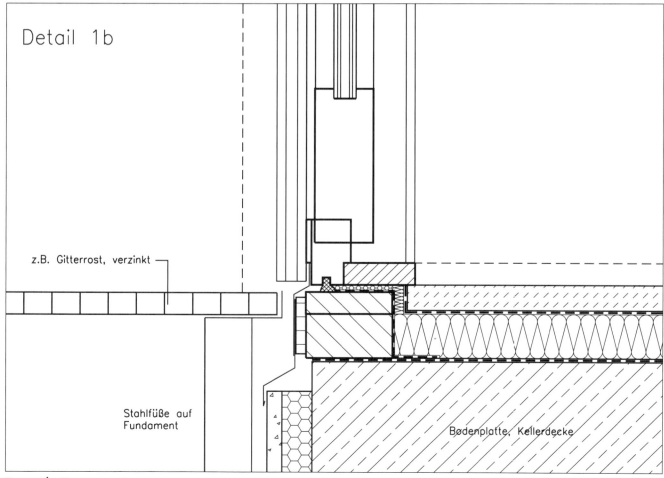

Detail 1b
- z.B. Gitterrost, verzinkt
- Stahlfüße auf Fundament
- Bodenplatte, Kellerdecke

Detail, Fenstertür   Schnitte M = 1 : 5

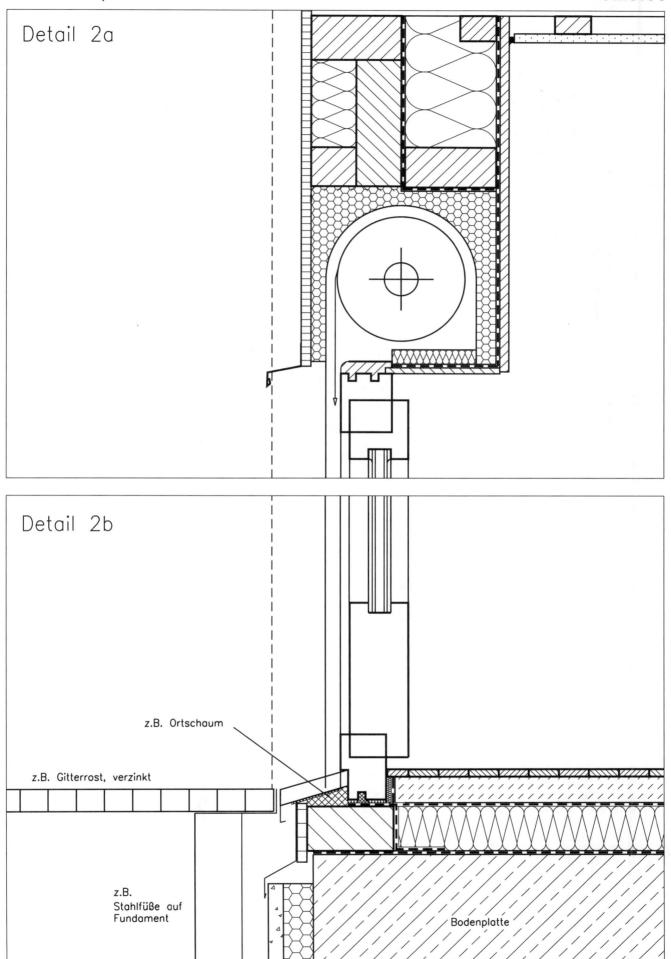

Außenwand, Innenbekleidung

6.26.00

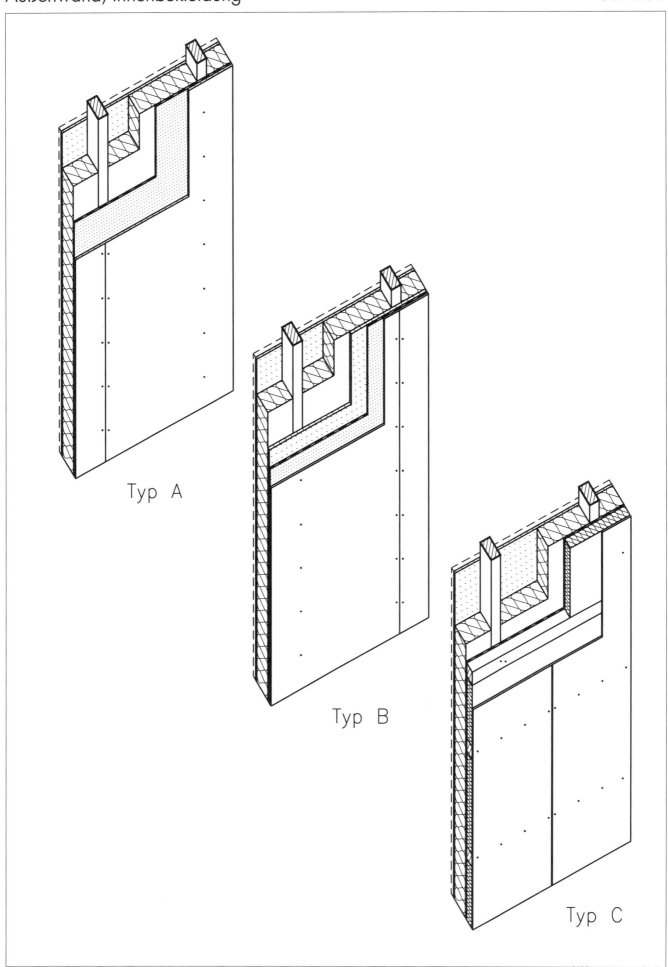

Typ A

Typ B

Typ C

Übersicht

Außenwand, Innenbekleidung 6.26.02

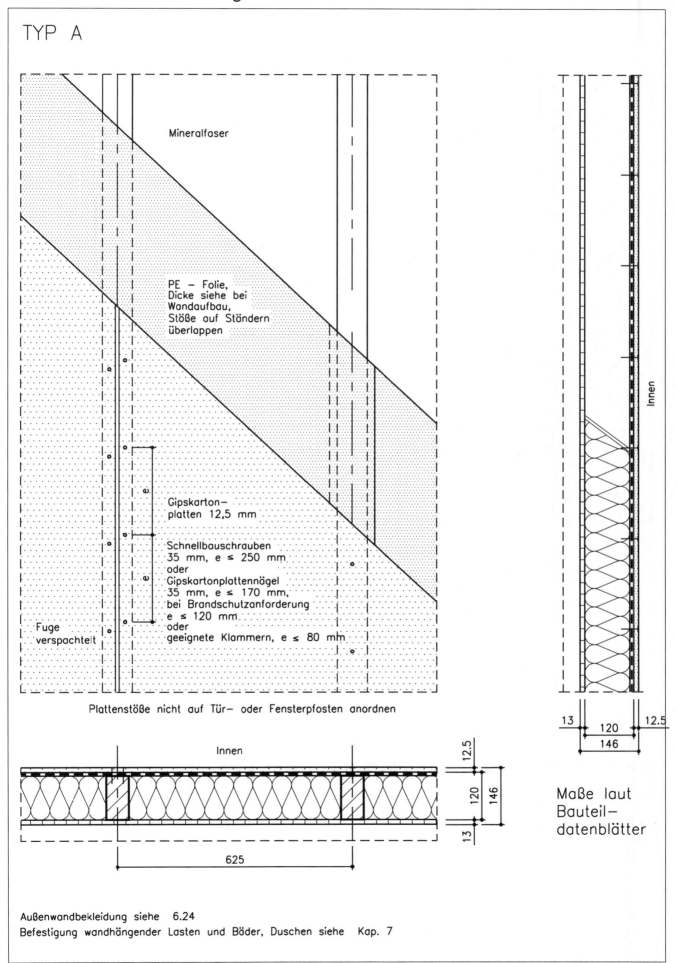

Außenwand, Innenbekleidung

6.26.02

TYP B

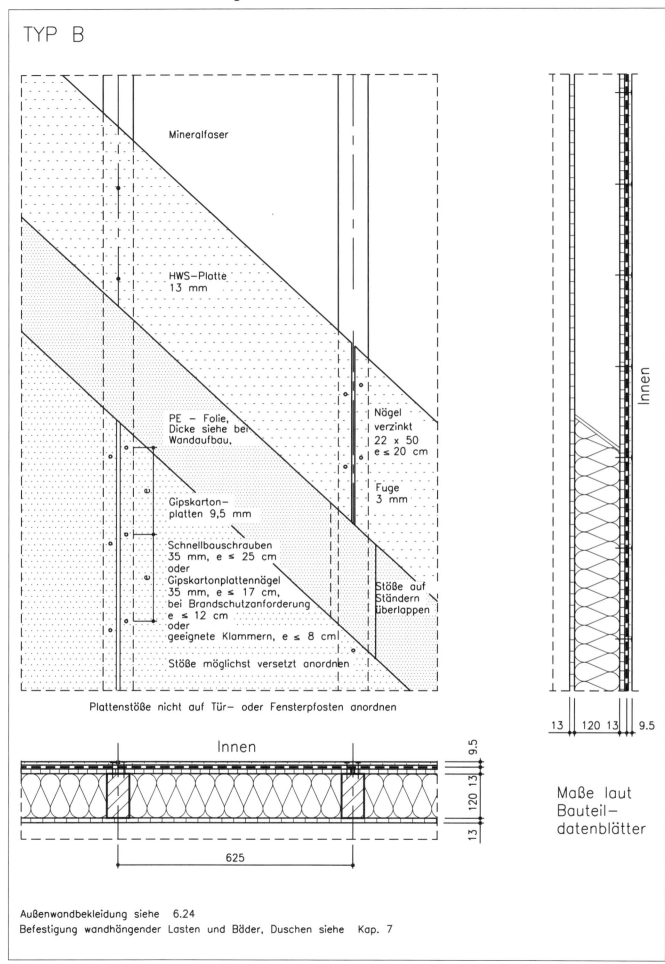

Konstruktion — Ansicht, Grundriß, Schnitt M = 1 : 10

Außenwand, Innenbekleidung   6.26.02

TYP C

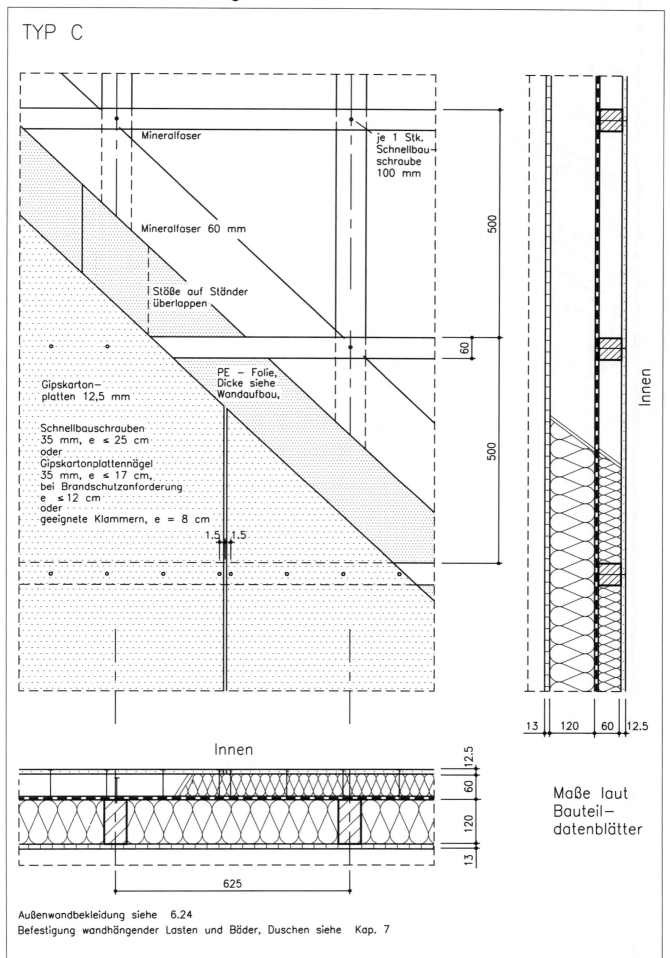

Außenwandbekleidung siehe 6.24
Befestigung wandhängender Lasten und Bäder, Duschen siehe Kap. 7

Maße laut Bauteil-datenblätter

Konstruktion   Ansicht, Grundriß, Schnitt M = 1 : 10

Gebäudeabschlußwand 6.30.00

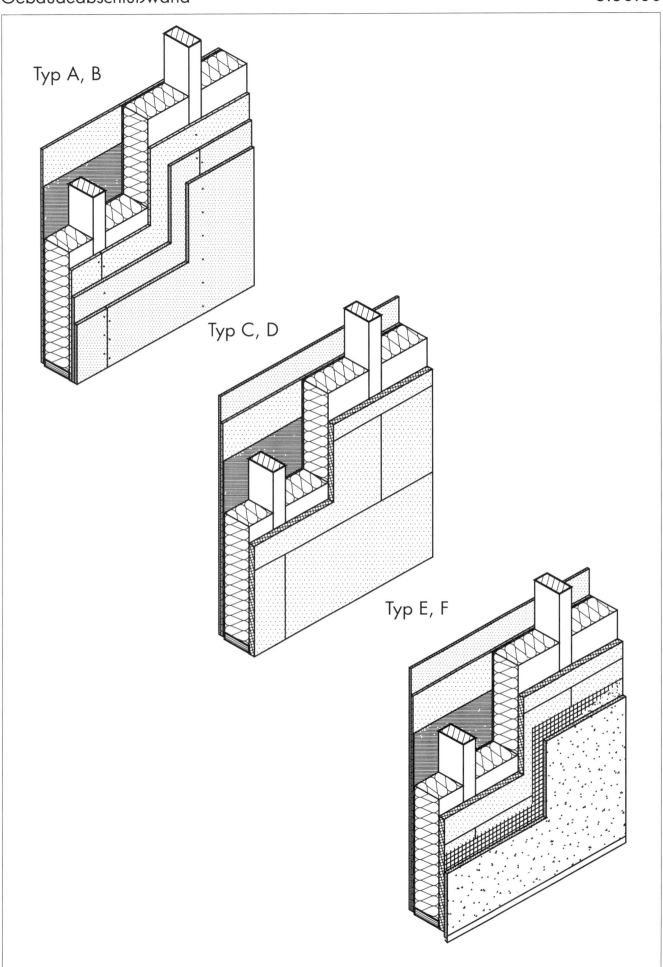

Typ A, B

Typ C, D

Typ E, F

Übersicht

Gebäudeabschlußwand, nicht bewittert   6.30.01

Gebäudeabschluß-
wand,
nicht bewittert,
Gipskarton

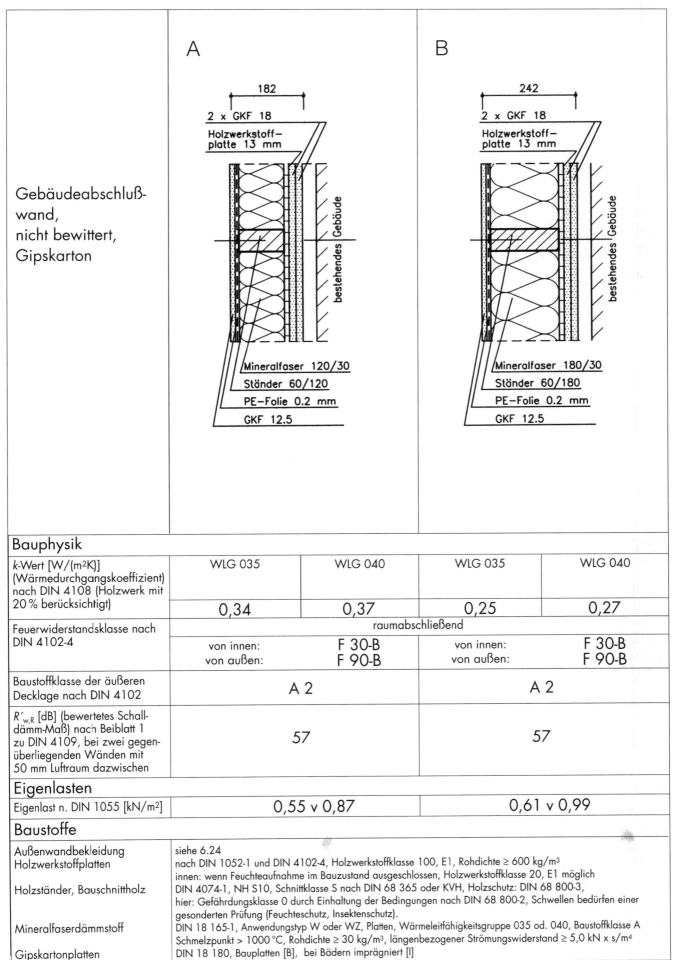

Bauphysik				
k-Wert [W/(m²K)] (Wärmedurchgangskoeffizient) nach DIN 4108 (Holzwerk mit 20 % berücksichtigt)	WLG 035	WLG 040	WLG 035	WLG 040
	0,34	0,37	0,25	0,27
Feuerwiderstandsklasse nach DIN 4102-4	raumabschließend			
	von innen: F 30-B von außen: F 90-B		von innen: F 30-B von außen: F 90-B	
Baustoffklasse der äußeren Decklage nach DIN 4102	A 2		A 2	
$R'_{w,R}$ [dB] (bewertetes Schalldämm-Maß) nach Beiblatt 1 zu DIN 4109, bei zwei gegenüberliegenden Wänden mit 50 mm Luftraum dazwischen	57		57	
Eigenlasten				
Eigenlast n. DIN 1055 [kN/m²]	0,55 v 0,87		0,61 v 0,99	

Baustoffe

Außenwandbekleidung	siehe 6.24
Holzwerkstoffplatten	nach DIN 1052-1 und DIN 4102-4, Holzwerkstoffklasse 100, E1, Rohdichte ≥ 600 kg/m³ innen: wenn Feuchteaufnahme im Bauzustand ausgeschlossen, Holzwerkstoffklasse 20, E1 möglich
Holzständer, Bauschnittholz	DIN 4074-1, NH S10, Schnittklasse S nach DIN 68 365 oder KVH, Holzschutz: DIN 68 800-3, hier: Gefährdungsklasse 0 durch Einhaltung der Bedingungen nach DIN 68 800-2, Schwellen bedürfen einer gesonderten Prüfung (Feuchteschutz, Insektenschutz).
Mineralfaserdämmstoff	DIN 18 165-1, Anwendungstyp W oder WZ, Platten, Wärmeleitfähigkeitsgruppe 035 od. 040, Baustoffklasse A Schmelzpunkt > 1000 °C, Rohdichte ≥ 30 kg/m³, längenbezogener Strömungswiderstand ≥ 5,0 kN x s/m⁴
Gipskartonplatten	DIN 18 180, Bauplatten [B], bei Bädern imprägniert [I]

Bauteildaten

Gebäudeabschlußwand, nicht bewittert 6.30.01

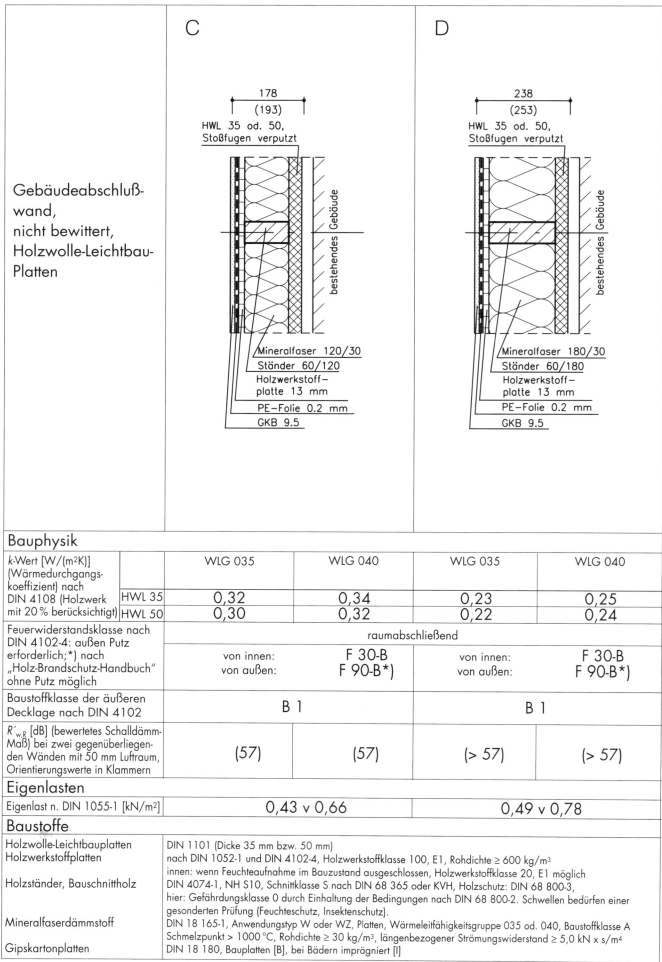

| Gebäudeabschluß-wand, nicht bewittert, Holzwolle-Leichtbau-Platten | C | D |

Bauphysik

		C		D	
k-Wert [W/(m²K)] (Wärmedurchgangs-koeffizient) nach DIN 4108 (Holzwerk mit 20 % berücksichtigt)		WLG 035	WLG 040	WLG 035	WLG 040
	HWL 35	0,32	0,34	0,23	0,25
	HWL 50	0,30	0,32	0,22	0,24
Feuerwiderstandsklasse nach DIN 4102-4: außen Putz erforderlich;*) nach „Holz-Brandschutz-Handbuch" ohne Putz möglich		raumabschließend			
		von innen: von außen:	F 30-B F 90-B*)	von innen: von außen:	F 30-B F 90-B*)
Baustoffklasse der äußeren Decklage nach DIN 4102		B 1		B 1	
$R'_{w,R}$ [dB] (bewertetes Schalldämm-Maß) bei zwei gegenüberliegenden Wänden mit 50 mm Luftraum, Orientierungswerte in Klammern		(57)	(57)	(> 57)	(> 57)

Eigenlasten

| Eigenlast n. DIN 1055-1 [kN/m²] | 0,43 v 0,66 | 0,49 v 0,78 |

Baustoffe

Holzwolle-Leichtbauplatten	DIN 1101 (Dicke 35 mm bzw. 50 mm)
Holzwerkstoffplatten	nach DIN 1052-1 und DIN 4102-4, Holzwerkstoffklasse 100, E1, Rohdichte ≥ 600 kg/m³ innen: wenn Feuchteaufnahme im Bauzustand ausgeschlossen, Holzwerkstoffklasse 20, E1 möglich
Holzständer, Bauschnittholz	DIN 4074-1, NH S10, Schnittklasse S nach DIN 68 365 oder KVH, Holzschutz: DIN 68 800-3, hier: Gefährdungsklasse 0 durch Einhaltung der Bedingungen nach DIN 68 800-2. Schwellen bedürfen einer gesonderten Prüfung (Feuchteschutz, Insektenschutz).
Mineralfaserdämmstoff	DIN 18 165-1, Anwendungstyp W oder WZ, Platten, Wärmeleitfähigkeitsgruppe 035 od. 040, Baustoffklasse A Schmelzpunkt > 1000 °C, Rohdichte ≥ 30 kg/m³, längenbezogener Strömungswiderstand ≥ 5,0 kN x s/m⁴
Gipskartonplatten	DIN 18 180, Bauplatten [B], bei Bädern imprägniert [I]

Bauteildaten

Gebäudeabschlußwand, bewittert 6.30.01

Gebäudeabschlußwand, bewittert, Holzwolle-Leichtbau-Platten

E

198 (213)
- Putz 20
- HWL 35 od. 50
- wasserabweisende Bahn
- Mineralfaser 120/30
- Ständer 60/120
- Holzwerkstoffplatte 13 mm
- PE-Folie 0,2 mm
- GKB 9,5

wetterbeanspruchte Abschlußwand

F

258 (273)
- Putz 20
- HWL 35 od. 50
- wasserabweisende Bahn
- Mineralfaser 180/30
- Ständer 60/180
- Holzwerkstoffplatte 13 mm
- PE-Folie 0,2 mm
- GKB 9,5

wetterbeanspruchte Abschlußwand

Bauphysik

		WLG 035	WLG 040	WLG 035	WLG 040
k-Wert (Wärmedurchgangskoeffizient) nach DIN 4108 (Holzwerk mit 20 % berücksichtigt)	HWL 35	0,31	0,33	0,23	0,25
	HWL 50	0,29	0,31	0,22	0,24

Feuerwiderstandsklasse nach DIN 4102-4	raumabschließend			
	von innen:	F 30-B	von innen:	F 30-B
	von außen:	F 90-B	von außen:	F 90-B

Baustoffklasse der äußeren Decklage nach DIN 4102	A 1	A 1
$R'_{w,R}$ [dB] (bewertetes Schalldämm-Maß) gegen Außenlärm nach Beiblatt 1 zu DIN 4109, Orientierungswerte in Klammern	(> 44)	(> 44)

Eigenlasten

Eigenlast n. DIN 1055-1 [kN/m²]	0,79 v 1,10	0,86 v 1,22

Baustoffe

Unterputz und Oberputz	DIN 18 550-1 und -2 in Verbindung mit DIN 1102, mindestens wasserhemmend, ggf. wasserabweisend (Schlagregen-Beanspruchungsgruppe II)
Holzwolle-Leichtbauplatten	DIN 1101 (Dicke 35 mm bzw. 50 mm)
wasserabweisende Bahn	$s_d \leq 0,2$ m, wasserabweisend
Holzwerkstoffplatten	nach DIN 1052-1 und DIN 4102-4, Holzwerkstoffklasse 100, E1, Rohdichte ≥ 600 kg/m³ innen: wenn Feuchteaufnahme im Bauzustand ausgeschlossen, Holzwerkstoffklasse 20, E1 möglich
Holzständer, Bauschnittholz	DIN 4074-1, NH S10, Schnittklasse S nach DIN 68 365 oder KVH, Holzschutz: DIN 68 800-3, hier: Gefährdungsklasse 0 durch Einhaltung der Bedingungen nach DIN 68 800-2. Schwellen bedürfen einer gesonderten Prüfung (Feuchteschutz, Insektenschutz).
Mineralfaserdämmstoff	DIN 18 165-1, Anwendungstyp W oder WZ, Platten, Wärmeleitfähigkeitsgruppe 035 od. 040, Baustoffklasse A Schmelzpunkt > 1000 °C, Rohdichte ≥ 30 kg/m³, längenbezogener Strömungswiderstand $\geq 5,0$ kN x s/m⁴
Gipskartonplatten	DIN 18 180, Bauplatten [B], bei Bädern imprägniert [I]

Bauteildaten   Schnitt M = 1 : 10

Gebäudeabschlußwand, nicht bewittert 6.30.02

Typ A; B

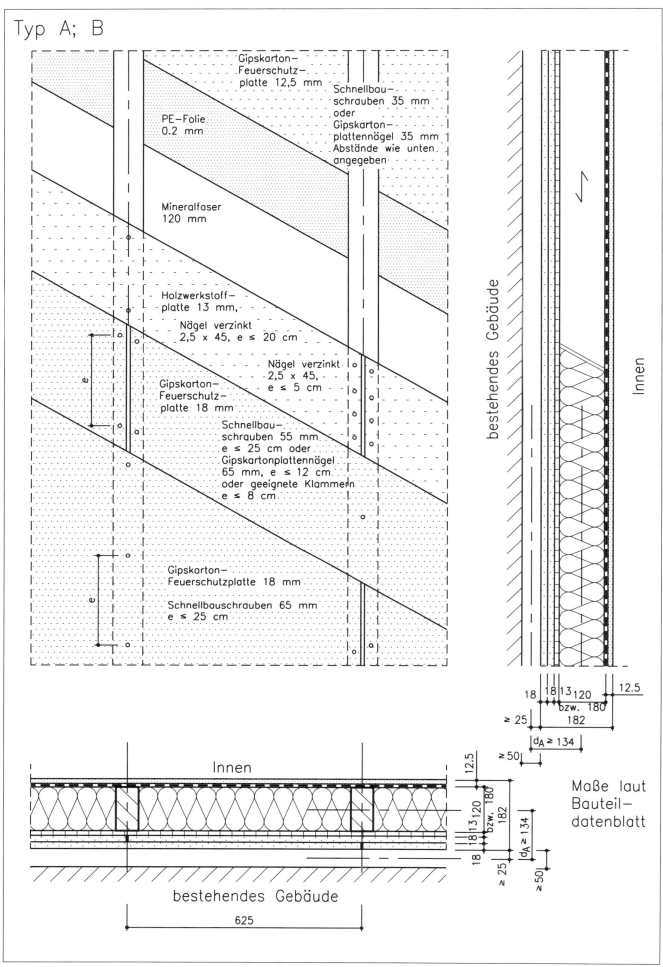

Konstruktion — Grundriß, Ansicht, Schnitt M = 1:10

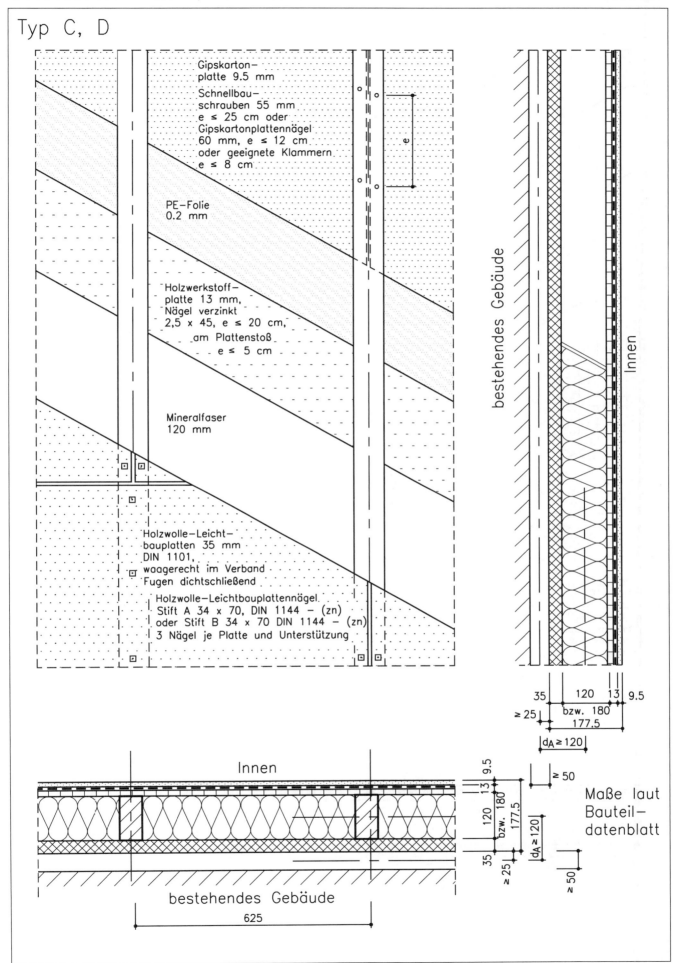

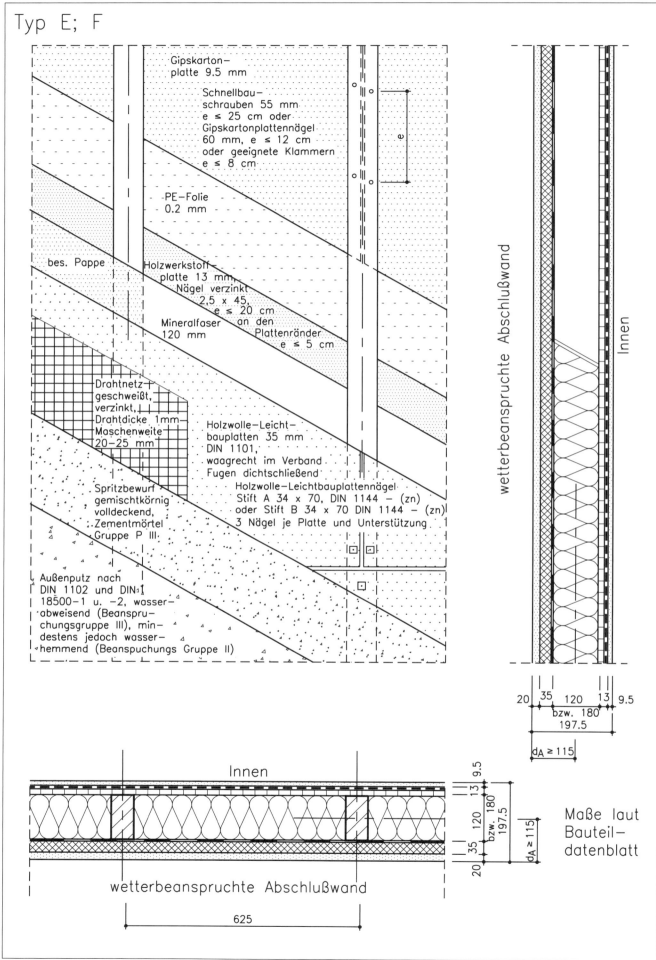

Gebäudeabschlußwand, Austauschmöglichkeiten, Konsequenzen 6.30.02

Tragende Außenbeplankung

Gipswerkstoffplatten

Zulassung erforderlich (siehe Kap. 5); zugelassene Außenbekleidung mit ausdrücklich nachgewiesener Eignung als Feuchteschutz erforderlich; besondere Regelungen der mechanischen Holzverbindungen; z.T. güteüberwachte Werksfertigung erforderlich; bei Platten, die nicht DIN 18 180, GKF 18 mm entsprechen: Brandschutz-Zulassung (Prüfzeugnis) und Schalldämm-Maß-Nachweise (Prüfzeugnisse) für das Bauteil erforderlich.

OSB-Platten d ≥ 13 mm

Bei OSB/3 und OSB/4 nach EN 300 keine Zulassung erforderlich, ggf. zulässige Beanspruchungen nach Bauregelliste (siehe auch Kap. 5), ansonsten Zulassung erforderlich. Zulassung (siehe Kap. 5); bei nicht schlagregensicherer Außenbekleidung nur mit wasserabweisender Abdeckung zulässig (Holzwerkstoffklasse 100); Rohdichte ≥ 600 kg/m^3 ggf. bei Brandschutz erforderlich.

Zementgebundene Spanplatten

Zulassung erforderlich (siehe Kap. 5); besondere Regelungen der mechanischen Holzverbindungen; (Längenänderungen infolge Feuchte beachten!); Brandschutz-Zulassung (Prüfzeugnis) und Schalldämm-Maß-Nachweise (Prüfzeugnisse) für das Bauteil erforderlich.

Silikatplatten

Zulassung erforderlich (siehe Kap. 5); besondere Regelungen der mechanischen Holzverbindungen; (Längenänderungen infolge Feuchte beachten!); Brandschutz-Zulassung (Prüfzeugnis) und Schalldämm-Maß-Nachweise (Prüfzeugnisse) für das Bauteil erforderlich.
Z.T. güteüberwachte Werksfertigung erforderlich; z.T. für unmittelbare Putzbeschichtung zugelassen.

Mehrschichtplatten

Zulassung erforderlich; z.T. güteüberwachte Werksfertigung erforderlich; bei nicht schlagregensicherer Außenbekleidung und Vormauerwerk entweder wasserabweisende Abdeckung oder chemischer Holzschutz erforderlich. Brandschutz-Zulassung (Prüfzeugnis) und Schalldämm-Maß-Nachweise (Prüfzeugnisse) für das Bauteil erforderlich.

MDF (Mitteldichte Holzfaserplatten)

Zulassung erforderlich (siehe Kap. 5); besondere Regelungen der mechanischen Holzverbindungen; Brandschutz-Zulassung (Prüfzeugnis) und Schalldämm-Maß-Nachweise (Prüfzeugnisse) für das Bauteil erforderlich.

Nichttragende Außenbeplankungen

Alle zulässigen, tragenden Außenbeplankungen

- wie zuvor beschrieben - zulässig, jedoch Verbindungen konstruktiv oder ggf. nur nach brandschutztechnischen Bestimmungen.

Genormte, nichttragende Außenbeplankungen

Spanplatten: bei Brandschutzanforderungen Rohdichte ≥ 600 kg/m^3;
Sperrholz: DIN 68 705-1, DIN 68 705-2, DIN 68 705-4; bei Brandschutzanforderungen Rohdichte ≥ 600 kg/m^3;
Holzwolle-Leichtbauplatten: unverputzt ggf. Brandschutz-Zulassung (Prüfzeugnis) für das Bauteil erforderlich.

Vollholz-Schalung:

Nachweis des Schalldämm-Maßes der Gesamtkonstruktion; bei nicht schlagregensicherer Außenbekleidung entweder chemischer Holzschutz oder wasserableitende Abdeckung erforderlich.

Chemischer Holzschutz des Holzständerwerkes

Für die in diesem Werk angegebenen Außenwände gilt: (Auszug aus DIN 68 800, Abschnitt 8.2)

Die nicht belüfteten Wandquerschnitte dürfen der Gefährdungsklasse 0 zugeordnet werden, wenn eine der nachstehend genannten Ausbildungen des Wetterschutzes vorliegt. Das gilt nicht für Schwellen oder Rippen, die auf folgenden Bauteilen aufliegen: Decken, die unmittelbar an das Erdreich angrenzen (Bodenplatten), Decken im Bereich von Terrassen, Massivdecken im Bereich von Balkonen.

Erforderlicher Wetterschutz:

.

.

.

d) Holzwolle-Leichtbauplatten nach DIN 1101, erforderlichenfalls mit raumseitig angeordneter wasserableitender Schicht und wasserabweisendem Außenputz nach DIN 18 550-1, ohne zusätzlich äußere Bekleidung/Beplankung.

Dies gilt jedoch nur, wenn in den Wandhohlräumen mineralischer Faserdämmstoff nach DIN 18 165-1 oder Dämmstoff, dessen Verwendbarkeit für diesen Anwendungsfall besonders nachgewiesen ist, z.B. durch eine allgemeine bauaufsichtliche Zulassung für diesen Anwendungsfall.

An der Raumseite sind zusätzliche Bekleidungen, Vorhang- oder Vorsatzschalen zulässig, sofern der Tauwasserschutz nach DIN 4108-3 für den Gesamtquerschnitt gegeben ist.

Tragwerk

BS-Holz

ohne weiteres möglich

Furnierschicht-, Langspan- und Furnierstreifenholz

Zulassung erforderlich; bei geringeren Breiten als 60 mm: Brandschutz nach DIN 4102-4 überprüfen und Randabstände der Verbindungsmittel beachten!

Gebäudeabschlußwand, Austauschmöglichkeiten, Konsequenzen

Dämmstoff im Holztafelhohlraum

<u>Mineralische Schüttungen (Blähmineralien o. ä.)</u>

Zulassungen erforderlich für den gesamten Wandaufbau für: Wärmeleitfähigkeit; Brandschutz; Schalldämm-Maße; Gefährdungsklasse 0.

<u>Organische Dämmstoffe (Holzspäne, Holzwolle, Zellulose, Hanf, Flachs, Hartschäume o. ä.)</u>

Zulassungen erforderlich für den gesamten Wandaufbau für: Wärmeleitfähigkeit; Brandschutz; Schalldämm-Maße; Gefährdungsklasse 0; bei Hartschäumen nach DIN 18 164 Wärmeleitfähigkeit nicht zulassungspflichtig.

Dampfsperre

Nachweis des bauphysikalischen Feuchteschutzes nach DIN 4108 erforderlich.

Hinweis: Die in den Konstruktionen durchgängig vorgesehene PE-Folie 0,2 mm gewährleistet in allen Wänden Tauwasserfreiheit unter Normklimabedingungen für Wohngebäude. Diese Dampfsperre ist auch wesentlicher Bestandteil des Luftdichtheitskonzeptes.

Tragende Innenbeplankung

Es gelten die Angaben wie für die »Tragende Außenbeplankung«, jedoch ist – ausgenommen Feuchträume – kein Feuchteschutz erforderlich und es können Platten eingesetzt werden, die der Holzwerkstoffklasse 20 entsprechen.

In Feuchträumen ist eine dauerhaft wirksame Abdichtung (siehe Kapitel 7) erforderlich, sonst dürfen die Platten nicht als tragend eingesetzt werden (s. DIN 68 800-2 Abschn. 11.3).

Nichttragende Innenbeplankung auf Holzständerwerk

<u>Gipswerkstoffplatten (nicht GKF d = 12,5 mm DIN 18 180)</u>

Ggf. Brandschutz-Zulassung (Prüfzeugnis) und Schalldämm-Maß-Nachweis/e (Prüfzeugnis/se) für das Bauteil erforderlich.

<u>OSB-Platten $\geq$ 13 mm</u>

Bei Brandschutzanforderungen Rohdichte $\geq$ 600 kg/m^3

<u>Zementgebundene Spanplatten</u>

Ggf. Brandschutz-Zulassung (Prüfzeugnis) und Schalldämm-Maß-Nachweis/e (Prüfzeugnis/se) für das Bauteil erforderlich.

<u>Silikatplatten</u>

Ggf. Brandschutz-Zulassung (Prüfzeugnis) und Schalldämm-Maß-Nachweis/e (Prüfzeugnis/se) für das Bauteil erforderlich.

<u>Mehrschichtplatten</u>

Ggf. für F 30-B Dicke $\geq$ 21 mm erforderlich, ggf. Schalldämm-Maß-Nachweis/e (Prüfzeugnis/se) für das Bauteil erforderlich.

<u>MDF (Mitteldichte Holzfaserplatten)</u>

Ggf. Brandschutz-Zulassung (Prüfzeugnis) und Schalldämm-Maß-Nachweis/e (Prüfzeugnis/se) für das Bauteil erforderlich.

Hinweise und Ratschläge

Die angegebenen Konstruktionen sind in vielfältiger Weise veränderbar. Sie können dem Kundenwunsch gut angepaßt werden. Die Landesbauordnungen verlangen nachvollziehbare Nachweise bezüglich der Baustoff- und Bauteilqualität.

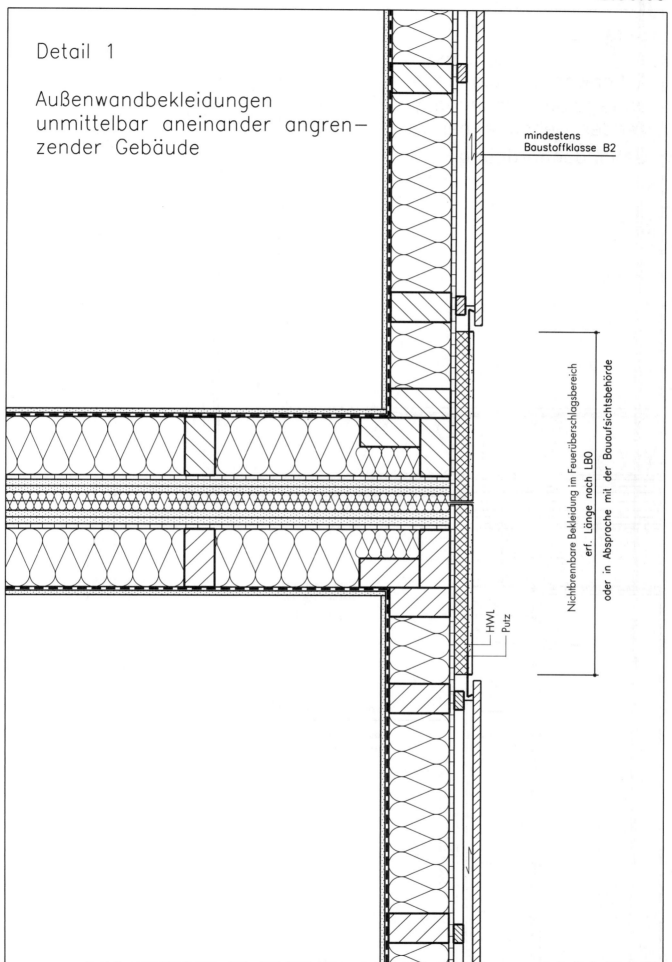

Gebäudeabschlußwand — 6.30.03

Detail 1

Außenwandbekleidungen unmittelbar aneinander angrenzender Gebäude

mindestens Baustoffklasse B2

Nichtbrennbare Bekleidung im Feuerüberschlagsbereich
erf. Länge nach LBO
oder in Absprache mit der Bauaufsichtsbehörde

HWL
Putz

Details, Gebäudetrennfuge — Grundriß M 1 : 10

Gebäudeabschlußwand 6.30.03

Detail 2

Außenwandbekleidungen unmittelbar aneinander angrenzender Gebäude bei versetzter Gebäudeanordnung

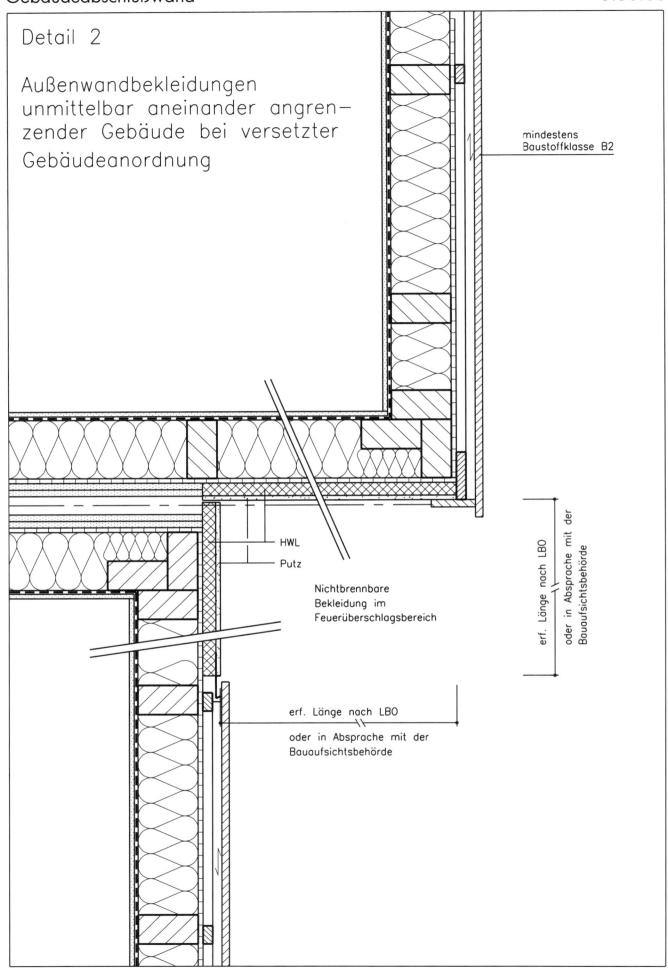

mindestens Baustoffklasse B2

HWL
Putz

Nichtbrennbare Bekleidung im Feuerüberschlagsbereich

erf. Länge nach LBO oder in Absprache mit der Bauaufsichtsbehörde

erf. Länge nach LBO oder in Absprache mit der Bauaufsichtsbehörde

Details, Gebäudetrennfuge, Gebäudeversatz Grundriß M = 1 : 10

Gebäudeabschlußwand 6.30.03

Detail 3a Ortgang-Anschluß
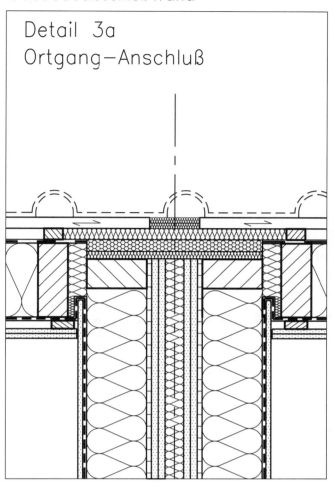

Detail 3b Trauf-Anschluß
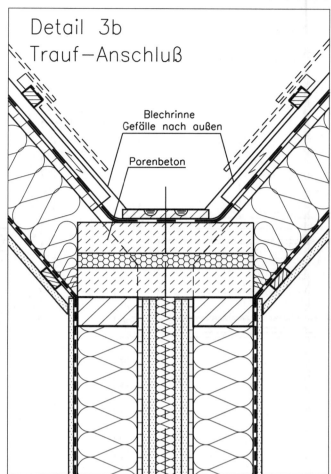

Blechrinne Gefälle nach außen
Porenbeton

Detail 4a Decken-Anschluß
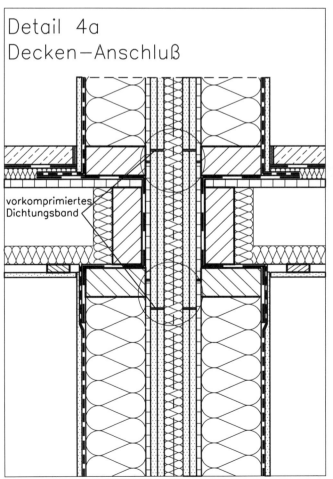

vorkomprimiertes Dichtungsband

Detail 4b Decken-Anschluß
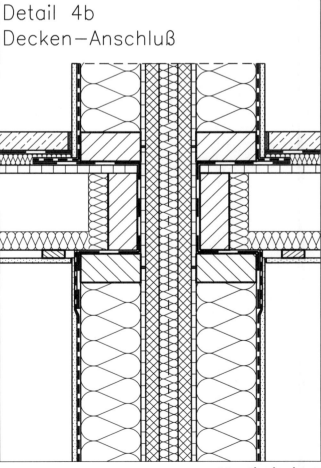

Details, Gebäudetrennfuge — Vertikalschnitt

Gebäudeabschlußwand

Detail 5
Gebäudeabschlußwand über Dach

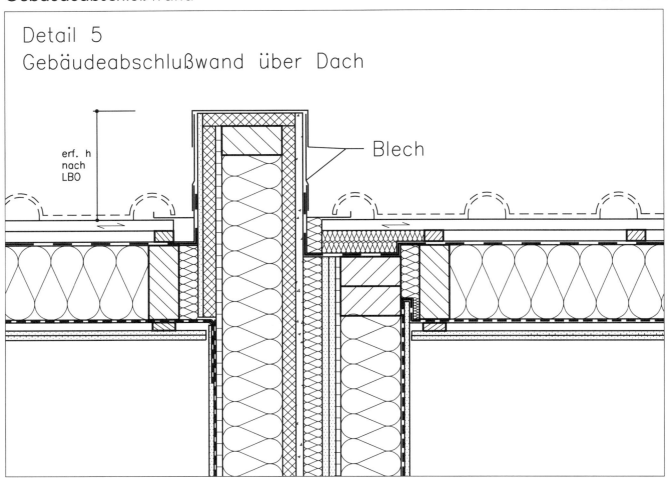

Details, Gebäudetrennfuge, Höhenversatz — Vetikalschnitt

6.30.03

Innenwand, tragend 6.40.00

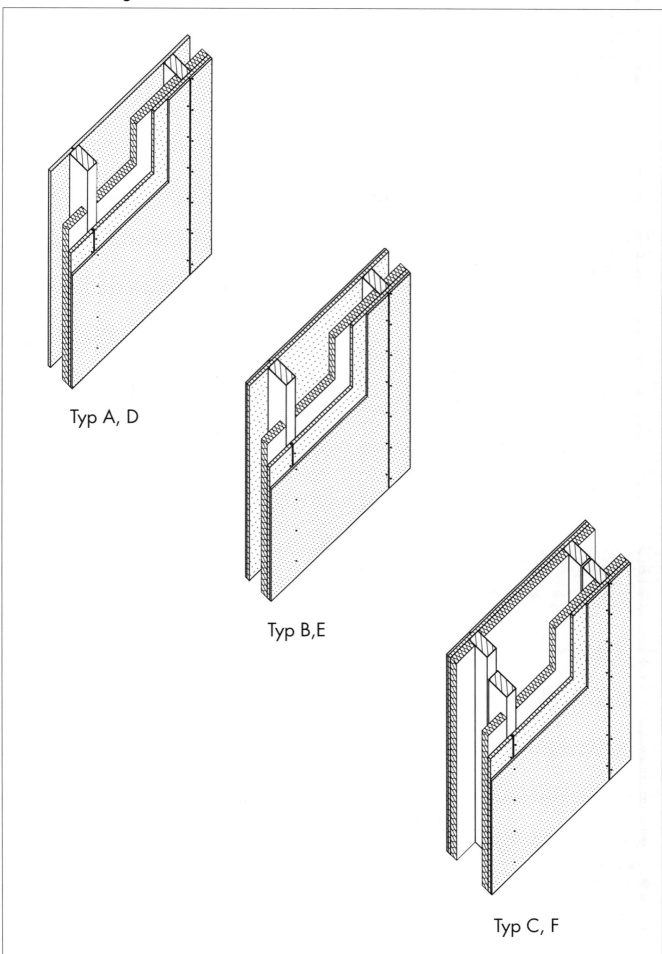

Typ A, D

Typ B, E

Typ C, F

Übersicht

Innenwand, tragend 6.40.01

Achtung: Wandanschlüsse wegen des Schallschutzes besonders beachten und sorgfältig ausführen.

Innenwand, tragend, aussteifend

A
158 | 75 | 83
15 | 80 | 40 | 13 | 9.5

- GKF 15
- Holzständer 60/120
- Mineralfaser 40
- HWS-Platte 13
- GKB 9.5

Installationswände s. Kap. 7

B
166 | 83 | 83
9.5 | 13 | 80 | 40 | 13 | 9.5

- GKB 9.5
- HWS-Platte 13
- Holzständer 60/120
- Mineralfaser 40
- HWS-Platte 13
- GKB 9.5

Installationswände s. Kap. 7

C
296 | 148 | 148
9.5 | 13 | 40 | 80 | 10 | 80 | 40 | 13 | 9.5

- Trennfuge
- Ständer 60/120
- Mineralfaser 40
- HWS-Platte 13
- GKB 9.5

Installationswände s. Kap. 7

Ohne Brandschutzanforderungen Gipskartonplatten B (Bauplatten) möglich.
Bei Wänden gegen Außenluft oder nicht beheizte Räume: Auf der beheizten (warmen) Seite zwischen Bekleidung und Holzständer/Dämmstoff Dampfsperre (PE-Folie 0,2 mm) einbauen.

Bauphysik

	A		B		C	
k-Wert [W/(cm²K)] bei Trennwänden zwischen beheizten und nicht beheizten Räumen	hier angesetzt: Dämmstoff 120 mm				Dämmstoffdicke 2 x 80 mm	
	WLG 035	WLG 040	WLG 035	WLG 040	WLG 035	WLG 040
	0,35	0,37	0,33	0,35	0,35	0,38
Feuerwiderstandsdauer nach DIN 4102-4	F 30-B		F 30-B		F 30-B	
	nicht raumabschließend				raumabschließend	
$R'_{w,R}$ [dB] (bewertetes Schalldämm-Maß) n. DIN 4109, Bbl. 1 — Wandanschlüsse nach Details: 6.40.03 1a bis 8b	> 37		44		–	
Wandanschlüsse nach Details 6.40.03 9a, 9b	–		–		(56)	

Eigenlasten

Eigenlast n. DIN 1055-1 [kN/m²]	0,41 v 0,60	0,46 v 0,64	0,51 v 0,72

Baustoffe

Holzständer, Bauschnittholz	DIN 4074-1, NH S10, Schnittklasse S nach DIN 68 365, Gefährdungsklasse 0, Holzschutz nicht erforderlich
Holzwerkstoffplatten	Holzwerkstoffklasse 20, E1, Rohdichte ≥ 600 kg/m³
Mineralfaserdämmstoff	DIN 18 165-1, Anwendungstyp W oder WZ, Platten, Baustoffklasse A, Schmelzpunkt höher als 1000 °C, Rohdichte ≥ 30 kg/m³, längenbezogener Strömungswiderstand ≥ 5 kN x s/m⁴
Gipskartonplatten	DIN 18 180, Feuerschutzplatten [F], ohne Brandschutzanforderungen [B], bei Bädern [I]

Bauteildaten

Innenwand, tragend 6.40.01

Achtung: Wandanschlüsse wegen des Schallschutzes besonders beachten und sorgfältig ausführen.

Innenwand, tragend

D
- 150 (75 / 75)
- 15 | 80 | 40 | 15
- GKF 15
- Holzständer 60/120
- Mineralfaser 40/40
- GKF 15
- Installationswände s. Kap. 7

E
- 170 (85 / 85)
- 2×12,5 | 80 | 40 | 2×12,5
- 2 × GKF 12,5
- Holzständer 60/120
- Mineralfaser 40/40
- 2 × GKF 12,5
- Installationswände s. Kap. 7

F
- 300 (150 / 150)
- 2×12,5 | 40 | 80 | 10 | 80 | 40 | 2×12,5
- Trennfuge
- Ständer 60/120
- Mineralfaser 40/30
- 2 × GKF 12,5
- Installationswände s. Kap. 7

Gipskartonplatten sind nach DIN 1052 nur zur Knickaussteifung der Holzständer zulässig. Bei Einsatz als mittragende Beplankung (Scheibenwirkung) ist eine bauaufsichtliche Zulassung erforderlich (s. Kap. 5).

Ohne Brandschutzanforderungen Gipskartonplatten B (Bauplatten) möglich.
Bei Wänden gegen Außenluft oder nicht beheizte Räume: Auf der beheizten (warmen) Seite zwischen Bekleidung und Holzständer/Dämmstoff Dampfsperre (PE-Folie 0,2 mm) einbauen.

Bauphysik

k-Wert [W/(m²K)] bei Trennwänden zwischen beheizten und nicht beheizten Räumen	hier angesetzt: Dämmstoff 120 mm					
	WLG 035	WLG 040	WLG 035	WLG 040	WLG 035	WLG 040
	0,36	0,39	0,34	0,37	0,36	0,39

Feuerwiderstandsdauer nach DIN 4102-4	F 30-B	F 30-B	F 30-B
	nicht raumabschließend		raumabschließend

R'_{wR} [dB] (bewertetes Schalldämm-Maß) n. DIN 4109, Bbl. 1				
Wandanschlüsse nach Details: 6.40.03 1a bis 8b	37	44	–
Wandanschlüsse nach Details 6.40.03 9a, 9b	–	–	56

Eigenlasten

Eigenlast n. DIN 1055 [kN/m²]	0,40 v 0,57	0,57 v 0,79	0,66 v 0,90

Baustoffe

Holzständer, Bauschnittholz	DIN 4074-1, NH S10, Schnittklasse S nach DIN 68 365, Gefährdungsklasse 0, Holzschutz nicht erforderlich
Mineralfaserdämmstoff	DIN 18 165-1, Anwendungstyp W oder WZ, Platten, Baustoffklasse A, Schmelzpunkt höher als 1000 °C, Rohdichte ≥ 30 kg/m³, längenbezogener Strömungswiderstand ≥ 5 kN x s/m⁴
Gipskartonplatten	DIN 18 180, Feuerschutzplatten [F], ohne Brandschutzanforderungen [B], bei Bädern [I]

Bauteildaten

Innenwand, tragend 6.40.02

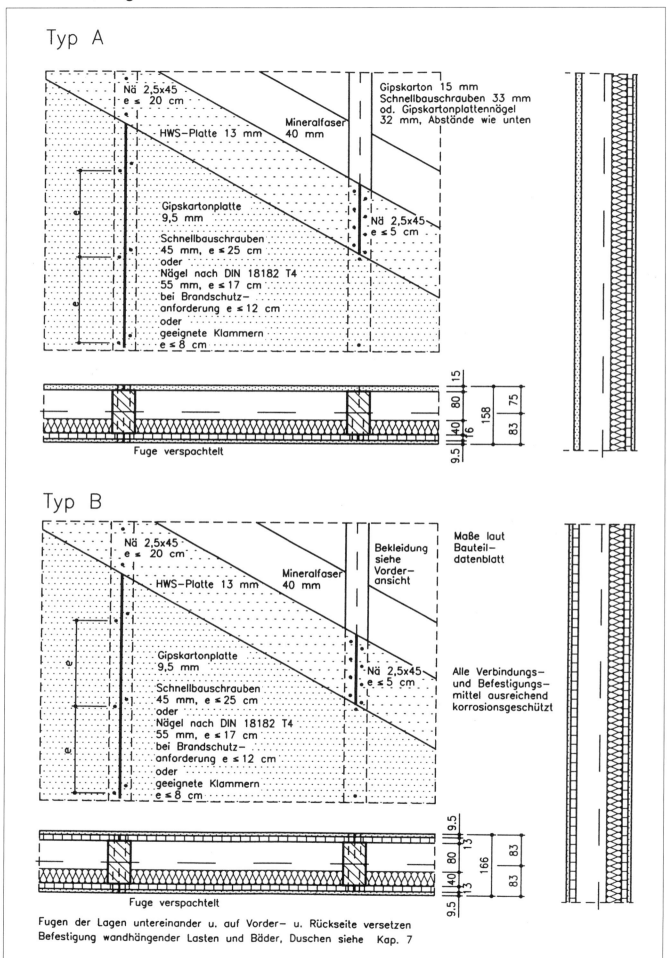

Konstruktion — Grundriß, Ansicht, Schnitt M = 1:10

Innenwand, tragend; Wohnungstrennwand 6.40.02

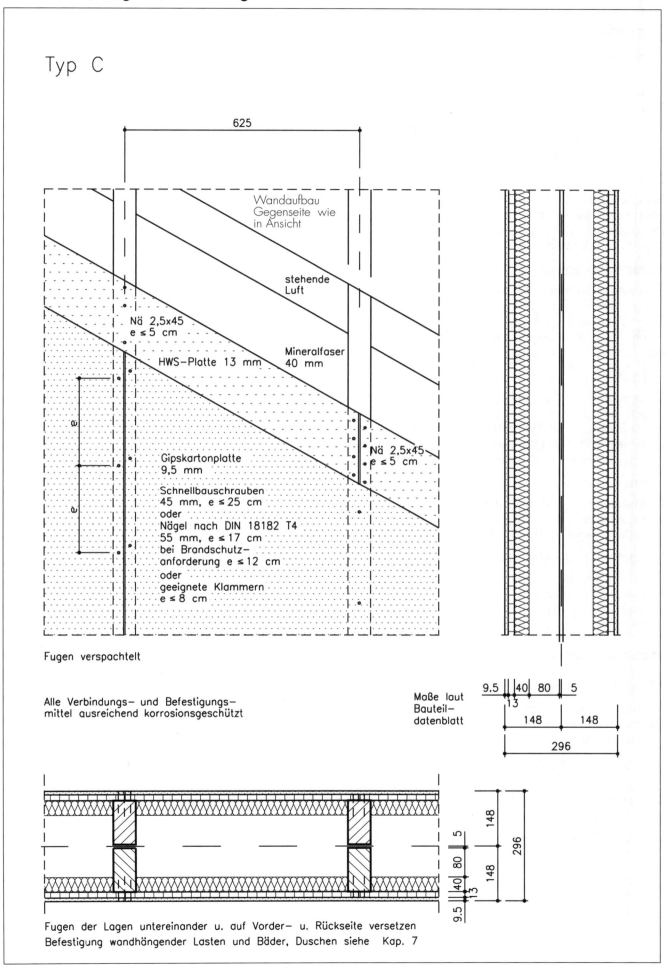

Konstruktion — Grundriß, Ansicht, Schnitt M = 1 : 10

Innenwand, tragend, Austauschmöglichkeiten, Konsequenzen 6.40.02

Tragende Innenbeplankung

Gipswerkstoffplatten

Zulassung erforderlich (siehe Kap. 5); besondere Regelungen der mechanischen Holzverbindungen; z. T. güteüberwachte Werksfertigung erforderlich; bei Platten, die nicht DIN 18 180, GKF 12,5 mm entsprechen: Brandschutz-Zulassung (Prüfzeugnis) und Schalldämm-Maß-Nachweis/e (Prüfzeugnis/se) für das Bauteil erforderlich.

OSB-Platten d ≥ 13 mm

Bei OSB/3 und OSB/4 nach EN 300 keine Zulassung erforderlich, Bemessung nach Angaben der Bauregelliste (siehe Kap. 5); zugelassene OSB-Platten siehe Kap. 5; F 30-B nur bei Rohdichte ≥ 600 kg/m³.

Zementgebundene Spanplatten

Zulassung erforderlich (siehe Kap. 5); besondere Regelungen der mechanischen Holzverbindungen; Brandschutz-Zulassung (Prüfzeugnis) und Schalldämm-Maß-Nachweis/e (Prüfzeugnis/se) für das Bauteil erforderlich.

Silikatplatten

Zulassung erforderlich (siehe Kap. 5); besondere Regelungen der mechanischen Holzverbindungen; Brandschutz-Zulassung (Prüfzeugnis) und Schalldämm-Maß-Nachweis/e (Prüfzeugnis/se) für das Bauteil erforderlich. Z. T. güteüberwachte Werksfertigung erforderlich.

Mehrschichtplatten

Zulassung erforderlich; z. T. güteüberwachte Werksfertigung erforderlich; Schalldämm-Maß-Nachweis (Prüfzeugnis) erforderlich; Brandschutz nach DIN 4102-4.

MDF (Mitteldichte Holzfaserplatten)

Zulassung erforderlich (siehe Kap. 5); besondere Regelungen der mechanischen Holzverbindungen; Brandschutz-Zulassung (Prüfzeugnis) und Schalldämm-Maß-Nachweis/e (Prüfzeugnis/se) für das Bauteil erforderlich.

Nichttragende Innenbeplankungen

Alle zulässigen, tragenden Innenbeplankungen

– wie zuvor beschrieben zulässig, jedoch Verbindungen konstruktiv oder ggf. nur nach brandschutztechnischen Bestimmungen.

Genormte, nichttragende Innenbeplankungen

Spanplatten: DIN 68 763 u. DIN 1052-1; bei Brandschutzanforderungen Rohdichte ≥ 600 kg/m³;

Sperrholz: DIN 68 705-3, DIN 68 705-5, DIN 68 705-4; bei Brandschutzanforderungen Rohdichte ≥ 600 kg/m³.

Tragwerk

BS-Holz

ohne weiteres möglich

Furnierschicht-, Langspan- und Furnierstreifenholz

Zulassung erforderlich; bei geringeren Breiten als 60 mm: Brandschutz nach DIN 4102-4 überprüfen und Randabstände der Verbindungsmittel beachten!

Dämmstoff im Holztafelhohlraum

Mineralische Dämmstoffe (Blähmineralien o. ä.)

Zulassungen erforderlich für den gesamten Wandaufbau für: Wärmeleitfähigkeit; Schalldämm-Maße; Gefährdungsklasse 0. Brandschutztechnisch bei nicht raumabschließenden Wänden keine Dämmung erforderlich, jedoch mindestens Baustoffklasse B 2.

Organische Dämmstoffe (Holzspäne, Holzwolle, Zellulose, Hanf, Flachs, Hartschäume o. ä.)

Zulassungen erforderlich für den gesamten Wandaufbau für: Wärmeleitfähigkeit; Schalldämm-Maße; Gefährdungsklasse 0; bei Hartschäumen nach DIN 18 164 Wärmeleitfähigkeit nicht zulassungspflichtig. Brandschutztechnisch bei nicht raumabschließenden Wänden keine Dämmung erforderlich, jedoch mindestens Baustoffklasse B 2.

Dampfsperre

Nachweis des bauphysikalischen Feuchteschutzes nach DIN 4108 nur bei Wänden gegen Außenluft oder gegen nicht beheizte Räume erforderlich.

Hinweise und Ratschläge

Die angegebenen Konstruktionen sind in vielfältiger Weise veränderbar. Sie können dem Kundenwunsch gut angepaßt werden. Die Landesbauordnungen verlangen nachvollziehbare Nachweise bezüglich der Baustoff- und Bauteilqualität.

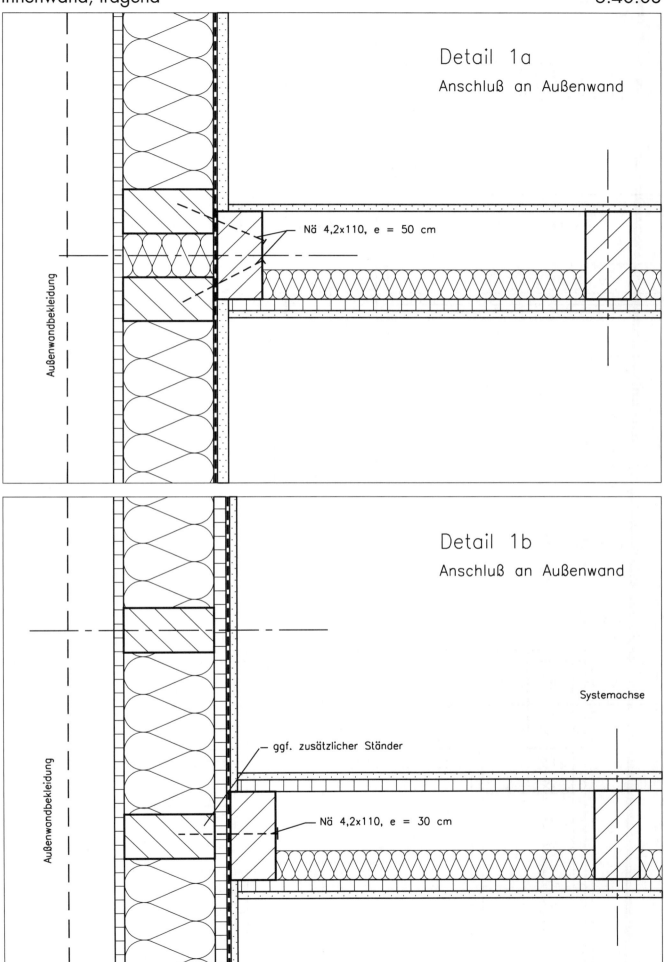

Innenwand, tragend 6.40.03

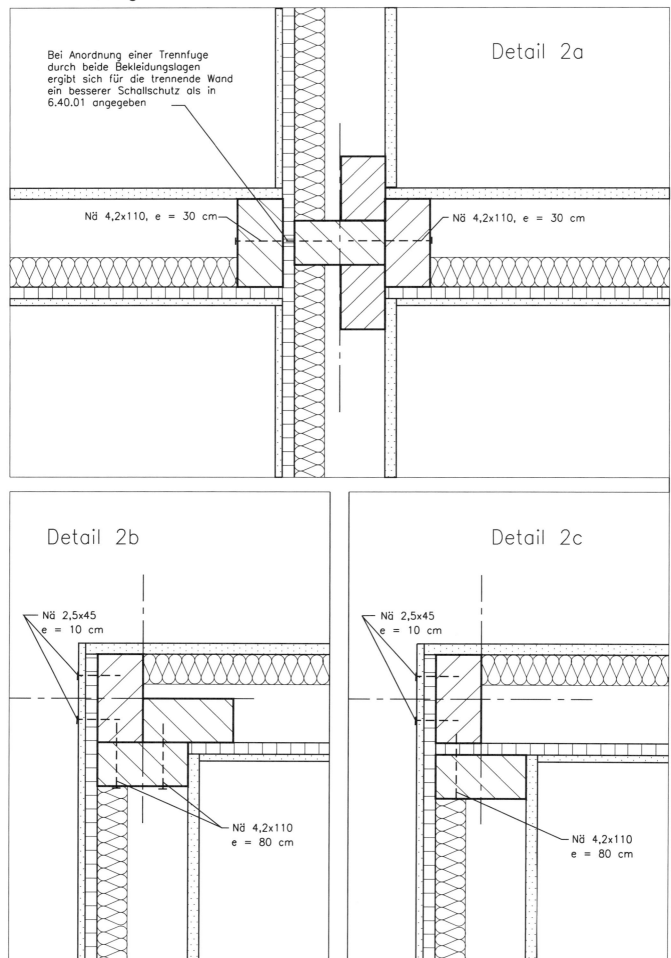

Details, Wandanschlüsse

Grundrisse M = 1 : 5

Innenwand, tragend

6.40.03

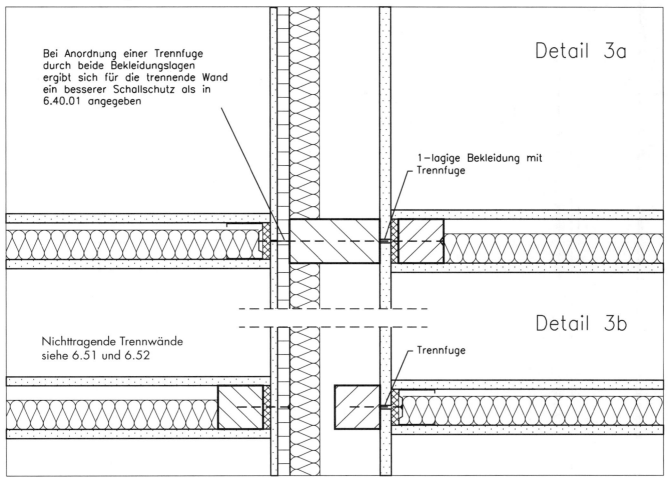

Detail 3a

Bei Anordnung einer Trennfuge durch beide Bekleidungslagen ergibt sich für die trennende Wand ein besserer Schallschutz als in 6.40.01 angegeben

1-lagige Bekleidung mit Trennfuge

Detail 3b

Nichttragende Trennwände siehe 6.51 und 6.52

Trennfuge

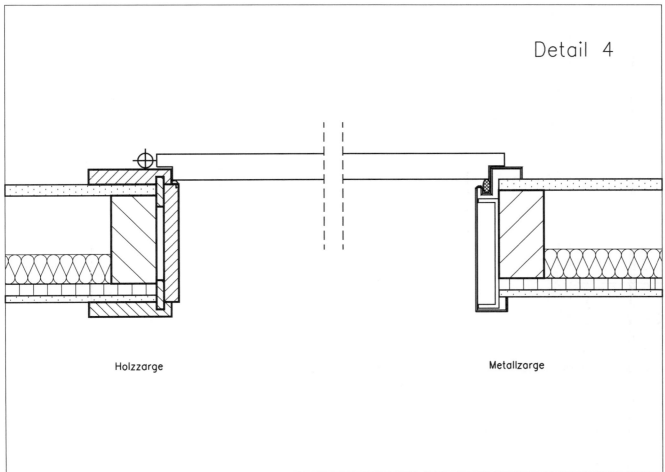

Detail 4

Holzzarge

Metallzarge

Details, Innenwandanschluß, Türzarge

Grundrisse M = 1 : 5

Innenwand, tragend

6.40.03

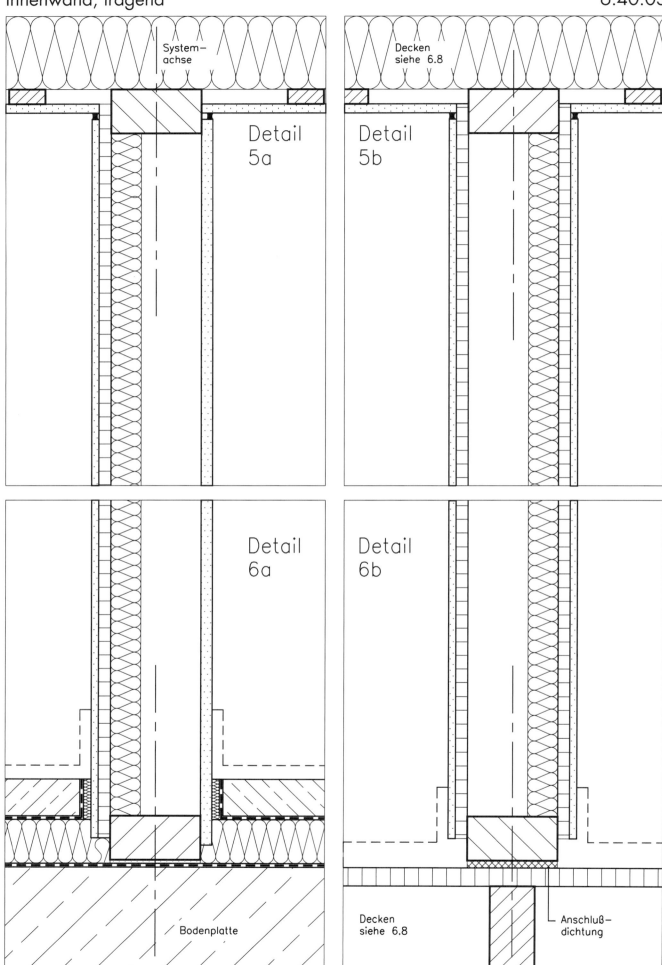

Details, Deckenanschluß

Schnitte M = 1 : 5

Innenwand, tragend

6.40.03

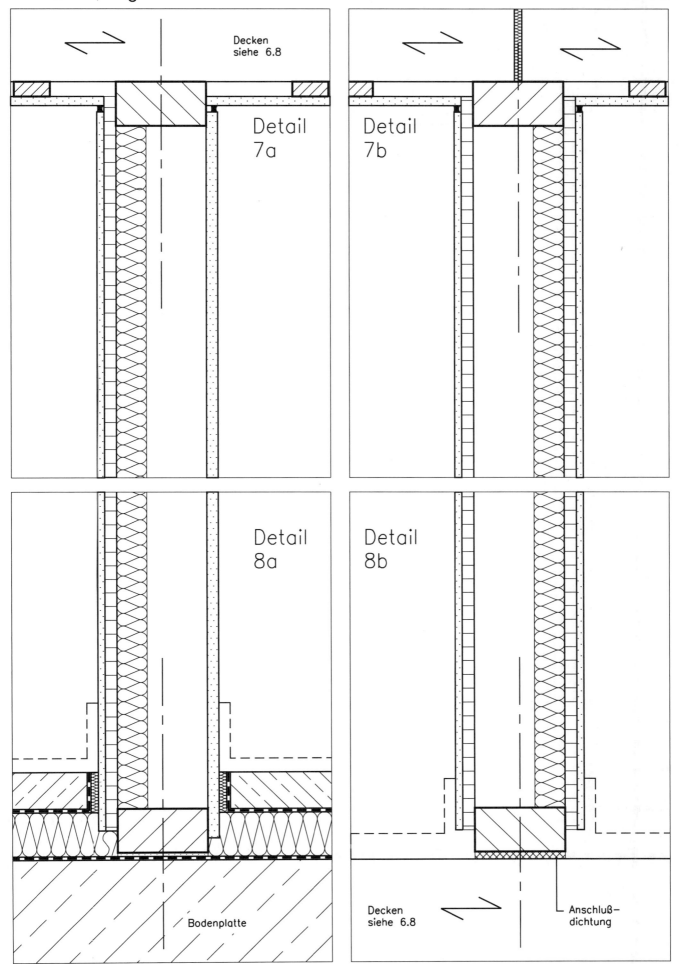

Details, Deckenanschluß

Schnitte M = 1 : 5

Innenwand, tragend 6.40.03

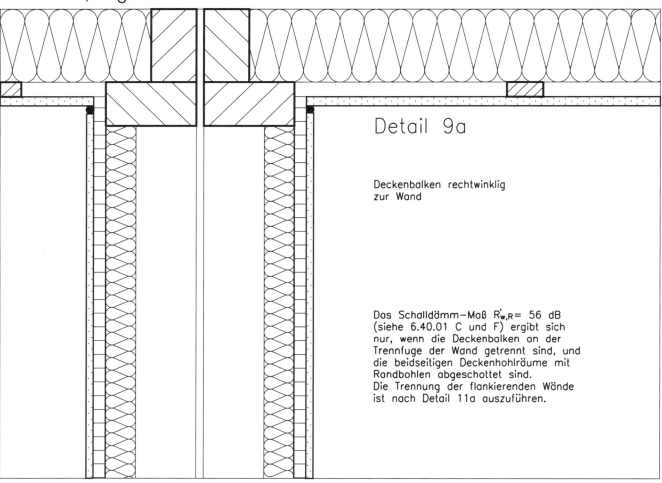

Detail 9a

Deckenbalken rechtwinklig zur Wand

Das Schalldämm-Maß $R'_{w,R}$ = 56 dB (siehe 6.40.01 C und F) ergibt sich nur, wenn die Deckenbalken an der Trennfuge der Wand getrennt sind, und die beidseitigen Deckenhohlräume mit Randbohlen abgeschottet sind.
Die Trennung der flankierenden Wände ist nach Detail 11a auszuführen.

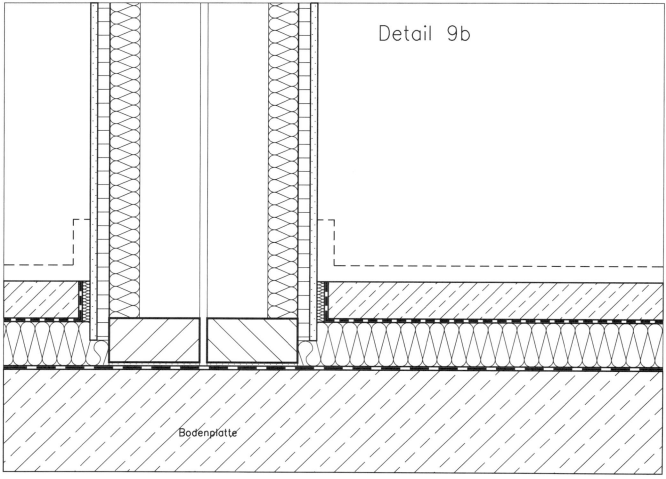

Detail 9b

Bodenplatte

Details, Deckenanschluß, $R'_{w,R}$ = 56 dB   Schnitt M = 1 : 5

Innenwand, tragend 6.40.03

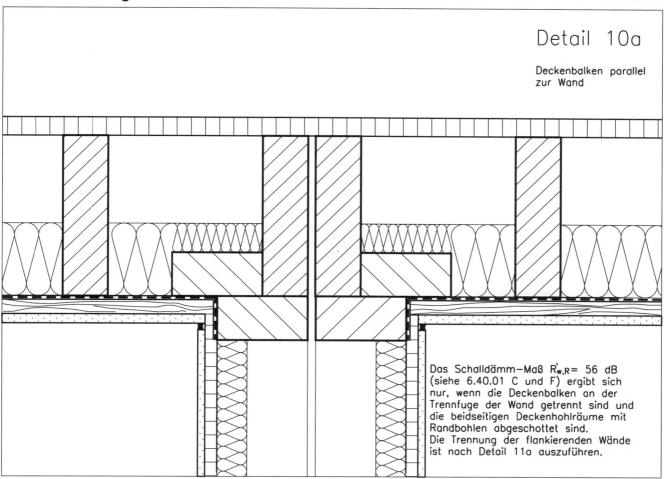

Detail 10a

Deckenbalken parallel zur Wand

Das Schalldämm-Maß $R'_{w,R}$ = 56 dB (siehe 6.40.01 C und F) ergibt sich nur, wenn die Deckenbalken an der Trennfuge der Wand getrennt sind und die beidseitigen Deckenhohlräume mit Randbohlen abgeschottet sind.
Die Trennung der flankierenden Wände ist nach Detail 11a auszuführen.

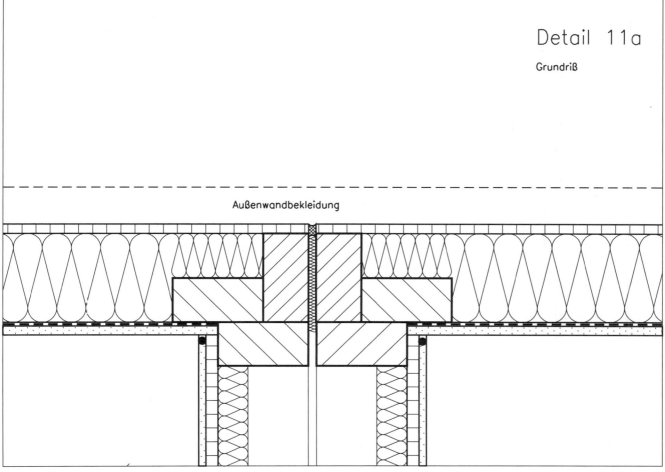

Detail 11a

Grundriß

Außenwandbekleidung

Details, Deckenanschlüsse für $R'_{w,R}$ = 56 dB   Grundriß, Schnitt M = 1 : 5

Innenwand, tragend, Verankerung

6.40.03

Detail 12a

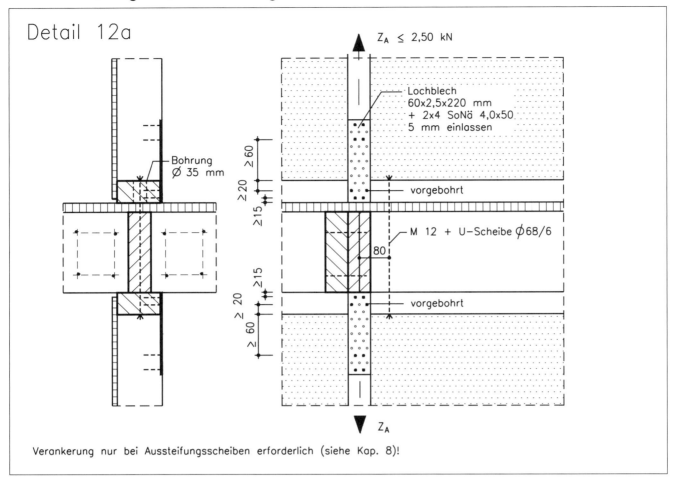

Verankerung nur bei Aussteifungsscheiben erforderlich (siehe Kap. 8)!

Detail 12b

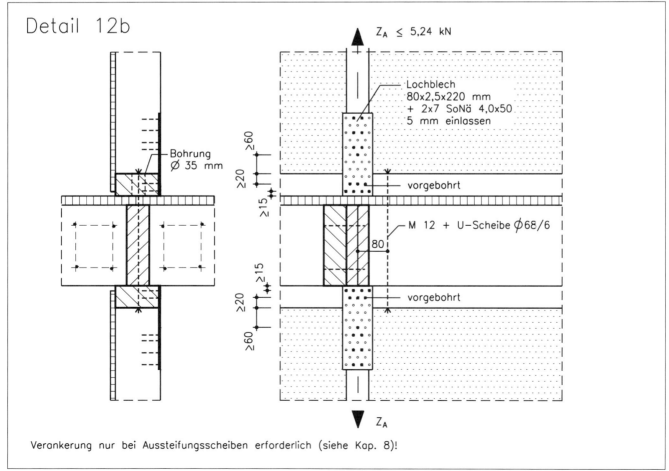

Verankerung nur bei Aussteifungsscheiben erforderlich (siehe Kap. 8)!

Details, Geschoßstoß

M = 1:10

Innenwand, nichttragend 6.50.00

Holzständerwand

Typ A
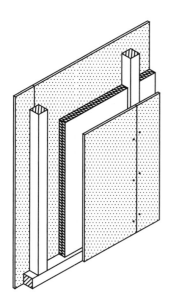

Typ B
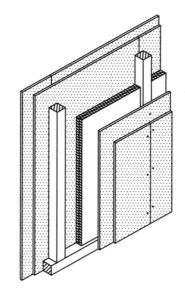

Typ C
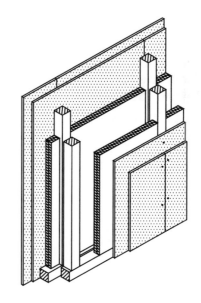

Metallständerwand

Typ A
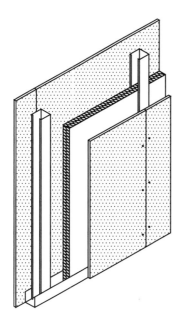

Typ B
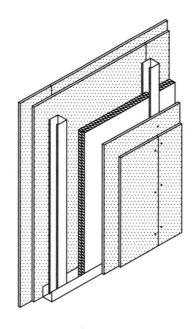

Typ C
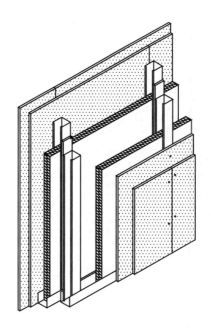

Übersicht

Innenwand, nichttragend, Holzständer   6.51.01

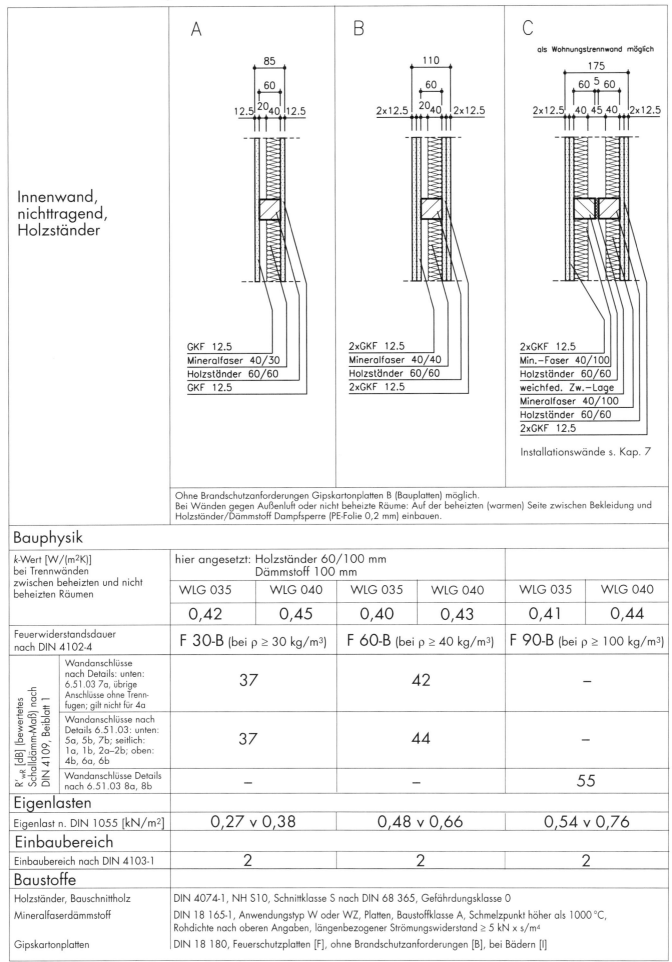

Ohne Brandschutzanforderungen Gipskartonplatten B (Bauplatten) möglich.
Bei Wänden gegen Außenluft oder nicht beheizte Räume: Auf der beheizten (warmen) Seite zwischen Bekleidung und Holzständer/Dämmstoff Dampfsperre (PE-Folie 0,2 mm) einbauen.

Bauphysik

k-Wert [W/(m²K)] bei Trennwänden zwischen beheizten und nicht beheizten Räumen	\multicolumn{2}{c}{hier angesetzt: Holzständer 60/100 mm Dämmstoff 100 mm}				
	WLG 035	WLG 040	WLG 035	WLG 040	WLG 035	WLG 040
	0,42	0,45	0,40	0,43	0,41	0,44
Feuerwiderstandsdauer nach DIN 4102-4	\multicolumn{2}{l}{F 30-B (bei ρ ≥ 30 kg/m³)}	\multicolumn{2}{l}{F 60-B (bei ρ ≥ 40 kg/m³)}	\multicolumn{2}{l}{F 90-B (bei ρ ≥ 100 kg/m³)}
$R'_{w,R}$ [dB] (bewertetes Schalldämm-Maß) nach DIN 4109, Beiblatt 1 — Wandanschlüsse nach Details: unten: 6.51.03 7a, übrige Anschlüsse ohne Trennfugen; gilt nicht für 4a	\multicolumn{2}{c}{37}	\multicolumn{2}{c}{42}	\multicolumn{2}{c}{–}
Wandanschlüsse nach Details 6.51.03: unten: 5a, 5b, 7b; seitlich: 1a, 1b, 2a–2b; oben: 4b, 6a, 6b	\multicolumn{2}{c}{37}	\multicolumn{2}{c}{44}	\multicolumn{2}{c}{–}
Wandanschlüsse Details nach 6.51.03 8a, 8b	\multicolumn{2}{c}{–}	\multicolumn{2}{c}{–}	\multicolumn{2}{c}{55}

Eigenlasten

| Eigenlast n. DIN 1055 [kN/m²] | 0,27 v 0,38 | 0,48 v 0,66 | 0,54 v 0,76 |

Einbaubereich

| Einbaubereich nach DIN 4103-1 | 2 | 2 | 2 |

Baustoffe

Holzständer, Bauschnittholz	DIN 4074-1, NH S10, Schnittklasse S nach DIN 68 365, Gefährdungsklasse 0
Mineralfaserdämmstoff	DIN 18 165-1, Anwendungstyp W oder WZ, Platten, Baustoffklasse A, Schmelzpunkt höher als 1000 °C, Rohdichte nach oberen Angaben, längenbezogener Strömungswiderstand ≥ 5 kN x s/m⁴
Gipskartonplatten	DIN 18 180, Feuerschutzplatten [F], ohne Brandschutzanforderungen [B], bei Bädern [I]

Bauteildaten

Innenwand, nichttragend, Holzständer   6.51.02

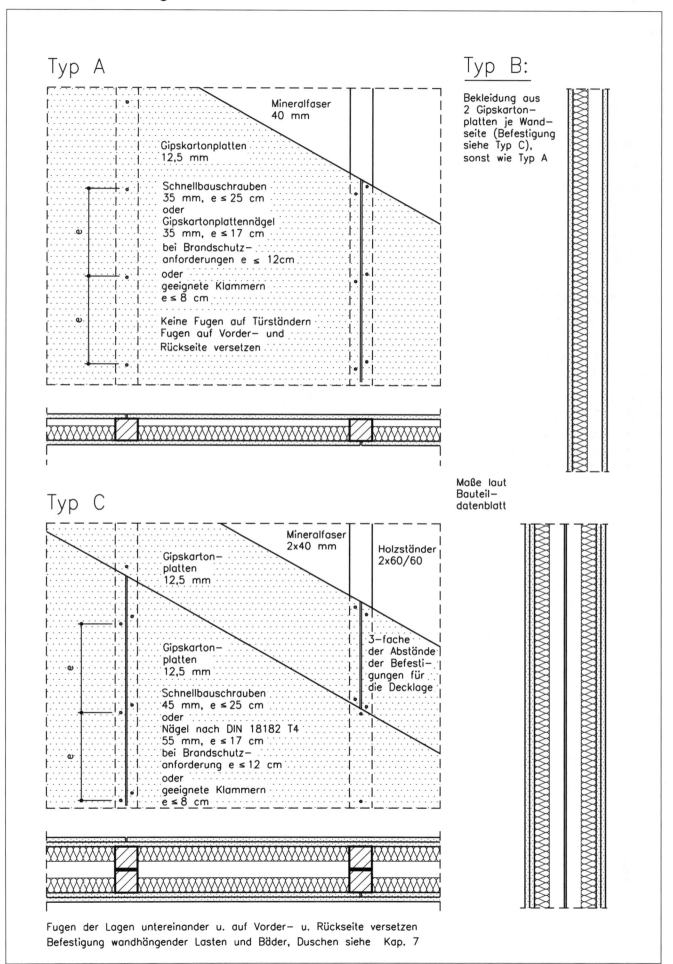

Konstruktion — Grundriß, Ansicht, Schnitt M = 1 : 10

Innenwand, nichttragend, Holzständer, Austauschmöglichkeiten 6.51.02

Innenbeplankung

Gipswerkstoffplatten (nicht Gipskartonplatten nach DIN 18 180)

Brandschutz-Zulassung (Prüfzeugnis) und Schalldämm-Nachweise (Prüfzeugnisse) für das Bauteil erforderlich.

Tragwerk

BS-Holz

ohne weiteres möglich

Furnierschicht-, Langspan- und Furnierstreifenholz

Bei geringeren Breiten als 60 mm: Brandschutz nach DIN 4102-4 überprüfen und Randabstände der Verbindungsmittel beachten!

Dämmstoff im Holztafelhohlraum

Mineralische Schüttungen (Blähmineralien o. ä.)

Ggf. Brandschutz-Zulassung (Prüfzeugnis) und Schalldämm-Nachweise (Prüfzeugnisse) für das Bauteil; ggf. Nachweis der Wärmeleitfähigkeit erforderlich.

Organische Dämmstoffe (Holzspäne, Holzwolle, Zellulose, Hanf, Flachs, Hartschäume o. ä.)

Ggf. Brandschutz-Zulassung (Prüfzeugnis) und Schalldämm-Nachweise (Prüfzeugnisse) für das Bauteil; ggf. Nachweis der Wärmeleitfähigkeit erforderlich.

Dampfsperre

Nachweis des bauphysikalischen Feuchteschutzes nach DIN 4108 nur bei Wänden gegen Außenluft oder nicht beheizten Räumen erforderlich.

Hinweise und Ratschläge

Die angegebenen Konstruktionen sind in vielfältiger Weise veränderbar. Sie können dem Kundenwunsch gut angepaßt werden. Die Landesbauordnungen verlangen nachvollziehbare Nachweise bezüglich der Baustoff- und Bauteilqualität.

Bauteildaten

Innenwand, nichttragend, Holzständer 6.51.03

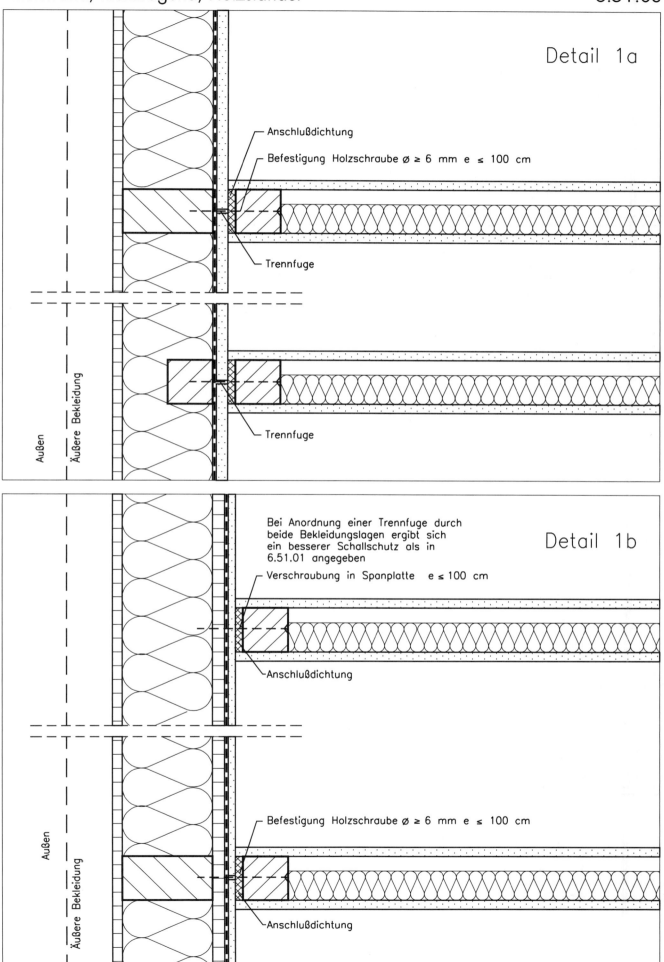

Detail 1a
- Anschlußdichtung
- Befestigung Holzschraube ø ≥ 6 mm e ≤ 100 cm
- Trennfuge
- Trennfuge
- Außen
- Äußere Bekleidung

Detail 1b
Bei Anordnung einer Trennfuge durch beide Bekleidungslagen ergibt sich ein besserer Schallschutz als in 6.51.01 angegeben
- Verschraubung in Spanplatte e ≤ 100 cm
- Anschlußdichtung
- Befestigung Holzschraube ø ≥ 6 mm e ≤ 100 cm
- Anschlußdichtung
- Außen
- Äußere Bekleidung

Details, Außenwandanschluß Grundrisse M = 1 : 5

Innenwand, nichttragend, Holzständer 6.51.03

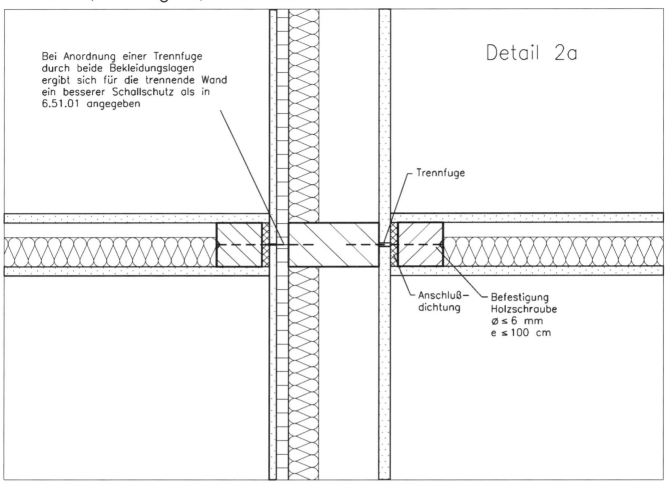

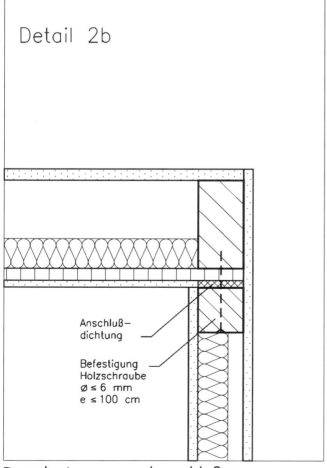

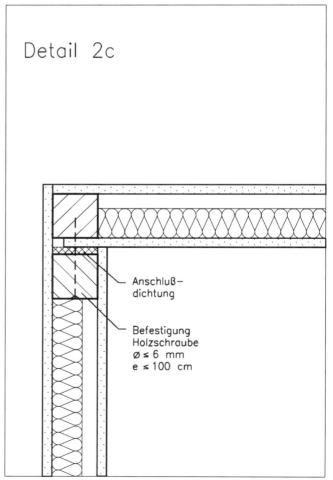

Details, Innenwandanschluß — Grundrisse M = 1 : 5

Innenwand, nichttragend, Holzständer 6.51.03

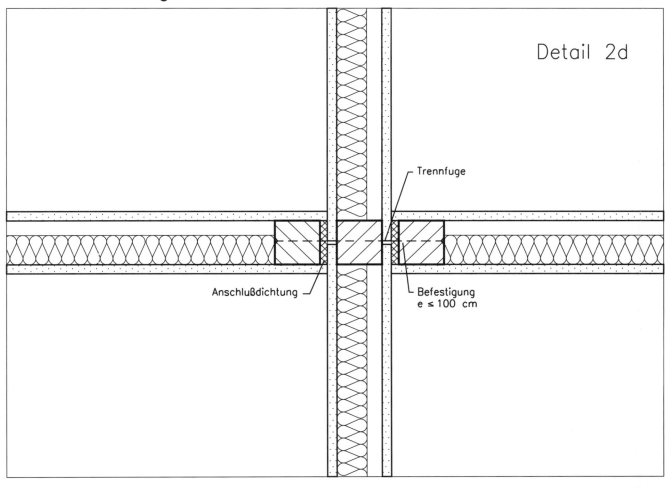

Detail 2d
Trennfuge
Anschlußdichtung
Befestigung e ≤ 100 cm

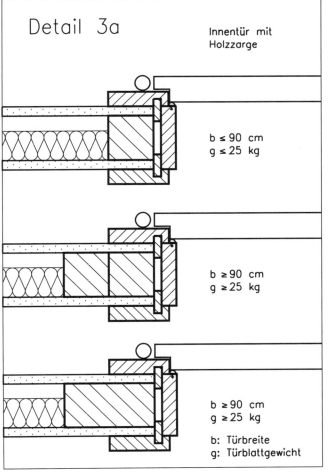

Detail 3a — Innentür mit Holzzarge
- b ≤ 90 cm, g ≤ 25 kg
- b ≥ 90 cm, g ≥ 25 kg
- b ≥ 90 cm, g ≥ 25 kg

b: Türbreite
g: Türblattgewicht

Detail 3b — Innentür mit Metallzarge

Details, Innenwandanschluß, Türzarge Grundrisse M = 1 : 5

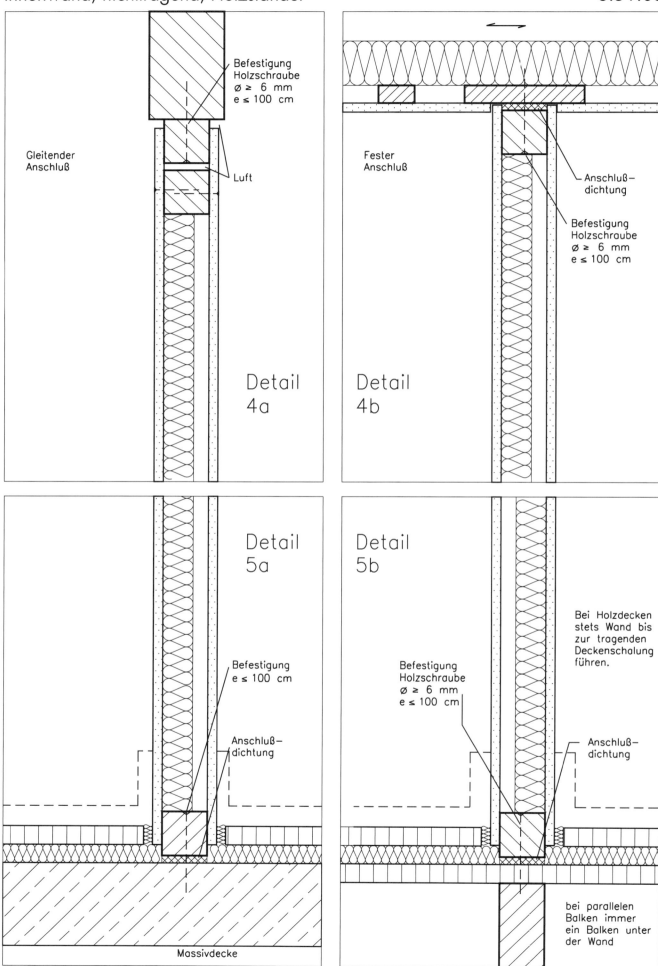

Innenwand, nichttragend, Holzständer 6.51.03

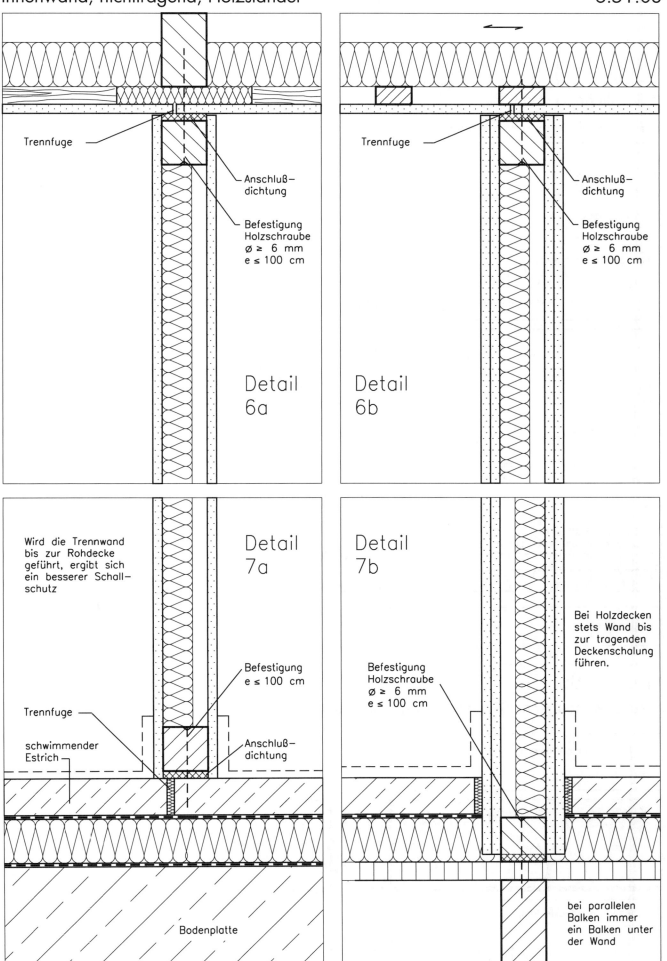

Details, Decken-, Bodenanschluß — Schnitte M = 1 : 5

Innenwand, nichttragend, Holzständer — 6.51.03

Detail 8a

Doppelständerwand:
Boden- und Deckenanschluß für bewertetes Schalldämm-Maß $R'_{w,R} = 55$ dB

Schnitt

Balkenlage parallel zur Trennwand (bei Balkenlage rechtwinklig zur Trennwand tragende Wände nach 6.40 Typ C oder Typ F anordnen; Detail beachten)

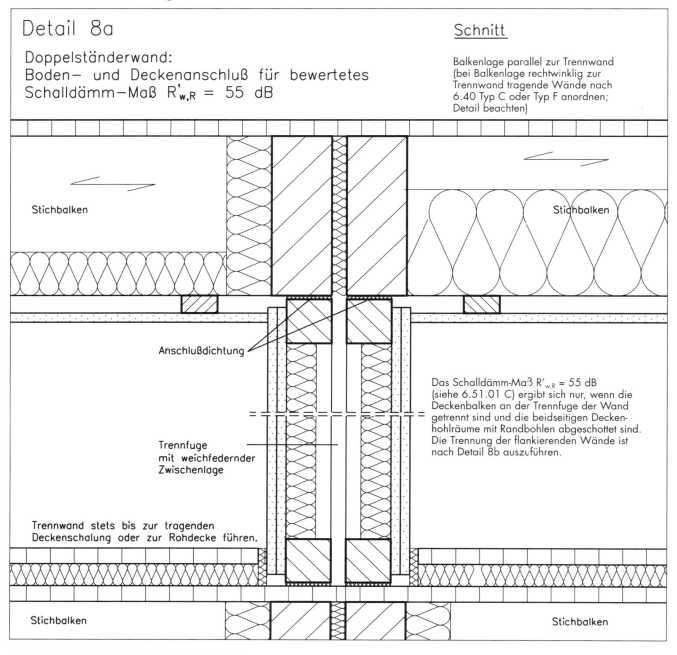

Stichbalken

Anschlußdichtung

Das Schalldämm-Maß $R'_{w,R} = 55$ dB (siehe 6.51.01 C) ergibt sich nur, wenn die Deckenbalken an der Trennfuge der Wand getrennt sind und die beidseitigen Deckenhohlräume mit Randbohlen abgeschottet sind. Die Trennung der flankierenden Wände ist nach Detail 8b auszuführen.

Trennfuge mit weichfedernder Zwischenlage

Trennwand stets bis zur tragenden Deckenschalung oder zur Rohdecke führen.

Stichbalken

Detail 8b

Außenwandanschluß oder Flurwandanschluß

Grundriß

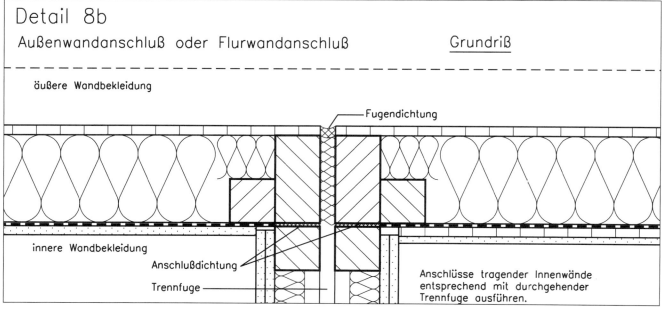

äußere Wandbekleidung

Fugendichtung

innere Wandbekleidung
Anschlußdichtung
Trennfuge

Anschlüsse tragender Innenwände entsprechend mit durchgehender Trennfuge ausführen.

Details, Anschlüsse für $R'_{w,R} = 55$ dB   M = 1 : 5

Innenwand nichttragend, Metallständer — 6.52.01

Nichttragende innere Trennwand, Metallständern

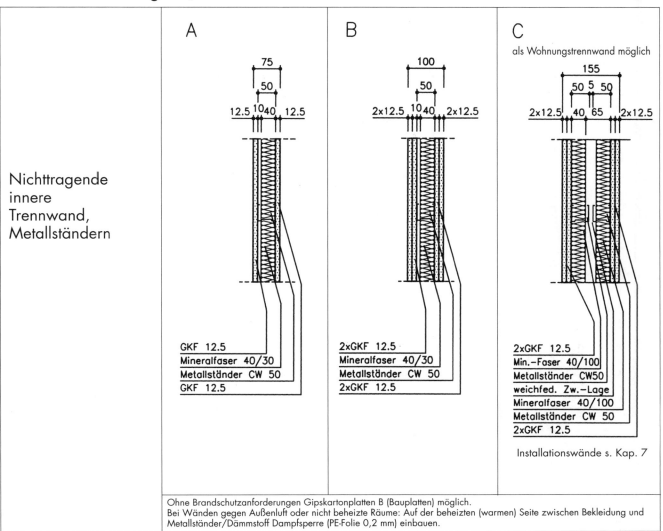

A — GKF 12.5 / Mineralfaser 40/30 / Metallständer CW 50 / GKF 12.5

B — 2xGKF 12.5 / Mineralfaser 40/30 / Metallständer CW 50 / 2xGKF 12.5

C — als Wohnungstrennwand möglich: 2xGKF 12.5 / Min.-Faser 40/100 / Metallständer CW50 / weichfed. Zw.-Lage / Mineralfaser 40/100 / Metallständer CW 50 / 2xGKF 12.5 — Installationswände s. Kap. 7

Ohne Brandschutzanforderungen Gipskartonplatten B (Bauplatten) möglich.
Bei Wänden gegen Außenluft oder nicht beheizte Räume: Auf der beheizten (warmen) Seite zwischen Bekleidung und Metallständer/Dämmstoff Dampfsperre (PE-Folie 0,2 mm) einbauen.

Bauphysik

k-Wert [W/(m²K)] bei Trennwänden zwischen beheizten und nicht beheizten Räumen	hier angesetzt: Metallständer CW 100, Dämmstoff 100 mm					
	WLG 035	WLG 040	WLG 035	WLG 040	WLG 035	WLG 040
	0,31	0,35	0,30	0,33	0,34	0,38
Feuerwiderstandsdauer nach DIN 4102-4, Tabelle 45	F 30-A		F 60-A		F 90-A	
	gilt nur für Gipskartonplatten der Baustoffklasse A; sonst: F 30-B, F 60-B, F 90-B					
$R'_{w,R}$ [dB] (bewertetes Schalldämm-Maß) nach DIN 4109, Beiblatt 1 — Wandanschlüsse nach 6.52.03: Detail 6a; übrige Anschlüsse ohne Trennfugen; gilt nicht für 7a	41		43		–	
Wandanschlüsse nach Details 6.52.03: unten: 6b, 8a, 8b; seitlich: 1a–3b; oben: 5a, 5b, 7b	43		46		47	
Wandanschlüsse nach Details 6.52.03 9a, 9b	–		–		55	

Einbaubereich

Einbaubereich nach DIN 4103-1	2	2	2

Baustoffe

Metallständer	DIN 18 182-1, Ständer CW 50 x 06, Schwellen und Rähm UW 50 x 06
Mineralfaserdämmstoff	DIN 18 165-1, Anwendungstyp W oder WZ, Platten, Baustoffklasse A, Schmelzpunkt höher als 1000 °C, Rohdichte ≥ 30 kg/m³ (für F 30, sonst Rohdichte ≥ 40 kg/m³), längenbezogener Strömungswiderstand ≥ 5 kN x s/m⁴
Gipskartonplatten	DIN 18 180, Feuerschutzplatten [F], ohne Brandschutzanforderungen [B], bei Bädern [I]

Bauteildaten — M = 1:5

Innenwand, nichttragend, Metallständer

6.52.02

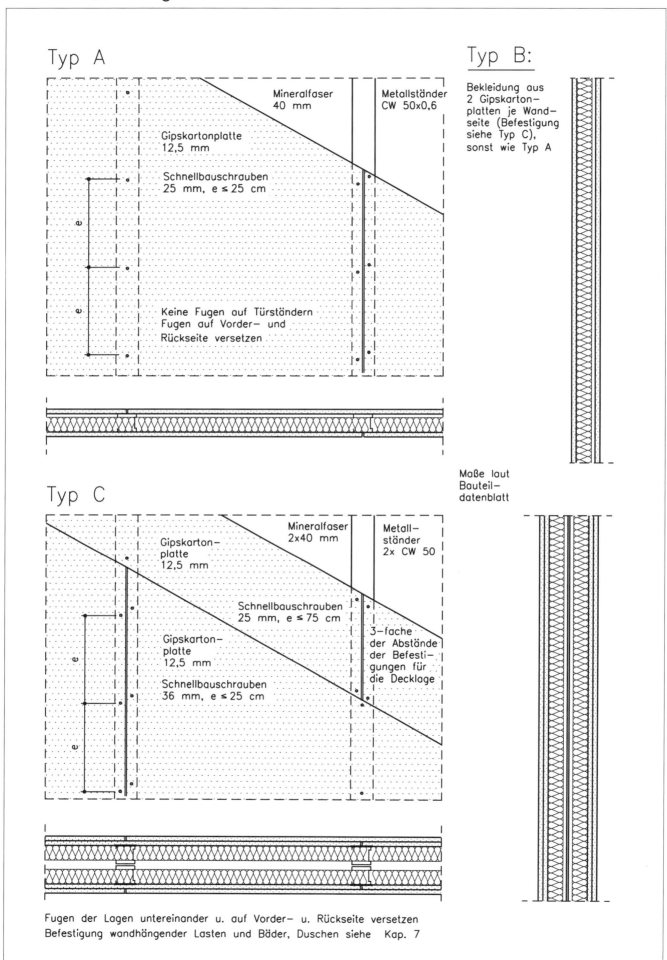

Konstruktion — Grundriß, Ansicht, Schnitt M = 1 : 10

Innenwand, nichttragend, Austauschmöglichkeiten, Konsequenzen 6.52.02

Innenbeplankung

Gipswerkstoffplatten (außer Gipskartonplatten nach DIN 18 180)

Brandschutz-Zulassung (Prüfzeugnis) und Schalldämm-Nachweise (Prüfzeugnisse) für das Bauteil erforderlich.

Tragwerk

Andere Metallständer

Ggf. Brandschutz-Zulassung (Prüfzeugnis) und Schalldämm-Nachweise (Prüfzeugnisse) für das Bauteil; stets Nachweis des Einbaubereiches erforderlich.

Dämmstoff im Wandhohlraum

Mineralische Schüttungen (Blähmineralien o. ä.)

Ggf. Brandschutz-Zulassung (Prüfzeugnis) und Schalldämm-Nachweise (Prüfzeugnisse) für das Bauteil; ggf. Nachweis der Wärmeleitfähigkeit erforderlich.

Organische Dämmstoffe (Holzspäne, Holzwolle, Zellulose, Hanf, Flachs, Hartschäume o. ä.)

Ggf. Brandschutz-Zulassung (Prüfzeugnis) und Schalldämm-Nachweise (Prüfzeugnisse) für das Bauteil; ggf. Nachweis der Wärmeleitfähigkeit erforderlich.

Dampfsperre

Nachweis des bauphysikalischen Feuchteschutzes nach DIN 4108 nur bei Wänden gegen Außenluft oder nicht beheizten Räumen erforderlich.

Hinweise und Ratschläge

Die angegebenen Konstruktionen sind in vielfältiger Weise veränderbar. Sie können dem Kundenwunsch gut angepaßt werden. Die Landesbauordnungen verlangen nachvollziebare Nachweise der Baustoff- und Bauteilqualität.

Bauteildaten

Innenwand, nicht tragend, Metallständer

6.52.03

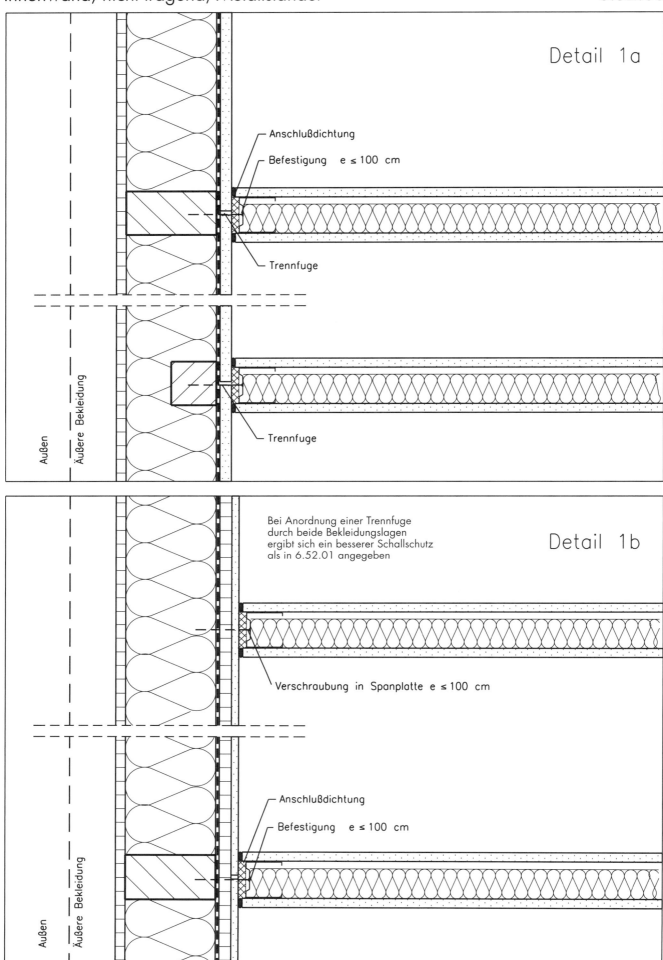

Detail 1a

Detail 1b

Bei Anordnung einer Trennfuge durch beide Bekleidungslagen ergibt sich ein besserer Schallschutz als in 6.52.01 angegeben

- Anschlußdichtung
- Befestigung e ≤ 100 cm
- Trennfuge
- Trennfuge
- Verschraubung in Spanplatte e ≤ 100 cm
- Anschlußdichtung
- Befestigung e ≤ 100 cm

Außen | Äußere Bekleidung

Details, Außenwandanschluß Grundrisse, M = 1 : 5

Innenwand, nichttragend, Metallständer   6.52.03

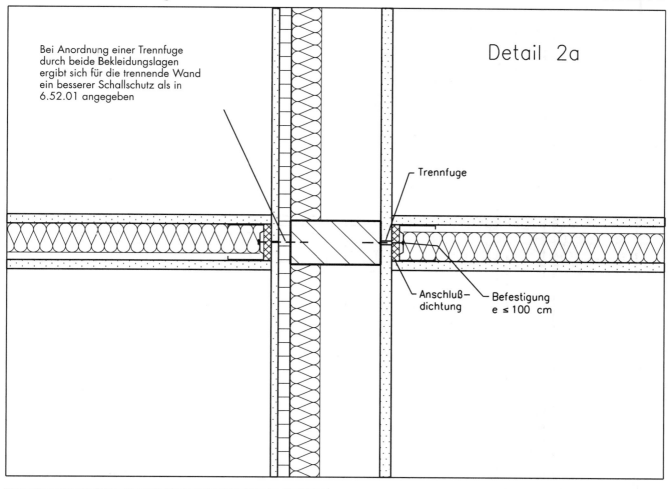

Detail 2a

Bei Anordnung einer Trennfuge durch beide Bekleidungslagen ergibt sich für die trennende Wand ein besserer Schallschutz als in 6.52.01 angegeben

- Trennfuge
- Anschlußdichtung
- Befestigung e ≤ 100 cm

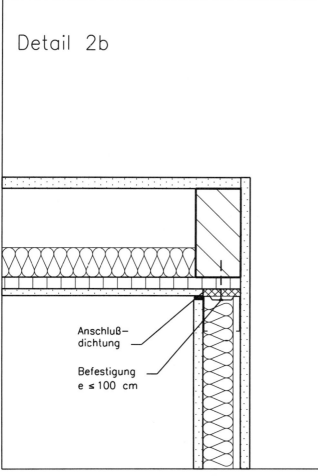

Detail 2b

- Anschlußdichtung
- Befestigung e ≤ 100 cm

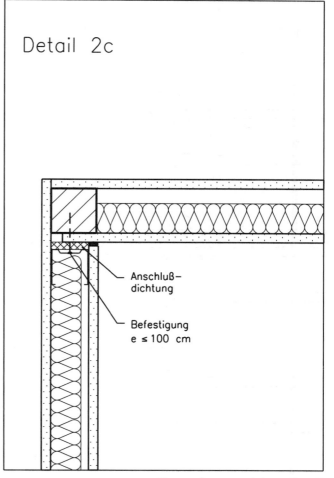

Detail 2c

- Anschlußdichtung
- Befestigung e ≤ 100 cm

Details, Innenwandanschluß   Grundrisse, M = 1 : 5

Innenwand, nichttragend, Metallständer

6.52.03

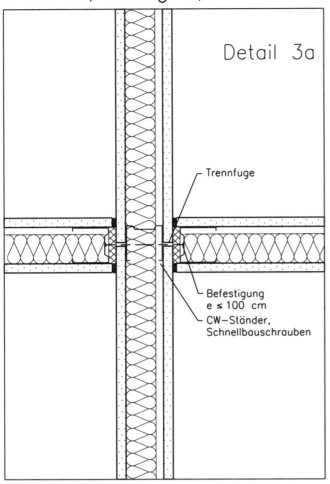

Detail 3a

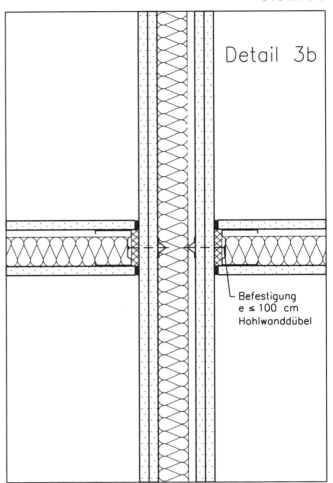

Detail 3b

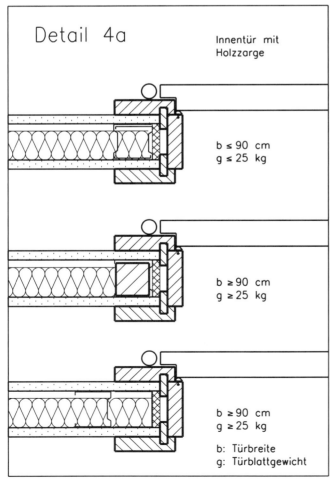

Detail 4a — Innentür mit Holzzarge

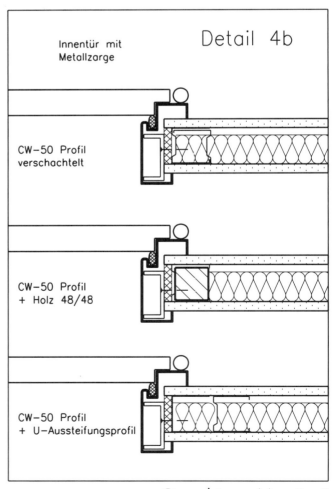

Detail 4b — Innentür mit Metallzarge

Details, Innenwandanschluß, Türzarge

Grundrisse, M = 1:5

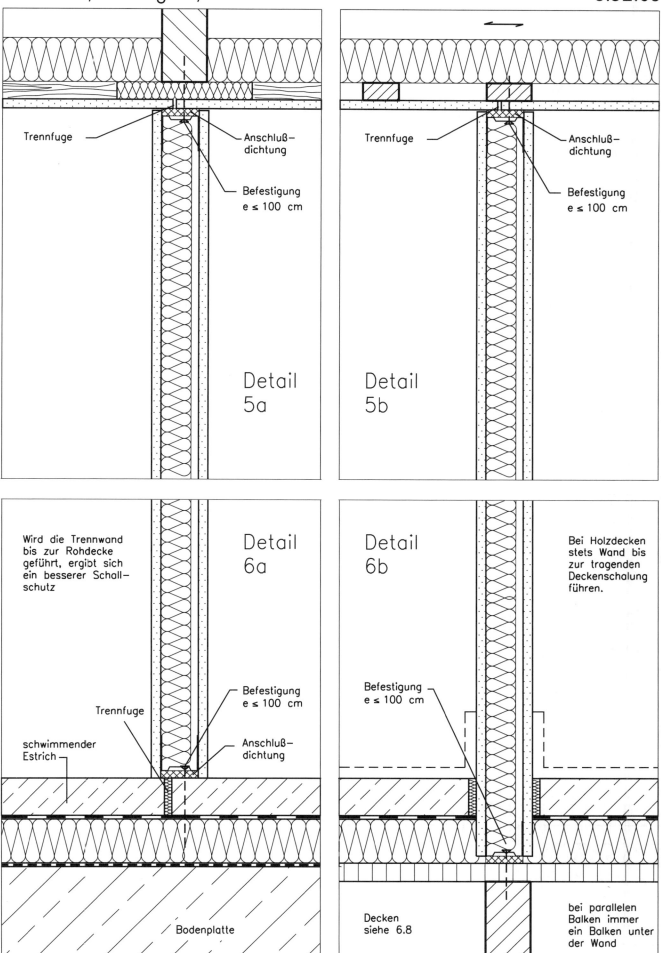

Innenwand, nichttragend, Metallständer

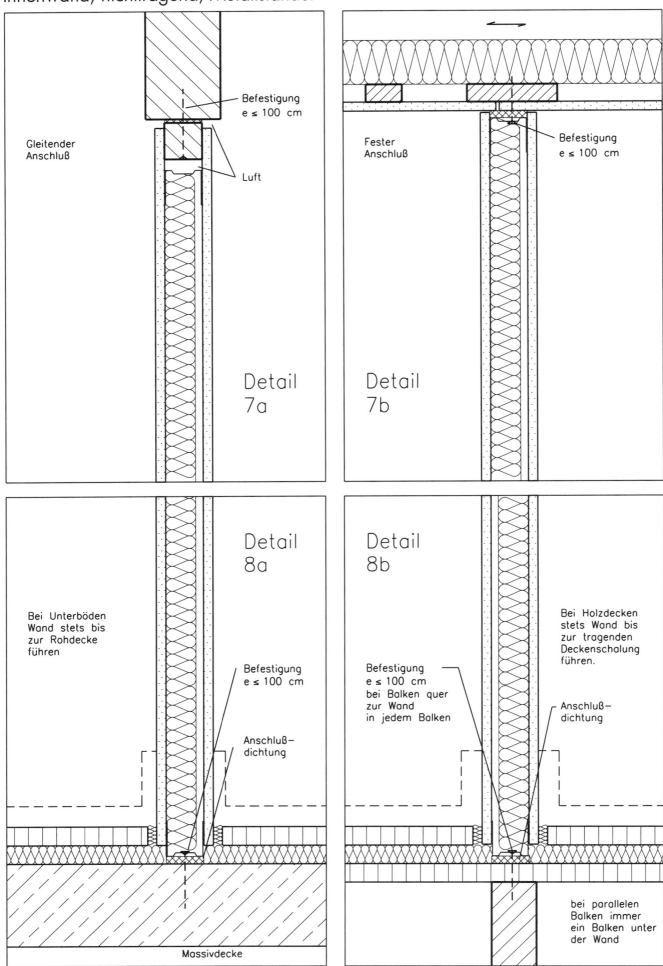

Details, Decken-, Bodenanschluß — Schnitte, M = 1 : 5

Innenwand, nichttragend, Metallständer 6.52.03

Detail 9a

Doppelständerwand:
Boden- und Deckenanschluß für bewertetes
Schalldämm-Maß $R'_{w,R}$ = 55 dB

Schnitt

Balkenlage parallel zur Trennwand
(bei Balkenlage rechtwinklig zur Trennwand tragende Wände nach 6.40 Typ C oder Typ F anordnen; Detail beachten)

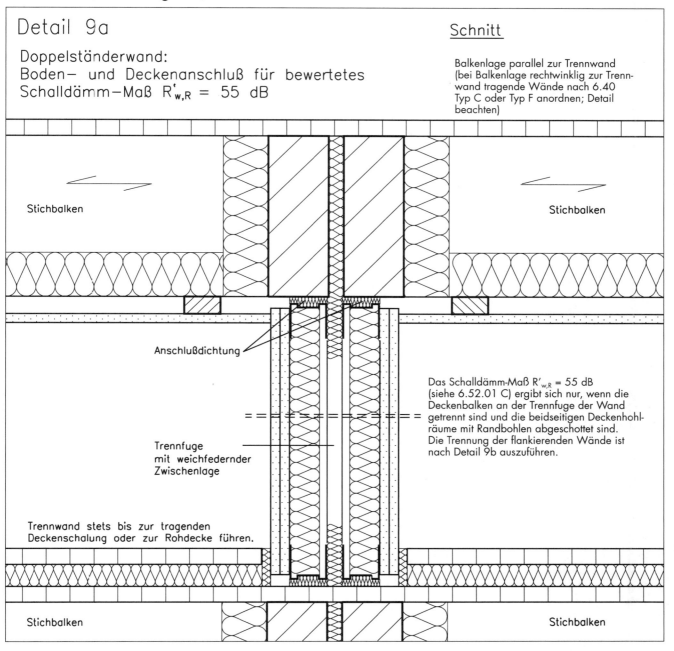

Stichbalken

Stichbalken

Anschlußdichtung

Das Schalldämm-Maß $R'_{w,R}$ = 55 dB (siehe 6.52.01 C) ergibt sich nur, wenn die Deckenbalken an der Trennfuge der Wand getrennt sind und die beidseitigen Deckenhohlräume mit Randbohlen abgeschottet sind. Die Trennung der flankierenden Wände ist nach Detail 9b auszuführen.

Trennfuge mit weichfedernder Zwischenlage

Trennwand stets bis zur tragenden Deckenschalung oder zur Rohdecke führen.

Stichbalken

Stichbalken

Detail 9b

Außenwandanschluß oder Flurwandanschluß

Grundriß

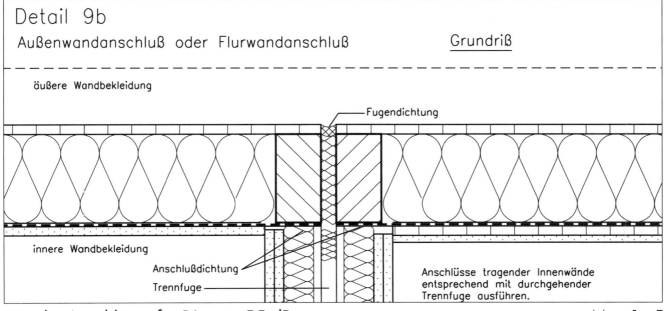

äußere Wandbekleidung

Fugendichtung

innere Wandbekleidung

Anschlußdichtung

Trennfuge

Anschlüsse tragender Innenwände entsprechend mit durchgehender Trennfuge ausführen.

Details, Anschlüsse für $R'_{W,R}$ = 55 dB   M = 1 : 5

Stütze, Unterzug 6.60.00–6.70.00

Stütze 6.60

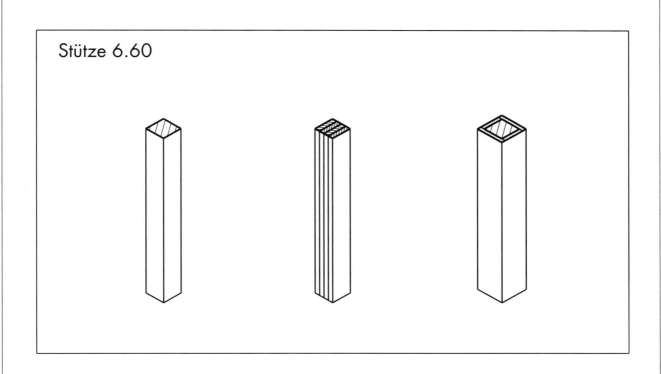

Unterzug 6.70

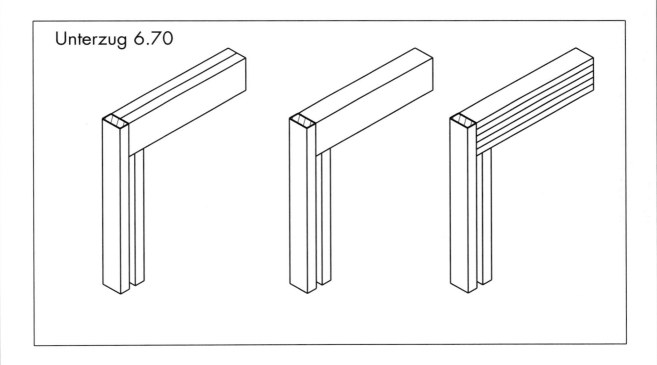

Übersicht

Freistehende Stützen

6.61.01

	A	B	C
Freistehende Stützen	Vollholz	Brettschichtholz	Vollholz mit GKF-Bekleidung

Bauphysik

	A	B	C
Feuerwiderstandsdauer nach »Holz Brandschutz Handbuch«	einteilig ≥ 12 x 12 cm² F 30-B	F 30-B	F 30-B
Zulässige Normalkraft bei Brandschutzanforderungen »Holz Brandschutz Handbuch«, siehe Tabelle		Tabelle 5.4, S. 505	Tabelle 5.2, S. 505
Zulässige Normalkraft ohne Brandschutzanforderungen, siehe Tabelle in 8.7	Tabelle 5.1 u. 5.2, S. 405	Tabelle 5.2, S. 505	

Eigenlast

	A	B	C
Eigenlast nach DIN 1055, kleinster Querschnitt/größter Querschnitt [kN/m]	0,06/0,22	0,06/0,22	≥ 0,14

Baustoffe

Holzständer, Bauschnittholz	DIN 4074-1, Nadelholz, Sortierklasse S 10, Schnittklasse A nach DIN 68 365, Holzschutz, DIN 68 800-3, entsprechend der Gefährdungsklasse.
Brettschichtholz	DIN 1052-1, BS 11 bzw. BS 14, Holzfeuchte u_m ≤ 18 %, Holzschutz DIN 68 800-3, entsprechend der Gefährdungsklasse.
Gipskartonplatten	DIN 18 180, Feuerschutzplatten (F).

Stürze, Unterzüge

6.71.01

Stürze, Unterzüge

	A	B	C
	Vollholz	Vollholz	Brettschichtholz
	120 × (120–220)	120 × (120–300)	120 × (120–320)
	120+120 × 60/60 (zusammengesetzt)	160 × (120–300)	160 × (120–320)
	L-förmig 120/220 + 60	180 × (120–300)	180 × (120–320)

Bauphysik

	A	B	C
Feuerwiderstandsdauer nach DIN 4102-4	—	F 30–B	F 30–B
Zulässige Beanspruchungen bei Brandschutzanforderungen F–30 B, siehe Tabelle in 8.7	—	Tabellen 2.2.2 u. 2.2.3 Tabellen 2.4.2 u. 2.4.3	Tabellen 2.3.2 u. 2.3.3 Tabellen 2.5.2 u. 2.5.3
Zulässige Beanspruchungen ohne Brandschutzanforderungen, siehe Tabelle in 8.7	Tabellen 2.1.1 u. 2.1.2	Tabellen 2.2.1 u. 2.4.1	Tabellen 2.3.1 u. 2.5.1

Eigenlast

	A	B	C
Eigenlast nach DIN 1055-3; kleinster Querschnitt/größter Querschnitt [kN/m]	0,06/0,37	0,06/0,32	0,06/0,35

Baustoffe

Holzständer, Bauschnittholz	DIN 4074-1, Nadelholz, Sortierklasse S 10, Schnittklasse A nach DIN 68 365, Holzschutz, DIN 68 800-3 entsprechend der Gefährdungsklasse.
Brettschichtholz	DIN 1052-1, BS 11 bzw. BS 14, Holzfeuchte $u_m \leq 18\%$, Holzschutz DIN 68 800-3, entsprechend der Gefährdungsklasse.

Stütze, Unterzug

Sturz ohne Brandschutzanforderung

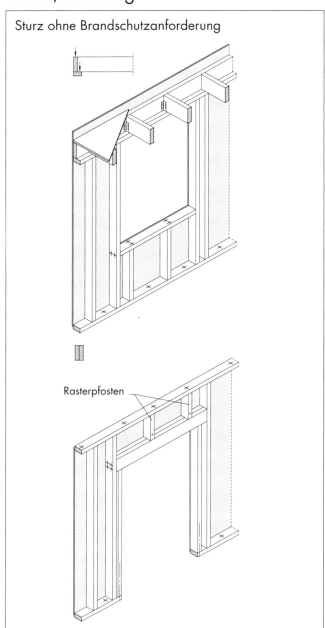

Sturz mit Brandschutzanforderung F 30–B

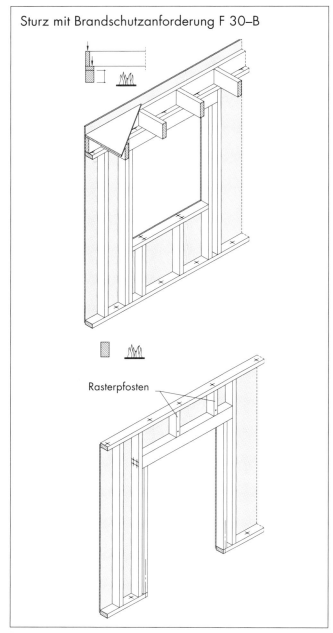

Freistehende Stützen

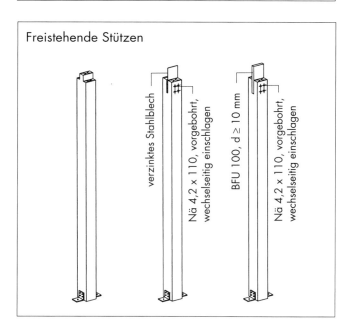

Stützenfuß auf Deckengebälk

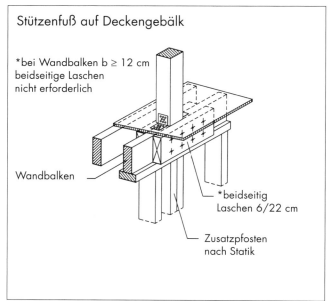

Details

Decke

6.80.00

Geschoßdecken

6.81

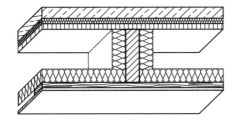

Typ A, B, C, D, E, F, G, H

Decken gegen kalte Räume

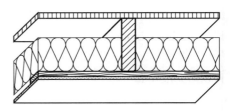

Typ I, K

6.82

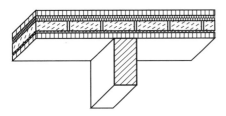

Typ A, B, C

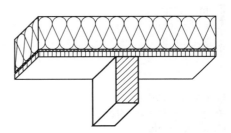

Typ D, E, F

6.83

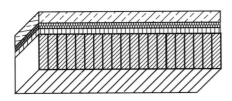

Typ A, B, C

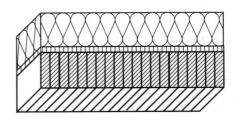

Typ D

Decke 6.80.01

Baustoffe für Decken

Platten (für Unterböden)	DIN 68 763, Flachpreßplatten für das Bauwesen; DIN EN 300, OSB-Platten; DIN 18 180, Gipskartonplatten; andere Bauplatten; Holzwerkstoffklasse: V 20 möglich, wenn Plattenfeuchte beim Einbau $\leq 13\%$ und spätere Erhöhung der Plattenfeuchte um mehr als 3% ausgeschlossen ist; bei Holzwerkstoffen: E 1, bei Brandschutzanforderungen ggf. Rohdichte ≥ 600 kg/m^3
Estriche auf Dämmschichten	DIN 18 560-2, Anhydritestrich (nur in Bereichen ohne Feuchtigkeitsbeanspruchung) AE 20 oder Magnesiaestrich ME 7 oder Zementestrich TE 20
Fußbodenbretter	DIN 4072, Gespundete Bretter aus Nadelholz, Güteklasse nach DIN 68 365 (nach VOB DIN 18 334 mindestens Güteklasse II, Durchfalläste ausgedübelt) oder Güteklasse nach DIN 4073
Bodenbelag, Nadelholz	DIN 68 365, nach VOB DIN 18 334 mindestens Güteklasse II, Durchfalläste ausgedübelt, bei Brandschutzanforderungen ggf. Spundung nach DIN 4102-4
Parkett	Parkettriemen nach DIN 280-3 (nach VOB DIN 18 356 mindestens Sortierung Standard) oder Parkettdielen nach DIN 280-4 (nach VOB DIN 18 356 mindestens Sortierung Standard)
Holzwerkstoffplatten (als Deckenbekleidung)	DIN 68 763, Flachpreßplatten für das Bauwesen; DIN EN 300, OSB-Platten; DIN 68 705-3 und DIN 68 705-5, Bau-Furniersperrholz; Holzwerkstoffklasse 20, E 1, bei Brandschutzanforderungen ggf. Rohdichte ≥ 600 kg/m^3
Dämmstoffe für die Trittschalldämmung	DIN 18 165-2, Faserdämmstoffe für das Bauwesen – Dämmstoffe für die Trittschalldämmung, Typenkurzzeichen T oder TK, hier für Unterböden mit Holzwerkstoffplatten TK (geringe Zusammendrückbarkeit) empfohlen, Baustoffklasse B 2, Rohdichte ≥ 30 kg/m^3 (Rohdichte ≥ 80 kg/m^3 empfohlen), dynamische Steifigkeit s' ≤ 15 MN/m^3
Holzwerkstoffplatten (für tragende und aussteifende Deckenschalung)	DIN 68 763, Flachpreßplatten für das Bauwesen; DIN EN 300, OSB/3 oder OSB/4; DIN 68 705-3 oder DIN 68 705-5, Bau-Furniersperrholz; E 1 (wenn sichergestellt ist, daß die Platten in keinem Bauzustand Feuchtebelastung ausgesetzt werden Holzwerkstoffklasse 20 möglich), bei Brandschutzanforderungen Rohdichte ≥ 600 kg/m^3; oder bauaufsichtlich zugelassene Platten
Holzbalken, Massivholzplatten, Bauschnittholz	DIN 4074-1, Sortierklasse S10, Schnittklasse B (DIN 68 365), Holzfeuchte $u_m \leq 18\%$, im allgemeinen Gefährdungsklasse 0 (kein chemischer Holzschutz)
Mineralfaserdämmstoff (in den Balkengefachen)	DIN 18 165-1, längenbezogener Strömungswiderstand ≥ 5 kN · s/m, bei Brandschutzanforderungen, Anwendungstyp W, Platten oder Matten, bei Matten Stoßüberlappung ≥ 10 cm, Baustoffklasse A, Schmelzpunkt höher als 1000 °C, Rohdichte ≥ 30 kg/m^3
Latten	DIN 4074-1, Sortierklasse S 10, Schnittklasse A (DIN 68 365), Gefährdungsklasse 0 (kein chemischer Holzschutz)
Gipskartonplatten	DIN 18 180, Feuerschutzplatten (GKF), ohne Anforderungen an den Brandschutz Bauplatten (GKB) möglich

Decke, Austauschmöglichkeiten 6.80.02

Nur gesamtheitliche Betrachtung möglich

Decken in Holzbauweise sind bezüglich ihrer mechanischen und sonstigen bauphysikalischen Eigenschaften nur aufgrund des gesamten Deckenaufbaus beurteilbar. Der Austausch einzelner Schichten zieht im allgemeinen die Veränderung eines oder mehrerer technischer Kennwerte des Deckenaufbaus nach sich. Die Hersteller genormter und zugelassener Baustoffe haben eine Fülle von hölzernen Deckenkonstruktionen gesamtheitlich prüfen lassen. Es sollten nur solche Konstruktionen eingesetzt werden, deren bauaufsichtlich und bauvertraglich geforderten Eigenschaften rundum abgesichert sind durch Normangaben, bauaufsichtliche Zulassungen und amtliche Prüfzeugnisse. Zusätzlich ist für den Einzelfall die Standsicherheit und die mechanische Gebrauchstauglichkeit nachzuweisen.

Hinweise für die Auswahl von Varianten

Schallschutz
Vorliegen sollten Prüfzeugnisse für:
- Luftschalldämm-Maß ($R'_{w,R}$)
- Trittschalldämm-Maß ($L'_{n,w,R}$)
- Schalllängsdämm-Maß ($R'_{L,w,R}$)

jeweils geprüft für Wände in Holztafelbauart

Brandschutz
Erforderlich ist:
entweder
- Bewertung nach DIN 4102-4, ggf. mit Standsicherheitsnachweis für den Brandfall (z. B. bei freiliegendem Holzbalken)

oder
- bauaufsichtliches Prüfzeugnis für den gesamten Deckenaufbau

oder
- Allgemeines bauaufsichtliches Brandschutz-Prüfzeugnis, das die gewählte Variante klassifizierbar macht.

Wärmeschutz
Nur bei Decken gegen kalte Räume oder Außenluft:
- Nachweis der Wärmeleitfähigkeit

Feuchteschutz
Bei Decken gegen kalte Räume oder Außenluft:
- Feuchteschutznachweis nach DIN 4108 führen,
- Bei Gefährdungsklasse 0 (kein chemischer Holzschutz) Einhaltung der Kriterien nach DIN 68 800-2 oder »besonderer Nachweis« erforderlich.

Bei Decken, die äußeren Feuchtebeanspruchungen ausgesetzt sind, z. B. in Bädern, Duschen, viel geputzten Fluren:
- Abdichtungen erforderlich
- Übergänge Decke-Wand dauerhaft flexibel planen und ausführen.

Luftdichtheit
Deckenhohlräume lassen zum einen Konvektion (Luftströmung) und zum anderen Schallübertragung zu. Schlitze und Fugen an den Übergängen Wand-Decke können auch Licht hindurchlassen.
- Deckenränder an Außenluft luftdicht umhüllen.
- Deckenhohlräume über Wänden abschotten (Schallschotts).
- Wände fugendicht an Decken anschließen.
- Bei Decken gegen Außenluft und Gefährdungsklasse 0 (kein chemischer Holzschutz) DIN 68 800-2 einhalten.

Eigenfrequenz
ENV DN 1995-1 (Eurocode 5) gibt Regeln für die Einhaltung der Deckeneigenfrequenz an, um unangenehme, mechanische Schwingungen zu vermeiden. Der Nachweis sei empfohlen (siehe auch Kapitel 8).

Geschoßdecke, Balken nicht sichtbar 6.81.01

Geschoßdecken, Unterboden, Deckenbekleidung

A
- Holzwerkstoffpl. 22 mm
- Mineralfaser T 25
- Holzwerkstoffpl. 22 mm
- Balken 60/220–120/220
- Mineralfaser 60/30
- Lattung 24/48, e = 50 cm
- GKF 12.5 oder HWS-Platte 16 mm

B
- Holzwerkstoffpl. 22 mm
- Mineralfaser T 25
- Holzwerkstoffpl. 22 mm
- Balken 60/220–120/220
- Mineralfaser 60/30
- Federbügel
- Lattung 24/48, e=50 cm
- GKF 12.5 oder HWS-Pl. 16 mm

C
- Holzwerkstoffpl. 25 mm
- Mineralfaser T 30
- Holzwerkstoffpl. 25 mm
- Balken 60/220–120/220
- Mineralfaser 60/30
- Federbügel
- Lattung 24/48, e=50 cm
- GKF 2×12,5

Dämmstoff in den Gefachen: entweder d = 60 mm und seitlich hochgeschlagen oder d = 100 mm und seitlich nicht hochgeschlagen

Bauphysik

	A	B	C
k-Wert [W/(m²K)], (Wärmedurchgangskoeffizient) nach DIN 4108 (Holzwerk mit 20 % berücksichtigt) gegen nicht beheizte Innenräume	0,28	0,28	0,27
Feuerwiderstandsdauer nach DIN 4102-4	F 30–B	F 30–B	F 30–B
	Ohne Branschutzanforderungen Gipskartonplatten B (Bauplatten) möglich		
$R'_{w,R}$ [dB] (bewertetes Schalldämm-Maß)	50	54	57
$L'_{n,w,R}$ (Norm-Trittschallpegel); in []-Klammern: TSM (Trittschallschutzmaß) ohne Gehbelag nach Beiblatt 1 zu DIN 4109; [dB]	64 [–1]	56 [–7]	53 [10]
$L'_{n,w,R}$ (Norm-Trittschallpegel); in []-Klammern: TSM (Trittschallschutzmaß) ohne Gehbelag mit einem Verbesserungsmaß $\Delta L_{w,R}$ (VM) $\geq$ 26 dB nach Beiblatt 1 zu DIN 4109; [dB]	56 [7]	49 [14]	46 [17]

Eigenlast

	A	B	C
Eigenlast nach DIN 1055 ohne Gehbelag [kN/m²]	0,54 v 0,87	0,54 v 0,87	0,70 v 1,02

Baustoffe siehe 6.80.01

Bauteildaten

Geschoßdecke, Balken nicht sichtbar 6.81.01

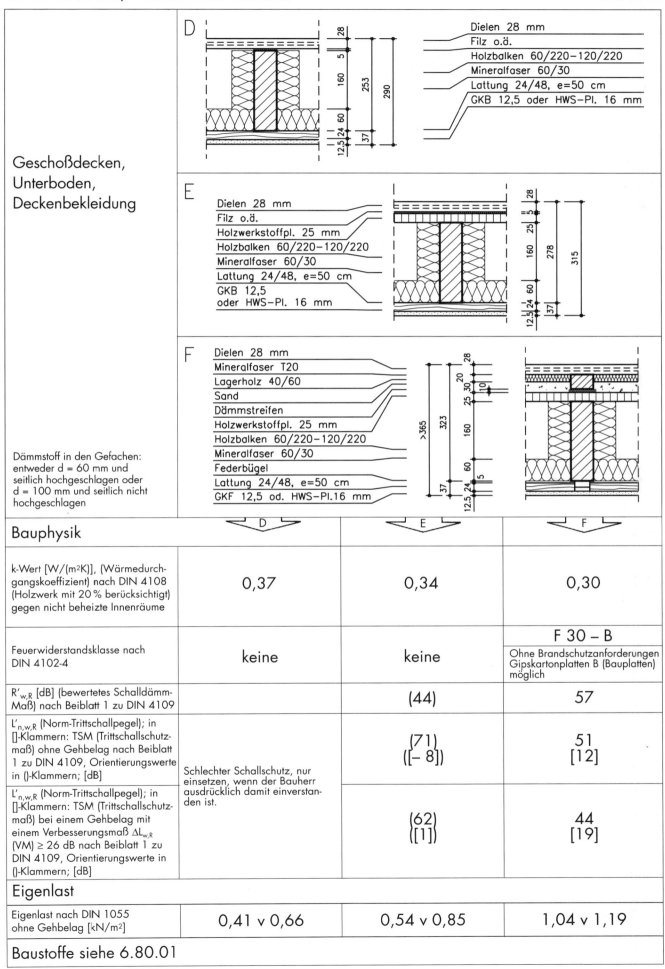

Geschoßdecken, Unterboden, Deckenbekleidung

D: Dielen 28 mm / Filz o.ä. / Holzbalken 60/220–120/220 / Mineralfaser 60/30 / Lattung 24/48, e=50 cm / GKB 12,5 oder HWS-Pl. 16 mm

E: Dielen 28 mm / Filz o.ä. / Holzwerkstoffpl. 25 mm / Holzbalken 60/220–120/220 / Mineralfaser 60/30 / Lattung 24/48, e=50 cm / GKB 12,5 oder HWS-Pl. 16 mm

F: Dielen 28 mm / Mineralfaser T20 / Lagerholz 40/60 / Sand / Dämmstreifen / Holzwerkstoffpl. 25 mm / Holzbalken 60/220–120/220 / Mineralfaser 60/30 / Federbügel / Lattung 24/48, e=50 cm / GKF 12,5 od. HWS-Pl.16 mm

Dämmstoff in den Gefachen: entweder d = 60 mm und seitlich hochgeschlagen oder d = 100 mm und seitlich nicht hochgeschlagen

Bauphysik

	D	E	F
k-Wert [W/(m²K)], (Wärmedurchgangskoeffizient) nach DIN 4108 (Holzwerk mit 20 % berücksichtigt) gegen nicht beheizte Innenräume	0,37	0,34	0,30
Feuerwiderstandsklasse nach DIN 4102-4	keine	keine	F 30 – B / Ohne Brandschutzanforderungen Gipskartonplatten B (Bauplatten) möglich
$R'_{w,R}$ [dB] (bewertetes Schalldämm-Maß) nach Beiblatt 1 zu DIN 4109	Schlechter Schallschutz, nur einsetzen, wenn der Bauherr ausdrücklich damit einverstanden ist.	(44)	57
$L'_{n,w,R}$ (Norm-Trittschallpegel); in []-Klammern: TSM (Trittschallschutzmaß) ohne Gehbelag nach Beiblatt 1 zu DIN 4109, Orientierungswerte in ()-Klammern; [dB]		(71) ([−8])	51 [12]
$L'_{n,w,R}$ (Norm-Trittschallpegel); in []-Klammern: TSM (Trittschallschutzmaß) bei einem Gehbelag mit einem Verbesserungsmaß $\Delta L_{w,R}$ (VM) ≥ 26 dB nach Beiblatt 1 zu DIN 4109, Orientierungswerte in ()-Klammern; [dB]		(62) ([1])	44 [19]

Eigenlast

	D	E	F
Eigenlast nach DIN 1055 ohne Gehbelag [kN/m²]	0,41 v 0,66	0,54 v 0,85	1,04 v 1,19

Baustoffe siehe 6.80.01

Bauteildaten

Geschoßdecke, Balken nicht sichtbar 6.81.01

Geschoßdecken, Estrich, Deckenbekleidung

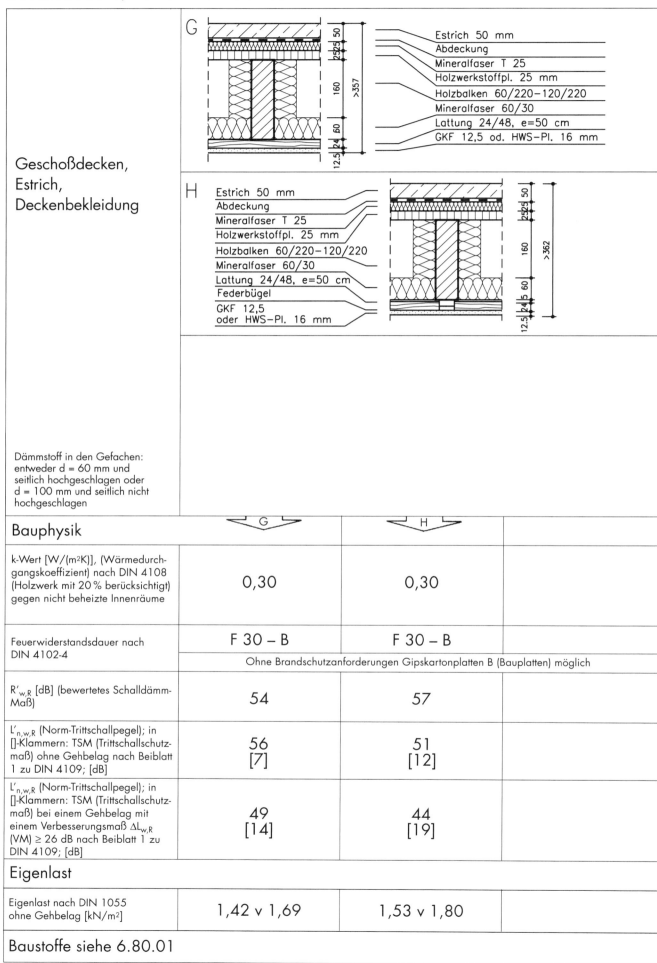

Dämmstoff in den Gefachen: entweder d = 60 mm und seitlich hochgeschlagen oder d = 100 mm und seitlich nicht hochgeschlagen

Bauphysik	G	H	
k-Wert [W/(m²K)], (Wärmedurchgangskoeffizient) nach DIN 4108 (Holzwerk mit 20 % berücksichtigt) gegen nicht beheizte Innenräume	0,30	0,30	
Feuerwiderstandsdauer nach DIN 4102-4	F 30 – B	F 30 – B	
	Ohne Brandschutzanforderungen Gipskartonplatten B (Bauplatten) möglich		
$R'_{w,R}$ [dB] (bewertetes Schalldämm-Maß)	54	57	
$L'_{n,w,R}$ (Norm-Trittschallpegel); in []-Klammern: TSM (Trittschallschutzmaß) ohne Gehbelag nach Beiblatt 1 zu DIN 4109; [dB]	56 [7]	51 [12]	
$L'_{n,w,R}$ (Norm-Trittschallpegel); in []-Klammern: TSM (Trittschallschutzmaß) bei einem Gehbelag mit einem Verbesserungsmaß $\Delta L_{w,R}$ (VM) ≥ 26 dB nach Beiblatt 1 zu DIN 4109; [dB]	49 [14]	44 [19]	
Eigenlast			
Eigenlast nach DIN 1055 ohne Gehbelag [kN/m²]	1,42 v 1,69	1,53 v 1,80	
Baustoffe siehe 6.80.01			

Bauteildaten

Geschoßdecke, Balken nicht sichtbar 6.81.01

Decken gegen kalte Räume z. B. Abseiten, Deckenbekleidung

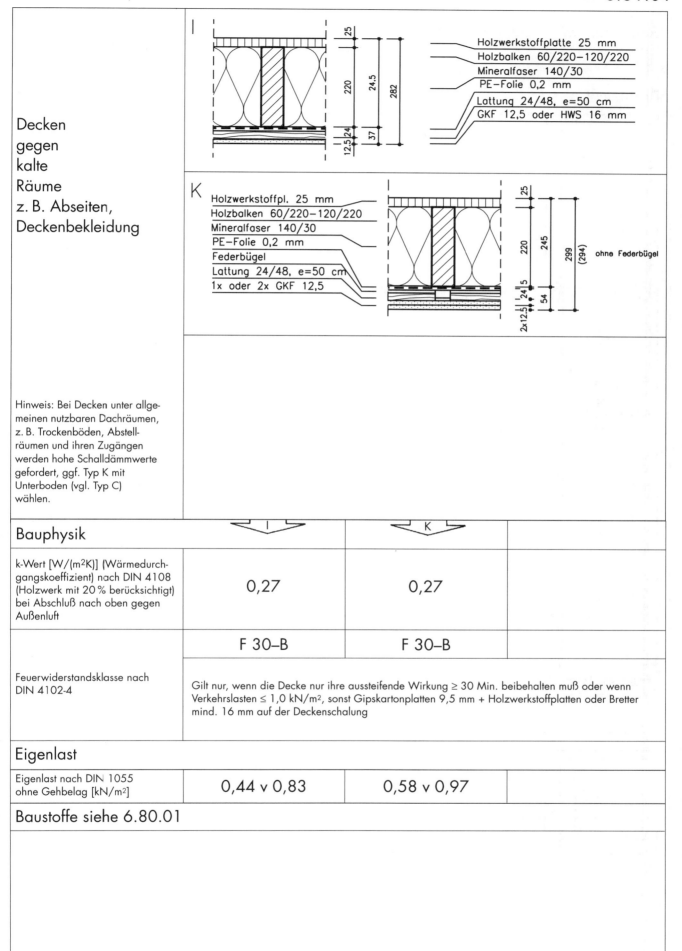

Hinweis: Bei Decken unter allgemeinen nutzbaren Dachräumen, z. B. Trockenböden, Abstellräumen und ihren Zugängen werden hohe Schalldämmwerte gefordert, ggf. Typ K mit Unterboden (vgl. Typ C) wählen.

Bauphysik

	I	K	
k-Wert [W/(m²K)] (Wärmedurchgangskoeffizient) nach DIN 4108 (Holzwerk mit 20 % berücksichtigt) bei Abschluß nach oben gegen Außenluft	0,27	0,27	
Feuerwiderstandsklasse nach DIN 4102-4	F 30–B	F 30–B	
	Gilt nur, wenn die Decke nur ihre aussteifende Wirkung ≥ 30 Min. beibehalten muß oder wenn Verkehrslasten ≤ 1,0 kN/m², sonst Gipskartonplatten 9,5 mm + Holzwerkstoffplatten oder Bretter mind. 16 mm auf der Deckenschalung		

Eigenlast

Eigenlast nach DIN 1055 ohne Gehbelag [kN/m²]	0,44 v 0,83	0,58 v 0,97	

Baustoffe siehe 6.80.01

Bauteildaten

Geschoßdecke, Balken nicht sichtbar 6.81.02

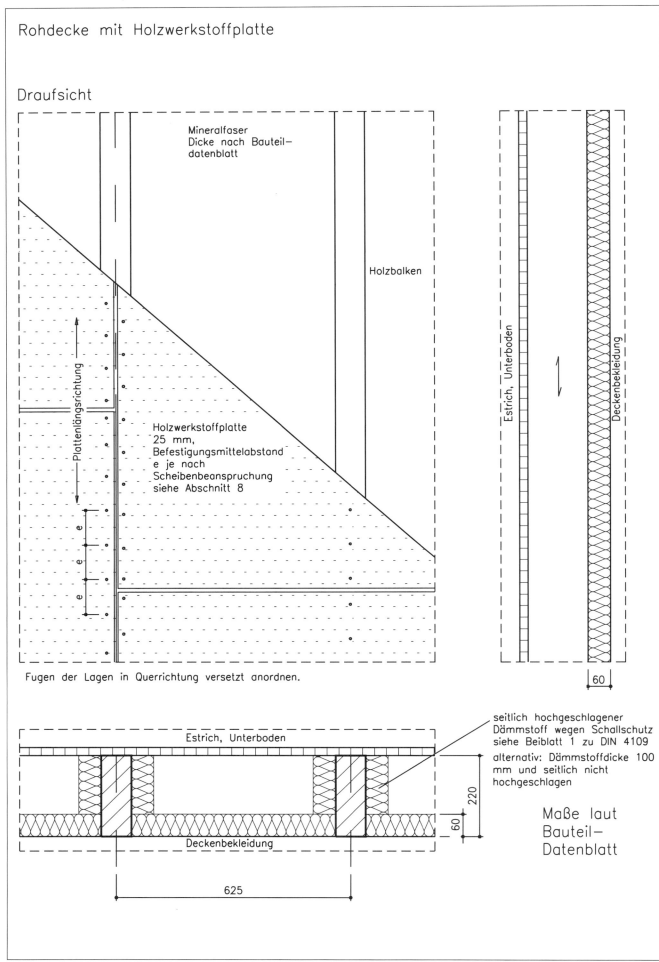

Konstruktion — Grundriß, Ansicht, Schnitt M = 1 : 10

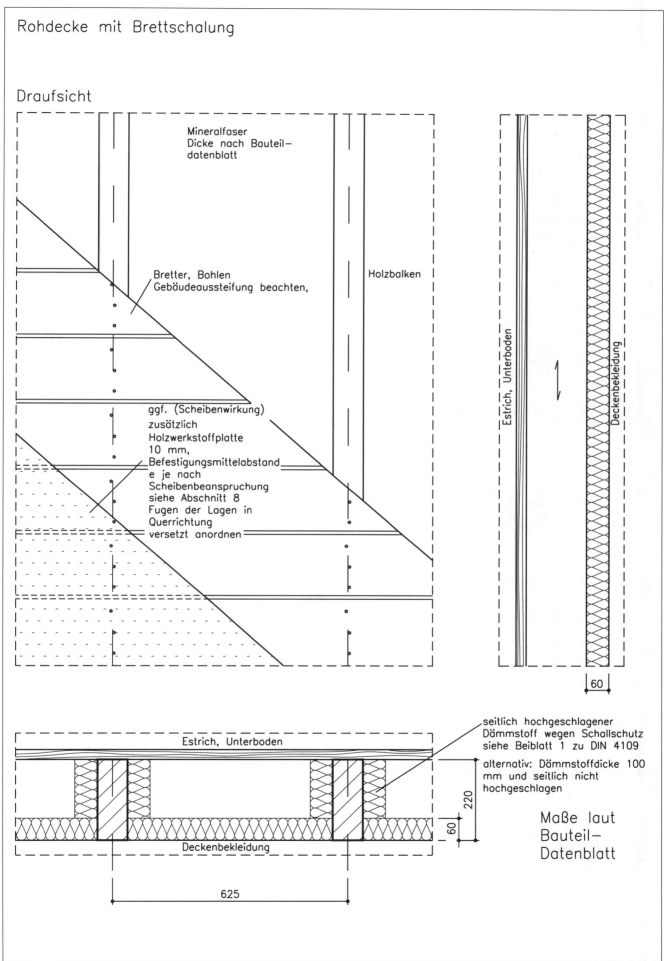

Geschoßdecke, Deckenbekleidung 6.81.02

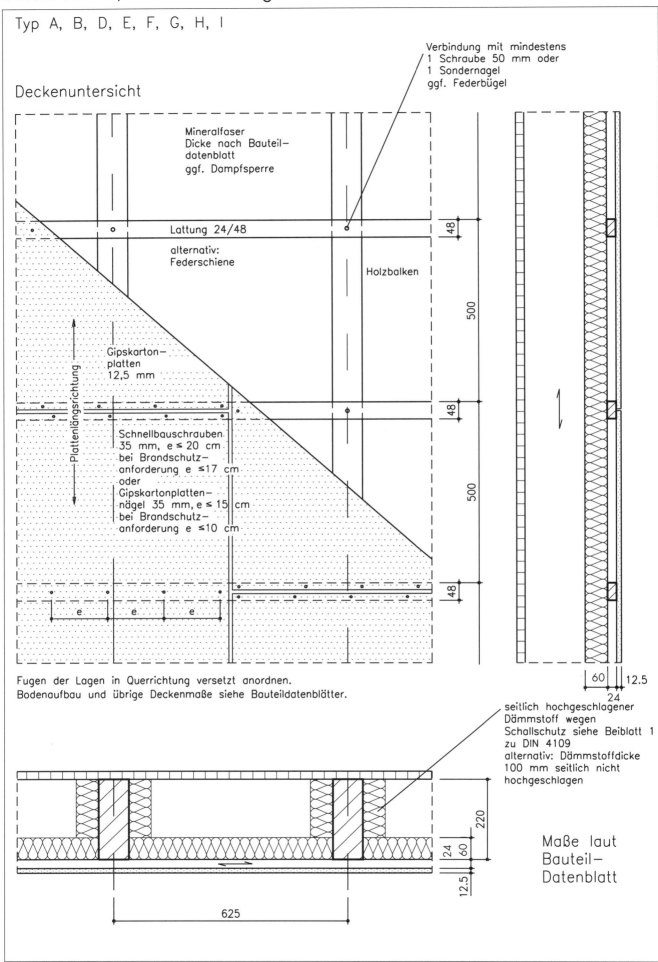

Konstruktion — Grundriß, Ansicht, Schnitt M = 1 : 10

Geschoßdecke, Deckenbekleidung   6.81.02

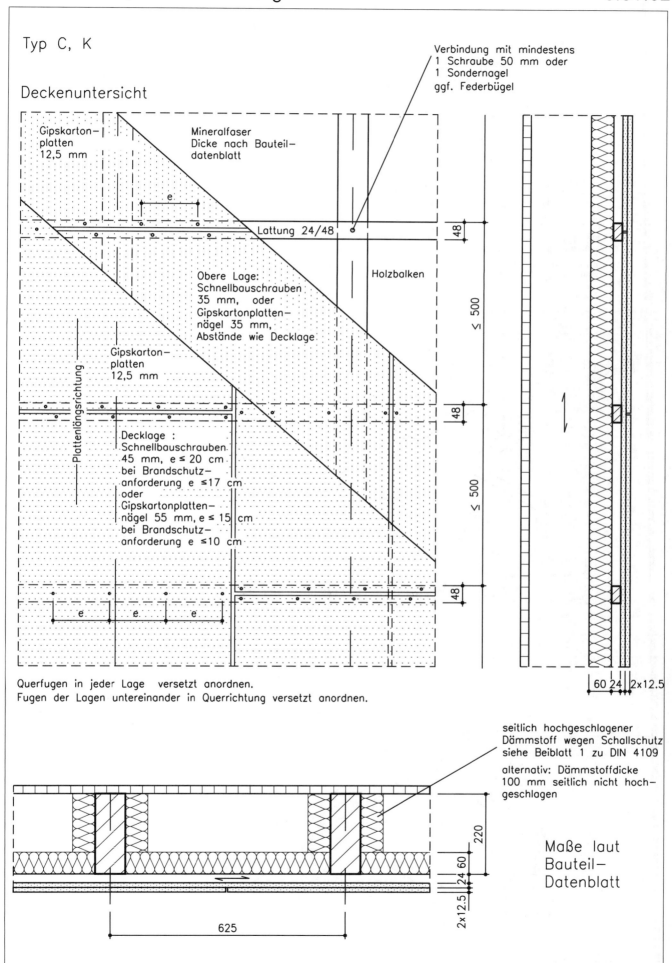

Typ C, K — Konstruktion — Grundriß, Ansicht, Schnitt M = 1 : 10

Geschoßdecke, Verblockung

6.81.02

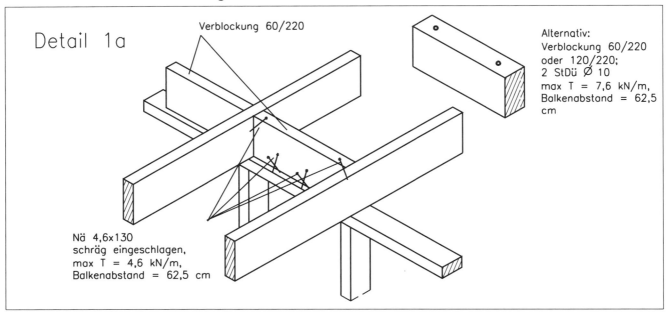

Detail 1a

Verblockung 60/220

Alternativ:
Verblockung 60/220
oder 120/220;
2 StDü Ø 10
max T = 7,6 kN/m,
Balkenabstand = 62,5 cm

Nä 4,6x130 schräg eingeschlagen,
max T = 4,6 kN/m,
Balkenabstand = 62,5 cm

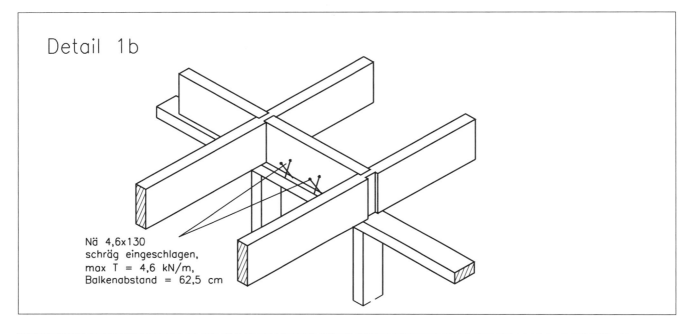

Detail 1b

Nä 4,6x130 schräg eingeschlagen,
max T = 4,6 kN/m,
Balkenabstand = 62,5 cm

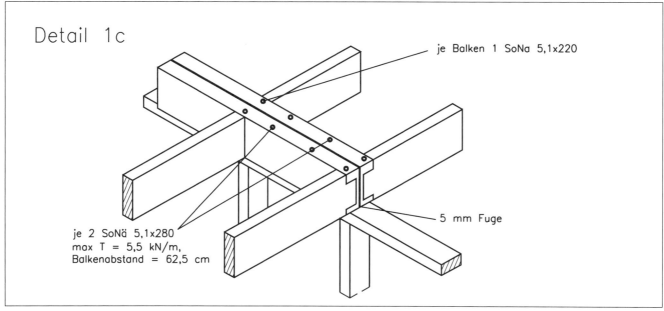

Detail 1c

je Balken 1 SoNa 5,1x220

5 mm Fuge

je 2 SoNä 5,1x280
max T = 5,5 kN/m,
Balkenabstand = 62,5 cm

Konstruktion

M = 1:20

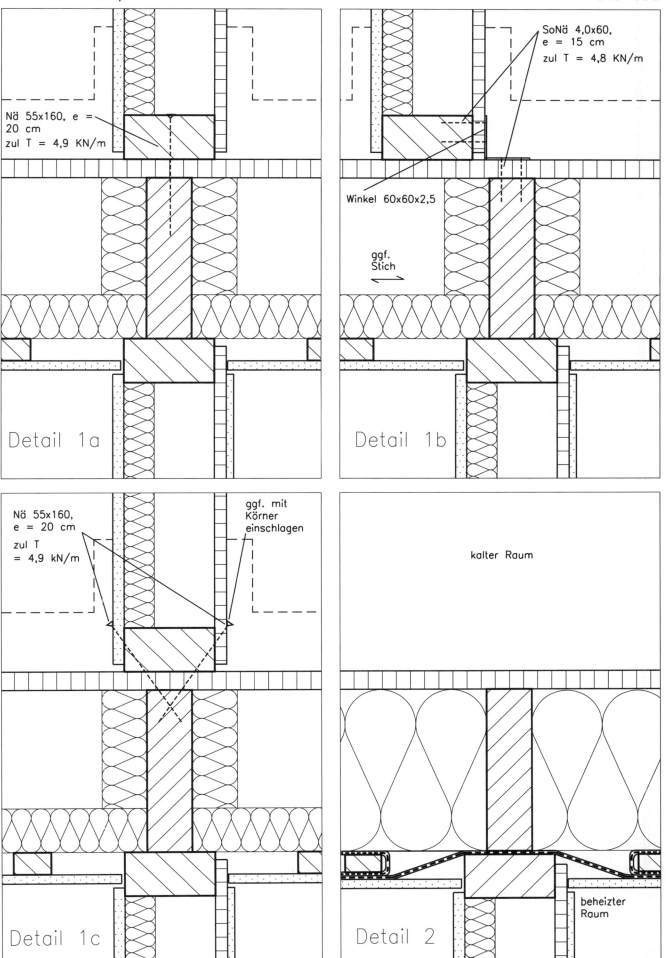

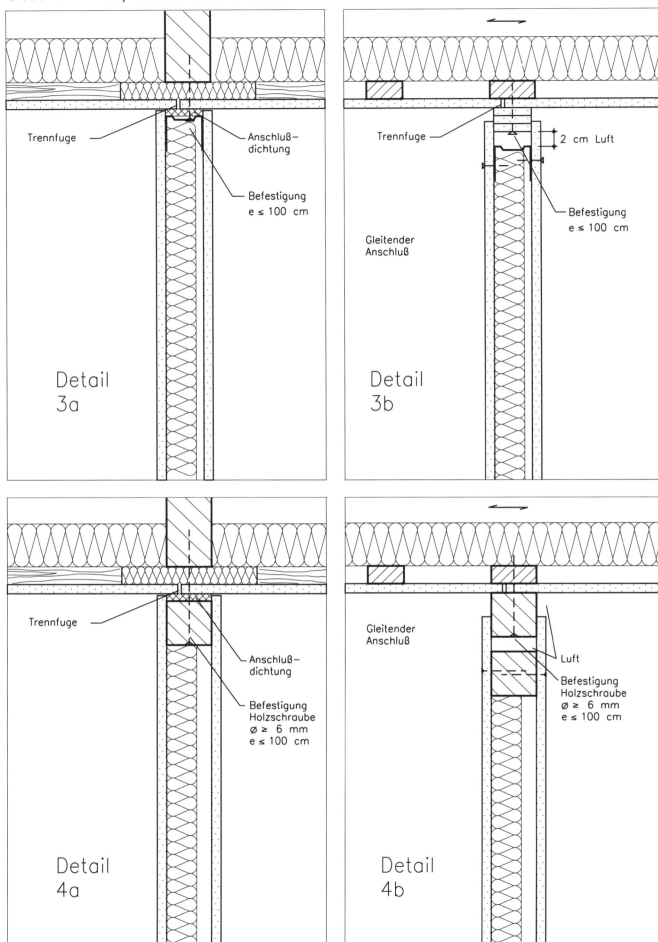

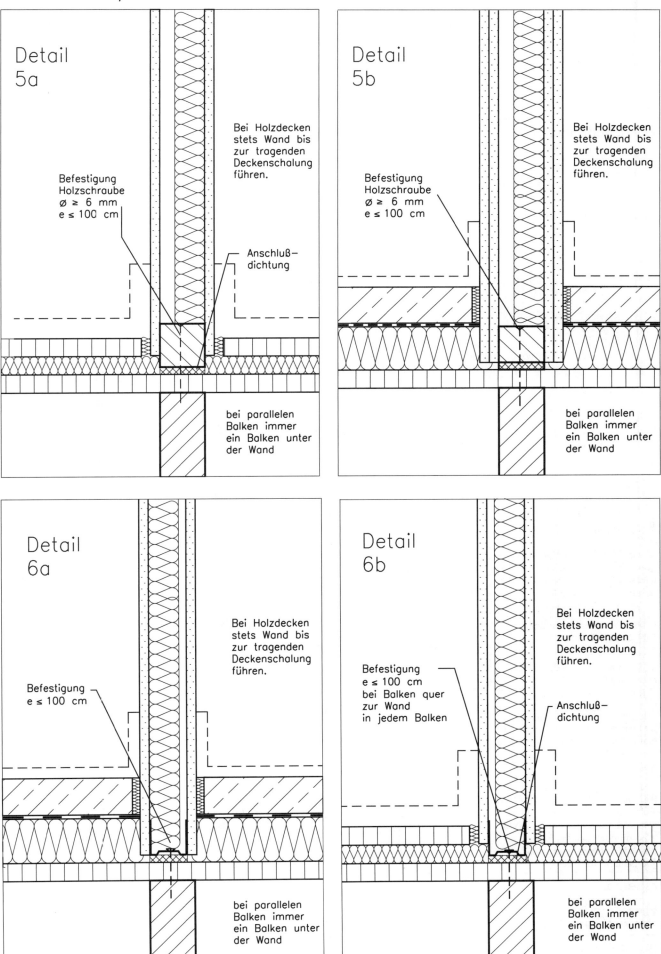

Geschoßdecke, Balken sichtbar 6.82.01

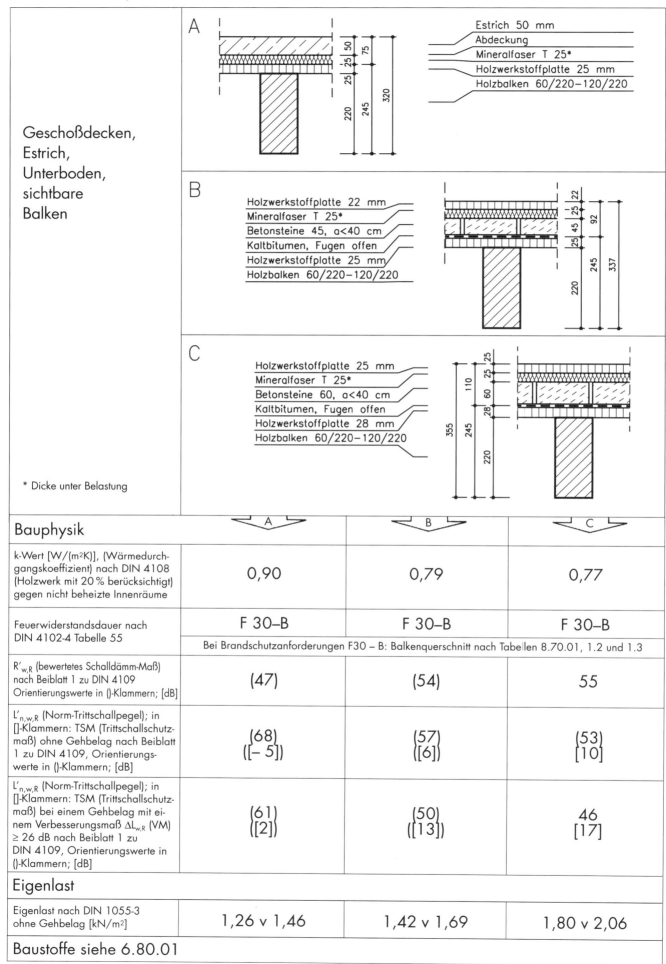

Geschoßdecken, Estrich, Unterboden, sichtbare Balken

* Dicke unter Belastung

Bauphysik	A	B	C
k-Wert [W/(m²K)], (Wärmedurchgangskoeffizient) nach DIN 4108 (Holzwerk mit 20% berücksichtigt) gegen nicht beheizte Innenräume	0,90	0,79	0,77
Feuerwiderstandsdauer nach DIN 4102-4 Tabelle 55	F 30–B	F 30–B	F 30–B
	Bei Brandschutzanforderungen F30 – B: Balkenquerschnitt nach Tabellen 8.70.01, 1.2 und 1.3		
$R'_{w,R}$ (bewertetes Schalldämm-Maß) nach Beiblatt 1 zu DIN 4109 Orientierungswerte in ()-Klammern; [dB]	(47)	(54)	55
$L'_{n,w,R}$ (Norm-Trittschallpegel); in []-Klammern: TSM (Trittschallschutzmaß) ohne Gehbelag nach Beiblatt 1 zu DIN 4109, Orientierungswerte in ()-Klammern; [dB]	(68) ([−5])	(57) ([6])	(53) [10]
$L'_{n,w,R}$ (Norm-Trittschallpegel); in []-Klammern: TSM (Trittschallschutzmaß) bei einem Gehbelag mit einem Verbesserungsmaß $\Delta L_{w,R}$ (VM) ≥ 26 dB nach Beiblatt 1 zu DIN 4109, Orientierungswerte in ()-Klammern; [dB]	(61) ([2])	(50) ([13])	46 [17]
Eigenlast			
Eigenlast nach DIN 1055-3 ohne Gehbelag [kN/m²]	1,26 v 1,46	1,42 v 1,69	1,80 v 2,06
Baustoffe siehe 6.80.01			

Bauteildaten

Geschoßdecke, Balken sichtbar 6.82.01

Decken gegen kalte Räume, sichtbare Balken

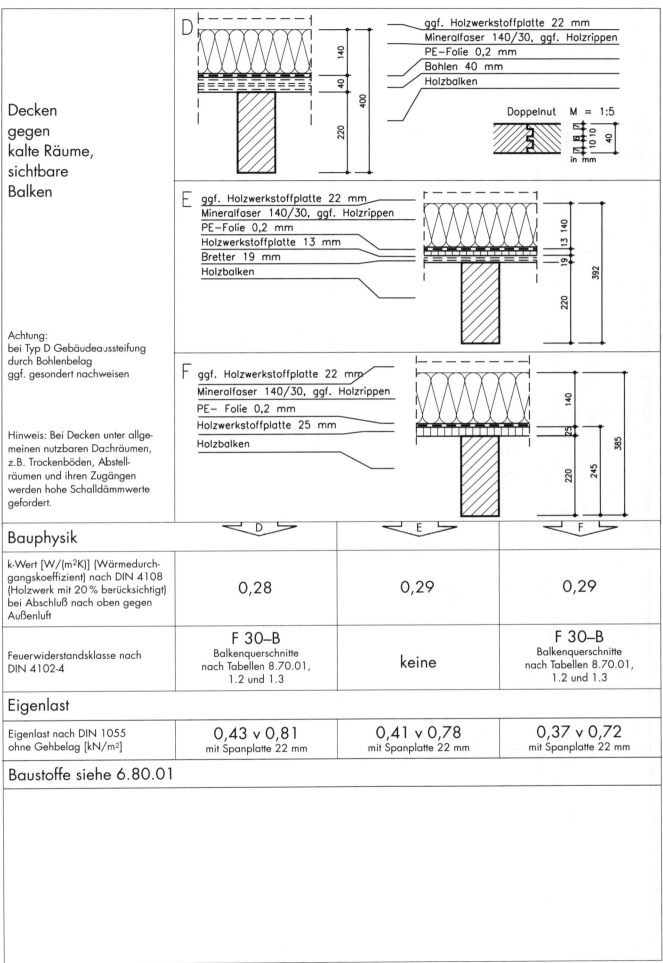

Achtung:
bei Typ D Gebäudeaussteifung durch Bohlenbelag ggf. gesondert nachweisen

Hinweis: Bei Decken unter allgemeinen nutzbaren Dachräumen, z.B. Trockenböden, Abstellräumen und ihren Zugängen werden hohe Schalldämmwerte gefordert.

Bauphysik	D	E	F
k-Wert [W/(m²K)] (Wärmedurchgangskoeffizient) nach DIN 4108 (Holzwerk mit 20 % berücksichtigt) bei Abschluß nach oben gegen Außenluft	0,28	0,29	0,29
Feuerwiderstandsklasse nach DIN 4102-4	F 30–B Balkenquerschnitte nach Tabellen 8.70.01, 1.2 und 1.3	keine	F 30–B Balkenquerschnitte nach Tabellen 8.70.01, 1.2 und 1.3
Eigenlast			
Eigenlast nach DIN 1055 ohne Gehbelag [kN/m²]	0,43 v 0,81 mit Spanplatte 22 mm	0,41 v 0,78 mit Spanplatte 22 mm	0,37 v 0,72 mit Spanplatte 22 mm

Baustoffe siehe 6.80.01

Bauteildaten

Geschoßdecke, Balken sichtbar 6.82.02

Typ A, B, C

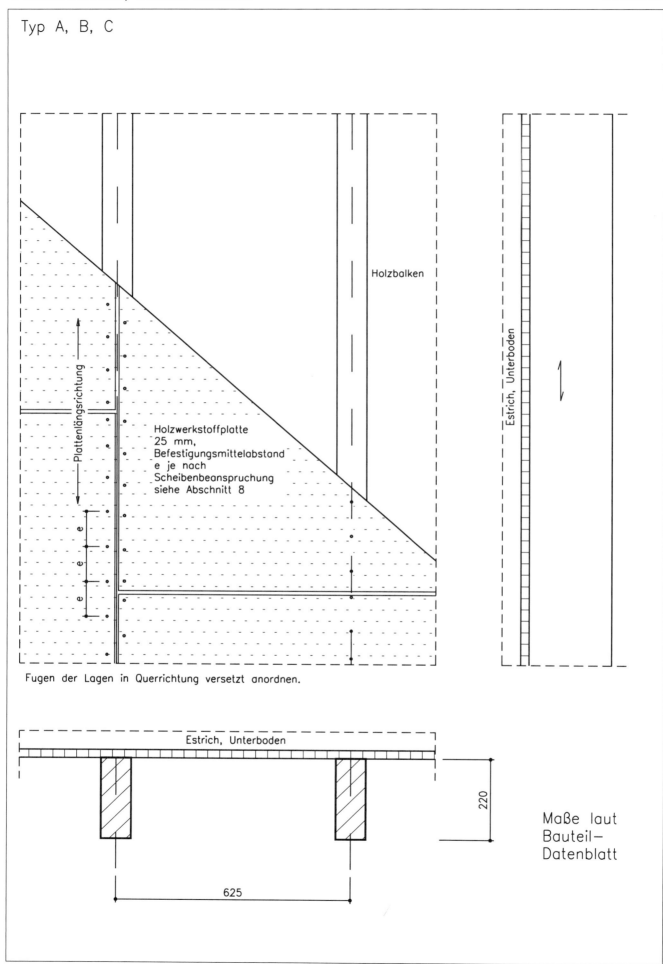

Konstruktion — Grundriß, Ansicht, Schnitt, M 1:10

Decke gegen kalte Räume, Balken sichtbar — 6.82.12

Typ D, E, F

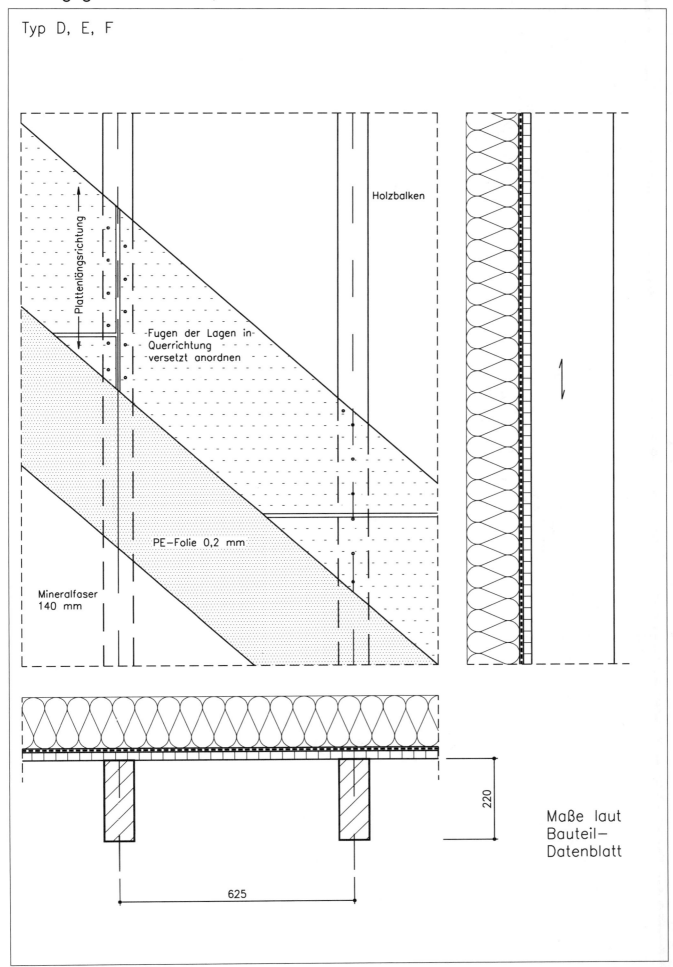

Konstruktion — Grundriß, Ansicht, Schnitt M 1 : 10

Decken, Verblockung

Detail 1a

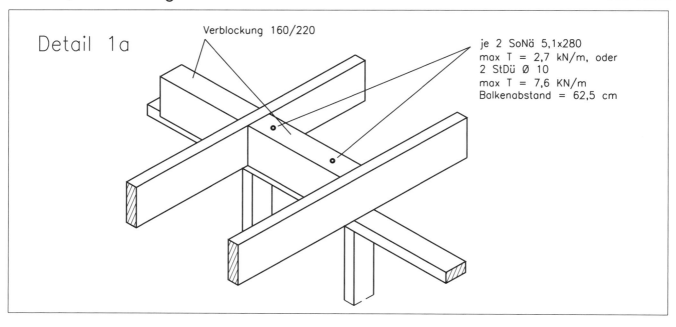

Verblockung 160/220

je 2 SoNä 5,1x280
max T = 2,7 kN/m, oder
2 StDü Ø 10
max T = 7,6 KN/m
Balkenabstand = 62,5 cm

Detail 1b

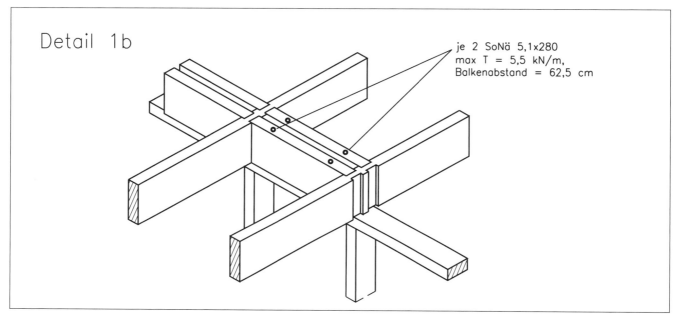

je 2 SoNä 5,1x280
max T = 5,5 kN/m,
Balkenabstand = 62,5 cm

Detail 1c

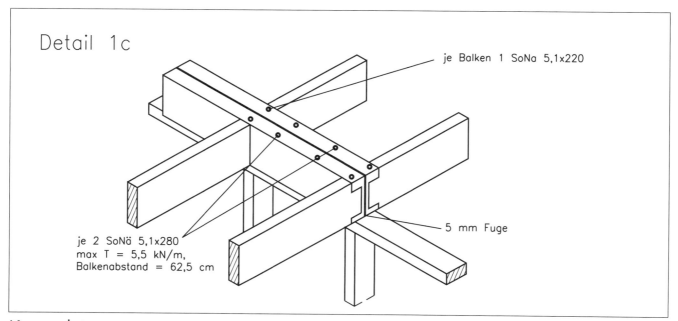

je Balken 1 SoNa 5,1x220

je 2 SoNä 5,1x280
max T = 5,5 kN/m,
Balkenabstand = 62,5 cm

5 mm Fuge

Konstruktion   M = 1 : 20

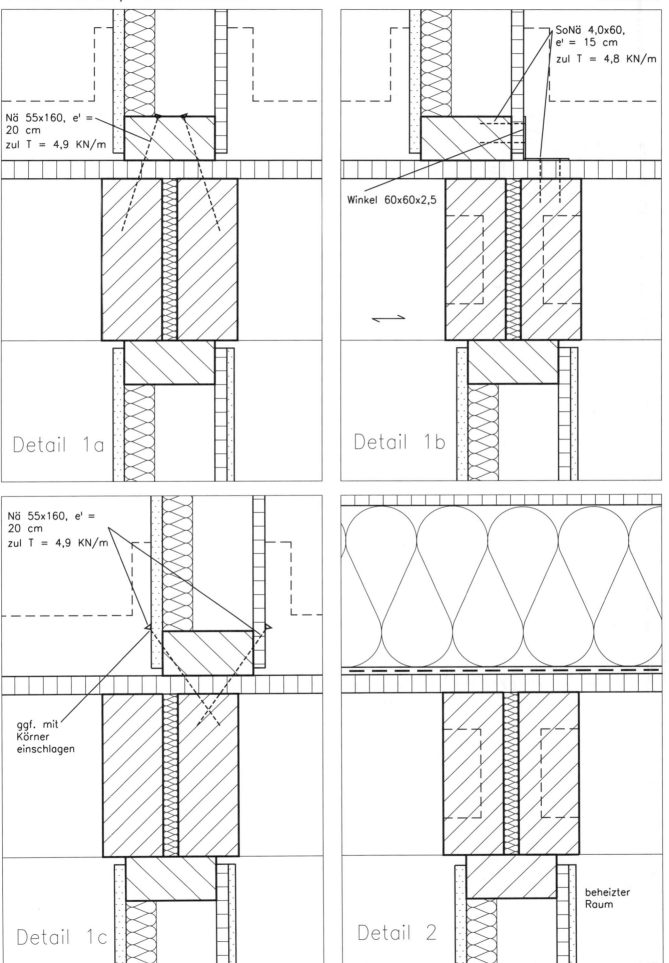

Geschoßdecke, Balken sichtbar

6.82.03

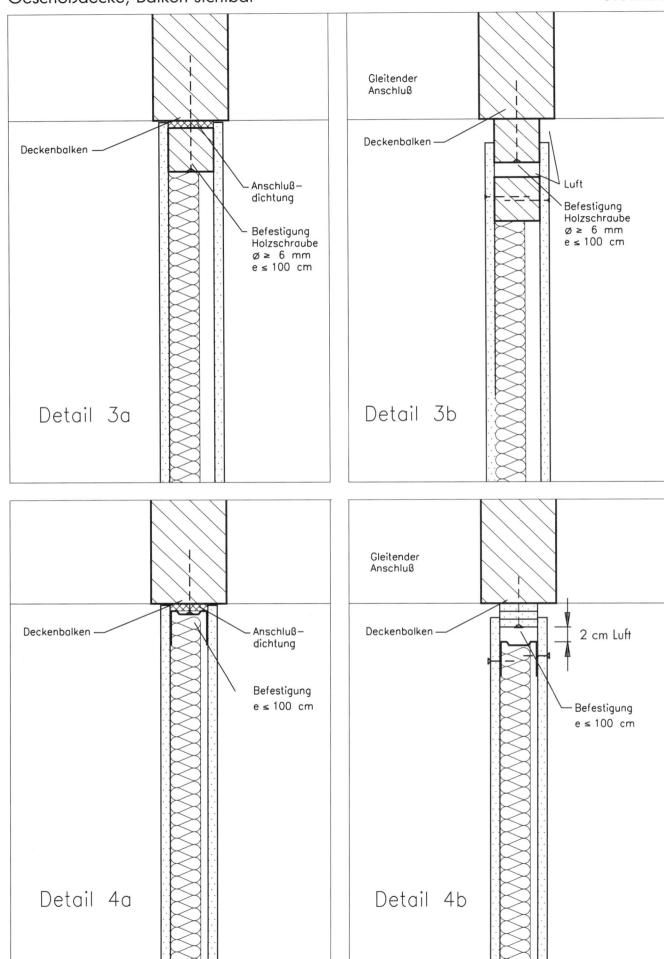

Details, Anschlüsse

Schnitte M = 1 : 5

Geschoßdecke, Massivholzplatte

6.83.01

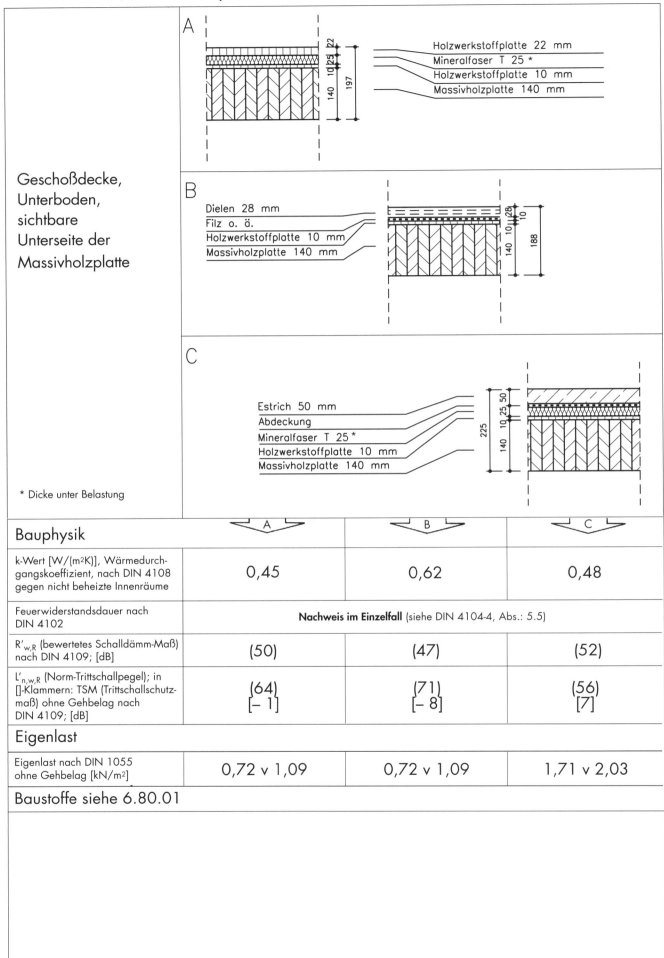

Geschoßdecke, Unterboden, sichtbare Unterseite der Massivholzplatte

* Dicke unter Belastung

Bauphysik	A	B	C
k-Wert [W/(m²K)], Wärmedurchgangskoeffizient, nach DIN 4108 gegen nicht beheizte Innenräume	0,45	0,62	0,48
Feuerwiderstandsdauer nach DIN 4102	**Nachweis im Einzelfall** (siehe DIN 4104-4, Abs.: 5.5)		
$R'_{w,R}$ (bewertetes Schalldämm-Maß) nach DIN 4109; [dB]	(50)	(47)	(52)
$L'_{n,w,R}$ (Norm-Trittschallpegel); in []-Klammern: TSM (Trittschallschutzmaß) ohne Gehbelag nach DIN 4109; [dB]	(64) [− 1]	(71) [− 8]	(56) [7]
Eigenlast			
Eigenlast nach DIN 1055 ohne Gehbelag [kN/m²]	0,72 v 1,09	0,72 v 1,09	1,71 v 2,03

Baustoffe siehe 6.80.01

Bauteildaten

Geschoßdecke, Massivholzplatte 6.83.02

TYP C

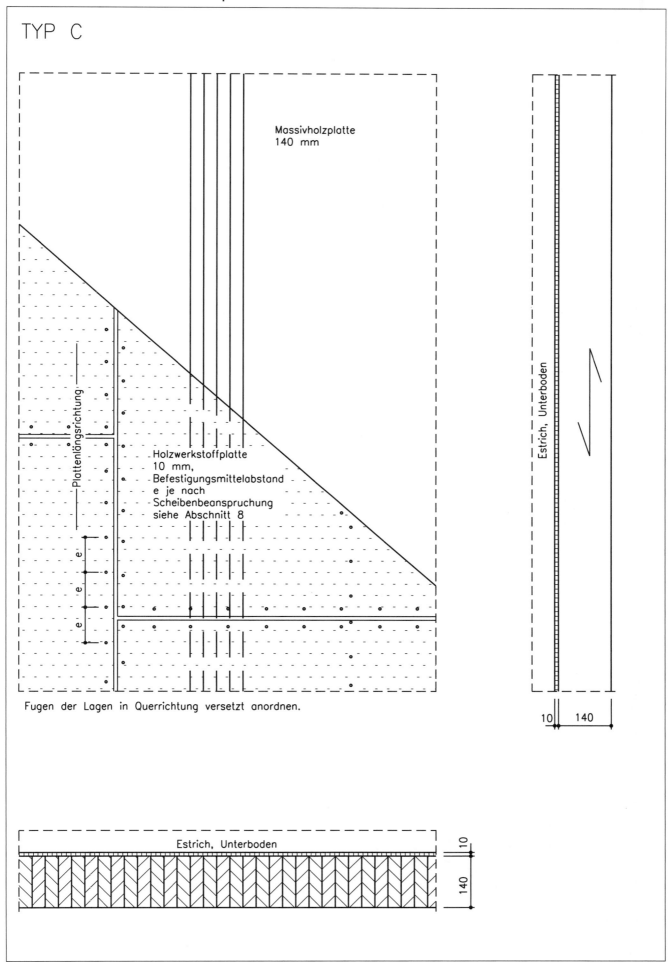

Fugen der Lagen in Querrichtung versetzt anordnen.

Konstruktion　　　　　Ansicht, Grundriß, Schnitt M = 1 : 10

Geschoßdecke, Massivholzplatte, Verblockung

Detail 1a

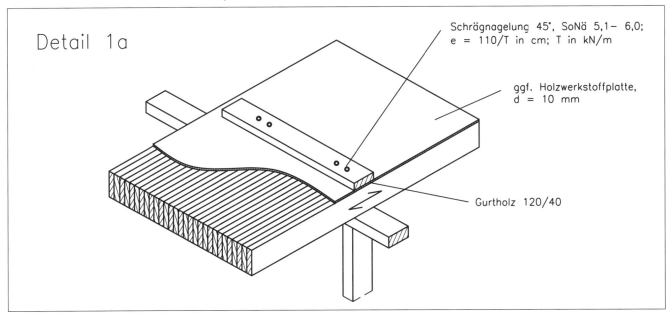

Schrägnagelung 45°, SoNä 5,1– 6,0; e = 110/T in cm; T in kN/m

ggf. Holzwerkstoffplatte, d = 10 mm

Gurtholz 120/40

Detail 1b

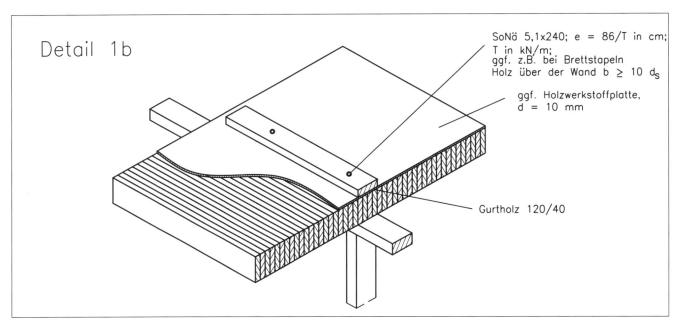

SoNä 5,1x240; e = 86/T in cm; T in kN/m; ggf. z.B. bei Brettstapeln Holz über der Wand $b \geq 10\, d_s$

ggf. Holzwerkstoffplatte, d = 10 mm

Gurtholz 120/40

Detail 1c

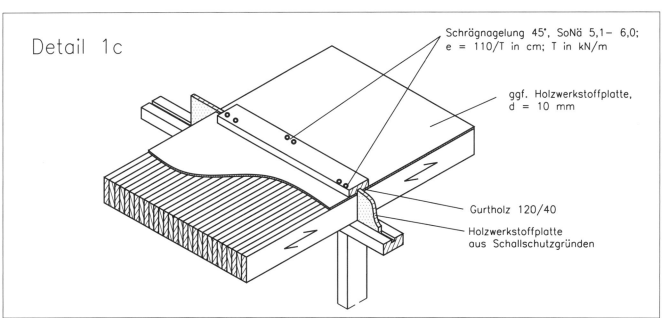

Schrägnagelung 45°, SoNä 5,1– 6,0; e = 110/T in cm; T in kN/m

ggf. Holzwerkstoffplatte, d = 10 mm

Gurtholz 120/40

Holzwerkstoffplatte aus Schallschutzgründen

Konstruktion   M = 1 : 20

Geschoßdecke, Massivholzplatte 6.83.03

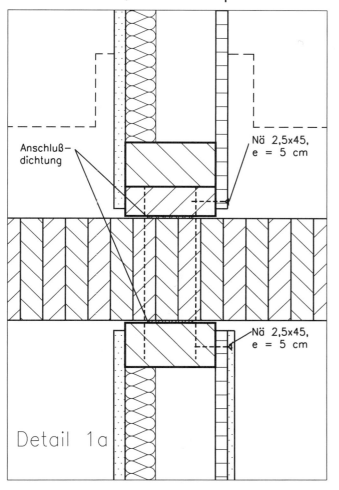
Detail 1a

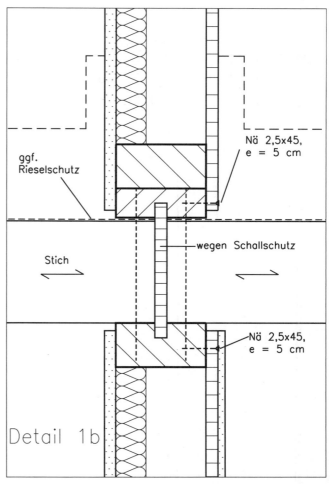
Detail 1b

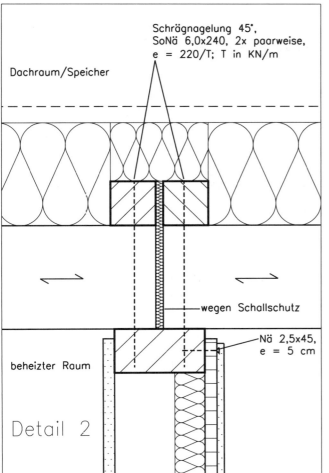
Detail 2

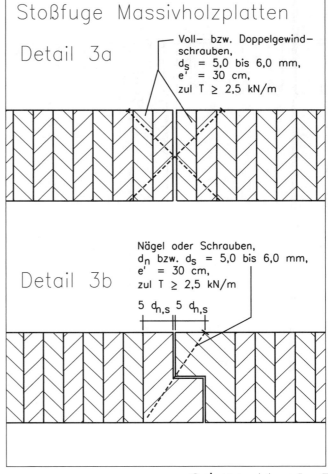
Stoßfuge Massivholzplatten
Detail 3a
Detail 3b

Details, Anschlüsse — Schnitte M = 1 : 5

Geschoßdecke, Massivholzplatte

6.83.03

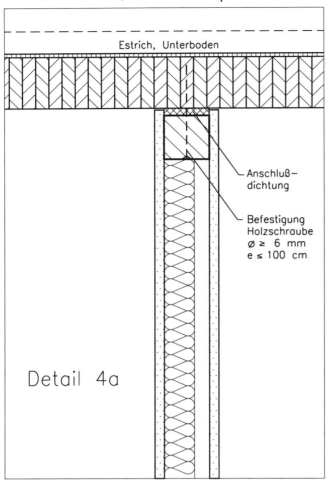

Detail 4a

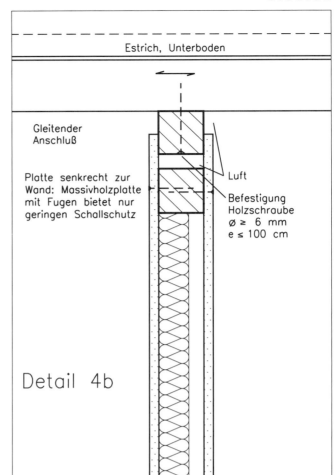

Detail 4b

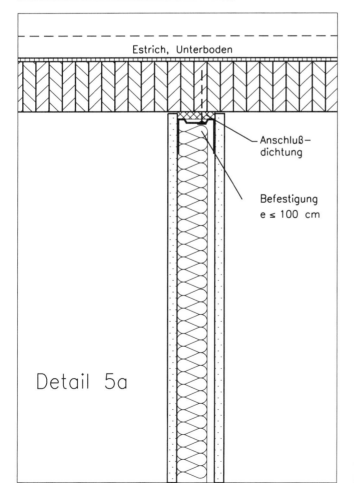

Detail 5a

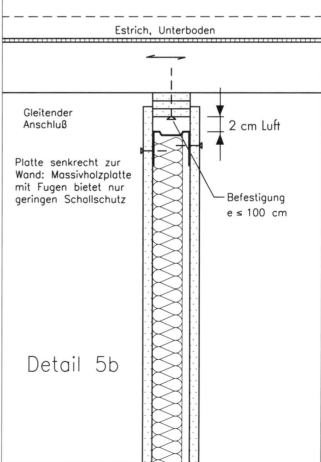

Detail 5b

Details, Anschlüsse

Schnitte M = 1 : 5

Geschoßdecke, Massivholzplatte 6.83.03

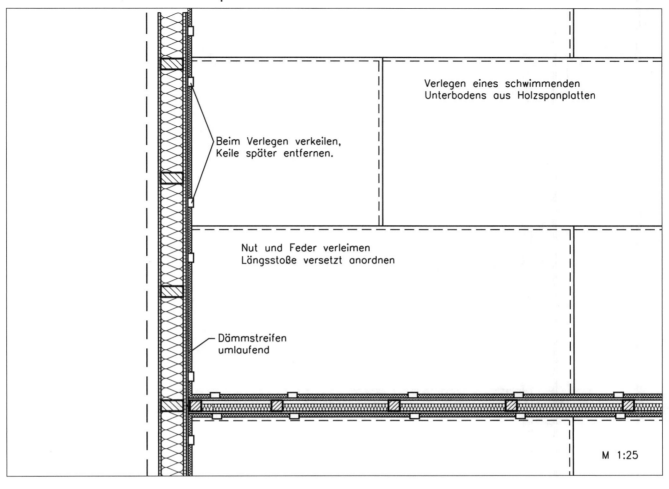

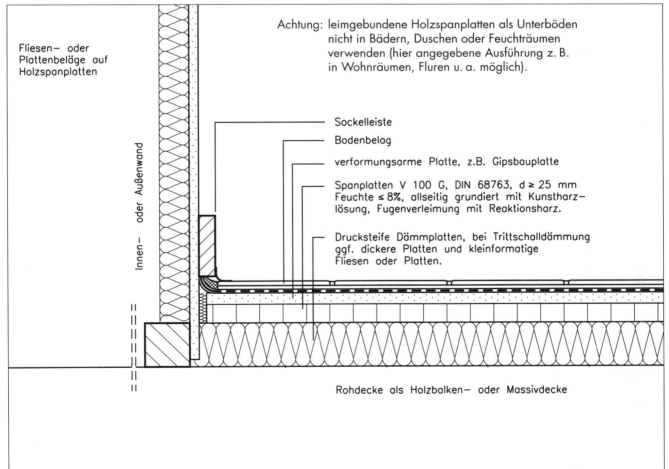

Details, Unterboden aus Holzspanplatten — Grundriß, Schnitt M = 1 : 5

Geschoßdecke, Bodenaufbau, Estrich   6.83.04

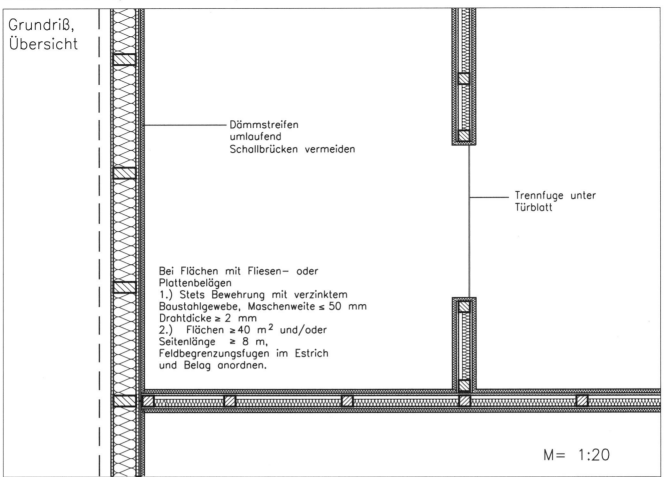

Grundriß, Übersicht

M= 1:20

Dämmstreifen umlaufend Schallbrücken vermeiden

Trennfuge unter Türblatt

Bei Flächen mit Fliesen- oder Plattenbelägen
1.) Stets Bewehrung mit verzinktem Baustahlgewebe, Maschenweite ≤ 50 mm Drahtdicke ≥ 2 mm
2.) Flächen ≥ 40 m² und/oder Seitenlänge ≥ 8 m, Feldbegrenzungsfugen im Estrich und Belag anordnen.

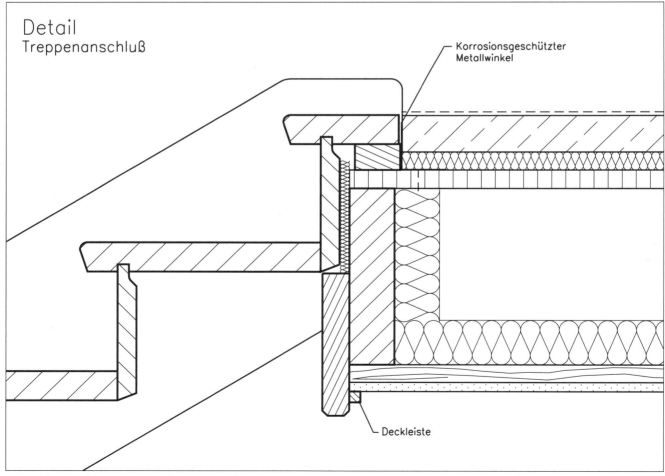

Detail Treppenanschluß

Korrosionsgeschützter Metallwinkel

Deckleiste

Details, Schwimmender Estrich   Grundriß, Schnitt M = 1 : 5

Dach

6.90.00

Dach mit Zwischensparrendämmung

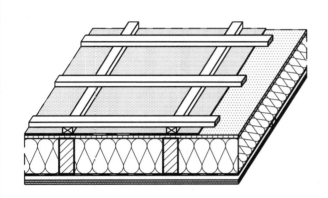

Dach mit aufgelegtem Dämmsystem

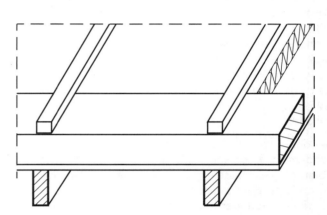

Dach mit aufgelegtem Dämmsystem

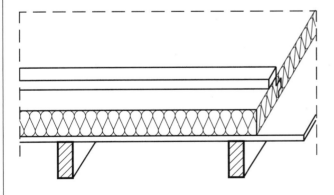

Dach mit aufgelegtem Dämmsystem

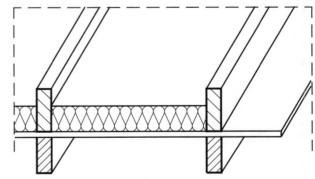

Übersicht

Dach

Grundsätzliches

Behandelt werden nur geneigte Dächer.

Bei Dächern sind sowohl Konstruktionen mit als auch solche ohne Belüftung der Dämmschicht angegeben. Beide Arten entsprechen den anerkannten Regeln der Technik. Während bei den belüfteten Regelkonstruktionen kein Nachweis des Feuchteschutzes nach DIN 4108-3 geführt werden braucht, sind die nichtbelüfteten Konstruktionen nachzuweisen, wenn keine innere Dampfsperre mit $s_d > 100$ m (im allgemeinen eine Metallfolie) angeordnet ist. Für die hier dargestellten, nicht belüfteten Konstruktionen ist der Feuchteschutz für die Nutzung des Gebäudes zu Wohnzwecken oder vergleichbare Nutzungen nachgewiesen. Die angegebenen Baustoffspezifikationen, insbesondere die s_d-Werte, sind unbedingt einzuhalten.

Bei den nicht belüfteten Konstruktionen ist weiterhin besonders zu beachten, daß die in dem nichtbelüfteten Raum eingeschlossenen Bauteile eine bei der Nutzung zu erwartende Ausgleichsfeuchte aufweisen, wenn sie eingeschlossen werden. D. h. Holz- und Holzwerkstoffe sollten unbedingt eine Feuchte von weniger als 18 Massen-% aufweisen. Bei nichtbelüfteten Dächern mit Blechdeckungen, Abdichtungen u. ä. ist oberhalb der unteren wasserableitenden Schicht eine gesonderte Hinterlüftung vorzusehen. Dämmstoffe müssen trocken sein. Bei Mißachtung dieser Anforderung kann es zu Feuchteschäden kommen. Die in der nicht belüfteten Konstruktion eingeschlossene Feuchtigkeit kann nur sehr langsam ausdiffunieren. Die im Holz, den Holzwerkstoffen oder anderen Baustoffen enthaltene Feuchtigkeit tritt unter Umständen schneller aus, als sie ausdiffundiert. Das frei werdende Wasser sammelt sich an den tiefsten Stellen in der Konstruktion. Einen Eindruck über die Größenordnung der Feuchtemengen vermittelt folgendes Beispiel:

Dachkonstruktion: 5 m³ Vollholz,
Dachschalung 24 mm: 130 m².

Holzfeuchte beim Schließen der Konstruktion 30%.
Holzfeuchte im Gebrauchszustand 9%.

Es entweichen insgesamt – wenn auch über einen längeren Zeitraum – ca. 600 l Wasser aus dem Holz, das entspricht 4,6 l/m² Dachfläche, d. h. bei 7 m Sparrenlänge sind das 35 l/m an der Traufe. Dabei tritt der größere Anteil innerhalb kürzester Zeit aus.

Dächer sind ohne chemischen Holzschutz in der Gefährdungsklasse 0 möglich, wenn die vorgegebenen Kriterien von DIN 68 800-2 und DIN 68 800-3 eingehalten sind. Diese Kriterien stellen die Unzugänglichkeit für Insekten (tierische Holzschädlinge) und eine Holzfeuchte, die Pilzwachstum ausschließt, sicher. Die Gefährdungsklasse 0 sollte angestrebt werden (siehe auch DIN 68 800-2 Abschnitt 4).

WICHTIG
Die im Anschluß dargestellten Details können bei weitem nicht alle vorkommenden Varianten abdecken. Es wurde versucht, die An- und Abschlüsse im wesentlichen darzustellen. Bei Abwandlungen sollte stets auf die Sicherstellung der inneren Luftdichtigkeit geachtet werden. Bei belüfteten Konstruktionen ist zusätzlich auf einwandfreie Zu- und Abluftführung sowie entsprechenden Luftdurchgang innerhalb des Belüftungshohlraumes zu achten. Bei Graten und Kehlen oder z. B. durch Dachflächenfenster u. ä. stark behinderten Hinterlüftungsquerschnitten kann empfohlen werden, auch bei belüfteten Dächern die Konstruktion wie für nicht belüftete Dächer auszuführen.

Dach, Zwischensparrendämmung 6.91.01

Schichtenaufbau des Daches (von oben nach unten)

Dachdeckung	Anforderungen in Bezug auf die Dachkonstruktion, siehe bei Bauteildaten und unten;
Dachlattung	ATV DIN 18334 - Latten Güteklasse I, DIN 68 365; chemischer Holzschutz I_v, P, DIN 68 800; auf jedem Sparren mit mind. 1 Drahtstift befestigen; bei Konstruktionen nach DIN 68 800-2, Abschnitt 8.3 Latten Gefährdundsklasse 0 (ohne chemischen Holzschutz) möglich.
alternativ: Dachschalung	ATV DIN 18 334 – ungehobelte, besäumte Bretter oder Bohlen, DIN 68 365, Güteklasse III, bei Rauhspund nach DIN 4072 bearbeitet, keine Ausfalläste von mehr als 2 cm Durchmesser, für Metalldeckungen: Mindestdicke 24 mm, für sonstige Dachdeckungen: Mindestdicke ungehobelt 20 mm, gehobelt 18 mm (Bemerkung: Der Auftraggeber sollte bei der Planung die Mindestdicke, die sich aus Anforderungen der Dachdeckung ergibt, im Leistungsansatz berücksichtigen), mind. 2 Drahtstifte je Auflager.
Konterlattung (nicht bei Dachschalungen, die unmittelbar die Dachdeckung tragen) belüfteter Hohlraum im Bereich der Konterlattung	keine Anforderungen; empfohlen: Latten Güteklasse I, DIN 68 365 d $\geq$ 24 mm, chemischer Holzschutz I_v, P, DIN 68 800; bei Konstruktionen nach DIN 68 800-2, Abschnitt 8.3 Latten Gefährdundsklasse 0 (ohne chemischen Holzschutz) möglich. wie belüfteter Hohlraum über der Dämmschicht, siehe unten;
wasserableitende Schicht als zusätzliche Maßnahme gegen Flugschnee, eingetriebenes Wasser u. ä.	1 bei regensicherer Dachdeckung; 1.1 Vordeckung auf Unterdachschalung; 1.1.1 Vordeckung Bituminöse Dachbahnen, DIN 52 121, DIN 52 128 oder DIN 52 143, in einlagiger Deckung, mind. 8 cm Stoßüberdeckung, keine nackten Pappen; Unterdachschalung, ATV DIN 18 334 mind.; ungehobelte, besäumte Bretter 18 mm dick, Güteklasse III, DIN 68 365 (Alternativ: Flachpreßplatten, Sperrholz, Holzfaserplatten und andere für diesen Anwendungszweck geeignete Plattenwerkstoffe); bei nicht belüfteter Dämmschicht bei der Gefährdungsklasse 0: Brettbreite $\leq$ 10 cm, Fugenbreite zwischen den Brettern $\geq$ 5 mm, Holzfeuchte $\leq$ 20%, Unterdeckbahn $s_d \leq 0,02$ m 1.2 Unterspannbahnen Unterspannbahnen, Ziegelunterlagsbahnen, Kunststoff-Folien u. ä., nach ATV DIN 18 338: Reißfestigkeit 400 N bei 5 cm Probebreite, feuchtigkeitsbeständig; empfohlen: Temperatur- und UV-Beständigkeit; bei nicht belüfteten Dächern der Gefährungsklasse 0: Unterspannbahn oben belüftet, $s_d \leq 0,2$ m 2. bei nicht regensicherer Dachdeckung; 2.1 Unterdach erforderlich (mind. zweilagig, 2. Lage aufgeklebt); 2.2 Unterdachschalung siehe oben;
Sparren	Bauschnittholz, DIN 4074-1, Sortierklasse S 10 bei belüfteter Dämmschicht Holzfeuchte $u_1 \leq 30\%$, bei nicht belüfteter Dämmschicht Holzfeuchte $U_1 \leq 20\%$
belüfteter Hohlraum über der Dämmschicht	$\alpha \geq 10°$, Lüftungsquerschnitte: Traufe: A $\geq$ 2‰ der zugehörigen geneigten Dachfläche, jedoch mind. A $\geq$ 200 cm²; First: A $\geq$ 0,5‰ der gesamten zugehörigen Dachfläche; innerhalb des Dachbereiches; A $\geq$ 200 cm², Höhe $\geq$ 2 cm, bei einer Sparrenlänge $\geq$ 10 m und einer Dampfsperre mit $s_d \geq 2$ m kein Nachweis nach DIN 4108-3 erforderlich.
Dämmstoff	z.B. mineralischer Faserdämmstoff für die Wärmedämmung, DIN 18 165-1, Mineralfaser, empfohlen: Filze oder Platten, Typ WL, bei Schallschutzanforderungen Typ W-w oder WL-w, Wärmeleitfähigkeitsgruppe (siehe Bauteildaten), Baustoffklasse mind. B2, bei Brandschutzanforderungen ggf. A und Schmelzpunkt größer als 1000 °C (siehe Bauteildaten); bei nicht belüfteter Dämmschicht: entweder mineralische Faserdämmstoffe oder besonderer Nachweis gemäß DIN 68 800-3 für Gefährdungsklasse 0 erforderlich.

bei belüfteten Konstruktionen: PE-Folie, 0,2 mm, Lüftungsquerschnitt siehe oben									
Dampfbremsen und äußere, wasserableitende Abdeckungen: nicht belüftete Konstruktionen nach DIN 4108-3, Gefährdungsklasse II (I_v, P) nach DIN 68800-3									
Für 200 mm Dämmstoff-dicke	Dachschalung Dicke 24 mm								
	Vollholz			Flachpreßplatten			Bau-Furniersperrholz		
vorh. $s_{d, innen}$	20	50	75	20	50	75	20	50	75
Höchstzulässig. $s_{d, außen}$ [m]	50	130	200	48	120	180	33	105	170

Dampfbremsen und äußere, wasserableitende Abdeckung: nicht belüftete Konstruktionen, Gefährdungsklasse 0, Holz insektenunzugänglich; Innenseite luftdicht	
$S_{d, außen} \leq 0,2$ m	unter Konterlattung oder mit ausreichendem Durchhang der Bahn: innere Dampfbremse erforderlich
$S_{d, außen} \leq 0,02$ m	unter Konterlattung: mit Nachweis nach DIN 4108-3 ohne innere Dampfbremse möglich

innere Bekleidung	Unterkonstruktion nach DIN 18 168, Decklage nach den jeweils geltenden Anforderungen und Vereinbarungen. Bei Decklagen aus Brettern oder Paneelen empfohlen: zusätzlich Holzwerkstoffplatten oder Gipswerkstoffplatten, Dicke $\geq$ 12 mm, zur Sicherung der Luftdichtheit

Dach, Zwischensparrendämmung   6.91.02

Brandschutz

Feuerwiderstandsklasse von innen F 30–B
Dächer mit Dachschrägenbekleidung ausgewählt aus DIN 4102-4

Konstruktions-merkmale	Bekleidung			Dämmschicht[2]		Bedachung
	Span-platten mit $\rho \geq$ 600 kg/m³	Gipskar-tonplat-ten F (GKF)	max. zul. Spann-weite	Mineralfaser-platten oder -matten Mindest-		
				dicke	roh-dichte	
	d	d	l	D	e	Bei weicher Bedachung sind be-stimmte Grenzab-stände vor-geschrie-ben; siehe Landesbau-ordnung
	mm	mm	mm	mm	kg/m³	
	16	12,5[1]	625	Baustoffklasse min-destens B2 im übrigen aus brand-schutztechnischen Gründen keine An-forderungen		
	13	15[1]	625			
	0	2×12,5				
	0	15	400	80	30	
	13	12,5[1]	625	80	30	

[1] Die Gipskartonplatten sind auf den Spanplatten (l < 625 mm mit einer maximalen Spannweite von 400 mm zu befestigen.

[2] Platten: Stramm eingepaßt, entweder seitlich ange-leimt oder auf Lattung, Baustoffklasse soweit nicht an-ders angegeben: A, Schmelzpunkt größer als 1000 °C.
Matten: Entweder auf Maschendraht gesteppt und an-genagelt oder auf Lattung, Stoßüberdeckung größer als 10 cm, Baustoffklasse soweit nicht anders ange-geben: A, Schmelzpunkt größer als 1000 °C.

Gilt nur bei durchgehender Bedachung und wenn nachweislich durch Öffnungen das Brandverhalten des Daches nicht nachteilig beeinflußt wird.

Eigenlasten

Eigenlasten nach DIN 1055 in kN/m²
Dachfläche einschließlich aller Schichten

Dachdeckung	circa Werte	
	Dachschrägenbekleidung	
	einlagige	zweilagige
Faserzement-Dachplatten auf Schalung Faserzement-Wellplatten Metalldeckungen auf Schalung Schindeldach	0,95	1,10
Betondachsteine bis 10 St./m2 Alle Ziegel und Pfannen außer kleinfor-matigen Biberschwanzziegel, Biber-schwanz-Kronen oder -Doppeldeckung, Mönch und Nonne. Altdeutsche Schie-ferdeckung, Deutsche Schuppen-schablonendeckung, Englische Schieferdeckung, jeweils auf Schalung	1,15	1,30
Bei Dächern mit Unterspannbahn statt Unterdachschalung ermäßigen sich die Werte um etwa 0,1 KN/m²		

Schallschutz gegen Außenlärm
Ausführungsbeispiele in Anlehnung an Beiblatt 1 zu DIN 4109
Lärmpegelbereich nach Angabe des Auftraggebers oder DIN 4109

Anforderungen an das bewertete Schalldämm-Maß R'_w in dB	Ausführung zur Erfüllung der Anforderungen an R'_w
bis Lärmpegelbereich II bei Dachflächenfenstern mit einem Schalldämm-Maß von mehr als 30 dB und einem Fen-steranteil unter 60% Anforderung: 35 dB	Oberseite: Dachdeckung mit Unterspannbahn Unterseite: einlagige Be-kleidung mit Gipswerk-stoff- oder Holzwerkstoff-platten, Dicke ≥ 12 mm, mit oder ohne Lattung
bis Lärmpegelbereich III bei Dachflächenfenstern mit einem Schalldämm-Maß von mehr als 35 dB und einem Fen-steranteil unter 60% Anforderung: 40 dB	Oberseite: Dachdeckung mit Holzwerkstoffplatte d ≥ 3 mm oder Unter-spannbahn Unterseite: einlagige Be-kleidung mit Gipswerk-stoffplatten, Dicke ≥ 12 mm, mit Lattung
bis Lärmpegelbereich IV bei Dachflächenfenstern mit einem Schalldämm-Maß von mehr als 40 dB und einem Fen-steranteil unter 60% Anforderung: 45 dB	wie Zeile vor jedoch mit Anforderungen an die Dichtheit der Dach-deckung (siehe Beiblatt 1 DIN 4109) Oberseite: Dachdeckung mit Unterdachschalung Unterseite: zweilagige Bekleidung, obere Lage wie Zeile vor, untere Lage Holz, Holzwerkstoffe mit einer Masse ≥ 6 kg/m²

Gilt für Faserdämmstoffe DIN 18165-1, Typ W-w oder WL-w Dicke ≥ 60 mm.
Bei mehr als 60% Fensteranteil gelten für die Fenster die gleichen Anforderungen wie für das Dach.

Vorschriften

DIN 1 055 »Lastannahmen im Hochbau«
DIN 1 052 »Holzbauwerke«
DIN 68 800 »Holzschutz im Hochbau«
DIN 4 102 »Brandverhalten von Baustoffe und Bau-teilen«
DIN 4 108 »Wärmeschutz im Hochbau«
DIN 18 168 »Leichte Deckenbekleidungen und Unter-decken«
DIN 4 103 »Nichttragende innere Trennwände«

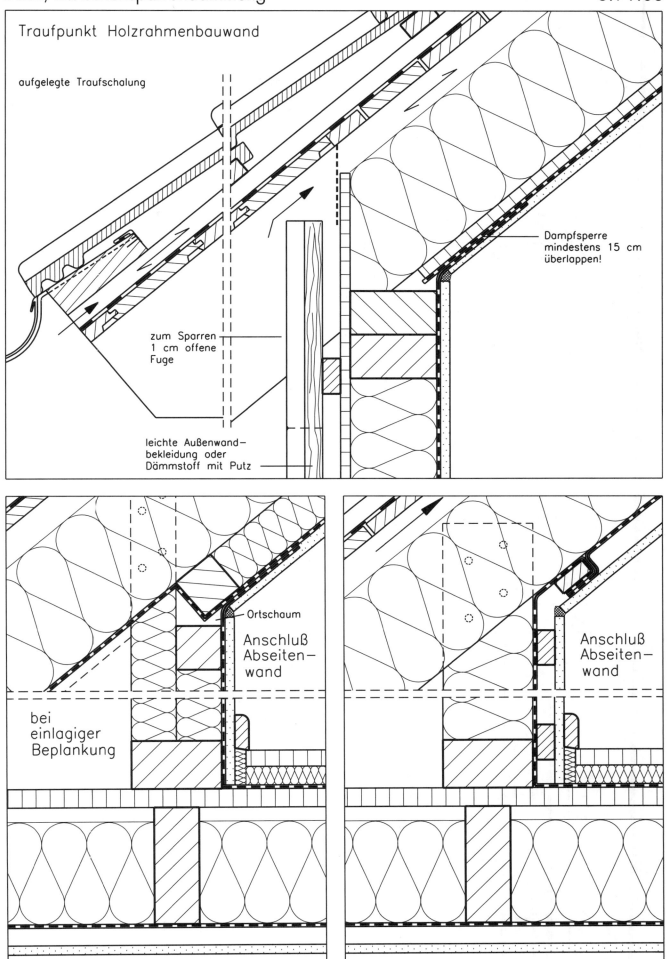

Dach, Zwischensparrendämmung

Traufpunkt Holzrahmenbauwand

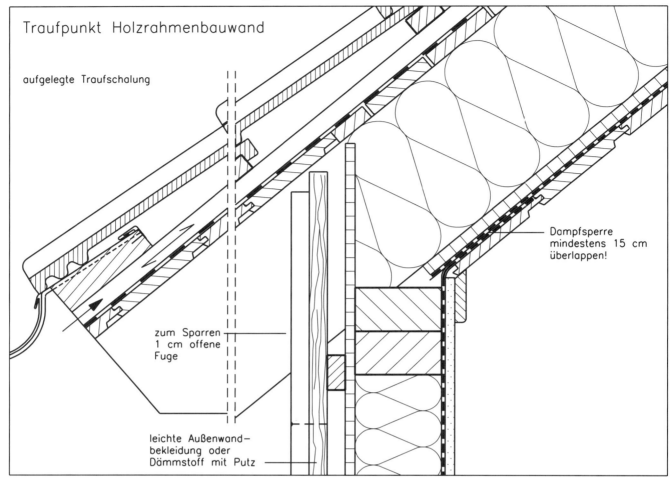

aufgelegte Traufschalung

Dampfsperre mindestens 15 cm überlappen!

zum Sparren 1 cm offene Fuge

leichte Außenwandbekleidung oder Dämmstoff mit Putz

Anschluß Dach als Scheibe

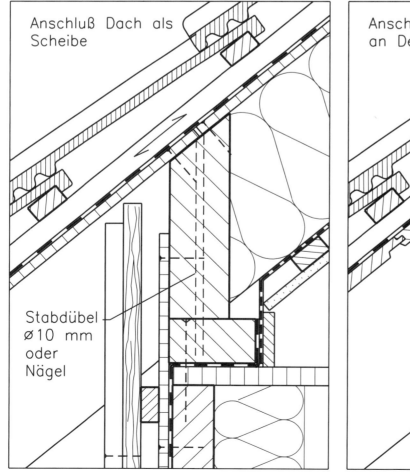

Stabdübel ⌀10 mm oder Nägel

Anschluß an Decke

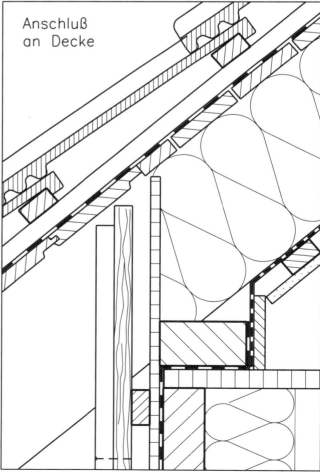

Details, Traufe — Schnitte M = 1 : 5

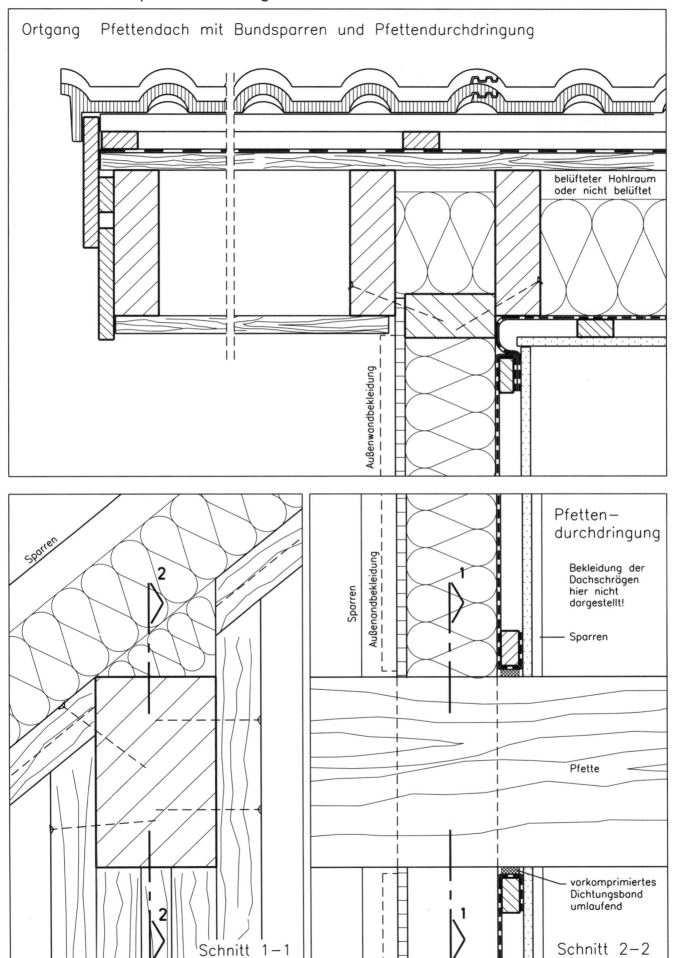

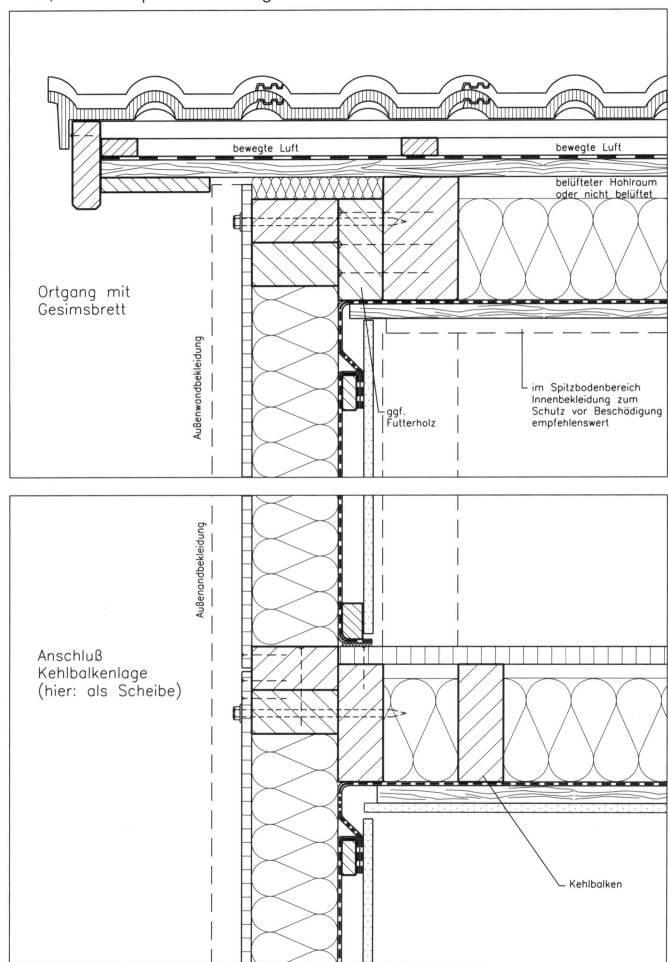

Dach, Zwischensparrendämmung

6.91.07

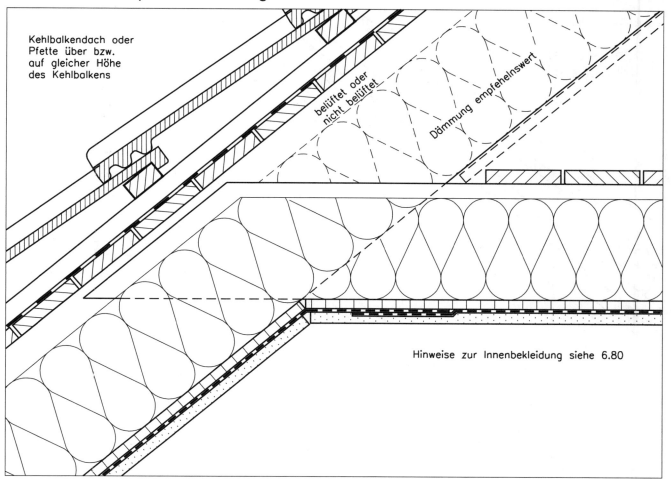

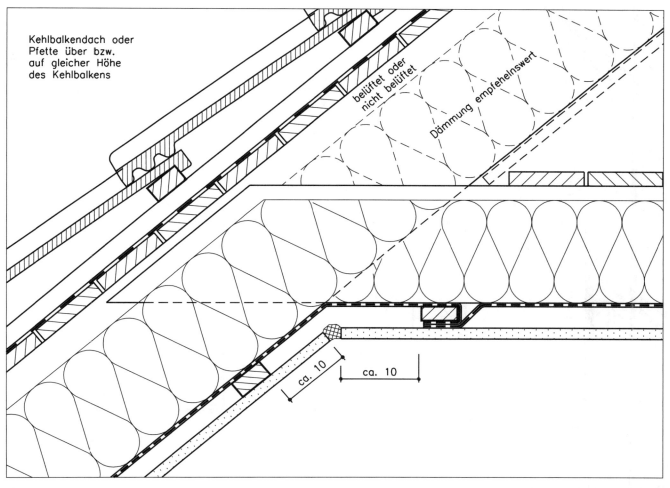

Details, Kehlbalken an Sparren

Schnitte M = 1 : 5

Dach, Zwischensparrendämmung

6.91.08

Kehlbalkenanschlüsse, Spitzböden nicht beheizt

Pfette unter Kehlbalken

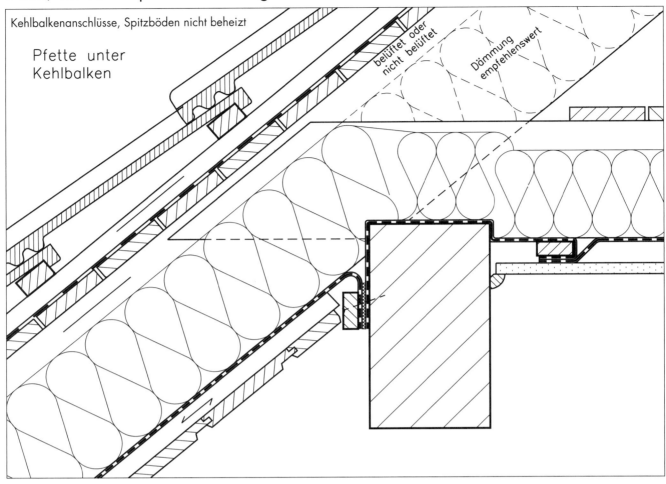

belüftet oder nicht belüftet

Dämmung empfehlenswert

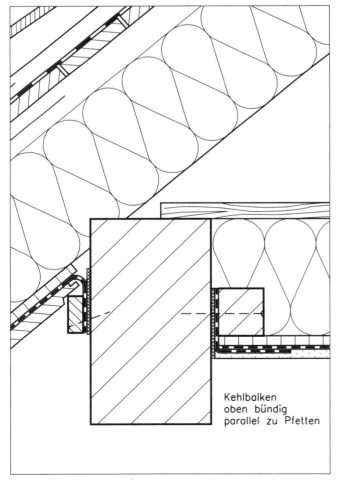

Kehlbalken oben bündig parallel zu Pfetten

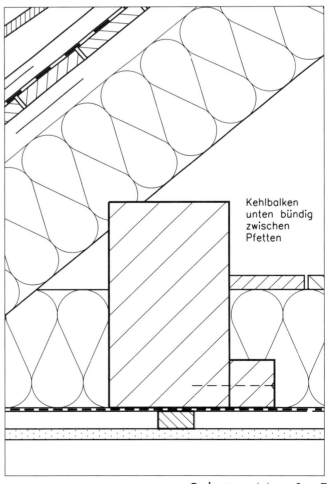

Kehlbalken unten bündig zwischen Pfetten

Details, Mittelpfette – Dach – Decke

Schnitte M = 1 : 5

Dach, Zwischensparrendämmung

6.91.09

Trocken-Lüftungs-First

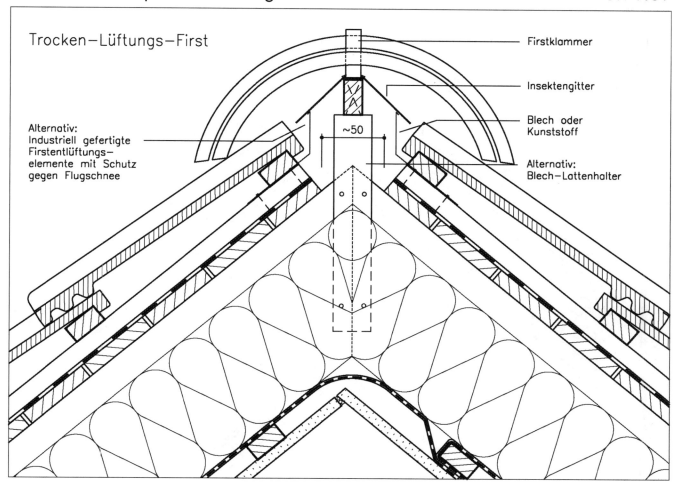

- Firstklammer
- Insektengitter
- Blech oder Kunststoff
- Alternativ: Blech-Lattenhalter
- Alternativ: Industriell gefertigte Firstentlüftungselemente mit Schutz gegen Flugschnee
- ~50

Dachentlüftung mit Lüftungssteinen bzw. -ziegeln

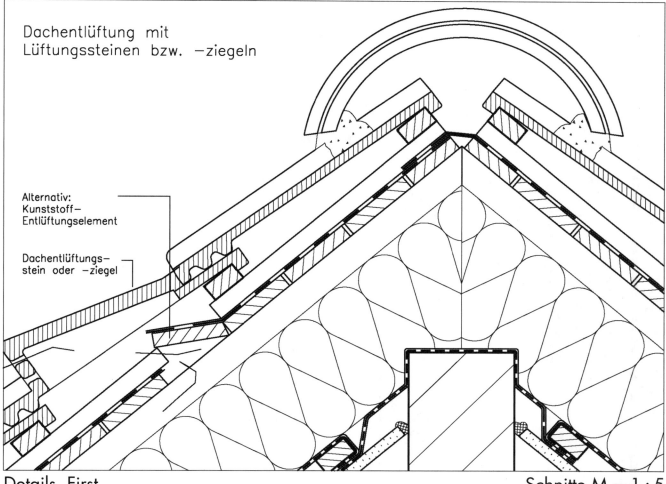

- Alternativ: Kunststoff-Entlüftungselement
- Dachentlüftungsstein oder -ziegel

Details, First Schnitte M = 1 : 5

Dach, Zwischensparrendämmung

6.91.10

Trocken-First

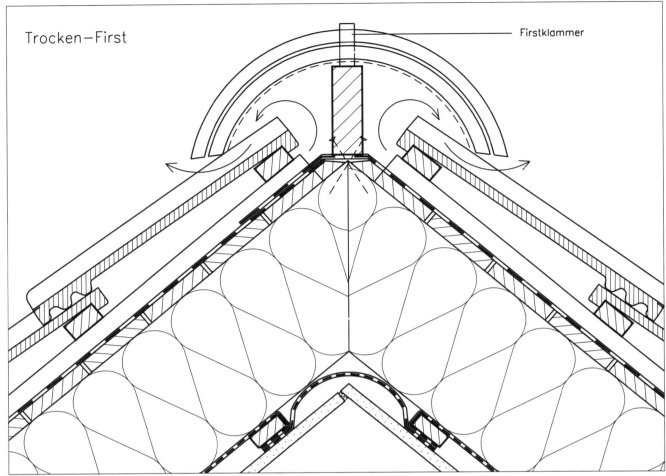

Firstklammer

Firststein in Mörtel

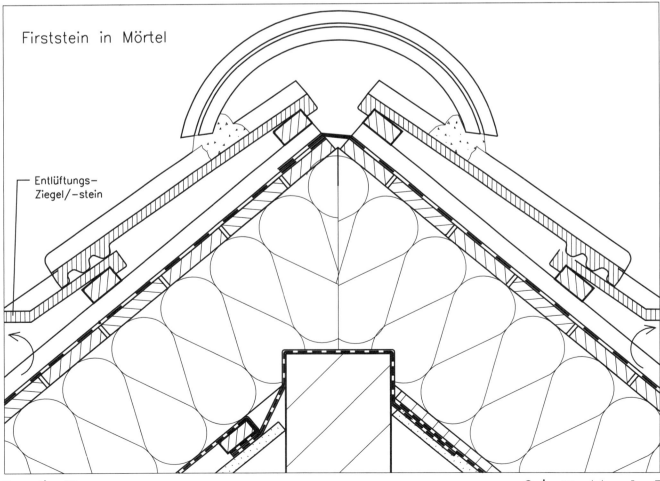

Entlüftungs-Ziegel/-stein

Details, First

Schnitte M = 1 : 5

Dach, Zwischensparrendämmung 6.91.11

Grat

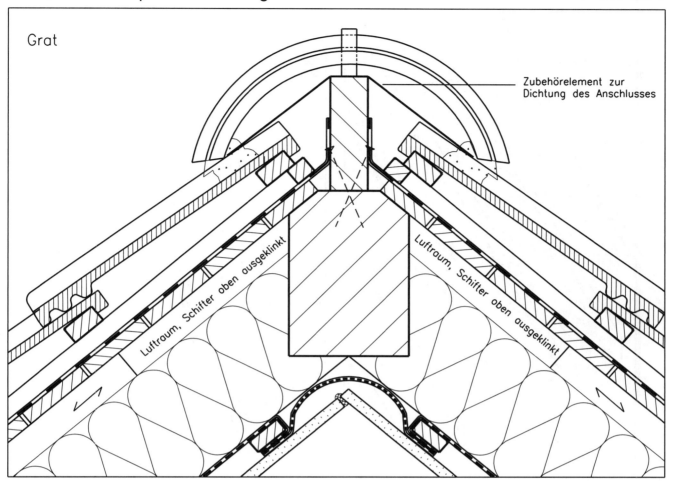

Zubehörelement zur Dichtung des Anschlusses

Luftraum, Schifter oben ausgeklinkt

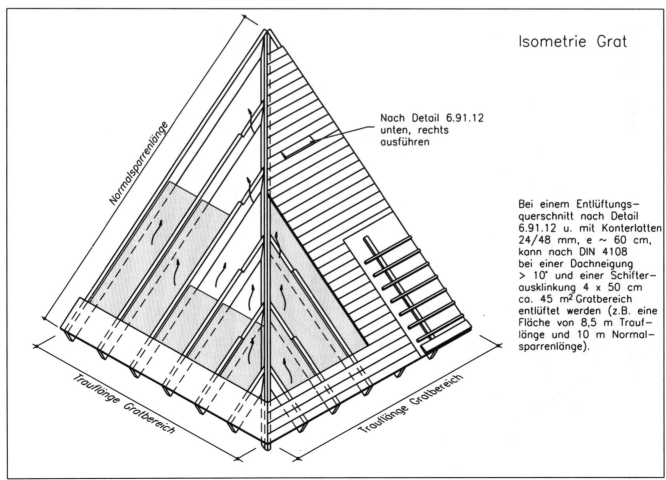

Isometrie Grat

Nach Detail 6.91.12 unten, rechts ausführen

Bei einem Entlüftungsquerschnitt nach Detail 6.91.12 u. mit Konterlatten 24/48 mm, e ~ 60 cm, kann nach DIN 4108 bei einer Dachneigung > 10° und einer Schifterausklinkung 4 x 50 cm ca. 45 m² Gratbereich entlüftet werden (z.B. eine Fläche von 8,5 m Trauflänge und 10 m Normalsparrenlänge).

Normalsparrenlänge

Trauflänge Gratbereich

Grat Schnitte M = 1 : 5

Dach, Zwischensparrendämmung, Durchdringung — 6.91.12

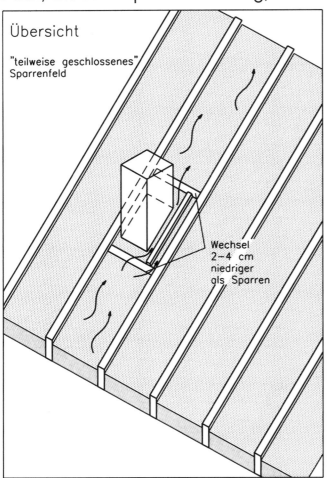

Übersicht — "teilweise geschlossenes" Sparrenfeld — Wechsel 2–4 cm niedriger als Sparren

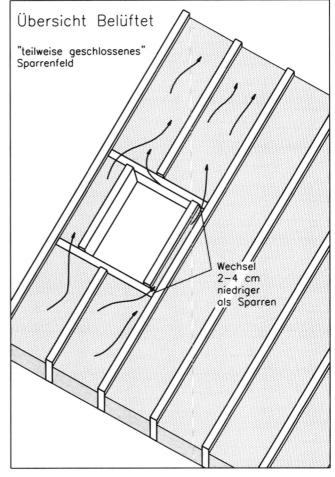

Übersicht Belüftet — "teilweise geschlossenes" Sparrenfeld — Wechsel 2–4 cm niedriger als Sparren

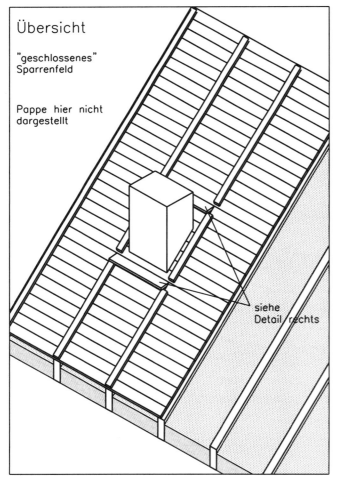

Übersicht — "geschlossenes" Sparrenfeld — Pappe hier nicht dargestellt — siehe Detail rechts

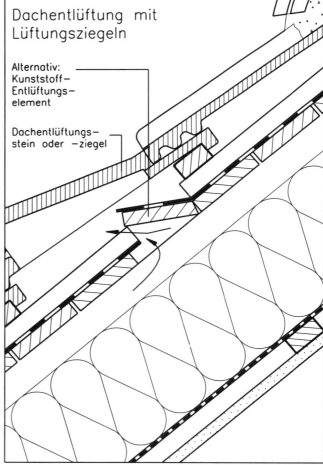

Dachentlüftung mit Lüftungsziegeln — Alternativ: Kunststoff-Entlüftungselement — Dachentlüftungsstein oder -ziegel

Details, Belüftung, Durchdringungen — Schnitte M = 1 : 5

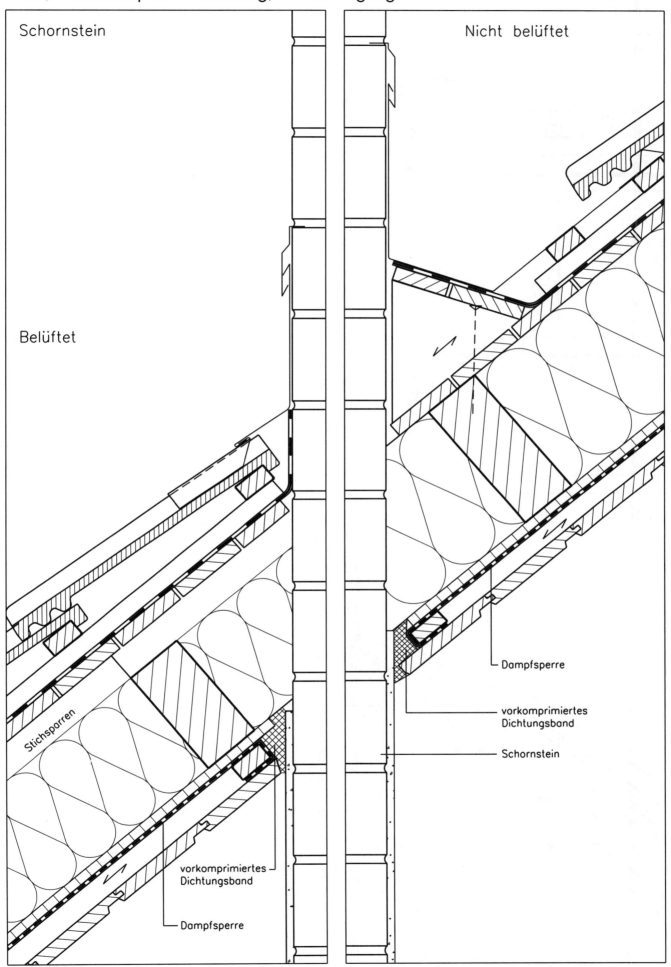

Dach, Zwischensparrendämmung, Dachdurchdringung

6.91.14

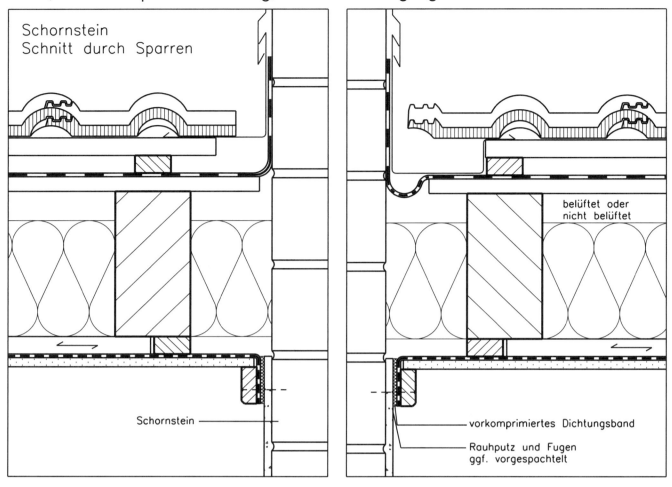

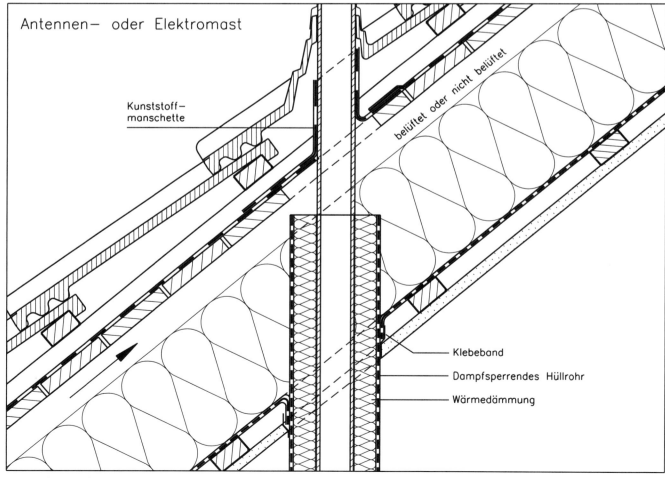

Details, Schornstein, Standrohr — Schnitte M = 1:5

Dach, Zwischensparrendämmung, Durchdringung 6.91.15

Strangentlüftung

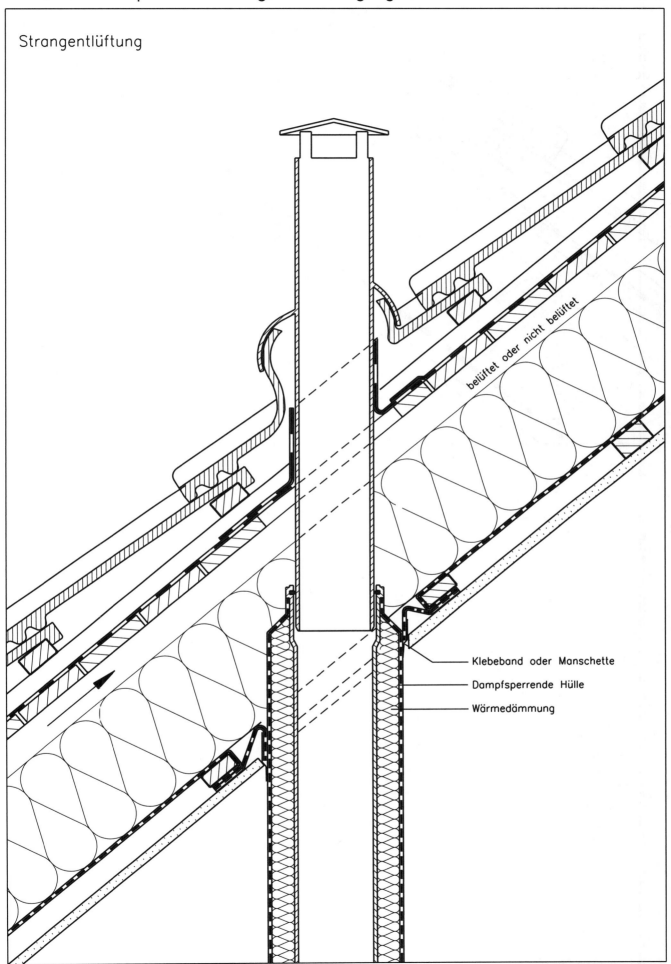

Klebeband oder Manschette
Dampfsperrende Hülle
Wärmedämmung

belüftet oder nicht belüftet

Detail, Strangentlüftung Schnitt M = 1 : 5

Dach, Zwischensparrendämmung, Elektro-Anschluß 6.91.16

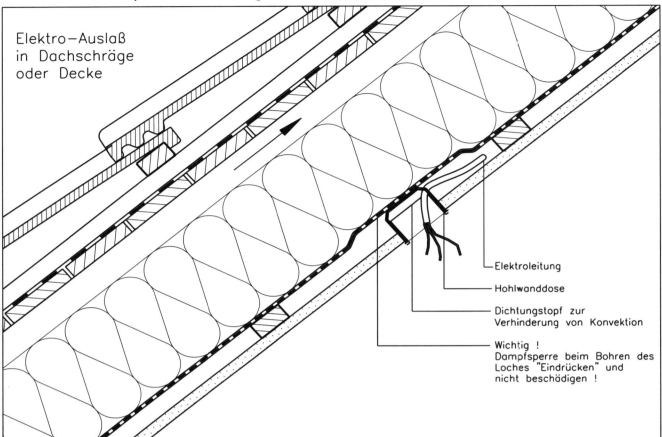

Elektro-Auslaß in Dachschräge oder Decke

- Elektroleitung
- Hohlwanddose
- Dichtungstopf zur Verhinderung von Konvektion
- Wichtig! Dampfsperre beim Bohren des Loches "Eindrücken" und nicht beschädigen!

Detail, Deckenauslaß Schnitt M = 1 : 5

Dach, Zwischensparrendämmung, Dachflächenfenster 6.91.17

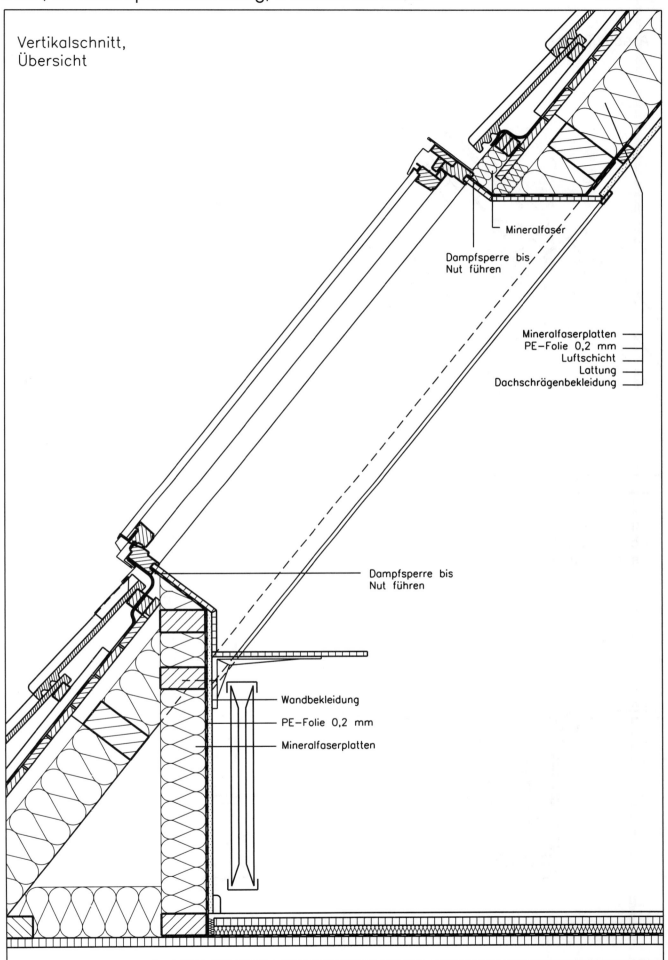

Vertikalschnitt, Übersicht

Mineralfaser
Dampfsperre bis Nut führen

Mineralfaserplatten
PE-Folie 0,2 mm
Luftschicht
Lattung
Dachschrägenbekleidung

Dampfsperre bis Nut führen

Wandbekleidung
PE-Folie 0,2 mm
Mineralfaserplatten

Detail, Anschlüsse

Schnitt M = 1 : 10

Dach, Zwischensparrendämmung, Dachflächenfenster 6.91.18

Anschluß oben

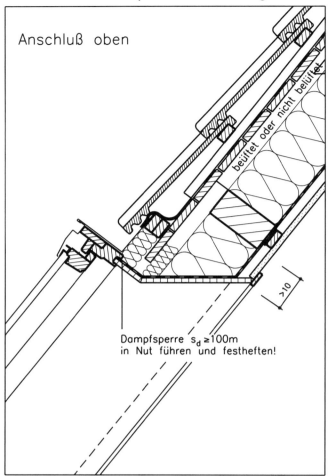

Dampfsperre $s_d \geq 100$ m in Nut führen und festheften!

belüftet oder nicht belüftet

≥10

Anschluß an der Seite

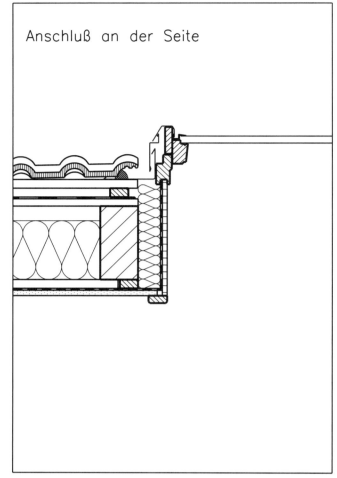

Anschluß bei Dachflächenfenster nebeneinander

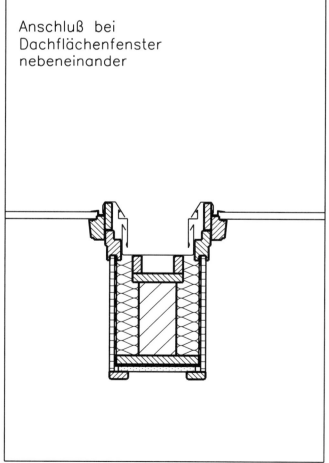

Anschluß an der Seite bei "Aufkeilrahmen"

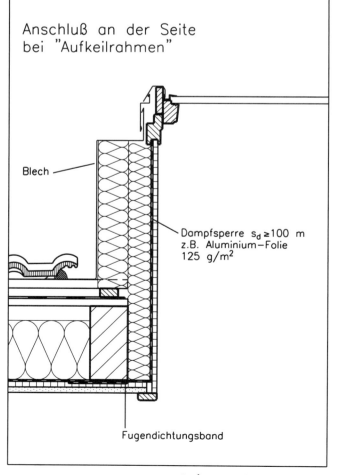

Blech

Dampfsperre $s_d \geq 100$ m z.B. Aluminium-Folie 125 g/m²

Fugendichtungsband

Details, Anschlüsse — Schnitte M = 1 : 10

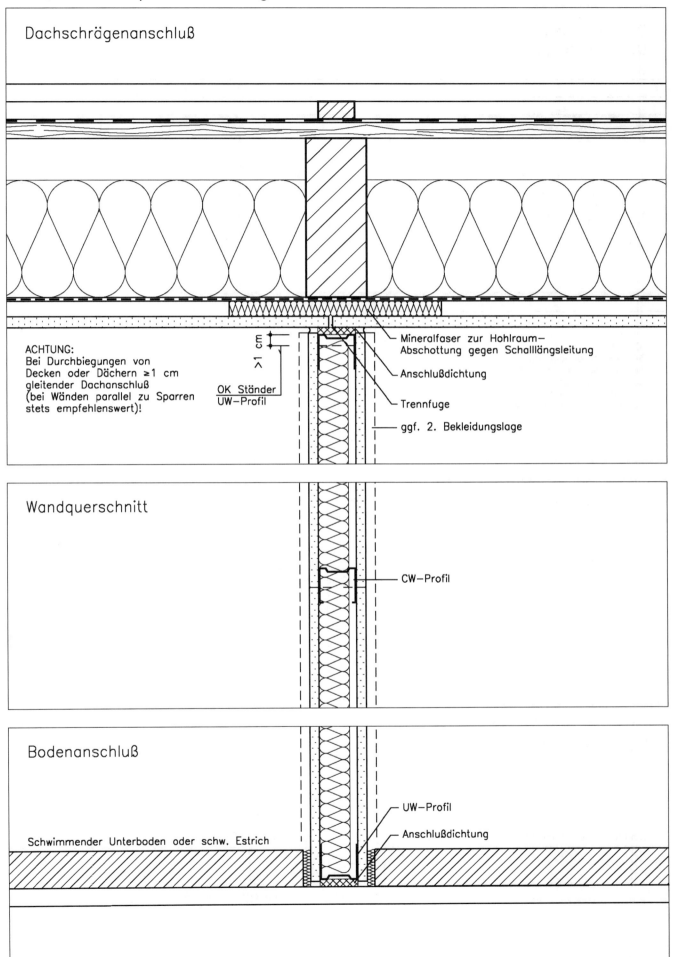

Dach, Zwischensparrendämmung, Trennwand

6.91.20

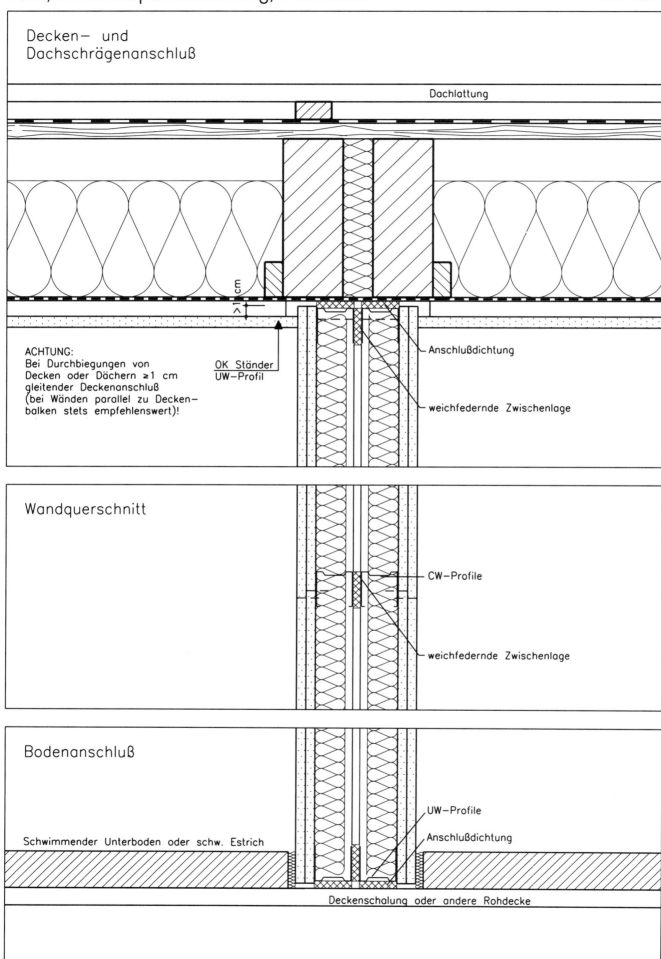

Details, Trennwandanschlüsse — Schnitte M = 1 : 5

Dach, Aufgelegte Dämmsysteme

Durchgehende Dämmstoffschicht auf der Dachschalung. Aufnahme der darüberliegenden Dachkonstruktion durch Grundlatten auf dem Dämmstoff, traufseitige Konstruktion zur Aufnahme des Dachschubs (hier dargestellt: Traufholz; auch Konstruktion mit Stichen siehe folgend).

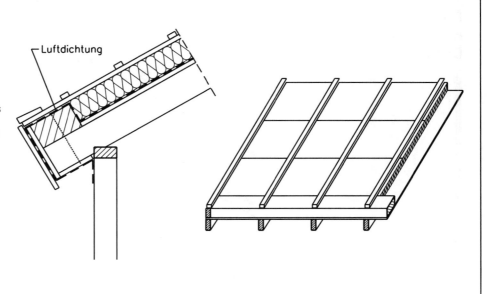

Dämm-Fertigteile mit wasserableitender oberer Schicht, unmittelbar an Sparren befestigt, mit angeformten Dachlatten

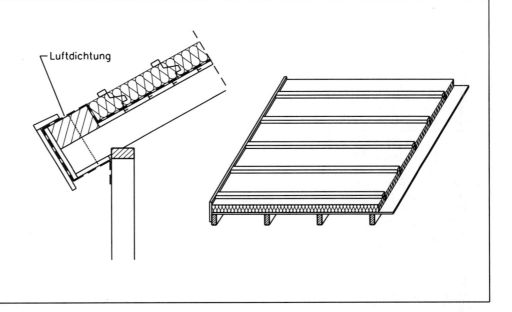

Aufdoppelung über der Dachschalung mit Holzrippen und dazwischenliegendem Dämmstoff.

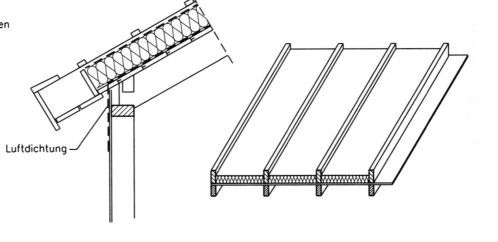

Übersicht

Dach, Aufgelegte Dämmsysteme 6.92.01

Dächer, aufgelegte Dämmsysteme

d_D [cm]	k-Wert in W/(m²K) bei Wlg			
	040	035	025	020
8	0,42	0,38	0,36	0,30
10	0,35	0,31	0,28	0,23
12	0,30	0,26	0,23	0,19
14	0,26	0,23	0,17	0,14

Bauphysik

k-Wert (Wärmedurchgangskoeffizient) nach DIN 4108	siehe oben
Feuerwiderstandsklasse nach DIN 4102-4, Brandbeanspruchung von unten; ggf. Anforderungen an die Bedachung berücksichtigen (widerstandsfähig gegen Flugfeuer und strahlende Wärme)	**F 30-B** mit Schalung: – Bretter d ≥ 28 mm Holzwerkstoffplatten ρ ≥ 600 kg/m³ und d ≥ 25 mm Bemessung der Sparren nach DIN 4102-4
R´$_w$ (bewertetes Schalldämm-Maß) gegen Außenlärm nach Beiblatt 1 zur DIN 4109	mit Hartschaum: **37 dB** weitere Werte: Prüfzeugnisse der System-Hersteller

Eigenlasten

Eigenlast nach DIN 1055	je nach Dachdeckung	je nach Dachdeckung

Baustoffe

Latten, Konterlatten	DIN 4074-1, Nadelholz, Sortierklasse S 10, außen: chemischer Holzschutz DIN 68 800-3, Gefährdungsklasse 2 (I$_v$, P)
ggf. wasserableitende Schicht	Wasserdampfdiffusionsäquivalente Luftschichtdicke entsprechend dem Feuchteschutznachweis
Dämmstoff	Mineralfaser: DIN 18 165-1 oder Schaumkunststoff DIN 18 164-1; ggf. ausreichend druckfest
Dampfsperre	Wasserdampfdiffusionsäquivalente Luftschichtdicke entsprechend dem Feuchteschutznachweis
Bretter	Regelausführung nach VOB DIN 18 334: Bretter, DIN 68 365, Güteklasse II, an den Sichtflächen gehobelt, gleich breit, gespundet
oder Holzwerkstoffplatten	nach DIN 1052-1 und DIN 4102, Holzwerkstoffklasse 100 G, E 1, wenn Feuchteaufnahme im Bauzustand ausgeschlossen ist, Holzwerkstoffklasse 20, E 1 möglich
Sparren	DIN 4074-1, Sortierklasse S 10, Schnittklasse S nach DIN 68 365, Holzfeuchte u$_m$ ≤ 18 %, chemischer Holzschutz DIN 68 800-3, innen: Gefährdungsklasse 0, kein chemischer Holzschutz erforderlich.

Bauteildaten

Dach, Aufgelegte Dämmsysteme, Luftdichtheitskonzepte 6.92.02

Stiche nach außen

Stiche auf der innen sichtbaren Dachschalung lassen sowohl eine nicht durchdrungene luftdichte Schicht, wie auch Überstände ohne eigenständige Konstruktion zu. Die Stiche sind zu verankern und die Dämmung dazwischen einzupassen.

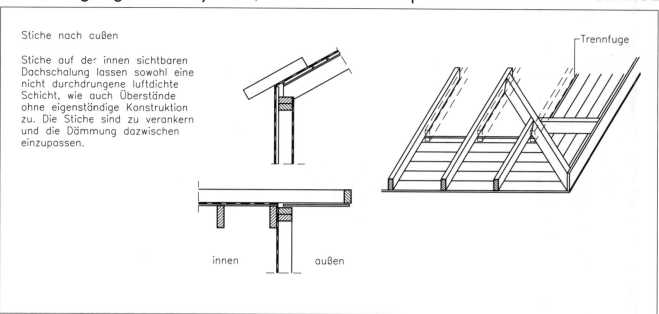

Selbsttragende Außenkonstruktion

Diese Konstruktion läßt einen einfachen, luftdichten Abschluß der Innenkonstruktion zu, da die Sparren die Außenhülle nicht durchdringen. Sie bedingt allerdings, daß sowohl an den Traufen, wie auch an den Ortgängen außer selbständig standsichere Konstruktionen angeordnet sind.

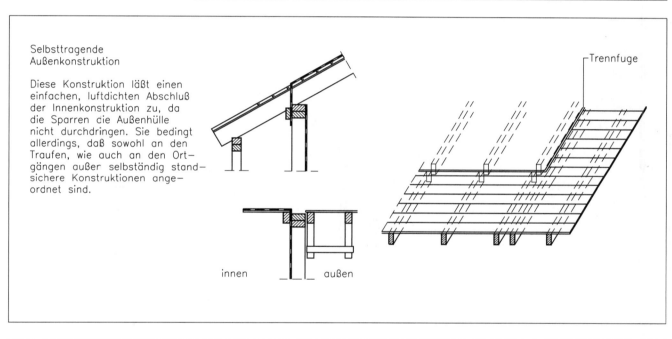

Sparren durchdringen Außenwand

Die Problemzone bedarf sorgfältigster Abdichtung mit vorkomprimierten Dichtungsbändern, um Luftdichtheit herzustellen. Risse in den Sparren können baupraktisch nicht abgedichtet werden.

Ortgangschalung nicht von innerer Dachschalung getrennt: baupraktisch nicht abdichtbar

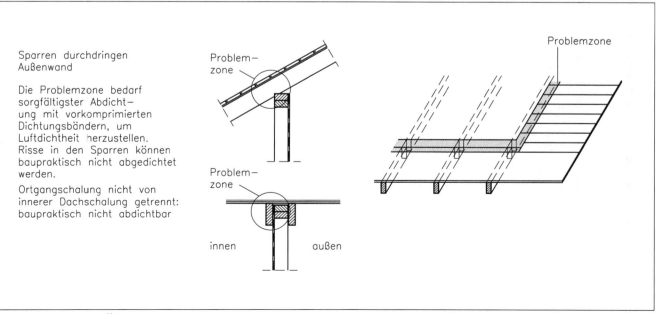

Konstruktion, Übersichten

Dach, Aufgelegte Dämmsysteme, Befestigung

Stiche an der Traufe

gut geeignet bei:
- großem Dachschub
- Dachüberstand
- schmalen Sparren

Wichtig:
Tragfähigkeit der Verbindungsmittel bei Verbindung durch Dachschalung abmindern!

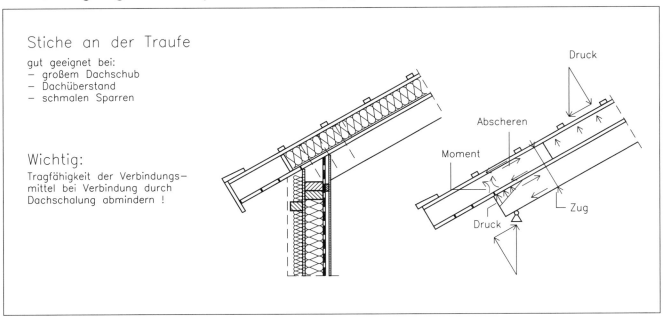

Traufholz

gut geeignet bei:
- breitenSparren
- geringem Dachschub
- geringem Dachüberstand

Wichtig:
Traufholz unmittelbar auf den Sparren!

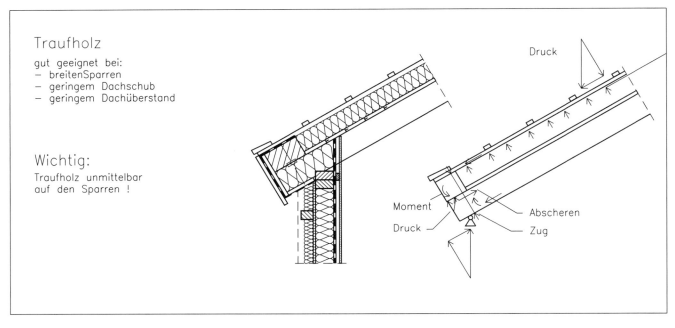

Schrägnägel oder -schrauben

gut geeignet bei:
- langen Sparren
- Dächern mit Kehlbereichen, Dachgauben, Kaminen u.ä.

Wichtig:
Dämmstoff muß ausreichend drucksteif sein!

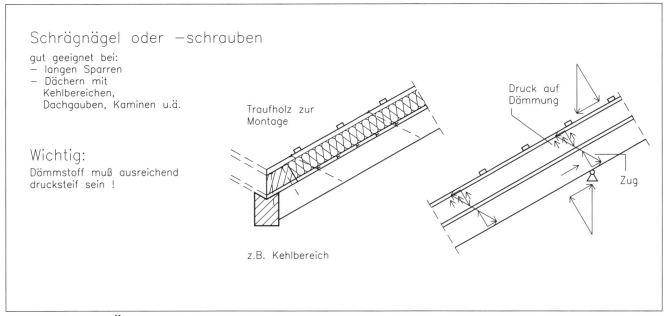

Konstruktion, Übersichten

Dach, Aufgelegte Dämmsysteme 6.92.03

Ortgang bei Stichen

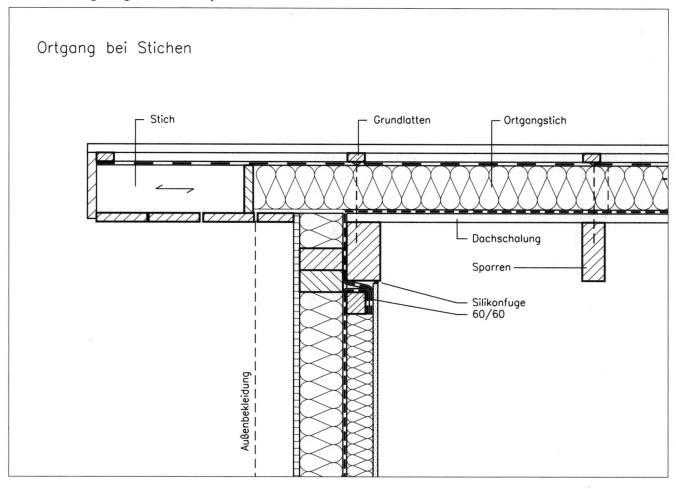

Traufe bei Stichen

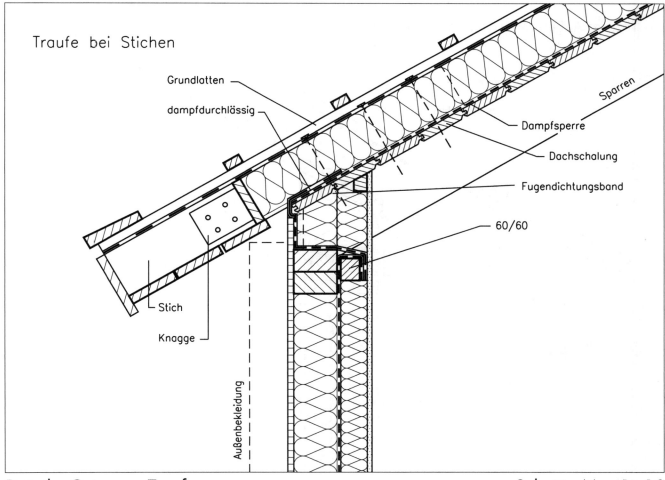

Details, Ortgang, Traufe — Schnitte M = 1 : 10

Dach, Aufgelegte Dämmsysteme, selbsttragende Vordächer 6.92.03

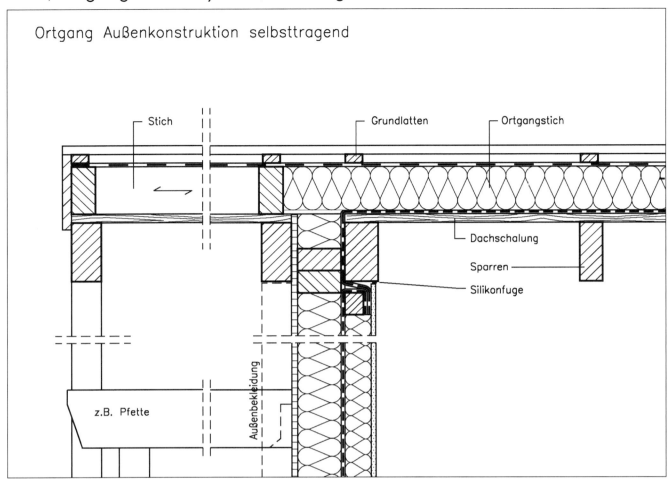

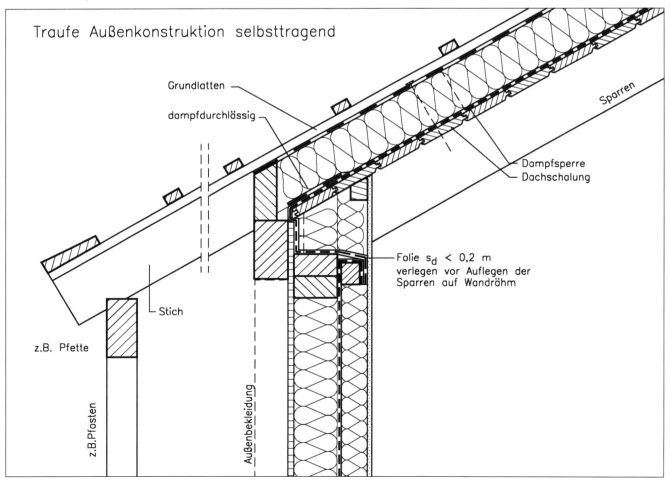

Details, Ortgang, Traufe   Schnitte M = 1 : 10

7
HAUSTECHNIK

Inhalt

7	Haustechnik	
	7.10 Allgemeines	375
	7.20 Integration Haustechnik	377
	7.21 Tragende Wand	378
	7.22 Decke	382
	7.30 Elektroinstallation	
	7.30 Allgemeines	385
	7.31 Unterverteilung, Wand, Decke, Boden	387
	7.40 Heizung	
	7.40 Allgemeines	388
	7.41 Verteilungsmöglichkeit	389
	7.42 Leitungen	393
	7.50 Sanitär	
	7.50 Allgemeines	403
	7.51 Bad, Dusche	404
	7.52 Installationswand	406
	7.53 Vorwandinstallation	410
	7.54 Unterboden	413
	7.55 Rohrdurchführung, Leitungsbefestigung, Armatur	416
	7.56 Abdichtung	418
	7.57 Wanne, Duschtasse	420
	7.58 Wandbekleidung	421
	7.59 Befestigung wandhängender Gegenstände, Heizkörperaufhängung	422

Haustechnik, Allgemeines

Allgemeines

Prinzipiell können im Holzrahmenbau alle gängigen Installationsmethoden des Massivbaues Anwendung finden. Unter Beachtung einiger Installationsregeln – abgestimmt auf die speziellen Erfordernisse des Holzrahmenbaues – ergeben sich einfach zu installierende Anlagenkonzepte. Wesentlich unterscheiden sich Holzrahmenbau und übliche Schwerbauweisen dadurch, daß:
- die Tragkonstruktion des Holzrahmenbaues ein gerichtetes Tragwerk (Balken, Ständer) im engen Raster ist,
- die Hohlräume von Decken und Wänden Installationsraum bieten,
- die Schallübertragungen von Geräuschen haustechnischer Anlagen in angrenzende Räume besonderer Aufmerksamkeit bedürfen.

Es sollte versucht werden, unter Beachtung von entwerferischen, gestalterischen und baurechtlichen Zusammenhängen:

- die Feuchträume neben- und/oder untereinander zu plazieren,
- bei mehrgeschossiger Bauweise Leitungen mit großem Querschnitt zentral zu führen, z. B. in einer Installationswand, einem Schacht usw.,
- die Leitungen möglichst nicht durch Balken und Ständer hindurchzuführen,
- Verbindungen haustechnischer Komponenten mit der Tragkonstruktion schallgedämmt auszuführen.

Wegen der Komplexität der haustechnischen Anlagen empfiehlt es sich, frühzeitig Kontakt zu den maßgebenden behördlichen Stellen (Bauaufsichtsbehörde, Bezirksschornsteinfeger), den Energieversorgungsunternehmen und dem jeweiligen Fachbetrieb aufzunehmen.

Nachstehende Tabelle gibt eine Übersicht über die möglichen Leitungsführungen der verschiedenen haustechnischen Gewerke und die zu beachtenden Besonderheiten an.

Trassenführung	Raumlufttechnik	Sanitär	Heizung	Elektro
Senkrechte Hauptverteilung im Gebäudeinneren in Schacht/Vorblendung.	Lüftung innenliegender Bäder und WCs, Küchenentlüftung Installationsraumtiefe ca. 120/120 mm	Fall- u. Entlüftungsleitungen, Sammel- u. Einzelanschlußleitungen Installationsraumtiefe i. d. R. > 150 mm	Verteiler u. Absperrungen (Zugänglichkeit gewährleisten!), Installationsraumtiefe ca. 90 mm	Zähler u. Sicherungsverteiler (Zugänglichkeit und Brandschutz beachten!), Installationsraumtiefe > 150 mm
Waagerechte Feinverteilung mit Leitungsführung in der Trittschall-/Wärmedämmung	Mit geeigneten Flachkanälen in einer relativ hohen Dämmebene möglich; Kanalkreuzungen äußerst ungünstig	Bei Entwässerungsleitungen kaum möglich (Platzbedarf ca. 100 bis 150 mm), Platzbedarf bei Warmwasser- u. Kaltwasserleitungen ca. 40 mm.	Platzbedarf abhängig vom gewählten Leitungssystem und der zu übertragenden Heizleistung, Schwierigkeiten bei Rohrkreuzungen.	Problemlos möglich.
Leitungsführung in der Tragkonstruktionsebene, keine Schwierigkeiten sofern parallel zur Spannrichtung, bei Trassenführung quer zur Spannrichtung: Durchstoßen der Tragkonstruktion (Statik beachten!).	Im allgemeinen parallel zur Spannrichtung zu empfehlen. Möglichkeiten zur Führung rechtwinklig zu Balken siehe S. 382 f. u. 396 f.	Bei Entwässerungsleitungen mit Querschnitten > 50 mm nur parallel zur Spannrichtung möglich, bei Warmwasser- u. Kaltwasserleitungen bei Querung der Tragkonstruktion Statik beachten.	Bei Querung der Tragkonstruktion Statik beachten.	In Wänden waagerecht möglich (viele Bohrungen), in Decken mit Deckenbekleidung längs und quer problemlos möglich.
Hauptverteilung waagerecht über der Decke des obersten Geschosses in der Wärmedämmung oder unter der Decke des Kellergeschosses.	Möglich – Wärmebrücken vermeiden.	Möglich – Wärmebrücken vermeiden, bei Druckwasserleitungen sind Maßnahmen gegen Einfrieren zu treffen.	Möglich – Maßnahmen gegen Einfrieren treffen.	Problemlos möglich.
Feinverteilung vor der Tragkonstruktion verblendet oder in einer Doppelwand.	Möglich (Installationsraumtiefe ca. 120 mm).	Möglich (Installationsraumtiefe abhängig vom Rohrdurchmesser).	Möglich.	Möglich.
Feinverteilung sichtbar vor der Wand – u. U. optische Beeinträchtigung	Möglich.	Möglich.	Möglich.	Leitungen gegen Beschädigung schützen durch Wahl von Mantelleitungen bzw. Leitungsführung in Leerrohr.

Haustechnik, Allgemeines

Schallschutz

Hinweise und Anforderungen zu diesem Bereich gibt die DIN 4109 mit ihren Beiblättern 1 und 2.

Der Anwendungsbereich dieser Norm legt fest, daß diese »nicht gilt, für den Schutz gegenüber Geräuschen von haustechnischen Anlagen im eigenen Wohnbereich ...«.

Für Wohnungstrennwände und Wohnungstrenndecken wird ein zulässiger Schallpegel in den schutzbedürftigen Räumen von 30 dB(A) vorgegeben, wobei im Einzelfall sowie in der Zeit zwischen 6 und 22 Uhr dieser Wert um 5 dB(A) überschritten werden darf.

Da auf den Schallschutz bei haustechnischen Anlagen zunehmend Wert gelegt wird, erscheinen hier einige Hinweise notwendig.

Die notwendigen schalldämmenden Maßnahmen sind auf die vorgesehene Nutzung des Gebäudes abzustimmen, wobei sich der Aufwand stets an den Anforderungen orientieren sollte, um wirtschaftliche Lösungen zu erzielen. So kann z. B. bei einem Elternschlafzimmer mit einer unmittelbar zugeordneten Dusche auf eine Reihe von Maßnahmen verzichtet werden, die dem Schallschutz zwischen Schlafraum und Dusche dienen, wenn die Nutzer des Schlafraumes hierauf keinen besonderen Wert legen.

Um einen guten Schallschutz zu erreichen, ist zu beachten:

Planung:
Geeignete Grundrißplanung (schalltechnisch vorteilhafte Zuordnung der Räume zueinander sowie eine entsprechende Anordnung der Sanitärobjekte, Armaturen und Rohrleitungen) ist anzustreben. Küchen, Bäder und Aborte sollten neben- und übereinander liegen, lärmerzeugende haustechnische Anlagen und Bauteile, welche Geräusche weiterleiten (z. B. Rohre), sollten nicht in den Wänden »ruhiger Räume« liegen. Da Sanitärobjekte selbst Geräusche erzeugen und starke Füll- und Entleerungsgeräusche auftreten können, sollten diese nicht an Trennwänden zu Wohn- und Schlafräumen befestigt werden.

Schalldämmende Maßnahmen bei den Installationen: Geräuscharme Armaturen vermindern die Geräuschentstehung. Fließgeräusche innerhalb der Leitung können durch eine ausreichende Bemessung der Leitungsgrößen und entsprechende Materialwahl reduziert werden. Geräuschen, die von einer Längenausdehnung von Rohrleitungen herrühren, ist durch Verlegung mit ausreichenden Ausdehnungsspielräumen Rechnung zu tragen. Die Rohrbefestigungen erhalten zur Verminderung der Körperschallübertragung auf die Bauteile schalldämmende Einlagen zwischen Befestigung und Leitung. Bei Decken- und Wanddurchführungen sollten die Öffnungen mit schalldämmenden Einlagen (Dämmstoffe, elastische Verfugungen) verschlossen werden. Abdeckrosetten von Armaturen werden vorteilhaft durch untergelegte Gummirollringe von der Wand getrennt und damit die Körperschallübertragung gemindert.

Sanitärobjekte für Fußbodenbefestigung erhalten auf einem schwimmenden Unterboden eine gute Körperschalldämmung. Anschlußprofile und Unterlagen vermindern eine schalltechnische Koppelung von Sanitärobjekten (z. B. zwischen Badewanne und Wand). Elastische Anschlußverbinder zwischen Sanitärobjekten und den Leitungssystemen verbessern durch Verminderung der Körperschallübertragung den Schallschutz.

Bei Luftwechselanlagen bieten zwar Schalldämpfer an geeigneten Stellen ein gutes Mittel zur Minderung der Schallübertragung durch das Luftleitsystem. Diese Schalldämpfer benötigen deutlich mehr Platz als die Rohre. Die Lage und Größe sollte frühzeitig bestimmt werden, damit entsprechend große Installations-Hohlräume insbesondere von seiten der Tragwerksplanung vorgesehen werden.

Haustechnik, Integration

Haustechnik benötigt Platz

Hier sollen die Ausführungen zur Haustechnik im wesentlichen auf die baulichen Maßnahmen zu deren Integration beschränkt bleiben.

Die Projektierung der Haustechnik steht in unmittelbarem Zusammenhang mit dem gesamten konstruktiven Gebäude-Entwurf, weil sie Installationsraum benötigt sowie wärme- und schalltechnisch auf das Gebäude einwirkt. Dabei sind regelmäßig mindestens dreidimensionale Konstellationen zu berücksichtigen. Eine gute Lösung läßt sich wohl nur aus der Diskussion zwischen Gebäudeplaner und Haustechniker finden. Beim energiesparenden Bauen ist der Zusammenhang zwischen Bauwerkseigenschaften und Gebäudetechnik noch deutlich enger und auch kostenrelevanter als bei konventionellen Haustechnik-Gewohnheiten. Sehr wichtig für den Haustechniker sind die Möglichkeiten der Leitungsführung. Da diese regelmäßig räumlich ist, ergeben sich bei jeder Bauweise Durchbrüche. In der Fläche bietet die Holzrahmenbauweise parallel zu den Gefachen nutzbare Hohlräume, ohne daß die Grundkonstruktionen durch sogenannte Installationsebenen dicker werden. Rechtwinklig zu den Tragrippen sind allerdings ohne Installationsebene Durchbrüche erforderlich.

Installationsebenen sind zwar recht einfach anzuordnen, sie benötigen jedoch nicht unerheblich Platz und verursachen nicht unerhebliche Kosten. Solange Installationsebenen einen zusätzlichen Nutzen bieten, z. B. Verbesserung des k-Wertes bei Außenwänden, so relativiert sich der Aufwand. Insgesamt sollten Vereinfachung der Installation und Vergrößerung des Konstruktionsaufwandes sorgsam gegeneinander abgewogen werden. Das vollflächige Auslegen jeder Geschoßebene mit druckfestem Dämmstoff, nur um ein paar Heizleitungen zu führen, ist sicher aufwendiger als das Bohren einiger Löcher durch Balken, Schwellen und Rähme. Bei frühzeitiger Planung erledigt letzteres z. B. eine Abbundanlage für Pfennigbeträge.

Informationen für den Haustechniker

Der Haustechniker benötigt für seine ersten Entwurfsüberlegungen:

– Zirka-k-Werte der Bauteile,
– Zirka-Angaben zur Befensterung,
– konstruktions- und entwurfsbedingt ungestörte Installationshohlräume,
– unproblematische Möglichkeiten für Durchbrüche,
– Anordnung und Lage kostenneutraler Installationsebenen,
– Möglichkeiten für zusätzliche Installationsebenen mit zugehöriger Kostenschätzung.

Kostentreibend, so die Einschätzung, ist auf jeden Fall die planerische Definition der Haustechnik vor Ort im Rohbau, auch wenn damit »Planungskosten« »gespart« werden.

Die nachfolgenden Übersichten geben Auskunft über unproblematische Durchbrüche, wesentliche Voraussetzung für eine kostensparende Integrationsplanung der Haustechnik.

Vorgehen

Der Planer sollte zunächst – unabhängig von Rohrführungen und dergleichen – nach k-Werten, Befensterung, Orientierung, Verschattung usw. den Heizwärmebedarf des Gebäudes für wahrscheinliche Varianten ermitteln und sich verschiedene Möglichkeiten der Bedarfsdeckung vorschlagen lassen, mit zugehöriger Kostenschätzung und Bedarf an Installationsraum. Darauf gründend können Optimierungsmaßnahmen für das Bauwerk projektiert werden.

Die wesentlichen Entscheidungen für den Entwurf können auf dieser Grundlage im allgemeinen recht zuverlässig getroffen werden.

Das grundsätzliche Gebäudetechnik-Konzept gibt eine wesentliche Grundlage für die Arbeiten des Tragwerkplaners ab. Die flächigen Aspekte des ungestörten Tragwerkes können in einem Zuge mit den Komplikationen der Durchbrüche usw. betrachtet werden.

Am Ende dürften dann Entwurf, Statik, Haustechnik und zu erwartende Kosten so gut zusammenpassen, daß sich größere Überraschungen bei der Ausführungsplanung nicht ergeben.

Haustechnik, Integration, tragende Wand 7.21.01

Detail 1a: Runder Durchbruch im Rähm bzw. in der Schwelle

Ansicht

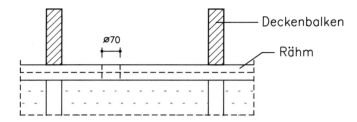

Draufsicht

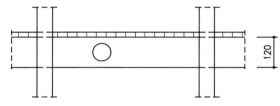

ohne Verstärkungen möglich

Detail 1b: Seitlicher Schlitz im Rähm bzw. in der Schwelle

Ansicht

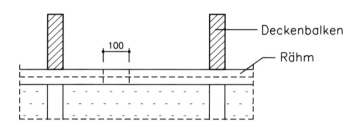

Draufsicht

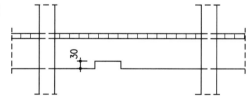

ohne Verstärkungen möglich

Detail 1c: Mittiger Schlitz im Rähm bzw. in der Schwelle

Ansicht

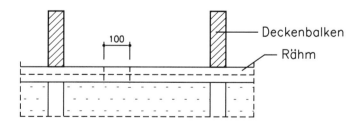

Draufsicht

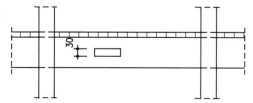

ohne Verstärkungen möglich

Details, Durchbrüche in Schwellen und Rähmen

Haustechnik, Integration, tragende Wand 7.21.01

Detail 2a: Durchbruch in Pfostenmitte, t = 3 cm

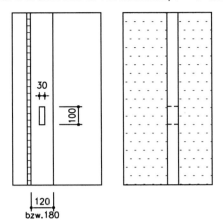

ohne Verstärkungen möglich

Detail 2b: Durchbruch in Pfostenmitte, t = 6 cm

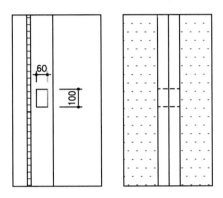

nur bei Innenwänden möglich
Querschnitt verdoppeln
2 x 6/12 cm

⌷ 6/18 cm
ohne Verstärkung möglich

Detail 2c: Durchbruch in Pfostenmitte, ⌀ = 7 cm

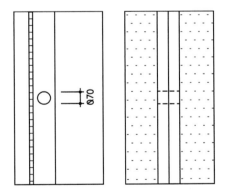

nur bei Innenwänden möglich
Querschnitt verdoppeln
2 x 6/12 cm

⌷ 6/18 cm
ohne Verstärkung möglich

Detail 2d: Seitlicher Einschnitt im Pfosten

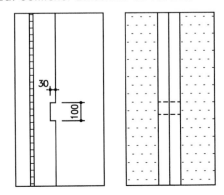

Querschnitt verdoppeln
2 x 6/12 cm

⌷ 6/18 cm
ohne Verstärkung möglich

Details, Durchbrüche in Wandpfosten

Haustechnik, Integration, tragende Wand

Detail 3a: Durchtrennung von Rähm, Schwelle

Ansicht

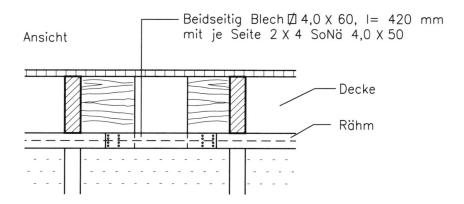

Draufsicht

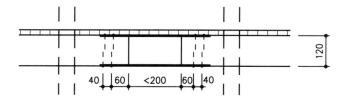

Detail 3b: Unterzug unter durchtrennten Wandpfosten

Ansicht

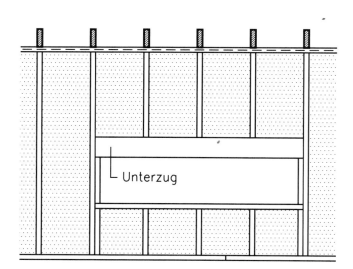

Details, Durchtrennungen von Rähmen, Schwellen, Wandpfosten

Haustechnik, Integration, tragende Wand 7.21.02

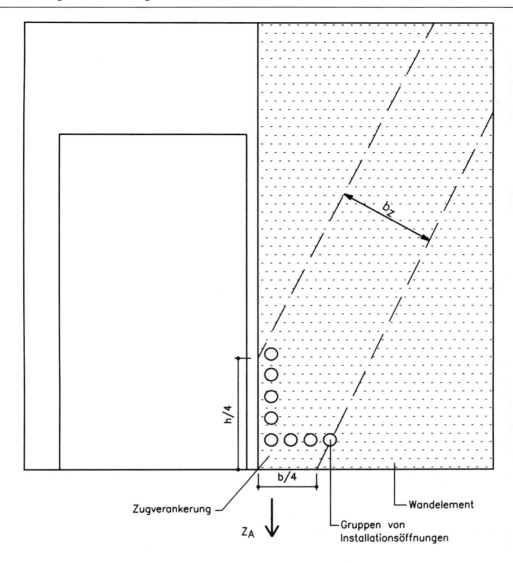

In Bereichen der Zugverankerung von Elementen ideellen mittragenden Plattenstreifen b_z beachten. In diesem Bereich Durchbrüche vermeiden. Dosenbohrungen in Anhäufungen möglichst in <u>nichttragender</u> Beplankung vornehmen oder neben der Zugverankerung (Endpfosten von Wandscheiben) schmales, nichttragendes Gefach für Dosenbohrungen vorsehen.

Wandbeplankungen, Durchbrüche

Haustechnik, Integration, Decke 7.22.01

Detail 1a: Obere Ausklinkung am Auflager, a = 4 cm

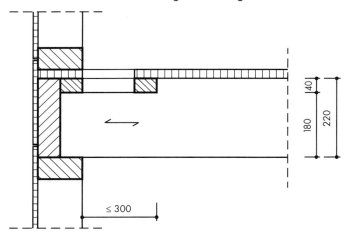

Praktisch ohne Bedeutung für die Bemessung der Deckenbalken

Detail 1b: Obere Ausklinkung am Auflager, a = 8 cm

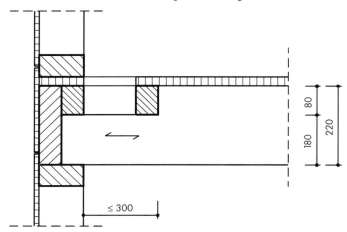

q < 3,50 kN/m: Balkenbreite aus Tabellen 1.1 bis 1.3, Seite 478 ff., + 2 cm
q ≥ 3,50 kN/m: Balkenbreite aus Tabellen 1.1 bis 1.3, Seite 478 ff., + 4 cm

Detail 1c: Obere Ausklinkung an beliebiger Stelle

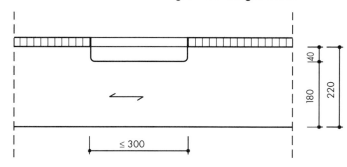

Praktisch ohne Bedeutung für die Bemessung der Deckenbalken

– Für obere Ausklinkung an beliebiger Stelle mit a > 4 cm ist ein statischer Nachweis zu führen.

Details, Ausklinkungen in Deckenbalken

Haustechnik, Integration, Decke

Detail 2a: Tragbalken mit Aufdoppelung

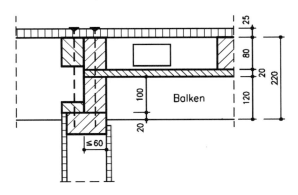

In Deckenbereichen mit kleinen Stützweiten (über Fluren, Bädern u. ä.) können niedrige Tragbalken mit einer Aufdoppelung horizontalen Installationsraum schaffen, ohne generelle Erhöhungen des Deckenaufbaus zu verursachen. Diese Variante ist auch für freiliegende Holzbalken geeignet.

Detail 2b: Flachkanal in Ausklinkung

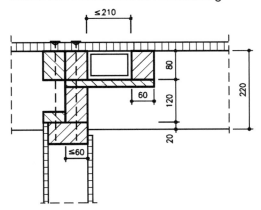

Bei Holzbalkendecken geringer Stützweiten können an den Auflagern entlang der Wände auch Luftleitungen größeren Querschnitts (Flachkanäle) in Ausklinkungen untergebracht werden. Das Prinzip ist auch für freiliegende Holzbalken geeignet.

Detail 2c: Brettstapeldecke mit Aufdoppelung

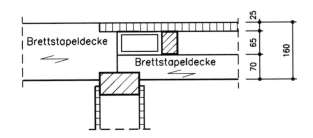

In Brettstapeldecken mit kleinen Stützweiten (über Fluren, Bädern u. ä.) können niedrige Tragbalken mit einer Aufdoppelung horizontalen Installationsraum schaffen, ohne generelle Erhöhungen des Deckenaufbaus zu verursachen.

Details, Ausklinkungen in Deckenbalken

Haustechnik, Integration, Decke

Detail 1a : Zulässige Aussparungen

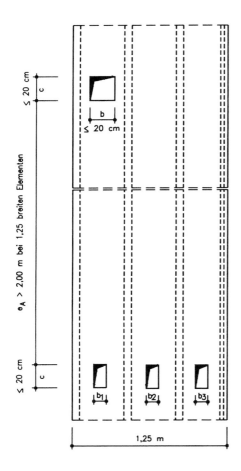

$$\sum_1^3 b_i \leq 200\,mm$$

und

$$\sum_1^3 A_i \leq 300\,cm^2$$

Zulässige Aussparungen in mittragenden Beplankungen von Deckenelementen (nach DIN 1052-1) ohne zusätzliche Maßnahmen.

Detail 1b : Unzulässige Aussparungen

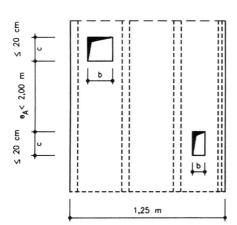 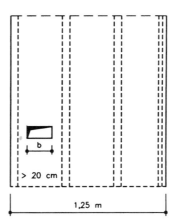

Unzulässige Aussparungen in mittragenden Beplankungen von Deckenelementen (nach DIN 1052-1) ohne zusätzliche Maßnahmen.

Details, Aussparungen in Deckenbeplankungen

Haustechnik, Elektroinstallation

Allgemeines

Die Vorschriften über die Anordnung von Zähler und Hausanschlußkasten unterscheiden sich je nach Versorgungsgebiet des betreffenden Energieversorgungsunternehmens und müssen frühzeitig abgeklärt werden. Bei der Anordnung und der Ausführung des Stromkreisverteilers müssen bestimmte brandschutztechnische Anforderungen erfüllt werden. Gleiches trifft für die Verwendung von Elektroleitungen und Elektrodosen zu. Die Installation der Elektroleitungen erfolgt mit Mantelleitungen oder im Leerrohr. Maßgeblich bei der Elektroinstallation sind die VDE-Bestimmungen und die technischen Anschlußbedingungen (TAB).

Wegen der geringen Abmessungen der Elektroleitungen treten im allgemeinen keine Integrationsschwierigkeiten bei der Baukonstruktion auf. Je nach Ausbildung der Wand-, Fußboden- und Deckenkonstruktion können verschiedene Verlegemethoden gewählt werden.

Eine Leitungsführung innerhalb der Wände bietet sich insbesondere bei Metallständerwänden an, da diese werkseitig vorgestanzte Aussparungen zur Durchführung der Elektroleitungen aufweisen und damit keiner weiteren Vorbereitung bedürfen.

Elektroleitungen können in der Wärme- und/oder Trittschalldämmschicht der Fußbodenkonstruktion verlegt werden. Die Weiterführung der Leitungen aus der Fußbodenkonstruktion in die Wände muß vor deren endgültiger Fertigstellung erfolgen.

In den Decken mit Deckenbekleidungen bieten sich parallel zu den Balken in den Gefachen und rechtwinklig dazu in den Hohlräumen zwischen den Latten Verlegemöglichkeiten für Elektroleitungen in jeder Richtung. Die Elektroinstallation kann so vorgenommen werden, daß, ausgehend von den jeweiligen Dosen, zunächst Leerrohre oder Elektro-Mantelleitungen durch die Rähmhölzer hindurch bis in den Deckenhohlraum geführt und die Wände geschlossen werden. Die gesamte horizontale Verteilung erfolgt dann vor Aufbringen der Deckenbekleidung.

Eine andere Verlegemethode besteht darin, daß bei offenen Wänden die Leitungen durch die Rähmhölzer nach unten und bei Aufbringen der Wandbekleidung in die Dosen geführt werden.

Die Installation erfolgt entweder mit Mantelleitungen (NYM-Leitung, ggf. NYY-Leitung) oder mit im Leerrohr geführten Einzeladerleitungen. Die Verlegung von Leitungen in der Wand muß senkrecht oder waagerecht vorgenommen werden, eine diagonale Leitungsführung in der Wand ist unzulässig.

Auch und besonders für Elektroleitungen gilt, daß Durchdringungen von Sperrschichten sorgfältig abzudichten sind. Luftundichtheiten können zu Konvektion von Wasserdampf in die Konstruktion führen. Außerdem sind – insbesondere bei Leerrohren – Schallübertragungen möglich. Hohlwanddosen in Dampfsperren oder -bremsen (Außenwände) sollten entweder mit »Dichtungstöpfen« (siehe folgend) versehen werden oder es sollten spezielle Dosen, die die Anforderungen an die Luftdichtheit erfüllen, verwendet werden.

Haustechnik, Elektroinstallation

Zeichnungssymbole

Symbol	Bezeichnung	Symbol	Bezeichnung
⌑	Hausanschlußkasten	⊡	Kühlschrank
♂	Schalter	⊡	Tiefkühlgerät
♂	Wechselschalter	⊡	Gefriergerät
○	Taster	Ⓜ	Motor
●	Leuchttaster	Ⓥ	Verteiler
⊥	Schutzkontaktsteckds.	⦵	Transformator
⊥⊥	2fachschutzkontakt	⬜	Türöffner
⊓	Fernmeldesteckdose		
⊓	Antennensteckdose		
×	Leuchte		
2×40W	Leuchtband		
E	Elektrogerät		
⊡	Elektroherd		
⊚	Waschmaschine		
⊠	Geschirrspülmaschine		
⊕	Lüfter		

Hohlwanddosen

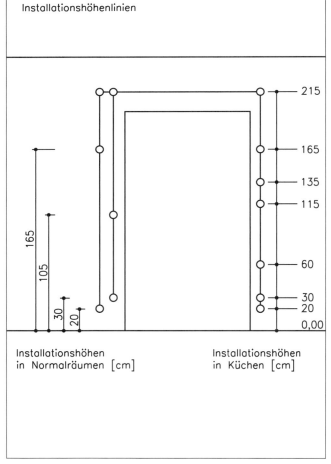

Schalterdose
für Plattendicke 7-35 mm
Fräsloch-ø 68 mm

Schalterdose
für Plattendicke 7-35 mm
Fräsloch-ø 68 mm

Doppel-Schalterdose
für Plattendicke 7-35 mm
Fräsloch-ø 68 mm
für 2 Apparate-Einsätze, auch als Abzweig-Schalterdose (incl. 2 Apparate-Einsätzen) oder Abzweigdose einsetzbar, zur Stromkreis-Trennung: Trennwand einsetzen.

Dichtungstopf
zum Umrüsten von Schalterdosen und Abzweig-Schalterdosen in wassergeschützte Ausführungen

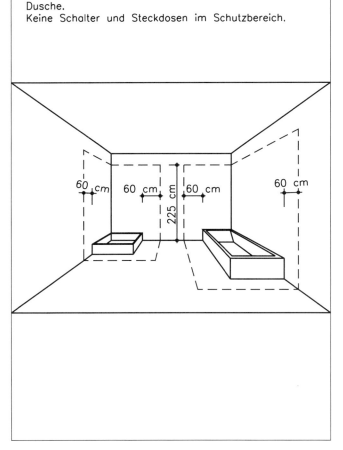

Schutzbereiche in Räumen mit Badewanne und Dusche.
Keine Schalter und Steckdosen im Schutzbereich.

Installationshöhenlinien

Installationshöhen in Normalräumen [cm]

Installationshöhen in Küchen [cm]

Haustechnik, Elektroinstallation

7.31.01

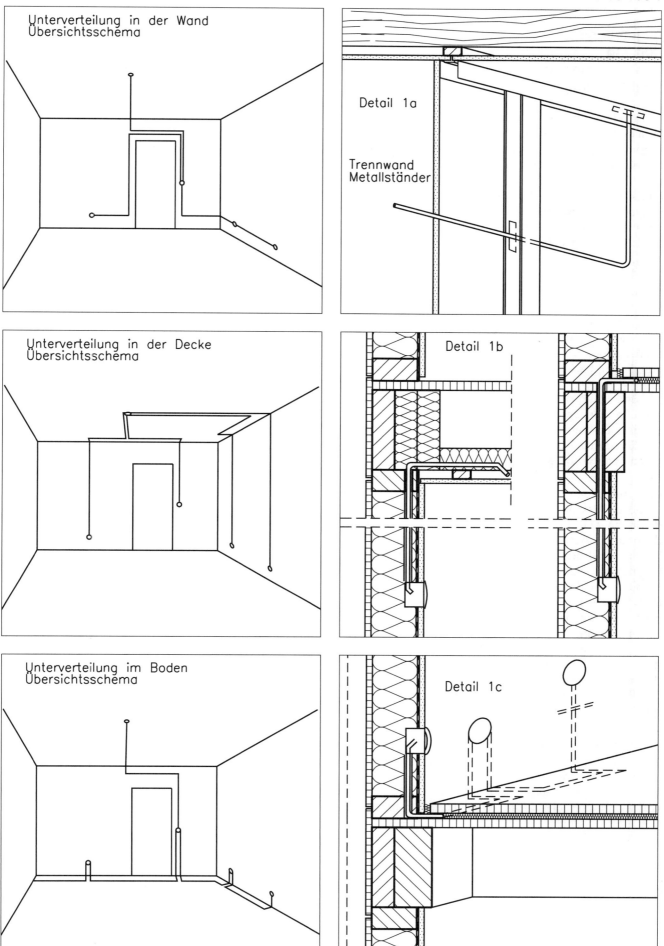

Unterverteilung in Wand, Decke, Boden

Haustechnik, Heizung

Allgemeines Heizung (Warmwasserheizung, Elektroheizung)

Je nachdem, ob man sich für festen, flüssigen oder gasförmigen Brennstoff entscheidet, werden einige spezielle Anforderungen an die Konstruktion gestellt. Bei Öl ist insbesondere die Dichtigkeit der geforderten Ölwanne des Öllagerraumes zu beachten (sofern keine Tankfabrikate gewählt werden, bei denen auf eine Ölwanne verzichtet werden kann). Auch ist zu beachten, daß die Entlüftungsleitung der Öltanks häufig vertikal durch das Gebäude über Dach verläuft.

Bei festen Brennstoffen müssen Aspekte des Brandschutzes und der Brennstofflagerung, bei gasförmigen Brennstoffen müssen die Verlegevorschriften – insbesondere bei Anordnung des Wärmeerzeugers im Wohn- oder im Dachbereich – und die Anforderung an die Anordnung des Gaszählers und des Feuerhahns (Gashaupthahn) berücksichtigt werden.

Die Beheizung des Gebäudes mit Strom setzt die erforderliche Zuleitungskapazität seitens des Energieversorgungsunternehmens voraus. Es empfiehlt sich, rechtzeitig Rücksprache zu nehmen. Bei Nachtstrom-Speicherheizgeräten ist deren Gewicht einzuplanen.

Der Aufstellungsort des Wärmeerzeugers muß den brandschutztechnischen und lüftungstechnischen Anforderungen entsprechen, es sollte eine günstige Anbindung an die Außenluft und an den Kamin vorliegen. Der Kamin selbst darf keine formschlüssige Verbindung mit brennbaren Materialien und keine kraftschlüssige Verbindung mit der Baukonstruktion aufweisen. Gleiches trifft zu, wenn z. B. Feuerstätten mit Außenwandanschluß oder Dachanschluß vorliegen. Der frühzeitige Kontakt zu dem Bezirksschornsteinfeger oder der Bauaufsichtsbehörde ist empfehlenswert. Die Bestimmungen der einzelnen Bundesländer unterscheiden sich ganz besonders beim Brandschutz. So sind z. B. die Abstandsmaße der Rauchgasführung von brennbaren Bauteilen nicht bundesweit einheitlich geregelt.

Alle heizungstechnischen Fragen müssen immer im Zusammenhang des Bauwerks gesehen werden. Dabei ist der gesamte Komplex – Feuerstätte – Heizsystem – Warmwasserbereitung – Installationen – bauliche Maßnahmen zu betrachten. Die Verteilung und Führung der Rohrleitungen ist zumeist auch mit den Installationen für Trinkwasser und Abwasser zu sehen.

Auf die einschlägigen Vorschriften über die Herstellung und Prüfung von Heizungsanlagen wird hier nicht eingegangen.

Für die Beheizung des Gebäudes empfehlen sich schnell regelbare Heizsysteme (d. h. Systeme mit geringem Wasserinhalt der Heizflächen, Luftheizung u. ä.). Die gute Wärmedämmung ermöglicht es, Niedertemperaturheizungen zu integrieren.

Die vertikale Verteilung sollte bei mehreren Geschossen, z. B. in einer Doppelständerwand, einer vorgesetzten Schale oder in einer Wandaufdoppelung, erfolgen. Für die horizontale »Fein«-Verteilung bieten sich die Einzelanbindung der Heizkörper an. Diese Arten der Leitungsführung setzen natürlich einen bestimmten Fußbodenaufbau voraus.

Zweirohrsysteme mit unterer oder oberer Verteilung bedingen einen erhöhten Planungsaufwand dann, wenn vertikale Rohrführungen erforderlich werden, wenn Rohrkreuzungen entstehen, wenn Bekleidungen notwendig werden oder eine Schwächung der Konstruktion eintritt.

Die Verrohrung ist entsprechend den Vorschriften der Heizungs-AnlVO wärmezudämmen. Dadurch entsteht zusätzlicher Platzbedarf. Da die Schall-Längsleitung in Holzhäusern hinsichtlich des Schallschutzes von Bedeutung ist, ist die Befestigung von Rohren an Decken und Wänden möglichst nur mit Halterungen vorzunehmen, welche schalldämmende Wirkung haben. Für die auftretenden Längenänderungen der Leitungen ist entsprechender Bewegungsraum vorzuhalten. Sobald Sperrschichten durchstoßen werden, sind die Leitungen in Hüllrohren zu führen und abzudichten, um eine einwandfreie Befestigung und Dichtwirkung der Sperrschichten zu erhalten. Bei der Ausführung der Heizungsanlage ist bei Durchbrüchen in Balken und Ständern unbedingt darauf zu achten, daß die Angaben des Abschnitts 7.2 (S. 377 ff.) hierzu eingehalten werden. Es empfiehlt sich, die vorgesehenen Durchbrüche vor der Ausführung der Decken und Wände mit dem Heizungsbauer abzustimmen und vor Einbau der Heizungsanlage entweder die Durchbrüche von dem Zimmereibetrieb herstellen zu lassen oder zumindest diese von dem Zimmereibetrieb anreißen zu lassen, damit von dem Heizungsbauer nicht selbständig Lage und Größe der Durchbrüche festgelegt werden, die dann u. U. die Standsicherheit beeinträchtigen können.

Haustechnik, Heizung

7.41.01

Verteilung unten mit vertikaler Feinverteilung nach oben

Vorzüge:

Im allgemeinen ohne Tragwerksverstärkungen möglich. Besonders günstig und unproblematisch, wenn vertikale Leitungen auf den Wänden (also sichtbar im Raum) montiert werden. Bei »Unterputz«-Leitungen: innere Installationsebene dringend empfohlen. Zu beachten: Bei Verlegung in Außenwänden ohne Installationsebene: viele Durchdringungen der definierten Luftdichtungsebene (Dampfsperre) sowohl in Wandebene (Heizkörperanschlüsse) als auch vertikal (Folien-Umhüllung des Deckenrandes). Luftdichtung der Durchdringungen vom Keller nach oben planen, insbesondere große Durchbrüche für Rohrdurchführungen vorsehen.

Nachteile:

Ringleitung liegt im kalten Keller; besonders gute Rohrleitungsdämmung empfohlen; Abwärme der Heizung kommt Wohnung nicht zugute.

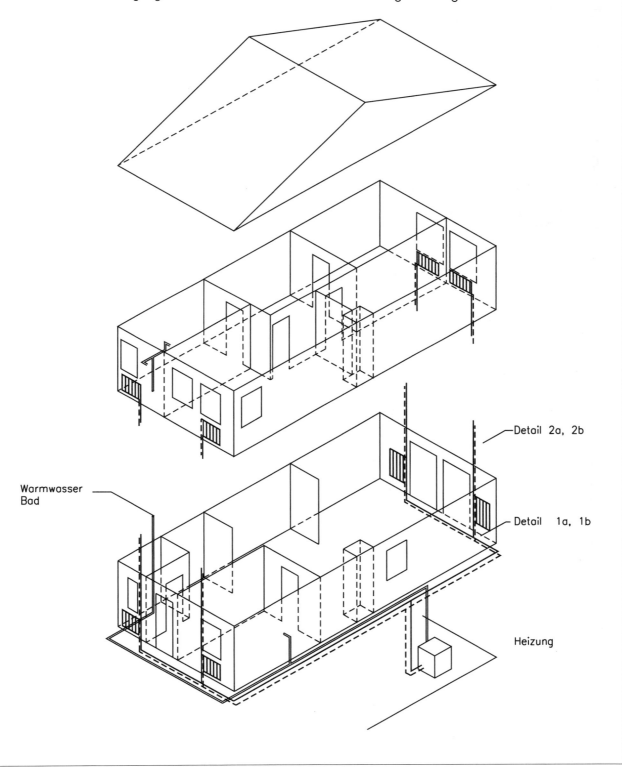

Warmwasser Bad

Detail 2a, 2b

Detail 1a, 1b

Heizung

Übersicht

Haustechnik, Heizung

Verteilung im Dachgeschoß mit vertikaler Feinverteilung nach unten

Vorzüge:

Nutzung von für Wohnzwecke ungeeigneten Raumvolumen (Abseitenbereiche). Im allgemeinen ohne Tragwerksverstärkungen möglich. Besonders günstig und unproblematisch, wenn vertikale Leitungen auf den Wänden (also sichtbar im Raum) montiert werden. Die Abwärme bleibt in der Wohnung. Bei »Unterputz«-Leitungen: innere Installationsebene dringend empfohlen. Für nicht unterkellerte Gebäude gut geeignet.

Zu beachten: Bei Verlegung in Außenwänden ohne Installationsebene: viele Durchdringungen der definierten Luftdichtungsebene (Dampfsperre) sowohl in Wandebene (Heizkörperanschlüsse) als auch vertikal (Folien-Umhüllung des Deckenrandes).

Nachteile:

Ringleitung liegt entweder im Außenluftbereich (ungedämmte Abseiten; keinesfalls zu empfehlen ggf. besonders gute Rohrdämmung vorsehen) oder Mehraufwand für Dachdämmung der Abseitenbereiche (auch aus anderen Gründen unabhängig von der Heizungsgrobverteilung unbedingt empfohlen).

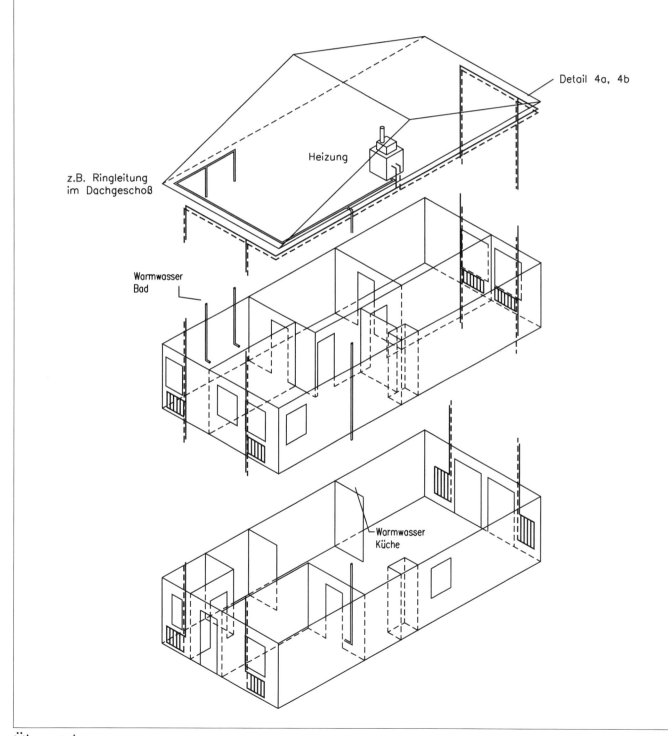

Übersicht

Haustechnik, Heizung 7.41.03

Verteilung in Geschoßdecke mit vertikaler Feinverteilung nach unten, ggf. nach oben

Vorzüge:

Im allgemeinen ohne Tragwerksverstärkungen möglich. Besonders günstig und unproblematisch, wenn vertikale Leitungen auf den Wänden (also sichtbar im Raum) montiert werden. Die Abwärme bleibt in der Wohnung. Bei »Unterputz«-Leitungen: innere Installationsebene dringend empfohlen. Zu beachten: Bei Verlegung in Außenwänden ohne Installationsebene: viele Durchdringungen der definierten Luftdichtungsebene (Dampfsperre) sowohl in Wandebene (Heizkörperanschlüsse) als auch vertikal (Folien-Umhüllung des Deckenrandes).

Nachteile:

Entweder druckfester Dämmstoff auf der Geschoßdecke als Verteilungsebene oder viele Durchbrüche (Ausklinkungen, Bohrungen o. ä.) in Deckenbalken bei Verteilung innerhalb der Balkendecke erforderlich; bei letzterem auch Einbaubarkeit berücksichtigen. Aufstellfläche des Heizgerätes »verbraucht« relativ teuren Wohnraum.

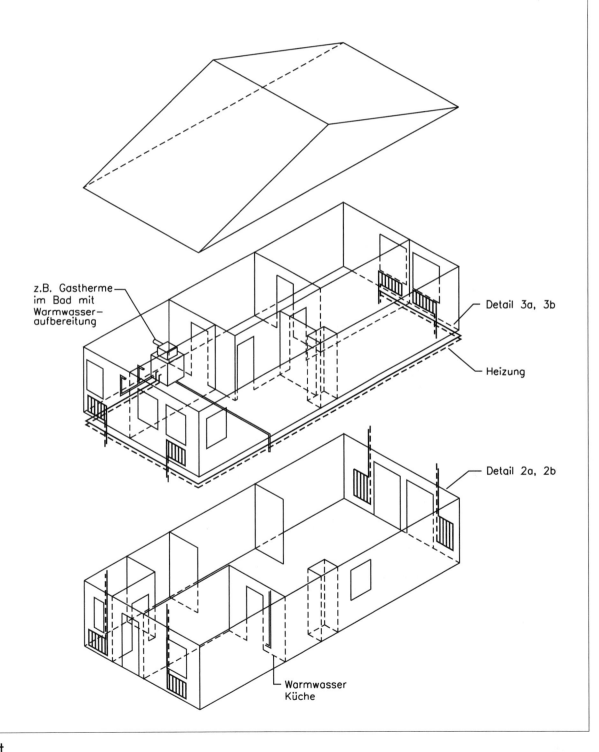

Übersicht

Haustechnik, Heizung 7.41.04

Zentrale Verteilung von unten, von oben oder vom Geschoß, horizontale Verteilung jeweils auf der Geschoß-Rohdecke

Vorzüge:

Einfaches, übersichtliches Konzept, wenig bis keine Durchdringungen der Luftdichtungsebene.
Zu beachten: Luftdichtungs- und Wärmedämmkonzept für den Schacht; empfohlen: Dichtung und Dämmung des Schachts an den Grenzen zu kalten Räumen bzw. Außenluft oder Erdreich.

Nachteile:

Je Geschoß entweder druckfester Dämmstoff auf der Geschoßdecke oder viele Durchbrüche (Ausklinkungen, Bohrungen o. ä.) in Deckenbalken oder höhere Lattung bei der Deckenbekleidung erforderlich. Im allgemeinen größere Leitungen erforderlich.

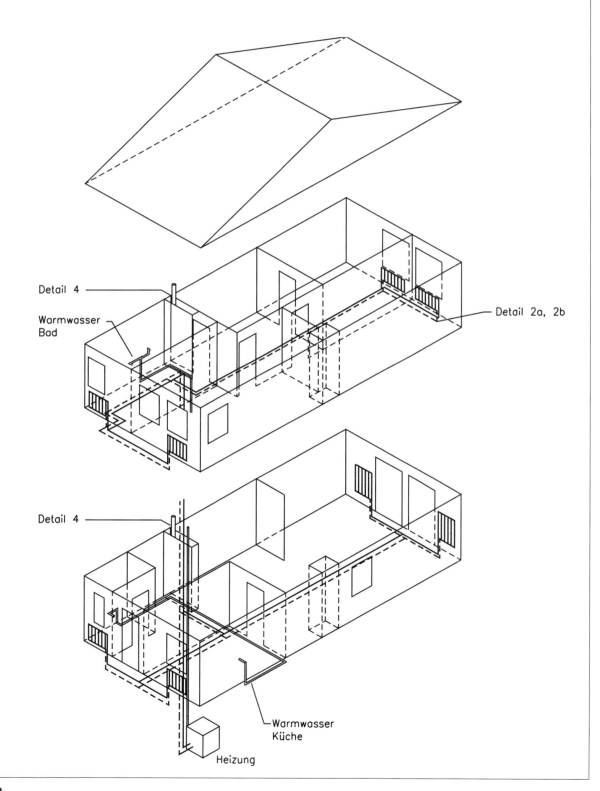

Übersicht

Haustechnik, Heizung

Detail 1a

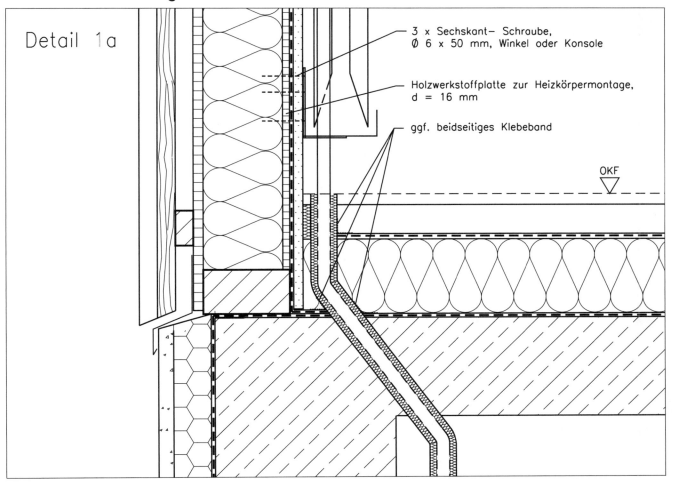

Detail 1b

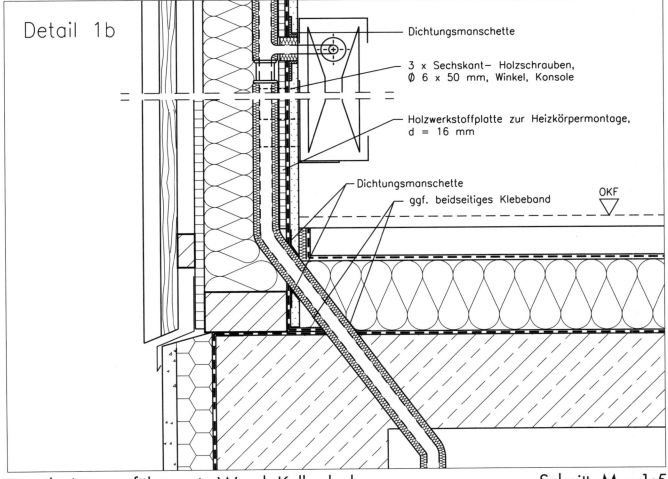

Details, Leitungsführung in Wand, Kellerdecke — Schnitt, M = 1:5

Haustechnik, Heizung 7.42.02

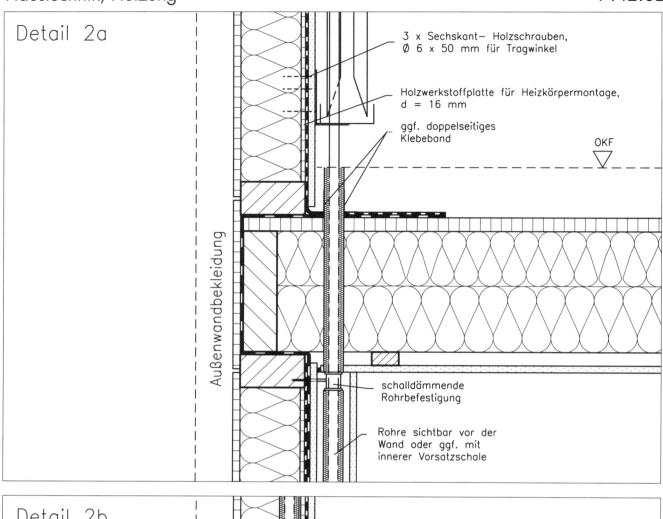

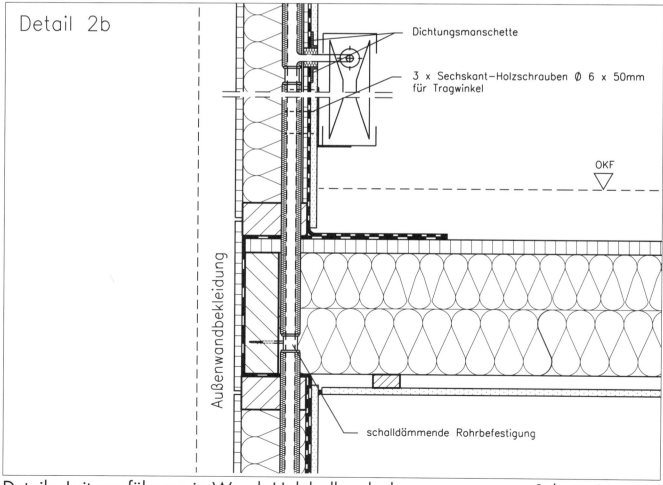

Details, Leitungsführung in Wand, Holzbalkendecke Schnitt, M = 1:5

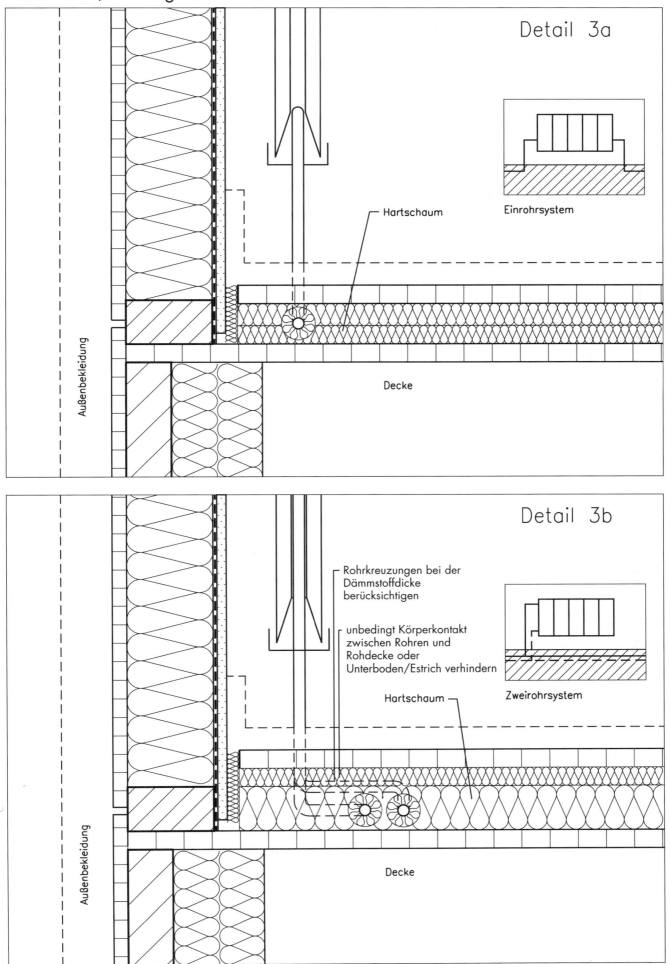

Haustechnik, Installationsschacht 7.42.04

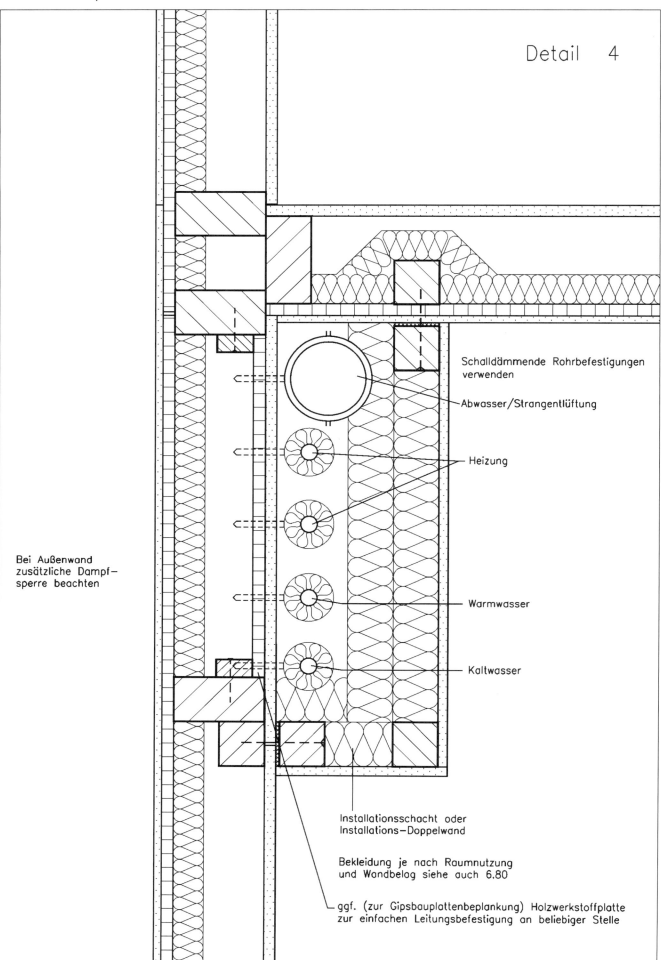

Detail 4

Detail, Zentrale Verteilung — Grundriß, M = 1:5

Haustechnik, Rohrdurchführung 7.42.05

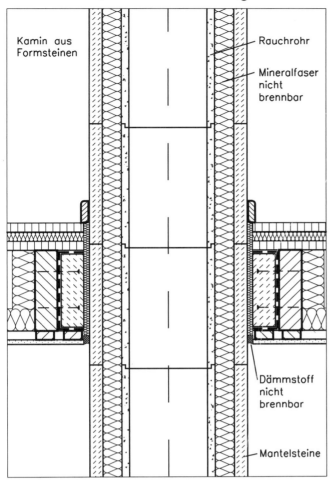
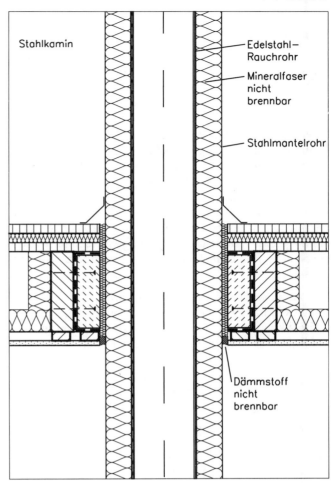
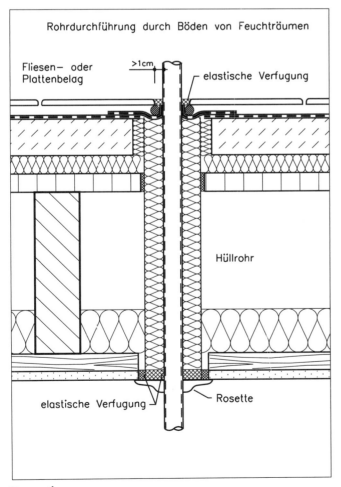
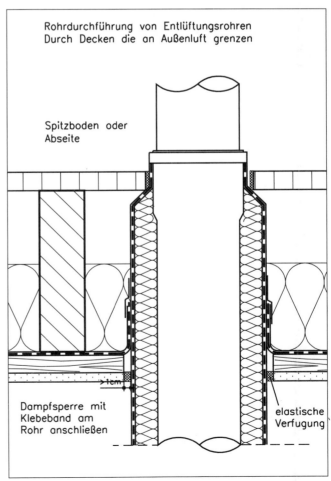

Details Schnitte, M = 1:5

Haustechnik, Luftleitungen

Luftleitungen

Luftleitungen werden benötigt zur Entlüftung von innenliegenden Räumen ohne Fenster, z. B. innenliegenden Bädern und Wcs, für die Abluft aus Küchenabzugshauben und Wäschetrocknern und für zentrale Raumluftwechsel- und Umluftanlagen. Luft wird zur Erhöhung des Wohnkomforts und zum Zwecke energiesparenden Wohnens durch geringe Druckunterschiede bewegt. So werden Zugerscheinungen vermieden und Strömungsgeräusche gering gehalten. Aus den zu bewegenden Luftmengen ergeben sich recht große Leitungsquerschnitte, zu deren Unterbringung entsprechender Installationsraum von der Baukonstruktion geboten werden muß. Neben den reinen Luftleitungsquerschnitten sind zusätzliche Rohrdämmungen und Schalldämpfer einzuplanen.

Vier Arten von Luftleitungen sind gebräuchlich:
- Wickelfalzrohr, rund, aus verzinktem Blech,
- Flachkanäle aus Kunststoff, druckfest aus verzinktem Blech, zur Verlegung unter Unterböden oder Estrichen,
- Hartschaumkörper mit quadratischem Außenquerschnitt in innerem »Rohrloch«.

Im Einfamilienhausbereich kann etwa von folgenden Rohrgrößen ausgegangen werden:

Rohrart	Hauptverteilung	Feinverteilung
Wickelfalzrohr	⌀ 125 bis 160 mm	⌀ 100 bis 125 mm
Flachkanäle, Kunststoff oder Metall	▱ 50 x 200 bis 70 x 250 mm²	▱ 50 x 105 bis 70 x 150 mm²
Hartschaumkörper	Außen-⌀ 250 x 250 bis 300 x 300 mm²	Außen-⌀ 200 x 200 bis 250 x 250 mm²

Schalldämpfer können mit rund 100 mm größerem Durchmesser bei runden Rohren und doppelter Breite bei Flachkanälen veranschlagt werden. Die Länge jeweils mit rund 1 m. Rohr-Wärme-/Kälte-Dämmungen sollten mit 35 mm Dicke mindestens veranschlagt werden.

Die Rohrkrümmungen und -verzweigungen benötigen ebenfalls erheblichen Raum.

Im Einfamilienhausbereich dürfte eine großflächige Vorhaltung von Installationsraum kaum wirtschaftlich sinnvoll sein. Die Führung der Luftleitungen in Bereichen, die ohnehin Hohlräume aufweisen, z. B. Deckenfelder, bieten sich zur Leitungsführung an. Es kann durchaus sinnvoll sein, zur Führung von Luftleitungen z. B. Deckenbalken über die größere Raumlänge statt der Raumbreite zu spannen. Können Hohlräume nicht genutzt werden (Luftleitungen quer zu Deckenbalken u. ä.) oder sind keine vorhanden (freiliegende Holzbalken u. ä.), ist die frühzeitige Einplanung von Vorsatzschalen, Schächten, Doppelböden u. ä. zur Unterbringung der Leitungen erforderlich. Dabei sind im Allgemeinen auch schalltechnische Aspekte zu berücksichtigen (Stichwort »Haustelefon«).

Brandschutzanforderungen an Luftleitungssysteme bestehen im Einfamilienhausbereich nur in speziellen Fällen. Bei anderen Gebäuden sollten frühzeitigst die Anforderungen geklärt werden.

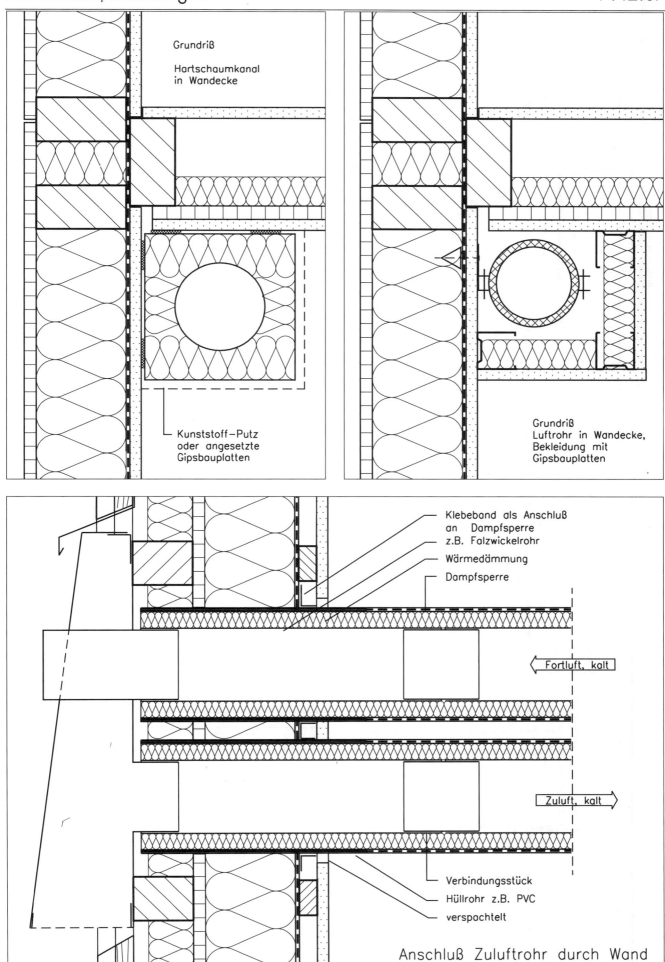

Heizung, Luftleitungen

742.08

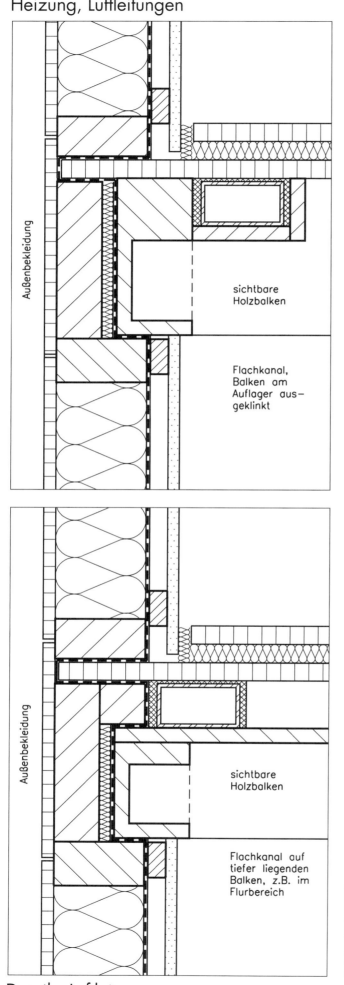
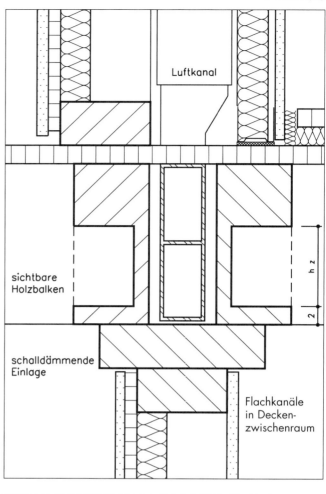
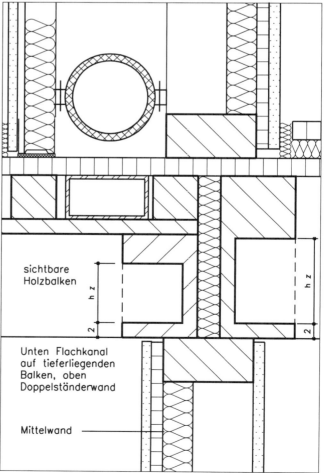

Details, Luftleitungen — Schnitte, M = 1:5

Heizung, Luftleitungen

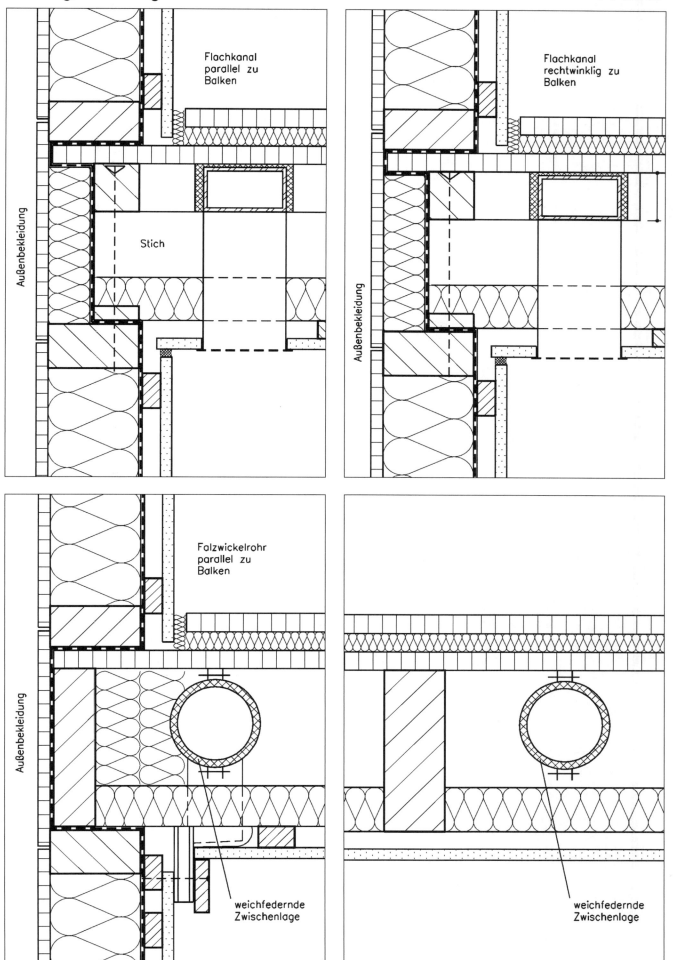

Details, Luftleitungen — Schnitte, M = 1:5 — 7.42.09

Sanitär, Allgemeines

Brauchwasser- und Abwasseranlagen bei der Holzrahmenbauart

Bei allen haustechnischen Anlagen ist auch die Brauchwasserversorgung und die Abwasserentsorgung frühzeitig in die Planung mit einzubeziehen, damit bauliche Maßnahmen bereits bei der Erstellung des Rohbaues Berücksichtigung finden und sich später, z. B. nach Schließen der Wände, keine Schwierigkeiten, z. B. wegen fehlender Aufhängungsmöglichkeiten von schweren Sanitärobjekten, ergeben. Besonderes Augenmerk ist auf eine körperschallgedämmte Verlegung der Leitungen zu richten, da Körperschallübertragung auf Wände und Decken zu einer Schall-Längsleitung auch in andere Räume führen kann. Weiterhin müssen die Brauchwasserleitungen wärmegedämmt werden, damit einerseits bei Warmwasserleitungen keine großen Wärmeverluste auftreten und andererseits bei Kaltwasserleitungen keine Kondensatbildung an den Leitungen stattfinden kann (Dampfsperre außen um Rohrdämmung). Sobald Leitungen Sperrschichten durchstoßen, ist der Durchstoßpunkt sorgfältig abzudichten. Bei Entlüftungsleitungen von Abwasserleitungen ist durch einen dichten Anschluß des Rohres an die Bekleidung bei der Durchführung durch Decken und Dächer dafür zu sorgen, daß durch Konvektion keine Durchfeuchtung der Dämmschicht auftritt.

Brauchwasser- und Abwasseranlagen sollten so angeordnet werden, daß sich kurze Leitungswege ergeben und die baulichen Vorkehrungen sich im wesentlichen auf eine Installationswand beschränken. Der notwendige Installationsraum läßt sich durch Aufdoppelung der Wände, durch Vorsatzschalen oder durch Doppelständerwände erzeugen (wobei der entstandene Installationsraum auch noch für die Plazierung anderer haustechnischer Leitungen und Anlagen dienen kann).

Führung von Rohrleitungen

Einzelne Brauch- und Abwasserleitungen, welche nicht unmittelbar einem Installationsschacht oder einer Installationswand zugeordnet sind (z. B. Wasser- und Abwasserleitung eines weiter entfernten Waschbeckens oder Waschmaschinenanschlusses), können bei Beachtung statischer und schalltechnischer Belange in der Konstruktion geführt werden. In Nebenräumen, wie z. B. Hausarbeitsräumen u. dergl., in denen einer Leitungsführung vor der Wand nichts entgegensteht, sollte diese jedoch vorgezogen werden. Sie bietet sich an, da die Leitungsgeräusche innerhalb des betreffenden Raumes gehalten werden und eine Körperschallübertragung nur über die schalldämmende Rohrbefestigung zur Wand hin stattfindet und die schalldämmende Wirkung der gesamten Wand genutzt werden kann.

Für eine Leitungsführung innerhalb der Konstruktion ergeben sich folgende Möglichkeiten:

- Vertikale Führung in den Wänden und horizontale Führung in dem Deckenhohlraum ist nur dann sinnvoll, wenn die horizontale Führung parallel zu den Deckenbalken verläuft. Es ist zu beachten, daß die Schalldämmung, insbesondere zum darunterliegenden Raum hin, nur geringe Anforderungen erfüllt. Eine horizontale Leitungsführung in der Konstruktion sollte deshalb nur über untergeordneten Räumen erfolgen.
- Horizontale und vertikale Führung der Leitungen in den Wänden ist bei tragenden Innenwänden möglich, wenn der Leitungsquerschnitt nicht größer als 50 mm ist und der Ständerquerschnitt verdoppelt wird. Auch hier entstehen in der Wand Fließgeräusche, die von dem angrenzenden Raum nicht mehr so gut schallgedämmt sind, wie wenn der volle Wandquerschnitt zur Schalldämmung zur Verfügung steht. Deshalb empfiehlt sich diese Art der Leitungsführung nur dann, wenn an die Schalldämmung der Leitungsgeräusche zu den angrenzenden Räumen keine hohen Anforderungen gestellt werden.
- Eine Leitungsführung in nichttragenden Wänden ist durch Wahl größerer Ständerquerschnitte oder breiterer Ständerprofile oder Ständerquerschnitte sowie durch Anordnung von Doppelständerwänden möglich, wobei die Doppelständerwände hinsichtlich des Schallschutzes eine schalltechnisch günstige Lösung darstellen.

Vorgefertigte Installationssysteme in Form von vorinstallierten Rohrregistern oder kompletten Vorwandinstallationen, an denen nur noch die Sanitärobjekte sowie die entsprechenden Armaturen anzuschließen sind, unterliegen systembedingten Einbaubedingungen, die im Einzelfall genau festzustellen sind, um die nötigen baulichen Voraussetzungen für ihren Einsatz schaffen zu können. Ähnlich verhält es sich mit vorgefertigten Sanitärzellen, welche entweder komplett oder aus sehr wenigen Teilen einschließlich der Installationen in das Bauwerk eingesetzt werden können. Vor- und Nachteile der vorgefertigten Installations- und Sanitärsysteme sollen hier nicht abgewogen werden.

Das Löten in der Umgebung von Holz- und Trockenbaukonstruktionen führt häufig zu unschönen Verkohlungen und auch zu zum Teil nicht sichtbaren Mängeln (insbesondere Schmelzen der Dampfsperre hinter erhitzten Bekleidungen). Bevorzugt sollten deswegen kalt verbundene Leitungssysteme eingesetzt werden (Schraub-, Quetschverbindungen).

Sanitär, Bad, Dusche

Grundsätzliches

Bäder, Duschen und andere unmittelbar durch Feuchte beaufschlagte Flächen, z. B. häufig geputzte Flurböden u. ä., müssen bei der Holzrahmenbauweise sorgfältig geplant und ebenso sorgfältig ausgeführt werden, denn Holz, Holzwerkstoffe und Gipswerkstoffe sind gegen Feuchteeinwirkung empfindlich.

Einige Grundregeln seien aufgeführt:

- Beläge aus Fliesen und Platten sind – selbst mit Epoxydharzverfugung nicht dauerhaft spritzwasserdicht.
- Dichtungsschichten müssen durchgehend – auch an Ecken und Anschlüssen – dauerhaft dicht sein.
- Bewegungen zwischen den abzudichtenden Teilen, z. B. Wand-Boden, müssen mit den notwendigen Bewegungsmöglichkeiten geplant und so ausgeführt werden, daß diese Bewegungsmöglichkeiten dann auch tatsächlich bestehen.
- Selbst bei gründlicher Planung ist eine strenge Ausführungsüberwachung und detaillierte Abnahme unabdingbare Voraussetzung für die Mangelfreiheit der Gesamtleistung. (In dem Bereich der Feuchträume wirken an sehr wichtigen Stellen sehr viele Ausführende zusammen.)

Die notwendigen Maßnahmen sind nicht genormt, noch läßt sich für diesen sensiblen Bereich verbindlich eine maßgebende Bauvorschrift (DIN 18 195-5 scheint für diesen Bereich nicht ganz zutreffend) heranziehen. Einzig die VOB-Regelung, daß ein mangelfreies Werk abzuliefern ist, gibt den entscheidenden Hintergrund.

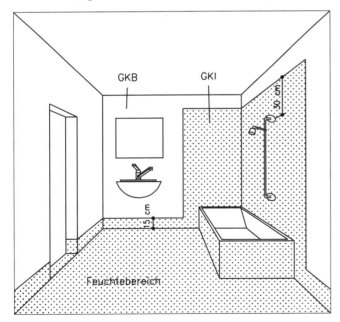

Beplankungen und Decklagen bei Unterböden

Wesentlich für die Funktionstüchtigkeit der Abdichtungsstoffe ist das Verformungsverhalten des Untergrundes. Zu unterscheiden sind Verformungen durch äußere Belastung (Biegung in der Plattenebene), die zu einem Reißen der Fliesen führen können, und den Längen- und Breitenänderungen infolge Feuchte, die zu Rissen in der Abdichtung und damit zu Fäulnis-Schäden führen können.

Bewährt haben sich mindestens zweilagige Beplankungen. Bei der Werkstoffwahl ist zu beachten, daß Holzwerkstoffe viel ausgeprägter auf Feuchteänderungen reagieren als Gipswerkstoffe. Daraus ergibt sich, daß Holzwerkstoffe nur als unterste Lage empfohlen werden können. Als obere Lage eignen sich Gipswerkstoffplatten und bestimmte Fibersilikatplatten.

Bei den Unterböden ist die Steifigkeit der Dämmschicht von ausschlaggebender Bedeutung für die Dicke der Decklage.

Bei Belägen aus Fliesen und Platten sollte eher eine sehr steife Dämmschicht vorgesehen werden, auch wenn sich dadurch der Schallschutz der Deckenkonstruktion verschlechtert.

Deckenschalungen unter Unterböden oder Estrichen müssen ebenfalls ausreichend steif sein.

Unterkonstruktionen bei Wänden

Wand-Unterkonstruktionen in Holzrahmenbauart oder mit Metallprofilen müssen:

- ausreichende Steifigkeit besitzen (z. B. gegebenenfalls auch zur Aufnahme der horizontalen Lasten aus Traggerüsten für wandhängende Sanitärobjekte).
- einen auf die Beplankung mit Fliesenbelag abgestimmten Ständerabstand aufweisen.
- Traggerüste und Traversen sind stets innerhalb der Wandebene zu befestigen oder zu verankern (z. B. keine Sanitärständer, die auf dem Boden mit »Kragfüßen« verankert sind).

Für wandhohe und halbhohe Vorsatzschalen und Installationsschächte gibt es speziell auf den Trockenbau abgestimmte Unterkonstruktionssysteme, die vorgefertigte Möglichkeiten für Leitungsführungen aufweisen und insgesamt schalldämmend konzipiert sind. Zu erwähnen sind vorinstallierte Sanitärblöcke, die nur noch an Zu- und Ableitungen angeschlossen werden müssen.

Sanitär, Bad, Dusche

Installationswand mit Vorsatzschale

An einer Wand werden Ver- und Entsorgungsleitungen, soweit notwendig, wärmegedämmt mit schalldämmenden Rohrbefestigungen montiert. Vor diesen Hohlraum, in dem die Leitungen geführt werden, wird eine freistehende Vorsatzschale angeordnet, die ihrerseits die Sanitärobjekte trägt.

Durch eine freistehende Vorsatzschale vor einer Wand wird eine gute Luftschalldämmung sowie eine gute Körperschalldämmung erreicht, da zwei biegeweiche Schalen vorhanden sind und die Sanitärobjekte nur über die Leitungen, die ihrerseits wieder schalldämmend mit der Wand verbunden sind, Körperschall nur in sehr geringem Maße in anschließende Räume weiterleiten können.

Installationsdoppelwand

Bei einer Installationsdoppelwand werden zwei jeweils nur auf einer Seite bekleidete oder beplankte Ständerwände in einem solchen Abstand angeordnet, daß ein ausreichender Raum zur Leitungsführung verbleibt. Die Schalldämmung in den angrenzenden Raum ist nicht ganz so gut wie bei einer Wand mit Vorsatzschale. Durch entsprechende Leitungsführungen und Aussparungen für größere Rohrquerschnitte kann der Platzbedarf jedoch etwas geringer sein. Hinsichtlich der Körperschallübertragung sollte vermieden werden, die beiden Schalen der Doppelwand durch Verbindungen zu koppeln. Es sollte also möglichst eine Trennfuge entweder mit Luftzwischenraum oder weich federnder Einlage vom Boden bis zur Decke zwischen den beiden Ständerreihen ausgeführt werden.

Aufgedoppelte Wand

Diese Art einer Installationswand bietet sich als preiswerte Lösung an, wenn eine tragende Wand ohnehin vorhanden ist. Eine senkrechte Aufdoppelung mit einer waagerechten Lattung ermöglicht eine nahezu beliebige Leitungsführung ohne Aussparungen in der Senkrechten oder Waagerechten. Gleichzeitig kann die waagerechte Lattung so ausgeführt werden, daß sie die erforderlichen Befestigungsmöglichkeiten für die wandhängenden Sanitärobjekte bietet. Durch die Aufdoppelung entsteht eine direkte Koppelung zwischen der Wand und der vorgesetzten Schale, so daß die luft- und körperschalldämmenden Eigenschaften dieser Installationswände etwas schlechter sind als bei den beiden zuvor genannten Wänden.

Vorwandinstallation

Zu unterscheiden sind:

– sogenannte »Sanitärblocks«, die bereits soweit installiert sind, daß nur noch Zu- und Ableitungen anzuschließen und die Sanitärobjekte zu befestigen sind,
– konfektionierte Unterkonstruktionen mit aufeinander abgestimmten Ständern, Riegeln, Traversen, Tragständern usw. bis hin zu vorgefertigten Gipswerkstoffplatten oder Silikatplatten für die Beplankung, in denen bereits die Bohrungen für den jeweiligen Verwendungszweck enthalten sind.

Beiden Systemen ist gemeinsam, daß sie vor der Beplankung der jeweiligen Wand montiert werden. In Hinblick auf die Wand selbst ist die Anforderung an die Ständer entsprechend den Erfordernissen des jeweiligen Systems zu wählen, damit die vorgefertigten Sanitär-Bauteile einen geeigneten Befestigungs- bzw. »Hintergrund« finden. Das bedeutet, daß die notwendigen Befestigungs- bzw. Verankerungspunkte schon bei der Erstellung der Wand bekannt sein und insbesondere die Wandständer maßlich festgelegt sein müssen.

Die Vorteile beider Systeme liegen in dem hohen Vorfertigungsgrad, der vielfältige Einmeß- und Zuschnittarbeiten erspart. Weiterhin sind die Systemkomponenten auf den Verwendungszweck abgestimmt und gewährleisten gute Funktionstüchtigkeit sowie Sicherheit bei der Ausführung.

Die Planung mit vorgefertigten Sanitärunterkonstruktionen oder Sanitärblocks ist allein mit den Unterlagen der Hersteller möglich. Daher kann hier nur auf diese Möglichkeiten hingewiesen werden.

Um einen termingerechten Bauablauf sicherzustellen, ist es erforderlich, die Systeme frühzeitig einzuplanen und zu bestellen.

Wände im Holzrahmenbau mit Fliesenbelägen

Für die Wände gilt das bei den Böden Ausgeführte gleichermaßen. Zweilagige Beplankungen haben sich bei einem Ständerabstand von 62,5 cm bewährt. Auch hier eignen sich als äußerste Lage unter Feuchteeinwirkung möglichst verformungsarme Werkstoffe wie z. B. Gipsbauplatten oder Fibersilikatplatten. Verspachtelungen sollten auf das Ausdrücken der Fugen beschränkt werden. An den Wandecken sollte eine der beiden zusammenstoßenden äußeren Platten circa 1 cm von der Stoßstelle entfernt bleiben, damit später dort ein Abdichtungsband mit einer Schlaufe verlegt werden kann.

Sanitär, Installationswand — 7.52.01

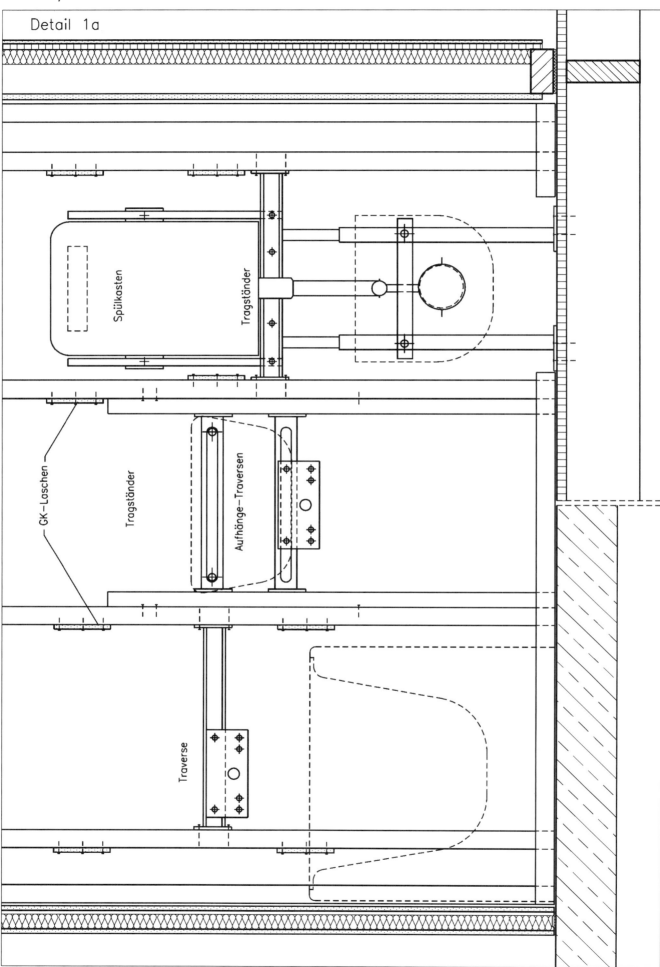

Konstruktion, Doppelwand Metallständer — Ansicht, M = 1:10

Sanitär, Installationswand 7.52.02

Detail 1b

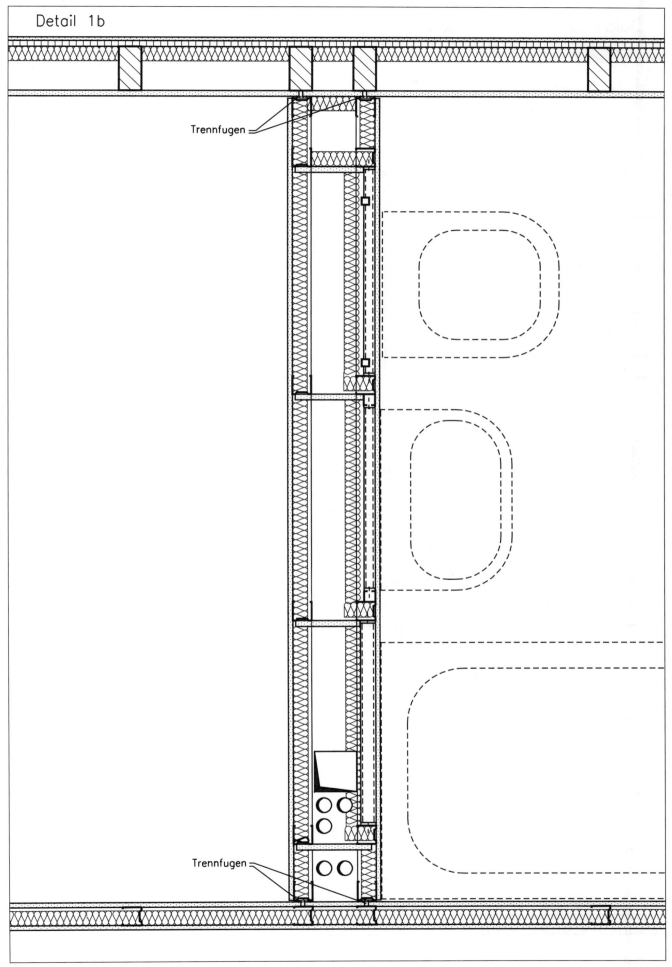

Konstruktion, Doppelwand Metallständer　　　Grundriß, M = 1:10

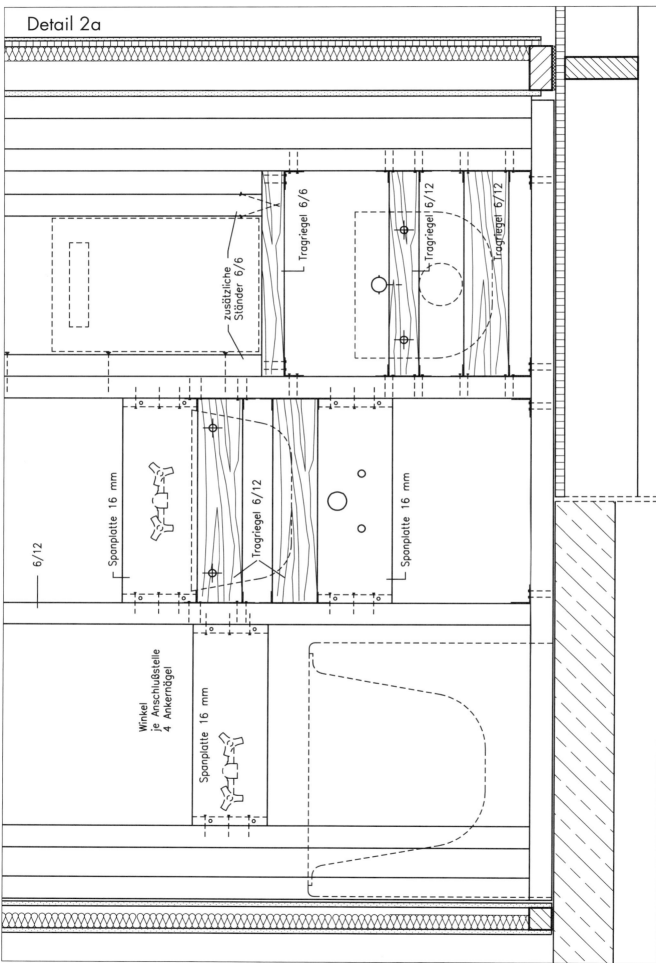

Sanitär, Installationswand 7.52.04

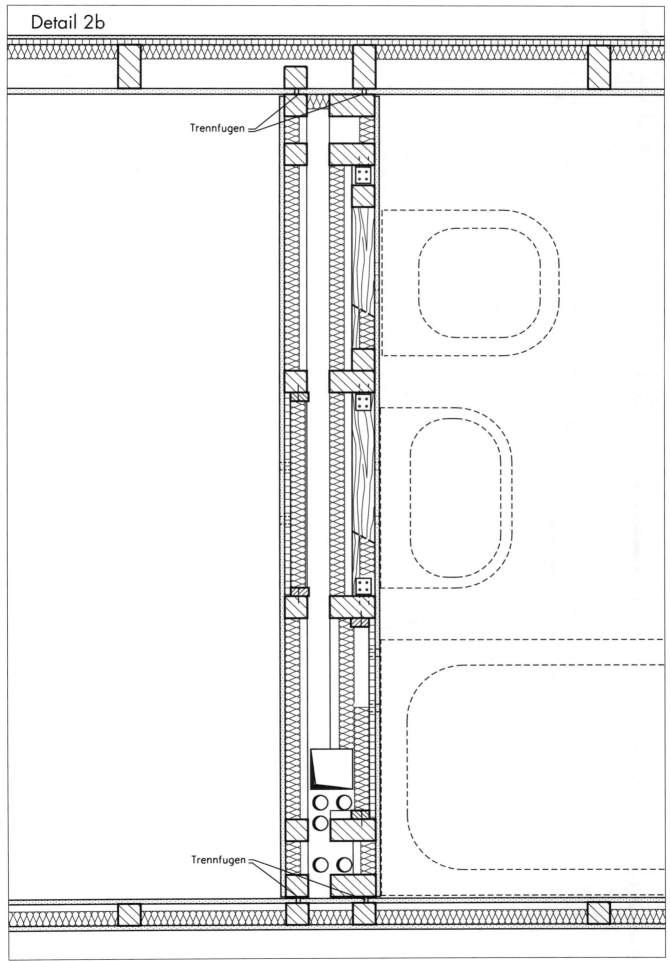

Detail 2b

Trennfugen

Trennfugen

Konstruktion, Doppelwand Holzständer — Grundriß, M = 1:10

Sanitär, Installationswand

Detail 3a

7.52.05

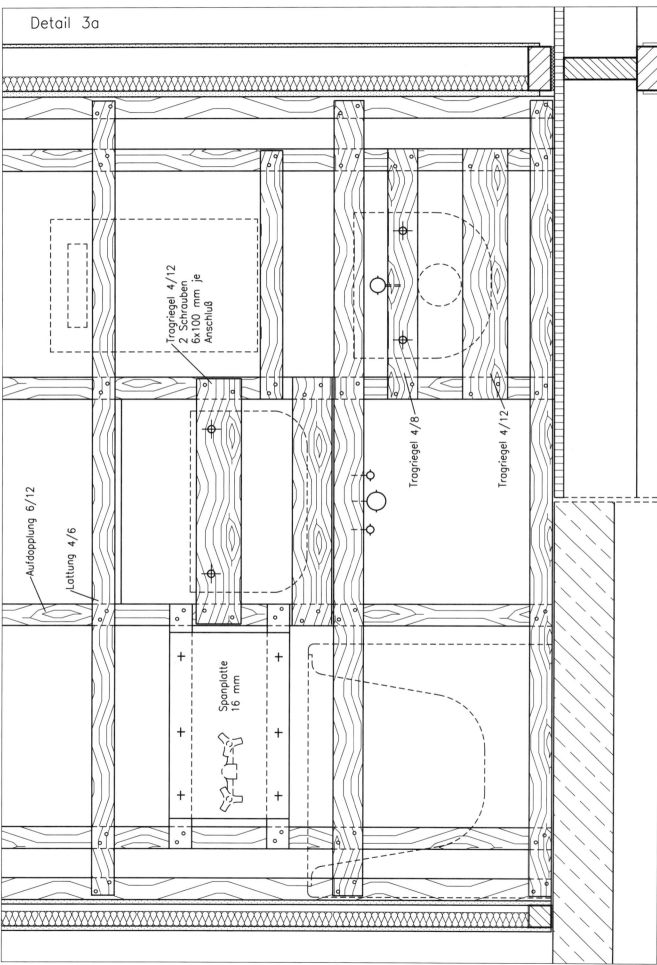

Konstruktion, aufgedoppelte Wand

M = 1:10

Sanitär, Installationswand 7.52.06

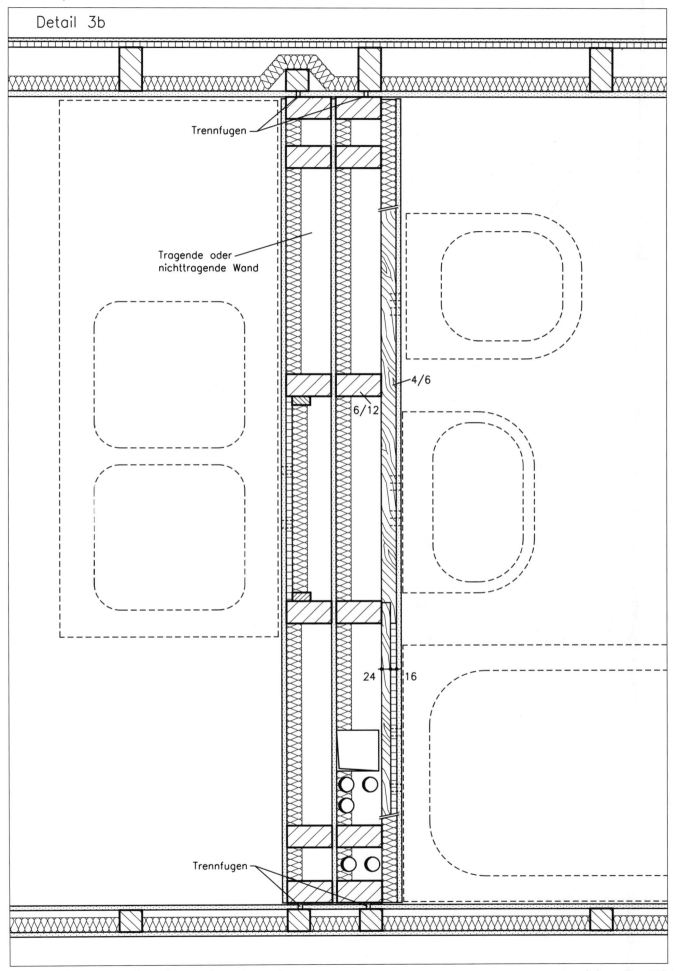

Detail 3b

Konstruktion, aufgedoppelte Wand M = 1:10

Haustechnik, Sanitär 7.53.01

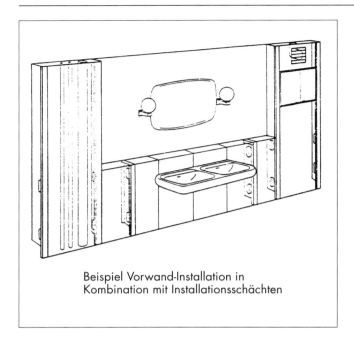

Beispiel Vorwand-Installation in
Kombination mit Installationsschächten

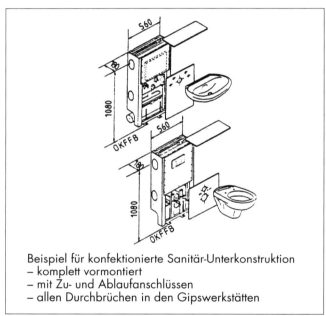

Beispiel für konfektionierte Sanitär-Unterkonstruktion
– komplett vormontiert
– mit Zu- und Ablaufanschlüssen
– allen Durchbrüchen in den Gipswerkstätten

Vorwandinstallation

Sanitär, Unterboden 7.54.01

Böden für Fliesen- oder Plattenbeläge
Zementestrich

Am unproblematischsten als Bodenaufbau hat sich Zementestrich erwiesen. Entweder wird auf der Dämmschicht eine Abdichtung in Form von Bahnen aufgebracht und darauf der Fliesen- oder Plattenbelag im Dickbettverfahren verlegt, oder es wird zunächst ein Estrich eingebracht, dessen Oberfläche dann abgedichtet und darauf der Belag im Dünnbettverfahren aufgebracht. Bei Unterböden im übrigen Bereich kann sich allerdings ein Höhenunterschied im Bodenaufbau ergeben, der entweder durch die Absenkung der Baddecke kompensiert wird oder durch eine Schwelle überwunden werden muß. Die Absenkung der Baddecke ist zumeist problemlos möglich, da die Balkenspannweite im allgemeinen klein ist.

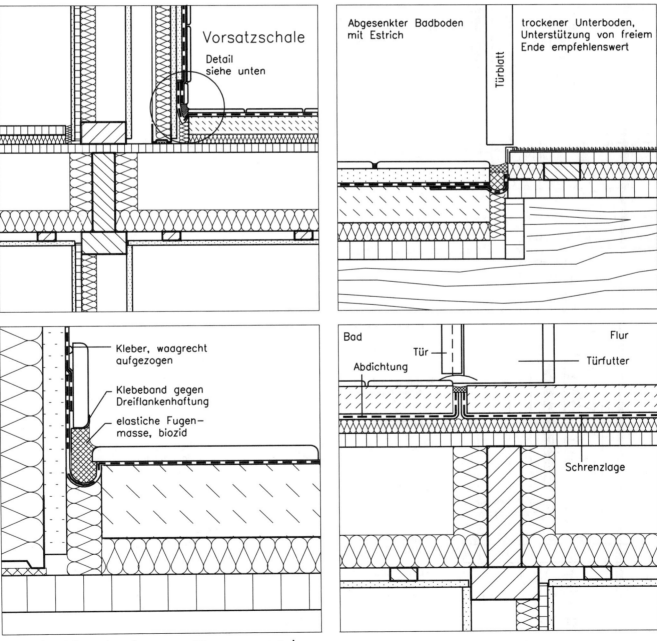

Details, Unterboden aus Zementestrich

Sanitär, Unterboden

Unterboden aus Plattenwerkstoffen

Da alle Unterböden aus Plattenwerkstoffen bei elastischer Bettung (schwimmende Verlegung) an den Plattenrändern »Knicke« in der Verformung aufweisen (keine kontinuierliche Biegelinie), hat es sich bewährt, auf Gipswerkstoff-Unterböden auf Hartschaum großformatige Platten vollflächig aufzukleben und zusätzlich in einem Raster von ca. 15 x 15 bis 20 x 20 cm festzuklammern oder festzuschrauben. Dabei ist besonders darauf zu achten, daß die Stoßfugen stets um mindestens ca. 1/4 der kleinsten Plattenbreite versetzt angeordnet werden. Unbedingt sollte vermieden werden, daß Stoßfugen in der Nähe von einspringenden Ecken (Badewanne, Duschtasse) enden. In diesen Bereichen entstehen Spannungs- und damit Verformungsspitzen, denen mit möglichst steifer Ausbildung der Konstruktion zu begegnen ist. Diese zusätzliche oberste Lage sollte – wie bei den Wänden – aus einem Werkstoff bestehen, der nur geringe Längenänderungen infolge Feuchteänderungen aufweist, z. B. Gipsbaustoff- oder Silikatplatten.

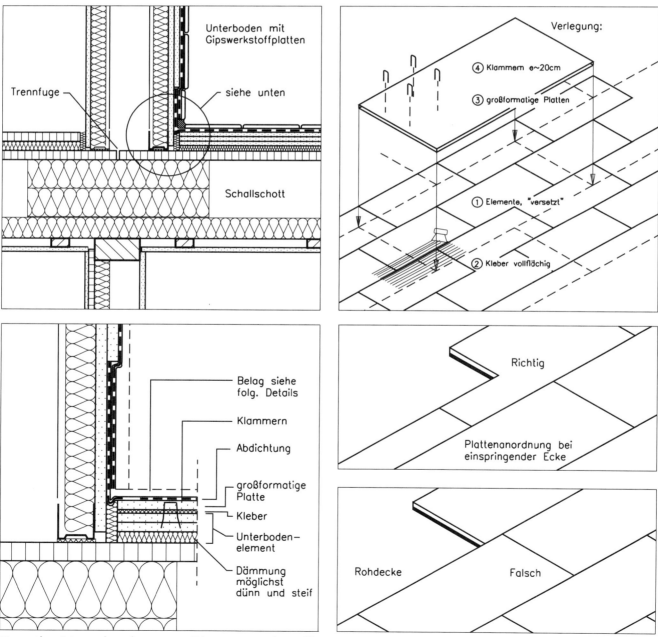

Details, Unterboden aus Plattenwerkstoffen

Sanitär, Unterboden

Unterboden mit Betonfertigteil

Neben den üblichen Bauweisen kann die untenstehend gezeigte Lösung mit einem Stahlbetonfertigteil statt eines Estrichs oder Unterbodens empfohlen werden. Die Ausführung ist wesentlich unproblematischer als bei den zuvor dargestellten Vorschlägen, da das Betonfertigteil schon eine Wanne bildet, die nur mit einer Abdichtung ausgeklebt zu werden braucht.

In schalltechnischer Hinsicht dürfte diese Variante ebenfalls die beste sein. Auch die Wannenaufstellung unmittelbar auf dem Stahlbeton gewährleistet, daß nur geringfügigste Bewegungen zwischen Wanne, Wand und Boden stattfinden. Bei entsprechender Mengenplanung, frühzeitiger Bestellung und notwendiger organisatorischer Einplanung in den Ausführungsablauf verkürzt diese Lösung die Ausführungszeit und bedingt weniger Überwachung der Ausführung.

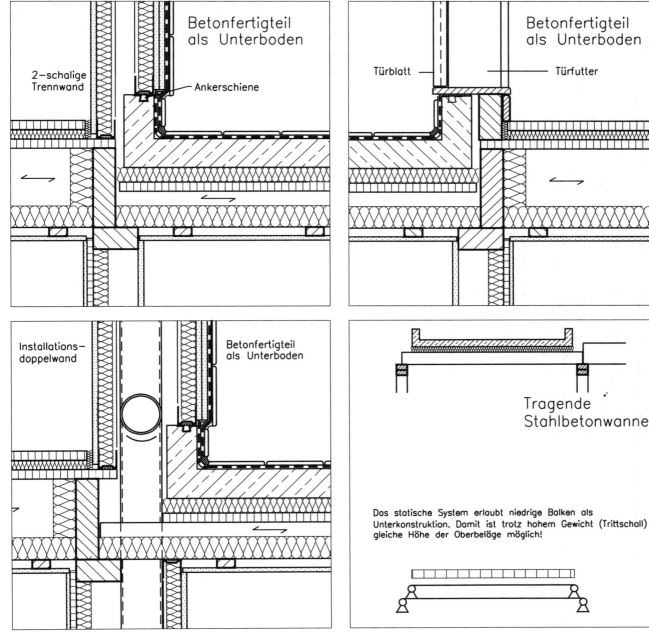

Details, Unterboden mit Betonfertigteil

Sanitär, Rohrdurchführung, Leitungsbefestigung, Armatur 7.55.01

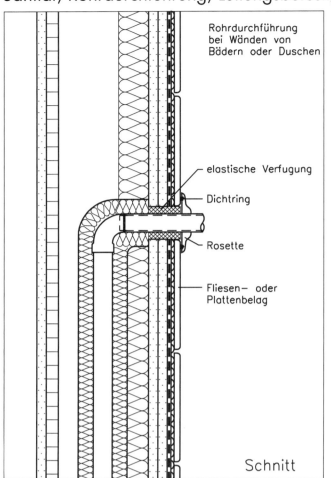

Rohrdurchführung bei Wänden von Bädern oder Duschen

Schnitt

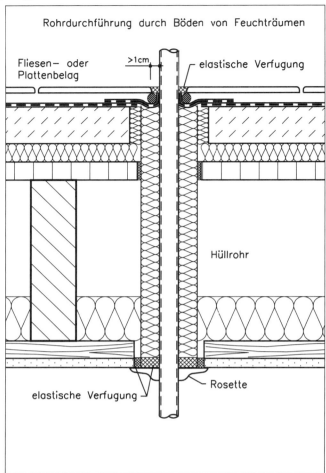

Rohrdurchführung durch Böden von Feuchträumen

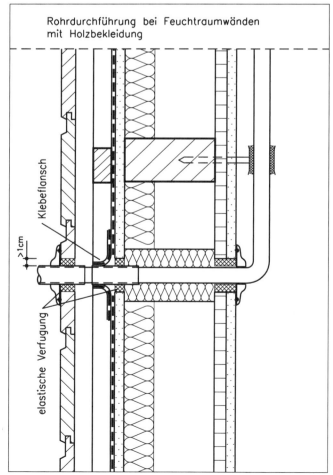

Rohrdurchführung bei Feuchtraumwänden mit Holzbekleidung

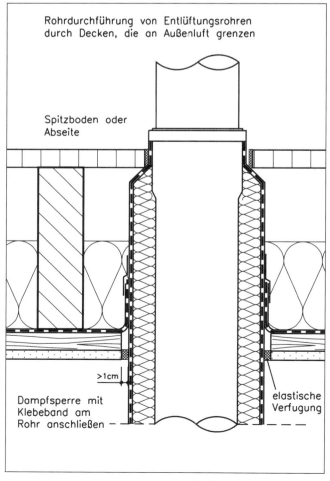

Rohrdurchführung von Entlüftungsrohren durch Decken, die an Außenluft grenzen

Details — Schnitte, M = 1:5

Sanitär, Rohrdurchführung, Leitungsbefestigung, Armatur 7.55.02

Mittlerweile haben sich die Hersteller von Installationszubehör an die Entwicklung im Bereich des Trockenbaus angepaßt und bieten alle nötigen Teile zum Einbau der Leitungen und Armaturen auf die Trockenbauweise abgestimmt und konfektioniert an. Die vor Jahr und Tag oft vorgefundene und zum Teil auch unumgängliche »Bastelei« der Massivbau gewohnten Installateure sollte damit eigentlich der Vergangenheit angehören. Die folgenden Beispiele zeigen einige wichtige Teile aus den Zubehörprogrammen. Der Planer sollte schon bei der Ausschreibung diese Dinge verbindlich vorschreiben, so wie der Bauüberwachende kompromißlos auf dem Einbau bestehen sollte.

Strenge Überwachung kann hier nur empfohlen werden, denn das »Vergessen« einer Manschette oder Rosette im Wert von ein paar Mark kann in die Tausende gehende Schäden nach sich ziehen.

Hinsichtlich des Schallschutzes sollten stets Körperschallübertragung mindernde Aufhängungen zur Anwendung kommen. Auch ist darauf zu achten, daß bei der Bauausführung nicht bewußt getrennt angeordnete Bauteile, z. B. Doppelständerwände, durch Installationen gekoppelt werden. Schon eine Verbindungsstelle macht die schalltechnische Funktion der baulichen Maßnahmen zunichte.

Bodeneinläufe in Bädern oder Duschen sollten – obwohl zum Teil bauaufsichtlich vorgeschrieben – tunlichst vermieden oder nur in zuverlässigster Ausführung geplant und hergestellt werden. Es hat sich gezeigt, daß bei Bädern, bei denen Bodeneinläufe bei Holzdecken aber auch Massivdecken nicht hundertprozentig dauerhaft funktionstüchtig ausgeführt wurden, die größeren Schäden auftraten als bei solchen ohne Bodeneinlauf. Wie das Einbaubeispiel zeigt, sind aufgrund der räumlichen Enge die notwendigen Arbeiten kaum zuverlässig zu bewerkstelligen. Sind Bodeneinläufe unumgänglich, sollten möglichst große Formate des Zulaufs gewählt werden, um möglichst viel »Arbeitsraum« zur Verfügung zu haben. Größte Bedeutung kommt der sicheren Funktion der Dichtmanschetten zu, denn sie verhindern alleine das Eindringen von Wasser in die Holzkonstruktion.

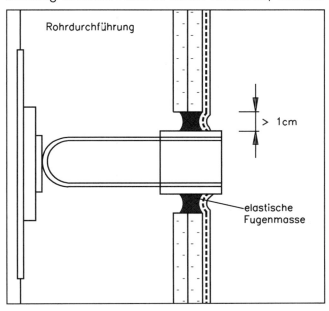

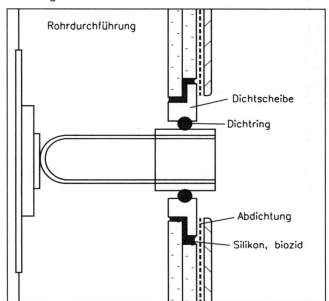

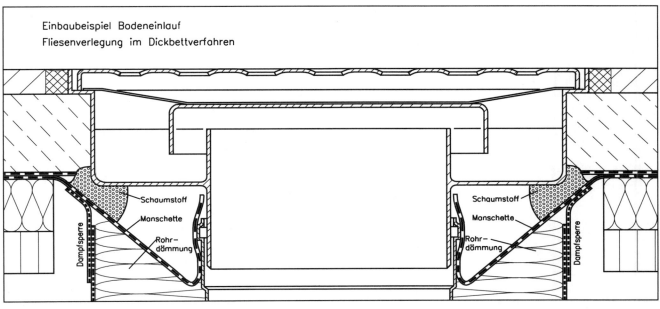

Details

Sanitär, Abdichtung

Abdichtungssysteme

Unter Abdichtung wird hier nicht die Abdichtung im strengen Sinne verstanden, sondern jene Schicht, die unter dem Fliesen- oder Plattenbelag die Beplankung sicher und dauerhaft vor dem Eindringen von Feuchte schützt.

Vor Aufbringung der Abdichtungsschicht sind jedoch zunächst alle Durchdringungen durch die Beplankung mit elastischer Fugenmasse auszufüllen. Dabei ist »Dreiflankenhaftung« unbedingt zu vermeiden, da diese die Dehnung der Fugenmasse nahezu ganz verhindert und schon bei kleinen Bewegungen zum Abreißen einer Flanke führt. Zwischenlagen aus Schaumstoff, Polyethylenfolie oder Klebebändern verhindern die Dreiflankenhaftung (nur wenn sie benutzt werden!).

Zwei Abdichtungs-System sind gebräuchlich:

– Bitumen-Kautschuk-Emulsion,
– elastifizierter, hydraulisch abbindender Dünnbettmörtel mit abdichtenden Eigenschaften.

Der Untergrund muß für beide Möglichkeiten gleichermaßen sauber und fettfrei sein. Verspachtelungen dürfen gegebenenfalls nur die Fuge füllen, nicht jedoch darüber hinaus Flächen bilden. Beide Abdichtungsmittel sind vollflächig, die Emulsion mit mindestens 300 g/m² (mehrere Arbeitsgänge erforderlich!), der Mörtel mit einer Schichtdicke von ca. 2 mm, aufzubringen. Fugenbänder sind in die Schicht einzuarbeiten, sie werden mittlerweile abgestimmt auf die jeweiligen Dichtungsmassen angeboten.

Dichtmörtel und Dünnbettmörtel an Wänden unbedingt waagerecht auftragen, damit hinter den Fliesen keine senkrechten »Kanäle« entstehen.

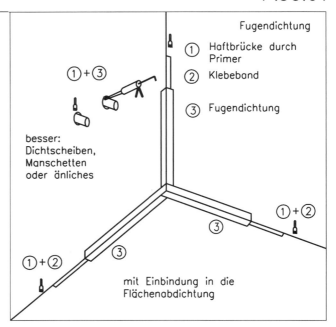

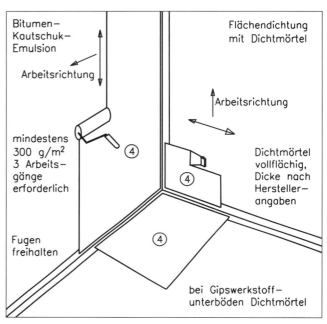

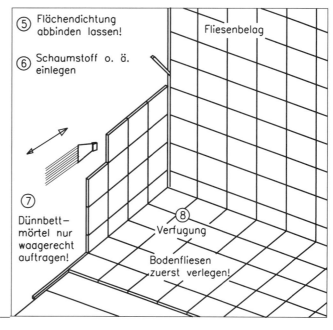

Sanitär, Abdichtung

Beläge aus Fliesen und Platten

Die Fliesen- oder Plattenbeläge werden im Dünnbettverfahren mit elastifiziertem, hydraulisch abbindendem Dünnbettmörtel aufgebracht. Dazu muß die Abdichtungsschicht vollständig getrocknet sein bzw. abgebunden haben.

Beim Aufbringen des Mörtels mit dem Zahnspachtel muß darauf geachtet werden, daß die Abdichtungsschicht nicht verletzt wird. An den Wänden ist der Mörtel waagerecht aufzuziehen, damit eingedrungenes Wasser nicht in senkrechten »Kanälen nach unten läuft und dort zu Wasseransammlungen führt.

Fugenbänder an Ecken und anderen Anschlüssen dürfen durch den Mörtel keine Behinderung ihrer vorgesehenen Bewegungsmöglichkeiten erfahren. Bei in Schlaufen gelegten Bändern sollte in die Schlaufe ein Schaumgummi eingelegt und der Mörtelauftrag nur bis kurz vor den Beginn der Schlaufe geführt werden. Bei Fugenbändern ohne Schlaufe, die ohnehin schon geringere Bewegungsmöglichkeiten aufweisen, kann ein Absetzen des Mörtels schon 5 bis 20 mm vom Knick des Fugenbandes empfohlen werden. Die Fliesen oder Platten des Bodens sollten stets unter die der Wände laufen.

Die Verfugung des Belages kann in herkömmlicher Weise vorgenommen werden, aufwendige Verfugungen, z. B. mit Epoxydharz, haben auf die Dauer nur einen geringen Effekt. Ecken werden entweder in der – nach wie vor etwas unbefriedigenden – Lösung mit elastischen Fugendichtungsmassen ausgeführt oder besser am Boden-Wand-Anschluß mit Kunststoffprofilen ausgeführt, die auch Bewegungen zwischen Boden und Wand schadlos zulassen. Auch hier ist Dreiflankenhaftung zu vermeiden, und die Fugenmassen sollten fungizide (pilzwidrige) Wirkstoffe enthalten. Die Fugenbreite sollte mindestens 1 cm betragen, damit die Fugenmasse Bewegungsmöglichkeit erhält. Dies gilt auch für Leitungsdurchführungen durch den Belag. Zusätzlich sind bei den Rohrdurchführungen Haftbrücken durch z. B. entsprechende Primer zu schaffen. Stufige Dichtscheiben bieten größere Sicherheit.

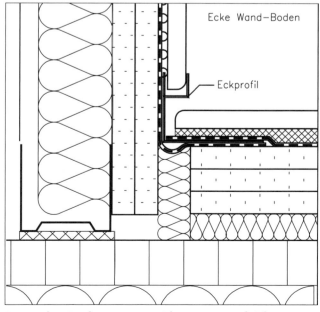
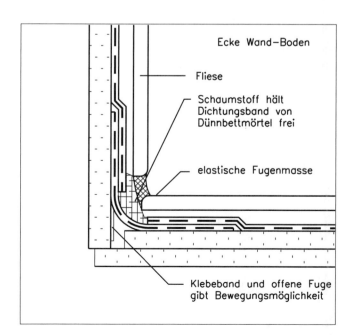

Details, Beläge aus Fliesen und Platten

Sanitär, Wanne, Duschtasse 7.57.01

Wanne, Duschtasse

Bei der Verwendung der üblichen Wannenform sollte die Beplankung wie dargestellt stufig ausgebildet werden und der Wannenrand mit einer vollflächigen Schicht elastischer Dichtungsmasse an die Wand »geklebt« werden.

Die Frage, welche Art der Wannenaufstellung zu wählen ist, kann nicht eindeutig beantwortet werden. Die Aufstellung auf dem schwimmenden Unterboden oder Estrich kommt nur in Frage, wenn es sich um einen sehr biegesteifen Untergrund handelt, denn bei relativ kleinen Bewegungen zwischen Wannenrändern und Wänden durch Verformungen des Bodens ist mit Undichtigkeiten bei den Anschlüssen zu rechnen. Eine Aufstellung der Wannen auf der Rohdecke hat zum Vorteil, daß die Bewegungen zwischen Wannenrändern und Wänden auf ein Minimum beschränkt werden können, jedoch Körperschall (Einlaufgeräusche, Badegeräusche) unmittelbar in die Rohdecke eingetragen werden. Bei Verwendung von Hartschaumwannenträgern muß der Untergrund entweder absolut eben sein oder der Wannenträger sollte auf ein vollflächiges Bett (Zahnspachtel) aus Dünnbettmörtel o. ä. aufgesetzt werden.

Es ist zu empfehlen, die dem Badezimmer zugewandten Bauteile schalltechnisch weitgehend von den anschließenden Bauteilen zu entkoppeln. So können z. B. Deckenschalungen und Deckenbalken – soweit statisch möglich – an den Badezimmerrändern durch Trennschnitte entkoppelt werden, um die Schall-Längsleitung über die Decke in schräg unter dem Bad liegende Räume zu behindern. Eine Nebenwegübertragung durch die Wände unter dem Bad kann nur durch zweischalige Wandkonstruktionen (Doppelständerwände) effektiv behindert werden.

Die beschriebenen Maßnahmen sind aufgrund der Komplexität der Zusammenhänge und der Vielfalt der Einflußgrößen (Raumgröße, Dämpfung innerhalb der Decken, Eigenfrequenzen der Installationen, Koppelungen der Installationen mit der Decke und den Wänden usw.) nicht quantifizierbar.

Vor definitiven, vertraglichen Vereinbarungen unter Angabe von dB-Werten muß gewarnt werden!

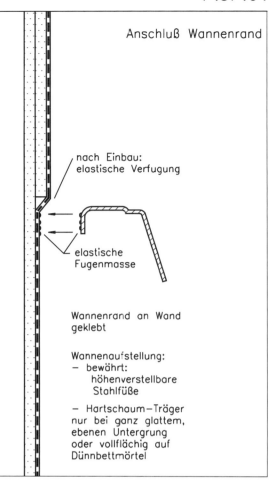

Anschluß Wannenrand

nach Einbau: elastische Verfugung

elastische Fugenmasse

Wannenrand an Wand geklebt

Wannenaufstellung:
– bewährt: höhenverstellbare Stahlfüße
– Hartschaum-Träger nur bei ganz glattem, ebenen Untergrund oder vollflächig auf Dünnbettmörtel

Sanitär, Wandbekleidung

Wandbekleidung

Wird im Feuchtebereich Holz als Wandbekleidung verwendet, ist als Tragebene für die dahinterliegende Abdichtung eine Lage Beplankung, z. B. GKBI 1 x 12,5 mm, notwendig. Die Holzschalung ist zu hinterlüften und im Spritzwasserbereich mit ausreichendem Abstand zum Fußboden und mit Überdeckung des Sockels auszubilden.

Um bei Verwendung von Holzschalungen die Hinterlüftung sicherzustellen, ist je nach Schalungsrichtung die Lage der Lattung zu variieren. Die nebenstehende Abbildung zeigt eine Auswahl von sinnvollen Möglichkeiten.

Als Fußbodenbelag eignet sich insbesondere auf trockenen Unterböden verschweißter Kunststoff. Damit kann eine wasserdichte Wanne ausgebildet werden, die eine sichere Abdichtung einfach ermöglicht.

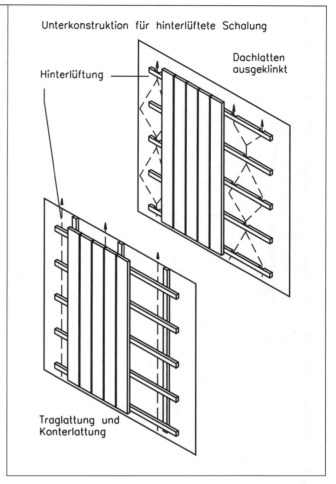

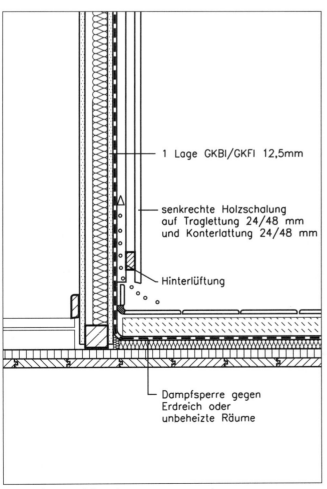

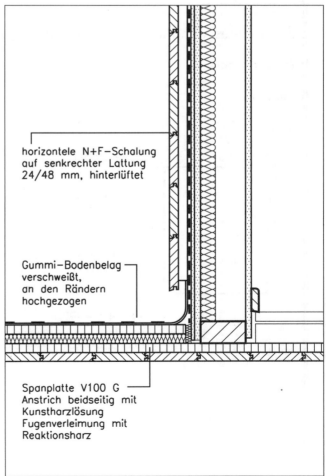

Details, Bekleidung aus Holz

Sanitär, Befestigung wandhängender Gegenstände 7.59.01

Haken

Lastschema

Bruchlasten (maximal mögliche Last)

Bekleidung			
1x Gipskarton 12.5 mm	ca. 5 kg	ca. 10 kg	ca. 15 kg
2x Gipskarton 12.5 mm	ca. 5 kg	ca. 10 kg	ca. 20 kg
Gipskarton 9,5 mm + Spanplatte 13 mm	ca. 5 kg	ca. 16 kg	ca. 20 kg

Für Nägel, die mindestens so lang sind, wie die Dicke der Bekleidung insgesamt ist.

Schraubbefestigung in der Bekleidung

Hohlwanddübel

Lastschema

je nach Dübelart bei:

1x Gipskarton bis ca. 30 kg

2x Gipskarton bis ca. 50 kg

1x Gipskarton 20 mm bis ca. 50 kg

Direkte Verschraubung

Spanplatte 13 mm   Gipskarton 9,5 mm

ca. 20 kg

ca. 30 kg

bei Schraubendurchmesser 5 mm

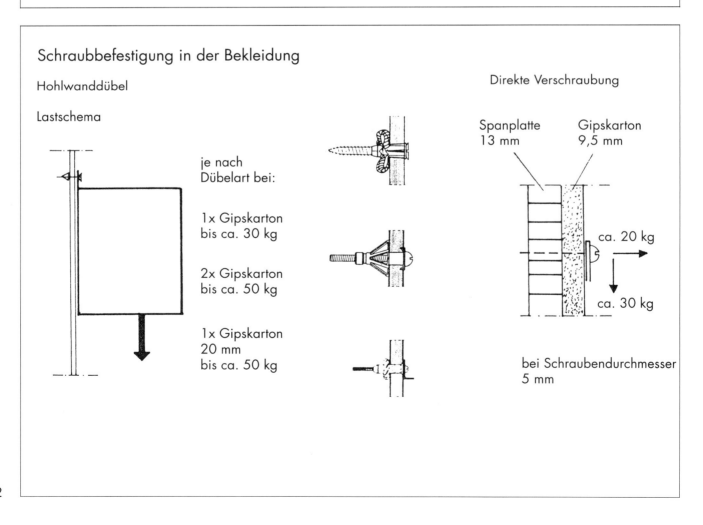

Sanitär, Befestigung wandhängender Gegenstände 7.59.02

Montageplatten für mittelschwere Konsollasten

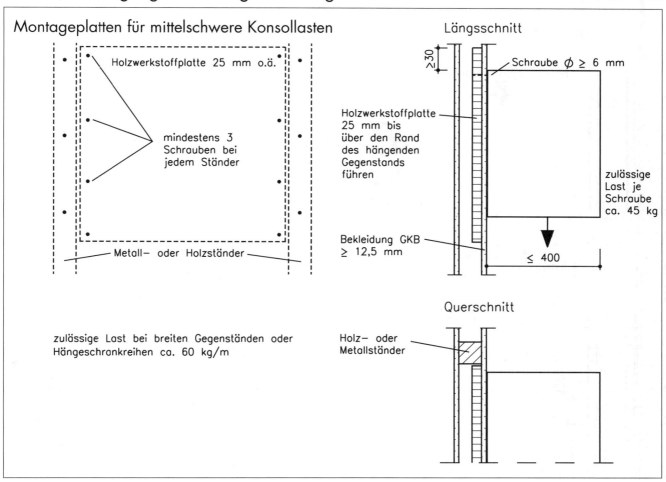

Befestigung an Ständern oder zusätzlichen Riegeln

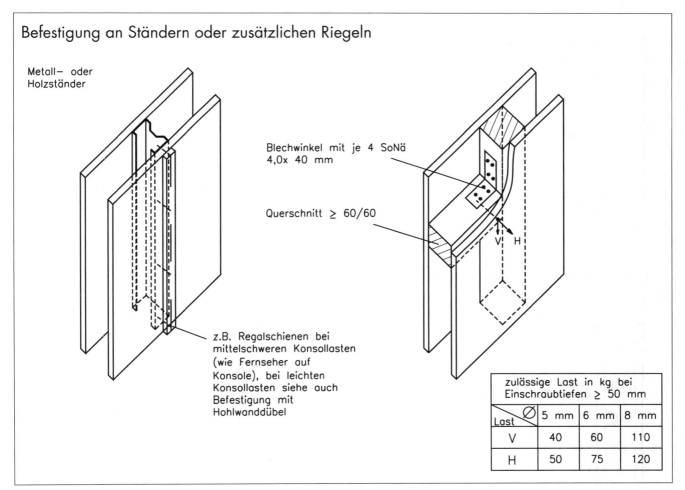

Wandhängende Sanitärobjekte 7.59.03

Aufhängung kleiner Handwaschbecken

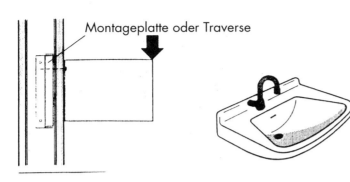

Montageplatte oder Traverse

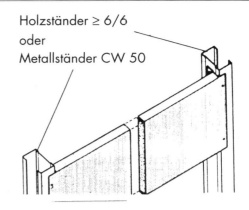

Holzständer ≥ 6/6
oder
Metallständer CW 50

Montageplatten

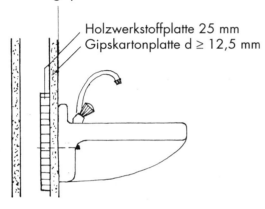

Holzwerkstoffplatte 25 mm
Gipskartonplatte d ≥ 12,5 mm

Holz- oder Metallständer

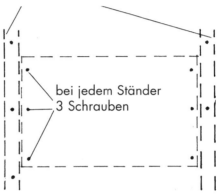

bei jedem Ständer 3 Schrauben

Vorgefertigte Montageplatte

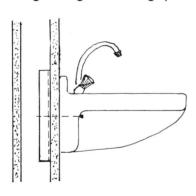

Rastermaße verstellbar

Traverse mit Rohrdurchführungen

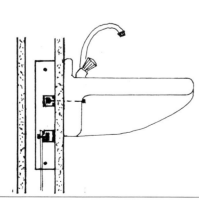

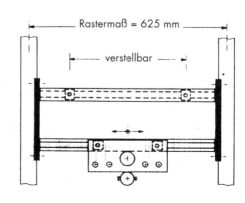

Rastermaß = 625 mm
verstellbar

Sanitär, Heizkörperaufhängung 7.59.04

Heizkörperaufhängung
Innenbekleidung Typ A

Variante a
zusätzlich
Spanplatte 16–25 mm

Variante b
zusätzlich Riegel 6/6
genaue Höhenangabe
erforderlich

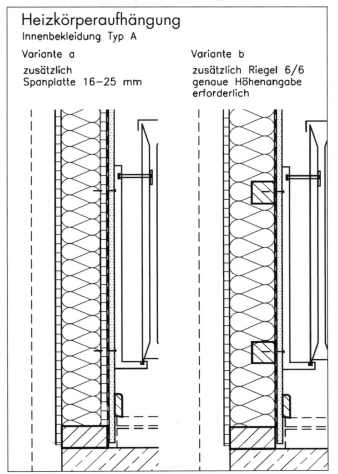

Heizkörperaufhängung
Innenbekleidung Typ B

i.a. keine zusätzlichen
Maßnahmen erforderlich

Innenbekleidung Typ C

zusätzlich Brett 24 mm
genaue Höhenangabe
erforderlich

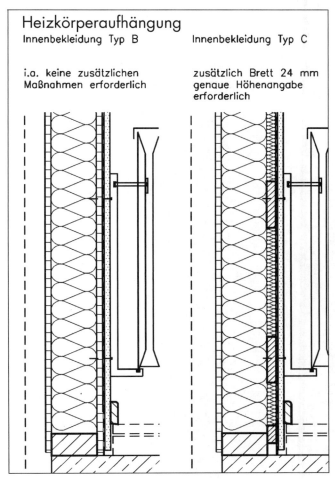

Konstruktion

8
STATIK

Inhalt

8	Statik		
	8.00	Allgemeines	429
	8.10	Geschoßdecken	430
	8.20	Stürze, Unterzüge	436
	8.30	Wände	440
	8.40	Stützen	443
	8.50	Gebäudeaussteifung	445
	8.60	Beispiele	465
	8.70	Tabellarium	478

Statik, Allgemeines 8.00.01

Allgemeines

Im Kapitel Statik werden zunächst die einzelnen Bauteile und das Thema Gebäudeaussteifung in getrennten Abschnitten beschrieben, Grundlagen ihrer Berechnung und angenommene Basiswerte für das angehängte Tabellarium erläutert und auf Problemstellungen aufmerksam gemacht. Danach wird am Beispiel eines Gebäudes in Holzrahmenbauweise die Anwendung des Tabellariums an ausgewählten, repräsentativen Postitionen des Gebäudes gezeigt. Das angehängte Tabellarium basiert auf den erläuterten Berechnungsverfahren und soll eine schnelle Vorbemessung und Vorab-Auswahl der Bauteile sicherstellen.

Wesentliche Grundlagen für die Ausarbeitung sind:

- DIN 1052 »Holzbauwerke«, Ausgabe April 1988 mit den Teilen:
  - Berechnung und Ausführung (Teil 1)
  - Mechanische Verbindungsmittel (Teil 2)
  - Holzhäuser in Tafelbauart, Berechnung und Ausführung (Teil 3)
  - Änderung 1 von DIN 1052-1, -2, -3, Ausgabe Oktober 1996
- DIN 1055 »Lastannahmen für Bauten« mit den Teilen:
  - Lagerstoffe, Baustoffe und Bauteile, Eigenlasten und Reibungswinkel (Teil 1)
  - Verkehrslasten (Teil 3)
  - Verkehrslasten, Windlasten bei nicht schwingungsanfälligen Bauwerken (Teil 4 und Änderung A1)
  - Holzhäuser in Tafelbauart, Berechnung und
  - Schneelast und Eislast (Teil 5 und A1)
- DIN 4102 »Brandverhalten von Baustoffen und Bauteilen, Zusammenstellung und Anwendung klassizierter Baustoffe, Bauteile und Sonderbauteile« (Teil 4)
- DIN 4108 »Wärmeschutz im Hochbau«
- DIN 4109 »Schallschutz im Hochbau«

Die Berechnungsgewichte [kN/m^2], die Wärmedurchgangskoeffizienten k [$W/(m^2 K)$], das bewertete Schalldämm-Maß R'_w und die Feuerwiderstandsklassen sind für die einzelnen Bauteile auf den Datenblättern im Kapitel 6 angegeben.

Um den Konstruktionskatalog und somit auch das Kapitel Statik gut lesbar und handhabbar zu halten, wurden Standardisierungen notwendig, die hier – wie in dem ganzen Buch – zu Betrachtungsweisen und Aussagen führten, die im allgemeinen den ungünstigsten Fall zugrunde legen und damit für die übrigen Fälle sicherer sind. Dies kann im Bereich der Statik zu etwas materialintensiveren Konstruktionen führen, deren Materialnachteil jedoch in der überwiegenden Zahl der Fälle durch Standardisierung und freiere Gestaltungsmöglichkeiten mehr als aufgewogen wird. Hier ist wieder die Grenze angerissen, die jede Standardisierung mitbringt, nämlich das Abwägen zwischen vorüberlegtem System und abgegrenztem Einzelfall.

Bei der Statik wird dieser Komplex noch deutlicher sichtbar als in den anderen Kapiteln, da hier bei einer sehr wichtigen Frage, nämlich der Gebäudeaussteifung, nur Rezepte für die Einzelelemente, nicht aber für den gesamten Komplex angeboten werden. Darauf wurde bewußt verzichtet, um nicht das Prinzip Vielgestalt und Flexibilität durch die Vorgabe definierter baulicher Anlagen, insbesondere im Grundriß und in der Anordnung, zu durchbrechen. Bei der Gebäudeaussteifung ist im Rahmen des Kataloges immer die Gesamtbetrachtung des jeweilig anstehenden Gebäudes erforderlich. Diese Betrachtung kann nur mit einfachen Modellen vorgenommen werden, da die erforschten und formulierten Modelle gerade hier von der tatsächlichen Tragwirkung erheblich abweichen können. In dem Katalog wurden nur sehr wenige Teile des Hauses zu definiert aussteifender Wirkung herangezogen, wohlwissend, daß eine Reihe von nicht berücksichtigten Teilen die tatsächlichen Tragwirkungen erheblich verbessert und gleichwohl wissend, daß in Grenzfällen die zulässigen Werte mit den erforderlichen Sicherheiten eingehalten sind. Für den Anwender bedeutet dies, eine sehr sorgfältige Beurteilung vornehmen zu müssen, für die der Katolog ihm die Grundwerte liefert.

Statik, Geschoßdecken

Geschoßdecken

Die Geschoßdecken bestehen aus Deckenbalken (Rechteckquerschnitt oder Stegträger) und einer Beplankung aus Holzwerkstoffplatten oder Vollholzschalung, die die Vertikallasten zwischen den Balken abträgt und horizontal eine Scheibe bildet. Alternativ können Geschoßdecken auch aus Massivholzplatten ausgeführt werden. In den Details des Kapitels 6 sind auch Massivholzplatten als Deckenplatten berücksichtigt.

Im Folgenden wird eine 25 mm dicke Beplankung vorausgesetzt. Sie spannt sich in der Regel über mindestens zwei Balkenfelder und ist in der Lage, auch ohne einen lastverteilenden Belag die anzusetzende Verkehrslast $p = 2{,}00$ kN/m² bzw. eine Einzellast von $F = 1{,}00$ kN zu übertragen.

1 Stützweiten der Deckenbalken

Als Stützweiten werden die Abstände der Auflagermitten angenommen.

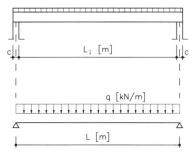

Bild 1: Stützweite und Belastung der Deckenbalken

Da die Länge des Auflagers des Balkens in der Regel $c = 6$ cm beträgt, kann die Stützweite mit
$$L = L_i + 0{,}06 \text{ m} \tag{1}$$
angesetzt werden.

2 Belastung

Die Belastung der Deckenbalken errechnet sich aus den Anteilen:
– ständige Last
– Verkehrslast
und gegebenenfalls einem Zuschlag für die nichttragenden Trennwände. Bei einem Flächengewicht der Trennwände von nicht mehr als 1,00 kN/m² beträgt der Zuschlag $p_T = 0{,}75$ kN/m².

Als minimale Belastung wurde eine Decke mit einem Eigengewicht von $g = 0{,}50$ kN/m² zugrunde gelegt. Hieraus ergibt sich dann die kleinste Gesamtlast zu $q = 0{,}50 + 2{,}00 = 2{,}50$ kN/m².

Die maximale Belastung wurde mit $q = 5{,}00$ kN/m² angenommen. Diese Last kann sich aus einer schweren Decke mit Trennwandzuschlag ($q = 2{,}25 + 0{,}75 + 2{,}00 = 5{,}00$ kN/m²) oder aus einer Decke unter einer Loggia ($q = 1{,}50 + 3{,}50 = 5{,}00$ kN/m²) ergeben.

Zwischen diesen Grenzwerten der Belastung wurden die Berechnungen in Laststufen von 0,50 kN/m² durchgeführt. Hiermit werden alle praktisch vorkommenden Lasten erfaßt.

3 Querschnitte

3.1 Deckenbalken mit Rechteckquerschnitt aus Voll- und BS-Holz

Im Sinne einer kostensparenden Lösung werden als Deckenbalken die Querschnitte

▱ 6/22 cm, ▱ 8/22 cm, ▱ 10/22 cm,
▱ 6/24 cm, ▱ 8/24 cm und ▱ 10/24 cm
sowie Kombinationen aus diesen Querschnitte berechnet.

Die Balken sind aus Vollholz (Konstruktionsvollholz KVH) und aus Brettschichtholz (BS 11). BS 14 wurde nicht in das Tabellarium aufgenommen, da bei der Bemessung überwiegend die Durchbiegung der Deckenbalken maßgebend wird. In diesem Fall kann die größere Festigkeit von BS 14 gegenüber BS 11 nicht ausgenutzt werden.

Zusammengesetzte Querschnitte können als einteilige Querschnitte betrachtet werden mit einer Breite aus der Summe der einzelnen Querschnittsbreiten (z. B. ▱ 6/22 + ▱ 8/22 entspricht ▱ 14/22). Dies gilt auch beim Nachweis des Brandschutzes.

3.2 Stegträger (Doppel-T-Träger, Schalungsträger)

3.2.1 Grundsätzliches

Bei höheren Anforderungen an die Steifigkeit von Decken werden zunehmend Stegträger mit Stegen aus Holzwerkstoffplatten und Gurten aus Voll-, Brettschicht- oder Furnierschichtholz verwendet (z. B. Masonite-Träger, TJI®-Träger, Schalungsträger usw.). Die Träger müssen eine gültige bauaufsichtliche Zulassung besitzen oder nach DIN 1052 nachweisbar sein. Die dort angegebenen Bedingungen sind der Ausführung zugrunde zu legen.

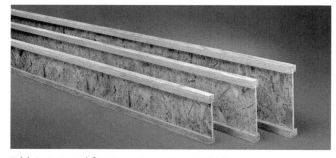

Bild 2: Beispiel für Stegträger (Foto: TJM Europe)

Die Bedingungen und die zulässigen Stützweiten der Stegträger sind hier nicht im einzelnen aufgenommen; sie können den Produktinformationen der Hersteller entnommen werden. Es werden jedoch einige Hinweise für das Bauen mit Stegträgern gegeben.

3.2.2 Dimensionierung der Stegträger

Die Stegträger sind entsprechend den Beanspruchungen (Biegebeanspruchung im Feld, Schubbeanspruchung am Auflager), der Aussteifung der gedrückten Gurte, dem Beulen des Steges und der Begrenzung der Durchbiegung zu dimensionieren. Die zulässigen Grenzwerte

Statik, Geschoßdecken 8.10.02

können meist aus den technischen Unterlagen der Hersteller abgelesen oder aus entsprechenden Rechenprogrammen entnommen werden.

Die Belastung von Deckenträgern erfolgt in der Regel von oben. Die Leimfuge zwischen dem Steg und dem Obergurt wird dabei durch Schub- und Druckspannungen beansprucht. Lasteinleitungen in den Untergurt, wie z. B. nach *Bild 3*, beanspruchen die Leimfuge dagegen durch Schub- und Zugspannungen parallel und senkrecht zur Leimfuge. Die in diesem Fall aufnehmbaren Kräfte sind sehr gering. Die Beanspruchungen sind stets gesondert nachzuweisen.

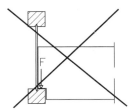

Bild 3: Lasteinleitung in den Untergurt

Achtung Gefahr! Auflagerung vermeiden.

Da die obere Deckenbeplankung als tragende Scheibe für die Ableitung der Windlasten und zur Kippsicherung der gedrückten Gurte dient, muß die Breite der Gurte so gewählt werden, daß die Mindestabstände der Nägel bei Beplankungsstößen nicht unterschritten werden. Kann diese Bedingung nicht eingehalten werden, sind an den Beplankungsstößen Futterhölzer einzubauen.

Sollen die vernagelten Futterhölzer nur am Obergurt befestigt werden, ist bei den Nachweisen der Nagelbeanspruchung und des Stegträgers das Versatzmoment $M = q \cdot b/2$ zu berücksichtigen.

3.2.3 Auflagerung

Die Auflagerlänge der Stegträger ist aus der Belastung zu bestimmen. Bei der Anwendung von Tabellenwerten ist zu überprüfen, mit welcher zulässigen Querpressung die Auflagerlängen errechnet wurden. Bei Auflagerung auf Rähmen aus Nadelschnittholz können die Pressungen auf dem Rähm maßgebend werden. Die Mindestauflagertiefen sind den technischen Richtlinien der Hersteller zu entnehmen.

Die Auflagerung der Träger muß mit besonderer Sorgfalt erfolgen. Die schmalen, hohen Träger sind gegen Kippen zu sichern.

Schnitte

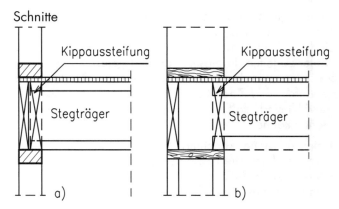

Bild 5: Auflagerung von Stegträgern
a) Wandpfosten aus Vollholz
b) Wandpfosten aus Stegträgern

Draufsicht

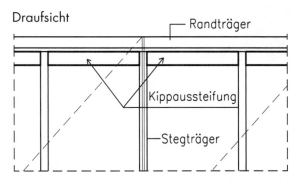

Bild 6: Kippaussteifungen am Auflager von Stegträgern

Ansicht

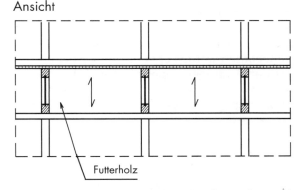

Bild 7: Futterhölzer zur Weiterleitung der Kräfte aus den oberen Geschossen und zur Kippaussteifungen am Auflager von Stegträgern

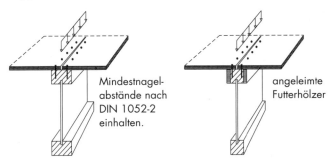
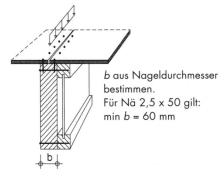

b aus Nageldurchmesser bestimmen.
Für Nä 2,5 x 50 gilt:
min b = 60 mm

Bild 4: Tragende Beplankungsstöße auf den Obergurten von Stegträgern
a) Die Gurtbreite ist so groß, daß die Mindestnagelabstände nicht unterschritten werden
b) Verbreiterung des Gurtes durch aufgeleimte Futterhölzer (Leimgenehmigung erforderlich)
c) seitlich angebrachtes Futterholz der Breite b (nur gurthohe Futterhölzer bedürfen eines statischen Nachweises)

Statik, Geschoßdecken

Müssen größere Druckkräfte aus den oberen Geschossen in die darunter stehende Wand übertragen werden, sind die Stege der Träger nicht in der Lage, die Kräfte weiter zu leiten. In diesem Fall sind beidseitig Futterhölzer mit anzuordnen, deren Fasern in der Kraftrichtung verlaufen. *Bild 7* zeigt die Futterhölzer, die hier so hoch gewählt sind, daß sie gleichzeitig als Kippaussteifung dienen können.

Treten nur hohe, konzentrierte Lasten über den Stegträgern auf, kann die Last durch zwei senkrecht stehende Hölzer gemäß *Bild 8* übertragen werden. Hier ist in jedem Fall ein rechnerischer Nachweis erforderlich.

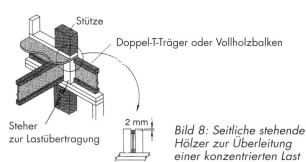

Bild 8: Seitliche stehende Hölzer zur Überleitung einer konzentrierten Last

Ist zwischen äußerem Randträger und Stegträger Dämmung angeordnet, wird die Beplankung und deren Befestigung zusätzlich beansprucht, da sowohl der Randträger als auch die Stegträger gegen Umkippen gesichert werden müssen. Während die Beanspruchung der Beplankung selbst in der Regel vernachlässigt werden kann, muß der Einfluß der Stabilisierungslasten untersucht werden. *Bild 9* gibt die aus der Stabilisierung der Randträger entstehenden Kräfte schematisch wieder. Die Kräfte am Obergurt werden über die Beplankung in die Obergurte der Stegträger eingeleitet. Die Kräfte am Untergurt müssen durch besondere Maßnahmen in die Untergurte der Stegträger eingeleitet werden (zusätzliche Verbindungsmittel).

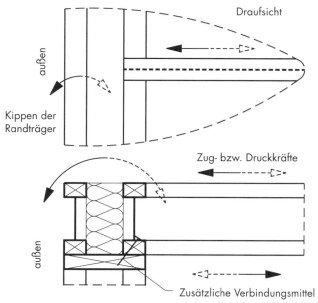

Bild 9: Schematische Darstellung der Stabilisierungskräfte beim Kippen des Randträgers

Die Beplankung der Deckenscheibe ist in jedem Fall auf dem äußeren Randträger zu befestigen. Dieser dient als Gurt der Scheibe.

3.2.4 Durchbrüche in Stegträgern

In den betreffenden Zulassungen und/oder den technischen Unterlagen der Hersteller können Angaben über zulässige Größen von Durchbrüchen und deren Abstände vom Auflager und untereinander enthalten sein. Nur diese sind ohne statische Nachweise ausführbar.

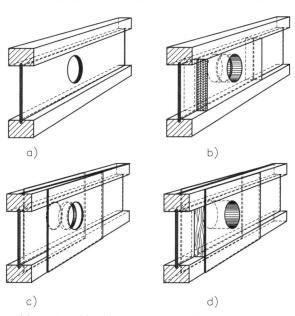

Bild 10: Durchbruch im Steg eines Stegträgers
a) ohne Verstärkung
b) mit Verstärkung im Steg
c) mit zusätzlichen beidseitig aufgebrachten Holzwerkstoffplatten
d) wie c) mit zwischenliegendem Futterholz

> Bei allen Stegträgern muß besonderes Augenmerk auf die Durchbrüche gelegt werden. Sie sind zu planen und ggf. statisch nachzuweisen.
> Ohne Rücksprache mit dem Tragwerksplaner dürfen nur vorgeritzte Löcher mit einem Durchmesser von etwa 40 mm ausgebrochen werden.

Werden Verstärkungen des Steges erforderlich, müssen diese verleimt werden. Die Verleimung darf nur von einem Betrieb mit der entsprechender Leimgenehmigung ausgeführt werden.

3.2.5 Schallschutz bei Decken mit Stegträgern

Der Nachweis über den Schallschutz der Decke muß mit Prüfzeugnissen erbracht werden. Beiblatt 1 zu DIN 4109 enthält keine Angaben über die Schalldämmwerte dieser Konstruktion.

3.2.6 Brandschutz bei Decken mit Stegträgern

Der Nachweis der Feuerwiderstandsdauer der Decke muß mit bauaufsichtlicher Zulassung erbracht werden. Die Konstruktion ist in DIN 4102-4 nicht geregelt.

Statik, Geschoßdecken

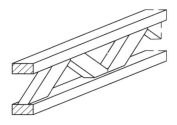

Bild 11: Fachwerkträger (z. B. DSB-Träger)

3.2.7 Fachwerkträger

Fachwerkträger bieten neben der hohen Steifigkeit die Möglichkeit zwischen den Füllstäben alle Leitungen problemlos unterzubringen.

Geleimte Konstruktionen müssen eine bauaufsichtliche Zulassung besitzen. Dort sind die Anwendungsbedingungen angegeben.

Der statische Nachweis ist in jedem Einzelfall zu erbringen. Hierzu können Tabellenwerke benutzt werden.

> Die Auflagerung der Fachwerkträger muß unter einem Untergurtknoten erfolgen. Dies gilt sowohl bei Einfeld- als auch bei Mehrfeldträgern.

In der Regel werden sich Fachwerkträger preisgünstig nur dort einsetzen lassen, wo entweder eine Planung auf den Knotenabstand oder – bei größeren Stückzahlen – eine Fertigung der Träger nach den tragenden Wänden möglich ist. Verstärkungsmaßnahmen an den Auflagern sind zwar möglich, aber meist so teuer, daß andere Bauarten vorzuziehen sind.

3.3 Massivholzplatten

Im Kapitel 6 sind Details für Decken mit Massivholzplatten, stellvertretend am Beispiel von Brettstapelelementen dargestellt. Deckenplatten aus BS-Holz-Fladen, kreuzlagig verleimten Bretten u. ä. können analog eingesetzt werden. Die Detaillierung kann für die anderen Massivholzplatten als Brettstapel i. a. etwas vereinfacht werden, muß aber nicht. Die Brettstapeldecken-Details decken für die anderen, üblichen Massivholzplatten die Übertragung der Anschlußkräfte auf der sicheren Seite liegend ab.

Stützweiten-Tabellen für Massivholzplatten wurden wegen der unterschiedlichen, technischen Gestaltungen des Plattenaufbaus sowie der üblichen Durchlaufwirkung nicht aufgenommen. Sie sind für den jeweiligen Einzelfall zu bemessen.

Hingewiesen sei hier lediglich auf folgende Problemstellungen:
Für einachsig gespannte Massivholzplatten ergibt sich rechnerisch bei der zulässigen Durchbiegung von $L/300$ (fast immer maßgebend) eine gegenüber entsprechenden Holzbalkendecken niedrigere Eigenfrequenz. Je höher die Eigenlast der Decke (Deckenbeschwerung) und je größer ihre Stützweite, umso niedriger die Eigenfrequenz! Baupraktisch stellen sich die Verhältnisse zumeist günstiger dar, weil die Massivholzplatten-Elemente an den Rändern der Räume zumeist dreiseitig gestützt sind und so, in zwar rechnerisch ungewissem Maße, als zweiachsig lastabtragend wirken. Dadurch wird die Eigenfrequenz deutlich angehoben. Abschätzende Betrachtungen durch den Tragwerksplaner seien empfohlen bis wirklichkeitsnahe Berechnungswerte entwickelt sind.

Eine nicht unerhebliche Problematik stellen bei von unten sichtbar bleibenden Massiv-Deckenplatten die Schall-Nebenweg-Übertragungen und auch die Licht-Dichtheit zwischen benachbarten Räumen dar. Aufgrund der kaum zu vermeidenden Fugen sollten schalltechnisch wirksame Trennungen der Deckenplatten zu schutzbedürftigen Räumen vorgesehen werden (auch wenn dadurch die Durchlaufwirkung der Platten verloren gehen sollte).

Bei BS-Holz-Fladen als Deckenplatten kann grundsätzlich angeraten werden, mit den zulässigen Beanspruchungswerten für BS 11 zu rechnen, weil die Hauptbeanspruchungsrichtung gegenüber den Normansätzen um 90° gedreht ist.

Brettstapel haben zwar – auch im tatsächlichen Brandfalle – bewiesen, daß sie ein ähnliches Brandverhalten aufweisen wie Vollholz mit großen Abmessungen. Dies ist jedoch noch nicht in die offiziellen Regelwerke, wie z. B. in DIN 4102 eingeflossen. Aus regelgerechter Sicht ist deshalb bei Brandschutzanforderungen für Brettstapeldecken entweder eine der geforderten Feuerwiderstandsklasse entsprechende selbständige Bekleidung oder die Zustimmung im Einzelfall erforderlich.

4 Zulässige Stützweite

Die zulässigen Stützweiten für Nadelvoll- und BS-Holz-Balken wurden aus den Beanspruchungen Schubspannung und Biegespannung sowie der zulässigen Durchbiegung von 1/300 der Stützweite errechnet für 0,625 m Balkenabstand und in die *Tabellen 1.1* bis *1.3* eingetragen. Dabei ist das System des Einfeldträgers nach *Bild 1* zugrunde gelegt.

Für jeden Querschnitt wurde auch das zulässige Moment und die zulässige Querkraft

$$\text{zul } M = \text{zul } \sigma_B \cdot W \text{ [kNm]} \tag{2}$$
$$\text{zul } Q = 2/3 \cdot \text{zul } \tau_Q \cdot A \text{ [kN]} \tag{3}$$

in die Tabellen eingetragen.

Bei anderen Balkenabständen als $e = 0{,}625$ m kann die zulässige Stützweite im Verhältnis der Trägheitsmomente umgerechnet werden. Es ergibt sich:

Statik, Geschoßdecken

$$\text{zul } L_e = \text{zul } L_{\text{Tab}} \cdot \sqrt[3]{\frac{0,625}{\text{vorh } e}} \quad (4)$$

vorh e = tatsächlicher Balkenabstand [m]

Für Balkenabstände $e > 0,625$ m ist gegebenenfalls die Tragfähigkeit der Beplankung nachzurechnen.

Den Berechnungen wurden jeweils die Durchbiegungsbegrenzungen nach DIN 1052 mit 1/300 der Stützweite zugrunde gelegt. Dies kann insbesondere bei größeren Stützweiten zu relativ großen Durchbiegungen führen. Die Steifigkeit der tragenden Balken kann unter Umständen dabei soweit vermindert sein, daß die Decke beim Begehen merklich schwingt. Es sollte daher bei großen Stützweiten überprüft werden, ob die Steifigkeit der Deckenkonstruktion durch die Wahl größerer Balkenquerschnitte zu erhöhen ist.

5 Berücksichtigung von Schwingungen

Das Schwingen von Deckenbalken wird in DIN ENV 1995 1-1 (EC 5) durch die Forderung begrenzt, daß die Eigenfrequenz der Decke $f_1 \geq 8$ Hertz betragen und daß der Antwortimpuls auf eine Stoßanregung bestimmten Bedingungen genügen muß.

Die Eigenfrequenz darf dabei für Einfeldträger näherungsweise mit der Formel

$$f_1 = \frac{\pi}{2 \cdot L^2} \cdot \sqrt{\frac{(E \cdot I)_L}{m}} \quad (5)$$

f_1 = Eigenfrequenz der Decke [Hertz]
L = Spannweite des Deckenbalkens [m]
$(EI)_L$ = Biegesteifigkeit in Spannrichtung [Nm²/m]
m = Masse pro Flächeneinheit [kg/m²]

berechnet werden. Werden die Trennwände mit einem Zuschlag berücksichtigt, sollte dieser Zuschlag mit zu der ständigen Last gerechnet werden.

Im »holzbau handbuch, Reihe 2, Tragwerksplanung; Eurocode 5, Holzbauwerke, Bemessungsgrundlagen und Beispiele« ist ein Faktor k_f angegeben, mit dem auch Eigenfrequenzen von Zweifeldträgern ermittelt werden können.

Für die Neufassung der DIN 1052 ist eine Begrenzung der Anfangs-Durchbiegung unter ständiger Last auf 5 mm in Diskussion. Diese Begrenzung entspricht einer Eigenfrequenz von 8 Hertz.

In den *Tabellen 1.1* bis *1.3* sind die kleinsten Eigenfrequenzen f_1 für die zulässigen Stützweiten eingetragen. Ist die Eigenfrequenz $f_1 < 8$ Hz, dann ist mit merklichen Schwingungen beim Begehen zu rechnen. Die über die Bedingung $f_1 \geq 8$ Hz bzw. der Durchbiegung $u_{\text{inst}} \leq 5$ mm berechneten reduzierten Stützweiten wurden ebenfalls in die *Tabellen 1.1* bis *1.3* aufgenommen. Sie wurden mit einem Elastizitätsmodul $E = 1100$ kN/m² (S10) bzw. $E = 1160$ kN/m² (BS11) ermittelt. Auf der sicheren Seite liegend wurden zur Eigenlast 0,5 kN/m² zur Berücksichtigung von »quasi ständig« wirkenden veränderlichen Lasten addiert. Falls die Trennwände per Zuschlag berücksichtigt wurden, ist deren Gewicht der Eigenlast zuzuweisen.

6 Berücksichtigung der Kriechverformungen

Die Zunahme der Durchbiegung im Laufe der Zeit ohne Änderung der Belastung wird als Kriechen bezeichnet. Die Kriechverformungen hängen von der Höhe und der Dauer der Lasteinwirkung und vom Feuchtegehalt des Holzes ab. Sie werden in der derzeit geltenden Fassung der DIN 1052 unterschätzt.

In DIN ENV 1995 1-1 (EC5) werden Erhöhungsfaktoren für die Anteile der Durchbiegung in Abhängigkeit von der Lasteinwirkungsdauer und drei Nutzungsklassen angegeben. Für Wohnhäuser sind demnach die Endverformungen aus der ständigen Last um 60 % und aus der Nutzlast um 25 % zu erhöhen. Die sich dann aus der Begrenzung der Enddurchbiegung ergebenden zulässigen Stützweiten für Einfeldträger sind in allen Fällen größer als die Weite, die sich aus der Begrenzung der Eigenfrequenz ergeben.

Die in DIN ENV 1995 1-1 (EC5) angegebenen Begrenzungen der Enddurchbiegung sind keine Forderungen, sondern Empfehlungen. Sie sollten aber nur in begründeten Fällen und nach genauen Nachweisen überschritten werden.

7 Lastabtragung

Für die Lastabtragung von der Geschoßdecke auf anschließende Bauteile, wie Unterzüge und Stützen, darf die Verkehrslast für Wohnräume auf $p = 1,50$ kN/m² herabgesetzt werden.

Es wird ausdrücklich darauf hingewiesen, daß dies nach DIN 1055-3 nicht für Deckenfelder unter nicht ausgebauten Dachgeschossen gilt (Dachbodenräume).

8 Freiliegende Deckenbalken F 30–B

Die zulässigen Stützweiten für freiliegende Balken mit oberer Abdeckung der Feuerwiderstandsklasse F 30-B wurde aus der Tragfähkigkeit des Restquerschnittes mit

Statik, Geschoßdecken 8.10.06

einer Abbrandgeschwindigkeit entsprechend den Ansätzen des Holz-Brandschutz-Handbuches[1] bestimmt:

$$\text{zul } L = \sqrt{\frac{8 \cdot \beta_B\,(T_m) \cdot W(t_f)}{q \cdot e}} \cdot \frac{1}{100} \quad (6)$$

$$T_m = \left(1 + \kappa \cdot \frac{b}{h}\right) \cdot \left[20° + \frac{180° \cdot (v \cdot t_f)^\alpha}{(1-\alpha) \cdot \left(\frac{b}{2} - v \cdot t_f\right)} \cdot \left\{\left(\frac{b}{2}\right)^{1-\alpha} - (v \cdot t_f)^{1-\alpha}\right\}\right] \quad (7)$$

$$\beta_B(T_m) = (1{,}0625 - 0{,}003125 \cdot T_m) \cdot \beta_B \quad (8)$$

$$\alpha = 0{,}398 \cdot t_f^{0{,}62} \quad (9)$$

$$W(t_f) = \frac{(b - 2 \cdot v \cdot t_f) \cdot (h - v \cdot t_f)^2}{6} \quad (10)$$

Bei der Berechnung der Tabellenwerte wurden die Einwirkungsdauer $t_f = 30$ min, der Abbrand $v = 0{,}8$ mm/min, der Beiwert $\kappa = 0{,}25$ und die Festigkeit $\beta_B = 3{,}50$ kN/cm² für Vollholz der Sortierung S 10 zugrunde gelegt. Für Brettschichtholz der Sortierung BS 11 wurde in den Berechnungen die Biegefestigkeit $\beta_B = 3{,}85$ kN/cm² eingesetzt.

Für freiliegende Deckenbalken mit dreiseitiger Beflammung, d. h. wirksamer oberer Abdeckung gemäß DIN 4102-4 Tabellen 60, 61 und 62 der Feuerwiderstandsklasse F 30-B wird bei der Berechnung der zulässigen Stützweite praktisch in allen Fällen die Durchbiegungsbegrenzung auf 1/300 der Stützweite maßgebend.

Die Balken dürfen aus mehreren Querschnitten zusammengesetzt und mit mechanischen Verbindungsmitteln z. B. mit Nägeln, verbunden werden. Es muß allerdings gewährleistet sein, daß sich die Fugen zwischen den einzelnen Querschnittsteilen im Brandfall nicht soweit öffnen, daß ein ungehinderter Durchbrand erfolgen kann.

9 Aussparungen in Deckenbalken

Aussparungen in Deckenbalken werden zur Aufnahme von Leitungen benötigt. Während die Bohrungen für elektrische Kabel in der Regel keine Probleme darstellen, müssen Aussparungen zur Aufnahme von Heizleitungen sowie Wasserzu- und -abführungen genau geplant werden. Zur Vermeidung von Schäden durch Kondensat müssen alle Leitungen im Bereich des Holzes gedämmt werden.

In Tabelle 1.4 sind mögliche Aussparungen in Deckenbalken zusammengestellt.

9.1 Obere Ausklinkung am Auflager

9.1.1 Ausklinkung a = 4,0 cm

Die 4 cm tiefe, obere Ausklinkung läßt sich nach DIN 1052-1, Abschnitt 8.2.2.1 rechnerisch nachweisen. Bei der dort angegebenen Formel

$$\text{zul } Q = \frac{2}{3} \cdot b \cdot \left(h - \frac{a}{h_1} \cdot e\right) \cdot \text{zul } \tau_Q \quad [\text{kN}] \quad (11)$$

b = Balkenbreite
h = Balkenhöhe
a = Tiefe des oberen Einschnitts
h_1 = Resthöhe des Balkens
e = Abstand Auflagermitte bis Ausklinkungsende

ist der Abstand e auf $e = h_1$ beschränkt (s. Bild 12).

Übertragen auf das im Bild 12 dargestellte Beispiel bedeutet dies, daß der Ausschnitt eine Länge von 18 cm haben darf. Die nutzbare Länge beträgt dann bei Ausführung nach Bild 12 mit Randholz ⊡ 6/4 cm noch 9 cm.

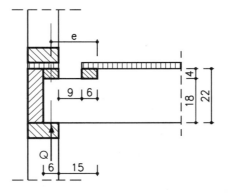

Bild 12: Beispiel einer möglichen oberen Ausklinkung nach DIN 1052

Es bestehen jedoch keine Bedenken, die in Tabelle 1.4 dargestellten, 30 cm langen Ausschnitte auch in die nach Tabelle 1.1, S. 480 ermittelten Balkenquerschnitte einzuschneiden, da die hier auftretenden Schubbeanspruchungen bei Ausnutzung der zulässigen Stützweiten gering sind.

9.1.2 Ausklinkung a = 8,0 cm

Für diese Ausklinkung würde nach Formel (11) für die Deckenbalken noch eine nutzbare Ausschnittlänge von 11 cm verbleiben. Die Abminderung der zulässigen Querkraft wird beim Balken 6/22 cm für große Belastungen schon so bedeutend, daß die Schubspannung für die Bemessung maßgebend wird.

Bei Ausklinkungen von 8,0 cm Tiefe sollten daher bei der Bemessung der Deckenbalken gemäß Tabelle 1.1 für Lasten $q \leq 3{,}50$ kN/m² jeweils der nächstbreitere Querschnitt (+ 2 cm) gewählt werden. Für Lasten $q > 3{,}50$ kN/m² sollte die Balkenbreite aus Tabelle 1.1 um 4 cm vergrößert werden.

---

[1] Kordina, Meyer-Ottens: Holz-Brandschutz-Handbuch, 2. Auflage, Deutsche Gesellschaft für Holzforschung e.V.

Statik, Stürze und Unterzüge

9.2 Obere Ausklinkung an beliebiger Stelle, a = 4 cm

Für 4 cm tiefe und maximal 30 cm lange obere Ausschnitte wurden die zulässigen Stützweiten unter Berücksichtigung der Querschnittsschwächung berechnet und in *Tabelle 1.5* zusammengestellt.

Sofern die Durchbiegung maßgebend war, wurde die verminderte Balkensteifigkeit im Bereich des Ausschnitts berücksichtigt. Hierzu wurde die über die Länge der Querschnittsschwächung zusätzlich anzusetzende *M/EI*-Fläche zu einer Einzellast zusammengefaßt und die Verformung nach dem Verfahren von Mohr bestimmt. Für eine maximale Durchsenkung von *L*/300 wurde die zulässige Stützweite mit der nachstehenden Gleichung errechnet.

$$L^3 + 59{,}448 \cdot L^2 - 40960 \cdot \frac{I}{q} = 0 \qquad (12)$$

L = Stützweite [cm]
I = Trägheitsmoment [cm⁴]
q = Belastung [kN/m]

9.3 Größere Aussparungen an beliebiger Stelle

Für tiefere Ausklinkungen oder längere Aussparungen sowie Durchbrüche in Unterzügen sind stets statische Nachweise erforderlich.

10 Wechsel

Eine allgemeine Aussage über die erforderlichen Querschnitte von Deckenwechseln ist nicht möglich, da die Vielfalt der Möglichkeiten nicht in übersichtlicher Weise erfaßt werden kann. Es wird daher beispielhaft nur ein Querschnitt für einen Treppenwechsel mit einer Spannweite von *L* = 2,50 m angegeben, der durch einen Deckenstreifen belastet wird (siehe *Bild 13*).

Bei Anschlüssen der Deckenbalken mit Zapfen können die maximalen Stützweiten wegen der hohen Auflagerkräfte nur bei Balken mit $b \geq 10$ cm ausgenutzt werden. Bei Balkenbreiten $b = 6$ cm und 8 cm sind entweder die Stützweiten zu wählen, die sich aus dem Nachweis des Zapfens ergeben[1] oder geeignete Verbinder, wie z. B. Balkenschuhe zu verwenden. Es sind dann die Zulassungsbedingungen zu beachten. Insbesondere wird darauf hingewiesen, daß nach den Zulassungen nur einteilige Querschnitte, d. h. keine zusammengesetzten Querschnitte verwendet werden dürfen und Wechselbalken ausreichend torsionssteif sein müssen.

Die Balken, an die die Wechsel anschließen (Wechselbalken), müssen bei Anschlüssen mit Balkenschuhen mindestens die gleiche Breite aufweisen wie der Wechsel selbst. Die zulässige Tragfähigkeit des Wechselbalkens ist je nach Belastung und Spannweite nachzuweisen. Dabei kann die Dimensionierung auch durch Vergleich der vorhandenen Beanspruchungen mit den in den Tabellen angegebenen Werten des zulässigen Momentes und der zulässigen Querkraft erfolgen.

q = 5,20 kN/m
F = 2,50 kN   ⊡ 10/22 cm

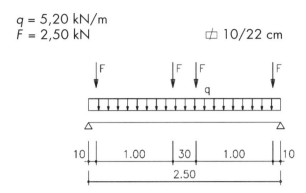

Bild 13: Treppenwechsel mit Belastung, Spannweite und erforderlichem Querschnitt

Stürze und Unterzüge

Die Stürze und Unterzüge können ohne Rücksicht auf das vorliegende Raster an jeder Stelle der Wand angeordnet werden. Bei der Berechnung der zulässigen Stützweiten aus den verschiedenen Beanspruchungen wurden jeweils immer die ungünstigsten Laststellungen zugrunde gelegt. Mit einem genauen statischen Nachweis, unter Berücksichtigung der tatsächlichen Laststellung, kann ein günstigerer Querschnitt ausreichen.

Das obere durchlaufende Rähm $b/h = 12/6$ cm bzw. 18/6 cm wurde, soweit es sinnvoll war, mit zum Tragen herangezogen. Da dieses Rähm als Ringanker und Gurt der Deckenscheibe dient, müssen beim Einbau von hoch liegenden Vollquerschnitten die Ringanker- bzw. die Gurtkräfte durch geeignete Maßnahmen (z. B. Lochbleche oder dgl.) weitergeleitet werden.

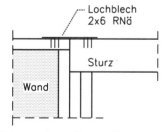

Bild 14: Hoch liegender Vollquerschnitt

1 Stützweiten

Als Stützweiten werden die Abstände der Auflagermitten angenommen.

---

[1] In Tabelle 1.6 sind für mittige Zapfenanschlüsse die zulässigen Querkräfte (Auflagerkräfte der Balken) angegeben.

Die Zapfenlöcher in den Unterzügen müssen gesondert nachgewiesen werden.

Statik, Stürze und Unterzüge 8.20.02

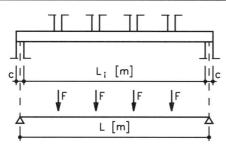

Bild 15: Stützweiten und Belastung der Stürze und Unterzüge

In den entsprechenden Stützweitentabellen ist die erforderliche Anzahl der Auflagerpfosten (□ 6/12 cm bzw. □ 6/18 cm) angegeben. Hieraus kann die mögliche lichte Weite ermittelt werden.

zul L_i = zul L − 0,06 · Pfostenanzahl [m]   (13)

2 Belastung

Die Stürze und Unterzüge werden in der Regel von den Sparren bzw. den Deckenbalken belastet. Die Untersuchungen wurden mit Lasten

$q = 8,0$ kN/m bis $q = 26,0$ kN/m

in Stufen von 2,0 kN/m durchgeführt.

Bei der Berechnung wurden die Streckenlasten in Einzellasten im Abstand von 0,625 m umgewandelt und jeweils in der ungünstigsten Anordnung angesetzt.

3 Querschnitte

Ausgehend von vorhandenen Wanddicken 12 cm und 18 cm wurden Querschnitte mit Breiten 12 cm und 18 cm untersucht.

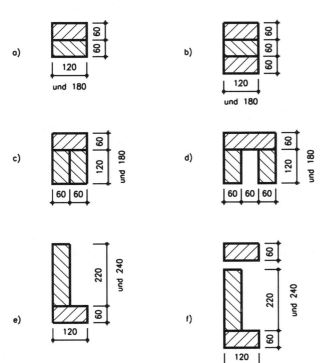

Bild 16: Querschnitte der untersuchten, zusammengesetzten Stürze und Unterzüge

Im Regelfall kann davon ausgegangen werden, daß ein Wandrähm □ 12/6 cm bzw. □ 18/6 cm durchläuft. Im Bereich der Wandöffnungen werden zusätzliche Hölzer □ 6/12 cm bzw. □ 6/18 cm liegend oder stehend zugelegt, so daß sich dann Querschnitte nach Bild 16 a) bis d) ergeben.

Bei Außenwänden läuft häufig (s. Kap. 6) entsprechend der Deckendicke ein Randholz □ 6/22 cm bzw. □ 6/24 cm umlaufend durch. Es darf im Sturzbereich nicht gestoßen werden. Bei entsprechendem Anschluß können auch Lasten aus dem Deckengebälk über das Randholz abgeleitet werden. Zusammen mit dem oberen Rähm der Wandelemente ergibt sich dann ein Querschnitt nach Bild 16 e).

Falls erforderlich, kann darüber hinaus berücksichtigt werden, daß die untere Schwelle der darüberstehenden Wand oder die Fußschwelle der Dachkonstruktion in der Lage ist, einen Teil der oben ankommenden Last abzutragen. Es ergibt sich dann ein Querschnitt nach Bild 16 f.).

Alle zusammengesetzten Querschnitte wurden ohne Verbund als lose aufeinander oder nebeneinanderliegend gerechnet. Die Lastanteile für die einzelnen Querschnittsteile wurden aus dem Verhältnis der Trägheitsmomente ermittelt. Daher ist es ohne Bedeutung, ob die Zulagehölzer unmittelbar unter/über dem durchlaufenden Wandrähm liegen oder durch kurze Pfosten getrennt sind.

Für größere Stützweiten und bei Brandschutzanforderungen wurden einteilige Querschnitte

□ 12/12 cm bis □ 12/30 cm, □ 16/12 cm bis □ 16/30 cm, □ 18/12 cm bis □ 18/30 cm

für Vollholz (Konstruktionsvollholz KVH) und

□ 12/12 cm bis □ 12/32 cm, □ 16/12 cm bis □ 16/32 cm, □ 18/12 cm bis □ 18/32 cm

für Brettschichtholz BS 14 untersucht.

Für Wandbauarten mit nur einer Schwelle und Rähmen aus Furnierschichtholz können die Tabellen mit den Angaben der zulässigen Stützweiten aus dem Buch »Holzrahmenbau mehrgeschossig« übernommen werden.

4 Zulässige Momente, zulässige Querkräfte

In den Tabellen wurde für jeden Querschnitt das zulässige Moment und die zulässige Querkraft nach den Gleichungen (2) und (3) mit angegeben.

Bei anderen als den oben angegebenen Laststellungen kann durch einen Vergleich der tatsächlichen Beanspru-

Statik, Stürze und Unterzüge

chung mit den zulässigen Werten überprüft werden, ob der Querschnitt noch ausreicht bzw. ein anderer Querschnitt gewählt werden muß. Es ist gegebenenfalls zu überprüfen, ob die Durchbiegung maßgebend wird.

5 Die zulässige Stützweite L [m]

Die zulässigen Stützweiten wurden für die verschiedenen Querschnitte und Belastungen aus den zulässigen Beanspruchungen – Schubspannung, Biegerandspannung, Durchbiegung – ermittelt. Dabei wurde berücksichtigt, daß die Öffnungen unabhängig von den Rastermaßen angeordnet werden können. In den Tabellen wurden nur Stützweiten aufgenommen, die größer als eine Gefachbreite (62,5 cm) sind.

5.1 Aus der zulässigen Schubspannung

Die maßgebende Querkraft errechnet sich aus der Einflußlinie für die Querkraft.

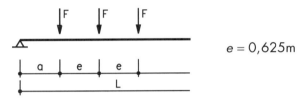

$e = 0{,}625\,\text{m}$

Bild 17: Maßgebende Laststellung zur Ermittlung der maximalen Querkraft

$$\max Q = n \cdot F - \frac{1}{L}\left(n \cdot a + 0{,}625 \cdot \overset{r}{\Sigma} i\right) \cdot F \qquad (14)$$

n = Anzahl der Lasten
i = 0, 1, 2, ... r; r = (n–1)
a = Abstand der 1. Last vom Auflager

Aus der zulässigen Querkraft als maximale Querkraft

$$\text{zul } Q = \frac{2}{3} \cdot \text{zul } \tau_Q \cdot b \cdot h \; [\text{kN}]$$

ergibt sich die zulässige Stützweite

$$\text{zul } L = \frac{(n \cdot a + 0{,}625 \cdot \overset{r}{\Sigma} i)}{n \cdot F - \text{zul } Q} \cdot F$$

$$0{,}625 \cdot (n-1) + a \leq L < 0{,}625 \cdot n + a$$

Für den Abstand a [m] der ersten Einzellast vom Auflager wurden 2 Fälle unterschieden.

5.1.1 Direkte Auflagerung

Bei der direkten Auflagerung nach Bild 18, das heißt der Balken wird am Ende auf den Pfosten aufgelegt und die Lasteintragung erfolgt von oben, darf die Querkraft entsprechend DIN 1052 Ziffer 8.2.1.2 abgemindert werden.

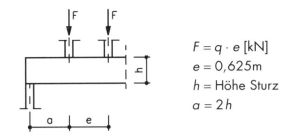

$F = q \cdot e\,[\text{kN}]$
$e = 0{,}625\,\text{m}$
h = Höhe Sturz
$a = 2h$

Bild 18: Maßgebender Abstand a bei Abminderung auflagernaher Lasten

Die bei dieser Laststellung berechnete Stützweite L [m] wurde, sofern sie kleiner als die Stützweite aus den anderen Kriterien ist, in den Tabellen 2.1 und 2.2, S. 486 f., eingetragen.

5.1.2 Indirekte Auflagerung

Bei einer indirekten Lagerung nach Bild 19 darf die Abminderung der Querkraft für auflagernahe Lasten nicht vorgenommen werden.

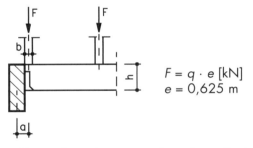

$F = q \cdot e\,[\text{kN}]$
$e = 0{,}625\,\text{m}$

Bild 19: Abstand a zur Ermittlung der maßgebenden Querkraft bei indirekter Lagerung

Für alle Stürze und Unterzüge wurde mit dem Abstand $a = 6$ cm gerechnet.

Die bei dieser Laststellung berechnete Stützweite L [m] wurde, sofern sie kleiner als die Stützweiten aus den anderen Kriterien ist, in den Tabellen 2.1 und 2.2, S. 486 f., eingetragen.

5.2 Aus der zulässigen Biegerandspannung

Das maximale Moment ergibt sich aus der Einflußlinie für das Biegemoment bei einer symmetrischen Belastung mit einer ungeraden Anzahl der Lasten.

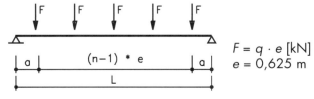

$F = q \cdot e\,[\text{kN}]$
$e = 0{,}625\,\text{m}$

Bild 20: Symmetrische Laststellung mit ungerader Lastzahl

Statik, Stürze und Unterzüge

$$\max M = \frac{n \cdot L}{4} \cdot F - 0{,}625 \cdot F \cdot \overset{s}{\Sigma} i \qquad (15)$$

n = Anzahl der Lasten
i = 0, 1, 2, 3, ... s; $s = \frac{1}{2}(n-1)$

Mit dem zulässigen Moment als maximales Moment ergibt sich die zulässige Stützweite

$$\text{zul } L = \frac{4}{n \cdot F} \left\{ \text{zul } M + 0{,}625 \cdot F \cdot \overset{s}{\Sigma} i \right\} \qquad (16)$$

$0{,}625 \cdot (n-1) \leq L < 0{,}625 \cdot (n+1)$

Die zulässige Stützweite wurde, sofern sie maßgebend wurde, in den *Tabellen 2.1 bis 2.2, S. 486 f.*, eingetragen.

5.3 Aus der zulässigen Durchbiegung

Als zulässige Durchbiegung wurde der Wert 1/300 der Stützweite zugrunde gelegt.

Zur Ermittlung der maximalen Durchbiegung waren bei den gegebenen Lastanordnungen mit Einzellasten im Abstand $e = 0{,}625$ jeweils zwei Fälle zu untersuchen.

5.3.1 Symmetrische Laststellung mit ungerader Anzahl der Einzellasten

Aus

$$f = \frac{F}{48\,EI} \left\{ n \cdot L^3 - 4{,}6875 \cdot L \cdot \overset{s}{\Sigma} i^2 + 1{,}9531 \cdot \overset{s}{\Sigma} i^3 \right\} \qquad (17)$$

n = Anzahl der Lasten
i = 0, 1, 2, 3, ... s; $s = \frac{1}{2} \cdot (n-1)$

wurde die zulässige Stützweite L [m] nach der Gleichung

$$n \cdot L^3 - \left(4{,}6875 \cdot \overset{s}{\Sigma} i^2 + \frac{48\,EI}{300\,F} \right) \cdot L + 1{,}9531 \cdot \overset{s}{\Sigma} i^3 = 0 \qquad (18)$$

$0{,}625 \cdot (n-1) \leq L < 0{,}625 \cdot (n+1)$

errechnet.

5.3.2. Symmetrische Laststellung mit gerader Anzahl der Einzellasten

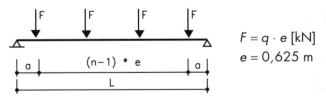

$F = q \cdot e$ [kN]
$e = 0{,}625$ m

Bild 21: Symmetrische Laststellung mit gerader Lastanzahl

Hier ergibt sich die maximale Durchbiegung in Feldmitte zu:

$$f = \frac{F}{48\,EI} \left\{ n \cdot L^3 - 1{,}179 \cdot L \cdot \overset{t}{\Sigma} i^2 + 0{,}2441 \cdot \overset{t}{\Sigma} i^3 \right\} \qquad (19)$$

n = Anzahl der Lasten
i = 1, 3, 5, 7, ... t; $t = (n-1)$

Die zulässige Stützweite wurde aus der Gleichung

$$n \cdot L^3 - \left(1{,}1719 \cdot \overset{n/2}{\Sigma} i^2 + \frac{48\,EI}{300\,F} \right) \cdot L + 0{,}2441 \cdot \overset{n/2}{\Sigma} i^3 = 0$$

$0{,}625 \cdot (n-1) \leq L < 0{,}625 \cdot (n+1) \qquad (20)$

berechnet.

Die zulässige Stützweite wurde, sofern sie maßgebend wurde, in die *Tabellen 2.1 bis 2.2, S. 486 f.* eingetragen.

6 Auflagerpfosten

Im Regelfall kann davon ausgegangen werden, daß prinzipiell unter jedem Auflager eines Sturzes oder eines Unterzuges Pfosten angeordnet werden. Aus wirtschaftlichen Gründen werden hier die normalen Wandpfosten mit einem Querschnitt ⌑ 6/12 cm bzw. ⌑ 6/18 cm verwendet. Die im Tabellarium aufgenommenen Werte basieren darauf, daß unter einem 12 cm und einem 16 cm breiten Sturz oder Unterzug jeweils 12 cm breite Auflagerpfosten vorgesehen sind. Unter einem 18 cm breiten Sturz oder Unterzug sind 18 cm breite Auflagerpfosten vorgesehen.

Reicht die vorhandene Fläche nicht aus, um die auftretende Auflagerkraft zu übertragen, müssen mehrere Pfosten nebeneinander gestellt werden. Der Sturz muß dann selbstverständlich bis zum Einde des letzten Pfostens durchlaufen.

Sollen, z. B. für Innenwände, 18 cm breite Unterzüge auf 12 cm breite Wandpfosten aufgelegt werden, dann kann die Anzahl der Auflagerpfosten ⌑ 6/18 cm aus dem Tabellarium um das 1,5fache auf die erforderliche Anzahl mit Pfostenquerschnitt ⌑ 6/12 cm umgerechnet werden.

In den *Tabellen 2.1 bis 2.14* ist immer in der zweiten Zeile die erforderliche Anzahl der Auflagerpfosten angegeben. Bei ihrer Berechnung wurde eine zulässige Querpressung zul $\sigma_{D\perp} = 0{,}20$ kN/cm² zugrunde gelegt. Da in der Regel kein Überstand des Sturzquerschnitts vorhanden ist, entspricht diese Spannung einem Grundwert von 0,25 kN/cm² mit der nach DIN 10-52-1 geforderten Abminderung um 20%. Bei den aufgelösten Querschnitten (Wandrähm + Zulageholz oder Randholz) in den *Tabellen 2.1 und 2.2* wurde die Anzahl der Auflagerpfosten auf der sicheren Seite liegend mit der kleinsten vorhandenen Auflagerfläche aus dem Zulage- oder Randholz bestimmt. Dadurch wurde berücksichtigt, daß die Hölzer nicht direkt auf dem Wandrähm aufliegen müssen, sondern auch durch kurze Pfosten getrennt sein können.

Durch die Anordnung mehrerer Pfosten mit Sprüngen in der Gesamtbreite von jeweils 6 cm werden die zulässigen Werte zum Teil nicht ausgenutzt. Mit einem statischen Nachweis können daher unter Umständen geringere Abmessungen ermittelt werden. Eine weitere Verringerung der Auflagerfläche und damit der Pfostenbreite ist möglich, wenn der Sturzquerschnitt an den Enden übersteht und die volle Querdruckspannung von zul $\sigma_{D\perp} = 0{,}25$ kN/cm² ausgenutzt werden kann.

Statik, Wände

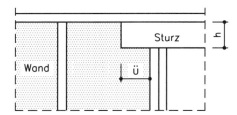

erf ü ≥ 10 cm für $h > 6$ cm
erf ü ≥ 7,5 cm für $h \leq 6$ cm

Bild 22: Überstand des Sturzquerschnitts über dem Auflager

Es wird darauf hingewiesen, daß dieser Überstand auch unten an der Schwelle, hier jeweils nach beiden Seiten, vorhanden sein muß.

7 Kriechverformungen

Die nach DIN 1052-1, Ziffer 4.3, zu berücksichtigende Erhöhung der Durchbiegung infolge Kriechen bei einem Anteil der ständigen Last von mehr als 50% der Gesamtlast wurde bei der Ermittlung der zulässigen Stützweiten in den Tabellen nicht vorgenommen. Soll dennoch der Kriecheinfluß berücksichtigt werden, kann dieses näherungsweise durch die Reduzierung der in den Tabellen angegebenen Stützweiten erfolgen

$$L_\eta = \chi \cdot L_{\text{Tabelle}} \quad [\text{m}] \tag{21}$$

Dabei ist

$$\chi = \sqrt[3]{1,5 - g/q} \tag{22}$$

Wird diese Reduzierung der Stützweite auch bei jenen Querschnitten vorgenommen, bei denen für die Bemessung die Biege- oder Schubspannung maßgebend war, so liegt man bei Anwendung obiger Formel auf der sicheren Seite.

8 Unterzüge F 30-B

Die zulässigen Stützweiten für die Unterzüge mit oberer Abdeckung der Feuerwiderstandsklasse F 30-B, d. h. bei 3seitiger Brandbeanspruchung und die zulässigen Stützweiten bei 4seitiger Brandbeanspruchung, wurden entsprechend DIN 4102-4 aus der Tragfähigkeit des Restquerschnittes bestimmt.

Das Bruchbiegemoment M_f für den Querschnitt b/h ergibt sich nach DIN 4102-4 zu:

$$M_f = W(t_f) \cdot \beta_B (T_m) \tag{23}$$
$$= \frac{b(t_f) \cdot h(t_f)^2}{6} \cdot (1,0625 - 0,003125 \cdot T_m) \cdot \beta_B$$

Für die Bruchquerkraft Q_f gilt:

$$Q_f = b(t_f) \cdot h(t_f) \cdot \text{zul } \tau_Q = (b - v \cdot t_f) \cdot (h - v \cdot t_f) \cdot \text{zul } \tau_Q \tag{24}$$

$\beta_B(T_m)$ nach Gleichung (8)
Einwirkungsdauer t_f = 30 min
Abbrand v = 0,8 mm/min für Vollholz S 10
Abbrand v = 0,7 mm/min für BS-Holz BS 14
Beiwert bei 3seitiger Brandbeanspruchung: κ = 0,25
Beiwert bei 4seitiger Brandbeanspruchung: κ = 0,4
Biegefestigkeit β_B = 3,50 kN/cm² für Vollholz S 10
Biegefestigkeit β_B = 3,85 kN/cm² für BS-Holz BS 14
zulässige Schubspannung zul τ_Q = 0,09 kN/cm² für Vollholz S 10
zulässige Schubspannung zul τ_Q = 0,12 kN/cm² für BS-Holz BS 14

Der Abstand a der ersten Einzellast vom Auflager wurde für die Berechnung der Stützweite bei direkter Lagerung mit

$$a_f = 2 \cdot h - v \cdot t_f \tag{25}$$

eingesetzt.

Nach DIN 4102-4 ist der Nachweis der Querkraft im Brandfall nur dann erforderlich, wenn dieser auch bei der »kalten« Bemessung maßgebend war. Da die Stützweitentabelle von beliebigen Laststellungen ausgeht, ist eine Verschiebung des Beanspruchungskriteriums möglich. In den Tabellen sind daher die kleinsten Stützweiten angegeben, die sich aus der »heißen« Biege- und Schubbemessung ergeben. Diese Werte liegen auf der sicheren Seite. Im Einzelfall – mit definierten Laststellungen – können daher größere zulässige Stützweiten möglich sein.

In den *Tabellen 2.4, 2.5, 2.7, 2.8, 2.10, 2.11, 2.13, 2.14* sind die zulässigen Stützweiten von Unterzügen aus Nadelholz S 10 und Brettschichtholz BS 14 angegeben, die die Anforderungen der Feuerwiderstandsdauer F 30-B bei 3seitiger bzw. 4seitiger Brandbeanspruchung erfüllen.

9 Aussparungen in Unterzügen

Aussparungen und Durchbrüche in Stürzen und Unterzügen sollten vermieden werden. Sie sind nur mit einem statischen Nachweis möglich. Die Nachweise für Ausklinkungen können, ähnlich wie bei den Deckenbalken, nach den Angaben der DIN 1052 geführt werden. Die dort angegebenen Maßnahmen bei Durchbrüchen in Brettschichtholzträgern sind für Häuser in Holzrahmenbauart nicht angemessen. Hier sind andere Lösungen sowohl in architektonischer als auch in statischer Hinsicht zu wählen.

Wände

In diesem Abschnitt werden nur die tragenden Wände behandelt und ihre zulässigen Beanspruchungen in Tabellen zusammengestellt. Die Ausbildung nichttragender Wände ist den Angaben des zeichnerischen Teils zu entnehmen. Bei tragenden Wänden, die gleichzeitig noch eine windaussteifende Funktion übernehmen, sind die Hinweise im Abschnitt Gebäudeaussteifung zu beachten.

Alle tragenden Wände bestehen in der Regel aus Pfosten ⊡ 6/12 cm bzw. ⊡ 6/18 cm, die im Abstand e = 0,625 m angeordnet werden. Den unteren und oberen Anschluß der Wand bildet eine Schwelle und ein Rähm, die beide mit den gleichen flachliegenden Querschnitten ⊡ 12/6 bzw. ⊡ 18/6 cm ausgeführt werden. Eine Wandseite wird mit einer mindestens 13 mm dicken

Statik, Wände

Holzwerkstoffplatte versehen, die durch Nagelung mit den Pfosten, der Schwelle und dem Rähm verbunden ist. Für Wände mit höheren Lasten oder besonderen Anforderungen können Pfostenquerschnitte ⊡ 8/12 cm verwendet werden.

Der Einbau von anderen Holzquerschnitten ist möglich. Hierfür ist jedoch in jedem Fall ein statischer Nachweis zu erbringen, der alle auf die Wand einwirkenden Einflüsse berücksichtigen muß. Bei Verwendung von Bau-Furniersperrholz nach DIN 68705-3 als Beplankung gelten die gleichen Werte wie für Flachpreßplatten nach DIN 68763 (Spanplatten) und EN 300 (OSB-Platten). Die Kriterien nach Kapitel 5 und 6 sind unbedingt zu beachten.

Bei Minimalenergie- und Passivhäusern kommen häufig Pfosten mit Doppel-T-Querschnitt (Stegträger) zur Anwendung. Die Profilhöhe wird der Dicke der gewählten Dämmschicht angepaßt. Die Träger haben den Vorteil, daß die geometrische Wärmebrücke, d. h. der Wärmestrom durch den Pfostenquerschnitt, geringer ist als bei entsprechenden Vollholzquerschnitten.

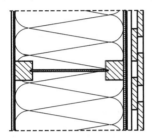

Bild 24: Doppel-T-Träger als Wandpfosten

Die Anwendung der Stegträger ist in den betreffenden bauaufsichtlichen Zulassungen festgelegt. Die dort angegebenen Bedingungen sind sorgfältig einzuhalten.

Bei der Auflagerung von Deckenbalken auf Wandpfosten aus Stegträgern nach Bild 5b ist zu beachten, daß die Auflagerkräfte nur in den inneren Gurt eingetragen werden. Das Stegmaterial muß in der Lage sein, einen Teil der Normalkräfte in den äußeren Gurt des Profils zu übertragen.

Nach den Zulassungen kann bei Einbau von Stegträgern in Wandtafeln mit einseitiger Beplankung das Querschnittsverhältnis Stegträgerhöhe H zu Balkenbreite (Gurtbreite) b begrenzt sein. Damit wird sichergestellt, daß auch der nicht mit der tragenden Beplankung verbundene Gurt eines Stegträgers ausreichend gegen seitliches Ausweichen gesichert ist. Fehlt eine entsprechende Angabe oder ist das Verhältnis $H/b > 3{,}50$, sind beide Gurte seitlich zu halten. Zur Stabilisierung, d. h. zur seitlich unverschieblichen Halterung von Doppel-T-Träger-Gurten, dürfen nach DIN 1052-3 auch Plattenwerkstoffe als Beplankung eingesetzt werden, die nicht für die Abtragung von Kräften in Tafelebene nach DIN 1052-1 und -3 zulässig sind (z. B. Gipskartonplatten).

Bei der Berechnung wird in der Regel die Querpressung auf der Schwelle maßgebend. Dabei dürfen die Stegflächen nicht in allen Fällen zur Weiterleitung der Druckkräfte mit herangezogen werden (Zulassung beachten). Die Schwellen und Rähme sollten daher aus Holzwerkstoffen mit hohen zulässigen Pressungen senkrecht zur Faser gewählt werden (z. B. Furnierschichtholz).

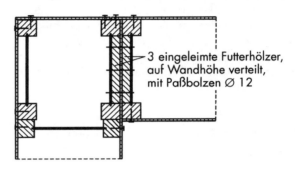

Bild 26: Futterhölzer bei Verbindungen von Stegträgern am Beispiel eines Wandanschlusses

Bei Verbindungen von Stegträgern untereinander, z. B. nach Bild 26 bei Wandanschlüssen, sind Futterhölzer anzuordnen. Diese Futterstücke sollten zur Vermeidung des Schlupfes in den Verbindungsmitteln mit dem Steg verleimt werden. Wird die Leimfuge durch planmäßige Lasten (z. B. auf Abscheren) beansprucht, darf sie nur von einem Betrieb vorgenommen werden, der die entsprechende Eignung (Leimgenehmigung) nachgewiesen hat.

1 Knicklänge

Die tragenden Pfosten werden in der Wandebene durch die Beplankung am Ausknicken gehindert. Senkrecht zur Wandebene wurde für die Untersuchung als Knicklänge der Abstand der Deckenscheiben mit $s_{k,y} = 2{,}75$ m angenommen.

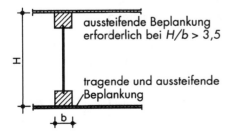

Bild 25: Tragende und aussteifende Beplankung
tragend: Ableitung planmäßiger Lasten (z.B. ständige Lasten, Verkehrslasten, Windlasten)
aussteifend: Sicherung gegen seitliches Ausweichen (Kippen, Knicken)

Bild 27: Statisches System für den Wandpfosten

2 Zulässige Spannungen

In Faserlängsrichtung werden für die tragenden Pfosten der Wände die Spannungen zul $\sigma_{D\|} = 0{,}85$ kN/cm² und zul $\sigma_B = 1{,}00$ kN/cm² zugrunde gelegt.

Statik, Wände

Für die Beanspruchung senkrecht zur Faser, also dem Druck auf die Rähme und Schwellen werden zwei Fälle unterschieden:

2.1 mit Überstand

Die Schwelle und das Rähm stehen bei $h > 6$ cm auf beiden Seiten mindestens 10 cm über (siehe auch *Bild 31*). Für $h \leq 6$ cm reduziert sich der erforderliche Überstand auf $ü = 7,5$ cm.

Den Beanspruchungstabellen wurde dann die zulässige Querdruckspannung zul $\sigma_{D\perp} = 0,25$ kN/cm² zugrunde gelegt.

Die DIN 1052 erlaubt bei einer Teilflächenbelastung eine Spannungserhöhung. Für die 6 cm breiten Wandpfosten beträgt der Faktor $k_D = 1,26$; die zulässige Querdruckspannung könnte auf zul $\sigma_{D\perp} = 0,2 \cdot 1,26 = 0,252$ kN/cm² erhöht werden. Auf die geringfügige mögliche Steigerung der zulässigen Spannung und damit der Beanspruchbarkeit der Wand wurde jedoch im Hinblick auf eine einheitliche Behandlung aller Bauteile des Gebäudes verzichtet.

2.2 ohne Überstand

Für Schwellen und Rähme, die keinen Überstand besitzen, beträgt die zulässige Querdruckspannung zul $\sigma_{D\perp} = 0,20$ kN/cm² (entspricht der nach DIN 1052 geforderten 20%igen Abminderung der Querpressung).

3 Tragende Innenwände

Die zulässige Belastung der tragenden Innenwände wird von der zulässigen Querpressung bestimmt.

Für den Einzelpfosten ergibt sich die zulässige Belastung:

$$\text{zul } F_V = \text{zul } \sigma_{D\perp} \cdot A \text{ [kN]} \qquad (26)$$
A = Fläche des Pfostens [cm²]

und mit dem Pfostenabstand $e = 0,625$ m eine zulässige Streckenlast

$$\text{zul } q_V = \frac{\text{zul } \sigma_{D\perp} \cdot A}{0,625} = 1,6 \cdot \text{zul } \sigma_{D\perp} \cdot A \text{ [kN/m]} \qquad (27)$$

Die zulässigen Werte sind für die Pfostenquerschnitte ⌑ 6/12 cm, ⌑ 8/12 cm und ⌑ 6/18 cm und für die Fälle mit und ohne Überstand in den *Tabellen 3.1 bis 3.3, S. 500,* zusammengestellt.

4 Tragende Außenwände

Die Außenwände werden durch Winddruck auf die Wand und die lotrechten Lasten aus Dach, Decken und Eigenlasten beansprucht.

Zu den Biegespannungen aus der ausmittigen Lasteinleitung kommt gegenüber den Innenwänden noch ein Spannungsanteil aus dem Wind hinzu.

Die Wandpfosten ⌑ 6/12 cm sind ohne Verstärkungen in der Lage, eine Windbelastung von 0,5 kN/m² aufzunehmen. Mit dem aerodynamischen Druckbeiwert 0,8 ist diese Belastung bis zu einer Gebäudehöhe von 8,00 m über Gelände ausreichend.

Die Beanspruchbarkeit der Wände errechnet sich wie bei den Innenwänden aus der zulässigen Querpressung nach den Gleichungen (26) und (27).

Für die Außenwände können also dieselben Tabellen wie für die Innenwände benutzt werden.

Bei Häusern in besonders exponierten Lagen können höhere Windgeschwindigkeiten und damit ein größerer Winddruck auftreten. Für diese Fälle ist ein statischer Nachweis zu führen. Hierin muß auch die Weiterleitung der Windkräfte in die Schwelle und von dort in die Deckenscheibe enthalten sein.

Überstände über die Außenkante der Auflagefläche dürfen höchstens ⅙ der Dicke des Wandpfostens betragen. Die Dämmung darf dabei nicht berücksichtigt werden. Andernfalls müssen die Beanspruchungen der Schwelle und der Wandpfosten nachgewiesen werden.

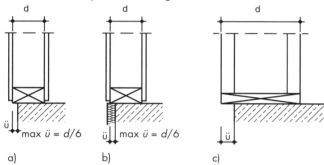

Bild 28: Überstand der Wand über die Betonplatte

Bei Wandpfosten aus Vollholz nach *Bild 28 a)* und *b)* kann ohne statischen Nachweis der Überstand max $ü = ⅙ \cdot d$ betragen.

Ohne statische Nachweise mögliche Überstände eines Wandpfostens der Dicke d [cm]

d [cm]	12	18
max $ü$ [cm]	2,0	3,0

Bei Wänden mit Pfosten aus Stegträgern nach *Bild 28 c* ist stets ein statischer Nachweis erforderlich. Dieser muß die Beanspruchung der Schwelle (Biegung, Schub, Querpressung) und des Stiels umfassen.

5 Mehrfachpfosten

Zur Aufnahme höherer Lasten, zum Beispiel aus der Auflagerung von Stürzen oder Unterzügen, müssen die Wandpfosten verstärkt werden. Hierzu wird die Aufstandsfläche durch Beifügen von weiteren Wandpfosten solange vergrößert, bis sie zur Weiterleitung der Kräfte ausreicht.

Die Beipfosten werden konstruktiv durch Nägel 42 x 110 im Abstand $e = 40$ cm miteinander verbunden. Das seitliche Ausknicken muß durch die Beplankung verhindert werden. Die Nagelung der Beplankung muß also auf jedem Einzelpfosten erfolgen. Ist dies nicht möglich, so muß der Pfosten als freistehende Stütze gemäß Abschnitt 8.40 berechnet und konstruiert werden.

Statik, Stützen

Die *Tabelle 3.3, Seite 500*, gibt die zulässigen Belastungen für jeweils 2, 3, 4 und 5 nebeneinander gestellte Wandpfosten ⌧ 6/12 cm und ⌧ 6/18 cm bzw. 2, 3 und 4 Pfosten mit dem Querschnitt ⌧ 8/12 cm an.

6 Aussparungen

6.1 Aussparungen in Rähmen und Schwellen

Durchbrüche und Einschnitte in Schwellen und Rähmen sind ohne besondere Maßnahmen möglich, solange gewährleistet ist, daß die Ringanker- und Scheibenkräfte übertragen werden. Dies ist für runde Durchbrüche und Schlitze nach *Tabelle 3.4, Seite 501 f.*, gegeben.

Wird das Rähm zur Durchführung einer Leitung vollständig durchtrennt, so müssen die Kräfte über Stahlblechteile weitergeleitet werden. Je Seite und je Anschluß sind mindestens 4 Rillennägel ∅ 4 mm einzuschlagen (siehe *Tabelle 3.5* oben). Sind Horizontalkräfte aus den Aussteifungsbauteilen zu übertragen, ist ein rechnerischer Nachweis notwendig.

6.2 Aussparungen in Wandpfosten

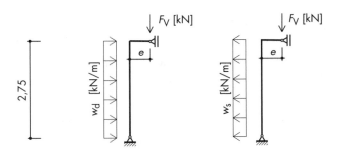

Bild 29: Lastfälle zur Untersuchung der Beanspruchung der Wandstiele

Bei Durchbrüchen und Aussparungen in den Wandpfosten sind, bis auf die Ausnahme nach 6.2.1, stets Verstärkungen erforderlich.

Die Beanspruchungen der Wandstiele im Bereich der Durchbrüche wurden für die Lastfälle Winddruck bzw. Windsog und exzentrische Auflagerung untersucht (siehe *Bild 29*).

Für F_v wurde die aus der Querpressung ermittelte maximale Last eingesetzt. Die Exzentrizität der Lasteinleitung wurde mit $e = d/2 - 3$ cm angenommen. Dies entspricht einer Mindestauflagertiefe der Deckenbalken von 6 cm.

6.2.1 Rechteckige Durchbrüche in Pfostenmitte nach *Tabelle 3.6, S. 503*, mit einer Breite von 3,0 cm und einer Länge von 10 cm setzen die Tragfähigkeit zwar herab, die zulässige Knickspannung ($\sigma_\omega = 1,06$ kN/cm² im Lastfall HZ) wird jedoch nicht überschritten. In diesem Fall ist keine Verstärkung erforderlich.

6.2.2 Rechteckige Durchbrüche in Pfostenmitte nach *Tabelle 3.6, S. 503*, mit einer Breite von 6,0 cm und einer Länge von 10 cm sind bei Querschnitten ⌧ 6/12 cm nur in tragenden Innenwänden möglich. Der Pfostenquerschnitt ist durch einen Beipfosten mit dem gleichen Querschnitt zu verdoppeln.

Die Durchbrüche sind bei Querschnitten ⌧ 6/18 cm ohne Verstärkung bei Innen- und Außenwänden möglich.

6.2.3 Runde Durchbrüche nach *Tabelle 3.6, S. 503*, mit einem Durchmesser von 7 cm sind bei Querschnitten ⌧ 6/12 cm nur in Innenwänden möglich. Es ist ein doppelter Wandstiel einzubauen.

Die Durchbrüche sind bei Querschnitten ⌧ 6/18 cm ohne Verstärkung bei Innen- und Außenwänden möglich.

6.2.4 Bei seitlichen Einschnitten nach *Tabelle 3.6, S. 503*, mit einer Tiefe von 3 cm und einer Länge von 10 cm sind bei Querschnitten ⌧ 6/12 cm sowohl bei tragenden Außen- als auch Innenwänden jeweils doppelte Wandstiele einzubauen.

Die Einschnitte sind bei Querschnitten ⌧ 6/18 cm ohne Verstärkung bei Innen- und Außenwänden möglich.

6.3 Horizontale Wandschlitze

Einschnitte von mehr als 3 cm oder durchgehende Öffnungen in den Wandstielen nach *Tabelle 3.5, S. 502*, sind stets durch einen Zwischenriegel zu überbrücken. Diese Riegel können entsprechend ihrer Belastung und Spannweite mit Hilfe der *Tabellen 2.3 bis 2.14, S. 488 ff.* für Stürze bzw. Unterzüge dimensioniert werden.

Freistehende Stützen

In diesem Abschnitt werden nur die nach vier Seiten freistehenden Stützen behandelt. Die zulässigen Belastungen sind für die verschiedenen Querschnitte in der *Tabellen 4.1 bis 4.4, S. 504 f.*, zusammengestellt.

Die in den Wänden stehenden Stützen stellen verstärkte Wandpfosten dar, sie wurden dort behandelt.

1 Knicklänge

Als Knicklänge für die freistehenden Stützen ist der Abstand der Deckenscheiben einzusetzen. Für alle Stützen wurde der Fall der gelenkigen Lagerung an beiden Enden mit einer Knicklänge $s_k = 2{,}75$ m angenommen.

Bild 30: System und Belastung der Stützen

Statik, Stützen

2 Zulässige Spannungen

Als zulässige Spannung in Faserlängsrichtung wurde für Nadelholz S 10 und für Brettschichtholz BS 11 der Wert zul $\sigma_{D\|} = 0{,}85$ kN/cm² zugrunde gelegt. Bei Brettschichtholz BS 14 wurde zul $\sigma_{D\|} = 1{,}1$ kN/cm² eingesetzt.

Bei der Beanspruchung senkrecht zur Faser gehen die Berechnungen für alle untersuchten Werkstoffe von einer zulässigen Querdruckspannung zul $\sigma_{D\perp} = 0{,}25$ kN/cm² aus. An Endauflagern von Balken bzw. bei fehlenden Überständen von Schwellen wurde dieser Wert um 20 % auf zul $\sigma_{D\perp} = 0{,}20$ kN/cm² herabgesetzt. Die *Tabellen 4.1* bis *4.4* enthalten immer die zulässigen Belastungen mit und ohne Überstände der Schwellen.

In den Berechnungen wurde davon ausgegangen, daß zumindest eine Fläche – oben oder unten – senkrecht zur Faser beansprucht wird. Ist dies nicht der Fall oder werden die Querpressungen durch gesonderte Bauteile wie Knaggen, Stahlteile oder dergleichen vermindert, kann die Beanspruchbarkeit der Stütze durch einen statischen Nachweis bestimmt werden.

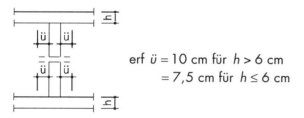

erf $ü = 10$ cm für $h > 6$ cm
$\phantom{\text{erf }ü} = 7{,}5$ cm für $h \leq 6$ cm

Bild 31: Erforderliche Überstände

3 Querschnitte

Es wird davon ausgegangen, daß im Regelfall sichtbar bleibende Vollholzquerschnitte verwendet werden. Die Berechnungen wurden für die Querschnitte

☐ 12/12 cm – ☐ 12/20 cm,
☐ 16/14 cm – ☐ 16/20 cm,
☐ 18/18 cm – ☐ 18/20 cm

sowohl aus Nadelvollholz (Konstruktionsvollholz KVH) als auch aus Brettschichtholz BS 11 und BS 14 durchgeführt.

Für die gewählten Querschnitte wird stets die Querpressung maßgebend. Die zulässige Belastung ist also für Nadelvollholzstützen und für Stützen aus Brettschichtholz gleich groß. Sie sind in den *Tabellen 4.1 bis 4.3* angegeben.

In der *Tabelle 4.4* ist zusätzlich für die Querschnitte

☐ 8/12 cm, ☐ 12/12 cm, ☐ 14/12 cm, ☐ 16/12 cm und ☐ 16/16 cm

die zulässige Belastung für Stützen angegeben, die in die Schwelle bzw. das Rähm eingezapft sind. Als Zapfenbreite wurde ein Drittel der Stützenbreite angesetzt. Da der Zapfengrund nicht als tragende Fläche hinzugerechnet wurde, reduziert sich die zulässige Belastung gegenüber dem Vollquerschnitt um ein Drittel.

4 Freistehende Stützen F 30-B und F 60-B

Für freistehende Stützen aus Vollholz (KVH) und Brettschichtholz BS 11 und BS 14 sind die zulässigen Normalkräfte bei Brandschutzanforderungen F 30-B und F 60-B ebenfalls in den *Tabellen 4.1* bis *4.3, S. 504*, eingetragen. Die Bereiche, in denen die zulässige Belastung aus der Brandbemessung maßgebend wird, sind zusätzlich markiert.

Nachstehend sind die Formeln aufgeführt, nach denen die zulässigen Belastungen ermittelt wurden. Sie wurden dem Holz Brandschutz Handbuch[1] entnommen.

$$\text{zul } N_f = \sigma_f(t_f) \cdot A(t_f) \tag{28}$$

$$\sigma_f(t_f) = [A] - \sqrt{[A]^2 - \frac{\pi^2 \cdot E(T_m) \cdot \beta_D(T_m)}{\lambda^2(t_f)}} \tag{29}$$

$$[A] = \frac{1}{2} \cdot \left[\beta_D(T_m) + \frac{\pi^2 \cdot E(T_m) \cdot [1 + \varepsilon(t_f)]}{\lambda^2(t_f)} \right] \tag{30}$$

$$E(T_m) = (1{,}0375 - 0{,}001875 \cdot T_m) \cdot E_\| \tag{31}$$

$$\varepsilon(t_f) = 0{,}10 + \frac{\frac{i}{k} \cdot \lambda(t_f)}{a} \tag{32}$$

$$T_m = \left(1 + \kappa \cdot \frac{b}{h}\right) \cdot \left[\frac{20° + \dfrac{180° \cdot (v \cdot t_f)^\alpha}{(1-\alpha) \cdot \left(\dfrac{b}{2} - v \cdot t_f\right)}}{\left\{\left(\dfrac{b}{2}\right)^{1-\alpha} - (v \cdot t_f)^{1-\alpha}\right\}} \right] \tag{7);(33}$$

$$\beta_{D\|}(T_m) = (1{,}1125 - 0{,}005625 \cdot T_m) \cdot \beta_{D\|} \tag{34}$$

$$\alpha = 0{,}398 \cdot t_f^{0{,}62} \tag{9);(35}$$

$\kappa = 0{,}4$ bei 4seitiger Brandbeanspruchung

Die Brandeinwirkungsdauer t_f wurde mit 30 Minuten bzw. 60 Minuten eingegeben.

Die für die Berechnung erforderlichen materialabhängigen Parameter sind in der folgenden Tabelle angegeben.

Materialabhängige Ausgangswerte bei $t_f = 0$ zur Berechnung der zulässigen Belastung zul N_f

Werkstoff		NH S 10	BS 11	BS 14
Elastizitätsmodul $E_\|$	N/mm²	10.000	11.000	13.000
Bruchfestigkeit $\beta_{D\|}$	N/mm²	29,75	29,75	38,5
Abbrandgeschwindigkeit v	mm/min	0,8	0,7	0,7
Trägheitsradius/Kernweite		–	2	1,73
Krümmungswert		–	250	500	500

[1] Kordina, Meyer-Ottens: Holz Brandschutz Handbuch, 2. Auflage, Deutsche Gesellschaft für Holzforschung e.V.

Statik, Gebäudeaussteifung

Gebäudeaussteifung

1 Allgemeines

Horizontale Lasten sind grundsätzlich nachzuweisen und ihr Einfluß bis in die Fundamente zu verfolgen. Während im Massivbau die Standsicherheit der Gebäude durch die Platten- und Scheibentragwirkung sowie das hohe Gewicht der Bauteile meist ohne Nachweis als gegeben angesehen werden kann, gilt dies im Holzrahmenbau in der Regel nicht. Hier sind die horizontalen Lasten zu erfassen; die Bauteile sind einschließlich der Verankerung nachzuweisen.

Im üblichen Sprachgebrauch wird das Wort »aussteifend« bei Bauelementen benutzt, die zur Ableitung von horizontalen Lasten dienen. Dies sind in der Regel die Windlasten, schließt aber auch die unplanmäßige Lasten mit ein. In DIN 1052 wird der Begriff »aussteifend« nur im Zusammenhang mit der Stabilisierung gebraucht. Die entstehenden Kräfte sind in der Regel als innere Kräfte nicht abzuleiten.

2 Lastannahmen

Die Windlasten werden nach der DIN 1055-4 – Lastannahmen für Bauten, Verkehrslasten, Windlasten bei nicht schwingungsanfälligen Bauwerken – bestimmt. Die aerodynamischen Lastbeiwerte, mit denen die Staudruckwerte des Windes in angreifende Kräfte umgerechnet werden, sind DIN 1055-4 zu entnehmen. Es ergeben sich näherungsweise die Gleichstreckenlasten aus Wind:

$$w_1, w_0 = \frac{H_1}{T_G} ; \frac{H_0}{T_G} \text{ bzw. } \frac{H_1}{B_G} ; \frac{H_0}{B_G} \text{ [kN/m]} \quad (36)$$

H_1, H_0, H_u = Gesamtlasten in Höhe der Deckenscheibe in kN

Außer der planmäßig anzusetzenden Windlast treten bei jedem Bauwerk noch zusätzlich Kräfte auf, die in der Regel rechnerisch nicht berücksichtigt werden. Diese setzen sich aus horizontalen Verkehrslasten – Geländerlasten, Konsollasten und horizontale Wandlasten – sowie aus Kräften infolge Schrägstellungen von Wänden und Stützen zusammen. Durch die unvermeidlichen Montageungenauigkeiten können je nach der Größe der lotrechten Belastung beachtenswerte horizontale Kräfte entstehen. Es hat sich aber gezeigt, daß alle diese Kräfte ausreichend sicher abgeleitet werden, wenn die Ableitung der Windlast gewährleistet ist, so daß die anderen Lasten nur in Sonderfällen berücksichtigt werden müssen.

In erdbebengefährdeten Gebieten ist die Standsicherheit des Gebäudes unter Erdbebenbeanspruchung gesondert zu untersuchen. Für weitergehende Informationen wird auf die DIN 4149 und die »Erdbebenfibel« des Wirtschaftsministeriums Baden-Württemberg verwiesen.

Es ist möglich, die Windlasten in die Anteile Winddruck und Windsog zu zerlegen, die jeweils an der Gebäudevorderseite und -rückseite angreifen. Dies kann insbesondere dann sinnvoll sein, wenn die Deckenscheibe durch Öffnungen getrennt ist und damit in zwei oder mehr Einzelsysteme aufgeteilt werden muß.

Die Druckbeiwerte für die Luv- und Leeseite von Dächern sind in Bild 12 der DIN 1055-4 angegeben. Die luvseitigen Werte sind vom Neigungswinkel abhängig (siehe Bild 32).

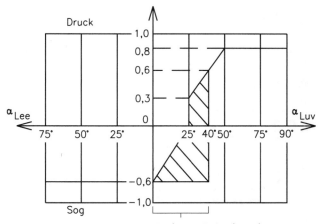

α_{Luv}	c_P
0°... < 25°	$1{,}3 \cdot \sin \alpha_{Luv} - 0{,}6$ oder $-0{,}6$
25°... 40°	$(0{,}5/25°) \alpha_{Luv} - 0{,}2$ oder $-0{,}6$
> 40°... < 50°	$(0{,}5/25°) \alpha_{Luv} - 0{,}2$
≥ 50°... 90°	$0{,}8$

Bild 32: Druckbeiwerke c_P nach DIN 1055-4, Bild 12

Bei gedrungenen Gebäuden mit Dachneigungswinkeln < 25° kann der Druckbeiwert auf der Luvseite mit

$$c_P = 1{,}3 \cdot \sin \alpha - 0{,}6 \quad (37)$$

angenommen werden.

Als gedrungen gelten dabei Gebäude mit

$$0{,}2 < \frac{h_w}{T_G} < 0{,}5 \quad (38)$$

h_w = Traufhöhe
T_G = Gebäudebreite

In allen anderen Fällen sollte, auf der sicheren Seite liegend, der entlastende Teil der Windlast nicht berücksichtigt werden.

2.1 Wind auf Traufe – getrennt nach Druck- und Soganteil

Wird zur Lastermittlung die Windlast aus den Druck- und Soganteilen berechnet, ergeben sich folgende Windlasten in Deckenhöhe bei der obersten Decke in Traufhöhe (c_P-Werte mit dem Vorzeichen eingesetzt).

Dachneigungswinkel $\alpha < 25°$

$$H_1 = \left\{ (1{,}3 \sin \alpha - 0{,}6) \cdot h_D + 0{,}6 \cdot h_D + \frac{1}{2}(0{,}8 + 0{,}5) \cdot h_o \right\} \\ \cdot q \cdot B_G \quad (39.1)$$

$$H_O = \frac{1}{2} \left\{ (0{,}8 + 0{,}5) \cdot (h_O + h_u) \right\} \cdot q \cdot B_G \quad (39.2)$$

Statik, Gebäudeaussteifung

Dachneigungswinkel $25° \leq \alpha \leq 50°$

$$H_1 = \left\{(0{,}02 \cdot \alpha - 0{,}2) \cdot h_D + 0{,}6 \cdot h_D + \frac{1}{2}(0{,}8 + 0{,}5) \cdot h_o\right\} \cdot q \cdot B_G \quad (39.3)$$

H_O wie (39.2)

und für Dachneigungswinkel $\alpha > 50°$

$$H_1 = \left\{0{,}5 \cdot h_D + 0{,}6 \cdot h_D + \frac{1}{2}(0{,}8 + 0{,}5) \cdot h_o\right\} \cdot q \cdot B_G \quad (39.4)$$

H_O wie (39.2)

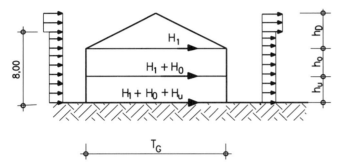

Bild 33: Windlasten in Deckenhöhe und Belastungen der Deckenscheibe bei Wind auf Traufe; T_G = Gebäudetiefe [m]

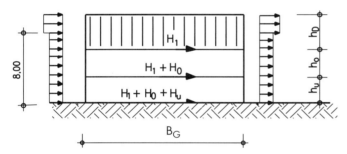

Bild 34: Windlasten in Deckenhöhe und Belastungen der Deckenscheibe bei Wind auf den Giebel; B_G = Gebäudebreite [m]

2.2 Wind auf Giebel – getrennt nach Druck- und Soganteil

$$H_1 = \left\{\frac{1}{2}(0{,}8 + 0{,}5) \cdot h_D + \frac{1}{2}(0{,}8 + 0{,}5) \cdot h_o\right\} \cdot q \cdot T_G \quad (40)$$

$$H_O = \left\{\frac{1}{2}(0{,}8 + 0{,}5) \cdot h_u + \frac{1}{2}(0{,}8 + 0{,}5) \cdot h_o\right\} \cdot q \cdot T_G \quad (41)$$

Der Staudruck beträgt gemäß DIN 1055-4 für Bauteile mit Höhe bis 8,00 m über Gelände $q = 0{,}50$ kN/m². Für Bauteile, die in einer Höhe zwischen 8 und 20 m über Gelände liegen, beträgt der Staudruck $q = 0{,}80$ kN/m². Es ist möglich, die einzelnen Bauteile entsprechend ihrer Höhe mit unterschiedlichen Staudruckwerten zu berechnen. So kann zum Beispiel für die Bauteile im Dachgeschoß ein Staudruck von 0,80 kN/m² zugrunde gelegt werden, während für die Teile im Obergeschoß, dessen Decke in der Regel nicht höher als 8,00 m über dem Gelände liegt, ein Staudruck von $q = 0{,}50$ kN/m² eingesetzt werden darf.

Die Lasten H_u werden direkt in die Unterbauteile eingeleitet. Sind diese massiv ausgeführt, brauchen die Kräfte in der Regel nicht weiter verfolgt zu werden. Bei einer Holzdecke müssen gesonderte Untersuchungen angestellt werden, wenn nicht gewährleistet ist, daß die Windlasten direkt in die Kellerwände eingetragen und von dort in die Fundamente eingeleitet werden.

3 Tragsysteme

Die auf die Dach- und Wandflächen auftreffenden Windkräfte werden von den Sparren und Wandpfosten in die Dach- und Deckenebenen eingeleitet. Sie geben die Horizontallasten in die aussteifenden Wandelemente ab. Diese leiten die Kräfte in die darunterliegende Geschosse weiter.

In der Regel werden die windaussteifenden Wandelemente in der Kellerdecke bzw. den Kellerwänden verankert. Diese Bauteile sind meist in der Lage, die auftretenden Zugkräfte aus den Wänden durch ihr Gewicht aufzunehmen. In Sonderfällen kann es erforderlich werden, unter den Enden der aussteifenden Wandelementen zusätzliche Bauteile zur Aufnahme der auftretenden Druck- und Zugkräfte sowie der Horizontalkräfte anzuordnen.

In den *Bildern 35* und *36* ist die Ableitung der Windkräfte schematisch dargestellt. Die Tragsysteme der dargestellten aussteifenden Elemente in Dach-, Decken- und Wandebene können sowohl als Scheibensysteme, Fachwerke aber auch als Balkensystem mit darüber liegender Schalung (in Deckenebene) oder als Vollholzsysteme aus nebeneinander liegenden Bohlen ausgeführt werden.

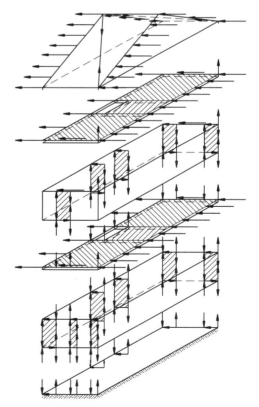

Bild 35: Wind auf die Giebelseite des Gebäudes, Windlasten in Höhe der Dach- und Deckenscheiben eingetragen

Statik, Gebäudeaussteifung

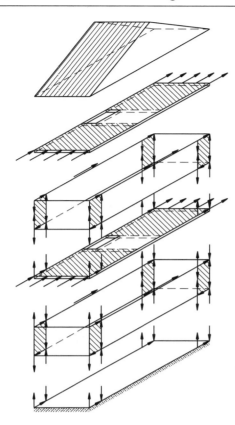

Bild 36: Wind auf die Traufseite des Gebäudes, Windlasten in Höhe der Deckenscheibe eingetragen

Dabei ist zu beachten, daß das Gesamtsystem in sich stabil ist. Für eine ausreichende Stabilität des Gebäudes müssen in jedem Geschoß mindestens drei aussteifende Wandelemente so angeordnet werden, daß sich die Scheibenrichtungen in mindestens zwei Punkten schneiden. Die Wandelemente dürfen dabei aus einzelnen Tafeln zusammengesetzt werden, die auch durch Tafeln mit Fenster- oder Türöffnungen unterbrochen sein können. In Bild 37 sind die Bedingungen für eine unverschiebliche Anordnung der Wand-Decken-Elemente dargestellt. In Bild 38 werden vier Beispiele gezeigt, bei denen keine Stabilität erzielt wird.

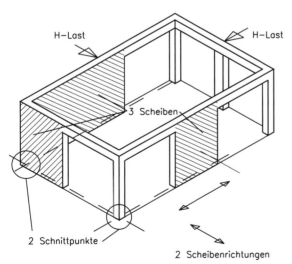

Bild 37: Mindestbedingungen für die Unverschieblichkeit von aussteifenden Wand-Decken-Elementen bei Deckenscheibe

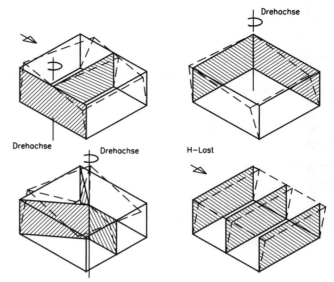

Bild 38: Verschiebliche Systeme

Die aussteifenden Deckenelemente müssen entweder als Deckenscheiben ausgeführt sein, die in alle Richtungen die Lasten abtragen können, oder aus einzelnen, rechtwinklig zur Windrichtung angeordneten Balkensystemen gebildet werden (Bild 39). Bei u-förmig angeordneten Wandscheiben sowie bei auskragenden Systemen in Deckenebene können keine Balkensysteme eingesetzt werden, dort sind die diagonal unverschieblichen Scheiben als Tragsysteme zu verwenden.

Stehen genügend aussteifende Wandelemente zur Verfügung, kann die Aussteifung in Deckenebene auch nur in Teilbereichen erfolgen. Die Teilflächen müssen mit den Wandelementen unverschiebliche Systeme bilden. Der Rest der Deckenfläche kann dann nach konstruktiven Gesichtspunkten, ohne statische Anforderungen für Lasten in Deckenebene, ausgeführt werden.

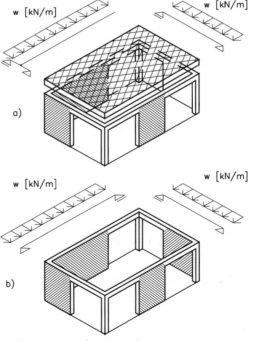

Bild 39: Aussteifende Deckensysteme:
a) Deckenscheibe   b) Balkensysteme

Statik, Gebäudeaussteifung, Deckenscheiben 8.50.04

4 Die Elemente der Aussteifung

4.1 Windrispen

Die Windrispen in den Dachflächen leiten die Windkräfte aus der Giebelwand in Wandscheiben oder die Deckenscheibe.

Windrispen aus Holz sind in der üblichen Bauart druck- und zugsteif. Die stählernen Rispenbänder können nur Zugkräfte übertragen.

Im Auflager treten nach *Bild 40* drei Kraftkomponenten auf.

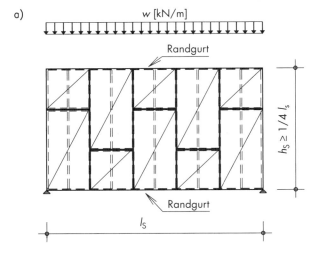

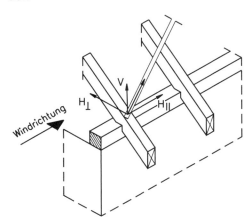

Bild 40: Kraftkomponenten beim Anschluß eines zugbeanspruchten Rispenbandes

Bei einer Druckkraft in der Rispe sind die Komponenten $H_{\parallel}$, $H_{\perp}$ und V des *Bildes 40* entgegengesetzt gerichtet.

Die Kräfte
$H_{\parallel}$ = parallel zur Windrichtung
$H_{\perp}$ = senkrecht zur Windrichtung
V = lotrechte Komponente

sind jeweils anzuschließen und weiterzuleiten. Dies geschieht üblicherweise durch eine Vernagelung der Sparren mit den Schwellen und einer Befestigung der Schwelle auf der Deckenscheibe. Bei Drempelwänden ist die Ableitung der Komponente $H_{\perp}$ gesondert nachzuweisen.

4.2 Deckenscheiben

4.2.1 Scheiben mit Holzwerkstoffplatten

Scheiben mit Beplankung aus Holzwerkstoffplatten bestehen in der Regel aus der Balkenlage, umlaufenden Randhölzern als Gurte und der Beplankung aus großformatigen Holzwerkstoffplatten, die die Übertragung der Schubkräfte übernimmt und gleichzeitig die vertikale Deckenbelastung abträgt. Als Beplankung werden Flachpreßplatten, Bau-Furniersperrholz und OSB-Platten verwendet.

Die Scheiben können vor Ort durch eine tragende Vernagelung der Holzwerkstoffplatten mit den Deckenbalken und den Randgurten hergestellt werden. Es müssen immer großformatige Holzwerkstoffplatten verwendet werden. Die Plattenstöße müssen immer auf den Deckenbalken liegen.

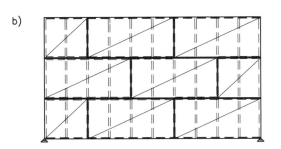

Bild 41: Deckenscheibe mit Holzwerkstoffplatten
a) lotrechte Verlegung mit 2 Reihen nicht unterstützter Stöße der Platten
b) horizontale Verlegung mit 3 Reihen nicht unterstützter Stöße

> Zur Bildung einer Deckenscheibe sind stets großformatige Holzwerkstoffplatten mit einer Breite $b \geq 1,00$ m und einer und einer Länge $\geq 2,50$ m zu verwenden.
>
> **Verlegeplatten sind nicht geeignet.**

> Die Höhe h_s der Deckenscheibe muß mindestens 1/4 der Scheibenstützweite l_s betragen.

4.2.1.1 Scheiben ohne rechnerischen Nachweis nach DIN 1052-1, 10.3.3

Bei Einhaltung der in der Tabelle auf Seite 449 angegebenen Ausführungsbedingungen und unter Beachtung der konstruktiven Hinweise dürfen die Scheiben mit Windlasten bis 3,5 kN/m ohne rechnerischen Nachweis ausgeführt werden.

In den *Tabellen 5.1* und *5.2, S. 505 f.* sind Ausführungsbedingungen für Scheiben ohne rechnerischen Nachweis bei Verwendung von Nägeln 3,1 x 65 mm aufgeführt.

Es bestehen keine Bedenken, bei den im Holzhausbau vorkommenden relativ geringen Spannweiten und bei Verwendung von großformatigen Holzerkstoffplatten mit wenigen Stößen nicht nur Nägel, sondern auch Schrauben oder Klammern als Verbindungsmittel zu verwenden. Die erforderlichen Abstände untereinander entlang

Statik, Gebäudeaussteifung, Deckenscheiben 8.50.05

Ausführungsbedingungen für Scheiben ohne rechnerischen Nachweis nach DIN 1052-1, Abschnitt 10.3.3

Gleichmäßig verteilte Horizontallast q_h		≤ 2,5 kN/m	≤ 3,5 kN/m
Stützweite l_s		≤ 25 m	≤ 30 m
Mindestdicke	Flachpreßplatten	19 mm	22 mm
	Bau-Furniersperrholzplatten	12 mm	12 mm
Erforderlicher Nagelabstand für Nageldurchmesser 3,4 mm bei einer Scheibenhöhe h_s:	≥ 0,25 l_s	60 mm	40 mm
	≥ 0,50 l_s	120 mm	90 mm
	≥ 0,75 l_s	180 mm	130 mm
	≥ 1,00 l_s	200 mm	180 mm
Bei Verwendung anderer Nageldurchmesser bis 4,2 mm ist der erforderliche Nagelabstand im Verhältnis der zulässigen Nagelbelastungen umzurechnen; der Nagelabstand darf 200 mm nicht überschreiten.			

der Platten sind aus der zulässigen Belastung der Verbindungsmittel zu errechnen:

erf e_1 = 2,33 · zul N_1 · $e_{1, Nä 3,4}$ (42)

erf e_1 = erforderlicher Abstand der gewählten Verbindungsmittel untereinander

zul N_1 = zulässige Belastung des gewählten Verbindungsmittels in kN

$e_{1, Nä 3,4}$ = Abstand für Nageldurchmesser 3,4 mm nach obiger Tabelle

Bei den Randabständen der Verbindungsmittel (Plattenstoß auf Unterkonstruktion) ist zu beachten, daß die Ränder der Deckenbalken und der Beplankung als belastet anzusehen sind (*Bild 42*).

Bild 42: Nagelrandabstände bei Scheiben nach DIN 1052-1, Abschnitt 10.3

Im Abschnitt 8.60, Beispiele, wird die Berechnung von Holzschrauben und Klammern als Verbindungsmittel bei einer Deckenscheibe mit Flachpreßplatten gezeigt.

4.2.1.2 Scheiben mit rechnerischem Nachweis nach DIN 1052-1, 10.3.2

Beim Nachweis der Deckenscheiben sind die Spannungen aus allen Beanspruchungen (d. h. einschließlich Scheibenbeanspruchung) zu berücksichtigen. Die rechnerischen Nachweise können entsprechend dem in Abschnitt 4.2.7, Berechnung von Deckenscheiben mit Holzwerkstoffen, angegebenen Verfahren geführt werden.

4.2.1.3 Konstruktive Hinweise

Nicht unterstützte (schwebende) Beplankungsstöße, quer zu den Deckenbalken, sind mit einer Feder oder einer vergleichbaren Verbindung zu versehen. Die Verbindung muß in der Lage sein, Durchbiegungsunterschiede der Plattenränder auszugleichen.

Bei Scheiben ohne rechnerischen Nachweis dürfen über die Scheibenhöhe höchstens zwei nicht unterstützte Stöße angeordnet werden. Werden mehr als zwei nicht unterstützte Stöße notwendig, ist die Scheibenstützweite l_s auf 12,50 m zu beschränken.

Bei Scheiben nach *Bild 41* sind die rechtwinklig zu den Deckenbalken verlaufenden Plattenstöße nur dann durch Futterhölzer zu unterstützen, wenn:

- bei einer Scheibenstützweite l_s > 12,50 m mehr als zwei nicht unterstützte Stöße (3 Plattenreihen) angeordnet sind oder
- die Belastung w > 5,00 kN/m ist oder
- die Stöße der Gurte nicht für die 1,5fache Kraft bemessen sind.

Futterhölzer haben die Aufgabe, die Schubkräfte von einer Platte in die andere zu übertragen und das Ausbeulen des Plattenrandes zu verhindern. Sie sind nach *Bild 43* auszuführen. An den Enden können sie mit schräg eingeschlagenen Nägeln an die Deckenbalken angeschlossen werden.

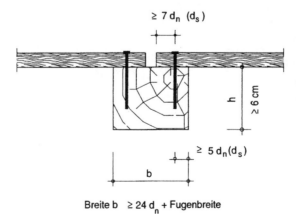

Bild 43: Mindestabmessungen der Futterhölzer und Mindestabstände für Nägel und Holzschrauben bei unterstützten Stößen

Die Auflagerkräfte aus den Deckenscheiben müssen sorgfältig an die tragenden Wandscheiben angeschlossen werden. Dabei wird oft eine vergrößerte Anzahl von Nägeln erforderlich. *Bild 44* zeigt Beispiele für die Übertragung der Kräfte aus der Deckenscheibe bei parallel

Statik, Gebäudeaussteifung, Deckenscheiben

und rechtwinklig zu den Deckenbalken angeordneten Wänden.

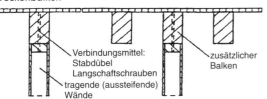

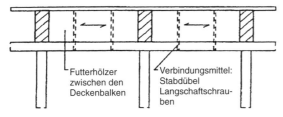

Bild 44: Anschluß Decke – Wand

Wird die Deckenscheibe nicht direkt, sondern, wie im *Bild 45* dargestellt, über Zwischenbauteile mit der Wandscheibe verbunden, sind alle Zwischenbauteile einschließlich ihrer Verbindungen nachzuweisen. Es ist zu beachten, daß durch die Aneinanderreihung von Anschlüssen die Steifigkeit des Anschlusses wesentlich geringer wird. Bei mehrfeldrigen Deckenscheibensystemen wirkt sich die Steifigkeit des Anschlusses auf die Horizontallasten für die Wandscheiben aus, was sich wiederum auf die inneren Schnittkräfte der Deckscheibe auswirkt. Es wird empfohlen, die reduzierte Anschlußsteifigkeit schon bei der Ermittlung der Schnittgrößen zu berücksichtigen. Vereinfacht kann dies beim Nachweis über die Gesamtbreite der Wandscheibe mit 15–20 % reduzierten Einzelbreiten getan werden.

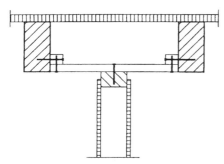

Bild 45: Indirekter Anschluß einer Deckenscheibe

4.2.2 Scheiben aus Holztafeln (Decken- und Dachscheiben)

Deckenscheiben aus Holztafeln (Tafelelemente) dürfen bis 30 m Stützweite eingesetzt werden. Die Scheibenhöhe muß mindestens ein Viertel der Stützweite betragen. Bei Scheiben, deren Höhe größer als die Stützweite ist, darf für die Höhe höchstens der Wert der Stützweite zugrunde gelegt werden.

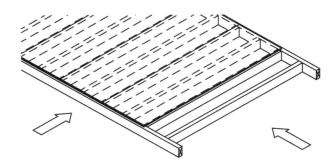

- Balken parallel zur Plattenlängsrichtung
- kein Plattenstoß im Balkenfeld
- Scheibe entsteht durch Koppelung von Einzeltafeln

Bild 46: Scheibe aus Holztafeln nach DIN 1052-1, 11.3

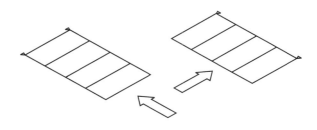

Bild 47: Mögliche Systeme bei Scheiben nach DIN 1052-1, 11.3

Die Tafelelemente können sowohl parallel als auch rechtwinklig zur Windrichtung angeordnet werden. Es ergeben sich dann unterschiedliche Systeme beim statischen Nachweis (siehe *Bild 46* und *47*).

Zu beachten ist, daß die Beplankung über die Einzelelemente höchstens einen Querstoß erhalten darf. Die Stöße sind gegeneinander zu versetzen. Dies kann in einfacher Weise durch Verschwenken der Tafelelemente erfolgen (*Bild 48a* und *b*).

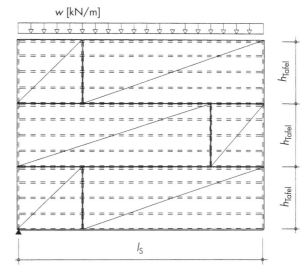

Bild 48a: Scheibe aus 3 Tafelelementen mit versetzten Stößen, Tafelelemente rechtwinklig zur Windrichtung angeordnet

Statik, Gebäudeaussteifung, Deckenscheiben 8.50.07

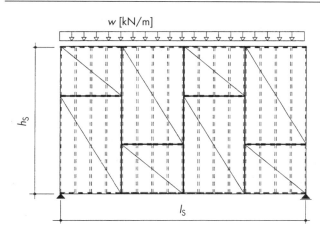

Bild 48b: Scheibe aus drei Tafelelementen mit versetzten Stößen, Tafelelemente parallel zur Windrichtung angeordnet

In *Tabelle 5.3, S. 507*, sind Ausführungsbedingungen für Deckenscheiben aus Holztafeln mit zugehöriger horizontaler Belastung angegeben.

Die Holztafeln sind jeweils an allen Rändern schubfest anzuschließen bzw. untereinander zu verbinden. Die Schubkräfte müssen an den Tafelenden in die Scheibengurte eingeleitet werden. In Kapitel 6 sind Anschlußmöglichkeiten für viele Varianten detailliert und quantifiziert angegeben.

Die Einzeltafeln müssen zur Übertragung der Scheibenkräfte bzw. zum Ausgleich der Verformungen miteinander verbunden werden. Tafelelemente, die nur rechtwinklig zur Längsrichtung beansprucht sind, können nach konstruktiven Gesichtspunkten verbunden werden. Bei Tafelelementen, die parallel zur Windrichtung angeordnet sind, müssen planmäßige Kräfte in den Fugen übertragen werden. Diese Kräfte und die Ausbildung der Anschlüsse sind rechnerisch nachzuweisen. In *Bild 49* sind mögliche Verbindungsarten dargestellt.

Die Vorteile einer Vorfertigung gleich großer Holztafelelemente können durch den Einbau von Zwischenstreifen aus Holzwerkstoffplatten vor Ort zum Ausgleich von Maßunterschieden genutzt werden (*Bild 48*). Die Zwischenstreifen müssen durchlaufen oder Stöße durch Futterhölzer unterstützt werden. Die Streifen aus einer Holzwerkstoffplatte werden zwischen zwei Tafelelementen verlegt und auf den Rippen bzw. den Randgurten der Deckenscheibe vernagelt. Dabei müssen die Nagelabstände nach DIN 1052 eingehalten werden.

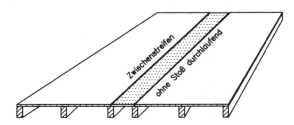

Bild 50: Holztafelelemente können zum Ausgleich von Maßtoleranzen auch mit einem »Zwischenstreifen« aus Holzwerkstoffplatten schubfest verbunden werden.

4.2.3 Scheibe aus Schalung und aufgelegter Flachpreßplatte

Deckenscheiben nach *Bild 51* kommen bei sichtbaren Deckenbalken mit Sichtschalung zur Anwendung, wenn die Schalung allein nicht zur Aussteifung herangezogen werden kann:
- bei unsymmetrischer Anordnung der Wandscheiben im Grundriß
- bei Bauten in deutschen Erdbebengebieten
- falls die Beanspruchung aus Wind (oder Erdbeben) so groß ist, daß zulässige Spannungen oder Verformungen der Schalung alleine überschritten werden.

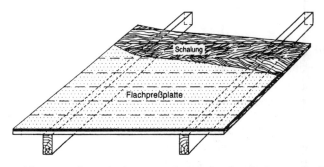

Bild 51: Deckenscheibe aus Schalung und aufgelegter Flachpreßplatte (thematische Darstellung)

Diese Deckenscheibe verhält sich »weicher« als die Scheibe mit einer direkt aufgelegten Holzwerkstoffplatte.

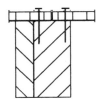

a) Vernagelung der Beplankung

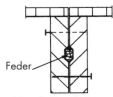

Nägel 42 × 110, $e = 15$ cm
höhenversetzt anordnen

b) Vernagelung der Deckenbalken

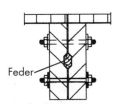

Paßbolzen Ø 12, $e \leq 75$ cm
höhenversetzt anordnen

c) Verbindung der Deckenbalken mit Paßbolzen

Bild 49: Verbindung der Tafelelemente, die zur Windaussteifung herangezogen werden

Statik, Gebäudeaussteifung, Deckenscheiben

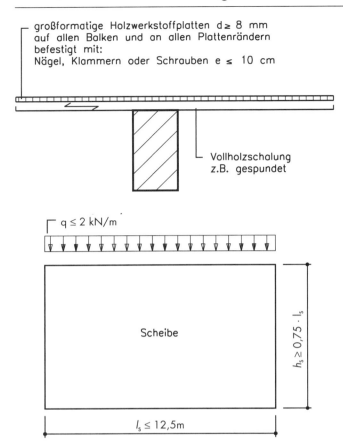

Bild 52: Ausführungsbedingungen für Deckenscheibe aus Schalung und aufgenagelter Flachpreßplatte

Werden die Ausführungsbedingungen für die Scheibe und deren Anschlüsse

- Spannweite $l_s \leq 12{,}50$ m
- Scheibenhöhe $h_s \geq 0{,}75\, l_s$
- maximale Scheibenbelastung $q \leq 2{,}0$ kN/m
- Dicke der Holzwerkstoffplatte $d \geq 8$ mm
- druck- und und zugsteife Randgurte
- Lasteinteilung zwischen den Deckenbalken in die Rähme der Wandscheiben (Futterhölzer, Verblockung oder dergleichen)
- Anschluß der Holzwerkstoffplatte mit Klammern, Nägeln, Schrauben an allen Plattenrändern im Abstand $e \leq 10$ cm
- Verbindung der Schalung mit mindestens zwei Verbindungsmitteln je Brett

eingehalten, kann auf die zusätzlichen Nachweise verzichtet werden.

4.2.4 Öffnungen in Scheiben mit Holzerkstoffplatten

In Deckenscheiben mit Holzwerkstoffplatten (Flachpreßplatten, Bau-Furniersperrholzplatten, OSB-Platten) dürfen ohne rechnerischen Nachweis nur Öffnungen kleinerer Ausmaße nach Bild 53, max $\Delta l = 0{,}3\, l_s$, max $\Delta h = 0{,}2\, h_s$, ausgeführt werden (Ausschnitte für Dachbodentreppen, Einschubtreppen, Öffnungen für Kamine u. ä.). Beim rechnerischen Nachweis der Deckenscheibe darf dann die Aussparungshöhe Δh nicht berücksichtigt werden (siehe Bild 54). Es ist nur $h'_s = h_s - \Delta h$ anzusetzen. Die Öffnungen dürfen dann innerhalb der Scheibenfläche beliebig angeordnet werden.

Die Öffnungen sind nach Bild 55 rahmenartig zu schließen. Ganz wesentlich ist dabei, daß der Anschluß in der Lage ist, Zugkräfte zu übertragen. In Bild 56 sind Beispiele für zugfeste Anschlüsse dargestellt.

Übliche Treppenaussparungen in Geschoßdecken verursachen größere Störungen in der Deckenscheibe und können ohne Nachweise nicht mehr ausgeführt werden. In diesem Fall ist es dann möglich, die gesamte Scheibe in Einzelscheiben zu zerlegen und jede Teilscheibe für sich nachzuweisen.

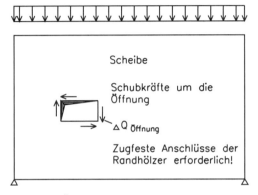

Bild 53: Öffnung in Deckenscheibe mit Holzwerkstoffplatten ohne Nachweis nur für Kamine, Einschubtreppen u. ä. zulässig

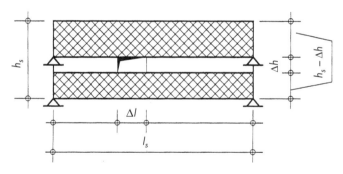

Bild 54: Aussparung in einer Deckenscheibe
max $\Delta l = 0{,}3 \cdot l_s$, max $\Delta h = 0{,}2 \cdot h_s$

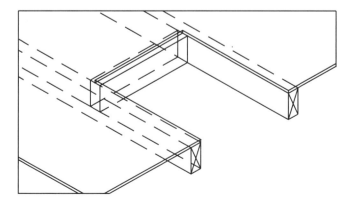

Bild 55: Rahmenartig geschlossene Öffnung

Statik, Gebäudeaussteifung, Deckenscheiben 8.50.09

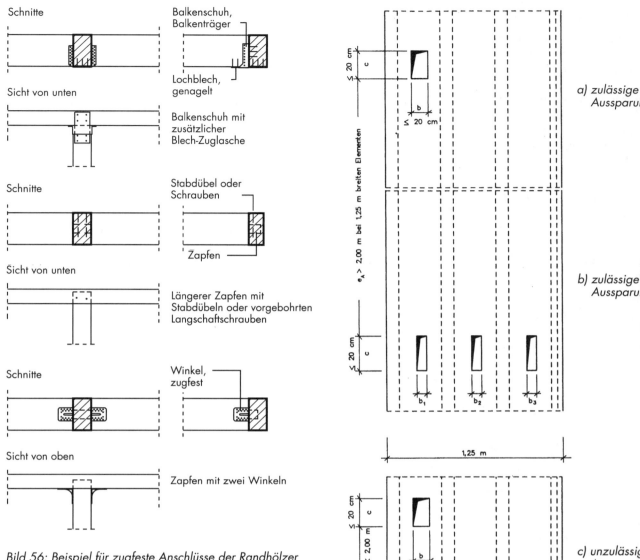

Bild 56: Beispiel für zugfeste Anschlüsse der Randhölzer

4.2.5 Öffnungen in der mittragenden Beplankung von Holztafeln (beansprucht auf Druck und Biegung)

Aussparungen sind ohne Berücksichtigung beim Spannungsnachweis nur in kleinen Grenzen erlaubt, da sonst die mittragende Breite der Beplankung wesentlich verringert wird. In DIN 1052-1, 11.1.1 sind Grenzwerte für Aussparungen in mittragenden Beplankungen angegeben.

Zulässige und unzulässige Aussparungen

Zulässige Aussparung	Unzulässige Aussparung
a) für $b \leq 20$ cm und $c \leq 20$ cm und $A \leq 300$ cm² und $e_A \geq 2{,}00$ m b) $b_1 + b_2 + b_3 \leq 20$ cm und $c \leq 20$ cm und $A_1 + A_2 + A_3 \leq 300$ cm² und $e_A \leq 2{,}00$ mm	c) $e_A < 2{,}00$ m d) $b > 20$ cm

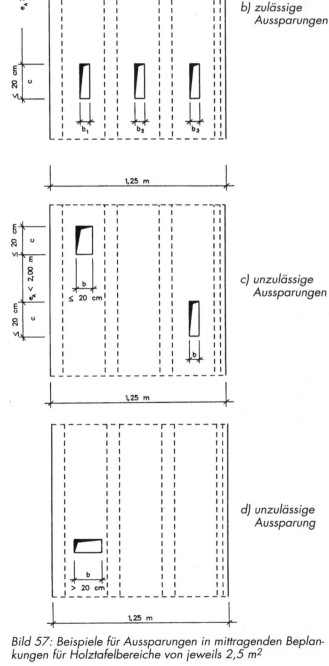

Bild 57: Beispiele für Aussparungen in mittragenden Beplankungen für Holztafelbereiche von jeweils 2,5 m²

Statik, Gebäudeaussteifung, Deckenscheiben

4.2.6 Anschlüsse von Deckenscheiben an Wände

Die Anschlüsse der Deckenscheiben an die Wände sind jeweils bei den Details in Kapitel 6 in einigen Varianten quantifiziert angegeben.

Die Verbindung Decke/Außenwände ist bei den Außenwänden (Abschnitt 6.20) dargestellt und die Verbindung Decke/Innenwände bei den Decken (Abschnitte 6.40, tragende Innenwände und 6.50, nichttragende Innenwände).

4.2.7 Berechnung von Deckenscheiben mit Holzwerkstoffplatten

4.2.7.1 Statische Systeme

a) Deckenscheiben von Außenwand zu Außenwand gespannt

Über die gesamte Hausbreite bzw. -tiefe gespannte Deckenscheiben nach *Bild 58* wirken als Einfeldträger und geben ihre Auflagerkräfte nur in die Wandscheiben der Außenwände ab.

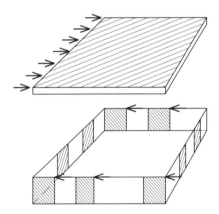

Bild 58: Deckenscheibe als Einfeldträger, von Außenwand zu Außenwand gespannt

b) Mehrfach gestützte Deckenscheiben

Werden auch die Innenwände zur Ableitung der horizontalen Lasten herangezogen, ergeben sich mehrfach gestützte Scheiben nach *Bild 59*.

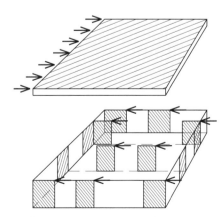

Bild 59: Mehrfach gestützte Deckenscheibe

c) In Einzelscheiben aufgeteilte Deckenscheiben

Es ist möglich, die Deckenfläche nach *Bild 60* in Einzelscheiben aufzuteilen und jede für sich getrennt aufzulagern. Die Auflagerung kann dabei auf getrennten Wänden erfolgen (Doppelwände bei Wohnungstrennwänden oder Treppenhauswänden), ist aber auch auf einer gemeinsamen Wand möglich. Wichtig bei der Aufteilung in Einzelscheiben ist die Trennung der Randgurte, damit an den Endpunkten keine resultierenden Kräfte übertragen werden.

Die Ausbildung von Einzelscheiben ist bei deutlich gegliederten Gebäuden, z. B. bei Zwei- oder Dreispännern mit zwischenliegenden Treppenhäusern, von Vorteil. Die an den Gebäudeenden angeordneten Scheiben können dann zur Aufnahme der Winddruck- und Windsoglasten herangezogen werden, während die innen liegenden Scheiben die Stabilisierungslasten übernehmen.

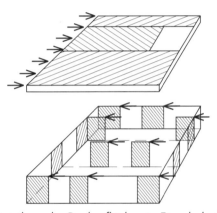

Bild 60: Auteilung der Deckenflächen in Einzelscheiben

4.2.7.2 Ermittlung der Schnittkräfte

Deckenscheiben sind Bauteile mit einer hohen Biegesteifigkeit und einer vergleichsweise geringen Schubsteifigkeit. Infolge der Nachgiebigkeit der Anschlüsse wird ihre Gesamtsteifigkeit herabgesetzt. Diese Einflüsse müssen bei einer genauen Berechnung nach der Scheibentheorie berücksichtigt werden. Zusätzlich ist zu beachten, daß sich im Holzrahmenbau die Deckenscheiben nicht auf starre Lager abstützen, sondern auf Wandscheiben, bei denen infolge der geringen Schubsteifigkeit der Wandbeplankung und der Nachgiebigkeit der Anschlüsse große Kopfverformungen auftreten können.

Anstelle einer Berechnung nach der Scheibentheorie kann die Deckenscheibe auch als Facherksystem nach *Bild 61* erfaßt werden. Die Randhölzer bilden dann die Gurte und die Deckenbalken die Pfosten des Fachwerks. Die Beplankung wird idealisiert als gekreuztes Diagonalenpaar abgebildet. Die Querschnitte der Diagonalen ergeben sich aus der Bedingung, daß ihre Stabverformungen einschließlich der Verformungen aus der Nachgiebigkeit der Verbindungen gleich groß sind wie die Verformungen des entsprechenden Schubfeldes. Die Querschnittswerte der Gurte und Pfosten können mit den tatsächlichen Abmessungen der Randhölzer und

Deckenbalken berechnet werden. Stöße sind durch Federn mit einer Federsteifigkeit entsprechend der Nachgiebigkeit der Stoßverbindung zu berücksichtigen oder alternativ durch die Abbildung ideeller Stäbe mit Querschnitten, die zu gleichen Verformungen einschließlich der Anschlußverformungen führen.

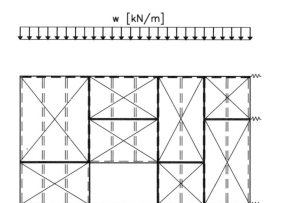

Bild 61: Deckenscheibe als Fachwerksystem auf nachgiebiger Stützung

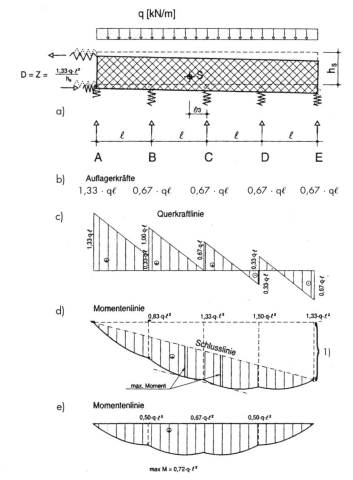

1) Das Moment $1,33\,q\ell^2$ aus Exzentrizität wird näherungsweise nur durch die quer zur Windrichtung stehenden Wandscheiben aufgenommen.

Bild 62: »Starre« Deckenscheibe auf nachgiebigen Stützungen, Auflager A mit doppelter Steifigkeit als Auflager B bis E

Es kann davon ausgegangen werden, daß sowohl die Biegesteifigkeit als auch die Schubsteifigkeit der Deckenscheibe so groß sind, daß die entstehenden Verformungen vernachlässigt werden können. Die »starre« Scheibe kann sich also nur im Gesamten verschieben oder verdrehen. Die Größe der Auflagerkräfte hängt dann nur von den Steifigkeiten der Stützungen, also der Wandscheiben, ab.

Sind die Steifigkeiten der Stützungen unterschiedlich groß (dies ist im Holzrahmenbau bei Anordnung einer unterschiedlichen Anzahl von tragenden Wandscheiben die Regel), dann fällt der Schwerpunkt des Lastangriffs nicht mehr mit dem Schwerpunkt der Stützungen zusammen. Aufgrund der Exzentrizität wird sich die Deckenscheibe dann nicht nur verschieben, sondern auch verdrehen.

Hat zum Beispiel, gemäß Bild 62, das Auflager A die doppelte Steifigkeit wie die Auflager B bis E, so liegt der Schwerpunkt der Stützungen S um das Maß $e = \ell/3$ zum Schwerpunkt des Lastangriffs versetzt. Die Exzentrizität e ergibt sich für das Beispiel aus:

$$e = 2 \cdot \ell - \frac{\Sigma(B_i \cdot e_i)}{\Sigma B_i} = 2 \cdot \ell - \frac{1 \cdot B \cdot \ell + 2 \cdot B \cdot \ell + 3 \cdot B \cdot \ell + 4 \cdot B \cdot \ell}{2 \cdot B + B + B + B}$$

$$= \frac{12}{6} \cdot \ell - \frac{10}{6} \cdot \ell = \frac{1}{3} \cdot \ell \qquad (43)$$

B_i = Steifigkeit der Stützung i bzw. der Wandscheibe i

Wird die Belastung q im Bild 62 entsprechend den Steifigkeiten der Stützungen aufgeteilt, ergeben sich folgende Auflagerkräfte:

$$A = \frac{4 \cdot q \cdot \ell}{\Sigma B} \cdot B_A = \frac{4 \cdot q \cdot \ell}{2+1+1+1+1} \cdot 2 = 1,33 \cdot q \cdot \ell \qquad (44)$$

$$B = C = D = E = \frac{4 \cdot q \cdot \ell}{2+1+1+1+1} \cdot 1 = 0,67 \cdot q \cdot \ell \qquad (45)$$

Die Querkräfte werden aus den Auflagerkräften und der äußeren Belastung bestimmt:

$$Q_A = -Q_E = 1,33 \cdot q \cdot \ell \qquad (46)$$
$$Q_{Bl} = -Q_{Dr} = 1,33 \cdot q \cdot \ell - q \cdot \ell = 0,33 \cdot q \cdot \ell \qquad (47)$$
$$Q_{Br} = -Q_{Dl} = Q_{Bl} + B = 0,33 \cdot q \cdot \ell + 0,67 \cdot q \cdot \ell = 1,00 \cdot q \cdot \ell \qquad (48)$$
$$Q_{Cl} = -Q_{Cr} = Q_{Br} - q \cdot \ell = 0 \qquad (49)$$

Berücksichtigt man die Exzentrizität bzw. den Verlauf der Schlußlinie bei der Berechnung der Momente, so ergeben sich ebenfalls aus den Auflagerkräften und der äußeren Belastung

$$M_B = M_D = 1,33 \cdot q \cdot \ell \cdot \ell - q \cdot \ell \cdot \frac{\ell}{2} - \frac{1,33 \cdot q \cdot \ell^2}{4}$$
$$= 0,50 \cdot q \cdot \ell^2 \qquad (50)$$

$$M_C = 1,33 \cdot q \cdot \ell \cdot \ell \cdot 2 + 0,67 \cdot q \cdot \ell \cdot \ell - 2 q \cdot \ell \cdot \ell$$
$$- \frac{1,33 \cdot q \cdot \ell^2}{2} = 0,67 \cdot q \cdot \ell^2 \qquad (51)$$

Zwischen den Auflagerpunkten wurden jeweils Parabeln ($q \cdot \ell^2/8$) eingehängt. Das maximale Biegemoment liegt somit im 2. Feld:

Statik, Gebäudeaussteifung, Deckenscheiben

$$Q_{Br}^* = q \cdot \ell - \frac{M_B - M_C}{\ell} = q \cdot \ell - \frac{0{,}50 - 0{,}67}{\ell} \cdot q \cdot \ell^2 \qquad (52)$$
$$= 0{,}67 \cdot q \cdot \ell$$

$$\max M = M_B + \frac{Q_{Br}^2}{2 \cdot q} = 0{,}50 \cdot q \cdot \ell^2 + \frac{(0{,}67 \cdot q \cdot \ell)^2}{2 \cdot q} \qquad (53)$$
$$= 0{,}72 \cdot q \cdot \ell^2$$

Das maximale Moment läßt sich auch graphisch bestimmen. Hierzu wird die Schlußlinie soweit verschoben, bis sie die Tangente an die Momentlinie bildet. Das dort vorhandene Moment stellt das maximale Biegemoment dar.

Im Abschnitt 8.60, Beispiele, wird die Ermittlung der Auflagerkräfte einer Deckenscheibe auf Wandscheiben gezeigt. Dabei werden die Steifigkeiten der Wandscheiben proportional zu den Breiten der tragenden Wandelemente angenommen, so wie es üblicherweise im Holzrahmenbau berücksichtigt wird. Das Moment aus Exzentrizität zwischen dem Schwerpunkt des Lastangriffs und dem Schwerpunkt der Stützungen wird dort auf alle Wandscheiben (in Windrichtung und quer dazu) aufgeteilt.

4.2.7.3 Nachweis der Deckenscheibe

Wird nach DIN 1052-1, 10.3.2 ein rechnerischer Nachweis erforderlich, z. B. bei einer Windlast $w > 3{,}5$ kN/m, dann können die Beanspruchungen vereinfacht nach dem in *Bild 63* dargestellen Modell berechnet werden.

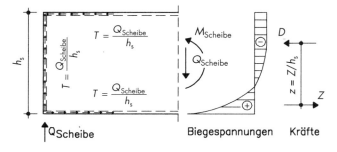

Bild 63: Modell zur Bestimmung der Beanspruchungen in einer Deckenscheibe

Bei der vorliegenden Ausbildung besteht die Deckenscheibe aus einer Balkenlage mit umlaufenden Randhölzern und einer Beplankung aus Holzwerkstoffplatten, die als Schubfeld dient.

Die 25 mm dicken Holzwerkstoffplatten sind durch Rillennägel 2,5 x 60 mm im Abstand $e = 10$ cm mit den Deckenbalken bzw. den Randhölzern verbunden. Die Nagelung ist in der Lage, einen Schubfluß $T = $ zul $N_1/e = 0{,}25/0{,}10 = 2{,}50$ kN/m aufzunehmen.

Die Randhölzer wirken als Zug- bzw. Druckgurte der Deckenscheibe. Sie sind demzufolge zug- und drucksteif auszuführen und zu stoßen. Bei Ausführung der Stöße mit jeweils 4 Nägeln 4,2 x 110 mm pro Seite kann eine Kraft $D = Z = 2{,}50$ kN, mit 6 Nägeln 4,2 x 110 mm pro Seite eine Kraft $D = Z = 3{,}75$ kN übertragen werden.

Da Gurtstöße infolge der Nachgiebigkeit der Verbindungen die Steifigkeit des Aussteifungssystems herabsetzen, sollten grundsätzlich am Stoß 6 Nägel angeordnet, aber mit der verminderten Kraft $D = Z = 2{,}50$ kN gerechnet werden.

Der innere Hebelarm z ist bei den Deckenscheiben des Holzrahmenbaus neben der Spannweite und Scheibenhöhe wesentlich von der Schubsteifigkeit der Beplankung und damit von der Größe der verwendeten Holzwerkstoffplatten, der Lage und Anzahl der Stöße und der Nachgiebigkeit der Verbindungen abhängig. Falls keine genaueren Untersuchungen durchgeführt werden, sollte der Hebelarm mit $z = h_s/2$ angenommen werden. Die Gurte sowie deren Stöße und Anschlüsse sind bei üblichen Gebäuden in der Lage, die sich hieraus ergebenden Kräfte ohne zusätzliche Maßnahmen aufzunehmen.

Für den einfachen Fall einer Lagerung auf zwei Stützungen mit gleichen Steifigkeiten kann die Deckenscheibe mit den folgenden Formeln nachgewiesen werden:

Auflagerkraft:

$$A = Q_{Scheibe} = \frac{w \cdot l_s}{2} \qquad (54)$$

Schubfluß:

$$T = \frac{Q_{Scheibe}}{h_s} = \frac{w \cdot l_s}{2 \cdot h_s} \leq \text{zul } T \leq 2{,}50 \text{ kN/m} \qquad (55)$$

Gurtkräfte:

$$D = Z = \frac{M_{Scheibe}}{z} = \frac{M_{Scheibe}}{0{,}5 \cdot h_s} \leq \text{zul } D = \text{zul } Z = 2{,}50 \text{ kN} \qquad (56)$$

Bei mehrfach gestützten Deckenscheiben, d. h. wenn die Innenwände zur Ableitung der Kräfte mit herangezogen werden bzw. bei Lagerung auf Stützungen mit unterschiedlichen Steifigkeiten sind die Auflagerkräfte und Momente unter Berücksichtigung der unterschiedlichen Wandsteifigkeiten zu ermitteln.

Bezüglich der Berechnung von Scheiben aus Tafelelementen wird auch auf die Angaben im Buch »HOLZRAHMENBAU MEHRGESCHOSSIG« verwiesen.

4.3 Tragsysteme bei Decken aus Balken und Deckenschalung

Dieses System der Gebäudeaussteifung stellt keine Scheibe im eigentlichen Sinn dar, da Lasten nur in zwei Richtungen abgetragen werden können. Grundsätzlich kann jedoch die horizontale Aussteifung eines Gebäudes in der Deckenebene auch ohne zusätzliche Bauteile mit den Deckenbalken und der darüber liegenden Schalung erzielt werden, wenn die auftretenden Lasten in Richtung der tragenden Systeme – Balken und Schalung – aufgeteilt werden und die Biegetragfähigkeit und Steifigkeit dieser Bauteile ausreichend groß sind.

Statik, Gebäudeaussteifung, Deckenscheiben

4.3.1 Deckenbalken mit rechtwinklig verlegter Deckenschalung

Die Deckenbalken und die rechtwinklig darauf verlegten Bretter oder Bohlen der Deckenschalung werden – neben ihren lotrechten Beanspruchungen – jeweils getrennt zur Abtragung der Windlasten in den entsprechenden Richtungen herangezogen.

> - Die Steifigkeit der Schalungen erreicht bei weitem nicht die Steifigkeit einer Scheibe mit großformatigen Holzwerkstoffplatten (nur etwa 20%).
> - Bei Gebäuden in deutschen Erdbebengebieten ist die Aussteifung nach diesem System nicht statthaft.
> - Für alle Bauteile des Gebäudes ist trockenes Holz ($u_m \leq 18\%$) zu verwenden.

> - Für eine Deckenscheibe sind mindestens 4 Deckenbalken und eine Schalungsbreite von mindestens 1 Meter erforderlich.
> - Die Bretter oder Bohlen sollen in der Regel ungestoßen von Wand zu Wand durchlaufen.
> - Bei Systemen mit gestoßenen Brettern oder Bohlen sind die Spannungen und Verformungen unter Berücksichtigung der Nachgiebigkeit der Anschlüsse nachzuweisen.

> - Schalung und Balken müssen jeweils an ihren Enden horizontale Auflager haben, z. B. Wandscheiben oder Wandverbände.

4.3.1.1 Deckenschalung

Die Schalung trägt im allgemeinen die lotrechten Lasten direkt ab. Bei geringen Eigenlasten kann die Einzellast (Mannlast) $P = 1{,}00$ kN für die Bemessung maßgebend werden. Die Einzellast darf nach DIN 1052-1 verteilt werden auf:

$l = 0{,}16$ m bei nicht verbundenen Brettern
$l = 0{,}35$ m bei verbundenen Brettern (durch Nut und Feder oder gleichwertige Maßnahmen miteinander verbunden)

Die Durchbiegung unter der Einzellast (Mannlast) darf 1/100 der Stützweite, jedoch nicht mehr als 20 mm betragen.

Für gespundete Bretter mit einer Dicke $d \geq 24$ mm kann bei den in diesem Buch angegebenen Abmessungen und Spannweiten auf einen rechnerischen Nachweis der lotrechten Belastung verzichtet werden.

Die zur Abtragung der horizontalen Windlasten erforderliche Anzahl der Bretter ist für verschiedene Brettabmessungen abhängig von der Größe der Windbeanspruchung in den *Tabellen 5.4.2, 5.5.2 und 5.6.2*, S. 508 ff., angegeben. Als Brettbreite wurde dabei die ungeschwächte nutzbare Breite eingesetzt.

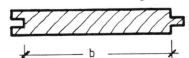

Bild 64: Rechnerisch zugrunde gelegte Breite der Bretter

Die Durchbiegung der Brettlage (Schalung) soll sowohl infolge der gleichmäßig verteilten <u>vertikalen</u> als auch unter der <u>horizontalen</u> Belastung höchstens: $\ell/400$ der Stützweite betragen.

Bei der vorgegebenen Stützweite der Schalung in vertikaler Richtung von 0,625 m Balkenabstand und der maximalen vertikalen Gesamtlast $q = 5{,}00$ kN/m² bleibt die Verformung schon bei einer Dicke der Schalung von 24 mm mit $f = \ell/700$ weit unter der geforderten Grenze. Die Werte in den *Tabellen 5.4.2, 5.5.2 und 5.6.2*, S. 508ff., beruhen auf einer elastischen horizontalen Durchbiegung von $\ell/400$. Die Anschlußverformungen der Verbindungsmittel und die zusätzlichen Verformungen an den Kontaktstellen sind nicht berücksichtigt. Bei einer Stützweite (Raumgröße) von 5,00 m beträgt die horizontale Verformung der Schalung bei dem Grenzwert $\ell/400$ bereits 1,25 cm. Mit der Wandhöhe $h = 2{,}75$ m erreicht die Schrägstellung der Wand dann bereits einen Wert von $h/220$. Es ist in jedem Fall zu überprüfen, ob alle Bauteile dieser Verformung schadensfrei folgen können. Im Zweifelsfall sollte die Steifigkeit erhöht – oder falls dies nicht möglich ist – eine andere Form der Deckenscheibe gewählt werden. Bei geringen Stützweiten wird die Biegespannung in den Brettern maßgebend. Sie wurde sie bei der Berechnung der Tabellenwerte auf

$$\sigma = 0{,}5 \cdot \text{zul } \sigma_B = 0{,}50 \text{ kN/cm}^2 \text{ begrenzt.}$$

4.3.1.2 Deckenbalken

Die horizontale Belastung rechtwinklig zu den Balken wird von der Summe aller über die Schalung gekoppelten Balken abgetragen. Aus den *Tabellen 5.4.1, 5.5.1 und 5.6.1*, S. 508 ff., kann die erforderliche Anzahl der Deckenbalken in Abhängigkeit von der Stützweite für verschiedene, typische Windlast-Situationen direkt abgelesen werden. In den Tabellen wurde die Durchbiegung auf $\ell/400$ beschränkt. Auch hier gilt der Hinweis, daß in jedem Fall zu prüfen ist, ob die horizontale Verformung für das Gebäude verträglich ist. Sind mehr Deckenbalken vorhanden als erforderlich, so errechnet sich die Durchbiegung zu vorh $f =$ erf $n_{Balken}/$vorh $n_{Balken} \cdot \ell/400$.

4.3.1.3 Anschlüsse

Die Bretter oder Balken werden tragend auf den Deckenbalken bzw. der Verblockung befestigt. Sie sind mit mindestens 2 Nägeln bzw. 2 Holzschrauben anzuschließen. Die Nagelabstände sind dem *Bild 5.7*, S. 510, zu entnehmen. Der Durchmesser der Nägel sollte $d_n = 3{,}1$ mm und der Holzschrauben $d_s = 3{,}5$ mm nicht unterschreiten.

Aus den erforderlichen Abständen der Verbindungsmittel ergeben sich Mindestbreiten für die Deckenbalken. Diese können für die verschiedenen Verbindungsmittel aus der *Tabelle 5.7*, S. 510, entnommen werden. Dabei wird zwischen mittigen, beidseitigen und einseitigen Anschlüssen unterschieden. Bei den beidseitigen Anschlüssen ist in den Tabellen eine mindestens 2 mm breite Stoßfuge berücksichtigt.

Statik, Gebäudeaussteifung, Deckenscheiben 8.50.14

> – Die Holzschrauben sind im Bereich des Schaftdurchmessers mit dem Nenndurchmesser d_s und im Bereich des Gewindes mit $d = 0{,}7 \cdot d_s$ vorzubohren.
> – Schrauben müssen DIN 96, DIN 97 oder DIN 571 entsprechen, andernfalls (Schnellbauschrauben) muß eine gültige bauaufsichtliche Zulassung vorliegen.

Beidseitige Anschlüsse werden in der Regel über einer Mittelwand und einseitige Anschlüsse über einer Außenwand angeordnet. Für Nägel 3,4 x 90 beträgt die Mindestbreite der Deckenbalken bei einem beidseitigen Anschluß zum Beispiel:

min $b_{Balken} = 2 \cdot (7 \cdot 0{,}34 + 5 \cdot 0{,}34) + 0{,}20 = 8{,}4$ cm
nach *Tabelle 5.7*, S. 511   10,0 cm

Die kleinste Brettbreite von 12 cm ist für alle angegebenen Durchmesser der Verbindungsmittel ausreichend.

Die horizontale Auflagerkraft aus den einzelnen Schalungsfeldern ist in die tragenden Wandscheiben über die Verbindungsmittel einzuleiten. In den *Tabellen 5.4.3, 5.5.3* und *5.6.3*, S. 508 ff., ist die erforderliche Anzahl der Verbindungsmittel angegeben. Sie gehen von der vollen Tragfähigkeit aus. Bei Einschlagtiefen vorh $s < 12 \cdot d_n$ ist die Nagelanzahl im Verhältnis $12 \cdot d_n /$ vorh s zu erhöhen. Bei Holzschrauben gilt entsprechend der Erhöhungsfaktor $8 \cdot d_s /$ vorh s.

Die Deckenbalken geben ihre Lasten über die Verblockung über den Innen- und Außenwänden in die Rähme der Wände und damit in die tragenden Wandscheiben ab (siehe *Bild 65*). Die Verblockung ist über die gesamte Wandbreite zu führen und mit 2 Stabdübeln ⌀ 12 oder 4 Sondernägeln (d_n 5,1 bis 6,0 mm, Einschlagtiefe ≥ 48 mm) anzuschließen. Rähmstöße sind in diesem Bereich mit 14 Nägeln 42 x 110 anzuschließen. Bei genauem Nachweis kann die Anzahl der Verbindungsmittel entsprechend den auftretenden Kräften reduziert werden.

Im Abschnitt 8.60, Beispiele, ist die Anwendung des Tabellariums exemplarisch für die Aussteifung in Deckenebene mit Balken und rechtwinklig verlegter Deckenschalung erläutert.

4.3.2 Deckenbalken mit Diagonalschalung

Werden Bretter als Deckenschalung diagonal verlegt, so lassen sich zusammen mit den Deckenbalken fachwerkartige Tragstrukturen bilden. Die Anordnung und Ausbildung ist vom Einzelfall abhängig. Wenn die Balken als Zugpfosten wirken (Druck in den Diagonalbrettern), müssen sie zugfest an die Gurte, in diesem Falle die Randhölzer, angeschlossen werden. Da keine regelgerechte Fachwerkknoten ausgebildet werden, ist i. a. auch eine ausreichende Steifigkeit der Randhölzer (Gurt; ggf. größere Breite) erforderlich. Unter Berücksichtigung dieser Detailfragen kann es unaufwendiger sein, eine zweilagige, kreuzweise zueinander verlegte Diagonalschalung zu wählen.

Balken mit Diagonalschalung sind deutlich steifer als solche mit rechtwinklig verlegter Deckenschalung und etwas weicher als Deckenscheiben mit Holzwerkstoffplatten.

Sie können i. a. auch diagonal wirkende Kräfte (Gebäudetorsion) aufnehmen. Die Nachgiebigkeit der Verbindungen ist bei der Berechnung der Durchbiegung unbedingt zu berücksichtigen.

4.3.3 Deckenbalken mit Deckenschalung und Stahlauskreuzungen

Deckenbalken mit rechtwinklig verlegter Deckenschalung lassen sich durch oben aufgebrachte Stahldiagonalen, zumeist Windrispenbänder, versteifen und diagonal unverschieblich machen. Es entstehen Diagonalenfachwerke. Die Systemwahl ist vom Gebäude abhängig. Die Kräfte in den Fachwerkstäben sind bei kleineren Wohngebäuden i. a. zwar relativ klein, konzentrieren sich jedoch auf die Knotenpunkte. Hier ist eine sorgfältige Detaillierung der konstruktiven Ausbildung gefordert, die stark vom Einzelfall abhängt. Bei der Beurteilung der Steifigkeit sollten unbedingt die Verschiebungen an den Verbindungsstellen und die tempe-

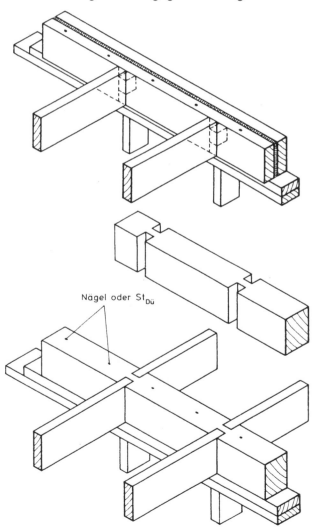

Bild 65: Mögliche Anschlüsse der Verblockung an die Wände

raturbedingten Längenänderungen der Stahlbänder berücksichtigt werden. Durch die wechselnden Windlasten sind gewisse Hin- und Herbewegungen möglich. Auf eine möglichst straffe Verlegung der Stahlbänder ist zu achten. Die relativ großen, zu erwartenden Verformungen sollten konstruktiv berücksichtigt werden, sonst können Schäden in den Wänden und deren Anschlüssen nicht ausgeschlossen werden.

4.3.4 Anschlüsse Decke – Wand

Die Anschlüsse Decke/Wand sind entsprechend der Details in Kapitel 6 möglich. Zu beachten ist, daß <u>alle</u> zur Horizontlastabtragung herangezogenen Bretter und Balken kraft- und formschlüssig an die zugehörigen Wandscheiben angeschlossen sein müssen.

4.4 Tragsysteme aus Massivholzplatten

Decken aus Massivholzplatten bestehen üblicherweise aus Streifen, deren Breite das Mehrfache ihrer Höhe aufweist. Horizontal, quer zur Hauptspannrichtung, sind die Platten i. a. so steif und tragfähig, daß sich ein Nachweis bei Stützweiten von weniger als 12 m erübrigt, wenn die Einzelelementbreite größer als 1 m ist und die Horizontal-Last weniger als 2 kN/m beträgt. Dies gilt auch für Brettstapelelemente. Bei horizontaler Beanspruchung in Hauptspannrichtung sind die Stoßfugen für die Schubkräfte miteinander zu verbinden. Die Elementenden sind über Gurte für die Biegezug- und -druckkräfte zu fassen. Es gelten die gleichen Regeln wie für Scheiben aus Holztafeln. Anschlußmöglichkeiten sind bei den Details in Kapitel 6 dargestellt.

den. Bei einseitiger, aussteifender Beplankung muß die Rippenbreite mindestens $1/4$ der Rippenhöhe betragen.

Lotrechte Stöße von Beplankungen sind immer auf den Rippen anzuordnen. Auf Rippen aus Holzwerkstoffen ist kein Stoß der Beplankung möglich.

Rechtwinklig zusammentreffende Wandtafeln im Eckbereich sind schubsteif miteinander zu verbinden (Nägel, Schrauben, Bolzen).

Elemente mit Fenstern oder Türen dürfen rechnerisch ohne besonderen Nachweis nicht zur Ableitung von Windkräften in Scheibenebene herangezogen werden.

Die zur Ableitung der Windlast herangezogenen Wandscheiben (Einrastertafel bzw. Mehrrastertafel) sind grundsätzlich an ihren Enden zu verankern, sofern das Überdrücken der Zugkräfte durch Auflasten nicht rechnerisch nachgewiesen wurde. Stoßen zwei Wandscheiben rechtwinklig zusammen, genügt eine Verankerung im Eck (siehe 4.6 Verankerung und Geschoßstöße).

Die Wandscheiben werden durch lotrechte Lasten – Außenwände zusätzlich durch rechtwinklig auf die Wand auftreffende Windlasten – und durch Horizontallasten in ihrer Ebene beansprucht. Die horizontale Belastung wird über das Rähm eingetragen und über die Beplankung in die untere Schwelle übergeleitet. Von dort wird sie in den Untergrund abgetragen. Die Pfosten übernehmen in diesem System die Randkräfte (Schubfluß). Die Beplankung wird nur zur Aufnahme der horizontalen Lasten herangezogen, obwohl nach DIN 1052-1, 11.4.3.1 eine Mitwirkung der Beplankung aus Holzwerkstoffen bei der Abtragung der lotrechten Lasten in Rechnung gestellt werden darf.

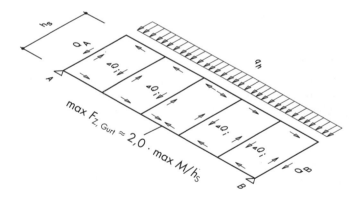

Bild 66: Prinzip Scheiben aus Massivholz-Plattenstreifen, Belastung parallel zu Plattenstreifen

4.5 Wandscheiben aus Holztafeln

4.5.1 Allgemeines

Alle tragenden Wände sind so ausgebildet, daß sie gleichzeitig zur Aussteifung herangezogen werden können. Die Wandelemente, bestehend aus Pfosten, Schwelle, Rähm und der aufgenagelten Beplankung, bilden Schubfelder, die Horizontallasten aus den Deckenscheiben abtragen können. Die tragende oder aussteifende Beplankung darf auch einseitig aufgebracht wer-

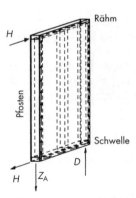

Bild 67: Wandscheibe mit horizontaler Belastung in Scheibenebene

4.5.2 Bestimmung der Belastung auf die Wandscheiben

Bei einer annähernd »starren« Deckenscheibe kann bei dieser Konstruktion davon ausgegangen werden, daß sich die horizontalen Auflagerkräfte aus der Deckenscheibe im Verhältnis der Steifigkeiten auf die Wandtafeln verteilen. Die Steifigkeiten hängen – ähnlich wie beim Fachwerk – im wesentlichen von der Breite der Wandelemente ab, da die Schubverformung der Beplankung gegenüber der Biegeverformung überwiegt.

Auch die Wandscheiben aus »Mehrrastertafeln« können zwischen den Stößen der Beplankung vereinfacht als

Statik, Gebäudeaussteifung, Wandscheiben

Fachwerk betrachtet werden. Die Beplankung stellt in diesem Modell die »Diagonale« dar. Bei gleicher Neigung der Diagonalen kann dann angenommen werden, daß sich die Steifigkeit B der Gesamtscheibe proportional zur Elementbreite b_{gesamt} verhält.

Nach DIN 1052-3 »Holzhäuser in Tafelbauart« Ziffer 5.1.1 gelten für Gebäude bis zu zwei Vollgeschossen mit tragenden (windaussteifenden) Wandscheiben in allen vier Außenwänden folgende Erleichterungen:

- Die Exzentrizität des Windangriffes nach DIN 1055-4 »Verkehrslasten-, Windlasten bei nicht schwingungsanfälligen Bauwerken«, 08.86 kann vernachlässigt werden.
- Die Exzentrizität der Windlastresultierenden bezüglich des ideellen Schwerpunktes der windaussteifenden Wandscheiben kann vernachlässigt werden.

Somit können für diese Gebäude Horizontalkräfte auf die einzelnen Wandscheiben aus den Auflagerkräften der Deckenscheibe mit den nachfolgenden Gleichungen bestimmt werden.

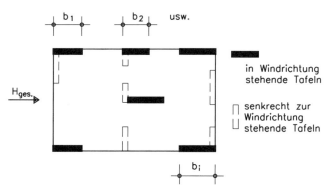

Bild 68: Aussteifende Wandtafeln unter einer Deckenscheibe

Für eine beliebige Einzeltafel i ergibt sich mit einer Gesamtkraft H_{ges} eine am Kopf der einzelnen Wandscheibe angreifende Kraft H_i

$$H_i = \frac{b_i}{b_{ges}} \cdot H_{ges} \quad (57)$$

b_i = Breite der Einzelscheibe
$b_{ges} = \Sigma\, b_i$
H_{ges} = in der Deckenebene angreifende Horizontallast

Die Berechnung der Horizontalkräfte auf die Wandscheiben für den Fall, daß die Exzentrizität zwischen der resultierenden Windlast und dem Schwerpunkt der Stützungen, also der Wandscheiben, berücksichtigt wird, ist im Abschnitt 8.60, Beispiele, dargestellt. Dort wird das Moment aus Exzentrizität auf alle Wandscheiben (in Windrichtung und quer dazu) aufgeteilt.

Dividiert man die Horizontalkraft H_i durch die Scheibenbreite b_i, so erhält man einen für alle Wandscheiben eines Geschosses gleichen Schubfluß

$$T = \frac{H_i}{b_i} = \frac{H_{ges}}{b_{ges}} \; [kN/m] \quad (58)$$

Die Wandtafeln sind so konstruiert, daß sie einen Schubfluß

$$zul\, T = 4{,}80 \; kN/m \quad (59)$$

aufnehmen können.

Tritt ein höherer Schubfluß auf, sind die Wandelemente zu verstärken. Die Beanspruchung der Bauteile und ihrer Anschlüsse ist statisch nachzuweisen.

Für die in Bild 69 dargestellten Tafeln erhält man bei einer Gefachbreite von $b = 0{,}625$ m die hieraus aufnehmbaren Horizontalkräfte max H.

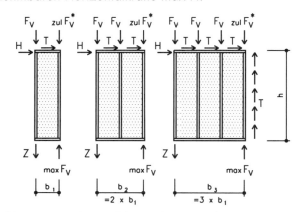

Bild 69: Aussteifungstafeln mit den angreifenden Lasten

Aufnehmbare Horizontalkräfte max H [kN] bei verschiedenen Tafelbreiten

Tafelbreite b_i [m]	max H [kN]
0,625	3,00
1,25	6,00
1,875	9,00
$n \cdot 0{,}625$	$n \cdot 3{,}00$

An den Enden der aussteifenden Tafeln treten vertikale Druck- und Zugkräfte auf. Die Druckkräfte überlagern sich mit den von oben kommenden Lasten der tragenden Wand zu einer Gesamtkraft max F_v^*.

Für die Bemessung des Endpfostens darf der Lastfall HZ zugrunde gelegt werden, d.h. die Spannungen des Lastfalles H dürfen nach DIN 1052 um 25 % erhöht werden.

Bei gegebenem Schubfluß T [kN/m] kann die ohne zusätzliche Verstärkungen aufnehmbare vertikale Auflast zul F_v^* [kN] mit der nachstehenden Gleichung errechnet werden.

$$zul\, F_v^* = 1{,}25 \cdot n \cdot A - 2{,}8 \cdot vorh\, T \le n \cdot A \quad (60)$$

A = Faktor nach folgender Tabelle
n = Anzahl der Pfosten bei Mehrfachpfosten, sonst: $n = 1$
vorh T = vorhandener Schubfluß [kN/m]

Die Höhe der Wandtafel darf maximal $h = 2{,}80$ m betragen.

Die Gleichung (60) ist für die verschiedenen Ausbildungen und Berechnungsvorschriften für jeweils einen Pfosten ($n = 1$) in den Diagrammen (*Tabelle 5.8* bis *5.10*, S. 512 ff.) ausgewertet.

Faktor A zur Ermittlung der aufnehmbaren vertikalen Auflast des Endpfostens von aussteifenden Wandtafeln

Pfosten Querschnitt [cm/cm]	Ausbildung	A
6/12	ohne Schwellenüberstand	14,4
	mit Schwellenüberstand	18,0
8/12	ohne Schwellenüberstand	19,2
	mit Schwellenüberstand	24,0
6/18	ohne Schwellenüberstand	21,6
	mit Schwellenüberstand	27,0

Die Endpfosten der aussteifenden Tafeln dürfen mit dieser Kraft belastet werden. Für die restlichen Pfosten im Wandelement gelten die zulässigen Werte zul F_v nach den *Tabellen 3.1* bis *3.3*, S. 500.

Beispiel: Berechnung der aufnehmbaren vertikalen Auflast des Endpfostens ⌸ 6/12 cm ohne Überstand in einer Wandtafel mit einer Schubkraft $T = 3,20$ kN/m.

Lösung nach Gleichung (60) oder Diagramm in *Tab. 5.8*:

zul $F_v^* = 1,25 \cdot 1 \cdot 14,4 - 2,8 \cdot 3,20 = 9,04$ kN $< 14,4$ kN

Überschreitet die tatsächlich auftretende Kraft vorh F_v den zulässigen Wert zul F_v^*, so ist der Pfosten durch Beipfosten zu verstärken.

Es kann aber auch bei gegebener Vertikalbelastung der zusätzlich ohne Verstärkungen aufnehmbare Schubfluß zul T [kN/m] und daraus die je Wandtafel aufnehmbare Horizontalkraft H [kN] errechnet werden.

zul $T = 0,446 \cdot n \cdot A - 0,357 \cdot$ vorh $F_v \leq 4,80$ kN/m   (61)

A = Faktor nach obiger Tabelle
n = Anzahl der Pfosten bei Mehrfachpfosten, sonst: $n = 1$
vorh F_v = vorhandene lotrechte Last auf dem Pfosten [kN/m]

Zur Auswertung der Formel (61) kann von denselben Diagrammen in *Tabelle 5.8* bis *5.10*, S. 512 ff., wie im vorstehenden Fall ausgegangen werden. Der aufnehmbare Schubfluß ist auf der horizontalen Achse abzulesen. Ist der auftretende Schubfluß höher als der Wert zul T, so ist der Endpfosten zu verstärken, die Nagelung der Platte auf die Holzrippen an den Rändern rundum zu verstärken (kleinere Nagelabstände untereinander) sowie die Beanspruchung der Platte zu überprüfen (ggf. dickere Platte erforderlich).

Beispiel: Berechnung der aufnehmbaren Schubkraft von Wandpfosten ⌸ 6/12 cm mit Überstand der Schwelle unter einer vertikalen Belastung von 17 kN.

Lösung nach Gleichung (61) oder Diagramm in *Tab. 5.8*:

zul $T = 0,446 \cdot 1 \cdot 18,0 - 0,357 \cdot 17$
$= 1,96$ kN/m $< 4,80$ kN/m

4.5.3 Anordung der Wandscheiben

Die tragenden Wandscheiben sollten möglichst so angeordnet werden, daß der Scheibenschwerpunkt mit dem Schwerpunkt der angreifenden Lasten zusammenfällt. Dies ist insbesondere bei Bauten in Erdbebengebieten von großer Bedeutung.

Die an den Enden der tragenden (windaussteifenden) Wandtafeln auftretenden resultierenden (Druck-, Zug- und Horizontalkräfte) sind in die Unterkonstruktionen einzuleiten und dort zu verfolgen.

Beim Übergang vom Obergeschoß in das Erdgeschoß sind diese Kräfte neben der Horizontalkraft auf die darunterstehende Tafel anzusetzen.

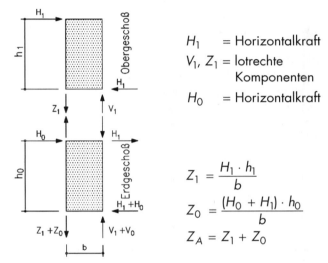

H_1 = Horizontalkraft
V_1, Z_1 = lotrechte Komponenten
H_0 = Horizontalkraft

$Z_1 = \dfrac{H_1 \cdot h_1}{b}$

$Z_0 = \dfrac{(H_0 + H_1) \cdot h_0}{b}$

$Z_A = Z_1 + Z_0$

Bild 70: Kraftverlauf bei übereinanderstehenden aussteifenden Wandtafeln

Stehen die Wandtafeln nicht direkt übereinander, sondern seitlich versetzt, so sind die Kräfte aus dem Obergeschoß durch Pfosten in der darunterstehenden Wand aufzunehmen und ihre Wirkung bis in die Fundamente bzw. bis in die massiven Teile zu verfolgen. Die Weiterleitung der Horizontalkräfte H ist durch die Decke oder die Rähme sicherzustellen.

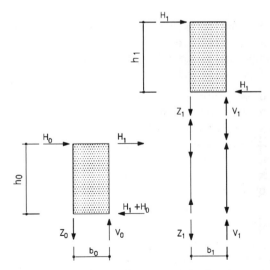

Bild 71: Kraftverlauf bei nebeneinanderstehenden aussteifenden Scheiben

Statik, Gebäudeaussteifung, Verankerungen 8.50.18

Im Extremfall können tragende Wandtafeln auch nur auf querstehende Wände abgesetzt werden (siehe *Bild 72*)

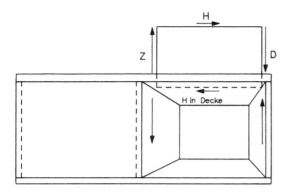

Bild 72: Tragende Wandtafel, die auf der Mittel- und der Außenwand eines Gebäudes ablasten

Ist die Wand im Erdgeschoß, nach *Bild 73*, durch eine Öffnung unterbrochen, so müssen die Lasten über einen Sturz bzw. Unterzug abgeleitet werden. Es ist stets ein statischer Nachweis zu führen. Hierbei muß besonders auf den Anschluß und die Ableitung der Zugkraft geachtet werden.

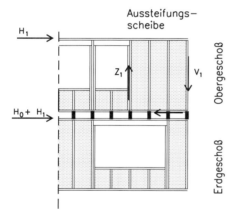

Bild 73: Aussteifendes Wandelement des Obergeschosses über einem Fenstersturz im Erdgeschoß

Die Einleitung der Horizontalkräfte $H_0 + H_1$ am Kopf des Wandelementes ist durch geeignete Bauteile und Verbindungsmittel zu gewährleisten. In den Details des Kapitels 6 ist dieser Fall nicht behandelt.

Die Zugkräfte der aussteifenden Wandtafeln bzw. der darunterstehenden Pfosten sind in der Kellerdecke oder in der Kellerwand zu verankern. Dabei ist darauf zu achten, daß ein ausreichendes Gegengewicht vorhanden ist. Bei hohen Ankerkräften wird im Bereich der Verankerung häufig eine zusätzliche Bewehrung der Betonkonstruktion erforderlich.

4.5.4 Nachweise der Wandscheiben

Für die in diesem Buch dargestellten Wandtafeln wurden die rechnerischen Nachweise nach DIN 1052 geführt. Die Nachweise selbst sind nicht aufgenommen, sondern nur die Ergebnisse angegeben.

Bei Sonderfällen, die hier nicht aufgeführt werden, sind die erforderlichen Nachweise nach DIN 1052-1, 11.4.2.1 und 11.4.2.2 zu führen.

Bei Tafeln mit $b \geq 1{,}00$ m und beidseitiger Beplankung kann auf den Nachweis der Beplankung und deren Anschlüssen verzichtet werden. Für alle anderen Fälle, insbesondere bei nur einseitig beplankten Wandscheiben oder wenn die Höchstwerte der Horizontalkraft nach DIN 1052-3, Abschnitt 8 überschritten werden, sind die erforderlichen Nachweise nach DIN 1052-1, 11.4.2.1 und 11.4.2.2 zu führen.

4.6 Verankerungen und Geschoßstöße

4.6.1 Allgemeines

Wandscheiben aus Holztafeln werden durch lotrechte Lasten und zusätzlich durch Windlasten beansprucht, die sowohl rechtwinklig zur Tafelebene als auch in Richtung der Tafelebene wirken können. Grundsätzlich sind zwei Fälle zu unterscheiden:

a) Wind rechtwinklig zur Wandscheibe
  Für diese Beanspruchung muß die Holztafel oben und unten an der Deckenscheibe befestigt werden. Die Beanspruchung ist gering, so daß meist eine konstruktive Befestigung mit Winkeln oder eine Vernagelung genügt.

  Infolge von Konsollasten und anderen horizontalen Beanspruchungen können auch bei Innenwänden quer zur Wand gerichtete Belastungen auftreten. Die Ausführung der Befestigung und der Verankerung muß mindestens den Anforderungen der DIN 4103 »Nichttragende, innere Trennwände, Unterkonstruktion in Holzbauart« entsprechen.

b) Wind in Richtung der Wandscheibe
  Die Wandscheibe ist an ihren Enden zug- und drucksteif mit der Unterkonstruktion zu verbinden. Zu beachten ist, daß sich die Kräfte von Geschoß zu Geschoß summieren, so daß im Erdgeschoß erhebliche Kräfte auftreten können.

  Die Enden der zur Aussteifung herangezogenen Wandelemente sind stets zu verankern, wenn die Zugkraft nicht durch die Auflast der darüber stehenden Bauteile sicher überdrückt wird. Gemäß DIN 1052-1 ist die Ankerzugkraft am Ende der planmäßig beanspruchten Tafeln in jedem Fall nachzuweisen. Beim Nachweis sind die unteren Grenzwerte für die Auflast nach DIN 1055-1 einzusetzen.

Die Verankerung muß nur an den Enden der tragenden Wandtafeln erfolgen. Dies gilt auch für die Geschoßstöße. Bei Mehrrastertafeln ist die Verbindung der einzelnen Elemente untereinander für die Schubkraft $T = Z_A$ zu bemessen.

Eine rechnerisch erforderliche Verankerung muß stets am Pfosten (nicht an der Schwelle) befestigt werden. Wesentlich ist, daß Zugverankerungen nach *Bild 74* nur an

Statik, Gebäudeaussteifung, Verankerung 8.50.19

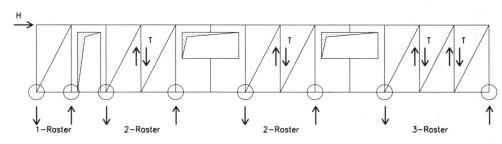

Bild 74: Verankerung an den Enden der Gesamttafel erforderlich

○ Erforderliche Verankerung der Wandtafeln

den Enden von Wandscheiben benötigt werden. Die Zwischenverankerungen erhalten nur Kräfte aus Wind rechtwinklig zur Wandscheibe.

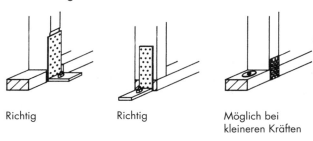

Richtig   Richtig   Möglich bei kleineren Kräften

Bild 75: Verankerung an den Pfosten (schematische Darstellung)

4.6.2 Berechnung der Ankerzugkräfte

Die erforderliche Ankerzugkraft Z_A errechnet sich für eingeschossige Gebäude oder für aussteifende Elemente in einem Geschoß (siehe Bild 69) aus dem vorhandenen Schubfluß T [kN/m] und der minimalen Auflast min F_v [kN] bei einer Geschoßhöhe $h = 2,80$ m

$$\text{erf } Z_A = 2,80 \cdot T - \min F_v \text{ [kN]} \quad (62)$$

Endet die Schwelle (ohne Überstand) mit der druckbeanspruchten Randrippe, so ist für die Bemessung bei Einrastertafeln Z_A um 10 % zu vergrößern.

Bei zweigeschossigen Häusern mit übereinanderstehenden aussteifenden Wandelementen nach (Bild 70) ist die Ankerzugkraft aus beiden Geschossen zu ermitteln.

$$\text{erf } Z_A = Z_1 + Z_0 - \min F_v \text{ [kN]} \quad (63)$$

oder mit

$$T_1 = \frac{H_1}{b_1} \text{ [kN/m] und } T_0 = \frac{H_1 + H_0}{b_0} \text{ [kN/m]}$$

$$\text{erf } Z_A = 2,8 \cdot (T_1 + T_0) - \min F_v \text{ [kN]} \quad (64)$$

Die minimale Vertikalkomponente min F_v wird aus der ständig wirkenden Last ermittelt. Es gilt näherungsweise:

$$\min F_v = \frac{2}{3} \cdot F_{v,\text{ständig}} \text{ [kN]} \quad (65)$$

Mindestwerte für Eigenlasten sind in den Datenblättern in Kapitel 6 für die Bauteile angegeben (eine Abminderung auf 2/3 nach Gleichung (65) ist nicht erforderlich).

Aus der erforderlichen Ankerzugkraft Z_A kann aus den Details des Kapitels 6 ein Anker ausgewählt werden. Für die dort angegebenen Verankerungsdetails wurde jeweils die zulässige Zugkraft Z_A angegeben.

Es lohnt sich im allgemeinen, die minimale Auflast zu ermitteln, denn es kann häufig ganz auf Zugverankerungen von Wandtafeln verzichtet werden, oder die dann noch erforderlichen Ankerzugkräfte sind deutlich reduziert. Als aktivierbare Eigenlast können neben den auf der Wand aufliegenden Lasten auch Eigenlasten von angrenzenden Querwänden berücksichtigt werden. Die Anschlüsse der Querwände (auch an den Gebäudeecken) sind für einen Schubfluß von 4,8 kN/m oder bei 2,80 m Wandhöhe für eine Kraft von 13,4 kN ausgelegt. Damit kann die höchstmögliche Zugkraft am Rand der Standard-Wandtafeln übertragen werden.

Die Anker sind stets an den Pfosten zu befestigen. Die Anschlüsse für die Windlast senkrecht auf die Wandtafeln ist in den Details des Kapitels 6 ebenfalls quantifiziert für eine Gebäudehöhe bis 8 m angegeben.

4.6.3 Nachweis der Anker

Die Kraft wird stets aus dem Pfosten in den Anker eingeleitet. Die verwendeten Verbindungsmittel sind für die auftretende Kraft zu bemessen. Da die Zugkraft in der Regel nur durch Windlasten verursacht wird, ist für die Bemessung der Lastfall H zugrunde zu legen.

Für die Weiterleitung der Kraft können grundsätzlich drei Modelle unterschieden werden.

1. Die Zugkraft wird direkt in die Massivkonstruktion eingeleitet.

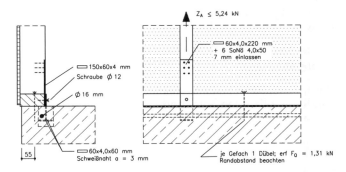

Bild 76: Anker mit direkter Einleitung der Zugkraft in die Betondecke (siehe z. B. Detail 1b, Seite 139)

Bei einbetonierten Ankerteilen ist das genaue Ausrichten und das Sichern mit Problemen verbunden. Auch sind Möglichkeiten des Ausgleiches von Toleranzen äußerst beschränkt. Selbst einbetonierte Platten, an die später Laschen aufgeschweißt werden, müssen sehr aufwendig gesichert werden, wenn die Lage einigermaßen genau

Statik, Gebäudeaussteifung, Vorbemessung 8.50.20

stimmen soll. Hier »schwimmen« die Platten meist beim Betonieren weg.

2. Die Anker werden biegesteif an die Massivplatte angeschlossen.

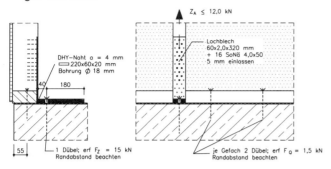

Bild 77: Anker mit biegesteifem Anschluß an die Betondecke (siehe z. B. Detail 1c, Seite 139)

Das Moment aus der Exzentrizität der Zugkraft wird in ein lotrechtes Kräftepaar umgewandelt.

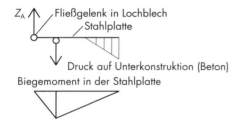

Bild 78: Rechenmodell für die Stahlplatte

Die Zugkraft Z – durch den Hebelarm größer als Z_A – wird durch den Dübel aufgenommen, die Druckkraft über die Grundplatte in den Beton eingetragen. Hier ist darauf zu achten, daß eine ebene und saubere Fläche vorhanden ist. Es empfiehlt sich, unter der Stahlplatte eine ausgleichende Mörtelschicht vorzusehen.

Die Nagelzahl der lotrechten Platte ist aus der Ankerzugkraft Z_A zu bestimmen, der Dübel ist für die Zugkraft Z und die Stahlplatte für das Biegemoment $M = Z_A \cdot e$ zu bemessen. Bei größeren Kräften wird die Lasche nicht umgebogen, damit sich kein Fließgelenk bildet, sondern sie wird angeschweißt.

3. Die Anker werden gelenkig an die Massivdecke angeschlossen.

Diese Ausführung hat den Vorteil, daß vom Stahlteil nur eine Zugkraft in den Betonboden einzuleiten ist. Der Un-

tergrund kann im Bereich der Verankerung relativ rauh sein, besondere Maßnahmen sind daher nicht erforderlich. Der Dübel muß nur für die Ankerzugkraft Z_A bemessen werden.

Bei den gelenkig an die Betonplatte angeschlossenen Ankern wird das aus der Exzentrizität entstehende Biegemoment über den biegesteifen Anschluß der Grundplatte an den lotrecht stehenden Flachstahl übertragen. Es wird durch ein horizontal gerichtetes Kräftepaar $H_O = H_U = M/z$ in den Pfosten eingeleitet. Die Querkräfte werden am Kopf und am Fuß des Pfostens in das Rähm bzw. die Schwelle eingetragen und von dort weitergeleitet.

Die Verbindungsmittel erhalten somit lotrecht und horizontal gerichtete Kräfte. Sie sind für die daraus entstehende Kräfte bemessen.

Die Grundplatte erhält Biegemomente und Querkräfte und ist daher entsprechend dick auszuführen. Besonderes Augenmerk ist auf die Schweißnaht zu legen, die Biegemomente und Querkräfte übertragen muß.

5 Vorbemessung

Alle Elemente der Aussteifung – Deckenscheibe, Wandscheiben und Anker – sind im Rahmen dieses Buches für die vorgesehene Bauweise aufeinander abgestimmt.

Zur Vorbemessung kann aus dem aufnehmbaren Schubfluß der aussteifenden Wandelemente für jede Windrichtung die erforderliche Länge der Wandscheiben – also Wandflächen ohne Öffnungen – abgeschätzt werden.

$$\text{erf } b_{ges} = \frac{H^*_{ges}}{\text{zul } T} = 0{,}21 \cdot H^*_{ges} \; [\text{m}] \quad (66)$$

H^*_{ges} = Gesamte Windlast in einer Richtung

Für eingeschossige Häuser ist

$$H^*_{ges} = H_1 \quad (67)$$

Für zweigeschossige Häuser gilt

$$H^*_{ges} = 1{,}5 \cdot (H_1 + H_0) \quad (68)$$

Es können sich bei sehr leichten Bauteilen und zweigeschossiger Bauweise Ankerzugkräfte ergeben, die mit den in dem Werk angegebenen Verankerungsdetails nicht mehr abgedeckt sind. Dann sind entweder geeignete Verankerungen zu konstruieren, oder es sind im Erdgeschoß mehr Wandscheiben anzuordnen.

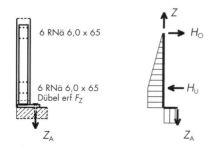

Bild 79: Anker mit gelenkig an die Bodenplatte angeschlossenem Stahlteil

Statik, Beispiele

Beispiel: Vorbemessung eines Gebäudes in Holzrahmenbauweise

Positionen Obergeschoß

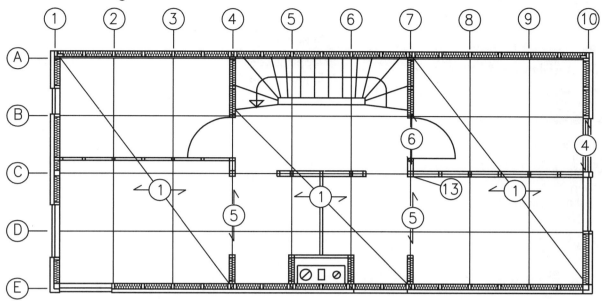

Positionen Erdgeschoß

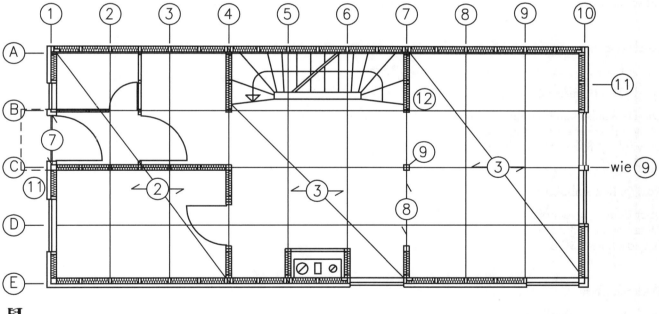

aussteifende Wandtafeln

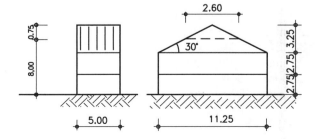

Die nachfolgenden Rechenbeispiele mit den oben angegebenen Positionen sollen die Anwendung des Tabellariums (Abschnitt 8.70, Seite 478 ff.) und die Aussteifung des Gebäudes nur beispielhaft erläutern. Sie stellen keinen vollständigen statischen Nachweis für das Gebäude dar.

Statik, Beispiele

Pos. ① 1 Deckenbalken

unter nicht ausgebautem Dachgeschoß
Stützweite L = 3,75 m

Deckenaufbau

nach 6.81.01, Ausführung I, S. 321:

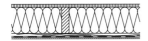

25 mm Spanplatte
220 mm Balken
220 mm Dämmung
       Lattung
12,5 mm Gipskartonplatten

System

Belastung

Eigenlast aus 6.81.01/I:	max g = 0,83 kN/m²
Verkehrslast	p = 2,00 kN/m²
Gesamtlast	q = 2,83 kN/m²

Nachweis

aus *Tabelle 1.1*, S. 480: ⊡ **6/22 cm**, e = **0,625 m**

q = 3,00 kN/m²: zul L = 4,17 m > 3,75 m

Die Deckenbalken werden wegen der Stöße der Spanplatten (Deckenscheibe) verbreitert:
gewählt ⊡ **8/22 cm**, e = **0,625 m**

Pos. ② Deckenbalken

über dem Erdgeschoß
Stützweite L = 3,75 m
Brandschutz F 30-B

Deckenaufbau

nach 6.81.01, Ausführung C, S. 318:

        Teppichboden
25 mm   Spanplatte
33/30   Trittschalldämmung
25 mm   Spanplatte
220 mm Balken
60 mm   Dämmung
        Lattung
2 × 12,5 mm Gipskartonpl.

System

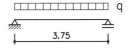

Belastung

Teppichboden	= 0,04 kN/m²
Eigenlast aus 6.81.01/C	max g = 1,02 kN/m²
	g = 1,06 kN/m²
Trennwände	p_T = 0,75 kN/m²
Verkehrslast	p = 2,00 kN/m²
Gesamtlast	q = 3,81 kN/m²
für Weiterleitung:	
q = 1,06 + 0,75 + 1,50	= 3,31 kN/m²

Nachweis

aus *Tabelle 1.1*, S. 480: ⊡ **6/22 cm**, e = **0,625 m**

q = 4,0 kN/m²: zul L = 3,79 m > 3,75 m
         : L_{red} = 3,46 m

Die Deckenbalken werden wegen der Stöße der Spanplatten (Deckenscheibe) und wegen des Schwingungskriteriums verbreitert:
gewählt ⊡ **8/22 cm**

Pos. ③ freiliegende Deckenbalken

Stützweite L = 3,75 m
Brandschutz F 30-B

Deckenaufbau

nach 6.82.01, Ausführung B, S. 318:

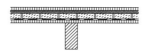

        Fliesen
25 mm   Trockener Unterboden
28/25   Trittschalldämmung
45 mm   Betonplatten, Kleber
25 mm   Spanplatte
220 mm Balken

System

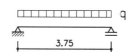

Statik, Beispiele

Belastung

Fliesen	= 0,22 kN/m²
Eigenlast noch 6.82.01/B max g	= 1,69 kN/m²
Zuschlag für dickeren Unterboden	
$(0,025 - 0,022) \cdot \sim 7,5$	= 0,02 kN/m²
	g = 1,93 kN/m²
Trennwände	p_T = 0,75 kN/m²
Verkehrslast	p = 2,00 kN/m²
Gesamtlast	q = 4,68 kN/m²
für die Weiterleitung:	
$q = 1,93 + 0,75 + 1,50$	= 4,18 kN/m²

Nachweis

aus Tabelle 1.2, S. 481: ⊡ **10/22 cm, e = 0,625 m**
NH S 10
q = 5,00 kN/m²: zul L = 4,17 m > 3,75 m

aus Tabelle 1.3, S. 482: ⊡ **10/22 cm, e = 0,625 m**
BS 11
q = 5,00 kN/m²: zul L = 4,31 m > 3,75 m

Pos. ④ Fenstersturz

Stützweite L = 1,25 m,
nach 6.71.01 Ausführung A, S. 313:

System

| 1.25 |

Belastung

aus Dach	= 3,15 kN/m
aus Decke Pos. 1: ½ · 2,83 · 3,75	= 5,31 kN/m
Eigenlast nach 6.71.01/A	= 0,16 kN/m
Gesamtlast	q = 8,62 kN/m

In den Stützweitentabellen ist berücksichtigt, daß die Belastung q [kN/m] als Einzellasten eingetragen wird.

Nachweis

Variante 1: Außenwandsturz mit tragender Randbohle

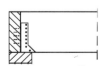

1 ⊡ **6/22 cm**
+ 1 ⊡ **12/6 cm**
NH S 10

nach Tabelle 2.1, S. 486:
q = 8,00 kN/m: zul L = 1,52 m
zwei Auflagerpfosten ⊡ 6/12 cm
q = 10,00 kN/m: zul L = 1,09 m
zwei Auflagerpfosten ⊡ 6/12 cm

Variante 2: Zusammengesetzter Querschnitt

1 ⊡ **12/6 cm**
+ 2 ⊡ **6/12 cm**
NH S 10

nach Tabelle 2.1, Seite 486:
q = 10,00 kN/m: zul L = 1,42 m
ein Auflagerpfosten ⊡ 6/12 cm

Variante 3: Vollholzquerschnitt F 30-B

1 ⊡ **12/16 cm**

nach Tabelle 2.4, S. 489:
q = 10,00 kN/m: zul L = 1,69 m
ein Auflagerpfosten ⊡ 6/12 cm

Pos. ⑤ Unterzug

Stützweite L = 1,875 m
6.71.01 Ausführung B oder C, S. 313:

System

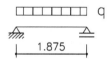
| 1.875 |

Belastung

aus Decke Pos. 1: 2,83 · 3,75	= 10,61 kN/m
Eigenlast nach 6.61.01/B oder C	= 0,31 kN/m
Gesamtlast	q = 10,92 kN/m

In den Stützweitentabellen ist berücksichtigt, daß die Belastung q [kN/m] als Einzellasten eingetragen wird.

Nachweis

Variante 1: Nadelschnittholz

nach Tabelle 2.3, S. 488: ⊡ **12/16 cm, NH S 10**
q = 10,00 kN/m: zul L = 1,93 m
q = 12,00 kN/m: zul L = 1,74 m
ein Auflagerpfosten ⊡ 6/12 cm bzw.
zwei Auflagerpfosten ⊡ 6/12 cm

Variante 2: Brettschichtholz

nach Tabelle 2.6, S. 491: ⊡ **12/14 cm, BS 14**
q = 10 kN/m: zul L = 1,95 m
q = 12 kN/m: zul L = 1,81 m
ein Auflagerpfosten ⊡ 6/12 cm bzw.
zwei Auflagerpfosten ⊡ 6/12 cm

Statik, Beispiele

Variante 3: deckengleicher Unterzug

Balkenschuhe bzw. Balkenträger gemäß Zulassung (bei Brandschutzanforderungen besondere Zulassung!)

aus konstruktiven Gründen gewählt:
Nadelschnittholz ▢ **12/22 cm, NH S 10**

nach *Tabelle 2.9*, S. 494:
q = 12,00 kN/m: zul L = 2,11 m
zwei Auflagerpfosten ▢ 6/12 cm

Pos. ⑥ Unterzug

Stützweite L = 1,25 m

System

Belastung wie Pos. 5:   q = 10,92 kN/m

In den Stützweitentabellen ist berücksichtigt, daß die Belastung q [kN/m] als Einzellasten eingetragen wird.

Nachweis

Variante 1:

nach *Tabelle 2.3*, S. 488: ▢ **12/12 cm, NH S 10**
q = 12,00 kN/m: zul L = 1,30 m
ein Auflagerpfosten ▢ 6/12 cm

Variante 2:

Bei diesem im Raster angeordneten Unterzug tritt nur eine Einzellast in Feldmitte auf. Für diesen Fall sind die in den Stützweitentabellen angenommenen Laststellungen zu ungünstig.
Der statische Nachweis wird durch einen Vergleich der Beanspruchung geführt.

System

Belastung

$F = q \cdot e = 10,92 \cdot 0,625 = 6,83$ kN
max $Q = \frac{1}{2} \cdot F = 3,41$ kN
max $M = \frac{1}{4} \cdot F \cdot L = 2,13$ kNm

Nachweis

aus *Tabelle 2.1*, S. 486: 3 ▢ **12/6 cm, NH S 10**
zul Q = 12,96 kN > 3,41 kN
zul M = 2,16 kNm > 2,13 kNm

Kontrolle der Durchbiegung

$$\text{vorh } f = \frac{F \cdot L^3}{48 \, EI} = \frac{6,83 \cdot 125^3}{48 \cdot 1000 \cdot 648} = 0,43 \text{ cm} \triangleq L/300$$

Der Querschnitt ist ausreichend.

Pos. ⑦ Türsturz

Stützweite L = 1,25 m

System

Belastung

aus Dach		= 3,15 kN/m
aus Decke OG	½ · 2,83 · 3,75	= 5,31 kN/m
Wand im DG		= 2,00 kN/m
aus Decke EG	½ · 4,18 · 3,75	= 7,84 kN/m
aus Vordach		= 0,90 kN/m
Eigenlast		= 0,28 kN/m
Gesamtlast		q ≅ 19,50 kN/m

In den Stützweitentabellen ist berücksichtigt, daß die Belastung q [kN/m] als Einzellasten eingetragen wird.

Die möglichen Varianten für diesen Sturz werden in einer Tabelle zusammengefaßt (siehe nächste Seite).

Aus den *Tabellen 2.3* ff. ist ersichtlich, daß bei der Ermittlung der zulässigen Stützweite die Schubspannung maßgebend war. Hierbei wurde eine Einzellast in Auflagernähe angenommen. Im vorliegenden Fall liegt der Sturz im Raster, wird also nur durch eine Einzellast in Feldmitte beansprucht. Es wird zum Vergleich ein genauer statischer Nachweis geführt.

$F = 19,5 \cdot 0,625 = 12,19$ kN
$A = B = 1,5 \cdot 12,19 = 18,29$ kN
max $Q = \frac{1}{2} \cdot 12,19 = 6,10$ kN
max $M = \frac{1}{4} \cdot 12,19 \cdot 1,25 = 3,81$ kNm

aus *Tabelle 2.3*, S. 488: ▢ **12/14 cm, NH S 10**
zul Q = 10,08 kN > 6,10 kN
zul M = 3,92 kNm > 3,81 kNm

Statik, Beispiele

Kontrolle der Durchbiegung

$$\text{vorh } f \cong \frac{12{,}19 \cdot 125^3}{48 \cdot 1000 \cdot 2744} = 0{,}18 \text{ cm} \triangleq L/699$$

Auflagerpfosten: gewählt ⌷ **8/12 cm, NH S 10**
nach *Tab. 3.2*, S. 500: zul F_v = 19,2 kN > 18,29 kN

Variante Nr.	Holz	Rechen- vorschrift	Tabelle Nr.	Querschnitt cm/cm	Anzahl der Auflagerposten
1	NH S 10	DIN 1052	2.3	12/18 cm zul L = 1,40 m	2 Stück
1 A F 30-B	NH S 10	DIN 1052 DIN 4102-4	2.4	12/20 cm zul L = 1,22 m	2 Stück
2	BS 14	DIN 1052	2.6	12/14 cm zul L = 1,28 m	2 Stück
2 A F 30-B	BS 14	DIN 1052 DIN 4102-4	2.7	12/16 cm zul L = 1,23 m	2 Stück

Je nach Holz und Rechenvorschrift sind also Querschnitte zwischen ⌷ 12/14 cm und ⌷ 12/20 cm möglich.

Pos. ⑧ Unterzug

dreiseitige Brandbeanspruchung F 30-B
Stützweite L = 1,875 m

System

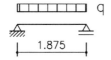

Belastung

aus Pos. 3: 4,18 · 3,75	= 15,68 kN/m
Eigenlast	= 0,19 kN/m
Gesamtlast	$q \cong$ 15,90 kN/m

In den Stützweitentabellen ist berücksichtigt, daß die Belastung q [kN/m] als Einzellasten eingetragen wird.

Querschnitt
Variante 1:
aus *Tabelle 2.4*, S. 489: ⌷ **16/20 cm, NH S 10**
q = 16,0 kN/m: zul L = 2,26 m
2 Auflagerpfosten ⌷ 6/12 cm

Variante 2:
aus *Tabelle 2.7*, S. 492: ⌷ **16/16 cm, BS 14**
q = 16,0 kN/m: zul L = 2,11 m
2 Auflagerpfosten ⌷ 6/12 cm

Pos. ⑨ Stütze

System

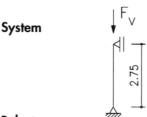

Belastung

aus Pos. 5: ½ · 10,92 · 1,875	= 10,24 kN
aus Pos. 6: ½ · 10,92 · 1,25	= 6,83 kN
Eigenlast im OG	= 0,60 kN
aus Pos. 8: ½ · 15,90 · 1,875	= 14,91 kN
wie Pos. 8: ½ · 15,90 · 1,25	= 9,94 kN
Eigenlast im EG	= 0,31 kN
Gesamtlast	F_v = 42,83 kN

Variante 1 ohne Brandschutzanforderung
aus *Tabelle 5.1*, S. 504: ⌷ **12/18, NH S 10**
zul F_v = 43,2 kN (mit Schwellenüberstand: 54,0 kN)

Variante 2 mit Brandschutzanforderung F 30-B
aus *Tabelle 5.2*, S. 504: ⌷ **16/16 cm, BS 11**
zul F_v = 51,2 kN (mit Schwellenüberstand: 64,0 kN)

Pos. ⑩ Tragende Außenwand im Obergeschoß

System

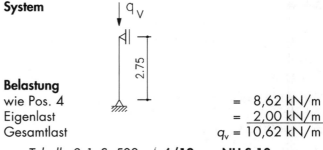

Belastung

wie Pos. 4	= 8,62 kN/m
Eigenlast	= 2,00 kN/m
Gesamtlast	q_v = 10,62 kN/m

aus *Tabelle 3.1*, S. 500: ⌷ **6/12 cm, NH S 10,
e = 0,625 m**
zul q_v = 28,8 kN/m

Statik, Beispiele

Pos. ⑪ Tragende Außenwand im Erdgeschoß

System

Belastung

wie Pos. 7	= 19,50 kN/m
abzügl. Vordach	= – 0,90 kN/m
Eigenlast	= 2,00 kN/m
Gesamtlast	q_v = 20,60 kN/m

aus *Tabelle 3.1*, S. 500: ▭ **6/12 cm, NH S 10**,
e = 0,625 m
zul q_v = 28,8 kN/m > 20,6 kN/m

Pos. ⑫ Tragende Innenwand im Erdgeschoß

Die Randpfosten werden infolge Windbeanspruchung zusätzlich belastet. Sie werden bei **Pos. ⑭**, Aussteifung, nachgewiesen.

System

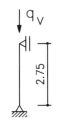

Nachweis für den Wandpfosten

Für den Unterzug sind gesonderte Pfosten anzuordnen

Belastung

aus Decke Pos. 1: ½ · 2,83 · 3,75	= 5,31 kN/m
Eigenlast im Obergeschoß	= 1,20 kN/m
aus Decke Pos. 3: ½ · 4,18 · 3,75	= 7,84 kN/m
Eigenlast im Erdgeschoß	= 1,20 kN/m
Gesamtlast	q_v = 15,55 kN/m

Aus *Tabelle 3.1*, S. 500: ▭ **6/12 cm, NH S 10**,
e = 0,625 m
zul q_v = 28,8 kN/m > 15,55 kN/m

Pos. ⑬ Verstärkung in der Wand des Obergeschosses

System

Belastung

aus Pos. 5: ½ · 10,92 · 1,875	= 10,24 kN
aus Pos. 6: ½ · 10,92 · 1,25	= 6,83 kN
Eigenlast	= 0,60 kN
Gesamtlast	F_v = 17,67 kN

Variante 1 Mehrfachpfosten aus
Tabelle 3.3, S. 500: **2 ▭ 6/12 cm, NH S 10**
zul F_v = 28,8 kN > 17,67 kN

Variante 2 Einzelpfosten
aus *Tabelle 3.2*, S. 500: ▭ **8/12 cm, NH S 10**
zul F_v = 19,2 kN > 17,67 kN

Pos. ⑭ Aussteifung

Das im Positionsplan 8.60.01 dargestellte Gebäude wird zum Nachweis der Aussteifung freistehend betrachtet und für Wind auf die Traufe und für Wind auf den Giebel untersucht.

Nach DIN 1052-3 Ziffer 5.1.1 kann die Exzentrizität des Windlast-Angriffs bei dem vorliegenden Gebäude vernachlässigt werden.

1. Wind auf die Traufe

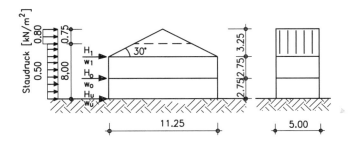

1.1 Lastermittlung

Wind auf die Dachfläche
Druck und Sog

$(0,02 \cdot 30 - 0,2 + 0,6) \cdot 0,8 \cdot 0,75 \cdot 5,00 = 3,00$ kN
$(0,02 \cdot 30 - 0,2 + 0,6) \cdot 0,5 \cdot 2,50 \cdot 5,00 = \underline{6,25}$ kN
$W_{Dach} = 9,25$ kN

Wind im Obergeschoß
Druck und Sog

$1,3 \cdot 0,5 \cdot 2,75 \cdot 5,00$ = 8,94 kN
W_{OG} = 8,94 kN

Wind im Erdgeschoß
Druck und Sog $W_{EG} = W_{OG}$ = 8,94 kN

Windlasten in Höhe der Deckenscheiben:

$H_1 = W_{Dach} + ½ \cdot W_{OG} = 9,25 + ½ \cdot 8,94 = 13,72$ kN
$w_1 = 13,72/5,00$ = 2,74 kN/m
$H_0 = ½ \cdot (W_{OG} + W_{EG})$
    $= ½ \cdot (8,94 + 8,94)$ = 8,94 kN
$w_0 = 8,94/5,00$ = 1,79 kN/m
$H_u = ½ \cdot W_{EG} = ½ \cdot 8,94$ = 4,47 kN
$w_u = 4,47/5,00$ = 0,89 kN/m

1.2 Nachweis im Obergeschoß

Es wird vereinfachend angenommen, daß in den beiden Giebelwänden (Achse A und E) jeweils die gleiche Anzahl und Anordnung der windaussteifenden Scheiben vorhanden sind. Außerdem werden nur die Wandscheiben zur Lastabtragung herangezogen, die im Obergeschoß und im Erdgeschoß übereinanderstehen (Achsen 2-6 und 7-9).

Statik, Beispiele

1.2.1 Wandscheiben im Obergeschoß

$H_1 = 13{,}72$ kN

Gesamtbreite aller aussteifenden Wandscheiben
$b_{ges} = \Sigma b_i = 2 \cdot 12 \cdot 0{,}625 = 15{,}0$ m

$$H_{1,1} = \frac{b_1}{b_{ges}} \cdot H_1 = \frac{0{,}625}{15{,}00} \cdot 13{,}72$$
$$= 0{,}57 \text{ kN/Gefach}$$

Schubfluß

$$T_1 = \frac{0{,}57}{0{,}625} = 0{,}91 \text{ kN/m} < \text{zul } T = 4{,}80 \text{ kN/m}$$
(siehe Seite 460)

Ankerzugkraft ohne Auflast

$$Z_{A1} = \frac{0{,}57 \cdot 2{,}75}{0{,}625} = 2{,}51 \text{ kN}$$

1.2.2 Deckenscheibe über dem Obergeschoß

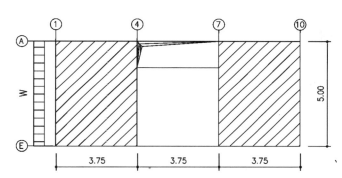

$w_1 = 2{,}74$ kN/m

Die beiden Teilscheiben links und rechts des Treppenhauses sind druck- und zugfest miteinander verbunden. Die gesamte Windbelastung w wird gleichmäßig auf beide Scheiben verteilt.

$w = \frac{1}{2} \cdot w_1 = 1{,}37$ kN/m

Scheibe aus Holztafeln

aus *Tabelle 5.3*, S. 507

zul $q_h = 3{,}75 \cdot 5{,}0/5{,}00 = 3{,}75$ kN/m $\geq 1{,}05$ kN/m

Gurtkräfte

$D = Z = 2 \cdot 1{,}37 \cdot 5{,}00^2/8/3{,}75 = 2{,}38$ kN

Die Randbalken laufen durch.

1.2.3 Verankerung der Wandscheiben im Obergeschoß

Verankerung nach 6.40.03, Detail 12a
zul $Z_A = 2{,}50$ kN $\approx$ vorh $Z_A = 2{,}51$ kN

1.3 Nachweis im Erdgeschoß

Vorbemerkung wie bei 1.2

1.3.1 Wandscheiben im Erdgeschoß

$H_0 = 8{,}94$ kN $H_{0+1} = H_0 + H_1 = 22{,}66$ kN

$b_{ges} = 15{,}00$ m

Horizontalkraft $H_{0,1} = \dfrac{0{,}625}{15{,}00} \cdot 22{,}66 = 0{,}94$ kN/Gefach

Schubfluß $T_{ges} = \dfrac{0{,}94}{0{,}625} = 1{,}51$ kN/m

$< 4{,}80$ kN/m

Ankerkraft $Z_{AO} = \dfrac{0{,}94 \cdot 2{,}75}{0{,}625} = 4{,}14$ kN

1.3.2 Deckenscheibe über dem Erdgeschoß

System wie 1.2.2
Bemerkungen wie 1.2.2
$w_0 = 1{,}79$ kN/m $< w_1 = 2{,}74$ kN/m
Ein Nachweis erübrigt sich.

1.3.3 Verankerung der Wandscheiben im Erdgeschoß

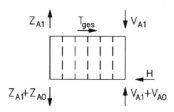

$Z_A = Z_{A1} + Z_{AO}$
$Z_A = 2{,}51 + 4{,}14 = 6{,}65$ kN

Verankerung nach 6.13.01, Detail 1c
zul $Z_A = 12{,}00$ kN $> 6{,}65$ kN

1.4 Nachweis der Wandpfosten

Für den Schubfluß $T_{ges} = 1{,}51$ kN/m ergibt sich aus *Tabelle 5.8*, S. 512, eine zulässige Vertikalkraft

zul $F_v^* = 13{,}77$ kN

Die Pfosten werden nur durch die Eigenlast der Wand sowie einen schmalen Dach- und Deckenstreifen belastet. Ein Nachweis erübrigt sich, da die vorhandene Kraft mit Sicherheit geringer als die zulässige Kraft ist.

2. Wind auf die Giebelseite

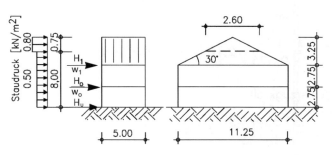

2.1 Lastermittlung

Wind auf Giebel

Druck und Sog

$\frac{1}{2} \cdot 1,3 \cdot 0,8 \cdot 2,60 \cdot 0,75 \quad = \quad 1,01$ kN
$\frac{1}{2} \cdot 1,3 \cdot 0,5 \cdot (2,60 + 11,25) \cdot 2,50 \quad = \quad 11,25$ kN
$\hfill W_{Giebel} = 12,26$ kN

Wind im Obergeschoß

Druck und Sog

$1,3 \cdot 0,5 \cdot 11,25 \cdot 2,75 \quad = 20,11$ kN
$\hfill W_{OG} = 20,11$ kN

Wind im Erdgeschoß

$\hfill W_{EG} = W_{OG} = 20,11$ kN

Windlasten in Höhe der Deckenscheiben

$H_1 = W_{Giebel} + \frac{1}{2} W_{OG} = 12,26 + \frac{1}{2} \cdot 20,11 = 22,32$ kN
$w_1 = 22,31/11,25 \quad = 1,98$ kN/m
$H_0 = \frac{1}{2}(W_{OG} + W_{EG})$
$\quad = \frac{1}{2}(20,11 + 20,11) \quad = 20,11$ kN
$w_0 = 20,11/11,25 \quad = 1,79$ kN/m
$H_u = \frac{1}{2} \cdot (W_{EG}) = \frac{1}{2} \cdot 20,11 \quad = 10,06$ kN
$w_u = 10,06/11,25 \quad = 0,89$ kN/m

Die Windkräfte wurden nach den Breiten der windaussteifenden Wandscheiben – siehe Positionsplan 8.60.01, S. 465 – verteilt. Das Moment aus der Exzentrizität zwischen Scheibenschwerpunkt und Lastschwerpunkt kann gemäß DIN 1052-3 Ziffer 5.1.1 vernachlässigt werden.

Als Deckenscheibe wird vereinfachend nur der durchgehende Streifen zwischen dem Treppenloch (Achse B) und der Außenwand (Achse E) herangezogen.

2.2 Nachweis im Obergeschoß

2.2.1 Wandscheiben im Obergeschoß

$H_1 = 22,32$ kN

Gesamtbreite aller aussteifenden Wandscheiben

$b_{ges} = \Sigma b_i = 17 \cdot 0,625 = 10,625$ m

$H_{1,Gefach} = \dfrac{0,625}{10,625} \cdot 22,32 = 1,31$ kN/Gefach

Schubfluß

$T_1 = \dfrac{1,31}{0,625} = 2,10$ kN/m $< 4,80$ kN/m

Ankerzugkraft

$Z_{A1} = \dfrac{1,31 \cdot 2,75}{0,625} = 5,76$ kN

2.2.2 Deckenscheibe über dem Obergeschoß

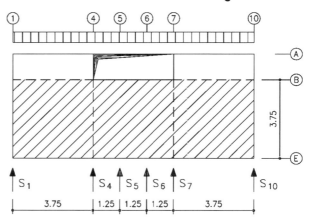

Die Auflagerkräfte S_i der Deckenscheibe werden aus den Wandscheiben errechnet

Achse 1 (5 Tafeln): $S_1 = \dfrac{5}{17} \cdot 22,32 = 6,56$ kN

Achse 4 (3 Tafeln): $S_4 = \dfrac{3}{17} \cdot 22,32 = 3,94$ kN

Achse 5 (1 Tafel) : $S_4 = \dfrac{1}{17} \cdot 22,32 = 1,31$ kN

Achse 6 (1 Tafel) : $\hfill S_6 = 1,31$ kN
Achse 7 (3 Tafeln): $\hfill S_7 = 3,94$ kN

Achse 10 (4 Tafeln): $S_{10} = \dfrac{4}{17} \cdot 22,32 = 5,25$ kN
$\hfill = 22,31$ kN

Beanspruchung der Scheibe:
Aus den Auflagerkräften S_i und der äußeren Belastung w_1 werden die Querkräfte näherungsweise berechnet und graphisch dargestellt.

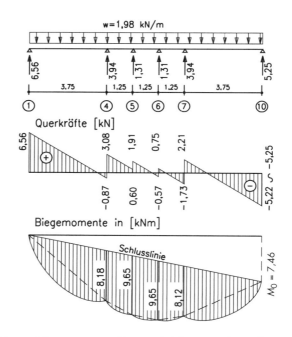

M_0 = Moment aus Exzentrizität zwischen Stützungsschwerpunkt und Lastschwerpunkt; dieses Moment muß durch die rechtwinklig zur Beanspruchungsrichtung stehenden Wandscheiben abgetragen werden.

Statik, Beispiele

Scheibe aus Holztafeln
aus *Tabelle 5.3, S. 507*
zul $Q = 3{,}75 \cdot 2{,}50 = 9{,}38$ kN $\geq 6{,}56$ kN
zul $q_h = 3{,}75 \cdot 5{,}0/3{,}75 = 5{,}0$ kN/m $\geq 1{,}98$ kN/m

Gurtkräfte
Maßgebend: Anschlüsse in Achsen 4 und 7
$D = Z = 2 \cdot 8{,}18/3{,}75 = 4{,}36$ kN

Achse 1 (3 Tafeln): $S_1 = \frac{3}{16} \cdot 20{,}11 = 3{,}77$ kN
Achse 4 (4 Tafeln): $S_4 = \frac{4}{16} \cdot 20{,}11 = 5{,}03$ kN
Achse 5 (1 Tafel) : $S_5 = \frac{1}{16} \cdot 20{,}11 = 1{,}26$ kN
Achse 6 (1 Tafel) : $\quad S_6 = 1{,}26$ kN
Achse 7 (3 Tafeln): $\quad S_7 = 3{,}77$ kN
Achse 10 (4 Tafeln): $\quad S_{10} = \underline{5{,}03}$ kN
$\quad\quad\quad\quad\quad\quad\quad\quad\quad = 20{,}12$ kN

2.2.3 Verankerung der Wandscheiben im Obergeschoß

$Z_{A1} = 5{,}76$ kN $\approx 5{,}24$ kN

Verankerung nach 6.40.03, Detail 12b

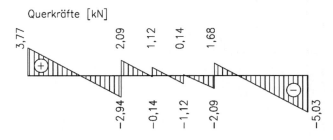

2.3 Nachweis im Erdgeschoß

2.3.1 Wandscheiben im Erdgeschoß

$H = H_1 + H_0 = 22{,}31 + 20{,}11 = 42{,}42$ kN

Gesamtbreite aller aussteifenden Wandscheiben
$b_{ges} = \Sigma b_i = 16 \cdot 0{,}625 = 10{,}00$ m

$H_{1,Gefach} = \dfrac{0{,}625}{10{,}0} \cdot 42{,}42 = 2{,}65$ kN/Gefach

Schubfluß
$T = \dfrac{2{,}65}{0{,}625} = 4{,}24$ kN/m $< 4{,}80$ kN/m

Ankerkraft
$Z_{AO} = \dfrac{2{,}65 \cdot 2{,}75}{0{,}625} = 11{,}66$ kN

M_1 = Moment aus Exzentrizität zwischen Scheibenschwerpunkt und Lastangriff

Scheibe aus Holztafeln
aus 2.2.2
zul $Q = 9{,}38 \geq 5{,}03$ kN
zul $q = 5{,}0$ kN/m $\geq 1{,}79$ kN

Gurtkräfte
maßgebend: Anschlüsse in Achsen 4 und 7
$D = Z = 2 \cdot 4{,}71/3{,}75 = 2{,}51$ kN

2.3.2 Deckenscheibe über dem Erdgeschoß

Vorbemerkung wie Ziffer 2.2.2

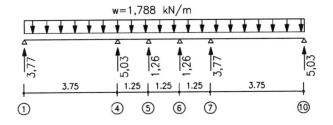

$w_0 = 1{,}79$ kN/m
$H_0 = 20{,}11$ kN

2.3.3 Verankerung der Wandscheiben im Erdgeschoß

$Z_A = Z_{A1} + Z_{AO} = 5{,}76 + 11{,}66 = 17{,}42$ kN

Hierfür ist keine Standardlösung vorhanden. Es wird der Anteil der ständigen Last abgezogen. Näherungsweise wird hierfür $^2/_3$ g eingesetzt.

aus Dach	$^2/_3 \cdot 0{,}90$	$= 0{,}60$ kN/m
Decke über OG	$^2/_3 \cdot 0{,}83 \cdot \tfrac{1}{2} \cdot 3{,}75$	$= 1{,}04$ kN/m
Wand im OG	$^2/_3 \cdot 0{,}60 \cdot 2{,}50 \cdot 0{,}5$	$= 0{,}50$ kN/m
Decke über EG	$^2/_3 \cdot 1{,}06 \cdot \tfrac{1}{2} \cdot 3{,}75$	$= 1{,}33$ kN/m
Wand im EG		$= \underline{0{,}50}$ kN/m
	min g	$= 3{,}97$ kN/m

min $F_V = 3{,}97 \cdot 0{,}625 = 2{,}48$ kN
erf $Z_A = 17{,}42 - 2{,}48 = 14{,}94$ kN
gewählt: Anker nach 6.13.01, Detail 1c
zul $Z_A = 12{,}0$ kN

Der Anker muß entsprechend verstärkt werden.

Statik, Beispiele

Beispiel: Aussteifung in Deckenebene mit Balken und rechtwinklig verlegter Deckenscheibe

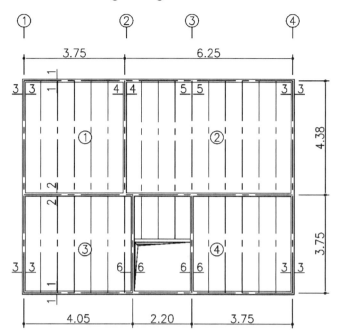

Grundriß (statische Systeme siehe 8.60.11)

Balken-Querschnitte

Räume 1, 3 und 4

Decke Seite 6.81.01, Typ F, S. 319

Eigenlast	1,19 kN/m²
Nutzlast	2,00 kN/m²
Trennwände	0,75 kN/m²
	q = 3,94 kN/m²

l = 4,38 m aus *Tabelle 1.1*, S. 480
erforderlich 10/22 cm²

l = 3,75 m aus *Tabelle 1.1*, S. 480
erforderlich 6/22 cm, gewählt 8/22 cm

Raum 2

Decke Seite 6.82.01, Typ C, S. 330

Eigenlast	2,06 kN/m²
Nutzlast	2,00 kN/m²
	q = 4,06 kN/m²

l = 4,38 m, F 30-B, aus *Tabelle 1.2*, S. 481
erforderlich 12/22 cm

Nachweis der Windbelastung

Druck:	0,8 · 0,5 · 2,90 =	1,16 kN/m
Sog:	0,5 · 0,5 · 2,90 =	0,73 kN/m
	Gesamt =	1,89 kN/m

Wind von »links« bzw. »rechts« w_D = 1,16 kN/m

Raum 1
aus *Tabelle 5.4.1*, S. 508
für 4,50 m Stützweite und Balken 10/22
erf n = 4 Balken (Mindestanzahl), vorh n = 5 Balken

Raum 2
aus *Tabelle 5.4.1*, S. 508
für 4,50 m Stützweite und Balken 12/22
erf n = 4 Balken (Mindestanzahl), vorh n = 9 Balken

Raum 3 wie Raum 4

Raum 4
aus *Tabelle 5.4.1*, S. 508
für 4,00 m Stützweite und Balken 8/22
erf n = 5 Balken, vorh n = 5 Balken

Wind von »oben« bzw. »unten«

Der Wind wird über die Schalung abgetragen. Diese stützt sich in den Achsen 1, 2, 3 und 4 auf die Wandscheiben.
Es wird die Gesamtlast w = 1,89 kN/m angesetzt.

Gewählt: Bohlen 3/16 cm

Raum 1
aus *Tabelle 5.5.2*, S. 509
für 4,00 m Stützweite
erf n = 7 Bohlen bzw. 1,12 m
vorh n ≅ 4,38/0,16 = 27 Bohlen

Raum 2
Abstützung über die Wände in Achse 2, 3 u. 4
Ausführung wie Raum 1

Raum 3
aus *Tabelle 5.5.2*, S. 509
für 4,00 m Stützweite
erf n = 7 Bohlen bzw. 1,12 m
vorh n ≅ 3,75/0,16 = 23 Bohlen

Raum 4 wie Raum 3

Anschlüsse

Schalung an Wandscheiben
Gewählt: 2 Nägel 3,1 x 70 pro Bohle
erforderliche Balkenbreite bei beidseitigem Anschluß
aus *Tabelle 5.7*, S. 511: erf b = 8 cm = vorh b

max l = 4,05 m: aus *Tab. 5.5.3*, S. 509: erf n = 11 Nä
vorhanden sind mindestens 23 Bohlen mit 46 Nägeln.

Deckenbalken
Verblockung in jedem Feld mit 4 Nä 7,5 x 280: Einschlagtiefe 60 mm, ohne Vorbohren:

zul N_1 = 5 · 0,75²/1,75 · 6/9 = 1,07 kN
zul N = 4 · 1,07 = 4,28 kN/Feld
vorhanden sind 6 Felder: 6 · 4,28 = 25,7 kN
vorh N = 1/2 · 1,89 · (4,38 + 3,75) = 7,68 kN

Statik, Beispiele

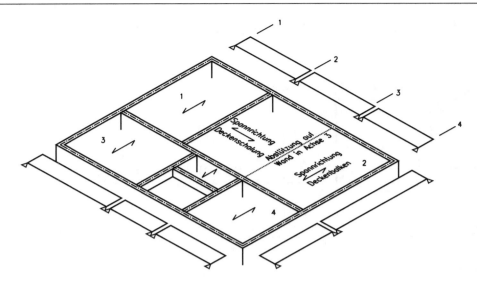

Isometrie und statische Systeme

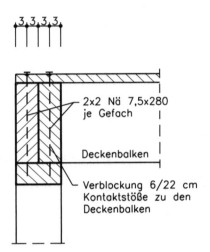

(Schnitt 1–1 entspricht Schnitt 6–6)

Schnitt 1–1: Randanschluß rechtwinklig zu den Deckenbalken

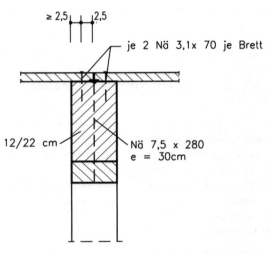

vorh $N = 1/2 \cdot 1{,}89 \cdot 6{,}25 = 5{,}91$ kN
vorhanden sind $4{,}38/0{,}30 = 14$ Nä $7{,}5 \times 280$
zul $N = 14 \cdot 1{,}07 = 14{,}98$ kN > vorh N

Schnitt 4–4: Anschluß auf der Mittelwand parallel zu den Deckenbalken

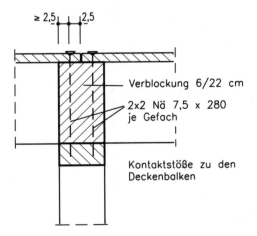

Schnitt 2–2: Verblockung und Nagelung auf der Mittelwand rechtwinklig zu den Deckenbalken

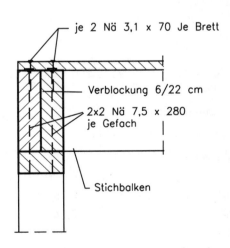

Schnitt 3–3: Randanschluß parallel zu den Deckenbalken

Statik, Beispiele

Beispiel: Ermittlung der Auflagerkräfte einer Deckenscheibe auf nachgiebiger Stützung

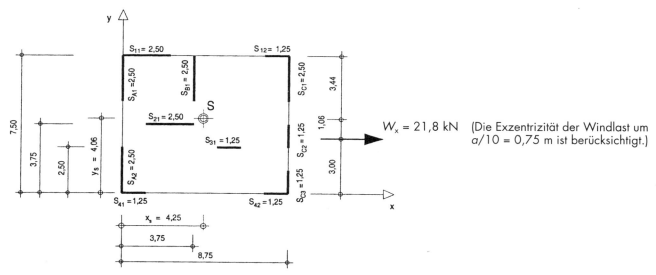

Wandscheiben im Grundriß eines Gebäudes und Lage des Schwerpunktes der Wandscheiben, Längenangaben in Metern

Eine vereinfachte Berechnung der Auflagerkräfte von Deckenscheiben auf nachgiebiger Stützung ist im nachfolgenden Beispiel wiedergegeben. Es beruht auf folgenden Annahmen:

- Biege- und Schubverformungen der Deckenscheibe können vernachlässigt werden,
- die Steifigkeit der Wandscheiben ist proportional zur Wandlänge (Breite der Wandscheibe b_s)
- Das Moment aus Exzentrizität zwischen der resultierenden Windlast und dem Schwerpunkt der Wandscheiben wird auf alle Wandscheiben (in Windrichtung und rechtwinklig dazu) aufgeteilt.

Scheibenschwerpunkt:

$$x_s = \frac{\sum b_{y,i} \cdot x_i}{\sum b_{y,i}}$$

$$= \frac{2,50 \cdot 3,75 + (2,50 + 1,25 + 1,25) \cdot 8,75}{2,50 + 2,50 + 2,50 + 2,50 + 1,25 + 1,25} = 4,25 \text{ m}$$

$$y_s = \frac{\sum b_{x,i} \cdot y_i}{\sum b_{x,i}}$$

$$= \frac{(1,25 + 2,50) \cdot 7,50 + 2,50 \cdot 3,75 + 1,25 \cdot 2,50}{2,50 + 1,25 + 2,50 + 1,25 + 1,25 + 1,25} = 4,06 \text{ m}$$

Biegemoment aus Exzentrizität:

$M_y = W_x \cdot e_y = 21,8 \cdot 1,06 = 23,11 \text{ kNm}$

Berechnung der Hilfswerte

$\sum b_{x,i} \cdot s_{y,i}^2 =$

$\quad 2,50 \cdot (7,50 - 4,06)^2 + 1,25 \cdot (7,50 - 4,06)^2 = 44,38$
$\quad 2,50 \cdot (3,75 - 4,06)^2 = 0,24$
$\quad 1,25 \cdot (2,50 - 4,06)^2 = 3,04$
$\quad 1,25 \cdot (0 - 4,06)^2 + 1,25 \cdot (0 - 4,06)^2 = 41,21$
$ \overline{88,87}$

$\sum b_{y,i} \cdot s_{x,i}^2 =$

$\quad 2,50 \cdot (0 - 4,25)^2 + 2,50 \cdot (0 - 4,25)^2 = 90,31$
$\quad 2,50 \cdot (3,75 - 4,25)^2 = 0,63$
$\quad 2,50 \cdot (8,75 - 4,25)^2 + 1,25 \cdot (8,75 - 4,25)^2$
$\quad + 1,25 \cdot (8,75 - 4,25)^2 = \underline{101,25}$
$ 192,19$

Die Verteilung der Gesamtwindlast auf die einzelnen Wandscheiben kann wie folgt ermittelt werden:

$$H_{x,i} = \frac{b_{x,i}}{\sum b_{x,i}} \cdot W_x + \frac{M_y \cdot s_{y,i} \cdot b_x}{\sum b_{x,i} \cdot s_{y,i}^2 + \sum b_{y,i} \cdot s_{x,i}^2}$$

Scheiben S_{11} und S_{12}:

$$H_{S11} = \frac{2,50}{10} \cdot 21,80 + \frac{23,11 \cdot (4,06 - 7,50) \cdot 2,50}{88,87 + 192,19} = 4,74 \text{ kN}$$

$$H_{S12} = \frac{1,25}{10} \cdot 21,80 + \frac{23,11 \cdot (4,06 - 7,50) \cdot 1,25}{88,87 + 192,19} = 2,37 \text{ kN}$$

Scheibe S_{21}:

$$H_{S21} = \frac{2,50}{10} \cdot 21,80 + \frac{23,11 \cdot (4,06 - 3,75) \cdot 2,50}{88,87 + 192,19} = 5,51 \text{ kN}$$

Scheibe S_{31}:

$$H_{S31} = \frac{1,25}{10} \cdot 21,80 + \frac{23,11 \cdot (4,06 - 2,50) \cdot 1,25}{88,87 + 192,19} = 2,89 \text{ kN}$$

Scheiben S_{41} und S_{42}:

$$H_{S41} = H_{S42} = \frac{1,25}{10} \cdot 21,80 + \frac{23,11 \cdot (4,06 - 0) \cdot 1,25}{88,87 + 192,19} = 3,14 \text{ kN}$$

Statik, Beispiele

Für die rechtwinklig zur Windrichtung stehenden Wandscheiben gilt:

$$H_{y,i} = \frac{M_y \cdot s_{x,i} \cdot b_{y,i}}{\sum b_{x,i} \cdot s_{y,i}^2 + \sum b_{y,i} \cdot s_{x,i}^2}$$

Scheiben S_{A1} und S_{A2}:

$$H_{SA1} = H_{SA2} = \frac{23{,}11 \cdot (4{,}25 - 0) \cdot 2{,}50}{88{,}87 + 192{,}19} = 0{,}87 \text{ kN}$$

Scheibe S_{B1}:

$$H_{SB1} = \frac{23{,}11 \cdot (4{,}25 - 3{,}75) \cdot 2{,}50}{88{,}87 + 192{,}19} = 0{,}10 \text{ kN}$$

Scheiben S_{C1}, S_{C2} und S_{C3}:

$$H_{SC1} = \frac{23{,}11 \cdot (4{,}25 - 8{,}75) \cdot 2{,}50}{88{,}87 + 192{,}19} = -0{,}93 \text{ kN}$$

$$H_{SC2} = H_{SC3} = \frac{23{,}11 \cdot (4{,}25 - 8{,}75) \cdot 1{,}25}{88{,}87 + 192{,}19} = -0{,}46 \text{ kN}$$

Beispiel: Berechnung der Verbindung aus Holzschrauben oder Klammern bei einer Deckenscheibe mit Flachpreßplatten

Scheibe nach DIN 1052-1, Abschnitt 10.3, aus Flachpreßplatten $d = 25$ mm, Scheibenspannweite $l_s = 6{,}00$ m, Scheibenhöhe $h_s = 3{,}00$ m, Horizontallast $q_h = 2{,}3$ kN/m (aus statischer Berechnung).

a) Verbindung durch Holzschrauben 6 mm

zul $N_1 = 0{,}40 \cdot 2{,}5 \cdot 0{,}6 = 0{,}60$ kN

Aus der Tabelle, S. 449
$e_{1,\text{Nä 3,4}} = 120$ mm $= 12$ cm

erf $e_1 = 2{,}33 \cdot 0{,}60 \cdot 12 = 16{,}78$ cm

Gewählt: $e_1 = 16{,}5$ cm

Randabstand im Balken $\quad e = 5 \cdot 0{,}6 = 3{,}0$ cm
Randabstand in der Platte $\quad e = 7 \cdot 0{,}6 = 4{,}2$ cm

Bei einer Fugenbreite von 5 mm ergibt sich die Mindestbreite des Deckenbalkens zu:

min $b = 2 \cdot (3{,}0 + 4{,}2) + 0{,}5 = 14{,}9$ cm

Gewählt: $b = 16$ cm

b) Verbindung durch Klammern

zul $N_1 = 0{,}20$ kN (aus bauaufsichtlicher Zulassung)

erf $e_1 = 2{,}33 \cdot 0{,}20 \cdot 12 = 5{,}59$ cm

Gewählt: $e_1 = 5{,}5$ cm

Tabellarium, Inhaltsverzeichnis 8.70.01

Das nachfolgende Tabellarium ist auf der Grundlage und entsprechend den Angaben der Abschnitte 8.00 bis 8.60 ausgearbeitet. Es soll eine schnelle Vorbemessung und Auswahl der Bauteile unter Berücksichtigung der wesentlichen Aspekte sicherstellen.

Die Tabellen sind nach bestem Wissen sorgfältig erstellt, gleichwohl könnte sich ein Fehler eingeschlichen haben. Vor der Ausführung wird eine Kontrolle der Tabellenwerte, zumindest durch überschlägige Berechnungen, empfohlen, sofern die Bauteile nicht aus Erfahrung beurteilt werden können.

Tabelle 1. ...   **Deckenbalken**

Tabelle 1.1	Deckenbalken NH S 10, $e = 0{,}625$ m, sichtbar, ohne Brandschutzanforderung – Zulässige Stützweiten, Eigenfrequenzen	480
Tabelle 1.2	Deckenbalken NH S 10, $e = 0{,}625$ m, sichtbar, mit Brandschutzanforderung F 30-B – Zulässige Stützweiten, Eigenfrequenzen	481
Tabelle 1.3	Deckenbalken BS 11, $e = 0{,}625$ m, sichtbar, mit/ohne Brandschutzanforderung F 30-B – Zulässige Stützweiten, Eigenfrequenzen	482
Tabelle 1.4	Deckenbalken, Zusammenstellung möglicher Aussparungen – Zulässige Stützweiten	483
Tabelle 1.5	Deckenbalken NH S 10, Obere Ausklinkung $a = 4$ cm an beliebiger Stelle – Zulässige Stützweiten	484
Tabelle 1.6	Deckenbalken NH S 10, Balkenanschluß mit mittigen Zapfen – Zulässige Querkraft	485

Tabelle 2. ...   **Stürze, Unterzüge**

Tabelle 2.1	Zusammengesetzte Stürze NH S 10, Breite 12 cm, ohne Brandschutzanforderung – Zulässige Stützweiten, Anzahl Auflagerpfosten	486
Tabelle 2.2	Zusammengesetzte Stürze NH S 10, Breite 18 cm, ohne Brandschutzanforderung – Zulässige Stützweiten, Anzahl Auflagerpfosten	487
Tabelle 2.3	Unterzüge NH S 10, ohne Brandschutzanforderung, direkte Auflagerung, Lasten von oben – Zulässige Stützweiten, Anzahl Auflagerpfosten	488
Tabelle 2.4	Unterzüge NH S 10, mit Brandschutzanforderung F 30-B, 3-seitige Brandbeanspruchung, direkte Auflagerung, Lasten von oben – Zulässige Stützweiten, Anzahl Auflagerpfosten	489
Tabelle 2.5	Unterzüge NH S 10, mit Brandschutzanforderung F 30-B, 4-seitige Brandbeanspruchung, direkte Auflagerung, Lasten von oben – Zulässige Stützweiten, Anzahl Auflagerpfosten	490
Tabelle 2.6	Unterzüge BS 14, ohne Brandschutzanforderung, direkte Auflagerung, Lasten von oben – Zulässige Stützweiten, Anzahl Auflagerpfosten	491
Tabelle 2.7	Unterzüge BS 14, mit Brandschutzanforderung F 30-B, 3-seitige Brandbeanspruchung, direkte Auflagerung, Lasten von oben – Zulässige Stützweiten, Anzahl Auflagerpfosten	492
Tabelle 2.8	Unterzüge BS 14, mit Brandschutzanforderung F 30-B, 4-seitige Brandbeanspruchung, direkte Auflagerung, Lasten von oben – Zulässige Stützweiten, Anzahl Auflagerpfosten	493
Tabelle 2.9	Unterzüge NH S 10, ohne Brandschutzanforderung, indirekte Auflagerung oder Lasten nicht von oben – Zulässige Stützweiten, Anzahl Auflagerpfosten	494
Tabelle 2.10	Unterzüge NH S 10, mit Brandschutzanforderung F 30-B, 3-seitige Brandbeanspruchung, indirekte Auflagerung oder Lasten nicht von oben – Zulässige Stützweiten, Anzahl Auflagerpfosten	495
Tabelle 2.11	Unterzüge NH S 10, mit Brandschutzanforderung F 30-B, 4-seitige Brandbeanspruchung, indirekte Auflagerung oder Lasten nicht von oben – Zulässige Stützweiten, Anzahl Auflagerpfosten	496
Tabelle 2.12	Unterzüge BS 14, ohne Brandschutzanforderung, indirekte Auflagerung oder Lasten nicht von oben – Zulässige Stützweiten, Anzahl Auflagerpfosten	497
Tabelle 2.13	Unterzüge BS 14, mit Brandschutzanforderung F 30-B, 3-seitige Brandbeanspruchung, indirekte Auflagerung oder Lasten nicht von oben – Zulässige Stützweiten, Anzahl Auflagerpfosten	498
Tabelle 2.14	Unterzüge BS 14, mit Brandschutzanforderung F 30-B, 4-seitige Brandbeanspruchung, indirekte Auflagerung oder Lasten nicht von oben – Zulässige Stützweiten, Anzahl Auflagerpfosten	499

Tabellarium, Inhaltsverzeichnis 8.70.02

Tabelle 3. ... **Wände**

Tabelle 3.1	Wände, nur vertikal belastet, mit Schwellen- und Rähmüberstand, Einzelpfosten – Zulässige Belastungen, Zulässige Streckenlasten	500
Tabelle 3.2	Wände, nur vertikal belastet, ohne Schwellen- und Rähmüberstand, Einzelpfosten – Zulässige Belastungen, Zulässige Streckenlasten	500
Tabelle 3.3	Wände, nur vertikal belastet, mit und ohne Schwellen- und Rähmüberstand, Mehrfachpfosten – Zulässige Belastungen	500
Tabelle 3.4	Wände, Zusammenstellung von Durchbrüchen und Schlitzen in Rähm und Schwelle ohne besondere Verstärkungen	501
Tabelle 3.5	Wände, vollständiger Durchbruch in Rähm und Schwelle und horizontaler Schlitz in tragender Wand	502
Tabelle 3.6	Wände, maximale Abmessungen von Durchbrüchen in Pfostenmitte und von seitlichen Einschnitten in Pfosten	503

Tabelle 4. ... **Freistehende Stützen**

Tabelle 4.1	Freistehende Stützen, einteilig, NH S 10, ohne und mit Brandschutzanforderung F 30-B, F 60-B – Zulässige Belastung	504
Tabelle 4.2	Freistehende Stützen, einteilig, BS 11, ohne und mit Brandschutzanforderung F 30-B, F 60-B – Zulässige Belastung	504
Tabelle 4.3	Freistehende Stützen, einteilig, BS 14, ohne und mit Brandschutzanforderung F 30-B, F 60-B – Zulässige Belastung	504
Tabelle 4.4	Freistehende Stützen, einteilig, NH S 10, BS 11 und BS 14 – Zulässige Belastung	504

Tabelle 5. ... **Gebäudeaussteifung**

Tabelle 5.1	Deckenscheiben mit Flachpreßplatten nach DIN 68 763, – Zulässige horizontale Belastung, Ausführungsbedingungen mit Nägeln 3,1 x 65 mm	505
Tabelle 5.2	Deckenscheiben mit Bau-Furniersperrholz nach DIN 68 705-3 – Zulässige horizontale Belastung, Ausführungsbedingungen mit Nägeln 3,1 x 65 mm	506
Tabelle 5.3	Deckenscheiben aus Holztafeln – Ausführungsbedingungen, zulässige horizontale Belastung, Gurtkräfte	507
Tabelle 5.4.1	Tragsysteme aus Deckenbalken und rechtwinklig verlegter Schalung, $q_h \leq 1{,}16$ kN/m – Erforderliche Balkenanzahl	508
Tabelle 5.4.2	Tragsysteme aus Deckenbalken und rechtwinklig verlegter Schalung, $q_h \leq 1{,}16$ kN/m – Erforderliche Bretter- oder Bohlenanzahl	508
Tabelle 5.4.3	Erforderliche Anzahl der Verbindungsmittel, $q_h \leq 1{,}16$ kN/m	508
Tabelle 5.5.1	Tragsysteme aus Deckenbalken und rechtwinklig verlegter Schalung, $q_h \leq 1{,}89$ kN/m – Erforderliche Balkenanzahl	509
Tabelle 5.5.2	Tragsysteme aus Deckenbalken und rechtwinklig verlegter Schalung, $q_h \leq 1{,}89$ kN/m – Erforderliche Bretter- oder Bohlenanzahl	509
Tabelle 5.5.3	Erforderliche Anzahl der Verbindungsmittel, $q_h \leq 1{,}89$ kN/m	509
Tabelle 5.6.1	Tragsysteme aus Deckenbalken und rechtwinklig verlegter Schalung, $q_h \leq 3{,}02$ kN/m – Erforderliche Balkenanzahl	510
Tabelle 5.6.2	Tragsysteme aus Deckenbalken und rechtwinklig verlegter Schalung, $q_h \leq 3{,}02$ kN/m – Erforderliche Bretter- oder Bohlenanzahl	510
Tabelle 5.6.3	Erforderliche Anzahl der Verbindungsmittel, $q_h \leq 3{,}02$ kN/m	510
Tabelle 5.7	Tragsysteme aus Deckenbalken und rechtwinklig verlegter Schalung – Erforderliche Balkenbreite, erforderliche Einschlag- bzw. Einschraubtiefe	511
Tabelle 5.8	(Diagramm) Wandscheiben aus Holztafeln, Pfosten 6/12 – Zusammenhang zwischen, Schubfluß und aufnehmbarer Pfostenlast	512
Tabelle 5.9	(Diagramm) Wandscheiben aus Holztafeln, Pfosten 8/12 – Zusammenhang zwischen, Schubfluß und aufnehmbarer Pfostenlast	513
Tabelle 5.10	(Diagramm) Wandscheiben aus Holztafeln, Pfosten 6/18 – Zusammenhang zwischen, Schubfluß und aufnehmbarer Pfostenlast	514

Tabellarium, Deckenbalken 8.70.03

Deckenbalken Nadelschnittholz S10
Balkenabstand $e = 0{,}625$ m
Ohne Brandschutzanforderungen

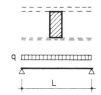

Tabelle 1.1: Zulässige Stützweiten zul L [m] und (L_{red} [m]) sowie Eigenfrequenzen f_1 [Hz] bei zul L für die Decke als Einfeldträger

b/h [cm/cm]	I [cm⁴/m]	zul M [kNm] zul Q [kN]		Gesamtlast q [kN/m²]					
				2,5	3,0	3,5	4,0	4,5	5,0
				Ständige Last $g^* = q - 1{,}5$ [kN/m²]					
				1,0	1,5	2,0	2,5	3,0	3,5
6/22	8518	4,84 / 7,92	zul L (L_{red}) [m] / f_1 [Hz]	4,43 (4,36) / 7,73	4,17 (3,94) / 7,13	3,96 (3,66) / 6,84	3,79 (3,46) / 6,69	3,65 (3,31) / 6,60	3,52 (3,19) / 6,56
8/22	11358	6,45 / 10,56	zul L (L_{red}) [m] / f_1 [Hz]	4,88 (4,68) / 7,37	4,59 (4,23) / 6,79	4,36 (3,94) / 6,52	4,17 (3,72) / 6,38	4,01 (3,56) / 6,30	3,87 (3,42) / 6,25
10/22	14197	8,07 / 13,20	zul L (L_{red}) [m] / f_1 [Hz]	5,26 (4,95) / 7,10	4,95 (4,47) / 6,55	4,70 (4,16) / 6,28	4,50 (3,94) / 6,14	4,32 (3,76) / 6,07	4,17 (3,62) / 6,02
12/22	17037	9,68 / 15,84	zul L (L_{red}) [m] / f_1 [Hz]	5,59 (5,18) / 6,89	5,26 (4,68) / 6,35	4,99 (4,36) / 6,09	4,78 (4,12) / 5,96	4,59 (3,94) / 5,88	4,43 (3,79) / 5,84
14/22	19876	11,29 / 18,48	zul L (L_{red}) [m] / f_1 [Hz]	5,88 (5,38) / 6,71	5,54 (4,86) / 6,19	5,26 (4,53) / 5,94	5,03 (4,28) / 5,81	4,84 (4,09) / 5,73	4,67 (3,94) / 5,70
16/22	22716	12,91 / 21,12	zul L (L_{red}) [m] / f_1 [Hz]	6,15 (5,57) / 6,57	5,79 (5,03) / 6,05	5,50 (4,68) / 5,81	5,26 (4,43) / 5,68	5,06 (4,23) / 5,61	4,88 (4,07) / 5,57
18/22	25555	14,52 / 23,76	zul L (L_{red}) [m] / f_1 [Hz]	6,40 (5,73) / 6,44	6,02 (5,18) / 5,94	5,72 (4,82) / 5,70	5,47 (4,56) / 5,57	5,26 (4,36) / 5,50	5,08 (4,19) / 5,46
20/22	28395	16,13 / 26,40	zul L (L_{red}) [m] / f_1 [Hz]	6,62 (5,88) / 6,33	6,23 (5,32) / 5,83	5,92 (4,95) / 5,60	5,66 (4,68) / 5,47	5,45 (4,47) / 5,40	5,26 (4,30) / 5,37
6/24	11059	5,76 / 8,64	zul L (L_{red}) [m] / f_1 [Hz]	4,84 (4,65) / 7,40	4,55 (4,20) / 6,82	4,32 (3,91) / 6,55	4,14 (3,70) / 6,40	3,98 (3,53) / 6,32	3,84 (3,40) / 6,28
8/24	14746	7,68 / 11,52	zul L (L_{red}) [m] / f_1 [Hz]	5,32 (5,00) / 7,06	5,01 (4,51) / 6,51	4,76 (4,20) / 6,24	4,55 (3,97) / 6,10	4,38 (3,80) / 6,03	4,23 (3,65) / 5,99
10/24	18432	9,60 / 14,40	zul L (L_{red}) [m] / f_1 [Hz]	5,74 (5,28) / 6,80	5,40 (4,77) / 6,27	5,13 (4,44) / 6,02	4,90 (4,20) / 5,88	4,72 (4,01) / 5,81	4,55 (3,86) / 5,77
12/24	22118	11,52 / 17,28	zul L (L_{red}) [m] / f_1 [Hz]	6,10 (5,53) / 6,59	5,74 (5,00) / 6,08	5,45 (4,65) / 5,84	5,21 (4,40) / 5,71	5,01 (4,20) / 5,63	4,84 (4,04) / 5,60
14/24	25805	13,44 / 20,16	zul L (L_{red}) [m] / f_1 [Hz]	6,42 (5,75) / 6,43	6,04 (5,19) / 5,93	5,74 (4,83) / 5,69	5,49 (4,57) / 5,56	5,28 (4,37) / 5,49	5,09 (4,20) / 5,45
16/24	29491	15,36 / 23,04	zul L (L_{red}) [m] / f_1 [Hz]	6,71 (5,94) / 6,29	6,31 (5,37) / 5,80	6,00 (5,00) / 5,56	5,74 (4,72) / 5,44	5,52 (4,51) / 5,37	5,32 (4,34) / 5,33
18/24	33178	17,28 / 25,92	zul L (L_{red}) [m] / f_1 [Hz]	6,98 (6,12) / 6,16	6,57 (5,53) / 5,68	6,24 (5,14) / 5,45	5,97 (4,87) / 5,33	5,74 (4,65) / 5,27	5,54 (4,47) / 5,23
20/24	36864	19,20 / 28,80	zul L (L_{red}) [m] / f_1 [Hz]	7,23 (6,28) / 6,06	6,80 (5,68) / 5,58	6,46 (5,28) / 5,36	6,18 (5,00) / 5,24	5,94 (4,77) / 5,17	5,74 (4,59) / 5,14

Gesamtlast q = Eigenlast der Decke + Verkehrslast

Ständige Last $g^* = g + 0{,}5$ kN/m² (+ 0,75 kN/m² bei Trennwänden)

Bei allen Querschnitten: Durchbiegung L/300 für Bemessung maßgebend

▓ Eigenfrequenz $f_1 < 8$ Hz: Beim Begehen ist mit merklichen Schwingungen zu rechnen. Wenn dies ausgeschlossen werden soll, sind die reduzierten Stützweiten L_{red} einzuhalten.

L_{red}: Reduzierte Stützweite bei einer Durchbiegung $u_{inst} = 5$ mm (dies entspricht einer Eigenfrequenz f_1 von 8 Hz) unter ständiger Last g^*

Tabellarium, Deckenbalken

Deckenbalken Nadelschnittholz S10
Balkenabstand e = 0,625 m
Brandschutzanforderung F 30-B, 3-seitige Brandbeanspruchung

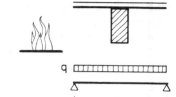

Tabelle 1.2: Zulässige Stützweiten zul L [m] und (L_{red} [m]) sowie Eigenfrequenzen f_1 [Hz] bei zul L für die Decke als Einfeldträger

b/h [cm/cm]	I [cm⁴/m]	zul M [kNm] zul Q [kN]		Gesamtlast q [kN/m²]					
				2,5	3,0	3,5	4,0	4,5	5,0
				Ständige Last g* = q − 1,5 [kN/m²]					
				1,0	1,5	2,0	2,5	3,0	3,5
8/22	11358	5,14	zul L (L_{red}) [m]	4,88 (4,68)	4,59 (4,23)	4,33 (3,94)	4,05 (3,72)	3,82 (3,56)	3,63 (3,42)
		10,56	f_1 [Hz]	7,37	6,80	6,62	6,77	6,95	7,12
10/22	14197	8,07	zul L (L_{red}) [m]	5,26 (4,95)	4,95 (4,47)	4,70 (4,16)	4,50 (3,94)	4,32 (3,76)	4,17 (3,62)
		13,20	f_1 [Hz]	7,10	6,55	6,28	6,14	6,07	6,02
12/22	17037	9,68	zul L (L_{red}) [m]	5,59 (5,18)	5,26 (4,68)	4,99 (4,36)	4,78 (4,12)	4,59 (3,94)	4,43 (3,79)
		15,84	f_1 [Hz]	6,89	6,35	6,09	5,96	5,88	5,84
14/22	19876	11,29	zul L (L_{red}) [m]	5,88 (5,83)	5,54 (4,86)	5,26 (4,53)	5,03 (4,28)	4,84 (4,09)	4,67 (3,94)
		18,48	f_1 [Hz]	6,71	6,19	5,94	5,81	5,73	5,70
16/22	22716	12,91	zul L (L_{red}) [m]	6,15 (5,57)	5,79 (5,03)	5,50 (4,68)	5,26 (4,43)	5,06 (4,23)	4,88 (4,07)
		21,12	f_1 [Hz]	6,57	6,05	5,81	5,68	5,61	5,57
18/22	25555	14,52	zul L (L_{red}) [m]	6,40 (5,73)	6,02 (5,18)	5,72 (4,82)	5,47 (4,56)	5,26 (4,36)	5,08 (4,19)
		23,76	f_1 [Hz]	6,44	5,94	5,70	5,57	5,50	5,46
20/22	28395	16,13	zul L (L_{red}) [m]	6,62 (5,88)	6,23 (5,32)	5,92 (4,95)	5,66 (4,68)	5,45 (4,47)	5,26 (4,30)
		26,40	f_1 [Hz]	6,33	5,83	5,60	5,47	5,40	5,37
8/24	14746	6,26	zul L (L_{red}) [m]	5,32 (5,00)	5,01 (4,51)	4,76 (4,20)	4,48 (3,97)	4,22 (3,80)	4,00 (3,65)
		11,52	f_1 [Hz]	7,06	6,51	6,24	6,30	6,49	6,68
10/24	18432	9,60	zul L (L_{red}) [m]	5,74 (5,28)	5,40 (4,77)	5,13 (4,44)	4,90 (4,20)	4,72 (4,01)	4,55 (3,86)
		14,40	f_1 [Hz]	6,80	6,27	6,02	5,88	5,81	5,77
12/24	22118	11,52	zul L (L_{red}) [m]	6,10 (5,53)	5,74 (5,00)	5,45 (4,65)	5,21 (4,40)	5,01 (4,20)	4,84 (4,04)
		17,28	f_1 [Hz]	6,59	6,08	5,84	5,71	5,63	5,60
14/24	25805	13,44	zul L (L_{red}) [m]	6,42 (5,75)	6,04 (5,19)	5,74 (4,83)	5,49 (4,57)	5,28 (4,37)	5,09 (4,20)
		20,16	f_1 [Hz]	6,43	5,93	5,69	5,56	5,49	5,45
16/24	29491	15,36	zul L (L_{red}) [m]	6,71 (5,94)	6,31 (5,37)	6,00 (5,00)	5,74 (4,72)	5,52 (4,51)	5,32 (4,34)
		23,04	f_1 [Hz]	6,29	5,80	5,56	5,44	5,37	5,33
18/24	33178	17,28	zul L (L_{red}) [m]	6,98 (6,12)	6,57 (5,53)	6,24 (5,14)	5,97 (4,87)	5,74 (4,65)	5,54 (4,47)
		25,92	f_1 [Hz]	6,16	5,68	5,45	5,33	5,27	5,23
20/24	36864	19,20	zul L (L_{red}) [m]	7,23 (6,28)	6,80 (5,68)	6,46 (5,28)	6,18 (5,00)	5,94 (4,77)	5,74 (4,59)
		28,80	f_1 [Hz]	6,06	5,58	5,36	5,24	5,17	5,14

Gesamtlast q = Eigenlast der Decke + Verkehrslast

Ständige Last g = g + 0,5 kN/m² (+ 0,75 kN/m² bei Trennwänden)*

☐ Durchbiegung L/300 für Bemessung maßgebend

▨ Biegespannung heiß für Bemessung maßgebend

▨ Eigenfrequenz f_1 < 8 Hz: Beim Begehen ist mit merklichen Schwingungen zu rechnen. Wenn dies ausgeschlossen werden soll, sind die reduzierten Stützweiten L_{red} einzuhalten.

L_{red}: Reduzierte Stützweite bei einer Durchbiegung u_{inst} = 5 mm (dies entspricht einer Eigenfrequenz f_1 von 8 Hz) unter ständiger Last g*

Tabellarium, Deckenbalken

Deckenbalken Brettschichtholz BS 11
Balkenabstand e = 0,625 m
Ohne und mit Brandschutzanforderung F 30-B
(bei 3-seitiger Brandbeanspruchung)

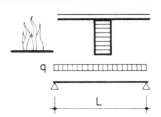

Tabelle 1.3: Zulässige Stützweiten zul L [m] und (L_{red} [m]) sowie Eigenfrequenzen f_1 [Hz] bei zul L für die Decke als Einfeldträger

b/h [cm/cm]	I [cm⁴/m]	zul M [kNm] / zul Q [kN]		Gesamtlast q [kN/m²]					
				2,5	3,0	3,5	4,0	4,5	5,0
				Ständige Last g* = q − 1,5 [kN/m²]					
				1,0	1,5	2,0	2,5	3,0	3,5
8/22	11358	7,10 / 10,56	zul L (L_{red}) [m] / f_1 [Hz]	5,04 (4,74) / 7,10	4,74 (4,29) / 6,55	4,50 (3,99) / 6,30	4,31 (3,77) / 6,14	4,14 (3,60) / 6,07	4,00 (3,47) / 6,02
10/22	14197	8,87 / 17,60	zul L (L_{red}) [m] / f_1 [Hz]	5,43 (5,01) / 6,84	5,11 (4,53) / 6,31	4,85 (4,22) / 6,06	4,64 (3,99) / 5,92	4,46 (3,81) / 5,85	4,30 (3,67) / 5,83
12/22	17037	10,65 / 21,12	zul L (L_{red}) [m] / f_1 [Hz]	5,77 (5,25) / 6,63	5,43 (4,74) / 6,12	5,16 (4,41) / 5,86	4,93 (4,17) / 5,75	4,74 (3,99) / 5,67	4,58 (3,84) / 5,63
14/22	19876	12,42 / 24,64	zul L (L_{red}) [m] / f_1 [Hz]	6,07 (5,45) / 6,47	5,71 (4,93) / 5,97	5,43 (4,59) / 5,72	5,19 (4,34) / 5,60	4,99 (4,14) / 5,53	4,82 (3,99) / 5,49
16/22	22716	14,20 / 28,16	zul L (L_{red}) [m] / f_1 [Hz]	6,35 (5,64) / 6,32	5,97 (5,10) / 5,84	5,67 (4,74) / 5,61	5,43 (4,49) / 5,47	5,22 (4,29) / 5,40	5,04 (4,12) / 5,37
18/22	25555	15,97 / 31,68	zul L (L_{red}) [m] / f_1 [Hz]	6,60 (5,81) / 6,21	6,21 (5,25) / 5,73	5,90 (4,88) / 5,49	5,65 (4,62) / 5,36	5,43 (4,41) / 5,30	5,24 (4,25) / 5,26
20/22	28395	17,75 / 25,20	zul L (L_{red}) [m] / f_1 [Hz]	6,84 (5,96) / 6,09	6,44 (5,39) / 5,61	6,11 (5,01) / 5,40	5,85 (4,74) / 5,27	5,62 (4,53) / 5,21	5,43 (4,36) / 5,17
8/24	14746	8,45 / 15,36	zul L (L_{red}) [m] / f_1 [Hz]	5,50 (5,06) / 6,79	5,17 (4,57) / 6,28	4,91 (4,26) / 6,03	4,70 (4,03) / 5,88	4,52 (3,85) / 5,81	4,36 (3,70) / 5,78
10/24	18432	10,56 / 19,20	zul L (L_{red}) [m] / f_1 [Hz]	5,92 (5,35) / 6,55	5,57 (4,84) / 6,04	5,29 (4,50) / 5,80	5,06 (4,26) / 5,67	4,87 (4,07) / 5,59	4,70 (3,91) / 5,56
12/24	22118	12,67 / 23,04	zul L (L_{red}) [m] / f_1 [Hz]	6,29 (5,60) / 6,36	5,92 (5,06) / 5,86	5,62 (4,71) / 5,63	5,38 (4,46) / 5,50	5,17 (4,26) / 5,43	4,99 (4,10) / 5,40
14/24	25805	14,78 / 26,88	zul L (L_{red}) [m] / f_1 [Hz]	6,62 (5,82) / 6,20	6,23 (5,26) / 5,72	5,92 (4,90) / 5,48	5,66 (4,63) / 5,37	5,45 (4,42) / 5,28	5,26 (4,26) / 5,25
16/24	29491	16,90 / 30,72	zul L (L_{red}) [m] / f_1 [Hz]	6,93 (6,02) / 6,05	6,52 (5,44) / 5,58	6,19 (5,06) / 5,36	5,92 (4,79) / 5,24	5,69 (4,57) / 5,18	5,50 (4,40) / 5,13
18/24	33178	19,01 / 34,56	zul L (L_{red}) [m] / f_1 [Hz]	7,20 (6,20) / 5,94	6,78 (5,60) / 5,47	6,44 (5,21) / 5,25	6,16 (4,93) / 5,14	5,92 (4,71) / 5,08	5,72 (4,53) / 5,03
20/24	36864	21,12 / 38,40	zul L (L_{red}) [m] / f_1 [Hz]	7,46 (6,37) / 5,84	7,02 (5,75) / 5,38	6,67 (5,35) / 5,16	6,38 (5,06) / 5,05	6,13 (4,84) / 4,99	5,92 (4,65) / 4,95

Gesamtlast q = Eigenlast der Decke + Verkehrslast

Ständige Last g* = g + 0,5 kN/m² (+ 0,75 kN/m² bei Trennwänden)

Bei allen Querschnitten: Durchbiegung L/300 für Bemessung maßgebend, auch bei F 30-B

Eigenfrequenz f_1 < 8 Hz: Beim Begehen ist mit merklichen Schwingungen zu rechnen. Wenn dies ausgeschlossen werden soll, sind die reduzierten Stützweiten L_{red} einzuhalten.

L_{red}: Reduzierte Stützweite bei einer Durchbiegung u_{inst} = 5 mm (dies entspricht einer Eigenfrequenz f_1 von 8 Hz) unter ständiger Last g*

Tabellarium, Deckenbalken 8.70.06

Tabelle 1.4: Zusammenstellung möglicher Aussparungen mit zulässigen Stützweiten (Hinweise siehe Seite 435)

Obere Ausklinkung $a = 4{,}0$ cm am Auflager

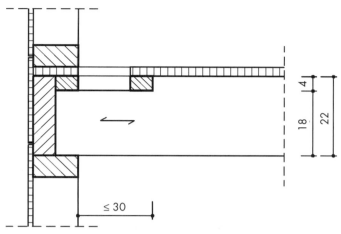

Praktisch ohne Einfluß auf die zulässige Stützweite der Deckenbalken.

Obere Ausklinkung $a = 8{,}0$ cm am Auflager

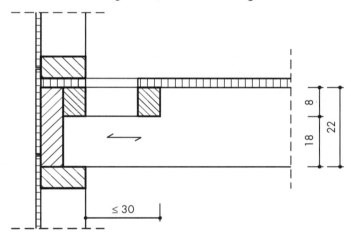

Zulässige Stützweite nach *Tabelle 1.1* bis *1.3* mit
Balkenbreite $b + 2$ cm für $q \leq 3{,}50$ kN/m² und
Balkenbreite $b + 4$ cm für $q > 3{,}50$ kN/m²

Obere Ausklinkung $a = 4$ cm an beliebiger Stelle

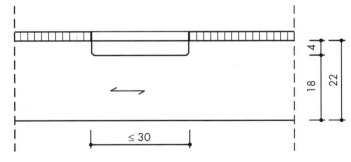

Zulässige Stützweiten nach *Tabelle 1.5*

Obere Ausklinkung $a \geq 4$ cm an beliebiger Stelle: Es ist ein statischer Nachweis zu führen.

Tabellarium, Deckenbalken 8.70.07

Deckenbalken Nadelschnittholz S 10
Balkenabstand e = 0,625 m

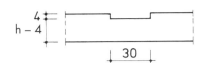

Tabelle 1.5: Zulässige Stützweiten zul L [m] für Deckenbalken mit einer oberen Ausklinkung von a = 4 cm an beliebiger Stelle

b/h [cm/cm]	zul M [kNm] / zul Q [kN]	Gesamtlast q [kN/m²]					
		2,50	3,00	3,50	4,00	4,50	5,00
6/22	3,24 / 7,92	4,07	3,72	3,44	3,22	3,04	2,88
8/22	4,32 / 10,56	4,69	4,29	3,97	3,72	3,51	3,33
10/22	5,40 / 13,20	5,07	4,76	4,44	4,16	3,92	3,72
12/22	6,48 / 15,84	5,40	5,07	4,80	4,55	4,29	4,07
14/22	7,56 / 18,48	5,69	5,34	5,07	4,84	4,64	4,40
16/22	8,64 / 21,12	5,96	5,60	5,31	5,07	4,87	4,70
18/22	9,72 / 23,76	6,20	5,83	5,53	5,28	5,07	4,89
20/22	10,80 / 26,40	6,43	6,04	5,73	5,47	5,26	5,07
6/24	4,00 / 8,64	4,53	4,13	3,82	3,58	3,37	3,20
8/24	5,33 / 11,52	5,21	4,77	4,42	4,13	3,89	3,70
10/24	6,67 / 14,40	5,63	5,28	4,94	4,62	4,35	4,13
12/24	8,00 / 17,28	5,99	5,63	5,34	5,06	4,77	4,53
14/24	9,33 / 20,16	6,32	5,93	5,63	5,37	5,15	4,89
16/24	10,67 / 23,04	6,61	6,21	5,89	5,63	5,40	5,21
18/24	12,00 / 25,92	6,88	6,47	6,13	5,86	5,63	5,43
20/24	13,33 / 28,80	7,14	6,71	6,36	6,08	5,83	5,63

☐ Durchbiegung L/300 für Bemessung maßgebend

▨ Biegespannung für Bemessung maßgebend

Tabellarium, Deckenbalken 8.70.08

Tabellen 1.6: Zulässige Querkraft [kN] bei mittigen Zapfen (Nadelschnittholz S 10, LF H)

b/h [cm/cm]	Zapfenhöhe h_{Zapfen} [cm]				
	8	10	12	14	16
	maximale Zapfenlänge L_{Zapfen} [cm]				
	10,0	10,7	11,3	12,0	12,7
6/22	1,62	1,73	1,84	1,94	2,05
8/22	2,16	2,30	2,45	2,59	2,74
10/22	2,70	2,88	3,06	3,24	3,42
12/22	3,24	3,46	3,67	3,89	4,10
14/22	3,78	4,03	4,28	4,54	4,79
16/22	4,32	4,61	4,90	5,18	5,47
18/22	4,86	5,18	5,51	5,83	6,16
20/22	5,40	5,76	6,12	6,48	6,84
b/h [cm/cm]	maximale Zapfenlänge L_{Zapfen} [cm]				
	10,7	11,3	12,0	12,7	13,3
6/24	1,73	1,84	1,94	2,05	2,16
8/24	2,30	2,45	2,59	2,74	2,88
10/24	2,88	3,06	3,24	3,42	3,60
12/24	3,46	3,67	3,89	4,10	4,32
14/24	4,03	4,28	4,54	4,79	5,04
16/24	4,61	4,90	5,18	5,47	5,76
18/24	5,18	5,51	5,83	6,16	6,48
20/24	5,76	6,12	6,48	6,84	7,20

Mittiger Zapfen

Tabellarium, Stürze, Unterzüge 8.70.09

Zusammengesetzte Stürze, Nadelschnittholz S 10
Breite 12 cm
Ohne Brandschutzanforderungen

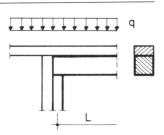

Tabelle 2.1: Zulässige Stützweite zul L [m] für zusammengesetzte Querschnitte der Breite 12 cm als Einfeldträger und erforderliche Anzahl der Auflagerpfosten ⌸ 6/12 cm

Querschnitt [cm/cm]	zul M [kNm] zul Q [kN]	Gesamtlast q [kN/m]							
		8	10	12	14	16	18	20	22
2 × 12/6	1,44 / 8,64	1,08 / 1	0,92 / 1	0,77 / 1	0,66 / 1	–	–	–	–
3 × 12/6	2,16 / 12,96	1,24 / 1	1,14 / 1	1,08 / 1	0,99 / 1	0,86 / 1	0,77 / 1	0,69 / 1	0,63 / 1
1 × 12/6 / 2 × 6/12	3,24 / 9,72	1,70 / 1	1,42 / 1	1,06 / 1	0,84 / 1	0,72 / 1	–	–	–
1 × 12/6 / 2 × 6/18	6,72 / 13,44	2,47 / 1	2,16 / 1	1,70 / 1	1,40 / 2	1,14 / 2	0,93 / 2	0,81 / 2	0,73 / 2
1 × 6/22 *) / 1 × 12/6	5,04 / 8,24	1,52 / 2	1,09 / 2	0,83 / 2	0,70 / 2	–	–	–	–
1 × 6/24 *) / 1 × 12/6	5,94 / 8,91	1,69 / 2	1,30 / 2	0,92 / 2	0,76 / 2	–	–	–	–
1 × 12/6 *) / 1 × 6/22 / 1 × 12/6	5,23 / 8,56	1,60 / 2	1,18 / 2	0,87 / 2	0,73 / 2	–	–	–	–
1 × 12/6 *) / 1 × 6/24 / 1 × 12/6	6,12 / 9,18	1,77 / 2	1,34 / 2	0,96 / 2	0,78 / 2	0,69 / 2	–	–	–

Durchbiegung maßgebend | Biegespannung maßgebend | Schubspannung maßgebend

*) Die Deckenbalken sind direkt für die volle Auflagerkraft an die Randbohle anzuschließen.

Die Einleitung der Belastung als Einzellasten im Abstand e = 0,625 m ist in der Tabelle berücksichtigt.

Tabellarium, Stürze, Unterzüge 8.70.10

Zusammengesetzte Stürze, Nadelschnittholz S 10
Breite 18 cm
Ohne Brandschutzanforderungen

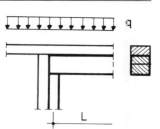

Tabelle 2.2: Zulässige Stützweite zul L [m] für zusammengesetzte Querschnitte der Breite 18 cm als Einfeldträger und erforderliche Anzahl der Auflagerpfosten ⊡ 6/18 cm

Querschnitt [cm/cm]	zul M [kNm] zul Q [kN]	Gesamtlast q [kN/m]									
		8	10	12	14	16	18	20	22	24	26
2 x 18/6	2,16 12,96	1,24	1,14	1,08	0,99	0,86	0,77	0,69	0,63	–	–
		1	1	1	1	1	1	1	1		
3 x 18/6	3,24 19,44	1,43	1,32	1,24	1,17	1,12	1,08	1,04	0,94	0,86	0,80
		1	1	1	1	1	1	1	1	1	1
1 x 18/6 2 x 6/12	3,42 10,26	1,75	1,51	1,18	0,90	0,76	0,68	–	–	–	–
		1	1	1	1	1	1				
1 x 18/6 2 x 6/18	6,84 13,68	2,48	2,20	1,75	1,43	1,18	0,95	0,82	0,74	0,68	–
		1	1	2	2	2	2	2	2	2	

Durchbiegung maßgebend | Biegespannung maßgebend | Schubspannung maßgebend

Die Einleitung der Belastung als Einzellasten im Abstand e = 0,625 m ist in der Tabelle berücksichtigt.

Tabellarium, Stürze, Unterzüge — 8.70.11

Unterzüge Nadelschnittholz S10, direkte Auflagerung, Lasten von oben
Ohne Brandschutzanforderung

Tabelle 2.3: Zulässige Stützweite zul L [m] für Einfeldträger, Lastfall H, und erforderliche Anzahl der Auflagerpfosten 6/12 cm bzw. 6/18 cm

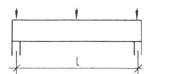

b/h [cm/cm]	zul M [kNm] / zul Q [kN]	8	10	12	14	16	18	20	22	24	26
12 / 12	2,88	1,60	1,45	1,30	1,09	0,97	0,90	0,78	0,65	–	–
	8,64	1	1	1	1	1	2	2	2		
12 / 14	3,92	1,88	1,67	1,53	1,40	1,19	1,07	0,99	0,94	0,85	0,74
	10,08	1	1	1	2	2	2	2	2	2	2
12 / 16	5,12	2,20	1,93	1,74	1,61	1,49	1,30	1,17	1,09	1,03	0,98
	11,52	1	1	2	2	2	2	2	2	2	2
12 / 18	6,48	2,54	2,22	1,99	1,82	1,70	1,59	1,40	1,27	1,18	1,12
	12,96	1	2	2	2	2	2	2	2	2	2
12 / 20	8,00	2,78	2,52	2,26	2,05	1,90	1,78	1,66	1,50	1,37	1,28
	14,40	1	2	2	2	2	2	2	2	2	2
12 / 22	9,68	3,05	2,74	2,53	2,31	2,12	1,98	1,84	1,77	1,59	1,47
	15,84	2	2	2	2	2	2	2	2	2	2
12 / 24	11,52	3,34	2,97	2,73	2,55	2,37	2,20	2,05	1,90	1,79	1,69
	17,28	2	2	2	2	2	2	2	2	3	3
12 / 26	13,52	3,66	3,23	2,94	2,74	2,58	2,44	2,28	2,10	1,96	1,86
	18,72	2	2	2	2	2	2	3	3	3	3
12 / 28	15,68	3,93	3,51	3,17	2,93	2,75	2,62	2,50	2,32	2,15	2,02
	20,16	2	2	2	2	2	3	3	3	3	3
12 / 30	18,00	4,20	3,79	3,42	3,15	2,94	2,78	2,65	2,53	2,36	2,20
	21,60	2	2	2	2	2	3	3	3	3	3
16 / 12	3,84	1,86	1,65	1,52	1,42	1,30	1,13	1,02	0,95	0,90	0,82
	11,52	1	1	1	2	2	2	2	2	2	2
16 / 14	5,22	2,23	1,95	1,76	1,63	1,53	1,45	1,28	1,16	1,07	1,01
	13,44	1	1	2	2	2	2	2	2	2	2
16 / 16	6,82	2,58	2,29	2,05	1,87	1,74	1,64	1,56	1,43	1,30	1,20
	15,36	1	2	2	2	2	2	2	2	2	2
16 / 18	8,64	2,88	2,61	2,37	2,15	1,99	1,86	1,75	1,67	1,58	1,44
	17,28	1	2	2	2	2	2	2	2	2	2
16 / 20	10,66	3,21	2,87	2,64	2,46	2,26	2,10	1,97	1,87	1,78	1,69
	19,20	2	2	2	2	2	2	2	2	3	3
16 / 22	12,90	3,56	3,15	2,88	2,68	2,53	2,36	2,21	2,08	1,98	1,88
	21,12	2	2	2	2	2	2	2	3	3	3
16 / 24	15,36	3,88	3,47	3,14	2,90	2,73	2,59	2,47	2,32	2,20	2,09
	23,04	2	2	2	2	2	3	3	3	3	3
16 / 26	18,02	4,20	3,79	3,42	3,15	2,94	2,78	2,65	2,55	2,44	2,31
	24,96	2	2	2	2	2	3	3	3	3	3
16 / 28	20,90	4,53	4,05	3,73	3,41	3,17	2,99	2,84	2,72	2,62	2,53
	26,88	2	2	2	2	3	3	3	3	3	3
16 / 30	24,00	4,86	4,34	3,97	3,69	3,42	3,21	3,04	2,90	2,78	2,68
	28,80	2	2	2	3	3	3	3	3	3	3
18 / 12	4,32	1,99	1,75	1,60	1,49	1,41	1,30	1,15	1,04	0,97	0,92
	12,96	1	1	1	1	1	1	1	1	1	1
18 / 14	5,88	2,34	2,19	1,99	1,83	1,70	1,61	1,50	1,32	1,19	1,11
	15,12	1	1	1	1	1	1	2	2	2	2
18 / 16	7,68	2,68	2,47	2,20	2,00	1,86	1,74	1,65	1,58	1,49	1,35
	17,28	1	1	1	1	1	2	2	2	2	2
18 / 18	9,72	3,02	2,74	2,54	2,31	2,13	1,99	1,87	1,78	1,70	1,63
	19,44	1	1	1	1	2	2	2	2	2	2
18 / 20	12,00	3,36	3,04	2,78	2,60	2,43	2,26	2,11	2,00	1,90	1,82
	21,60	1	1	1	2	2	2	2	2	2	2
18 / 22	14,52	3,70	3,36	3,05	2,83	2,66	2,53	2,38	2,24	2,12	2,02
	23,76	1	1	2	2	2	2	2	2	2	2
18 / 24	17,28	4,04	3,71	3,34	3,08	2,88	2,73	2,61	2,51	2,37	2,25
	25,92	1	2	2	2	2	2	2	2	2	2
18 / 26	20,28	4,37	4,00	3,66	3,35	3,12	2,94	2,80	2,68	2,58	2,50
	28,08	1	2	2	2	2	2	2	2	2	2
18 / 28	23,52	4,72	4,29	3,93	3,65	3,38	3,17	3,01	2,87	2,75	2,66
	30,24	1	2	2	2	2	2	2	2	2	2
18 / 30	27,00	5,05	4,61	4,20	3,91	3,66	3,42	3,23	3,07	2,94	2,83
	32,40	2	2	2	2	2	2	2	2	2	3

☐ Durchbiegung maßgebend ☐ Biegespannung maßgebend ☐ Schubspannung maßgebend

Die Einleitung der Belastung als Einzellasten im Abstand e = 0,625 m ist in der Tabelle berücksichtigt.

Tabellarium, Stürze, Unterzüge 8.70.12

Unterzüge, Nadelschnittholz S 10, direkte Auflagerung, Lasten von oben
Mit Brandschutzanforderung F 30-B; 3-seitige Brandbeanspruchung

Tabelle 2.4: Zulässige Stützweite zul L [m] für Einfeldträger, Lastfall H, und erforderliche Anzahl der Auflagerpfosten 6/12 cm bzw. 6/18 cm

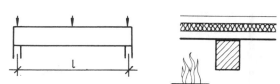

b / h [cm / cm]	\	\	\	\	Gesamtlast q [kN/m]	\	\	\	\	\	Auflagerung
	8	10	12	14	16	18	20	22	24	26	
12 / 12	1,33 / 1	1,00 / 1	0,86 / 1	0,66 / 1	-	-	-	-	-	-	
12 / 14	1,72 / 1	1,37 / 1	1,09 / 1	0,95 / 1	0,87 / 1	0,70 / 1	-	-	-	-	
12 / 16	2,16 / 1	1,69 / 1	1,42 / 1	1,18 / 1	1,04 / 1	0,96 / 2	0,90 / 2	0,76 / 2	0,66 / 2	-	
12 / 18	2,53 / 1	2,03 / 1	1,70 / 1	1,48 / 2	1,26 / 2	1,13 / 2	1,05 / 2	0,99 / 2	0,94 / 2	0,83 / 2	
12 / 20	2,78 / 1	2,37 / 2	1,98 / 2	1,73 / 2	1,55 / 2	1,35 / 2	1,22 / 2	1,14 / 2	1,07 / 2	1,02 / 2	
12 / 22	3,05 / 2	2,70 / 2	2,31 / 2	1,97 / 2	1,76 / 2	1,62 / 2	1,43 / 2	1,31 / 2	1,22 / 2	1,16 / 2	
12 / 24	3,34 / 2	2,97 / 2	2,57 / 2	2,26 / 2	1,98 / 2	1,81 / 2	1,69 / 2	1,52 / 2	1,40 / 2	1,31 / 2	
12 / 26	3,66 / 2	3,23 / 2	2,88 / 2	2,50 / 2	2,24 / 2	2,01 / 2	1,85 / 2	1,74 / 2	1,60 / 2	1,48 / 2	
12 / 28	3,93 / 2	3,51 / 2	3,16 / 2	2,76 / 2	2,48 / 2	2,24 / 2	2,04 / 2	1,90 / 2	1,80 / 3	1,68 / 3	
12 / 30	4,20 / 2	3,79 / 2	3,42 / 2	3,05 / 2	2,69 / 2	2,47 / 2	2,25 / 3	2,08 / 3	1,95 / 3	1,86 / 3	
16 / 12	1,86 / 1	1,65 / 1	1,42 / 1	1,13 / 1	0,98 / 1	0,89 / 2	0,85 / 2	0,65 / 2	-	-	
16 / 14	2,23 / 1	1,95 / 1	1,76 / 2	1,55 / 2	1,31 / 2	1,13 / 2	1,02 / 2	0,95 / 2	0,89 / 2	0,83 / 2	
16 / 16	2,58 / 1	2,29 / 2	2,05 / 2	1,87 / 2	1,65 / 2	1,50 / 2	1,29 / 2	1,17 / 2	1,08 / 2	1,01 / 2	
16 / 18	2,88 / 1	2,61 / 2	2,37 / 2	2,15 / 2	1,97 / 2	1,75 / 2	1,61 / 2	1,46 / 2	1,31 / 2	1,21 / 2	
16 / 20	3,21 / 2	2,87 / 2	2,64 / 2	2,46 / 2	2,26 / 2	2,06 / 2	1,85 / 2	1,71 / 2	1,61 / 2	1,46 / 2	
16 / 22	3,56 / 2	3,15 / 2	2,88 / 2	2,68 / 2	2,53 / 2	2,36 / 2	2,15 / 2	1,95 / 2	1,81 / 3	1,71 / 3	
16 / 24	3,88 / 2	3,47 / 2	3,14 / 2	2,90 / 2	2,73 / 2	2,59 / 3	2,43 / 3	2,24 / 3	2,05 / 3	1,91 / 3	
16 / 26	4,20 / 2	3,79 / 2	3,42 / 2	3,15 / 2	2,94 / 2	2,78 / 3	2,65 / 3	2,48 / 3	2,33 / 3	2,14 / 3	
16 / 28	4,53 / 2	4,05 / 2	3,73 / 2	3,41 / 2	3,17 / 3	2,99 / 3	2,84 / 3	2,72 / 3	2,54 / 3	2,40 / 3	
16 / 30	4,86 / 2	4,34 / 2	3,97 / 2	3,69 / 3	3,42 / 3	3,21 / 3	3,04 / 3	2,90 / 3	2,78 / 3	2,60 / 3	
18 / 12	1,99 / 1	1,75 / 1	1,60 / 1	1,44 / 1	1,17 / 1	1,02 / 1	0,93 / 1	0,86 / 1	0,80 / 1	0,64 / 1	
18 / 14	2,34 / 1	2,19 / 1	1,99 / 1	1,80 / 1	1,59 / 1	1,41 / 1	1,21 / 1	1,09 / 1	1,01 / 1	0,95 / 2	
18 / 16	2,68 / 1	2,47 / 1	2,20 / 1	2,00 / 1	1,86 / 1	1,72 / 2	1,58 / 2	1,42 / 2	1,27 / 2	1,16 / 2	
18 / 18	3,02 / 1	2,74 / 1	2,54 / 1	2,31 / 1	2,13 / 2	1,99 / 2	1,85 / 2	1,70 / 2	1,59 / 2	1,45 / 2	
18 / 20	3,36 / 1	3,04 / 1	2,78 / 2	2,60 / 2	2,43 / 2	2,26 / 2	2,11 / 2	1,98 / 2	1,82 / 2	1,71 / 2	
18 / 22	3,70 / 1	3,36 / 2	3,05 / 2	2,83 / 2	2,66 / 2	2,53 / 2	2,38 / 2	2,24 / 2	2,11 / 2	1,95 / 2	
18 / 24	4,04 / 1	3,71 / 2	3,34 / 2	3,08 / 2	2,88 / 2	2,73 / 2	2,61 / 2	2,51 / 2	2,37 / 2	2,23 / 2	
18 / 26	4,37 / 1	4,00 / 2	3,66 / 2	3,35 / 2	3,12 / 2	2,94 / 2	2,80 / 2	2,68 / 2	2,58 / 2	2,48 / 2	
18 / 28	4,72 / 1	4,29 / 2	3,93 / 2	3,65 / 2	3,38 / 2	3,17 / 2	3,01 / 2	2,87 / 2	2,75 / 2	2,66 / 2	
18 / 30	5,05 / 2	4,61 / 2	4,20 / 2	3,91 / 2	3,66 / 2	3,42 / 2	3,23 / 2	3,07 / 2	2,94 / 2	2,83 / 2	

▓ Durchbiegung maßgebend   ☐ Biegespannung maßgebend   ■ Schubspannung maßgebend
Die Einleitung der Belastung als Einzellasten im Abstand e = 0,625 m ist in der Tabelle berücksichtigt.

Tabellarium, Stürze, Unterzüge — 8.70.13

Unterzüge, Nadelschnittholz S 10, direkte Auflagerung, Lasten von oben
Mit Brandschutzanforderung F 30-B; 4-seitige Brandbeanspruchung

Tabelle 2.5: Zulässige Stützweite zul L [m] für Einfeldträger, Lastfall H, und erforderliche Anzahl der Auflagerpfosten 6/12 cm bzw. 6/18 cm

b/h cm/cm	_	_	_	_	Gesamtlast q [kN/m]	_	_	_	_	_
	8	10	12	14	16	18	20	22	24	26
12/12	0,86 / 1	-	-	-	-	-	-	-	-	-
12/14	1,23 / 1	0,95 / 1	0,82 / 1	-	-	-	-	-	-	-
12/16	1,64 / 1	1,28 / 1	1,04 / 1	0,92 / 1	0,82 / 1	0,63 / 1	-	-	-	-
12/18	2,07 / 1	1,63 / 1	1,34 / 1	1,13 / 1	1,01 / 1	0,93 / 2	0,84 / 2	0,70 / 2	-	-
12/20	2,45 / 1	1,96 / 1	1,65 / 1	1,41 / 2	1,21 / 2	1,10 / 2	1,02 / 2	0,96 / 2	0,89 / 2	0,77 / 2
12/22	2,88 / 1	2,31 / 2	1,92 / 2	1,68 / 2	1,48 / 2	1,30 / 2	1,18 / 2	1,10 / 2	1,04 / 2	1,00 / 2
12/24	3,25 / 2	2,63 / 2	2,26 / 2	1,92 / 2	1,72 / 2	1,56 / 2	1,39 / 2	1,27 / 2	1,19 / 2	1,13 / 2
12/26	3,66 / 2	2,99 / 2	2,51 / 2	2,20 / 2	1,94 / 2	1,77 / 2	1,63 / 2	1,47 / 2	1,36 / 2	1,28 / 2
12/28	3,93 / 2	3,30 / 2	2,81 / 2	2,46 / 2	2,18 / 2	1,96 / 2	1,82 / 2	1,71 / 2	1,56 / 2	1,44 / 2
12/30	4,20 / 2	3,66 / 2	3,11 / 2	2,70 / 2	2,44 / 2	2,19 / 2	2,00 / 2	1,87 / 2	1,77 / 3	1,64 / 3
16/12	1,49 / 1	1,09 / 1	0,88 / 1	0,78 / 1	-	-	-	-	-	-
16/14	2,05 / 1	1,60 / 1	1,30 / 1	1,06 / 1	0,93 / 1	0,84 / 1	0,71 / 1	-	-	-
16/16	2,58 / 1	2,12 / 1	1,70 / 1	1,49 / 2	1,23 / 2	1,08 / 2	0,98 / 2	0,91 / 2	0,86 / 2	0,73 / 2
16/18	2,88 / 1	2,57 / 2	2,16 / 2	1,80 / 2	1,60 / 2	1,41 / 2	1,23 / 2	1,12 / 2	1,04 / 2	0,98 / 2
16/20	3,21 / 2	2,87 / 2	2,54 / 2	2,21 / 2	1,90 / 2	1,70 / 2	1,57 / 2	1,39 / 2	1,26 / 2	1,17 / 2
16/22	3,56 / 2	3,15 / 2	2,88 / 2	2,54 / 2	2,26 / 2	1,99 / 2	1,80 / 2	1,67 / 2	1,56 / 2	1,41 / 2
16/24	3,88 / 2	3,47 / 2	3,14 / 2	2,90 / 2	2,56 / 2	2,32 / 2	2,09 / 2	1,90 / 2	1,77 / 3	1,67 / 3
16/26	4,20 / 2	3,79 / 2	3,42 / 2	3,15 / 2	2,92 / 2	2,59 / 3	2,38 / 3	2,18 / 3	2,00 / 3	1,87 / 3
16/28	4,53 / 2	4,05 / 2	3,73 / 2	3,41 / 2	3,17 / 3	2,92 / 3	2,63 / 3	2,44 / 3	2,27 / 3	2,09 / 3
16/30	4,86 / 2	4,34 / 2	3,97 / 2	3,69 / 3	3,42 / 3	3,20 / 3	2,93 / 3	2,68 / 3	2,50 / 3	2,36 / 3
18/12	1,71 / 1	1,41 / 1	1,06 / 1	0,89 / 1	0,80 / 1	-	-	-	-	-
18/14	2,29 / 1	1,94 / 1	1,57 / 1	1,32 / 1	1,09 / 1	0,97 / 1	0,88 / 1	0,82 / 1	0,68 / 1	-
18/16	2,68 / 1	2,47 / 1	2,08 / 1	1,72 / 1	1,53 / 1	1,31 / 1	1,15 / 1	1,04 / 1	0,96 / 1	0,91 / 1
18/18	3,02 / 1	2,74 / 1	2,52 / 1	2,18 / 1	1,86 / 1	1,66 / 1	1,53 / 2	1,34 / 2	1,21 / 2	1,11 / 2
18/20	3,36 / 1	3,04 / 1	2,78 / 1	2,56 / 2	2,26 / 2	2,00 / 2	1,79 / 2	1,65 / 2	1,55 / 2	1,39 / 2
18/22	3,70 / 1	3,36 / 1	3,05 / 2	2,83 / 2	2,62 / 2	2,35 / 2	2,13 / 2	1,92 / 2	1,77 / 2	1,67 / 2
18/24	4,04 / 1	3,71 / 2	3,34 / 2	3,08 / 2	2,88 / 2	2,68 / 2	2,43 / 2	2,26 / 2	2,05 / 2	1,90 / 2
18/26	4,37 / 1	4,00 / 2	3,66 / 2	3,35 / 2	3,12 / 2	2,94 / 2	2,74 / 2	2,51 / 2	2,35 / 2	2,17 / 2
18/28	4,72 / 1	4,29 / 2	3,93 / 2	3,65 / 2	3,38 / 2	3,17 / 2	3,01 / 2	2,81 / 2	2,59 / 2	2,43 / 2
18/30	5,05 / 2	4,61 / 2	4,20 / 2	3,91 / 2	3,66 / 2	3,42 / 2	3,23 / 2	3,07 / 2	2,88 / 2	2,67 / 2

Auflagerung: Unterzug, Beplankung, Pfosten — 12/6, Breite 12; 12/6, Breite 16; 18/6, Breite 18

■ Durchbiegung maßgebend;   □ Biegespannung kalt maßgebend;   ■ Biegespannung heiß maßgebend;
■ Schubspannung maßgebend

Die Einleitung der Belastung als Einzellasten im Abstand e = 0,625 m ist in der Tabelle berücksichtigt.

Tabellarium, Stürze, Unterzüge 8.70.14

Unterzüge, Brettschichtholz BS 14, E-Modul 11 000 N/mm², direkte Auflagerung, Lasten von oben, ohne Brandschutzanforderung

Tabelle 2.6: Zulässige Stützweite zul L [m] für Einfeldträger, Lastfall H, und erforderliche Anzahl der Auflagerpfosten 6/12 cm bzw. 6/18 cm

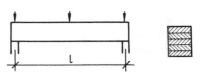

b/h [cm/cm]	zul M [kNm] zul Q [kN]	\multicolumn{10}{c}{Gesamtlast q [kN/m]}	Auflagerung
		8	10	12	14	16	18	20	22	24	26	
12/12	4,03	1,80	1,67	1,55	1,45	1,30	1,13	1,02	0,95	0,90	0,82	
	11,52	1	1	1	2	2	2	2	2	2	2	
12/14	5,49	2,12	1,95	1,81	1,67	1,57	1,47	1,28	1,16	1,07	1,01	
	13,44	1	1	2	2	2	2	2	2	2	2	
12/16	7,17	2,41	2,25	2,11	1,93	1,79	1,68	1,60	1,43	1,30	1,20	
	15,36	1	2	2	2	2	2	2	2	2	2	
12/18	9,07	2,73	2,52	2,37	2,22	2,04	1,91	1,80	1,70	1,59	1,44	
	17,28	1	2	2	2	2	2	2	2	2	2	
12/20	11,20	3,03	2,82	2,64	2,50	2,33	2,16	2,03	1,92	1,79	1,69	
	19,20	2	2	2	2	2	2	2	2	3	3	
12/22	13,55	3,34	3,09	2,91	2,74	2,58	2,44	2,28	2,15	2,01	1,88	
	21,12	2	2	2	2	2	2	3	3	3	3	
12/24	16,13	3,64	3,38	3,17	2,97	2,79	2,65	2,53	2,40	2,26	2,10	
	23,04	2	2	2	2	2	3	3	3	3	3	
12/26	18,93	3,95	3,66	3,45	3,23	3,01	2,85	2,71	2,60	2,50	2,35	
	24,96	2	2	2	2	3	3	3	3	3	3	
12/28	21,95	4,25	3,94	3,71	3,51	3,26	3,06	2,90	2,78	2,67	2,55	
	26,88	2	2	2	3	3	3	3	3	3	3	
12/30	25,20	4,55	4,23	3,98	3,77	3,52	3,29	3,11	2,97	2,84	2,74	
	28,80	2	2	2	3	3	3	3	3	3	4	
12/32	28,67	4,86	4,51	4,24	4,02	3,78	3,54	3,34	3,17	3,03	2,91	
	30,72	2	2	3	3	3	3	3	3	4	4	
16/12	5,38	1,98	1,84	1,73	1,65	1,55	1,47	1,41	1,25	1,13	1,05	
	15,36	1	1	1	2	2	2	2	2	2	2	
16/14	7,32	2,33	2,17	2,03	1,92	1,81	1,70	1,61	1,54	1,47	1,32	
	17,92	1	1	2	2	2	2	2	2	2	2	
16/16	9,55	2,66	2,47	2,32	2,21	2,11	1,97	1,85	1,76	1,68	1,62	
	20,48	1	2	2	2	2	2	2	2	2	3	
16/18	12,09	3,00	2,79	2,62	2,48	2,37	2,27	2,12	2,01	1,91	1,83	
	23,04	2	2	2	2	2	2	2	3	3	3	
16/20	14,93	3,34	3,09	2,91	2,77	2,64	2,54	2,43	2,28	2,16	2,06	
	25,60	2	2	2	2	2	2	3	3	3	3	
16/22	18,06	3,67	3,41	3,20	3,04	2,91	2,78	2,66	2,55	2,44	2,32	
	28,16	2	2	2	2	2	3	3	3	3	3	
16/24	21,50	4,01	3,72	3,50	3,32	3,17	3,03	2,88	2,75	2,65	2,56	
	30,72	2	2	2	2	3	3	3	3	3	3	
16/26	25,23	4,34	4,04	3,79	3,60	3,45	3,29	3,12	2,97	2,85	2,74	
	33,28	2	2	2	3	3	3	3	3	3	4	
16/28	29,27	4,69	4,34	4,09	3,88	3,71	3,57	3,37	3,20	3,06	2,94	
	35,84	2	2	2	3	3	3	3	3	4	4	
16/30	33,60	5,01	4,66	4,38	4,16	3,98	3,82	3,65	3,45	3,29	3,15	
	38,40	2	2	3	3	3	3	3	4	4	4	
16/32	38,22	5,35	4,96	4,68	4,43	4,24	4,08	3,89	3,72	3,54	3,38	
	40,96	2	2	3	3	3	3	4	4	4	4	
18/12	6,05	2,07	1,91	1,80	1,71	1,64	1,55	1,48	1,42	1,30	1,18	
	17,28	1	1	1	1	1	1	2	2	2	2	
18/14	8,23	2,42	2,25	2,12	2,00	1,91	1,81	1,71	1,63	1,57	1,51	
	20,16	1	1	1	1	1	2	2	2	2	2	
18/16	10,75	2,78	2,57	2,41	2,30	2,20	2,11	1,98	1,88	1,79	1,72	
	23,04	1	1	1	1	2	2	2	2	2	2	
18/18	13,61	3,12	2,90	2,73	2,58	2,47	2,37	2,28	2,15	2,04	1,95	
	25,92	1	1	1	2	2	2	2	2	2	2	
18/20	16,80	3,48	3,22	3,03	2,88	2,75	2,64	2,55	2,46	2,33	2,21	
	28,80	1	1	2	2	2	2	2	2	2	2	
18/22	20,33	3,82	3,55	3,34	3,16	3,02	2,91	2,80	2,68	2,58	2,50	
	31,68	1	1	2	2	2	2	2	2	2	2	
18/24	24,19	4,17	3,87	3,64	3,46	3,30	3,17	3,05	2,91	2,79	2,69	
	34,56	1	2	2	2	2	2	2	2	2	3	
18/26	28,39	4,52	4,19	3,95	3,74	3,58	3,45	3,32	3,15	3,01	2,90	
	37,44	1	2	2	2	2	2	2	2	3	3	
18/28	32,93	4,87	4,52	4,25	4,04	3,86	3,71	3,58	3,42	3,26	3,12	
	40,32	2	2	2	2	2	2	2	3	3	3	
18/30	37,80	5,22	4,84	4,55	4,32	4,14	3,98	3,84	3,70	3,52	3,36	
	43,20	2	2	2	2	2	2	3	3	3	3	
18/32	43,01	5,56	5,16	4,86	4,63	4,41	4,24	4,10	3,93	3,78	3,62	
	46,08	2	2	2	2	2	3	3	3	3	3	

▨ Durchbiegung maßgebend   ☐ Biegespannung maßgebend   ▪ Schubspannung maßgebend

Die Einleitung der Belastung als Einzellasten im Abstand e = 0,625 m ist in der Tabelle berücksichtigt.

Tabellarium, Stürze, Unterzüge 8.70.15

Unterzüge, Brettschichtholz BS 14, E-Modul = 11 000 N/mm², direkte Auflagerung, Lasten von oben
Mit Brandschutzanforderung F 30-B; 3-seitige Brandbeanspruchung

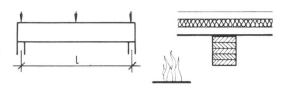

Tabelle 2.7: Zulässige Stützweite zul L [m] für Einfeldträger, Lastfall H, und erforderliche Anzahl der Auflagerpfosten 6/12 cm bzw. 6/18 cm

b/h cm/cm	8	10	12	14	16	18	20	22	24	26
12/12	1,80	1,63	1,34	1,09	0,95	0,87	0,77	–	–	–
	1	1	1	1	1	2	2			
12/14	2,12	1,95	1,71	1,50	1,24	1,09	0,99	0,93	0,88	0,76
	1	1	2	2	2	2	2	2	2	2
12/16	2,41	2,25	2,11	1,79	1,59	1,40	1,23	1,12	1,04	0,98
	1	2	2	2	2	2	2	2	2	2
12/18	2,73	2,52	2,37	2,18	1,87	1,69	1,56	1,37	1,25	1,16
	1	2	2	2	2	2	2	2	2	2
12/20	3,03	2,82	2,64	2,49	2,23	1,95	1,78	1,66	1,52	1,38
	2	2	2	2	2	2	2	2	2	2
12/22	3,34	3,09	2,91	2,74	2,50	2,28	2,03	1,87	1,75	1,66
	2	2	2	2	2	2	2	2	3	3
12/24	3,64	3,38	3,17	2,97	2,79	2,53	2,33	2,11	1,95	1,83
	2	2	2	2	2	2	3	3	3	3
12/26	3,95	3,66	3,45	3,23	3,01	2,81	2,56	2,39	2,19	2,04
	2	2	2	2	3	3	3	3	3	3
12/28	4,25	3,94	3,71	3,51	3,26	3,06	2,83	2,60	2,44	2,27
	2	2	2	3	3	3	3	3	3	3
12/30	4,55	4,23	3,98	3,77	3,52	3,29	3,11	2,85	2,65	2,50
	2	2	2	3	3	3	3	3	3	3
12/32	4,86	4,51	4,24	4,02	3,78	3,54	3,34	3,12	2,88	2,70
	2	2	3	3	3	3	3	3	3	4
16/12	1,98	1,84	1,73	1,65	1,54	1,35	1,16	1,04	0,96	0,90
	1	1	1	2	2	2	2	2	2	2
16/14	2,33	2,17	2,03	1,92	1,81	1,70	1,57	1,42	1,26	1,14
	1	1	2	2	2	2	2	2	2	2
16/16	2,66	2,47	2,32	2,21	2,11	1,97	1,85	1,73	1,61	1,50
	1	2	2	2	2	2	2	2	2	2
16/18	3,00	2,79	2,62	2,48	2,37	2,27	2,12	2,01	1,89	1,75
	2	2	2	2	2	2	2	3	3	3
16/20	3,34	3,09	2,91	2,77	2,64	2,54	2,43	2,28	2,16	2,05
	2	2	2	2	2	2	3	3	3	3
16/22	3,67	3,41	3,20	3,04	2,91	2,78	2,66	2,55	2,44	2,32
	2	2	2	2	2	3	3	3	3	3
16/24	4,01	3,72	3,50	3,32	3,17	3,03	2,88	2,75	2,65	2,56
	2	2	2	2	3	3	3	3	3	3
16/26	4,34	4,04	3,79	3,60	3,45	3,29	3,12	2,97	2,85	2,74
	2	2	2	3	3	3	3	3	3	4
16/28	4,69	4,34	4,09	3,88	3,71	3,57	3,37	3,20	3,06	2,94
	2	2	2	3	3	3	3	4	4	4
16/30	5,01	4,66	4,38	4,16	3,98	3,82	3,65	3,45	3,29	3,15
	2	2	3	3	3	3	3	4	4	4
16/32	5,35	4,96	4,68	4,43	4,24	4,08	3,89	3,72	3,54	3,38
	2	2	3	3	3	3	4	4	4	4
18/12	2,07	1,91	1,80	1,71	1,64	1,55	1,46	1,26	1,13	1,03
	1	1	1	1	1	1	1	1	2	2
18/14	2,42	2,25	2,12	2,00	1,91	1,81	1,71	1,63	1,54	1,40
	1	1	1	1	1	2	2	2	2	2
18/16	2,78	2,57	2,41	2,30	2,20	2,11	1,98	1,88	1,79	1,71
	1	1	1	1	2	2	2	2	2	2
18/18	3,12	2,90	2,73	2,58	2,47	2,37	2,28	2,15	2,04	1,95
	1	1	1	2	2	2	2	2	2	2
18/20	3,48	3,22	3,03	2,88	2,75	2,64	2,55	2,46	2,33	2,21
	1	1	2	2	2	2	2	2	2	2
18/22	3,82	3,55	3,34	3,16	3,02	2,91	2,80	2,68	2,58	2,50
	1	1	2	2	2	2	2	2	2	2
18/24	4,17	3,87	3,64	3,46	3,30	3,17	3,05	2,91	2,79	2,69
	1	2	2	2	2	2	2	2	2	3
18/26	4,52	4,19	3,95	3,74	3,58	3,45	3,32	3,15	3,01	2,90
	2	2	2	2	2	2	2	3	3	3
18/28	4,87	4,52	4,25	4,04	3,86	3,71	3,58	3,42	3,26	3,12
	2	2	2	2	2	2	2	3	3	3
18/30	5,22	4,84	4,55	4,32	4,14	3,98	3,84	3,70	3,52	3,36
	2	2	2	2	2	2	3	3	3	3
18/32	5,56	5,16	4,86	4,63	4,41	4,24	4,10	3,93	3,78	3,62
	2	2	2	2	2	3	3	3	3	3

☐ Durchbiegung maßgebend   ☐ Biegespannung maßgebend   ☐ Schubspannung maßgebend

Die Einleitung der Belastung als Einzellasten im Abstand e = 0,625 m ist in der Tabelle berücksichtigt.

Tabellarium, Stürze, Unterzüge — 8.70.16

Unterzüge, Brettschichtholz BS 14, E-Modul = 11 000 N/mm², direkte Auflagerung, Lasten von oben
Mit Brandschutzanforderung F 30-B; 4-seitige Brandbeanspruchung

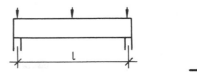

Tabelle 2.8: Zulässige Stützweite zul L [m] für Einfeldträger, Lastfall H, und erforderliche Anzahl der Auflagerpfosten 6/12 cm bzw. 6/18 cm

b/h cm/cm	\multicolumn{9}{c}{Gesamtlast q [kN/m]}									
	8	10	12	14	16	18	20	22	24	26
12/12	1,52 / 1	1,13 / 1	0,91 / 1	0,80 / 1	-	-	-	-	-	-
12/14	2,09 / 1	1,61 / 1	1,31 / 1	1,07 / 1	0,94 / 1	0,86 / 1	0,74 / 2	-	-	-
12/16	2,41 / 1	2,10 / 1	1,69 / 1	1,49 / 2	1,22 / 2	1,08 / 2	0,98 / 2	0,92 / 2	0,87 / 2	0,74 / 2
12/18	2,73 / 1	2,51 / 2	2,12 / 2	1,77 / 2	1,58 / 2	1,38 / 2	1,22 / 2	1,11 / 2	1,03 / 2	0,98 / 2
12/20	3,03 / 2	2,82 / 2	2,47 / 2	2,16 / 2	1,86 / 2	1,67 / 2	1,54 / 2	1,36 / 2	1,24 / 2	1,15 / 2
12/22	3,34 / 2	3,09 / 2	2,89 / 2	2,47 / 2	2,21 / 2	1,94 / 2	1,77 / 2	1,65 / 2	1,50 / 2	1,37 / 2
12/24	3,64 / 2	3,38 / 2	3,17 / 2	2,83 / 2	2,48 / 2	2,26 / 2	2,02 / 2	1,85 / 2	1,74 / 3	1,65 / 3
12/26	3,95 / 2	3,66 / 2	3,45 / 2	3,16 / 2	2,80 / 2	2,51 / 3	2,32 / 3	2,10 / 3	1,94 / 3	1,82 / 3
12/28	4,25 / 2	3,94 / 2	3,71 / 2	3,51 / 3	3,11 / 3	2,80 / 3	2,55 / 3	2,38 / 3	2,18 / 3	2,03 / 3
12/30	4,55 / 2	4,23 / 2	3,98 / 2	3,77 / 3	3,42 / 3	3,09 / 3	2,81 / 3	2,59 / 3	2,43 / 3	2,26 / 3
12/32	4,86 / 2	4,51 / 2	4,24 / 3	4,02 / 3	3,74 / 3	3,36 / 3	3,09 / 3	2,83 / 3	2,64 / 3	2,49 / 3
16/12	1,98 / 1	1,84 / 1	1,53 / 1	1,27 / 1	1,05 / 1	0,92 / 1	0,84 / 2	0,78 / 2	-	-
16/14	2,33 / 1	2,17 / 1	2,03 / 2	1,74 / 2	1,53 / 2	1,33 / 2	1,14 / 2	1,03 / 2	0,95 / 2	0,89 / 2
16/16	2,66 / 1	2,47 / 2	2,32 / 2	2,21 / 2	1,94 / 2	1,71 / 2	1,55 / 2	1,40 / 2	1,24 / 2	1,13 / 2
16/18	3,00 / 2	2,79 / 2	2,62 / 2	2,48 / 2	2,37 / 2	2,14 / 2	1,88 / 2	1,71 / 2	1,59 / 2	1,48 / 2
16/20	3,34 / 2	3,09 / 2	2,91 / 2	2,77 / 2	2,64 / 2	2,49 / 2	2,27 / 3	2,06 / 3	1,87 / 3	1,74 / 3
16/22	3,67 / 2	3,41 / 2	3,20 / 2	3,04 / 2	2,91 / 2	2,78 / 3	2,61 / 3	2,39 / 3	2,23 / 3	2,03 / 3
16/24	4,01 / 2	3,72 / 2	3,50 / 2	3,32 / 2	3,17 / 3	3,03 / 3	2,88 / 3	2,72 / 3	2,50 / 3	2,34 / 3
16/26	4,34 / 2	4,04 / 2	3,79 / 2	3,60 / 3	3,45 / 3	3,29 / 3	3,12 / 3	2,97 / 3	2,83 / 3	2,62 / 3
16/28	4,69 / 2	4,34 / 2	4,09 / 2	3,88 / 3	3,71 / 3	3,57 / 3	3,37 / 3	3,20 / 3	3,06 / 4	2,94 / 4
16/30	5,01 / 2	4,66 / 2	4,38 / 3	4,16 / 3	3,98 / 3	3,82 / 3	3,65 / 4	3,45 / 4	3,29 / 4	3,15 / 4
16/32	5,35 / 2	4,96 / 2	4,68 / 3	4,43 / 3	4,24 / 3	4,08 / 3	3,89 / 4	3,72 / 4	3,54 / 4	3,38 / 4
18/12	2,07 / 1	1,91 / 1	1,80 / 1	1,54 / 1	1,32 / 1	1,10 / 1	0,97 / 1	0,88 / 1	0,82 / 1	0,76 / 1
18/14	2,42 / 1	2,25 / 1	2,12 / 1	2,00 / 1	1,79 / 1	1,58 / 1	1,45 / 1	1,24 / 1	1,11 / 1	1,02 / 2
18/16	2,78 / 1	2,57 / 1	2,41 / 1	2,30 / 1	2,20 / 2	2,05 / 2	1,80 / 2	1,64 / 2	1,52 / 2	1,38 / 2
18/18	3,12 / 1	2,90 / 1	2,73 / 1	2,58 / 2	2,47 / 2	2,37 / 2	2,24 / 2	2,02 / 2	1,83 / 2	1,70 / 2
18/20	3,48 / 1	3,22 / 1	3,03 / 2	2,88 / 2	2,75 / 2	2,64 / 2	2,55 / 2	2,39 / 2	2,22 / 2	2,03 / 2
18/22	3,82 / 1	3,55 / 1	3,34 / 2	3,16 / 2	3,02 / 2	2,91 / 2	2,80 / 2	2,68 / 2	2,54 / 2	2,37 / 2
18/24	4,17 / 1	3,87 / 2	3,64 / 2	3,46 / 2	3,30 / 2	3,17 / 2	3,05 / 2	2,91 / 2	2,79 / 2	2,69 / 3
18/26	4,52 / 1	4,19 / 2	3,95 / 2	3,74 / 2	3,58 / 2	3,45 / 2	3,32 / 2	3,15 / 2	3,01 / 3	2,90 / 3
18/28	4,87 / 2	4,52 / 2	4,25 / 2	4,04 / 2	3,86 / 2	3,71 / 2	3,58 / 2	3,42 / 3	3,26 / 3	3,12 / 3
18/30	5,22 / 2	4,84 / 2	4,55 / 2	4,32 / 2	4,14 / 2	3,98 / 2	3,84 / 3	3,70 / 3	3,52 / 3	3,36 / 3
18/32	5,55 / 2	5,16 / 2	4,86 / 2	4,63 / 2	4,41 / 2	4,24 / 3	4,10 / 3	3,93 / 3	3,78 / 3	3,62 / 3

■ Durchbiegung maßgebend   □ Biegespannung maßgebend   ■ Schubspannung maßgebend

Die Einleitung der Belastung als Einzellasten im Abstand e = 0,625 m ist in der Tabelle berücksichtigt.

Tabellarium, Stürze, Unterzüge — 8.70.17

Unterzüge, Nadelschnittholz S 10, indirekte Auflagerung oder Lasten nicht von oben, ohne Brandschutzanforderungen

Lasten **nicht** von oben oder Lagerung **nicht** am unteren Balken- bzw. Trägerrand

Tabelle 2.9: Zulässige Stützweite zul L [m] für Einfeldträger, Lastfall H, und erforderliche Anzahl der Auflagerpfosten 6/12 cm bzw. 6/18 cm

b/h cm/cm	zul M [kNm] zul Q [kN]	8	10	12	14	16	18	20	22	24	26
12/12	2,88	1,60	1,21	0,88	0,74	-	-	-	-	-	-
	8,64	1	1	1	1						
12/14	3,92	1,88	1,48	1,14	0,88	0,75	-	-	-	-	-
	10,08	1	1	1	1	1					
12/16	5,12	2,20	1,78	1,40	1,09	0,88	0,76	0,69	-	-	-
	11,52	1	1	1	1	1	1	2			
12/18	6,48	2,54	2,07	1,62	1,35	1,06	0,88	0,77	0,70	-	-
	12,96	1	1	1	1	2	2	2	2		
12/20	8,00	2,78	2,35	1,90	1,52	1,32	1,03	0,88	0,78	0,72	-
	14,40	1	2	2	2	2	2	2	2	2	
12/22	9,68	3,05	2,66	2,11	1,73	1,45	1,26	1,02	0,88	0,79	0,73
	15,84	2	2	2	2	2	2	2	2	2	2
12/24	11,52	3,34	2,93	2,35	1,97	1,62	1,40	1,21	1,00	0,88	0,80
	17,28	2	2	2	2	2	2	2	2	2	2
12/26	13,52	3,66	3,23	2,62	2,14	1,82	1,54	1,37	1,17	0,99	0,88
	18,72	2	2	2	2	2	2	2	2	2	2
12/28	15,68	3,93	3,51	2,83	2,35	2,01	1,70	1,48	1,34	1,14	0,98
	20,16	2	2	2	2	2	2	2	2	2	2
12/30	18,00	4,20	3,79	3,09	2,59	2,17	1,90	1,62	1,44	1,32	1,11
	21,60	2	2	2	2	2	2	2	2	2	2
16/12	3,84	1,86	1,65	1,40	1,09	0,88	0,76	0,69	-	-	-
	11,52	1	1	1	1	1	1	1			
16/14	5,22	2,23	1,95	1,70	1,40	1,13	0,93	0,80	0,73	-	-
	13,44	1	1	1	2	2	2	2	2		
16/16	6,82	2,58	2,29	2,04	1,65	1,40	1,17	0,97	0,84	0,76	0,71
	15,36	1	2	2	2	2	2	2	2	2	2
16/18	8,64	2,88	2,61	2,35	1,97	1,61	1,40	1,21	1,00	0,88	0,80
	17,28	1	2	2	2	2	2	2	2	2	2
16/20	10,66	3,21	2,87	2,64	2,21	1,90	1,59	1,40	1,23	1,03	0,91
	19,20	2	2	2	2	2	2	2	2	2	2
16/22	12,90	3,56	3,15	2,88	2,52	2,11	1,83	1,57	1,40	1,26	1,06
	21,12	2	2	2	2	2	2	2	2	2	2
16/24	15,36	3,88	3,47	3,14	2,77	2,35	2,04	1,78	1,55	1,40	1,28
	23,04	2	2	2	2	2	2	2	2	2	2
16/26	18,02	4,20	3,79	3,42	3,05	2,62	2,24	1,99	1,73	1,54	1,40
	24,96	2	2	2	2	2	2	2	2	2	2
16/28	20,90	4,53	4,05	3,73	3,32	2,83	2,48	2,16	1,95	1,70	1,53
	26,88	2	2	2	2	2	2	2	2	2	3
16/30	24,00	4,86	4,34	3,97	3,59	3,09	2,68	2,35	2,09	1,90	1,67
	28,80	2	2	2	3	3	3	3	3	3	3
18/12	4,32	1,99	1,75	1,60	1,35	1,06	0,88	0,77	0,70	-	-
	12,96	1	1	1	1	1	1	1	1		
18/14	5,88	2,34	2,19	1,99	1,62	1,38	1,14	0,94	0,83	0,75	0,70
	15,12	1	1	1	1	1	1	1	1	1	1
18/16	7,68	2,68	2,47	2,20	1,97	1,62	1,40	1,21	1,00	0,88	0,80
	17,28	1	1	1	1	1	1	1	1	1	1
18/18	9,72	3,02	2,74	2,54	2,24	1,94	1,62	1,42	1,27	1,06	0,93
	19,44	1	1	1	1	1	1	1	1	1	1
18/20	12,00	3,36	3,04	2,78	2,59	2,17	1,90	1,62	1,44	1,32	1,11
	21,60	1	1	1	2	2	2	2	2	2	2
18/22	14,52	3,70	3,36	3,05	2,83	2,46	2,11	1,87	1,62	1,45	1,34
	23,76	1	1	2	2	2	2	2	2	2	2
18/24	17,28	4,04	3,71	3,34	3,08	2,72	2,35	2,07	1,84	1,62	1,46
	25,92	1	2	2	2	2	2	2	2	2	2
18/26	20,28	4,37	4,00	3,66	3,35	2,99	2,62	2,28	2,04	1,82	1,62
	28,08	1	2	2	2	2	2	2	2	2	2
18/28	23,52	4,72	4,29	3,93	3,65	3,27	2,83	2,52	2,22	2,01	1,80
	30,24	1	2	2	2	2	2	2	2	2	2
18/30	27,00	5,05	4,61	4,20	3,91	3,53	3,09	2,72	2,43	2,17	1,99
	32,40	2	2	2	2	2	2	2	2	2	2

■ Durchbiegung maßgebend ☐ Biegespannung maßgebend ▨ Schubspannung maßgebend

Die Einleitung der Belastung als Einzellasten im Abstand e = 0,625 m ist in der Tabelle berücksichtigt.

Tabellarium, Stürze, Unterzüge 8.70.18

Unterzüge, Nadelschnittholz S 10, indirekte Auflagerung oder Lasten nicht von oben, mit Brandschutzanforderung F 30-B, 3-seitige Brandbeanspruchung

 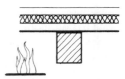

Tabelle 2.10: Zulässige Stützweite zul L [m] für Einfeldträger, Lastfall H, und erforderliche Anzahl der Auflagerpfosten 6/12 cm bzw. 6/18 cm

b/h cm/cm	\multicolumn{10}{c	}{Gesamtlast q [kN/m]}	Auflagerung
	8	10	12	14	16	18	20	22	24	26	
12/12	0,99	0,74	-	-	-	-	-	-	-	-	
	1	1	1								
12/14	1,37	0,93	0,75	-	-	-	-	-	-	-	
	1	1	1								
12/16	1,66	1,26	0,90	0,75	-	-	-	-	-	-	
	1	1	1	1							
12/18	2,02	1,49	1,14	0,88	0,75	-	-	-	-	-	
	1	1	1	1	1						
12/20	2,32	1,75	1,39	1,07	0,87	0,76	0,68	-	-	-	
	1	1	1	1	1	1	1				
12/22	2,66	2,03	1,57	1,33	1,02	0,86	0,76	0,69	-	-	
	1	1	1	1	1	1	2	2			
12/24	2,98	2,27	1,81	1,47	1,24	0,99	0,85	0,76	0,70	-	
	2	2	2	2	2	2	2	2	2		
12/26	3,31	2,57	2,03	1,64	1,40	1,16	0,96	0,84	0,76	0,70	
	2	2	2	2	2	2	2	2	2	2	
12/28	3,63	2,79	2,23	1,86	1,53	1,35	1,11	0,94	0,83	0,76	
	2	2	2	2	2	2	2	2	2	2	
12/30	3,96	3,06	2,47	2,04	1,70	1,46	1,31	1,07	0,92	0,83	
	2	2	2	2	2	2	2	2	2	2	
16/12	1,86	1,42	1,05	0,83	0,72	-	-	-	-	-	
	1	1	1	1	1						
16/14	2,23	1,82	1,43	1,12	0,90	0,78	0,70	-	-	-	
	1	1	1	1	1	1	1				
16/16	2,58	2,21	1,75	1,43	1,18	0,95	0,82	0,74	0,69	-	
	1	1	2	2	2	2	2	2	2		
16/18	2,88	2,61	2,10	1,71	1,44	1,24	1,00	0,87	0,78	0,72	
	1	2	2	2	2	2	2	2	2	2	
16/20	3,21	2,87	2,44	2,02	1,68	1,44	1,28	1,05	0,91	0,82	
	2	2	2	2	2	2	2	2	2	2	
16/22	3,56	3,15	2,77	2,29	1,97	1,65	1,45	1,31	1,09	0,95	
	2	2	2	2	2	2	2	2	2	2	
16/24	3,88	3,47	3,12	2,61	2,19	1,93	1,63	1,45	1,33	1,13	
	2	2	2	2	2	2	2	2	2	2	
16/26	4,20	3,79	3,24	2,87	2,46	2,12	1,87	1,62	1,45	1,34	
	2	2	2	2	2	2	2	2	2	2	
16/28	4,53	4,05	3,73	3,19	2,71	2,34	2,06	1,83	1,61	1,46	
	2	2	2	2	2	2	2	2	2	2	
16/30	4,86	4,34	3,97	3,45	2,95	2,59	2,25	2,02	1,79	1,60	
	2	2	2	2	3	3	3	3	3	3	
18/12	1,99	1,75	1,39	1,07	0,87	0,76	0,68	-	-	-	
	1	1	1	1	1	1	1				
18/14	2,34	2,19	1,77	1,44	1,20	0,96	0,83	0,75	0,69	-	
	1	1	1	1	1	1	1	1	1		
18/16	2,63	2,47	2,16	1,78	1,48	1,31	1,05	0,90	0,81	0,74	
	1	1	1	1	1	1	1	1	1	1	
18/18	3,02	2,74	2,54	2,12	1,79	1,52	1,35	1,14	0,97	0,87	
	1	1	1	1	1	1	1	1	1	1	
18/20	3,36	3,04	2,78	2,48	2,09	1,80	1,55	1,39	1,23	1,04	
	1	1	1	2	2	2	2	2	2	2	
18/22	3,70	3,36	3,05	2,80	2,39	2,07	1,81	1,57	1,42	1,31	
	1	1	2	2	2	2	2	2	2	2	
18/24	4,04	3,71	3,34	3,08	2,69	2,32	2,05	1,81	1,59	1,45	
	1	2	2	2	2	2	2	2	2	2	
18/26	4,37	4,00	3,66	3,35	2,98	2,61	2,27	2,03	1,82	1,61	
	1	2	2	2	2	2	2	2	2	2	
18/28	4,72	4,29	3,93	3,65	3,27	2,83	2,52	2,22	2,01	1,80	
	1	2	2	2	2	2	2	2	2	2	
18/30	5,05	4,61	4,20	3,91	3,53	3,09	2,72	2,43	2,17	1,99	
	2	2	2	2	2	2	2	2	2	2	

▓ Durchbiegung maßgebend □ Biegespannung maßgebend ▓ Schubspannung heiß maßgebend
▓ Schubspannung kalt maßgebend

Die Einleitung der Belastung als Einzellasten im Abstand e = 0,625 m ist in der Tabelle berücksichtigt.

Tabellarium, Stürze, Unterzüge — 8.70.19

Unterzüge, Nadelschnittholz S 10, indirekte Auflagerung oder Lasten nicht von oben, mit Brandschutzanforderung F 30-B, 4-seitige Brandbeanspruchung

Lasten **nicht** von oben oder Lagerung **nicht** am unteren Balken- bzw. Trägerrand

Tabelle 2.11: Zulässige Stützweite zul L [m] für Einfeldträger, Lastfall H, und erforderliche Anzahl der Auflagerpfosten 6/12 cm bzw. 6/18 cm

b/h cm/cm	\	\	\	Gesamtlast q [kN/m]	\	\	\	\	\	\
	8	10	12	14	16	18	20	22	24	26
12/12	0,70 / 1	-	-	-	-	-	-	-	-	-
12/14	0,92 / 1	0,71 / 1	-	-	-	-	-	-	-	-
12/16	1,33 / 1	0,89 / 1	0,72 / 1	-	-	-	-	-	-	-
12/18	1,59 / 1	1,18 / 1	0,87 / 1	0,73 / 1	-	-	-	-	-	-
12/20	1,97 / 1	1,44 / 1	1,08 / 1	0,85 / 1	0,73 / 1	-	-	-	-	-
12/22	2,25 / 1	1,69 / 1	1,36 / 1	1,03 / 1	0,84 / 1	0,74 / 1	-	-	-	-
12/24	2,61 / 1	1,99 / 1	1,53 / 1	1,29 / 1	0,99 / 1	0,83 / 1	0,74 / 1	0,63 / 1	-	-
12/26	2,91 / 1	2,21 / 1	1,76 / 2	1,44 / 2	1,19 / 2	0,96 / 2	0,83 / 2	0,74 / 2	0,69 / 2	-
12/28	3,25 / 2	2,50 / 2	2,00 / 2	1,60 / 2	1,37 / 2	1,12 / 2	0,93 / 2	0,82 / 2	0,75 / 2	0,69 / 2
12/30	3,56 / 2	2,74 / 2	2,19 / 2	1,81 / 2	1,50 / 2	1,33 / 2	1,07 / 2	0,92 / 2	0,82 / 2	0,75 / 2
16/12	1,33 / 1	0,89 / 1	0,72 / 1	-	-	-	-	-	-	-
16/14	1,79 / 1	1,36 / 1	0,98 / 1	0,79 / 1	0,69 / 1	-	-	-	-	-
16/16	2,29 / 1	1,72 / 1	1,37 / 1	1,05 / 1	0,86 / 1	0,75 / 1	-	-	-	-
16/18	2,80 / 1	2,13 / 1	1,68 / 1	1,39 / 2	1,11 / 2	0,91 / 2	0,80 / 2	0,72 / 2	-	-
16/20	3,21 / 2	2,57 / 2	2,04 / 2	1,65 / 2	1,40 / 2	1,17 / 2	0,96 / 2	0,84 / 2	0,76 / 2	0,70 / 2
16/22	3,56 / 2	2,94 / 2	2,36 / 2	1,98 / 2	1,62 / 2	1,41 / 2	1,22 / 2	1,01 / 2	0,88 / 2	0,80 / 2
16/24	3,88 / 2	3,35 / 2	2,71 / 2	2,23 / 2	1,93 / 2	1,61 / 2	1,42 / 2	1,26 / 2	1,05 / 2	0,92 / 2
16/26	4,20 / 2	3,77 / 2	3,05 / 2	2,56 / 2	2,14 / 2	1,87 / 2	1,59 / 2	1,42 / 2	1,29 / 2	1,09 / 2
16/28	4,53 / 2	4,05 / 2	3,38 / 2	2,81 / 2	2,40 / 2	2,08 / 2	1,82 / 2	1,58 / 2	1,43 / 2	1,32 / 2
16/30	4,86 / 2	4,34 / 2	3,73 / 2	3,12 / 2	2,66 / 2	2,29 / 2	2,03 / 2	1,78 / 2	1,57 / 2	1,43 / 2
18/12	1,59 / 1	1,18 / 1	0,87 / 1	0,73 / 1	-	-	-	-	-	-
18/14	2,20 / 1	1,64 / 1	1,33 / 1	0,99 / 1	0,82 / 1	0,72 / 1	-	-	-	-
18/16	2,68 / 1	2,13 / 1	1,68 / 1	1,39 / 1	1,11 / 1	0,91 / 1	0,80 / 1	0,72 / 1	-	-
18/18	3,02 / 1	2,63 / 1	2,09 / 1	1,70 / 1	1,44 / 1	1,23 / 1	1,00 / 1	0,87 / 1	0,78 / 1	0,72 / 1
18/20	3,36 / 1	3,04 / 1	2,51 / 1	2,06 / 1	1,72 / 1	1,47 / 1	1,32 / 1	1,08 / 1	0,94 / 1	0,84 / 1
18/22	3,70 / 1	3,36 / 1	2,88 / 1	2,40 / 1	2,04 / 2	1,74 / 2	1,51 / 2	1,36 / 2	1,17 / 2	1,00 / 2
18/24	4,04 / 1	3,71 / 2	3,29 / 2	2,74 / 2	2,32 / 2	2,02 / 2	1,75 / 2	1,53 / 2	1,39 / 2	1,25 / 2
18/26	4,37 / 1	4,00 / 2	3,66 / 2	3,09 / 2	2,64 / 2	2,27 / 2	2,01 / 2	1,76 / 2	1,56 / 2	1,42 / 2
18/28	4,72 / 1	4,29 / 2	3,93 / 2	3,42 / 2	2,92 / 2	2,57 / 2	2,22 / 2	2,00 / 2	1,77 / 2	1,58 / 2
18/30	5,05 / 2	4,61 / 2	4,20 / 2	3,78 / 2	3,24 / 2	2,80 / 2	2,49 / 2	2,19 / 2	1,99 / 2	1,78 / 2

Legende: Durchbiegung maßgebend | Biegespannung kalt maßgebend | Schubspannung maßgebend

Die Einleitung der Belastung als Einzellasten im Abstand e = 0,625 m ist in der Tabelle berücksichtigt.

Tabellarium, Stürze, Unterzüge 8.70.20

Unterzüge, Brettschichtholz BS 14, E-Modul = 11 000 N/mm², indirekte Auflagerung oder Lasten nicht von oben, ohne Brandschutzanforderungen

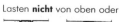

Lasten **nicht** von oben oder Lagerung **nicht** am unteren Balken- bzw. Trägerrand

Tabelle 2.12: Zulässige Stützweite zul L [m] für Einfeldträger, Lastfall H, und erforderliche Anzahl der Auflagerpfosten 6/12 cm bzw. 6/18 cm

b/h cm/cm	zul M [kNm] zul Q [kN]	Gesamtlast q [kN/m]										Auflagerung
		8	10	12	14	16	18	20	22	24	26	
12/12	4,03	1,80	1,67	1,40	1,09	0,88	0,76	0,69	-	-	-	
	11,52	1	1	1	1	1	1	1				
12/14	5,49	2,12	1,95	1,70	1,40	1,14	0,93	0,81	0,73	-	-	
	13,44	1	1	1	2	2	2	2	2			
12/16	7,17	2,41	2,25	2,04	1,65	1,40	1,17	0,97	0,84	0,76	0,71	
	15,36	1	2	2	2	2	2	2	2	2	2	
12/18	9,07	2,73	2,52	2,35	1,97	1,62	1,40	1,21	1,00	0,88	0,80	
	17,28	1	2	2	2	2	2	2	2	2	2	
12/20	11,20	3,03	2,82	2,64	2,21	1,90	1,59	1,40	1,23	1,03	0,91	
	19,20	2	2	2	2	2	2	2	2	2	2	
12/22	13,55	3,34	3,09	2,91	2,52	2,11	1,83	1,57	1,40	1,26	1,06	
	21,12	2	2	2	2	2	2	2	2	2	2	
12/24	16,13	3,64	3,38	3,17	2,77	2,35	2,04	1,78	1,55	1,40	1,28	
	23,04	2	2	2	2	2	2	2	2	2	2	
12/26	18,93	3,95	3,66	3,45	3,05	2,62	2,24	1,99	1,73	1,54	1,40	
	24,96	2	2	2	2	2	2	2	2	2	2	
12/28	21,95	4,25	3,94	3,71	3,32	2,83	2,48	2,16	1,95	1,70	1,53	
	26,88	2	2	2	2	2	2	2	2	2	3	
12/30	25,20	4,55	4,23	3,98	3,59	3,09	2,68	2,35	2,09	1,90	1,67	
	28,80	2	2	2	3	3	3	3	3	3	3	
12/32	28,67	4,86	4,51	4,24	3,88	3,32	2,89	2,58	2,26	2,04	1,85	
	30,72	2	2	3	3	3	3	3	3	3	3	
16/12	5,38	1,98	1,84	1,73	1,65	1,40	1,17	0,97	0,84	0,76	0,71	
	15,36	1	1	1	2	2	2	2	2	2	2	
16/14	7,32	2,33	2,17	2,03	1,92	1,70	1,46	1,31	1,07	0,93	0,83	
	17,92	1	1	2	2	2	2	2	2	2	2	
16/16	9,55	2,66	2,47	2,32	2,21	2,04	1,74	1,51	1,36	1,17	1,01	
	20,48	1	2	2	2	2	2	2	2	2	2	
16/18	12,09	3,00	2,79	2,62	2,48	2,35	2,04	1,78	1,55	1,40	1,28	
	23,04	2	2	2	2	2	2	2	2	2	2	
16/20	14,93	3,34	3,09	2,91	2,77	2,64	2,31	2,04	1,81	1,59	1,44	
	25,60	2	2	2	2	2	2	2	2	2	2	
16/22	18,06	3,67	3,41	3,20	3,04	2,91	2,62	2,28	2,04	1,83	1,62	
	28,16	2	2	2	2	2	3	3	3	3	3	
16/24	21,50	4,01	3,72	3,50	3,32	3,17	2,89	2,58	2,26	2,04	1,85	
	30,72	2	2	2	2	3	3	3	3	3	3	
16/26	25,23	4,34	4,04	3,79	3,60	3,45	3,20	2,80	2,53	2,24	2,04	
	33,28	2	2	2	3	3	3	3	3	3	3	
16/28	29,27	4,69	4,34	4,09	3,88	3,71	3,46	3,07	2,74	2,48	2,22	
	35,84	2	2	2	3	3	3	3	3	3	3	
16/30	33,60	5,01	4,66	4,38	4,16	3,98	3,76	3,32	2,97	2,68	2,44	
	38,40	2	2	3	3	3	3	3	3	3	3	
16/32	38,22	5,35	4,96	4,68	4,43	4,24	4,03	3,57	3,22	2,89	2,64	
	40,96	2	2	3	3	3	3	3	3	3	3	
18/12	6,05	2,07	1,91	1,80	1,71	1,62	1,40	1,21	1,00	0,88	0,80	
	17,28	1	1	1	1	1	1	1	1	1	1	
18/14	8,23	2,42	2,25	2,12	2,00	1,91	1,70	1,48	1,34	1,14	0,98	
	20,16	1	1	1	1	1	1	2	2	2	2	
18/16	10,75	2,78	2,57	2,41	2,30	2,20	2,04	1,78	1,55	1,40	1,28	
	23,04	1	1	1	1	2	2	2	2	2	2	
18/18	13,61	3,12	2,90	2,73	2,58	2,47	2,35	2,07	1,84	1,62	1,46	
	25,92	1	1	1	2	2	2	2	2	2	2	
18/20	16,80	3,48	3,22	3,03	2,88	2,75	2,64	2,35	2,09	1,90	1,67	
	28,80	1	1	2	2	2	2	2	2	2	2	
18/22	20,33	3,82	3,55	3,34	3,16	3,02	2,91	2,66	2,35	2,11	1,95	
	31,68	1	1	2	2	2	2	2	2	2	2	
18/24	24,19	4,17	3,87	3,64	3,46	3,30	3,17	2,93	2,63	2,35	2,13	
	34,56	1	2	2	2	2	2	2	2	2	2	
18/26	28,39	4,52	4,19	3,95	3,74	3,58	3,45	3,24	2,88	2,62	2,35	
	37,44	1	2	2	2	2	2	2	2	2	2	
18/28	32,93	4,87	4,52	4,25	4,04	3,86	3,71	3,51	3,17	2,83	2,60	
	40,32	2	2	2	2	2	2	2	2	2	2	
18/30	37,80	5,22	4,84	4,55	4,32	4,14	3,98	3,82	3,41	3,09	2,80	
	43,20	2	2	2	2	2	2	3	3	3	3	
18/32	43,01	5,56	5,16	4,86	4,63	4,41	4,24	4,09	3,68	3,32	3,03	
	46,08	2	2	2	2	2	3	3	3	3	3	

■ Durchbiegung maßgebend   ■ Schubspannung maßgebend

Die Einleitung der Belastung als Einzellasten im Abstand e = 0,625 m ist in der Tabelle berücksichtigt.

Tabellarium, Stürze, Unterzüge — 8.70.21

Unterzüge, Brettschichtholz BS 14, E-Modul = 11 000 N/mm²
Indirekte Auflagerung oder Lasten nicht von oben
Mit Brandschutzanforderung F 30-B; 3-seitige Brandbeanspruchung

Tabelle 2.13: Zulässige Stützweite zul L [m] für Einfeldträger, Lastfall H, und erforderliche Anzahl der Auflagerpfosten 6/12 cm bzw. 6/18 cm

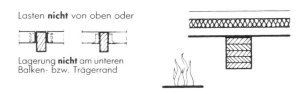

b/h cm/cm	8	10	12	14	16	18	20	22	24	26
12/12	1,79 / 1	1,35 / 1	0,97 / 1	0,79 / 1	0,69 / 1	–	–	–	–	–
12/14	2,12 / 1	1,69 / 1	1,36 / 1	1,02 / 1	0,84 / 1	0,74 / 1	–	–	–	–
12/16	2,41 / 1	2,08 / 1	1,62 / 1	1,36 / 1	1,07 / 1	0,88 / 2	0,78 / 2	0,71 / 2	–	–
12/18	2,73 / 1	2,46 / 2	1,98 / 2	1,58 / 2	1,36 / 2	1,10 / 2	0,92 / 2	0,81 / 2	0,74 / 2	0,69 / 2
12/20	3,03 / 2	2,82 / 2	2,26 / 2	1,89 / 2	1,55 / 2	1,36 / 2	1,13 / 2	0,95 / 2	0,84 / 2	0,77 / 2
12/22	3,34 / 2	3,09 / 2	2,60 / 2	2,13 / 2	1,81 / 2	1,53 / 2	1,36 / 2	1,15 / 2	0,98 / 2	0,87 / 2
12/24	3,64 / 2	3,38 / 2	2,89 / 2	2,41 / 2	2,05 / 2	1,74 / 2	1,51 / 2	1,36 / 2	1,18 / 2	1,01 / 2
12/26	3,95 / 2	3,66 / 2	3,23 / 2	2,68 / 2	2,26 / 2	1,98 / 2	1,70 / 2	1,50 / 2	1,36 / 2	1,20 / 2
12/28	4,25 / 2	3,94 / 2	3,52 / 2	2,94 / 2	2,53 / 2	2,16 / 2	1,94 / 2	1,66 / 2	1,48 / 2	1,36 / 2
12/30	4,55 / 2	4,23 / 2	3,85 / 2	3,23 / 2	2,74 / 2	2,38 / 2	2,09 / 2	1,87 / 2	1,63 / 2	1,48 / 2
12/32	4,86 / 2	4,51 / 2	4,14 / 2	3,47 / 3	2,98 / 3	2,61 / 3	2,27 / 3	2,03 / 3	1,81 / 3	1,61 / 3
16/12	1,98 / 1	1,84 / 1	1,73 / 1	1,47 / 2	1,25 / 2	0,99 / 2	0,85 / 2	0,76 / 2	0,70 / 2	–
16/14	2,33 / 1	2,17 / 1	2,03 / 2	1,91 / 2	1,56 / 2	1,37 / 2	1,14 / 2	0,96 / 2	0,85 / 2	0,77 / 2
16/16	2,66 / 1	2,47 / 2	2,32 / 2	2,21 / 2	1,96 / 2	1,64 / 2	1,44 / 2	1,31 / 2	1,08 / 2	0,94 / 2
16/18	3,00 / 2	2,79 / 2	2,62 / 2	2,48 / 2	2,28 / 2	2,00 / 2	1,71 / 2	1,51 / 2	1,37 / 2	1,21 / 2
16/20	3,34 / 2	3,09 / 2	2,91 / 2	2,77 / 2	2,64 / 2	2,28 / 2	2,02 / 2	1,78 / 2	1,57 / 2	1,43 / 2
16/22	3,67 / 2	3,41 / 2	3,20 / 2	3,04 / 2	2,91 / 2	2,62 / 3	2,28 / 3	2,04 / 3	1,83 / 3	1,62 / 3
16/24	4,01 / 2	3,72 / 2	3,50 / 2	3,32 / 2	3,17 / 3	2,89 / 3	2,58 / 3	2,26 / 3	2,04 / 3	1,85 / 3
16/26	4,34 / 2	4,04 / 2	3,79 / 2	3,60 / 3	3,45 / 3	3,20 / 3	2,80 / 3	2,53 / 3	2,24 / 3	2,04 / 3
16/28	4,69 / 2	4,34 / 2	4,09 / 2	3,88 / 3	3,71 / 3	3,46 / 3	3,07 / 3	2,74 / 3	2,48 / 3	2,22 / 3
16/30	5,01 / 2	4,66 / 2	4,38 / 3	4,16 / 3	3,98 / 3	3,76 / 3	3,32 / 3	2,97 / 3	2,68 / 3	2,44 / 3
16/32	5,35 / 2	4,96 / 2	4,68 / 3	4,43 / 3	4,24 / 3	4,03 / 3	3,57 / 3	3,22 / 3	2,89 / 3	2,64 / 3
18/12	2,07 / 1	1,91 / 1	1,80 / 1	1,71 / 1	1,51 / 1	1,33 / 1	1,08 / 1	0,92 / 1	0,82 / 1	0,75 / 1
18/14	2,42 / 1	2,25 / 1	2,12 / 1	2,00 / 1	1,91 / 1	1,65 / 1	1,44 / 1	1,31 / 1	1,09 / 1	0,95 / 2
18/16	2,78 / 1	2,57 / 1	2,41 / 1	2,30 / 1	2,20 / 2	2,04 / 2	1,77 / 2	1,55 / 2	1,40 / 2	1,28 / 2
18/18	3,12 / 1	2,90 / 1	2,73 / 1	2,58 / 2	2,47 / 2	2,35 / 2	2,07 / 2	1,84 / 2	1,62 / 2	1,46 / 2
18/20	3,48 / 1	3,22 / 2	3,03 / 2	2,88 / 2	2,75 / 2	2,64 / 2	2,35 / 2	2,09 / 2	1,90 / 2	1,67 / 2
18/22	3,82 / 1	3,55 / 2	3,34 / 2	3,16 / 2	3,02 / 2	2,91 / 2	2,66 / 2	2,35 / 2	2,11 / 2	1,95 / 2
18/24	4,17 / 1	3,87 / 2	3,64 / 2	3,46 / 2	3,30 / 2	3,17 / 2	2,93 / 2	2,63 / 2	2,35 / 2	2,13 / 2
18/26	4,52 / 1	4,19 / 2	3,95 / 2	3,74 / 2	3,58 / 2	3,45 / 2	3,24 / 2	2,88 / 2	2,62 / 2	2,35 / 2
18/28	4,87 / 2	4,52 / 2	4,25 / 2	4,04 / 2	3,86 / 2	3,71 / 2	3,51 / 2	3,17 / 2	2,83 / 2	2,60 / 2
18/30	5,22 / 2	4,84 / 2	4,55 / 2	4,32 / 2	4,14 / 2	3,98 / 2	3,82 / 3	3,41 / 3	3,09 / 3	2,80 / 3
18/32	5,56 / 2	5,16 / 2	4,86 / 2	4,63 / 2	4,41 / 3	4,24 / 3	4,09 / 3	3,68 / 3	3,32 / 3	3,03 / 3

Spalte Gesamtlast q [kN/m]; Auflagerung: Unterzug, Beplankung, Pfosten 12/6, 16, 18/6

■ Durchbiegung maßgebend   ■ Schubspannung kalt maßgebend   ■ Schubspannung heiß maßgebend

Die Einleitung der Belastung als Einzellasten im Abstand e = 0,625 m ist in der Tabelle berücksichtigt.

Tabellarium, Stürze, Unterzüge 8.70.22

Unterzüge, Brettschichtholz BS 14, E-Modul = 11 000 N/mm²,
Indirekte Auflagerung oder Lasten nicht von oben
Mit Brandschutzanforderung F 30-B; 4-seitige Brandbeanspruchung

Lasten **nicht** von oben oder Lagerung **nicht** am unteren Balken- bzw. Trägerrand

Tabelle 2.14: Zulässige Stützweite zul L [m] für Einfeldträger, Lastfall H, und erforderliche Anzahl der Auflagerpfosten 6/12 cm bzw. 6/18 cm

b/h cm/cm	\multicolumn{10}{c}{Gesamtlast q [kN/m]}
	8	10	12	14	16	18	20	22	24	26
12/12	1,33 / 1	0,90 / 1	0,73 / 1	-	-	-	-	-	-	-
12/14	1,76 / 1	1,34 / 1	0,96 / 1	0,78 / 1	0,69 / 1	-	-	-	-	-
12/16	2,23 / 1	1,67 / 1	1,35 / 1	1,01 / 1	0,83 / 1	0,73 / 1	-	-	-	-
12/18	2,71 / 1	2,06 / 1	1,61 / 1	1,35 / 1	1,05 / 1	0,87 / 2	0,77 / 2	0,70 / 2	-	-
12/20	3,03 / 2	2,44 / 2	1,97 / 2	1,57 / 2	1,35 / 2	1,09 / 2	0,91 / 2	0,81 / 2	0,73 / 2	0,67 / 2
12/22	3,34 / 2	2,81 / 2	2,24 / 2	1,88 / 2	1,54 / 2	1,35 / 2	1,12 / 2	0,95 / 2	0,84 / 2	0,76 / 2
12/24	3,64 / 2	3,21 / 2	2,59 / 2	2,12 / 2	1,79 / 2	1,52 / 2	1,35 / 2	1,14 / 2	0,97 / 2	0,87 / 2
12/26	3,95 / 2	3,56 / 2	2,87 / 2	2,39 / 2	2,04 / 2	1,73 / 2	1,50 / 2	1,36 / 2	1,16 / 2	1,00 / 2
12/28	4,25 / 2	3,94 / 2	3,21 / 2	2,67 / 2	2,25 / 2	1,98 / 2	1,69 / 2	1,49 / 2	1,36 / 2	1,18 / 2
12/30	4,55 / 2	4,23 / 2	3,50 / 2	2,92 / 2	2,52 / 2	2,15 / 2	1,92 / 2	1,65 / 2	1,48 / 2	1,36 / 2
12/32	4,86 / 2	4,51 / 2	3,84 / 2	3,22 / 2	2,73 / 2	2,37 / 2	2,08 / 2	1,86 / 2	1,62 / 2	1,47 / 2
16/12	1,98 / 1	1,67 / 1	1,35 / 1	1,01 / 1	0,83 / 1	0,73 / 1	-	-	-	-
16/14	2,33 / 1	2,17 / 1	1,79 / 2	1,45 / 2	1,22 / 2	0,97 / 2	0,84 / 2	0,75 / 2	0,69 / 2	-
16/16	2,66 / 1	2,47 / 2	2,25 / 2	1,88 / 2	1,55 / 2	1,36 / 2	1,12 / 2	0,95 / 2	0,84 / 2	0,77 / 2
16/18	3,00 / 2	2,79 / 2	2,62 / 2	2,26 / 2	1,95 / 2	1,63 / 2	1,43 / 2	1,29 / 2	1,07 / 2	0,93 / 2
16/20	3,34 / 2	3,09 / 2	2,91 / 2	2,68 / 2	2,26 / 2	1,98 / 2	1,70 / 2	1,50 / 2	1,36 / 2	1,20 / 2
16/22	3,67 / 2	3,41 / 2	3,20 / 2	3,04 / 2	2,64 / 2	2,27 / 2	2,01 / 2	1,76 / 2	1,56 / 2	1,42 / 2
16/24	4,01 / 2	3,72 / 2	3,50 / 2	3,32 / 2	2,98 / 3	2,61 / 3	2,27 / 3	2,03 / 3	1,82 / 3	1,61 / 3
16/26	4,34 / 2	4,04 / 2	3,79 / 2	3,60 / 3	3,34 / 3	2,90 / 3	2,59 / 3	2,27 / 3	2,05 / 3	1,87 / 3
16/28	4,69 / 2	4,34 / 2	4,09 / 2	3,88 / 3	3,70 / 3	3,24 / 3	2,84 / 3	2,57 / 3	2,28 / 3	2,07 / 3
16/30	5,01 / 2	4,66 / 2	4,38 / 2	4,16 / 3	3,98 / 3	3,54 / 3	3,15 / 3	2,80 / 3	2,55 / 3	2,28 / 3
16/32	5,35 / 2	4,96 / 2	4,68 / 3	4,43 / 3	4,24 / 3	3,87 / 3	3,41 / 3	3,06 / 3	2,76 / 3	2,53 / 3
18/12	2,07 / 1	1,91 / 1	1,61 / 1	1,35 / 1	1,05 / 1	0,87 / 1	0,77 / 1	0,70 / 1	-	-
18/14	2,42 / 1	2,25 / 1	2,12 / 1	1,79 / 1	1,49 / 1	1,32 / 1	1,06 / 1	0,91 / 1	0,81 / 1	0,74 / 1
18/16	2,78 / 1	2,57 / 1	2,41 / 1	2,26 / 1	1,95 / 1	1,63 / 1	1,43 / 1	1,29 / 1	1,07 / 1	0,93 / 1
18/18	3,12 / 1	2,90 / 1	2,73 / 1	2,58 / 2	2,33 / 2	2,03 / 2	1,75 / 2	1,54 / 2	1,39 / 2	1,25 / 2
18/20	3,48 / 1	3,22 / 1	3,03 / 2	2,88 / 2	2,75 / 2	2,38 / 2	2,09 / 2	1,87 / 2	1,64 / 2	1,48 / 2
18/22	3,82 / 1	3,55 / 1	3,34 / 2	3,16 / 2	3,02 / 2	2,75 / 2	2,43 / 2	2,15 / 2	1,96 / 2	1,73 / 2
18/24	4,17 / 1	3,87 / 2	3,64 / 2	3,46 / 2	3,30 / 2	3,14 / 2	2,76 / 2	2,47 / 2	2,20 / 2	2,01 / 2
18/26	4,52 / 1	4,19 / 2	3,95 / 2	3,74 / 2	3,58 / 2	3,45 / 2	3,10 / 2	2,76 / 2	2,50 / 2	2,24 / 2
18/28	4,87 / 2	4,52 / 2	4,25 / 2	4,04 / 2	3,86 / 2	3,71 / 2	3,42 / 2	3,07 / 2	2,76 / 2	2,53 / 2
18/30	5,22 / 2	4,84 / 2	4,55 / 2	4,32 / 2	4,14 / 2	3,98 / 2	3,77 / 3	3,37 / 3	3,04 / 3	2,76 / 3
18/32	5,56 / 2	5,16 / 2	4,86 / 2	4,63 / 2	4,41 / 2	4,24 / 3	4,08 / 3	3,67 / 3	3,32 / 3	3,02 / 3

☐ Durchbiegung maßgebend ▨ Schubspannung heiß maßgebend

Die Einleitung der Belastung als Einzellasten im Abstand e = 0,625 m ist in der Tabelle berücksichtigt.

Tabellarium, Wände

Tabelle 3.1: Wände, nur vertikal belastet, mit Schwellen- und Rähmüberstand, Einzelpfosten – Zulässige vertikale Belastung zul F_v [kN] bzw. zulässige Streckenlast zul q_v [kN/m], Lastfall H

Pfosten-Querschnitt [cm/cm]	zul F_v [kN]	zul q_v [kN/m]
6/12	18,0	28,8
8/12	24,0	38,4
6/18	27,0	43,2

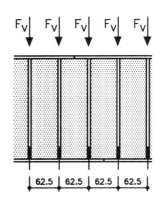

Tabelle 3.2: Wände, nur vertikal belastet, ohne Schwellen- und Rähmüberstand, Einzelpfosten – Zulässige vertikale Belastung zul F_v [kN] bzw. zulässige Streckenlast zul q_v [kN/m], Lastfall H

Pfosten-Querschnitt [cm/cm]	zul F_v [kN]	zul q_v [kN/m]
6/12	14,4	23,0
8/12	19,2	30,7
6/18	21,6	34,6

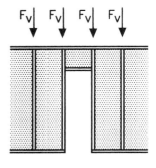

Tabelle 3.3: Wände, nur vertikal belastet, mit und ohne Schwellen- und Rähmüberstand, zulässige Belastung zul F_v [kN] für Mehrfachpfosten (Lastfall H)

Anzahl	Pfosten-Querschnitt [cm/cm]	zul F_v [kN] mit Überst.	zul F_v [kN] ohne Überst.
2	6/12	36,0	28,8
3	6/12	54,0	43,2
4	6/12	72,0	57,6
5	6/12	90,0	72,0
2	8/12	48,0	38,4
3	8/12	72,0	57,6
4	8/12	96,0	76,8
2	6/18	54,0	43,0
3	6/18	81,0	64,0
4	6/18	108,0	86,0
5	6/18	135,0	108,0

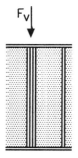

Tabellarium, Wände 8.70.24

Tabelle 3.4: Zusammenstellung von Durchbrüchen und Schlitzen in Rähm und Schwelle ohne besondere Verstärkungen

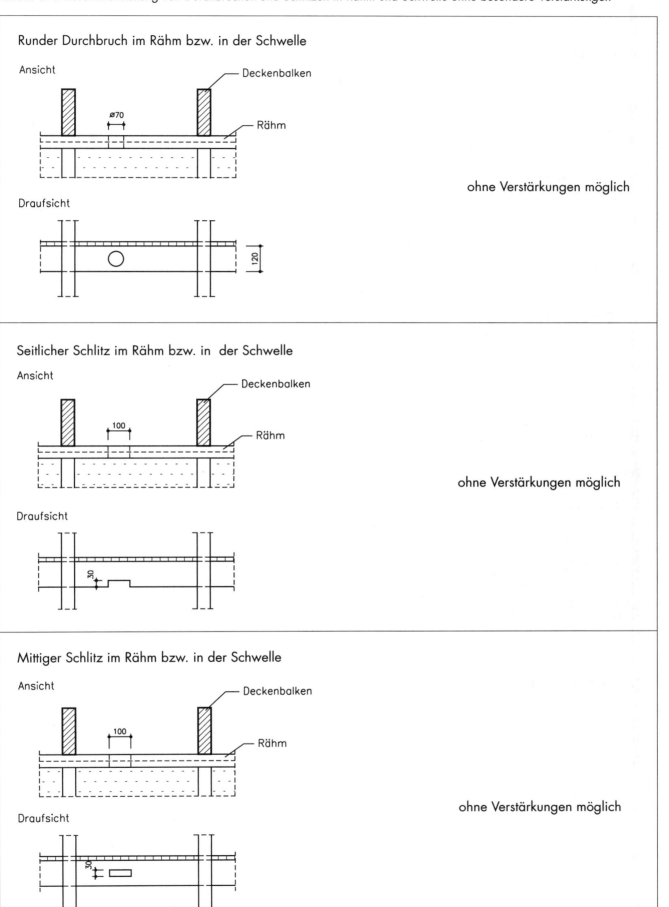

Tabellarium, Wände 8.70.25

Tabelle 3.5: Vollständiger Durchbruch in Rähme und Schwelle und horizontaler Schlitz in tragender Wand

Vollständiger Durchbruch im Rähm bzw. in der Schwelle

Ansicht

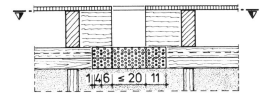

Weiterleitung der Kräfte über beidseitig angeordnete Stahlblechteile mit mindestens 4 Rillennägeln ⌀ 4 mm je Seite und Anschluß.

Kleinste Anschlußlänge bei d_n = 4 mm:
6 cm (≙ 15 d_n) + 4 cm (≙ 10 d_n) + 1 cm (≙ 25 d_n)

Draufsicht

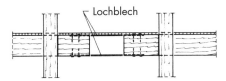

Horizontaler Wandschlitz in einer tragenden Wand

Ansicht

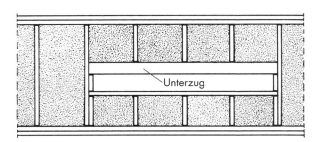

Unterzug und Pfosten nach *Tabelle 2.3* bis *2.14* und *Tabelle 3.1* bis *3.3* dimensionieren.

Tabellarium, Wände

Tabelle 3.6: Maximale Abmessungen von Durchbrüchen in Pfostenmitte und von seitlichen Einschnitten in Pfosten

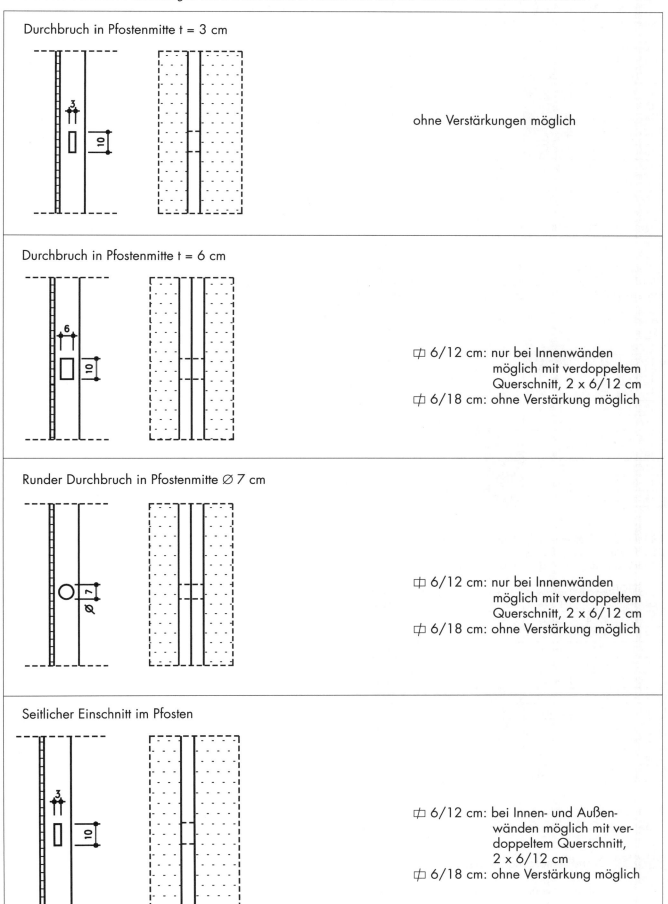

Tabellarium, freistehende Stützen   8.70.27

Tabelle 4.1: Freistehende Stützen, einteilig, Nadelschnittholz S 10, ohne Brandschutzanforderung und mit Brandschutzanforderung F 30-B, F 60-B – zulässige Belastung im Lastfall H

Querschnitt [cm/cm]	Werkstoff	zulässige Belastung [kN] F 30-B	F 60-B	zulässige Belastung[1] [kN] mit Überstand	ohne Überstand
12/12	KVH	18,1	–	36,0	28,8
12/14	KVH	23,5	–	42,0	33,6
12/16	KVH	29,0	–	48,0	38,4
12/18	KVH	34,4	–	54,0	43,2
12/20	KVH	40,0	–	60,0	48,0
16/14	KVH	55,8	–	56,0	44,8
16/16	KVH	(91,0)	10,9	64,0	51,2
16/18	KVH	(108,5)	14,6	72,0	57,6
16/20	KVH	(126,1)	18,3	80,0	64,0
18/18	KVH	(158,4)	30,9	81,0	64,8
18/20	KVH	(184,2)	38,8	90,0	72,0

Tabelle 4.2: Freistehende Stützen, einteilig, Brettschichtholz BS 11, ohne Brandschutzanforderung und mit Brandschutzanforderung F 30-B, F 60-B – zulässige Belastung im Lastfall H

Querschnitt [cm/cm]	Werkstoff	zulässige Belastung [kN] F 30-B	F 60-B	zulässige Belastung[1] [kN] mit Überstand	ohne Überstand
12/12	BS 11	31,7	–	36,0	28,8
12/14	BS 11	40,3	–	42,0	33,6
12/16	BS 11	(49,0)	–	48,0	38,4
12/18	BS 11	(57,6)	–	54,0	43,2
12/20	BS 11	(66,4)	–	60,0	48,0
16/14	BS 11	(90,5)	11,5	56,0	44,8
16/16	BS 11	(142,9)	27,8	64,0	51,2
16/18	BS 11	(168,8)	35,5	72,0	57,6
16/20	BS 11	(194,7)	43,2	80,0	64,0
18/18	BS 11	(238,7)	67,0	81,0	64,8
18/20	BS 11	(275,7)	81,7	90,0	72,0

Tabelle 4.3: Freistehende Stützen, einteilig, Brettschichtholz BS 14, ohne Brandschutzanforderung und mit Brandschutzanforderung F 30-B, F 60-B – zulässige Belastung im Lastfall H

Querschnitt [cm/cm]	Werkstoff	zulässige Belastung [kN] F 30-B	F 60-B	zulässige Belastung[1] [kN] mit Überstand	ohne Überstand
12/12	BS 14	(38,2)	–	36,0	28,8
12/14	BS 14	(48,6)	–	42,0	33,6
12/16	BS 14	(59,0)	–	48,0	38,4
12/18	BS 14	(69,5)	–	54,0	43,2
12/20	BS 14	(80,0)	–	60,0	48,0
16/14	BS 14	(110,1)	13,8	56,0	44,8
16/16	BS 14	(176,0)	33,5	64,0	51,2
16/18	BS 14	(207,8)	42,8	72,0	57,6
16/20	BS 14	(239,6)	52,2	80,0	64,0
18/18	BS 14	(297,3)	(82,6)	81,0	64,8
18/20	BS 11	(343,3)	(99,5)	90,0	72,0

Tabelle 4.4: Freistehende Stützen, einteilig, Nadelschnittholz S 10 und Brettschichtholz BS 11 – zulässige Belastung im Lastfall H

Querschnitt [cm/cm]	zulässige Belastung [kN] mit Überstand ohne Zapfen	mit Zapfen	ohne Überstand
8/12	24,0	16,0	19,2
12/12	36,0	24,0	28,8
14/12	42,0	28,0	33,6
16/12	48,0	32,0	38,4
16/16	64,0	42,7	51,2

[1] ohne Brandschutzanforderung
Bei allen Querschnitten: Querpressung maßgebend

[1] ohne Brandschutzanforderung
Bei allen Querschnitten: Querpressung maßgebend

▬ Brandbemessung maßgebend

( ) Gilt nur, wenn zulässige Beanspruchungen parallel zur Faser maßgebend sind.

Tabellarium, Gebäudeaussteifung 8.70.28

Tabelle 5.1: Deckenscheiben mit Flachpreßplatten nach DIN 68 763, ohne rechnerischen Nachweis
– Ausführungsbedingungen bei Verwendung von Nägeln 3,1 x 65 mm

Dicke der Spanplatten $d \geq 25$ mm,
Platten mindestens über 2 Balkenfelder laufend (2-Feld-Träger)
Balkenabstand $e \leq 62,5$ cm, Balkenbreite $b \geq 8$ cm
Platten-Anordnung entsprechend der Tabelle für Platten mit $b/l \geq 1,82/4,10$ m

Plattenanordnung		horizontale Belastung [kN/m]	Nagelabstand max e_1 [cm] für Nägel 3,1 x 65
	$h_s/l_s \geq 0,25$	2,5	5,0
		3,5	3,4
	$h_s/l_s \geq 0,40$	2,5	8,0
		3,5	5,5
	$h_s/l_s \geq 0,60$	2,5	12,0
		3,5	9,0
	$h_s/l_s \geq 0,25$	2,5	5,0
		3,5	3,4
	$h_s/l_s \geq 0,40$	2,5	8,0
		3,5	5,5
	$h_s/l_s \geq 0,50$	2,5	10,0
	Nach DIN 1052-1, 10.3.3 sind 4 Platten übereinander nicht zulässig. Vorschlag: Nur mit Zwischenstützungen ausführen.	3,5	7,5

Tabellarium, Gebäudeaussteifung 8.70.29

Tabelle 5.2: Deckenscheiben mit Bau-Furniersperrholz nach DIN 68 705-3, ohne rechnerischen Nachweis – Ausführungsbedingungen bei Verwendung von Nägeln 3,1 x 65 mm

Dicke des Sperrholzes $d \geq 22$ m,
Faserrichtung des Deckenfurniers rechtwinklig zu den Balken,
Platten mindestens über 2 Balkenfelder laufend (2-Feld-Träger)
Balkenabstand $e \leq 62{,}5$ cm, Balkenbreite $b \geq 6$ cm
Platten-Anordnung entsprechend der Tabelle für Platten mit $b \cdot l \geq 1{,}22 \cdot 2{,}44$ m²

Plattenanordnung		horizontale Belastung [kN/m]	Nagelabstand max e_1 [cm] für Nägel 3,1 x 65
$h_s/l_s \geq 0{,}25$		2,5	5,0
		3,5	3,4
$h_s/l_s \geq 0{,}33$		2,5	6,5
		3,5	4,5
$h_s/l_s \geq 0{,}50$ Nach DIN 1052-1, 10.3.3 sind 4 Platten übereinander nicht zulässig. Vorschlag: Nur mit Zwischenstützungen ausführen.		2,5	10,0
		3,5	7,5
$h_s/l_s \geq 0{,}75$ Nach DIN 1052-1, 10.3.3 sind 4 Platten übereinander nicht zulässig. Vorschlag: Nur mit Zwischenstützungen ausführen.		2,5	15,0
		3,5	11,0

Tabellarium, Gebäudeaussteifung 8.70.30

Tabelle 5.3: Deckenscheiben aus Holztafeln – Ausführungsbedingungen, zulässige horizontale Belastung, Gurtkräfte

- Breite der oberseitigen Beplankung ≥ 1,25 m,
- Beplankung aus Flachpreßplatten DIN 68763 oder Bau-Furniersperrholz DIN 68705-3 mit $d \geq 25$ mm oder Beplankung aus OSB/3 oder OSB/4 nach EN 300 mit $d \geq 25$ mm oder Beplankung aus anderen, zugelassene Platten mit Nachweisen nach bauaufsichtlicher Zulassung,
- alle Plattenränder unterstützt,
- Nagelung: Nä 2,5 x 60 mm, $e \leq 10$ cm an allen Plattenrändern
  Nä 2,5 x 60 mm, $e \leq 20$ cm auf allen Zwischenrippen:
- Randbalken durchlaufend oder für die Gurtkräfte zug- und druckfest gestoßen

$$\text{zul } Q = 2,5 \times h_s$$

$$\text{zul } q_h = 5,0 \cdot \frac{h_s}{l_s}$$

$$F_{Gurt} = 2 \cdot \frac{q_h \cdot l_s^2}{8 \cdot h_s}$$

Q = Querkraft (Schubkraft) [kN]
q_h = horizontale Belastung [kN/m]
h_s = Scheibenhöhe [m]
l_s = Scheibenstützweite als Einfeldträger [m]
F_{Gurt} = Gurtkräfte [kN]

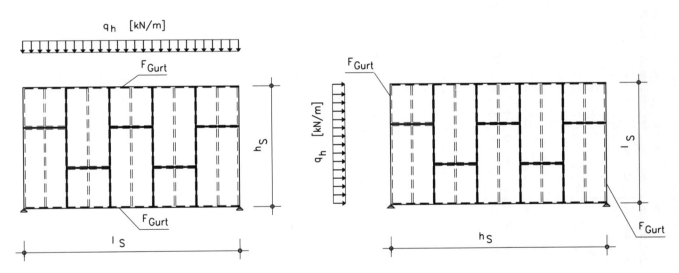

Tabellarium, Gebäudeaussteifung 8.70.31

Tabelle 5.4.1: Erforderliche Anzahl der Balken bei einer horizontalen Belastung von 0,8 · 0,5 · 2,90 = 1,16 kN/m (1 Geschoß, nur Winddruck, h ≤ 8 m)

b/h [cm/cm]	Stützweite [m]					
	3,00	3,50	4,00	4,50	5,00	5,50
6/22	5	7	10	14	20	26
8/22	4	4	5	6	9	11
10/22	4	4	4	4	5	6
12/22	4	4	4	4	4	4
6/24	4	6	9	13	18	24
8/24	4	4	4	6	8	10
10/24	4	4	4	4	4	6
12/24	4	4	4	4	4	4

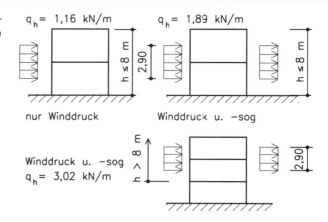

Bild 5.4.1: Annahmen für die drei »Windlastklassen«

Tabelle 5.4.2: Erforderliche Anzahl der Bretter oder Bohlen (1. Zeile) bzw. erforderliche Gesamtbreite [m] (2. Zeile) bei einer horizontalen Belastung von 0,8 · 0,5 · 2,90 = 1,16 kN/m

Querschnitt [cm/cm]	Stützweite [m]					
	3,00	3,50	4,00	4,50	5,00	5,50
2,4/12	8	8	12	16	22	30
	0,96	0,96	1,44	1,92	2,64	3,60
2,4/14	7	7	7	10	14	19
	0,98	0,98	0,98	1,40	1,96	2,66
2,4/16	6	6	6	7	10	13
	0,96	0,96	0,96	1,12	1,60	2,08
2,4/18	6	6	6	6	7	9
	1,08	1,08	1,08	1,08	1,12	1,62
2,4/20	5	5	5	5	5	7
	1,00	1,00	1,00	1,00	1,00	1,40
3,0/12	8	8	9	13	18	24
	0,96	0,96	1,08	1,56	2,16	2,88
3,0/14	7	7	7	9	11	15
	0,98	0,98	0,98	1,26	1,54	2,10
3,0/16	6	6	6	6	8	10
	0,96	0,96	0,96	0,96	1,28	1,60
3,0/18	6	6	6	6	6	7
	1,08	1,08	1,08	1,08	1,08	1,26
3,0/20	5	5	5	5	5	5
	1,00	1,00	1,00	1,00	1,00	1,00
4,0/12	8	8	8	10	14	18
	0,96	0,96	0,96	1,20	1,68	2,16
4,0/14	7	7	7	7	9	11
	0,98	0,98	0,98	0,98	1,26	1,54
4,0/16	6	6	6	6	6	8
	0,96	0,96	0,96	0,96	0,96	1,28
4,0/18	6	6	6	6	6	6
	1,08	1,08	1,08	1,08	1,08	1,08
4,0/20	5	5	5	5	5	5
	1,00	1,00	1,00	1,00	1,00	1,00
5,0/12	8	8	8	8	11	14
	0,96	0,96	0,96	0,96	1,32	1,68
5,0/14	7	7	7	7	7	9
	0,98	0,98	0,98	0,98	0,98	1,26
5,0/16	6	6	6	6	6	6
	0,96	0,96	0,96	0,96	0,96	0,96
5,0/18	6	6	6	6	6	6
	1,08	1,08	1,08	1,08	1,08	1,08
5,0/20	5	5	5	5	5	5
	1,00	1,00	1,00	1,00	1,00	1,00

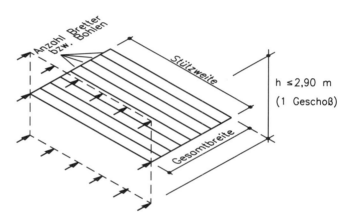

Bild 5.4.2: Annahmen, und Bezeichnungen

Tabelle 5.4.3: Erforderliche Anzahl der Verbindungsmittel zum Anschluß der Bretter oder Bohlen an die Wandscheiben bei einer horizontalen Belastung von
0,8 · 0,5 · 2,90 = 1,16 kN/m

Nagel-durchmesser [mm]	Stützweite [m]					
	3,00	3,50	4,00	4,50	5,00	5,50
3,1	10					

Gilt auch für Holzschrauben nach DIN 96 oder 97 mit d_s = 4,0 mm und Einschraubtiefe > 3,2 cm.

Tabellarium, Gebäudeaussteifung

Tabelle 5.5.1: Erforderliche Anzahl der Balken bei einer horizontalen Belastung von $1,3 \cdot 0,5 \cdot 2,90 = 1,89$ kN/m bzw. $0,8 \cdot 0,8 \cdot 2,90 = 1,86$ kN/m (1 Geschoß, Winddruck und Windsog bei h ≤ 8 m bzw. nur Winddruck bei h > 8 m)

b/h [cm/cm]	Stützweite [m]					
	3,00	3,50	4,00	4,50	5,00	5,50
6/22	7	11	16	23	32	42
8/22	4	5	7	10	14	18
10/22	4	4	4	5	7	9
12/22	4	4	4	4	4	6
6/24	7	10	15	21	29	38
8/24	4	5	7	9	12	16
10/24	4	4	4	5	7	9
12/24	4	4	4	4	4	5

Tabelle 5.5.3: Erforderliche Anzahl der Verbindungsmittel zum Anschluß der Bretter oder Bohlen an die Wandscheiben bei einer horizontalen Belastung von $1,3 \cdot 0,5 \cdot 2,90 = 1,89$ kN/m bzw. $0,8 \cdot 0,8 \cdot 2,90 = 1,86$ kN/m

Nageldurchmesser [mm]	Stützweite [m]					
	3,00	3,50	4,00	4,50	5,00	5,56
3,1	1)	1)	11	12	13	15
Gilt auch für Holzschrauben nach DIN 96 oder 97 mit $d_s = 4,0$ mm und Einschraubtiefen > 3,2 cm.						
3,4	1)	1)	1)	1)	1)	11

1) Mindestens 10 Verbindungsmittel bei 5 Bohlen anordnen.

Tabelle 5.5.2: Erforderliche Anzahl der Bretter oder Bohlen (1. Zeile) bzw. erforderliche Gesamtbreite [m] (2. Zeile) bei einer horizontalen Belastung von $1,3 \cdot 0,5 \cdot 2,90 = 1,89$ kN/m

Querschnitt [cm/cm]	Stützweite [m]					
	3,00	3,50	4,00	4,50	5,00	5,50
2,4/12	8	13	19	26	(36)	(48)
	0,96	1,56	2,28	1,92	4,32	5,76
2,4/14	7	8	12	17	23	30
	0,98	1,12	1,68	2,38	3,22	4,20
2,4/16	6	6	8	11	15	20
	0,96	0,96	1,28	1,76	2,40	3,20
2,4/18	6	6	6	8	11	14
	1,08	1,08	1,08	1,44	1,98	2,52
2,4/20	5	5	5	6	8	11
	1,00	1,00	1,00	1,20	1,60	2,20
3,0/12	8	10	15	21	29	38
	0,96	1,20	1,80	2,52	3,48	4,56
3,0/14	7	7	10	14	18	24
	0,98	0,98	1,40	1,96	2,52	3,36
3,0/16	6	6	7	9	12	16
	0,96	0,96	1,12	1,44	1,92	2,56
3,0/18	6	6	6	7	9	12
	1,08	1,08	1,08	1,26	1,62	2,16
3,0/20	5	5	5	5	7	10
	1,00	1,00	1,00	1,00	1,40	2,00
4,0/12	8	8	11	16	22	29
	0,96	0,96	1,32	1,92	2,64	3,48
4,0/14	7	7	7	10	14	18
	0,98	0,98	0,98	1,40	1,96	2,52
4,0/16	6	6	6	7	9	12
	0,96	0,96	0,96	1,12	1,44	1,92
4,0/18	6	6	6	6	7	9
	1,08	1,08	1,08	1,08	1,26	1,62
4,0/20	5	5	5	5	5	9
	1,00	1,00	1,00	1,00	1,00	1,80
5,0/12	8	8	9	13	18	23
	0,96	0,96	1,08	1,56	2,16	2,76
5,0/14	7	7	7	8	11	15
	0,98	0,98	0,98	1,12	1,54	2,10
5,0/16	6	6	6	6	8	10
	0,96	0,96	0,96	0,96	1,28	1,60
5,0/18	6	6	6	6	6	7
	1,08	1,08	1,08	1,08	1,08	1,26
5,0/20	5	5	5	5	5	7
	1,00	1,00	1,00	1,00	1,00	1,40

Tabellarium, Gebäudeaussteifung

Tabelle 5.6.1: Erforderliche Anzahl der Balken bei einer horizontalen Belastung von 1,3 · 0,8 · 2,90 = 3,02 kN/m (1 Geschoß, Winddruck und Windsog h ≥ 8 m)

b/h [cm/cm]	Stützweite [m]					
	3,00	3,50	4,00	4,50	5,00	5,50
6/22	11	17	26	(37)	(50)	(67)
8/22	5	8	11	16	21	(28)
10/22	4	4	6	8	11	15
12/22	4	4	4	5	7	9
6/24	10	16	24	(33)	(46)	(61)
8/24	5	7	10	14	20	26
10/24	4	4	6	8	10	14
12/24	4	4	4	5	6	8

Tabelle 5.6.3: Erforderliche Anzahl der Verbindungsmittel zum Anschluß der Bretter oder Bohlen an die Wandscheiben bei einer horizontalen Belastung von

Nagel-durchmesser [mm]	Stützweite [m]					
	3,00	3,50	4,00	4,50	5,00	5,50
3,1	13	15	17	19	21	23

Gilt auch für Holzschrauben nach DIN 96 oder 97 mit d_s = 4,0 mm und Einschraubtiefen > 3,2 cm.

3,4	11	13	14	16	18	20
3,8	1)	11	12	13	15	16
4,2	1)	1)	1)	11	13	14
4,6	1)	1)	1)	1)	11	12

1) Mindestens 10 Verbindungsmittel bei 5 Bohlen anordnen.

Tabelle 5.6.2: Erforderliche Anzahl der Bretter oder Bohlen (1. Zeile) bzw. erforderliche Gesamtbreite [m] (2. Zeile) bei einer horizontalen Belastung von 1,3 · 0,8 · 2,90 = 3,02 kN/m

b/h [cm/cm]	Stützweite [m]					
	3,00	3,50	4,00	4,50	5,00	5,50
2,4/12	13	20	30	(42)	(57)	(76)
	1,56	2,80	3,60	6,84	6,84	9,12
2,4/14	9	13	19	(36)	(48)	(48)
	1,26	1,82	2,66	5,04	6,72	6,72
2,4/16	7	10	13	25	32	32
	1,12	1,60	2,08	4,00	5,12	5,12
2,4/18	6	8	10	17	23	23
	1,44	1,80	3,06	4,14	4,14	
2,4/20	5	6	8	13	17	17
	1,00	1,20	1,60	2,60	3,40	3,40
3,0/12	10	16	24	34	(46)	(61)
	1,20	1,92	2,88	4,08	5,52	7,32
3,0/14	7	10	15	21	29	39
	0,98	1,40	2,10	2,94	4,06	5,46
3,0/16	6	8	10	14	20	26
	0,96	1,28	1,60	2,24	3,20	4,16
3,0/18	5	6	8	10	14	18
	0,90	1,08	1,44	1,80	2,52	3,24
3,0/20	5	5	7	8	10	14
	0,90	1,00	1,40	1,60	2,00	2,80
4,0/12	8	12	18	25	35	(46)
	0,96	1,44	2,16	3,00	4,20	5,52
4,0/14	7	8	11	16	22	29
	0,98	1,12	1,54	2,24	3,08	4,06
4,0/16	6	6	8	11	15	20
	0,96	0,96	1,28	1,76	2,40	3,20
4,0/18	5	5	6	8	11	14
	0,90	0,90	1,08	1,44	1,98	2,52
4,0/20	5	5	5	6	8	10
	1,00	1,00	1,00	1,20	1,60	2,00
5,0/12	8	10	14	20	28	(37)
	0,96	1,20	1,68	2,40	3,36	4,44
5,0/14	7	7	9	13	18	23
	0,98	0,98	1,26	1,82	2,52	3,22
5,0/16	6	6	6	9	12	16
	0,96	0,96	0,96	1,44	1,92	2,56
5,0/18	5	5	5	6	9	11
	0,90	0,90	0,90	1,08	1,62	1,98
5,0/20	5	5	5	5	6	8
	1,00	1,00	1,00	1,00	1,20	1,60

Tabellarium, Gebäudeaussteifung

Tabelle 5.7: Erforderliche Balkenbreite und Einschlag- bzw. Einschraubtiefe bei Tragsystemen aus Balken und Bretter oder Bohlen

Nägel d_n [mm]	erforderliche Balkenbreite [cm]			Einschlagtiefe Einschraubtiefe	
	Anschluß mittig	Anschluß einseitig	Anschluß beidseitig	min s [mm]	erf s [mm]
2,5	6	6	8	15	30
2,8	6	6	8	17	34
3,1	6	6	8	19	38
3,4	6	6	10	21	42
3,8	6	6	10	23	46
4,2	6	6	12	26	52
4,6	6	8	14	28	56
Schrauben nach DIN 96, 97 d_s [mm]	Anschluß mittig	Anschluß einseitig	Anschluß beidseitig	min s	erf s
3,50	6	6	6	14	28
4,00	6	6	6	16	32
4,50	6	6	8	18	36
5,00	6	6	10	20	40
6,00	6	6	10	24	48

mittiger Anschluß   einseitiger Anschluß   beidseitiger Anschluß

Bei Nägeln und Holzschrauben nach DIN 96, 97 und einer Einschlagtiefe bzw. Einschraubtiefe vorh s < erf s ist die zulässige Tragkraft im Verhältnis vorh s/erf s abzumindern bzw. die Nagelanzahl im Verhältnis erf s/vorh s zu erhöhen. Die Mindestwerte min s sind einzuhalten.

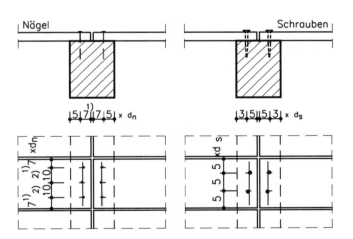

1) bei $d_n > 4,2$ mm: 10 d_n
2) bei $d_n > 4,2$ mm: 12 d_n

Bild 5.7: Mindestabstände bei Nägeln und Schrauben beim Anschluß tragender Bretter oder Bohlen

Tabellarium, Gebäudeaussteifung

Tabelle 5.8: Zusammenhang zwischen vorhandenem Schubfluß T [kN/m] und zusätzlich aufnehmbarer Pfostenlast zul F_v^* [kN] für Pfosten 6/12 cm

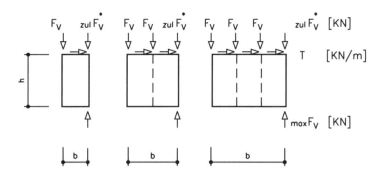

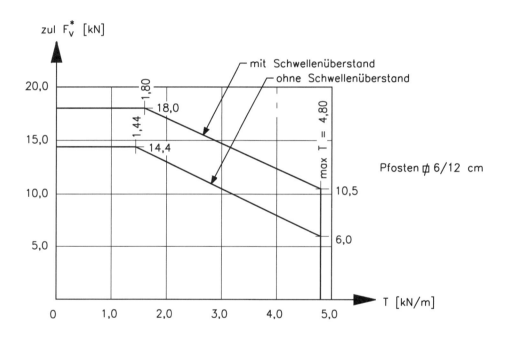

Die Werte F_v sind den *Tabellen 3.1 bis 3.3* zu entnehmen.

Tabellarium, Gebäudeaussteifung 8.70.36

Tabelle 5.9: Zusammenhang zwischen vorhandenem Schubfluß T [kN/m] und zusätzlich aufnehmbarer Pfostenlast zul F_v^* [kN] für Pfosten 8/12 cm

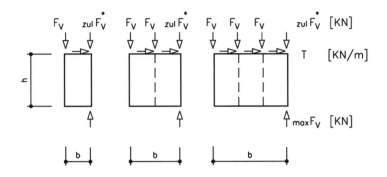

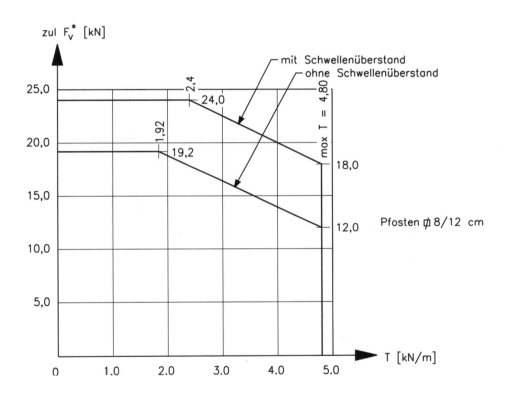

Die Werte F_v sind den *Tabellen 3.1* bis *3.3* zu entnehmen.

Tabellarium, Gebäudeaussteifung

Tabelle 5.10: Zusammenhang zwischen vorhandener Horizontalbelastung T [kN/m] und zusätzlich aufnehmbarer Pfostenlast zul F_v^* [kN] für Pfosten 6/18 cm

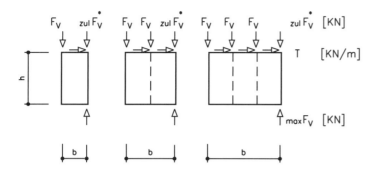

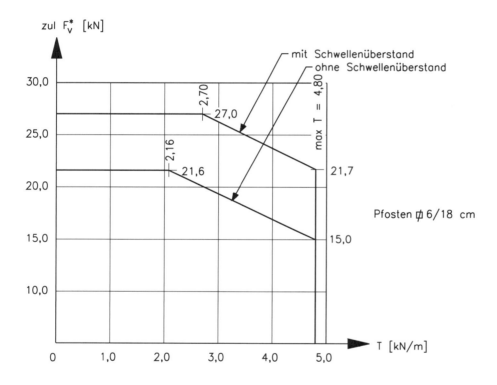

Die Werte F_v sind den *Tabellen 3.1 bis 3.3* zu entnehmen.

9
ENERGIEEFFIZIENTES BAUEN

Inhalt

9 Energieeffizientes Bauen
    9.10 Allgemeines 517
    9.20 Niedrigenergiehaus 520
        Niedrigenergiekonzept 520
        Begriffe, Definitionen 521
        Lüftung mit Wärmerückgewinnung 522
        Systemkomponenten 523
        Zusatzheizung 524
        Wärmerückgewinnungskonzept, Verfeinerung 526
        Passive Nutzung globaler Energien 527
        Entwurfsgrundlagen 528
    9.30 Passivhaus 530
        Verbesserungspotentiale 530
        Instationäres Wärmeverhalten 534
        Rechenschema zur Abschätzung der Energiegewinne . 535
        Beispiel 535

Allgemeines

Grundlagen

Die fossilen Energieträger Erdöl, Erdgas und Kohle müssen möglichst sparsam verbraucht werden, da sie einerseits als Ressource nur begrenzt vorhanden sind und andererseits bei ihrer energetischen Nutzung umweltschädliche Stoffe entstehen. Ein großer Anteil der mit diesen Energieträgern erzeugten Wärmeenergie wird zur Beheizung von Häusern bzw. Wohnungen eingesetzt. Grundsätzlich lassen sich Einsparungen durch Verbesserungen erreichen bei:

- den Wärmeerzeugern,
- der Wärmedämmung des Gebäudes,
- der Minimierung des Raumluftwechsels,
- der Wärmeorganisation innerhalb des Gebäudes,
- der Nutzung solarer Wärmeenergie-Einträge.

Der Wärmehaushalt eines beheizten Gebäudes wird im wesentlichen bestimmt durch die Faktoren:

- bauliche und anlagentechnische Gegebenheiten,
- interne Wärmegewinne,
- solare Energieeinflüsse

Der Referentenentwurf für die »Energieeinsparverordnung« von November 2000 berücksichtigt alle zuvor genannten technisch bedingten Einflußfaktoren, und auch das Nutzerverhalten.

Wärmeenergiebilanz

Die Wärmeenergiebilanz eines Gebäudes setzt sich grundsätzlich zusammen aus dem, was an Wärmeenergie hineinkommt und was wieder hinausgelangt, wobei diese beiden Energiemengen immer gleich sein müssen. Das »Energieerhaltungsgesetz« der Physik lehrt, daß Energie nicht verlorengeht. So wird die Wärmeenergiemenge, welche aus dem Gebäude hinausgeht, fälschlicherweise als »Wärmeverlust« bezeichnet. Tatsächlich wird nur Wärme transportiert – von drinnen noch draußen. »Energiesparen« bedeutet also eigentlich »Energieträgersparen«, denn Wärme wird im wesentlichen aus fossilen Brennstoffen wie Erdöl, Erdgas, Kohle usw. erzeugt. Der »Energieverbrauch« ist infolgedessen richtigerweise auch »Energieträgerverbrauch«. Diese fossilen Energieträger geben bei Umwandlung des in ihnen gespeicherten Energiepotentials durch Verbrennung CO_2 und andere Schadstoffe, z. B. schweflige Gase, an die Umgebung ab. Die Reduzierung des Energieträgerverbrauchs erhält einerseits die begrenzten Vorräte länger und andererseits wird eine weniger große Umweltbelastung erreicht.

Um Energieträgereinsparungen beim Heizen erzielen zu können, muß also erreicht werden, möglichst wenig Wärme von drinnen nach draußen gelangen zu lassen, ohne daß die Wohnbehaglichkeit leidet. Der Wärmetransport nach draußen muß erschwert werden!

Niedrigenergie- und Passivhaus-Konzepte versuchen alle Möglichkeiten des »Energiesparens« im wirtschaftlich vertretbaren und technisch sinnvollen Rahmen auszuschöpfen, ohne daß die Wohnbehaglichkeit leidet.

Betrachtet man die Gesamtenergiebilanz eines Gebäudes, so muß neben dem Energieaufwand bei der Nutzung auch der einmalige Energieaufwand bei der Herstellung zugerechnet und auf die Nutzungsdauer umgelegt werden.

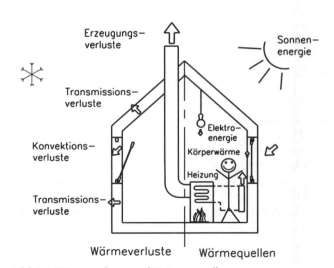

Bild 1: Wärmeverluste und Wärmequellen

Allgemeines

Behaglichkeit

Temperatur

Die gewünschte Behaglichkeit bestimmt während der Heizperiode das Temperaturniveau in einem Gebäude. Das Behaglichkeitsgefühl hängt von der Lufttemperatur, der Umgebungsflächentemperatur und der Zusammensetzung der Luft ab. Für die Bautechnik ergeben sich die zwei Beurteilungskriterien:
- Temperatur-Behaglichkeit,
- Raumluftqualität.

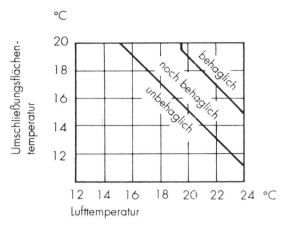

Bild 2: Abhängigkeit der Behaglichkeit von Raumluft- und Umschließungsflächentemperatur

Temperaturbehaglichkeit

Bild 2 zeigt den Zusammenhang zwischen Umschließungsflächentemperatur, Raumlufttemperatur und Behaglichkeit. Bei hoher Umschließungsflächentemperatur ergibt eine relativ niedrige Raumlufttemperatur bereits Behaglichkeit. Je besser die Wärmedämmung eines Bauteiles ist, um so höher ist bei gleicher Lufttemperatur seine Oberflächentemperatur an den Innenflächen. Damit wird zusätzlich zu den geringeren Wärmedurchgangsverlusten weniger Wärmeenergie benötigt, um gleiche Behaglichkeit zu erzielen. Die Beispielwerte in Tabelle 1 zeigen den Zusammenhang.

Tabelle 1: Gleiche Behaglichkeit bei einer Außentemperatur von –10 °C

k-Wert in W/m²K	Raumlufttemperatur in °C	Umschließungsflächentemperatur in °C	Energiebedarf circa in W/m²
0,70	21,0	18,2	21
0,39	20,2	19,0	12
0,20	20,0	19,2	6

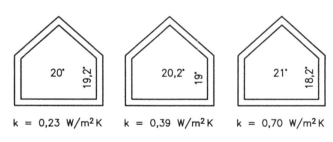

Bild 3: Abhängigkeit zwischen k-Wert und Lufttemperatur bei gleicher Behaglichkeit

Bild 3 zeigt nochmals die mit der Tabelle beschriebenen Verhältnisse. Allein diese Werte verdeutlichen schon den Beitrag einer guten Wärmedämmung zum Energiesparen.

Raumluftwechsel

Der Raumluftwechsel ist notwendig, um ausreichend sauerstoffhaltige Luft zur Verfügung zu haben, aber auch um Feuchte und Gerüche abzutransportieren. Mit dem Austausch der Raumluft gelangt die in ihr enthaltene Wärme nach draußen, diese Wärmeverluste werden als **Luftwechselwärmeverluste** oder **Konvektionswärmeverluste** bezeichnet (*Bild 4*). Der Luftwechsel selbst wird durch die **Luftwechselrate** beschrieben. Bei normaler wohnlicher Nutzung wird ein Luftwechsel von ca. 0,5/h (zumeist 0,5 h⁻¹ geschrieben), d. h. 0,5mal pro Stunde das Raumvolumen an Luft austauschen, als erforderlich angegeben. Die »natürliche« Lüftung durch Luftundichtigkeiten in der Gebäudehülle (Fenster-, Türfugen u. ä.) reicht bei heutigen Baustandards nicht für den notwendigen Luftwechsel aus! Die daher notwendige Fensterlüftung verursacht einen deutlich größeren Luftwechsel als für hygienische, wohnliche Luftverhältnisse erforderlich wäre. Mit der warmen Luft wird zwangsläufig mehr Wärme als notwendig »hinausgelüftet«.

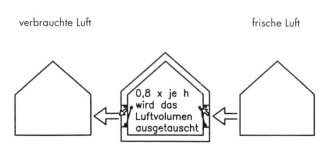

Bild 4: Luftwechselrate bei großzügiger Fensterlüftung

Allgemeines

Wärmedämmung der Gebäudehülle

Der k-Wert ist die verbreitete Größe zur Angabe der wärmedämmenden Eigenschaften eines Bauteils (nicht des Gebäudes!). Er gibt an, wieviel (bzw. wie wenig) Wärmeenergie in W je m² Bauteilfläche benötigt wird, um bei einem Temperaturunterschied von 1 K (= 1 °C) zwischen den beiden Bauteilseiten einen unveränderten (stationären) Zustand zu erhalten. Unter Annahme gleicher Fenster-, Türen- und Dachsituationen ist beim Vergleich von Bauweisen im wesentlichen die Wand betroffen.

Einen Vergleich von Wanddicken bei einem k-Wert von 0,39 W/(m²K), das entspricht einer Holzrahmenbauwand mit 12 cm dicker Dämmschicht, zeigt die *Tabelle 2*.

Tabelle 2: Verschiedene Wandkonstruktionen bei gleichem k-Wert

Dicken verschiedener Außenwände mit k = 0,39 W/(m²K)	
Wandaufbau	Gesamt- dicke
Putz, Vollziegel (1800 kg/m³), Putz	193 cm
Putz, Leichthochlochziegel (600 kg/m³)	87 cm
– wie vor, jedoch Typ W	73 cm
– wie vor, jedoch Leichtmörtel L 6	59 cm
Putz, Bimshohlblock (800 kg/m³), Putz	95 cm
Putz, Gasbeton-Planstein (600 kg/m³), Putz	59 cm
Vormauerwerk 11,5 cm, Luft, Dämmstoff mit Wlg 040, d = 7 cm, Mauerwerk 17,5 cm, Putz	41 cm
Holzrahmenbauwand mit Dämmstoff 040, 12 cm	23 cm
Niedrigenergie-Holzrahmenbauwand mit k-Wert 0,23 W/(m²K)	ca. 29 cm

Diese Zusammenstellung zeigt den geringen Raumbedarf der Holzrahmenbauweise bei gleicher Wärmedämmung. Die Fensterflächen gehen allerdings in die Bewertung der gesamten Gebäudehülle ein, so daß sich die Verhältnisse etwas verschieben (*Bild 5*).

Die Verluste, die beim Wärmedurchgang durch Bauteile auftreten, werden als **Transmissionswärmeverluste** bezeichnet.

Wärmequellen

Die traditionellen Wärmequellen sind im Haus Heizung bzw. Ofen, die Fernwärme wäre als externe Wärmequelle zu nennen. Hinzu kommen Wärmemengen, die durch den Betrieb von Elektrogeräten, durch Sonneneinstrahlung und durch die Körperwärme von Mensch und Tier im Gebäude erzeugt werden. Die Wärmeenergie, die das Gebäude verläßt, entspricht mit mehr oder weniger großer zeitlicher Verzögerung genau der Menge, die eingebracht wurde.

Wirkungsgrad der Wärmeerzeuger

Der Wärmeerzeuger kann dem Gebäude das im Brennstoff vorhandene Wärmeenergiepotential nicht vollständig zuführen. Dies wird technisch mit dem Wirkungsgrad durch eine Prozentangabe umschrieben. Hier soll nur auf diese **Erzeugungsverluste** hingewiesen werden, da die näheren Details in den Aufgabenbereich des Heizungsbauers bzw. -installateurs und Haustechnikers fallen.

Maßgebende k-Werte für Wände bei mäßiger Befensterung

Fensteranteil an der gesamten Gebäude-Außenfläche: 8 %			
	k_{W+D+G} [W/(m²K)]		
	0,70	0,40	0,20
Fenstertyp	$k_{m, Gebäude}$ [W/(m²K)]		
Zweischeiben-Isolierverglasung	0,88	0,61	0,42
Dreischeiben-Isolierverglasung	0,81	0,54	0,35
Zweischeiben-Verglasung mit Gasfüllung u. Silberbedampfung	0,75	0,47	0,29
Dreischeiben-Verglasung mit Gasfüllung u. Silberbedampfung	0,70	0,43	0,24
Kastenfenster mit 2 × Zweischeiben-Verglasung u. je Gasfüllung u. Silberbedampfung	0,70	0,42	0,24

Bild 5: Anteile von Wärmeverlusten der Fenster

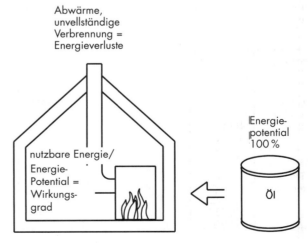

Bild 6: Wirkungsgrad beim Wärmeerzeuger

Niedrigenergiehaus

9.20.01

Niedrigenergiekonzept

Die Vorbetrachtungen zeigen, daß die Wärmeverluste durch die Bauteile, die Transmissionswärmeverluste, also die Wärmeverluste durch Außenbauteile und Fenster, nur einen Teil des Gesamtenergiebedarfs ausmachen (*Bild 8*). Ihre Verringerung durch gute Wärmedämmung kann also auch nur einen Teil eben dieser Transmissionswärmeverluste sparen, aber nichts darüber hinaus.

Eine weitere technische Möglichkeit besteht in der Minimierung der Luftwechselwärmeverluste. Untersuchungen haben ergeben, daß die Bewohner eines Gebäudes kaum dazu in der Lage sind, einen optimal geringen Luftwechsel, z. B. durch Fensterlüftung, zu erzielen.

Hier greift das Energieerhaltungsgesetz und setzt das Niedrigenergiekonzept an. Die aus dem Gebäude entweichende Luft enthält Wärmeenergie. Wenn man ihr diese Wärme abnimmt und dem Gebäude wieder zuführt, wird keine Energie mit der Luft nach außen abgeführt, und zwar unabhängig von der Luftmenge.

Die Bewohner des Gebäudes aber benötigen Frischluft von außen, und wie die Lebensgewohnheiten zeigen, weitgehend nach dem Wohlbefinden, nicht nach dem wärmetechnisch optimalen Austausch. Das Kernstück zur Erhaltung der einmal der Raumluft übergebenen Wärme im Gebäude wurde im Wärmetauscher gefunden, durch den die »verbrauchte«, warme Luft nach draußen geführt wird und dabei ihre Wärme an die hineinströmende frische Luft abgibt. *Bild 7* veranschaulicht den Zusammenhang schematisch.

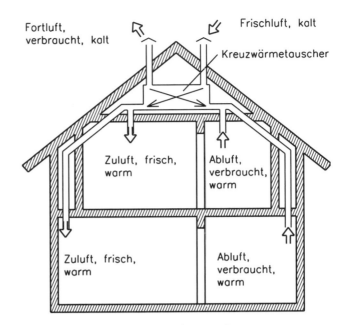

Bild 7: Niedrigenergie-Haus schematisch

Das Konzept erfüllt alle erforderlichen Kriterien:
- hygienische Raumluft durch Zuführung »frischer« Außenluft,
- weitgehende Unabhängigkeit von einer persönlich gewünschten Luftwechselrate.

Aus diesem Konzept ergaben sich die Kriterien für das »Niedrigenergiehaus«.
Es sind:
- wirtschaftlich und ökologisch vertretbar minimale k-Werte der Bauteile,
- kontrollierter Raumluftwechsel,
- Wärmerückgewinnung aus der Abluft,
- Optimierung der Heizkessel oder -anlagen, ihrer Steuerung und der Wärmeverteilung im Gebäude.

Das Bestechende an diesem Konzept ist, daß es:
- mechanisch und bautechnisch einfach,
- regeltechnisch unempfindlich,
- wirtschaftlich,
- in bestehenden Gebäuden nachrüstbar ist.

Bei sehr guten Niedrigenergie-Gebäuden ist der Bedarf an Heizenergie schon so gering, daß sie alleine durch die Zuluft, also ohne konventionelles Heizkörpersystem, in die Räume eingebracht werden kann.

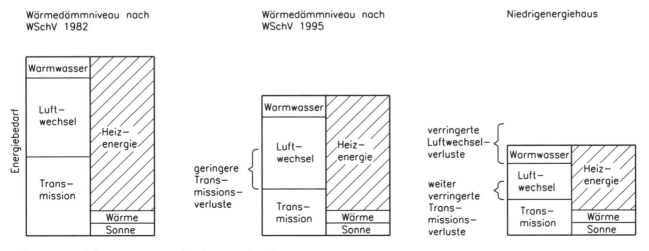

Bild 8: Energiebilanzen von verschiedenen Gebäudetypen

Niedrigenergiehaus

Begriffe und Definitionen des Niedrigenergie-Hauses

Noch dem derzeitigen Stand der Technik (und Politik) ergibt sich für ein Niedrigenergiehaus folgende Definition:

Höchste k-Werte der Bauteile:

Dach, oberste Geschoßdecke:	0,15–0,20 W/(m²K)
Außenwand:	0,20–0,40 W/(m²K)
Fenster:	1,10–1,30 W/(m²K)
Kellerdecke:	0,30–0,45 W/(m²K)
Gesamt-k-Wert [k_m]:	ca. 0,40 W/(m²K)

Der Energiebedarf oder -verbrauch soll jährlich nicht mehr betragen als: 50–80 kWh/(m²$_{Wohnfläche}$ und Jahr)

Zum Vergleich beträgt der Energiebedarf etwa bei:

Mindest-Wärmeschutz nach WSVO 1982:
$\quad$ 130–180 kWh/(m²$_{Wohnfläche}$ und Jahr)

Nach WSVO 1994 ohne mechanische Wohnungslüftung und ohne Wärmerückgewinnung:
$\quad$ 54–100 kWh/(m²$_{Wohnfläche}$ und Jahr)

Niedrigenergiestandard:
≤ 75 % von Anforderungen nach WSVO 1994

Passivhaus:
Ca. ≤ 15 kWh/(m² und Jahr)

10 kWh entsprechen circa 1 l Heizöl oder 1m³ Erdgas.

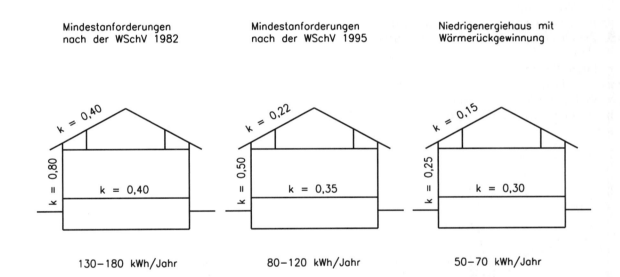

Bild 9: k-Werte und Energiebedarf schematisch für Mindestwärmeschutz nach WSVO und Niedrigenergie-Haus

Niedrigenergiehaus

Lüftung mit Wärmerückgewinnung

Die Grundausstattung für eine Wärmerückgewinnung aus der Abluft besteht von der Raumluftseite betrachtet aus:

- Raumluftabsaugung,
- Frischluftzuleitung,
- Wärmetauscher.

Zwischenzeitlich bewährt haben sich einzelne Raumluftabsaugstellen (ca. zwei je Wohnung oder je Geschoß) und eine dezentrale Zuführung der vorgewärmten Zuluft zu den einzelnen Räumen (Bild 11). Da der Luftdurchsatz im allgemeinen geringer ist als bei der Fensterlüftung, sich also genau in dem Bereich befindet, der für eine behagliche und hygienische Raumluft erforderlich ist, aber nicht wesentlich mehr, ergibt sich trotz weniger Abluftansaugstellen eine gleichmäßige Luftverteilung. Die Innentüren und die Raumanordnung sorgen für diffuse Luftströmungen, so daß es nicht »zieht«. Für die Lage der Absaugstelle bieten sich Küchen und Bäder an, da dort Gerüche und Feuchte direkt abgesaugt werden.

Weitere Voraussetzung ist, daß beinahe jedem Raum aus dem »Wärmetauscher« vorgewärmte Zuluft unmittelbar zur Verfügung steht. Das bedeutet, daß entsprechende Zuluftleitungen vorhanden sein müssen (Bilder 10, 11). In der Holzrahmenbauweise sind diese Luftleitungen durch die Hohlräume in den Gefachen – insbesondere der Decken – leicht unterzubringen und zu führen. Bei Leitungsführungen senkrecht zu den Deckenbalken sind entsprechende Aussparungen (s. S. 382 ff.) vorzusehen.

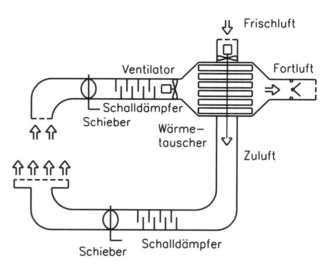

Bild 10: Schema: Installations-Grund-Elemente

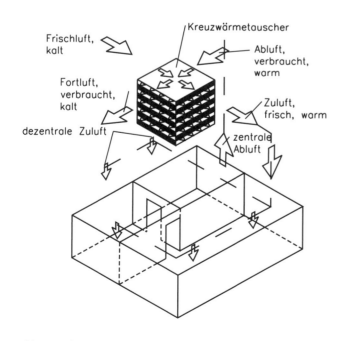

Bild 11: Schema: Einzelne Abluftansaugstelle, dezentrale Zuluft

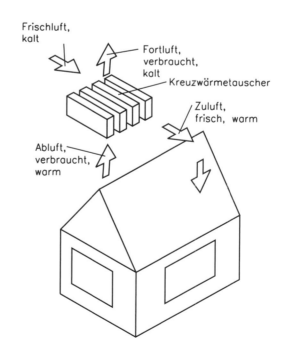

Bild 12: Schema: Prinzip des Wärmeaustauschs

Niedrigenergiehaus

Systemkomponenten

Für den Wärmeaustausch zwischen Wärmegeber (Abluft) und Wärmenehmer (Zuluft) ist der Wärmetauscher erforderlich.

Luft-Luft-Wärmetauscher

Kreuzstromwärmetauscher für den Austausch der Wärme zwischen Ab- und Zuluft beruhen auf dem im Bild dargestellten Prinzip. Gegenstromwärmetauscher und Kombinationen von Kreuzstrom- und Gegenstromwärmetauscher sind gleichermaßen gebräuchlich. Luft-Luft-Wärmetauscher bestehen im grundsätzlichen aus einem großflächigen Plattensystem, durch das die Abluft strömt. Dieses Plattensystem wird von der Zuluft umströmt, sie entzieht der Abluft die Wärme, ohne daß sich die beiden Luftströme vermischen.

Da zwischen Ab- und Zuluft im Wärmetauscher nur eine Mischtemperatur entstehen kann, ist es alleine mit einem Wärmetauscher nur möglich, einen Teil der Abwärme zurückzugewinnen (*Bild 13*). Es können circa 60 % der Abwärme zurückgewonnen werden. Bei niedrigen Außentemperaturen kann ein Nachheizregister die Zuluft auf die zur Grundbeheizung erforderliche Temperatur bringen.

Wärmepumpe

Die 100prozentige Rückgewinnung der Wärme aus der Abluft ist mit einer Wärmepumpe möglich. Mit der Technik des Kühlschranks steht eine über Jahre hinweg zuverlässig funktionierende Luft-Luft-Wärmepumpe zur Verfügung, die hier einsetzbar ist. Der Verdampfer entzieht der bereits im Wärmetauscher abgekühlten Abluft weitere Wärme, während Kompressor und Kondensator die Zuluft mit der entzogenen Wärme weiter aufheizen. Bild 14 zeigt stark vereinfacht das Prinzip. Mit der Kombination Luftwärmetauscher und Luft-Luft-Wärmepumpe kann über die Rückgewinnung aus der Abluft hinaus (maximal: Mischtemperatur siehe vor) der Zuluft weitere Wärme (Wärmeleistung des Kompressors) zugeführt werden. Es sind kompakte Geräte am Markt, in denen Kreuzstromwärmetauscher und Luft-Luft-Wärmepumpe kombiniert sind. Eine Auslegung, die bis ca. 5–10 °C Außentemperatur allein mit diesem System die Beheizung sicherstellt, scheint sich bewährt zu haben und im Hinblick auf den Luftwechsel sowie den Wirkungsgrad der Geräte bei einem Optimum zu liegen. Hier können sich jedoch durch neuere technische Entwicklungen Verschiebungen ergeben. Die Gerätetechnik selbst ist einfach und robust sowie durch die Integration in einer Geräteeinheit mit geringem Installationsaufwand und einer guten Abstimmung der Komponenten aufeinander verbunden.

Das Prinzip der zuvor beispielhaft beschriebenen Luft-Luft-Wärmepumpe gilt entsprechend für Systeme mit Flüssigkeitswärmepumpen.

Auf jeden Fall sollten Wärmepumpen innerhalb des beheizten Gebäudevolumens aufgestellt werden, damit ihre Abwärme aus Reibung usw. im »Warmvolumen« bleibt (Nutzung der Wirkungsgradverluste).

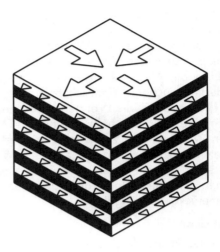

Bild 13: Schema: Kreuzstromwärmetauscher ohne Wärmepumpe: Es kann nur eine Mischtemperatur zwischen Zu- und Abluft zurückgewonnen werden!

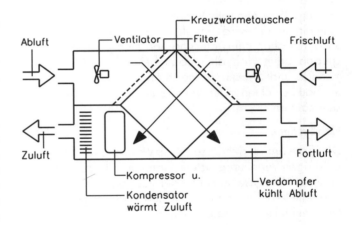

Bild 14: Schema: Kreuzstromwärmetauscher mit Luft-Luft-Wärmepumpe

Mit oder ohne Wärmepumpe?

Diese Frage kann aus der Sicht der Gesamtenergiebilanz nicht eindeutig beantwortet werden. Betrachtet man nur das System innerhalb des Hauses, so bietet der Wärmetauscher mit Wärmepumpe die bessere Energieausbeute. Bezieht man die Energieverluste vom Kraftwerk bis zur Wärmepumpe mit ein, so kann beim Wärmetauscher ohne Wärmepumpe die Nachbeheizung der Zuluft vor Ort gesamtenergetisch sinnvoller sein.

Niedrigenergiehaus

Zusatzheizung

Grundsätzliches

Bei der beschriebenen Konstellation ist eine zusätzliche Beheizung erforderlich, wenn die Außentemperaturen unter der Leistungsgrenze von Wärmerückgewinnung und Wärmepumpe liegen. Obwohl die Transmissionswärmeverluste bei Niedrigenergiehäusern gegenüber dem Mindestniveau der Wärmeschutzverordnung von 1982 ca. 1/3 betragen, die Wärmerückgewinnung die Lüftungswärmeverluste ca. halbiert und die Wärmepumpe den Wärmebedarf zusätzlich verringert, ergibt sich noch ein Zusatz-Heizbedarf, der in der Größenordnung von etwa einem Viertel gegenüber einem Gebäude nach den Mindestanforderungen der WSVO ohne Wärmerückgewinnung liegt.

Wärmeverteilung

Weiterhin ergeben sich durch die geringen Temperaturunterschiede zwischen Raumluft und Umschließungsflächen gänzlich andere thermische Verhältnisse. Die »Luftwalze«, angetrieben durch die Temperaturdifferenzen und Grund für die Aufhängung der Heizkörper unter den Fenstern, ist kaum noch vorhanden. Zuluftöffnungen in den Räumen sind daher nahezu unabhängig von einer »Luftwalze« und können fast beliebig im Grundriß angeordnet werden. Die relativ diffusen Luftströmungsverhältnisse erlauben auch, daß die Zusatzwärmequellen an beliebiger Stelle angebracht werden können. Eine zentrale Verteilung ohne oder fast ohne Feinverteilung wird möglich. Zentrale Installationsschächte ohne Feinverteilung von Heizleitungen bieten gerade beim Holzrahmenbau besondere Vorteile, da Wände und Decken »ungestört« und ohne zusätzliche Aufbau-Schichten oder Vorsatzschalen ausgeführt werden können.

Heizsysteme

Die Erzeugung der Zusatz-Heizwärme und die dazugehörigen Verteilungssysteme kann grundsätzlich mit beliebigen Heizsystemen und Energieträgern erfolgen. Die optimale Wahl ist von vielen Kriterien abhängig, die der Haustechniker umfassend beurteilen kann.

Beim Benutzen eines Gebäudes zu Wohn- oder Arbeitszwecken ergeben sich Gewohnheiten oder Notwendigkeiten, die den Energiebedarf beeinflussen können. Hier besteht eine Abhängigkeit zwischen Anforderungen oder Wünschen, der Bauweise und dem Heizsystem. Bauwerke mit geringer Masse und gleichzeitig flinkem Heizsystem lassen sich in kürzester Zeit auf die gewünschte Temperatur einstellen, bei Gebäuden mit großer Masse und trägem Heizsystem wirkt eine andere Einstellung der gewünschten Temperatur erst mit größerer zeitlicher Verzögerung. So kann hier ein »Wärmeüberhang« entstehen, wenn der Benutzer die Wärme nicht mehr benötigt, die Bauteile jedoch die aufgenommene Wärme noch über einen längeren Zeitraum abgeben. Gerade bei Gebäuden mit nur zeitweiser Nutzung, z. B. Büros, Kindergärten, aber auch z. B. bei durch Berufstätigkeit nicht kontinuierlich genutzten Wohngebäuden kann Energie auf diese Weise nutzlos aufgewendet werden. Wenig Masse, wie beim Holzrahmenbau gegeben, stellt hier einen deutlichen Vorteil dar.

So eignen sich sehr »flinke« Heizsysteme aufgrund der Eigenheiten des Holzrahmenbaus einerseits und der des Niedrigenergie-Konzeptes andererseits am besten. Bei Unterschreiten der Außentemperatur, die von der Wärmepumpe alleine bewältigt werden kann, geht die äußere Temperaturschwankung unmittelbar und unverzüglich in die Zuluft-Temperatur ein, d. h. die Zuluft in die Räume wird unbehaglich kühl, wenn nicht zusätzliche Wärme beigesteuert wird. Da der Holzrahmenbau nur eine relativ geringe Masse aufweist, kann auch nur wenig Wärme aus den Bauteilen zur Überbrückung der Zeit bis zum Wirksamwerden der Zusatzheizung aktiviert werden. D. h. die Zusatzheizung sollte möglichst ohne zeitliche Verzögerung Wirkung zeigen. Träge Heizsysteme wie z. B. Fußbodenheizungen sind hier ungeeignet, denn bei schnellen Außentemperaturwechseln kann die Heizung nicht folgen, weil sich zwischen dem Anspringen und der spürbaren Raumtemperaturerhöhung relativ große zeitliche Verzögerungen ergeben. »Flinke« Heizsysteme sind Elektroheizungen, Konvektorheizungen mit geringem Wasserinhalt und Luftheizungen, sie werden dem Holzrahmenbau mit Wärmerückgewinnung am ehesten gerecht.

Unter Berücksichtigung des geringen Bedarfs an Zusatzwärme ergeben sich darüber hinaus noch weitere, andere Aspekte als beim herkömmlichen Bauen. In klimatisch gemäßigten Zonen, wo die Zusatzbeheizung nur an wenigen Tagen im Jahr notwendig wird, kann die Zusatzbeheizung trotz relativ hoher Energiekosten mit Systemen, die geringe Herstellkosten aufweisen, z. B. Elektroheizplatten, sinnvoll werden. Auch die Abdeckung des Spitzenbedarfs mit Öfen kommt in Frage, wenn ohnehin z. B. ein Kachelofen, Schwedenofen, Grundofen o. ä. vorgesehen ist.

Besonders hingewiesen sei auch auf die Möglichkeit, die Zusatzheizung in das Zuluftsystem einzubauen. Wird unmittelbar hinter Wärmetauscher und Wärmepumpe die Zuluft weiter aufgeheizt, ist eine zusätzliche Heizwärmeverteilung überflüssig, denn die Zuluftleitungen übernehmen diese Aufgabe. Die Aufheizung der Zuluft ist über eine Aufwärmstrecke in der Zuluftleitung möglich, die mit den üblichen Energieträgern wie Gas, Öl, Strom betrieben werden kann.

Durch den geringen Wärmebedarf eines Niedrigenergiegebäudes ist die benötigte Luftmenge so gering, daß die – bei Luftheizungen vom Planer gefürchteten – Störungen des Wohlbefindens durch die Umwälzungen großer Luftmassen nicht auftreten. Das zweite Argument gegen Luftheizungen, nämlich das Festsetzen großer Mengen von Bakterien, Pilzsporen u. ä. in den Luftleitungen, greift bei einer Heizung mit Zuluftaufwärmung nicht, denn die in den Leitungen geführte Luft ist ausschließlich frische, von außen kommende Zuluft, die zudem noch durch einen Filter im Wärmetauscher von Staub und Pollen gereinigt ist (besonders wichtig für Allergiker!).

Niedrigenergiehaus

Warmwasserbereitung

Für die Warmwasserbereitung können sich bei einem Niedrigenergie-Haus ebenfalls andere Entscheidungskriterien als bei einem herkömmlichen Haus ergeben.

Die Nutzung der Sonnenenergie durch Sonnenkollektoren erhält durch die Verhältnisse im Niedrigenergie-Haus gerade bei der Warmwasserbereitung einen größeren Stellenwert. Während bei Nicht-Niedrigenergie-Häusern ein paar Prozent mehr bei der Auslegung der Heizanlage für die Warmwasserbereitung eine untergeordnete Rolle spielen, können sich beim Niedrigenergie-Haus Verhältnisse ergeben, die eine doppelt so hohe Kapazität der Heizanlage nur aufgrund der Warmwasserbereitung erfordern.

Solaranlagen werden – in den Bundesländern unterschiedlich – durch öffentliche Mittel gefördert, was zusätzlich einzurechnen ist. Das Prinzip der Warmwasserbereitung mit Solarkollektoren ist auf Seite 527 dargestellt. Konvektionierte Systeme finden sich am Markt.

Koordinierte Planung erforderlich

Hier können nur Aspekte aufgezeigt und Entscheidungskriterien angedeutet werden. Im Einzelfall ist eine sehr differenzierte Betrachtung angezeigt, wobei die im Wohnbau eingeübten Auswahl-, Entscheidungs- und Planungsgewohnheiten nur mehr sehr eingeschränkt anwendbar sind. Die Planer sind gefordert, genauer als bisher die Gegebenheiten zu untersuchen. Auch bei kleinen Wohn- oder Hauseinheiten dürfte die Planung der Haustechnik durch einen entsprechenden Fachmann notwendig werden, um ein gutes Niedrigenergie-Ergebnis, auch was die Kosten angeht, zu erzielen. Die Möglichkeiten der Förderung durch öffentliche Mittel sind ebenfalls nur bei entsprechend umfassender Information nutzbar.

Regeltechnik

Die Regeltechnik bei einer Abluft-Zuluft-Wärmetauschanlage mit separater Heizung beschränkt sich neben der üblichen Regeltechnik der Heizung auf die einfache Steuerung des Luftdurchsatzes (Ventilatorleistung) ggf. per Ferngeber. Schieber mit »Von-Hand-Bedienung« in der Zuluftleitung des jeweiligen Raumes, die bei Zuluft-, d. h. Luftwechselbedarf geöffnet werden, verfeinern die Regelmöglichkeiten. Bei einer Heizung in der Zuluft stellen sich die Verhältnisse ähnlich einfach dar. Bei Wärme- und/oder Frischluftbedarf wird die Zuluft des jeweiligen Raumes geöffnet. Dies kann automatisch mittels eines Thermostates oder »von Hand« erfolgen. Die Temperatursteuerung des Wärmeerzeugers kann am einfachsten, aber dennoch nicht unwirtschaftlich durch einen an repräsentativer Stelle angeordneten Thermostat ggf. mit Zeitschaltuhr erfolgen. Nach »oben« sind hinsichtlich der Steuerung und Regelung keine Grenzen gesetzt, was die Investitionen und Möglichkeiten angeht. Ihre Grenzen finden selbst die raffiniertesten Systeme durch die Unberechenbarkeit des Benutzers. Bei Gebäuden ohne Wärmerückgewinnung entstehen unmittelbar Energieverluste, indem überschüssige Wärme »hinausgelüftet« wird. Die Wärmerückgewinnung aus der Abluft führt dagegen stets einen großen Anteil der Wärme dem Gebäude wieder zu, auch der überschüssigen. Die Berücksichtigung der Installationen bei der Planung der baulichen Maßnahmen kann in der gewohnten Weise vom Baufachmann geleistet werden. Für den Holzrahmenbau sind im Kapitel 7, Seite 373 ff., einige konstruktive Lösungen dargestellt, die die Führung der Luftleitungen und die Herstellung einer hochgradig luftdichten Gebäudehülle zeigen.

Niedrigenergiehaus

Verfeinerungen des Wärmerückgewinnungs-Konzeptes

Kühlung im Sommer als Nebeneffekt

Ist die Außenluft kühler als die Raumluft, kann der Ablufttransport angeschaltet und gleichzeitig der Wärmetauscher ausgeschaltet werden. Die Zuluft ist kälter als die Raumluft, es wird keine Wärme rückgeführt, die Raumluft kühlt ab. Anders als bei einer »Klimaanlage« ist die kühlende Luft jedoch frische Außenluft und keine zum Teil schon benutzte abgekühlte Innenluft. Dabei werden durch den Filter des Wärmetauschers Stäube und Pollen zurückgehalten, was für Menschen mit allergischen Erkrankungen zusätzlich von Bedeutung sein kann (*Bild 15*).

Zuluftleitung im Erdreich kann Wärme- und Kühleffekt verbessern

Wird zusätzlich eine Zuluftleitung von außen durch das Erdreich an den Wärmetauscher herangeführt, sind drei Fälle zu unterscheiden (*Bild 16*). Bei einer Außenlufttemperatur von weniger als ca. +4 °C nimmt die Zuluft, die kälter als das Erdreich ist, schon Wärme aus diesem auf, bevor sie zu dem Wärmetauscher gelangt. Dieser Effekt sollte jedoch im Einzelfall sehr kritisch beleuchtet werden, denn mit zunehmender Wärmeentnahme entsteht eine zunehmend dicker werdende kalte Erdreichschicht um das Zuluftrohr. Die Wärmegewinne nehmen kontinuierlich ab. Für Bauwerke kritisch kann dieser Zustand werden, wenn das Erdreich zu frieren beginnt und sich die Frostzone immer weiter ausdehnt. Läuft eine solche Frostzone unter der Gründung des Gebäudes oder seiner Bodenplatte hindurch, kann es zum Hochfrieren und damit zu erheblichen Gebäudeschäden kommen.

Bei über ca. 4 °C der Außenluft, ist es in dem Erdrohr kälter, die Außenluft ist direkt in den Wärmetauscher zu leiten.

Im Sommer wird die Zuluft – bei abgeschaltetem Wärmetauscher – bei Führung durch das Erdreich selbstverständlich erheblich kühler sein als die Außenluft. Der zuvor beschriebene Kühleffekt ist effektiver.

Abluft in jedem Raum

Eine weitere Verfeinerung des Konzepts ergibt sich, wenn die Räume jeweils nicht nur eine eigene Zuluft, sondern auch eine eigene Abluft erhalten. Der Aufwand für Leitungen ist beinahe doppelt so hoch wie für zentrale Abluftansaugung. Der Vorteil liegt darin, daß in gewissen Grenzen der Luftdurchsatz des einzelnen Raumes gesondert gesteuert werden kann. Bei Räumen mit normaler Wohnnutzung ist dieser zusätzliche Effekt relativ unbedeutend. Bei außergewöhnlicher Nutzung, z. B. Schwimmhallen, Gymnastikräumen, Schankräumen u. ä., kann der zusätzliche Aufwand jedoch eine erhebliche Raumklimaverbesserung bei gleichzeitig sparsamem Umgang mit der Wärmeenergie darstellen. Die Kombination von zentral absaugendem System und zusätzlich raumspezifischer Abluftführung läßt sich sehr einfach durch eine raumspezifische, zusätzliche Abluftleitung mit Regeleinrichtung wie z. B. Klappen oder Schieber bewerkstelligen

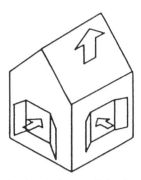

Bild 15: Kühlung durch erhöhten Luftdurchsatz bei abgeschaltetem Wärmetauscher; nur sinnvoll, wenn Außenluft kälter als Innenluft

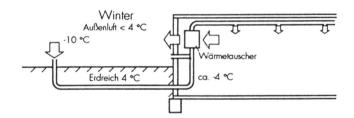

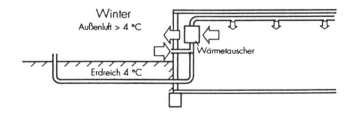

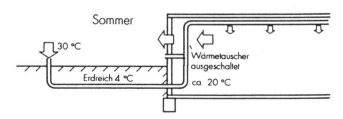

Bild 16: Die Kriterienvarianten bei Zuluft-Führung durch das Erdreich

Niedrigenergiehaus

Passive Nutzung von globalen Energien

Allgemeines

Einzige praktisch am oder im Gebäude passiv nutzbare Energiequelle für Heizzwecke ist die Sonne, da nur hier:
– ein Energie-Niveau zur Verfügung steht, das bei wirtschaftlich vertretbaren Gewinnungsflächen zeitweise über dem benötigten Energie-Niveau liegt,
– eine Energieform vorliegt, die relativ leicht umgewandelt und gespeichert werden kann (Solarzellen/Akkumulatoren; Wärmespeicher usw.).

Grundsätzlich kann die Sonnenenergie am einfachsten durch Umwandlung ihrer langwelligen Wärmestrahlung in Wärme genutzt werden. Am sinnvollsten im Hinblick auf Gebäudeheizung wird dieser Effekt genutzt, wenn die vom Licht durchdrungene Fläche möglichst wärmedämmend ist und die Umwandlung der Wärmestrahlung möglichst innen stattfindet. Am besten geeignet sind also hochgradig lichtdurchlässige und gleichzeitig hochgradig wärmedämmende Stoffe oder Bauteile. Im Bereich der transparenten, der durchsichtigen Bauteile also, wurden Mehrscheiben-Gläser mit evakuierten oder gasgefüllten Zwischenräumen und Silberbedampfung entwickelt, die diese Kriterien erfüllen. Parallel dazu wurden sogenannte transluszente Baustoffe wie z. B. Acrylschaum untersucht, die durchscheinend – nicht durchsichtig – sind und gleichzeitig ausgezeichnete Wärmedämmeigenschaften aufweisen (*Bild 17*). Mit beiden lassen sich sehr wirkungsvoll passive Sonnenenergiegewinne zur Unterstützung der Beheizung von Gebäuden erzielen. Architektur und Technik sind hinsichtlich des sommerlichen Wärmeschutzes gefordert, funktionstüchtige und gestalterisch akzeptable Lösungen für das großflächige Abdecken der transparenten oder transluszenten Gebäudeaußenflächen im Sommer zu finden.

Befensterung

Selbst hochwärmedämmende Scheiben weisen gegenüber hochwärmedämmenden Dächern, Decken und Wänden einen weitaus höheren, also »schlechteren« k-Wert auf. Das bedeutet, daß durch diese Flächen, wenn passiv keine Sonnenenergie gewonnen wird, natürlich mehr Wärme nach außen entweicht als bei den »geschlossenen« Bauteilen. Daher ist eine mäßige Befensterung mit gut wärmedämmender Verglasung und Südorientierung ein guter Kompromiß zwischen Wärmeverlusten, passiven Sonnenenergiegewinnen und der notwendigen Belichtung.

Sowohl bei hochwärmedämmenden Scheiben wie auch bei transluszenten Wärmedämmstoffen stellt sich im Sommer das Problem, daß erhebliche Wärmegewinne eintreten. Nur »Nicht-transparent-Machen« kann Abhilfe schaffen. Läden in jeder Form halten im Sommer die Wärme draußen.

Solarkollektoren

Solar-Kollektoren funktionieren mit transparenten oder transluszenten Wärmedämmstoffen in der gleichen zuvor beschriebenen Weise. Sonnenlicht durchdringt weitgehend unbeeinflußt die Glasabdeckung, die langwellige Wärmestrahlung des Lichts wandelt sich innen in Wärme um, sie wird weitgehend drinnen behalten. Als Wärmetransportmedium kommt zumeist Wasser mit Frostschutzmittelzusatz zur Anwendung. Die Wärme in dem Wärmemedium wird über einen Wärmetauscher an das zu erwärmende Wasser weitergegeben. Es wird zumeist das »Vorwärmprinzip« eingesetzt. Das Frischwasser wird entweder in einem separaten Behälter oder einem Schichtenspeicher durch Wärmetausch mit dem Kollektormedium vorgewärmt. Ist die Kollektortemperatur niedriger als die des vorgewärmten Wassers, wird der Kollektorkreislauf durch ein Thermostatventil gestoppt. Das vorgewärmte Wasser wird der Warmwasserbereitung oder der Heizung zugeführt und dort, falls notwendig, auf seine Solltemperatur weiter aufgeheizt. Die Solarkollektoren sind im Wohnungsbau zur Unterstützung der Warmwasserbereitung eine – nach heutigen Gegebenheiten (Energiepreise, Bauteilpreise, Zinsen) über die Nutzungsdauer gerechnet – bedenkenswerte Möglichkeit zur Wärmeenergiegewinnung, staatliche Förderungen »verbessern« ggf. die Wirtschaftlichkeit. Die Verhältnisse werden sich in den nächsten Jahren sicher weiter deutlich zugunsten dieser Möglichkeit verschieben.

Solarzellen

Die unmittelbare Umwandlung von Sonnenlicht zu Strom in »Solarzellen« stellt nur in Sonderfällen unter wirtschaftlichen Gesichtspunkten eine Alternative dar.

Andere globale Energien

Alle anderen in Rede stehenden Energiepotentiale, die der Erde entzogen – nicht entnommen – werden können, wie Erdwärme, Luftwärme, Meerwasserwärme usw., liegen in ihrem Energiepotential deutlich unter der benötigten Größe von mehr als ca. 21 °C. Damit ist eine passive Nutzung für Heizzwecke bei Gebäuden nicht möglich.

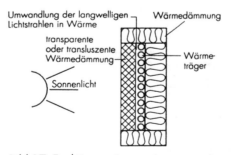

Bild 17: Funktionsweise von transparenten oder transluszenten Wärmedämmstoffen

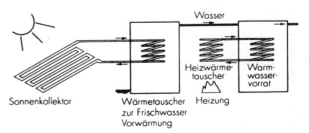

Bild 18: Solarkollektoren für die Warmwasserbereitung

Niedrigenergiehaus

Entwurfsgrundlagen

Der Entwurf kann wie vom Mauerwerksbau gewohnt vorgenommen werden, jedoch sollten hier schon die geringen Dicken der Holzrahmen-Bauteile einbezogen werden.

Die Gebäudeform sollte möglichst kompakt gehalten werden, um kleine Außenflächen bei großem Volumen zu erreichen. Stark zergliederte Gebäudeformen sowie Anbauten, Erker u. ä. vergrößern die Außenflächen im Verhältnis zum Volumen (Bild 19).

Anhand des Entwurfes ist zu prüfen, ob:
- das Raum- und Raumzuordnungsprogramm eine Zuluftführung ohne schalltechnische Maßnahmen innerhalb der Leitungen ermöglicht,
- grundsätzlich schalltechnische Maßnahmen innerhalb der Leitungen zu treffen sind,
- eine Kombination zwischen konzeptionellen und technischem Schallschutz vorgesehen werden sollte.

Danach ist zu prüfen, ob und wie die, gegenüber Warmwasserheizungen, doch relativ großen Luftleitungsquerschnitte
- in den Bauteilen nicht sichtbar,
- sichtbar architektonisch

integriert werden können.

Nachfolgend sind einige Beispiele für die Integration der Luftleitungen in die Bauteile der Holzrahmenbauweise schematisch dargestellt (Bilder 20 und 21).

Eine mäßige Befensterung erscheint – auch bei Südorientierungen – sinnvoll.

Die Bemessung von Heizungs- und Lüftungsanlagen sollte stets dem Fachmann überlassen werden. Globale Angaben zur Abschätzung einer Größenordnung werden hier nicht angegeben, da die Einzelfälle zu stark variieren. Konkrete Angaben und Vorgaben erleichtern diesem Fachmann seine Arbeit und das konstruktive Zusammenwirken.

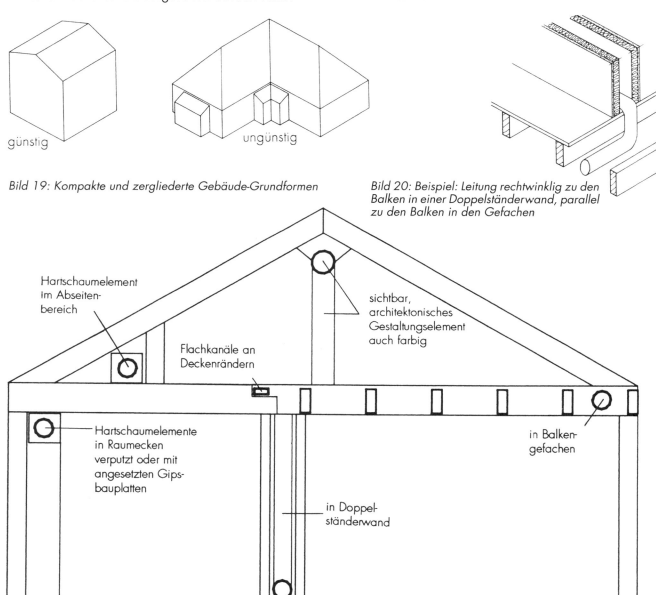

Bild 19: Kompakte und zergliederte Gebäude-Grundformen

Bild 20: Beispiel: Leitung rechtwinklig zu den Balken in einer Doppelständerwand, parallel zu den Balken in den Gefachen

Bild 21: Möglichkeiten der Luftleitungsführung im Holzrahmenbau

Niedrigenergiehaus 9.20.10

Abweichend von den Planungs- und Konstruktionsgewohnheiten bei Nicht-Niedrigenergie-Häusern sollte folgendes Vorgehen bei der Planung eingehalten werden:
– Entwurf,
– Konzeption der Haustechnik,
– Integrationsplanung in die Bautechnik,
– ggf. Abstimmung und Optimierung des Zusammenwirkens von Haus- und Bautechnik,
– dann erst: Ausführungsplanung!

Bei den Entwurfsüberlegungen erscheint wichtig (*Bild 22* und *23*):
– Zentrale Abluftansaugung (Küche, Bad), dezentrale Zulufteinleitung (in fast jeden Raum).
– Luftleitungen:
  – Grobverteilung: ⌀ 150 bis 125 mm bzw. ca. ▭ 220 x 55 mm², Hartschaum-Rohrkörper Innen-⌀ 150 mm, außen ca. 220 x 220 mm².
  – Feinverteilung: ⌀ 100 mm bzw. ca. ▭ 100 x 55 mm², Hartschaum-Rohrkörper Innen-⌀ ca. 105 mm, außen ca. 220 x 220 mm².
  – Schalldämpfer Außen-⌀ 200 bis 250 mm.

– Ggf. Heizkörper der Zusatzheizung: Müssen nicht unter den Fenstern angeordnet werden, zentrale Verteilung der Heizung von einem Schacht aus ist möglich (*Bild 24*).

– Fortluft- und Frischluft-Öffnungen möglichst so anordnen, daß keine Frischluft unmittelbar durch die Fortluft-Öffnung angesaugt wird (in Wänden auch konfektionierte Elemente mit zusammenliegenden Fort- und Frischluftöffnungen möglich).

– Luftundichtigkeiten in der Gebäudehülle möglichst vermeiden, z. B. soweit möglich (Fensterputzen beachten!) feststehende Fenster vorsehen, Rolläden möglichst außen anordnen, möglichst luftdichte Gurtdurchführungen vorsehen (oder ganz auf Rolläden verzichten, jedoch Sonnenschutz unbedingt vorsehen).

– Möglichst dicht schließende und gut wärmedämmende Fenster und Außentüren verwenden (die Frischluft kommt durch die Zuluftleitungen).

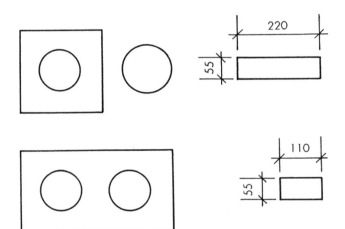

Bild 22: Übliche Luftleitungs-Querschnitte

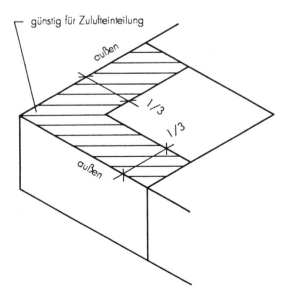

Bild 23: Günstige Anordnung von Zuluftleitungen

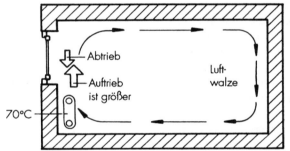

Herkömmliches Haus: Heizkörper unter den Fenstern, Auftrieb aus der Heizung wirkt Abtrieb durch Fenster entgegen

Herkömmliches Haus: Heizkörper an Innenwand verstärkt Abtrieb durch Fenster: starke »Luftwalze«!

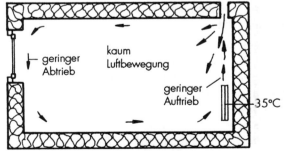

Niedrigenergie-Haus: Anordnung der Heizkörper an beliebiger Stelle möglich, da nur geringe und diffuse Luftströmungen

Bild 24: Luftströmungsverhältnisse und Heizkörper-Anordnung

Passivhaus

Verbesserungspotentiale

Das sogenannte »Passivhaus« versucht möglichst ohne direkte Beheizung auszukommen und gleichzeitig einen geringen Verbrauch an elektrischen Prozeßenergien zum Betrieb der haustechnischen Anlagen aufzuweisen. Das Einsparen der beim Niedrigenergiehaus noch benötigten Heizenergie-Mengen ist nicht unaufwendig, obwohl der Unterschied zwischen »Niedrigenergie« und »Passiv« nicht sehr groß ist. Nur durch sehr differenzierte, aufeinander abgestimmte Maßnahmen ist ein wirtschaftlich marktfähiges Passivhaus erreichbar. Die enge Zusammenarbeit zwischen Bauplanung, bauphysikalischer Bewertung und Planung der Haustechnik sollte möglichst von Anbeginn angestrebt werden.

Passivhaus-Konzepte sind stark abhängig von dem Gebäudestandort. Dies betrifft einerseits die Klimadaten, andererseits die konkrete Gebäudelage bezüglich Sonnengang und Verschattung. Allgemeingültige »Rezepte« können deswegen nicht angegeben werden. Im Folgenden wird versucht, Hinweise zu geben, die beim Entwurf eine grobe Beurteilung von Maßnahmen zulassen. Es wird auf die umfangreichen Berechnungsmodelle und Formelansätze nach V DIN 4108-6, DIN EN 832 und DIN 4701 verzichtet. Wegen der jeweils vielfältigen Einflüsse kann die Betrachtung nur quantitative Werte für eine überschlägige Abschätzung liefern. Die Verbesserungspotentiale gegenüber dem Niedrigenergiehaus werden – obwohl sie im komplexen Gesamtzusammenhang wirken – isoliert, separat betrachtet.

Verbesserungspotential Fenster- und Befensterung

Fenster bieten theoretisch ein sehr großes Energiespar-, ja sogar Energiegewinnungspotential. Schon die heute normalen Fenster (k_F = 1,3 W/(m²K); g ≅ 0,75 (oder 75%)) ergeben nach dem Bilanzierungsverfahren der z. Zt. noch geltenden WSVO in Ost-, West- und Südlagen pauschale Gewinne. Bei Gebäuden mit sehr niedrigem Heizenergiebedarf versagt die pauschale Betrachtung.

Die energetische Wirkung von Fenstern wird bestimmt durch:
– Rahmenanteil und dessen k-Wert (k_R),
– k-Wert (k_V) des Glases und dessen Gesamtenergiedurchlaßgrad (g-Wert),
– Verschmutzungsgrad,
– Verschattung.

Der Rahmenanteil von Fenstern liegt zumeist bei über 30% der Fläche des Rohbau-Öffnungs-Maßes, k_R ist häufig größer, also schlechter als k_V. Heute normale Rahmen haben ein k_R von circa 1,6 bis 1,3 W/(m²K). Rahmen von sogenannten »Passivhaus«-Fenstern erreichen k_R-Werte von ca. 0,8 W/(m²K) bei sehr aufwendiger Konstruktion und recht großen Abmessungen.

Die heute normale Isolierverglasung mit Edelgasbefüllung liegt bei einem k_V von circa 1,3 bis 1,1 W/(m²K) und einem g-Wert von 0,7 bis 0,8. Sogenannte »Passivhaus«-Gläser liegen bei k_V-Werten von circa 0,8 bis 0,5 W/(m²K) und g-Werten von 0,45 bis 0,65.

Die Verschmutzung kann mit 5% bis 10% angenommen werden.

Die Verschattung wird oft erheblich unterschätzt. Laubabwerfende Bäume ergeben z. B. auch bei tiefstehender Wintersonne leicht 30% und 40% Verschattung. Nachbarbebauungen werden bei den tiefen, winterlichen Sonnenständen, dann, wenn solare Energie am nötigsten ist, am ehesten verschattend wirksam. Schon beim Entwurf sollte nur von der Sonnenlage bei vollständiger, also auch nachträglich möglicher Nachbarbebauungen, ausgegangen werden.

Am Tage gewinnen Fenster solare Wärmeenergie etwa ab einer Strahlungsintensität I_{grenz} von etwas unter 100 W/m².

Dieser Wert ist für Isolierglasfenster mit Edelgasbefüllung und sogenannte »Passivhausfenster« fast gleich. Nachts verlieren Fenster, bei k-0,20-Wänden,
– das Isolierglas sechs- bis siebenmal soviel,
– »Passivhausfenster« drei- bis viermal soviel

gegenüber der Wand. Im Winter sind die Nächte recht lang, die Verluste entsprechend hoch. Die Gewinne durch Fenster bei mehr oder minder strahlendem Sonnenschein sind, bezogen auf den Heizwärmebedarf eines Niedrighauses, gewaltig. Südfenster können bei voller Sonneneinstrahlung über 400 W/m² (Isolierglas) oder ca. 300 W/m² (Passivhausfenster) gewinnen. Wenn – wie bei Passivhäusern durchaus üblich – weniger als 15 W/m² Nutzfläche Heizleistung bei kältester Außentemperatur genügen, ergeben sich für den Fall Besonnung entweder sehr kleine Befensterungen oder große Wärmeenergieüberschüsse, die hinausgelüftet werden müssen. Solare Gewinne, die nicht verwertbar sind – also hier z. B. für die Nacht nicht aufbewahrt werden können – bewirken keine Heizenergieeinsparung.

Bei diffusem Licht, einem trüben Wintertag, ist tagsüber bei klarsichtigen Fenstern kaum ein Unterschied zwischen Isolierglas- und Passivhausfenstern festzustellen.

Die nächtlich geringeren Verluste der Fenster mit niedrigeren k-Werten relativieren sich insofern, als daß für eine gleiche Raumbelichtung größere Fensterflächen benötigt werden. Denn, bei niedrigerem g-Wert ist etwa proportional auch die Lichtdurchlässigkeit niedriger.

Insgesamt betrachtet muß wohl eine mäßige Befensterung als die energiesparende Variante bei Wohngebäuden angegeben werden. Fenster mit niedrigem k-Wert mildern bei großformatigen Befensterungen die Verluste. Im weiteren können sie Vorteile bezüglich der Luftströmungen in den Räumen sowie bei der Behaglichkeit durch die etwas veränderte Wärmestrahlung bewirken. Bei mäßigen Befensterungen mit gleichem Tageslicht-Eintrag sind die Unterschiede zwischen Isolierglas-Fenstern und »Passihaus«-Fenstern gering.

Die vorteilhafteste Befensterung wäre eine normale Fensterqualität (k_F = 1,3 W/(m²K); g ≅ 0,75), zur Belichtung ausreichende Fenstergrößen und dann wirksam dämmende Läden, die die Kombination Fenster + Laden auf

Passivhaus

einen k-Wert von unter ca. 0,4 W/(m²K) bringen. Tagsüber ergäben sich bei recht kleinen Fensterflächen gute Gewinne und die nächtlichen Verluste wären um zwei Drittel reduziert. Solche Läden sind allerdings nicht als Bauelemente handelsgängig verfügbar.

Verbesserungspotential Wärmedämmung

Der k-Wert ist im wesentlichen eine Funktion von 1/Dämmstoffdicke. (Für eine Halbierung des k-Wertes wird ca. die vierfache Dämmstoffdicke benötigt). Bei ohnehin schon recht kleinen k-Werten, wie bei der Holzrahmenbauweise, ist nur mit großen zusätzlichen Dämmstoffdicken eine bescheidene Verbesserung zu erreichen. Den k-Wert der undurchsichtigen Außenbauteile (Bodenplatte, Kellerdecke, Wände, Dach) sollte man in Watt, bezogen auf das Gebäude oder Bauteil, betrachten. Ein mittlerer k-Wert läßt sich in der Entwurfsphase als Zielwert annehmen. Bei drinnen 20 °C, draußen – 10 °C, gehen über Transmission 30 x k-Wert in Watt pro m² nach draußen.

(Beispiel: mittlerer k-Wert 0,20 W/(m²K), 240 m² undurchsichtige Außenflächen: 30 x 0,20 x 240 = 1440 Watt Heizleistung).

Im Ergebnis wird man feststellen, daß k-Wert-Verbesserungen im Bereich von unter 0,20 W/(m²K) im Einfamilienhausbereich nur die Heizleistung einiger Glühbirnen ausmachen. Es ist abzuwägen, ob solche Einsparungen nicht mit geringerem Aufwand erreicht werden können. Nicht nur die Kosten für sehr dicke Dämmungen sind erheblich, sondern auch der Grundflächenbedarf bei den Wänden. Differenzierte Dämm-Überlegungen scheinen ratsam. k-Wert-Verbesserungen an Bodenplatte und Dach können oft einen günstigen Kompromiss darstellen. Die kategorische Forderung mancher »Passivhaus«-Protagonisten von »k-Wert ≤ 0,10 W/(m²K)« sollte hier kritisch betrachtet werden.

Maßnahmen zur Verminderung oder Beseitigung von Wärmebrücken können ohne »Dickenzuwachs« der Bauteile wirksame Beiträge zur k-Wert-Verbesserung des Gesamtgebäudes ergeben. Für die besonders maßgeblichen Deckenanschlüsse sind in diesem Buch jeweils Varianten angeboten, die mit geringem, zusätzlichem, baulichem Aufwand zu bewerkstelligen sind.

Verbesserungspotential Solarfassade

Solarfassaden bestehen im Prinzip aus Glas oder ähnlichen, durchsichtigen oder durchscheinenden Stoffen vor der Außenwand. Bei allen Solarfassaden wird schon bei geringer solarer Strahlungsintensität der Wärmestrom von außen nach innen umgekehrt, d. h. dann strömt die Wärme von außen nach innen. Bei gut wärmegedämmten Wänden, wie beim Holzrahmenbau gegeben, bleibt der Wärmestrom nach innen recht gering. Da die Holzrahmenbauwände ein vernachlässigbares Wärmespeichervermögen haben, wird kein nennenswerter solarer Energieeintrag in die Nacht »hinübergerettet«. Bis auf wenige sehr trübe Tage im Jahr sind die k-Werte der Wände tagsüber kleiner als Null, d. h. es geht durch sie keine Wärme verloren und es wird sogar ein wenig gewonnen. Nachts wirken die Solarfassadenteile vor der absorbierenden Fläche ganz normal mit ihren »stationären« k-Wert-Anteilen nach DIN 4108.

Für Holzrahmenbauwände vorteilhaft sind Solarfassaden, die nachts einen großen »stationären« k-Wert-Anteil zu bieten haben. Bezogen auf die Heizperiode ergeben Solarfassaden von 7 bis 10 cm Dicke beim Holzrahmenbau ein mittleres Adäquatum zur stationären (Dämmstoff)-k-Wert-Verbesserung von 0,08 bis 0,12 W/(m²K).

Finanziell muß die Solarfassade mit »zusätzlichem Dämmstoff + »normale« Fassadenbekleidung verglichen werden, auch muß die Dicke (Grundflächenverbrauch) verglichen werden. Die Solarfassade stellt eine bedenkenswerte Alternative zu dick gedämmten Außenwänden dar.

Verbesserungspotential Raumluftwechsel

Die bereits im Abschnitt Niedrigenergiehaus beschriebenen Maßnahmen sind auch regelmäßiger Bestandteil von Passivhauskonzepten. Größere Bedeutung gewinnt hier die Luftdichtheit der Gebäudehülle. Der Raumluftwechsel setzt sich aus kontrolliertem und unkontrolliertem Luftwechsel zusammen. Der unkontrollierte Luftwechsel entzieht sich der Wirkung von Erdwärmetauscher und Wärmetauscher. Nur bei einer sehr luftdichten Gebäudehülle kann der unkontrollierte Luftwechsel so gering wie möglich ausfallen. Bei Blower-Door-Werten von $n_{50} \leq 1,0$ h⁻¹ läßt sich ein Verhältnis von circa 1/3 unkontrolliertem, 2/3 kontrolliertem Luftwechsel erreichen.

Auch hier sollte in Watt gedacht werden, um die Größenordnung vor Augen zu haben. Je m³ anrechenbarem Luftvolumen (circa 0,7 x umbauter Raum) ergeben sich je °C Temperaturunterschied zwischen drinnen und draußen für den unkontrollierten Luftwechsel ($n \cong$ 0,7 h⁻¹) Verluste von ca. 0,24 W/m³$_{umbauter\ Raum}$. (Beispiel: 500 m³ umbauter Raum, 30 °C Temperaturunterschied: Verluste unkontrollierter Luftwechsel ≅ 500 m³ x 0,7 x 30 °K x 0,24 W/(m³K) = 2520 W). Bei weniger dichter Gebäudehülle ergibt sich recht schnell ein Mehrfaches. Bei kontrolliertem Raumluftwechsel und gut luftdichter Gebäudehülle ($n_{50} \leq 1$ h⁻¹) beträgt die Gesamt-Luftwechselrate circa $n = 0,6$ h⁻¹. Davon sind circa $n = 0,2$ h⁻¹ unkontrollierter Luftwechsel-Anteil. Die unkontrollierten Luftwechsel-Verluste betragen circa 0,07 W/(m³$_{Raumluft}$K). (Beispiel: – Eingangsdaten wie vor –: Verluste unkontrollierter Raumluftwechsel = 500 m³ x 0,7 x 30 °K x 0,07 W/(m³K) = 735 W.) Der Verlustanteil aus dem kontrollierten Luftwechsel-Anteil, hängt davon ab, wieviel Wärme aus der kontrollierten Abluft rückgewonnen wird.

Beim kontrollierten Luftwechselanteil kann die Wärme je nach Anlagentechnik bis zu 100 % zurückgewonnen werden. Bei Passivhäusern sind Anlagen üblich, die solche Wirkungsgrade bieten.

Passivhaus

Nutzung internen Wärmeanfalls

Die sogenannten »internen« Energiegewinne werden beim Passivhaus-Niveau zu einer recht bedeutenden Größe. Die internen Wärmequellen sind
- Abwärme der Bewohner (Körperwärme),
- Abwärme elektrischer Geräte und Einrichtungen (Lampen u. ä.),
- Abwärme aus Kochen,
- Abwärme aus Abwasser,
- Abwärme aus warmer Abluft (Wäschetrockner).

Diese Einflußgrößen können stark variieren, zumal sie auch von der Bewohnerzahl und deren Gewohnheiten abhängen. Eine nachhaltige Planung sollte dies und den zu erwartenden technischen Fortschritt berücksichtigen. Die Energiesparlampen sind schon jetzt »kälter«, »kalte« Fernseher und Computer usw. sind in der Entwicklung. Das Gebäude muß auch bei geringen internen Wärmequellen auf behaglichem Temperaturniveau gehalten werden können. Für ein langfristig taugliches Gebäude sollten die »internen Energiegewinne« sehr zurückhaltend, also niedrig, angesetzt werden.

Große Wärmeenergiemengen enthalten:
- die Abwässer aus Bad/Dusche,
- die Abwässer der Waschmaschine,
- die Abluft von Wäschetrocknern.

Es sind pro Bewohner einige Kilowattstunden pro Tag, bei normalen Lebensgewohnheiten circa 2,5 bis 3,5 kWh pro Person und Tag. Zur Zeit gibt es keine handelsüblichen Einrichtungen oder Gerätschaften, diese »Wärmequellen« effektiv zu nutzen, d. h. die Wärme zurückzugewinnen. Beim Passivhaus-Niveau könnten diese »Wärmequellen« einen erheblichen Beitrag zur Deckung des Heizwärmebedarfs leisten, der insbesondere die Heizzeiten drastisch verkürzen könnte. Daneben kann die rückgewonnene Wärme, wenn sie nicht zu Heizzwecken benötigt wird, einen nennenswerten Beitrag zur Warmwasserbereitung leisten.

Verbesserungspotential Wärmespeicherung

Drei Arten von Wärmespeicherung müssen unterschieden werden:
- Langzeitwärmespeicherung mit Be- und Entladezyklen sowie Vorhaltezeiten von mehreren Monaten: Wasserwärmespeicher benötigen für ein Einfamilienhaus ein Volumen von mehreren zig Kubikmetern, Wärmespeicher mit geringerem Volumen nach dem Verdampfungs- und Kondensierungsprinzip sind entwickelt, aber immer noch voluminös und nicht marktgängig.
- Mittelfristige Wärmespeicherung mit Be- und Entladezyklen von circa vier Tagen bis eine Woche: Solche Speicherungen dienen der Überbrückung mehrerer sonnenloser Tage. Beim Passivhaus-Niveau sind Wasserwärmespeicher mit über 500 bis 1500 l Inhalt in der Lage, mehrere sonnenlose Tage zu überbrücken (Einfamilienhaus). Eine hohe Beladungstemperatur ist zur Erreichung eines kleinen Speichervolumens anzustreben.
- Kurzzeitwärmespeicherung: Bei Be- und Entladezyklen von ein bis zwei Tagen wirkt das gesamte Gebäude als Wärmespeichermasse mit. (Kleine Wasserwärmespeicher zur Warmwasserbereitung seien hier vernachlässigt.) Die Vorgänge sind nur sehr pauschal oder bezogen auf ein Bauteil genauer bewertbar.

Langzeitwärmespeicherung ist eine – noch – nur gering marktfähige aber praxistaugliche Möglichkeit, Wärmeenergie im Sommer zu laden und im Winter zu nutzen. Die Beladung ist nur mit hochtemperaturigen Solarkollektoren (Vakuum-Kollektoren) sinnvoll, weil sonst das Speichervolumen noch größer wird. Mit dem Kondensations-Verdampfungs-Prinzip sind Langzeitspeicher auch in Einfamilienhäuser integrierbar, wenn dafür ein Innenraum von 60 bis 100 m^3 eingesetzt wird und das Haus wenigstens »Niedrigenergie«-Standard aufweist. Die Kosten dürfen sehr erheblich genannt werden.

Wasserwärmespeicher von 500 l bis 1500 l Inhalt sind gut geeignet um 25 bis 90 kWh an Wärmeenergie einzulagern, das deckt den Bedarf eines Passivhauses für zwei bis drei trübkalte Wintertage, in der Übergangszeit mehr. Für die Aufladung kommt ebenfalls nur »höherwertige« Wärmeenergie, also aus thermischen Solarkollektoren in Frage.

Beim Holzrahmenbau sind keine großen Massen vorhanden. Auch wenn die Wärmespeicherkapazität der organischen Baustoffe mit im Mittel circa 0,5 Wh/(kgK) etwa doppelt so hoch ist wie die der mineralischen mit im Mittel circa 0,25 Wh/(kgK), so wird sie wenig wirksam. Die organischen (natürlichen) Baustoffe verfügen über eine – bezogen auf das Kilogramm – sehr viel schlechtere Wärmeleitfähigkeit, wodurch sich die Be- und Entladevorgänge sehr langsam abspielen. D. h. solare Überschüsse, die durch die Fenster hineinkommen, können nur in geringer Menge in den Bauteilen eingelagert werden. Die naheliegende Schlußfolgerung, z. B. durch Estrich mit keramischem Belag das Wärmespeichervermögen zu verbessern, sollte bezüglich der gleichzeitigen Nachteile kritisch bedacht werden. Wegen der großen Wärmeableitung ist bei solchen Böden eine höhere Bodentemperatur zur Erreichung von Behaglichkeit erforderlich (Fußbodenheizung). Außerdem wird das Temperaturverhalten des Gebäudes träger, wodurch sich energieverbrauchende, nutzlose Wärmeüberhänge ergeben.

Die Verwendung organischer Dämmstoffe mit relativ großer Masse bei schlechter Wärmeleitfähigkeit (Zellulose, Holzwolle, poröse Holzfaserplatten, Hanf, Flachs usw.) scheint eher geeignet, energiesparend zu speichern. Die wirksam werdenden Energiemengen haben jedoch nur bei besonderen Konstellationen, z. B. Solarfassaden, Einfluß auf die Auslegung der Haus- und Wärmetechnik.

Verbesserungspotential Solarkollektoren

Thermische Solarkollektoren weisen ein sehr günstiges Preis-Leistungsverhältnis auf. Ihr Vorzug ist, daß sie bau-

Passivhaus

technisch unproblematisch ein passiv verwertbares Temperatur-Niveau bei gutem Wirkungsgrad bieten. Die gewonnene Energie kann eingelagert werden. Der Wirkungsgrad der Kollektoren ist ganz wesentlich abhängig von der Ladetemperatur des Wärmespeichers. Das Passivhaus-Niveau macht es möglich, noch sehr niedrige Ladetemperaturen verwerten zu können. Daraus kann sich eine Effizienzverbesserung um den Faktor zwei und mehr gegenüber der normalen Unterstützung der Warmwasserbereitung ergeben, wobei allerdings größere Speichervolumina notwendig werden.

Solarkollektoren an Südfassaden bringen im Winter – dann, wenn Wärmeenergie benötigt wird – in Verbindung mit einem großvolumigen Wasserwärmespeicher am meisten an solaren Wärmeenergiegewinnen. Bei tiefstehender Wintersonne ist ihre Aufhängung an der Fassade fast ideal. Bei steigendem Sonnenstand sinkt die Effizienz, aber auch der Wärmbedarf des Gebäudes. Entscheidend ist, daß zum jeweiligen Zeitpunkt eine ausreichende Bedarfsdeckung gegeben ist. Wenn keine Wärme benötigt wird ist ein hoher, aber nicht einlagerbarer Gewinn sinnlos (z. B. bei für Juli-Sonnenstand optimierter Ausrichtung).

Mehrstufige Speicher mit verschiedenen Ladetemperaturen können der Bedarfsdeckung sehr nahe folgen und solare Energiegewinne auf niedrigem Temperatur-Niveau nutzbar machen. Mit relativ einfacher Temperatur-Differenz-Steuerung und drei kleinen, statt einem großen Wasserwärmespeicher läßt sich die Kollektorfläche halbieren, aber nur dann, wenn auch niedrige Speichertemperaturen sinnvoll verwertbar sind. Differenzierte Schichtenspeicher mit mehreren, temperaturgestaffelten Be- und Entnahme-Wärmetauschern sind gleichermaßen gut geeignet. In Passivhäusern ist die Nutzung niedriger Speichertemperaturen besonders gut möglich.

Optimierte Solarkollektor-Systeme an Südfassaden sind am ehesten geeignet, Wärmeenergiebedarf im Winter solar zu decken, zumal einerseits Gewinne eingelagert werden können und andererseits Überhitzungsprobleme im Sommer vermieden werden.

Passivhaus

Instationäres Wärmeverhalten

Bei Häusern mit sehr niedrigem Heizwärmebedarf tritt die Bedarfssituation nur selten und für kurze Zeitspannen auf. Eine gute Auslegung ist dann erreicht, wenn die Eigenenergien (Wärmespeicher) und Fremdenergien, insbesondere Strom, gestaffelt nach ihren Effizienzen eingesetzt werden. Die Anlagen sollten entsprechende Steuerungsmöglichkeiten bieten. Überschlägige Betrachtungen dürften beim Entwurf bereits richtungsweisend sein. Die lokalen Klimadaten und die solare Gebäudelage sollten unbedingt berücksichtigt werden. Eine Betrachtung in 5 °C-Schritten und zwei mittlere Besonnungsgegebenheiten, trüb und wechselhaft lassen recht gute Abschätzungen zu.

Der nachfolgende Vorschlag kann keine genaue Betrachtung ersetzen. Eine genaue Betrachtung kann jedoch erst vorgenommen werden, wenn sämtliche Gebäudekomponenten, einschließlich der Finanzierbarkeit, konkret geplant sind. Bis dahin kann die stark vereinfachte Betrachtung Orientierung geben.

Ausgangsdaten

Transmission

k_m [W/(m²K)]: mittlerer, bewerteter k-Wert, der das beheizte Volumen umschließenden Gebäudehülle

$$k_m \cong k_{Kellerdecke} \times A_{Kellerdecke} \times 0{,}5 + k_{Wand} \times A_{Wand} + k_{Fenster} \times A_{Fenster} + k_{Dach, Decke} \times A_{Dach, Decke} \times 0{,}9 / (A_{Kellerdecke} + A_{Wand} + A_{Fenster} + A_{Dach, Decke})$$

$k_{...}$ = jeweiliger k-Wert
$A_{...}$ = jeweilige Umhüllungsfläche

Luftwechsel

$V_{Luftwechsel}$ [m³] $\cong 0{,}7 \times V_{beheizter, umbauter Raum}$

mittlere Tagestemperaturen

Die Tabelle »Rechenschema zur Abschätzung der Heizwärmebilanz«, Seite 533, gibt einfache Formeln mit Festwerten an, die ganz grob eine Heizwärmebilanz für die Auslegung der Wärmetechnik abschätzen lassen.

Mit dieser groben Werte-Bestimmung lassen sich einige Betrachtungen anstellen, die »ein Gefühl« vermitteln, wo das Gebäude energetisch »liegt«.

Ohne solare Energieeinträge hat man den Nachtzustand, die Tagzustände ergeben sich je nach Besonnung für Dezember und Januar. Für Oktober, November und März, April sind die solaren Einträge für Ost/West-Fenster etwa genauso wie für Südfenster.

Durch die Nachtabsenkung der Innentemperatur in Folge des Fehlens solarer Einstrahlungen durch die Fenster kann ohne großen Fehler ein über den gesamten 24-Stunden-Tag gleichmäßiger Temperaturunterschied zwischen drinnen und draußen angenommen werden.

Das Beispiel auf Seite 534 vermittelt einen Eindruck, auch, was die Interpretation der Ergebnisse angeht.

Die »Minus-Energiebeträge« müssen jeweils beigesteuert werden. Versteckt ist ein solcher Wärmeenergieeintrag schon bei der Wärmerückgewinnung aus der Abluft mit Wärmepumpe in Form der eingesetzten elektrischen Energie.

Mögliche Energiequellen sind:
– Wärmeentnahme aus solar beheizten Wärmespeichern,
– Wärmerückgewinnung aus Abluft und warmem Abwasser,
– Wärmepumpen, zur Nutzbarmachung »minderwertiger«, natürlicher Energiereservoire, wie bereits erwähnt, der Abluft, der Erdwärme, der Niedrigtemperaturphasen von thermischen Solarkollektoren u. ä.,
– Beheizung mit Gas, Erdöl, Holz, Strom, Fernwärme.

Die Speichermöglichkeiten solarer Energiegewinne sind sehr beschränkt. Für die üblichen Wasserspeicher gilt circa:

$Q_{Speicher}$ [kWh] $\cong 1{,}1$ [Wh/(kg · K)] $\times \Delta\vartheta \times V_{Wasser}$ [kg]

$\Delta\vartheta$ [°C] = Temperaturdifferenz zwischen Speichertemperatur und Entnahmetemperatur
[l] V = Wasser-Speichervolumen in l; angenommen 1 l = 1 kg

Beispiel:

Wasser-Wärme-Speicher: Inhalt 1500 l

Speicher-Temperatur: ϑ_S = 50 °C zu Beginn der Entladung

Niedrigste, nutzbare Entladetemperatur: ϑ_E = 35 °C

max $Q_{Speicher} \cong 1{,}1$ [Wh/(kg · K)] $\times$ (50°-35°) $\times$ 1500 l
$= 24\,750$ Wh $\cong 24{,}8$ kWh

Diese Speicherkapazität reicht, bezogen auf das vorherige Beispiel, nicht sehr weit. Eine Speicher-Temperatur von 70 °C ergibt:

max $Q_{Speicher} \cong 1{,}1$ [Wh/(kg · K)] $\times$ (70°-35°) $\times$ 1500 l
$= 57\,750$ Wh

Trotz der fast zweieinhalbmal so großen Speicherkapazität ist dies immer noch eine Energiequelle, die an kalten Wintertagen sehr schnell erschöpft ist und anschließend ja wieder aufgeladen werden muß. Außerdem sinkt durch die hohe Beladungssystemtemperatur die Effizienz von z.B. Solarkollektoren dramatisch.

In den Übergangszeiten Herbst und Frühling rückt ein solcher Speicher in Bereiche, die nennenswerte Beiträge zur Wärmeenergiebedarfsdeckungen erwarten lassen.

In Kombination mit Raumluftwechselanlagen bietet sich die Wärmeverteilung des beizusteuernden Bedarfs über die Zuluft an. Die Grenze der auf diesem Wege beisteuerbaren Wärmeenergiemengen ergibt sich aus:
– maximaler Zulufttemperatur,
– Luftwechselrate des kontrollierten Luftwechsels,
– maximal erträgliche Umluftwechselrate.

Passivhaus

Bei max. 50 °C Zulufttemperatur sind ohne Umluft beisteuerbar:

$\Delta q_{L\ zusätzlich} \cong 2{,}9\ [W/m^3] \times V_{umbauter\ Raum}\ [m^3]$.

Mit zusätzlicher Umluft kann der Betrag vergrößert werden, eine sinnvolle Grenze liegt dort, wo die Luftströmungen die Grenzen der Behaglichkeit erreichen.

$\max \Delta q_{L\ zusätzlich,\ mit\ Umluft} \cong 10\ [W/m^3] \times V_{umbauter\ Raum}\ [m^3]$.

Weitere Wärmebeisteuerungen sind sinnvoll nur über Heizungen der allgemein bekannten und üblichen Arten möglich. Sollten solche Beisteuerungen erforderlich werden, so liegt man allerdings kaum mehr im Bereich von »Passivhaus«.

Beispiel:

Eingangswerte:

$k_{Kellerdecke}$ = 0,40 W/(m²K)
$A_{Kellerdecke}$ = 120 m²
k_{Wand} = 0,22 W/(m²K)
A_{Wand} = 165 m²
$k_{Fenster}$ = 1,3 W/(m²K)
$A_{Fenster}$ = 35 m²
g = 0,75
$k_{Dach,\ Decke}$ = 0,18 W/(m²K)
$A_{Dach,\ Decke}$ = 145 m²
A_{ges} = 465 m²
$V_{ges\ umbaut}$ = 540 m³

$k_m \cong (0{,}40 \times 120 \times 0{,}5 + 0{,}22 \times 165 + 1{,}3 \times 35 + 0{,}18 \times 145 \times 0{,}9) / (120 + 165 + 35 + 145)$
$\cong 0{,}28\ W/(m^2K)$

$V_{Luftwechsel} = 0{,}7 \times 540 = 378\ m^3$

Angesetzte Anlagentechnik:
- Kontrollierter Raumluftwechsel
- Erdwärmetauscher Außenluft
- Wärmerückgewinnung mit Wärmepumpe

Auslegungstag 1
– 5 °C Außentemperatur, trüb   1. Entwurf   1. Nachbesserung

q_t = – 25 × 0,20 × 540	= – 3780 W	– 2700 W
q_L = – 2,6 × 378	= – 983 W	
$q_{WRG,\ WP,\ EW}$ = + 1,4 × 378	= + 529 W	
q_{int} = + 2,0 × 378	= + 756 W	
q_{solar} = + 7 × 0,75 × 35	= + 184 W	
	Σ = – 3294 W	–2214 W

Auslegungstag 2
– 10 °C Außentemperatur, wechselhaft bis sonnig

q_t = – 30 × 0,20 × 540	= – 4536 W	– 3240 W
q_L = – 2,0 × 378	= – 1096 W	
$q_{WRG,\ WP,\ EW}$ = + 1,4 × 378	= + 529 W	
q_{int} = + 2,0 × 378	= + 756 W	
q_{solar} = + 23 × 0,75 × 35	= + 604 W	
$q_{Heiz,\ WP}$ = + 1,9 × 378	= + 718 W	
	Σ = – 3741 W	–2447 W

Nachbesserung: k_m = 0,20 W/(m²K)

Rechenschema zur Abschätzung der Heizwärmebilanz

Außentemperatur	Verluste						Gewinne					
	Transmission	Luftwechsel					intern		solar			
		Fensterlüftung	Kontrolliert ohne EW[1]	Kontrolliert mit EW[1]	WRG[2] ohne WP[3] ohne EW[1]	WRG[2] mit WP[3] ohne EW[1]	WRG[2] ohne WP[3] mit EW[1]	WRG[2] mit WP[3] mit EW[1]	Normale Wärmequellen	Aus warmem Abwasser[4]	Trüber Tag Ende Dez.	Trüber Tag Mitte Febr./Nov.	Gemischte Bewölkung, mittlere Verschattung, ca. 40 % Südfenster Ende Dez.	Gemischte Bewölkung, mittlere Verschattung, ca. 40 % Südfenster Mitte Febr./Nov.	aus Wärmepumpen
°C	W	W	W	W	W	W	W	W	W	W	W	W	W	W	W
15	-5 × k_m × A_{ges}	-0,8 × V	-0,7 × V		+0,2 × V	+0,5 × V	+0,2 × V	+0,5 × V	+2 × V	+1 × V	+7 × g × $A_{Fenster}$	+16 × g × $A_{Fenster}$	+23 × g × $A_{Fenster}$	+36 × g × $A_{Fenster}$	+1,9 × V
10	-10 × k_m × A_{ges}	-1,7 × V	-1,4 × V		+0,5 × V	+1,0 × V	+0,5 × V	+1,0 × V							
5	-15 × k_m × A_{ges}	-2,5 × V	-2,1 × V		+0,7 × V	+1,4 × V	+0,7 × V	+1,4 × V							
0	-20 × k_m × A_{ges}	-3,3 × V	-2,9 × V	-2,4 × V	+1,0 × V	+1,9 × V	+0,7 × V	+1,4 × V							
-5	-25 × k_m × A_{ges}	-4,2 × V	-3,6 × V	-2,6 × V	+1,2 × V	+2,4 × V	+0,7 × V	+1,4 × V							
-10	-30 × k_m × A_{ges}	-5,0 × V	-4,3 × V	-2,9 × V	+1,4 × V	+2,9 × V	+0,7 × V	+1,4 × V							
-15	-35 × k_m × A_{ges}	-5,8 × V	-5,0 × V	-3,1 × V	+1,7 × V	+3,3 × V	+0,7 × V	+1,4 × V							

[1] EW = Außenluftansaugung ab ca. 5 °C Außenlufttemperatur durch Erdwärmetauscher
[2] WRG = Wärmerückgewinnung
[3] WP = Wärmepumpe
[4] Wärmerückgewinnung aus warmem Wasser

Passivhaus

Möglicher Wärmeeintrag über Zuluft-Nachbeheizung auf 50 °C:

$\Delta q_{L\,zusätzlich} \cong 2,9 \times 540 = 1566$ W

Es wären noch rund 1000 W darüber hinaus erforderlich, diese sind z. B. schon über zusätzliche Umluft beisteuerbar.

Mögliche wäre ein Wärmeeintrag über Zuluft-Nachbeheizung und Umluft auf 50 °C von circa:

$\Delta q_{Zuluft\,50\,°C\,+\,Umluft\,50\,°C} \cong 10 \times 540 = 5400 \geq 2500$ W

Zu berücksichtigen ist bei solch geringen, notwendigen Heizenergiemengen allerdings das Gebäudeverhalten. Wenn nur 10 oder 20 W/m² an Heizleistung zur Verfügung stehen, braucht es sehr lange, um ein ausgekühltes Gebäude bei niedrigen Temperaturen aufzuheizen. Die Nachtabsenkung der Temperatur wird bedeutungslos, weil zur morgendlichen Aufheizung eine recht große Heizleistung kurzzeitig mit entsprechendem Anlagenaufwand zur Verfügung stehen muß. Bei nachhaltiger Auskühlung, z.B. Notbeheizung über ein kalt-trübes Wochenende, braucht es bei minimierter Auslegung der Beheizung mehrere Tage, um wieder ein normales Temperaturniveau zu erreichen. Alternativ kann mit Provisorien (Heizlüfter, Infrarotlampen u.ä.) kurzfristig »dazugeheizt« werden.

Bei Niedrigstenergie-Gebäuden sollte von einem durchgängigen, gleichmäßigen Betrieb der wärmetechnischen Anlagen ausgegangen werden. Schon das Fehlen eines Teiles der internen Wärmequellen bei Nichtbewohnen führt bei sehr kalten Außentemperaturen (Bemessungstage) zur Innentemperaturabsenkung, wenn die Wärmetechnik minimalistisch ausgelegt ist. Gleichzeitig erscheint es wenig sinnvoll, Heizreserven mit großem Installationsaufwand vorzuhalten, weil sie nur über ganz kurze Zeitspannen benötigt werden. Die zuvor erwähnten Provisorien – auch wenn sie z.B. mit teurem und ökologisch wenig sinnvollem Strom betrieben werden – erscheinen als Heizreserven durchaus akzeptabel.

Minimalheizenergie-Gebäude sind vielmehr als Gebäude mit natürlichem Luftwechsel sowie üppig ausgelegtem Beheizungspotential auch auf ein entsprechendes Benutzerverhalten angewiesen. Wenn die Bewohner mit den wenigen Heizmöglichkeiten entsprechend den Gegebenheiten gut haushalten, lassen sich gute Ergebnisse zu erträglichen Kosten erreichen. Bei Umgang mit einem Minimalheizenergie-Gebäude wie mit einem »normalem Haus« wird das projektierte Ergebnis weit verfehlt.

Gebäudeauslegung

Die Auslegung des Wärmebedarfs des Gebäudes orientiert sich an den schlimmsten zu erwartenden Fällen. Es sind dies in unseren Breitenlagen:
– sehr kalter, sehr sonniger Ende-Dezember-Tag,
– mäßig kalter, sehr trüber Ende-Dezember-Tag.

Für Höhenlagen bis ca. 500 mm ü. NN kann etwa ausgegangen werden von:
– Sonnentag: – 10 °C
– Trübtag: – 5 °C

Aus den vorangegangenen Betrachtungen lassen sich die Daten für die maßgeblichen Bemessungstage ablesen. Wenn der beizusteuernde Heizwärmebedarf über ca. 15 bis 20 W/m² beheizter Wohn-/Nutzfläche liegt, ist »Passivhaus« noch nicht erreicht. Hohe Solarenergiegewinne durch z.B. großformatige Südbefensterungen sollten kritisch überprüft werden. Liegen die Solargewinne über circa dem 1,2-fachen der Wärmeverluste ohne kontrollierten Raumluftwechsel, sollte nur das 1,2-fache dieser Verluste als nutzbarer Solargewinn angesetzt werden, weil die darüber hinausgehenden Gewinne hinausgelüftet werden müssen.

Die Werte zeigen, dass »Passivhaus« ohne Einsatz beizusteuernder, zusätzlicher Energie bei normalen Wohn- und Lebensverhältnissen hierzulande kaum marktfähig machbar ist. Elektrischer Strom insbesondere ist zum Betrieb von Raumluftwechselanlagen, Wärmepumpen und für einen Teil der sogenannten »internen Wärmegewinne« erforderlich. Dieser, zur Energieeinsparung mehr oder minder erforderliche elektrische Strom ist kritisch zu hinterfragen. Der Ressourcenbedarf für eine im Haus nutzbare elektrische Energieeinheit wird gegenüber der durch direkte Verbrennung im Haus erzeugten, nutzbaren Energieeinheit etwa als dreimal so hoch bewertet. Die Arbeitszahl von Wärmepumpen im beschriebenen Bereich liegt etwa bei drei. D. h. im Prinzip könnte man das gleiche Ergebnis, ohne umfangreichen Apparateeinsatz, durch Verbrennung fossiler oder nachwachsender Brennstoffe erreichen. Die Abwägung von Vor- und Nachteilen, auch unter Berücksichtigung der zugehörigen Kosten scheint schon in der Entwurfsphase geboten. Je früher die Grundsatzentscheidungen über die Bewärmungstechnik getroffen werden, umso zielgerichteter kann das Gebäude konzipiert werden. Zweckmäßig erscheint es aus der Grundlagenermittlung und den Vorentwurfsüberlegungen, eine Positionsbestimmung und ein Pflichtenheft für das Gebäude zu erstellen und aus diesem heraus die grundsätzlichen Festlegungen für die Raumluft- und Heiztechnik zu treffen.

Aus den relativen groben Daten kann der Haustechniker eine Möglichkeiten-Liste erarbeiten, die dem Bauherrn und Entwurfsverfasser als Entscheidungsgrundlage für die Grundsatzentscheidungen dient. Dabei sollten jeweils die erforderlichen baulichen Maßnahmen wesentlicher Bestandteil der Entscheidungsfindung sein. Z. B. benötigt eine zentrale Raumluftwechselanlage ein Luftleitungssystem mit relativ großen Querschnitten. Die Leitungsführung kann z. B. bei freiliegenden Holzbalkendecken einen sehr hohen Bodenaufbau oder eine sichtbare Leitungsführung bedingen. Dezentrale Raumluftwechselanlagen (diese gibt es auch mit Wärmetauscher) wären eine Alternative, allerdings mit höherem Geräte- und Elektroinstallationsaufwand, Außenluftansaugung durch das Erdreich wäre nicht möglich.

Passivhaus 9.30.08

Zentrale Fragen sind:
- Wird ein Rauchgasschornstein oder -rohr benötigt?
- Wird ein Lagerraum für Heizstoffe benötigt?
- Wieviel Raum wird für die zentrale Bewärmungstechnik benötigt?
- Ist eine konventionelle Heizung noch erforderlich?

Die Kosten für die Anlagentechnik und für die baulichen Maßnahmen sollten stets zusammen veranschlagt werden, um ein zutreffendes Bild zu erhalten.

Große Kostensprünge ergeben sich, wenn ganze Systeme oder Komponenten wegfallen oder hinzukommen.

Typische Beispiele sind:

Wegfall	Ersatz durch
Wasserheizung	Heizregister in Zuluft
Schornstein	Zuluft-Abgas-Doppelrohr-Wand-/Dachdurchführung
Heizraum	Schrankgeräte
Heizgeräte (Brenner)	Wärmepumpe

Um aus diesen Abwägungen eine möglichst gute Lösung herausarbeiten zu können, bedarf es der engen Zusammenarbeit von Bauplanern, Haustechniker und Bauherr. Wenn Baukonzept und Haustechnik jedoch schon in der Vorentwurfsphase konkret aufeinander abgestimmt sind, vereinfachen sich Entwurfs- und Ausführungsplanung stark.

Inhaltsübersicht

1 Einführung	11
2 Bauschritte, Baumethode	15
2.10 Allgemeines	17
2.20 Bauteile	18
2.30 Haustechnik	31
2.40 Tragwerksplanung	32
2.50 Energieeffizientes Bauen	34
3 Übersichten zum Entwurf	37
3.10 Maße	39
3.20 Brandschutz	42
3.30 Schallschutz	44
3.40 Wärmeschutz	48
3.50 Feuchteschutz	51
3.60 Holzschutz	52
3.70 Bauteile	53
3.80 Haustechnik	56
3.90 Energieeffizienz	57
4 Schutzmaßnahmen	61
4.10 Brandschutz	63
4.20 Schallschutz	64
4.30 Wärmeschutz	66
4.40 Feuchteschutz	68
4.50 Holzschutz	69
5 Baustoffe, Bauprodukte	73
5.10 Allgemeines	75
5.20 Baustoffe, Bauprodukte, genormt	78
5.30 Baustoffe, Bauprodukte, bauaufsichtlich zugelassen	87
6 Bauteile, Technische Daten, Details	123
6.00 Allgemeines	125
6.10 Bodenplatte, Kellerdecke	127
6.11 Bodenplatte, Beton	130
6.12 Kellerdecke, Beton	135
6.13 Wandverankerung, Beton	139
6.14 Bodenplatte, Holz	142
6.15 Kellerdecke, Holz	147
6.16 Wandverankerung, Holz	153
6.20 Außenwand, Erläuterungen	158
6.21 Außenwand, Außenecke/Innenecke	175
6.22 Außenwand, Decke, Anschlußdetails	181
6.23 Außenwand, Decke, Verankerung	220
6.24 Außenwand, Außenbekleidung	222
6.25 Außenwand, Rolladenkasten	258
6.26 Außenwand, Innenbekleidung	260
6.30 Gebäudeabschlußwand	264
6.40 Innenwand, tragend	277
6.50 Innenwand, nichttragend	291
6.51 Holzständerwand	292
6.52 Metallständerwand	301
6.80 Decke	315
6.81 Balkendecke, Balken nicht sichtbar	318
6.82 Balkendecke, Balken sichtbar	330
6.82 Massivholz-Deckenplatte	338
6.90 Dach	345
6.91 Dach, Zwischensparrendämmung	348
6.92 Dach, aufgelegte Dämmsysteme	367
7 Haustechnik	373
7.10 Allgemeines	375
7.20 Integration Haustechnik	377
7.21 Tragende Wand	378
7.22 Decke	382
7.30 Elektroinstallation, Allgemeines	385
7.31 Elektroinstallation, Unterverteilung, Wand, Decke, Boden	387
7.40 Heizung, Allgemeines	388
7.41 Heizung, Verteilungsmöglichkeit	389
7.42 Heizung, Leitungen	393
7.50 Sanitär, Allgemeines	403
7.51 Sanitär, Bad, Dusche	404
7.52 Sanitär, Installationswand	406
7.53 Sanitär, Vorwandinstallation	410
7.54 Unterboden	413
7.55 Rohrdurchführung, Leitungsbefestigung, Armatur	416
7.56 Sanitär, Abdichtung	418
7.57 Sanitär, Wanne, Duschtasse	420
7.58 Sanitär, Wandbekleidung	421
7.59 Sanitär, Befestigung wandhängender Lasten, Heizkörperaufhängung	422
8 Statik	427
8.00 Allgemeines	429
8.10 Geschoßdecken	430
8.20 Stürze, Unterzüge	436
8.30 Wände	440
8.40 Stützen	443
8.50 Gebäudeaussteifung	445
8.60 Beispiele	465
8.70 Tabellarium	478
9 Energieeffizientes Bauen	515
9.10 Allgemeines	517
9.20 Niedrigenergiehaus	520
9.30 Passivhaus	530

Stichwortverzeichnis

A

Abwasserentsorgung	403
Außenwand, Austauschmöglichkeiten	168
Außenwand, Bauteildaten	162–167
Außenwand, Deckleistenschalung	222
Außenwand, Faserzementplatten	240
Außenwand, Holzschindeln	234
Außenwand, Innenbekleidung	260
Außenwand, Mineralischer Putz	252
Außenwand, Profilbrettschalung	228
Außenwand, Vormauerwerk	246

B

Bad, Dusche, Beläge aus Fliesen, Platten	419
Bad, Dusche, Unterboden	414
Bad, Dusche, Wand	404
Bau-Furniersperrholz	80
Bauschnittholz	78
Bauteildaten, Außenwand	162–167
Bauteildaten, Bodenplatte, Beton	130
Bauteildaten, Bodenplatte, Beton	142
Bauteildaten, Dach, aufgelegte Dämmsysteme	368
Bauteildaten, Dach, Zwischensparrendämmung	347
Bauteildaten, Decke, Balken nicht sichtbar	318–321
Bauteildaten, Decke, Balken sichtbar	330–331
Bauteildaten, Decke, Massivholzplatte	338
Bauteildaten, Gebäudeabschlußwand	265
Bauteildaten, Kellerdecke	135, 147
Bauteildaten, nichttragende Innenwand	292, 301
Bauteildaten, Stütze	211
Bauteildaten, tragende Innenwand	278
Bauteildaten, Unterzug	212
Bauteildicken, Orientierungswerte	53, 54
Bodenplatte, Bauteildaten	130, 142
Bodenplatte, Beton	130
Bodenplatte, Holz	142
Brandschutz, Bauteilübersicht	43
Brandschutz, Schutzmaßnahmen	63
Brauchwasserversorgung	403
Bretter	81
Brettschichtholz	79

D

Dach, aufgelegte Dämmsysteme, Bauteildaten	368
Dach, Zwischensparrendämmung, Bauteildaten	347
Dachelemente mit Zulassung	118
Decke gegen kalte Räume, Austauschmöglichkeiten	317
Decke, Balken nicht sichtbar, Bauteildaten	318–321
Decke, Balken sichtbar, Bauteildaten	330-331
Decke, Massivholzplatte, Bauteildaten	338
Deckenelemente mit Zulassung	115
Deckleistenschalung	222
Duo-Balken	88

E

Elektroinstallation	385
Estrich	85

F

Fachwerkträger	111
Faserplatte, mineralisch gebunden	109
Faserplatte, organisch gebunden	106
Faserzementplatte	106, 240
Fassade, Deckleistenschalung	222
Fassade, Faserzementplatten	240
Fassade, Holzschindeln	82, 234
Fassade, Mineralischer Putz	84, 252
Fassade, Profilbrettschalung	228
Fassade, Vormauerwerk	246
Feuchteschutz	51, 68
Feuerwiderstandsklassen, Übersicht	43
Flachpreßplatte, mineralisch gebunden	102
Flachpreßplatte, organisch gebunden	100
Furnierschichtholz	89

G

Gebäudeabschlußwand, Austauschmöglichkeiten	271
Gebäudeabschlußwand, Bauteildaten	265
Gebäudeaussteifung, Statik	445
Geschoßdecke, Austauschmöglichkeiten	317
Geschoßdecke, Statik	430
Geschoßstoß	220, 290
Gipskartonplatte	82
Großtafel, Außenwand/Geschoßdecke	174

H

Haustechnik, Integration in Decke	382
Haustechnik, Integration in tragende Wand	378
Haustechnik, Sanitär	403
Heizung	388
Heizung, Leitungsführung	389–392, 398
Heizwärmebilanz, Passivhaus	534, 535
Höhenmaße	39
Holzschindeln	82, 234
Holzschutz	52, 69
Holzschutz, chemisch	126
Holzständer, nichttragende Wand	292
Holzwolle-Leichtbauplatten	84
HQL-Holz	88

I

Innenwand, nichttragend, Austauschmöglichkeiten	294, 303
Innenwand, nichttragend, Bauteildaten	292, 301
Innenwand, tragend, Austauschmöglichkeiten	282
Innenwand, tragend, Bauteildaten	278

Stichwortverzeichnis

Installationsschacht	392, 396
Installationswand	405–411

K

Kellerdecke, Bauteildaten	135, 147
Kellerdecke, Beton	135
Kellerdecke, Holz	147
Kleintafeln, Außenwand/Geschoßdecke	174
Konstruktionsvollholz	78
Kreuzbalken	87

L

Luftdichtheit	50
Luftleitung, Leitungsführung	398

M

Mehrschichtplatten	92
Metallständer, nichttragende Wand	301
Mineralfaserdämmstoffe	83
Mineralischer Putz	84, 252

N

Nägel	86
Niedrigenergiehaus, Begriffe, Definitionen	520
Niedrigenergiehaus, Entwurfsgrundlagen	528
Niedrigenergiehaus, Zusatzheizung	524
Niedrigenergiekonzept	520

O

OSB-Platten	80, 97

P

Passivhaus	530
Passivhaus, Heizwärmebilanz	534
Passivhaus, Gebäudeauslegung	536
Profilbrettschalung	228

R

Raster	39
Raumluftwechsel	518, 531

S

Sanitär, Heizkörperaufhängung	422
Sanitär, Rohrdurchführung, Leitungsbefestigung	416
Sanitär, Wandbekleidung	421
Sanitär, Wanne, Duschtasse	420
Sanitär, Abdichtung	418
Schallschutz, Anforderungen, Empfehlungen	45
Schallschutz, Bauteilübersicht	47
Schallschutz, Kennwerte	126
Schallschutz, Schutzmaßnahmen	64
Solarenergie, Solarkollektoren	527, 533
Solarfassade	531
Spanplatten	80
Stahlblechprofile, Wände	85
Statik	427
Statik, Beispiele	465
Statik, Gebäudeaussteifung	445
Statik, Geschoßdecke	430
Statik, Sturz	436
Statik, Stütze	443
Statik, Tabellarium	478
Statik, Unterzug	437
Statik, Wand	440
Sturz, Statik	437
Stütze, Bauteildaten	211
Stütze, Statik	443

T

Transmissionswärmeverluste	519
Trio-Balken	88

U

Übereinstimmungsnachweis	75
Unterzug, Bauteildaten	212
Unterzug, Statik	437
Ü-Zeichen	75

V

Verankerung	129, 139–141, 153–157, 220–221, 290,
Verwendbarkeitsnachweis	75
Vollwandträger	111
Vormauerwerk	246
Vorwandinstallation	405

W

Wand, Statik	440
Wandelemente mit Zulassung	118
Wandtafeln	115
Wärmedämmung, Verbesserungspotential	531
Wärmeenergiebilanz	517
Wärmepumpe	523
Wärmerückgewinnung	522, 526
Wärmeschutz, Annahmen, Kennwerte	125
Wärmeschutz, Bauteilübersicht	49
Wärmeschutz, Schutzmaßnahmen	66
Wärmespeicherung, Verbesserungspotential	532
Wärmetauscher	523
Wärmeverhalten, instationär	534
Werksfertigung, güteüberwacht	77
Wohnungstrennwand, Bauteildaten	278, 279, 292, 301

Z

Zulassung, allgemeine bauaufsichtliche	55, 76, 87

Notizen

Notizen

Notizen

Notizen